古生物地史学概论

（第三版）

主　编　杜远生　童金南

副主编　何卫红　袁爱华

中国地质大学出版社
CHINA UNIVERSITY OF GEOSCIENCES PRESS

图书在版编目(CIP)数据

古生物地史学概论/杜远生,童金南主编.3 版.—武汉:中国地质大学出版社,2022.1(2024.1 重印)
ISBN 978 - 7 - 5625 - 5186 - 7

Ⅰ.①古…
Ⅱ.①杜… ②童…
Ⅲ.①古生物学-高等学校-教材 ②地史学-高等学校-教材
Ⅳ.①Q91 ②P53

中国版本图书馆 CIP 数据核字(2022)第 003127 号

古生物地史学概论(第三版)		杜远生　童金南　**主　编**
		何卫红　袁爱华　**副主编**

责任编辑:周　旭		责任校对:何澍语
出版发行:中国地质大学出版社(武汉市洪山区鲁磨路 388 号)		邮政编码:430074
电　话:(027)67883511	传　真:(027)67883580	E - mail:cbb @ cug. edu. cn
经　销:全国新华书店		http://cugp. cug. edu. cn
开本:880 毫米×1230 毫米 1/16		字数:800 千字　印张:25.25
版次:1998 年 9 月第 1 版　2022 年 1 月第 3 版		印次:2024 年 1 月第 3 次印刷
印刷:武汉市籍缘印刷厂		印刷:63001—68000
ISBN 978 - 7 - 5625 - 5186 - 7		定价:58.00 元

如有印装质量问题请与印刷厂联系调换

前　言

古生物学和地史学是地质科学的重要组成部分,是国内各高等学校地质类专业的主干课程。20世纪八九十年代起,很多高校将古生物学和地史学合并为一门课程,为适应这种地质类专业学科体系、教学体系改革的需要,杜远生等于1998年编写了本教材的第一版。

本教材继承了中国地质大学(武汉)"古生物学"和"地史学"学科体系的思想精华,对教学内容进行了精选和更新。全书以地质历史时期有机界、无机界的演化为主线,以大地构造单元论、阶段论、活动论的思想为指导,系统介绍了古生物学、地史学的基本理论和基础知识。在教学内容方面,加强了古生物学、地史学的基本理论、基本原理与方法、基础知识的应用,提炼了门类古生物学、各断代地史学的教学内容。本教材可作为国内地质类专业的"古生物地史学""地层古生物学"等课程的教材。

本教材第一版(1998)由杜远生、童金南主编。编写过程中反复论证并征得校内外专家学者的意见和建议。殷鸿福院士、刘本培教授十分关心教材的编写工作,对教材的学科体系、教学内容提出了建设性的意见;我校地球生物系的全体教师多次讨论、反复论证本教材的教学大纲;中国古生物学会数十名专家教授参与讨论了古生物地史学的教学改革以及本教材的教学大纲。根据校内外专家的意见和建议,对教材编写大纲进行了修改,并组织编写本教材。

本教材第一版出版以后,在国内许多地学院校使用,许多专家和学者对本教材又提出了不少好的建议。2007年,本教材被列为"国家'十一五'规划教材"。针对校内外学者的建议,童金南和杜远生分别对教材的部分章节与内容进行了修改,2009年修订出版了第二版。

本教材第二版出版以后,涉及的理论基础、地质年代划分标准有所更新,尤其是随着地质调查和研究工作的深入,涉及地质演化的基础地质资料得到了极大的丰富和更新,为了较全面地反映这些变化和更新,有必要重新修订出版本教材第三版。本教材第三版由杜远生、童金南主编,何卫红、袁爱华副主编。修订包括以下几种:①修编,在保持原版结构基本不变的基础上进行必要的补充和修改;②改写,在调整原版结构基础上进行补充和修改;③重写,对原版少数章节进行重写;④增写,增加了新的章节。修订过程中,童金南修编了第二章至第四章;何卫红修编了第五章、第六章和附录,增写了第七章;杜远生修编了第一章、第八章,重写了第九章、第十章,增写了第十六章,改写了第十一至第十五章其他部分;叶琴、石敏改写了第十一章第一节;袁爱华改写了第十二章至第十五章第一节;余文超、龚一鸣、杜远生改写了第十七章;武汉地质调查中心程龙修改补充了第十四章关岭生物群部分。

编　者

2020年5月

目　录

第一章　绪　论

第一节　古生物地史学的内容和任务

古生物地史学是地质科学三大主要分支(地球物质科学、地球动力科学和地球历史科学)之一的地球历史科学的主要内容,它由古生物学和地史学两个学科组成。古生物学(palaeontology)是研究地史时期生物界面貌和进化历史的科学,其研究对象为地质历史时期形成于地层中的生物遗体、遗迹以及与生命活动有关的各种物质记录。地史学也称历史地质学(historical geology),是研究地球发展历史和发展规律的科学,其研究对象主要为地质历史中形成的地层(包括无机界和有机界的物质记录)以及反映地球发展历史的其他物质记录。可以看出,古生物学和地史学是地球历史科学中密切相关的两个学科分支。不论是研究内容或任务,还是它们在地质科学中的地位和作用,两者都是相互交叉和密切相关的。

与现今生物学(neotology)相对应,古生物学可进一步分为研究地史时期动物界及其进化的古动物学(palaeozoology)(包括古脊椎动物学和古无脊椎动物学)、研究地史时期植物界及其进化的古植物学(palaeobotany)以及与微生物学对应的研究地史时期微体生物及其进化的微体古生物学(micropaleontology)。古生物学的研究对象是保存于地层中的与地史时期生命活动相关的化石以及包含这些化石的围岩。化石的形态、结构构造、分类系统,及其所代表的古生物的生活习性和生活环境、时空分布以及生命的起源与演化是古生物学研究的主要内容。

地史学作为研究地球历史的科学,其研究对象为形成于地史时期的地层。所谓地层是指地球表面保存的层状岩石的综合,包括沉积岩地层、火山岩地层和变质岩地层。地史学的研究内容涉及地球的形成、生命的起源和进化、古地理的变迁、板块的离合以及地球不同圈层的相互作用等。它可以进一步细分为 3 个方面:一是研究地层的形成顺序、时代、划分地层单位、建立地层系统和进行地层时空对比(地层学);二是根据地层的沉积组分、沉积相及其时空分布特征研究地层形成的沉积环境、古地理及其演化(沉积古地理学);三是根据地层的沉积组合、古地理、古生物地理、古气候、古地磁及其他构造标志恢复地层形成的古构造背景、古板块分布格局及其离合史(历史大地构造学)。其研究任务包括:①研究地史时期生物界形成和发展的生物进化史(有机界);②研究地史时期古地理变迁的沉积发展史;③地史时期大陆和海洋板块的格局、板块离合过程、构造演化历史的构造运动史。

古生物地史学是由上述两个分支学科有机结合形成的。由于古生物学和地史学原本是两个既相互独立又紧密相关和交叉的学科分支,本教材力图将二者融合为一个整体,但一定程度上仍保持各自的学科特点,如古生物学的生物分类系统和地史学的地球历史演化体系都有所保持。应当指出,古生物地史学是一门综合性强的学科,它涉及有机界和无机界的方方面面,如地壳的形成和演化、生命的起源和生物的进化、海陆的变迁和板块的离合以及地球不同圈层的相互作用,因此它在地球科学中占有重要的地位,具有重要的理论意义。同时,古生物地史学与人类生存和发展所依赖的众多矿产资源(如绝大多数能源矿产、部分金属矿产和大多数非金属矿产资源)密切相关,地球历史科学对人类的生活环境、生态环境和可持续发展也有一定的启迪意义。由此可见,古生物地史学是从事地球科学研究、矿产资源勘探开发和地球生态环境保护必备的专业知识,是地学类专业的一门重要基础课程。

第二节　古生物地史学的发展简史

作为地球历史科学的两个主要分支,古生物学和地史学是最古老的地质科学分支。地质科学的形成和发展与古生物学和地史学的形成和发展是密切相关的。虽然近代地质科学形成于 18 世纪后期,但朴素的古生物学和历史地质学的思想早已萌发。早在东晋时期,著名的道学家葛洪(284—364)在其《神仙传》中就提出"东海三为桑田"的思想。唐代颜真卿(709—784)在《抚州南城县麻姑山仙坛记》中也曾有"高石中犹有螺蚌壳,或以为桑田所变"的论述。北宋科学家沈括(1031—1095)在《梦溪笔谈》中更有精辟论述:"遵太行而北,山崖之间往往衔螺蚌壳及石子如鸟卵者,横亘石壁如带。此乃昔之海滨,今东距海已近千里。所谓大陆者,皆浊泥所湮耳。"南宋理学家朱熹(1130—1200)也有"尝见高山有螺蚌壳,或生石中,此石乃旧日之土,螺蚌即水中之物,下者却变而为高,柔者却变而为刚"的论述。所有这些均代表人们认识地球发展历史的朴素的唯物主义自然观。

17 世纪中期,丹麦医生斯坦诺(N. Steno, 1638—1686)根据对意大利北部山脉的考察,于 1669 年提出了著名的地层叠覆原理、原始水平性原理和原始侧向连续原理,奠定了近代地层学的基础。18 世纪后期到 19 世纪早期是古生物学和地史学理论体系建立和形成的重要时期。法国古脊椎动物学家居维叶(G. Cuvier, 1769—1832)提出了器官相关律和比较解剖学的理论;英国测量工程师史密斯(W. Smith, 1769—1839)于 1796 年提出了"现在是认识古代的钥匙"的"将今论古"现实主义思想。所有这些都标志着近代古生物学和历史地质学科体系的建立和形成。之后,随着地质科学的发展和进步,古生物学和历史地质学也逐渐发展、进步与完善。

中国近代古生物学和地史学的发展大致以辛亥革命为界。辛亥革命之前,我国尚未开展独立的地质调查工作,只有一些国外学者和传教士来华进行地质调查。比较著名的有德国学者李希霍芬(L. von Richthofen)于 1860 年及 1868—1872 年两次来华进行地质考察;美国学者维里士(B. Willis)于 1903—1904 年来华进行地质考察。辛亥革命之后,中华民国政府于 1912 年正式组建了地质调查机构,标志着我国近代地质科学研究的开始。中国早期地质学研究的主要方面之一就是地层古生物学。到 20 世纪 30 年代,经过老一辈地质学家的艰苦努力,中国各纪的地层研究均取得了显著成果。在此基础上,长期在华工作的美国学者葛利普于 1924—1928 年进行了系统总结,出版了 *Stratigraphy in China* 的专著两卷。李四光的 *The Geology of China*(1939)和黄汲清的 *On Major Tectonic Forms of China*(1945)对中国各时代的地层、古地理和地质演化历史进行了系统总结。

现代古生物学和历史地质学的发展可以以 20 世纪 60 年代板块学说的诞生为标志,现已形成较为完善的学科体系。板块学说的建立促进了地质学几乎所有领域的巨大进步。尤其是在历史地质学领域,以活动论的思想为指导去认识地球及其岩石圈形成和演化历史促进了人们地球历史观的革新。其间,在古生物学和历史地质学及其交叉学科的其他方面也取得了很大进步并形成了许多新的学科分支,如多重地层单位和层型概念的产生促使了现代地层学诸多分支的形成;间断平衡理论的提出促使学者对生物演化、生物地层对比研究的深化;新灾变论及有关地质事件的新认识促使了事件地层学理论的建立;古生物学、地史学与其他学科的交叉形成了诸多的分支学科,并逐渐形成了生物地质学和沉积地质学的学科体系等。

第三节 古生物地史学发展时期的重大争议事件

在古生物学和地史学乃至整个地质学的发展过程中,曾经发生过一系列重大的争论事件,这些争论对古生物地史学乃至整个地质学的发展起着重要作用。

18世纪后期的"火成论"和"水成论"之争是地质学形成发展中第一次重大争论。德国地质家维尔纳(A. G. Werner,1749—1817)是"水成论"学派的创始人。"水成论"学派认为水成作用是最根本的地质作用,地壳上的物质最初都来源于水成作用。"火成论"学派的创始人是苏格兰地质学家郝屯(J. Hutton,1749—1797)。"火成论"学派认为,火成作用是地质作用的基础,地壳上的物质最初都来自火成作用。这场争论最终以"火成论"的胜利而告终。但对当时来讲,"水成论"和"火成论"对认识地质作用的多样性和地质科学的发展都起到了促进作用。

古生物地史学和地质学发展过程中的第二次争论是"均变论"和"灾变论"之争。"均变论"的思想最早由郝屯提出,他认为地质营力、作用过程及其产物之间的相互关系无论是现在还是地史时期在原则上和质的方面都是不变的。英国地质学家莱伊尔继承和发展了郝屯的思想,建立了"将今论古"的现实主义或"均变论"的思想体系。"灾变论"的代表人物为法国动物学家居维叶,他认为地层中生物化石的更替是突然的、瞬时的,而不是缓慢的、渐进的。居维叶的"灾变论"思想后来被其追随者与神创论相联系,并为神学论者大加宣扬,从而造成人们长期对"灾变论"和居维叶本人的诸多批判。20世纪70年代以来,随着人们对白垩纪—古近纪之交恐龙及其他生物的群集灭绝、二叠纪—三叠纪之交大量无脊椎动物群集灭绝以及其他诸多生物灭绝事件的认识,地质学界再度掀起"灾变论"的浪潮。另外,也有研究表明:地质作用是一个漫长的历史发展过程,无论有机界还是无机界,既存在相对均匀、缓慢、渐进的发展变化,也存在不均匀、突然、瞬时的发展变化过程,而且这两种发展变化过程是相互交替出现的,即较长期的缓慢渐进和瞬时的快速突变相交替,从而形成地球发展过程中演化的"节律"。这就是近年来国内外流行的"点断前进论"(punctuated progression)的新的地球历史观。

地质学发展历史中的第三次重大争论是"固定论"和"活动论"之争。"固定论"学说认为,地球上的大陆和海洋在长期的地球演化历史中外形轮廓及地理位置没有发生过大的变化。这种思想以地槽(J. Dana,1873)、地台(A. M. Карпинский,1889)学说为主要代表,并长期统治地质学各领域的大地构造观。1912年,德国气象学家魏格纳(Wegener,1880—1930)的大陆漂移说,对"固定论"首次提出挑战。但是由于当时地质科学成果积累的限制,大陆漂移说没有取得地质学和地球物理学的更多支持,加上魏格纳于1930年在格陵兰科考中遇难,大陆漂移说在1930年之后又处于暂时沉寂状态。第二次世界大战以后,随着人类对矿产资源的急需和科学技术的发展,地质学,尤其是海洋地质学和地球物理学取得了突破性进展,相继出现了海底扩张、地壳消减的概念,并最终导致20世纪60年代后期板块学说的形成(X. Le Pichon,1968;J. Morgan,1968;P. McKenzie,1967)。板块学说形成以后,几乎带动了地球科学所有领域的发展,尤其是大陆地质学和大陆地球动力学的发展。近年来,地体理论、地幔柱学说、地球脉动学说的提出,更深化了人们对地球结构、演化和动力学的认识,也预示着不远的将来一个新的全球构造理论的诞生。

第四节　本教材的结构和特色

如前所述,古生物学和地史学是地球历史科学中两个关系密切的学科分支,两门课程具有相对独立的学科体系。在教学实践中,不少专业又将其合并为同一门课程。因此本教材的结构和特色如下。

(1)本教材继承中国地质大学杨遵仪院士、殷鸿福院士所建立的古生物学和王鸿祯院士、刘本培教授所建立的地史学课程体系和理论精华。本教材第二章至第七章为古生物学部分,包括古生物学总论(第二章至第四章)和分论(第五章至第七章);第八章至第十七章为地史学部分,包括地史学总论(第八章至第十章)、分论(第十一章至第十五章)和综述(第十六章至第十七章)。

(2)根据国内不同高校地质学及地质工科各专业"古生物地史学""地层古生物学"等课程的学时安排和教学要求,本教材既兼顾古生物学、地史学的基本理论与基础知识的系统性和完整性,也适度突出重点。在基本理论和基础知识方面,系统介绍了生命起源和生物进化,生物与环境,化石的形成、保存和类别,沉积地层的形成环境和古地理,地层的划分和对比,历史大地构造的基本理论和基础知识。在突出重点方面,门类古生物学部分,重点介绍了在地层划分对比中应用的重点化石门类的特征,并新增了微体化石一章;断代地史学部分,以中国东部华北板块和华南板块的地史演化为主线,重点介绍板块的形成过程、地层和沉积环境及古地理演化。

(3)本教材在继承《地史学教程》(1980,1986,1996)的基础上,将华北板块、华南板块、塔里木板块及其他地块之间的古大洋及其形成的造山带演化集中于第十六章,在总结全球和中国主要构造运动的基础上,重点论述华北板块、塔里木板块与华南板块之间的中央造山带,华北板块、塔里木板块与西伯利亚板块之间的古亚洲洋和中亚造山带(中国部分),华南板块、北羌塘地块与冈瓦纳大陆之间的西南特提斯洋和西南特提斯造山域的形成演化,综述中国古大陆的形成阶段和拼合过程。

(4)本教材将最新的全球重大地质事件的研究成果集中于第十七章,重点介绍了地球演化历史中全球性的重大地质事件,包括岩石圈事件(超大陆旋回)、生物圈事件(早期生命事件和生物灭绝事件)、大气圈和水圈事件(大氧化事件、冰室气候事件及海平面变化),使读者对全球地史时期的重大事件有一个扼要的了解,拓展读者相关的知识结构。

(5)不同专业在教学过程中,可根据专业需求对本教材的教学内容进行选择,部分内容可作为课外阅读和知识扩展(如第十六章至第十七章)。

第二章　化石与古生物学

　　生命是地球的象征,地球也因生命而精彩。地球为生命提供了生存空间和物质基础,生命为地球增添了活力并创造了人类及其宜居环境。生活在地球上的生物形形色色、丰富多彩,它们遍布于地球的每个角落,繁衍生息,为地球增添了无限生机。然而,如此多姿的生物界来自何方? 地质历史时期的生物界是何种面貌? 它们是如何发展成今天的繁荣世界的呢? 这一切答案都记录在保存于岩层中的化石上,这亦是古生物学要研究的重要内容。

第一节　化石——古生物学的研究对象

　　所谓化石(fossil)是指保存在岩层中的地质历史时期生物的遗体、生命活动的遗迹以及生物成因的残留物质。因此,化石与一般岩石的区别就在于它必须与古生物相联系,它必须具有形状、结构、纹饰和有机化学成分等生物特征,或者是由生物生命活动所产生并保留下来的痕迹。一些保存在地层中与生物和生命活动无关的物体,虽然在形态上与某些化石十分相似,但不能称为化石,如姜结石、龟背石、泥裂、卵形砾石、波痕、放射状结晶的矿物集合体、矿质结核、树枝状铁质沉淀物等。还有一些人工仿造或者人为利用一些化石材料加工制作的物件,也不能作为化石,最多只能称为假化石(pseudofossil)。但是,也有一些结构看起来很像化石,但在当前认知水平或技术条件下还难以确定其是否为生物成因的物件,可称之为疑化石(dubiofossil)。疑化石在前寒武纪地层以及一些地外天体中比较常见,但也见于其他时代地层中。当然,后期研究也许能够确定它们是生物成因的化石或非生物成因的假化石。

　　古生物学以化石为研究对象,研究地史时期的生物界及其发展规律。其研究范围包括各地质历史时期地层中保存的生物遗体、遗迹和一切与生物活动有关的地质记录,包括藻类、细菌等地质微生物代谢活动引起沉积环境变化而产生的叠层石、核形石等微生物成因的沉积构造(microbial-induced sedimentary structure,MISS)。古生物是相对于现生生物而言的,它们具有生活时代上的差别。通常古、今生物之间的时间界线被定在更新世与全新世之交(约 11 700 年),即生活在全新世以前的生物才称为古生物,而全新世以来的生物属于现生生物的范畴。因此,埋藏在现代沉积物中的贝壳、脊椎动物骨骼等生物遗体及生物活动痕迹都不是化石,人类历史以来的考古文物一般亦不被认为是化石。

　　古生物学的基础工作包括化石的采集和发掘、处理和修复、鉴定和描述,并在这些工作的基础上进行分类和复原,分析各类生物的生态习性、演化特征等,进而开展各种科学研究、生产应用和社会服务。自然界中,有些化石个体较大,利用常规方法在肉眼下就能直接进行研究,这些化石称为大化石(macrofossils)。但是某些生物类别,如有孔虫、放射虫、介形虫、沟鞭藻和硅藻等,以及某些古生物类别的微小部分或微小器官,如牙形石、轮藻和孢子花粉等,形体微小,一般肉眼难以辨认,这些化石称为微化石(microfossils)。对于微化石的研究必须采取专门的技术和方法从岩石中将化石处理分离出来,或磨制成切片,通过显微镜进行观察和研究。有些化石比微化石更小(一般在 10 μm 以下),如颗石等,它们必须在电子显微镜或扫描电子显微镜下进行观察和研究,这些化石称为超微化石(ultramicrofossil 或 nannofossil)。还有一类化石是仅保存了原始生物有机组分中的一些基本碳骨架,但它们能够明确指示当时的生命存在,称为分子化石(molecular fossil)或化学化石(chemical fossil),只是它们需要借助一定的仪器设备方能检测出来。由于化石类别不同,其研究手段和方法也有差别,因而就产生了一些专门的古生物学分支学科,如微体古生物学(micropaleontology)、超微古生物学(ultramicropaleontology)和分子古生物学(molecular paleontology)。同时也有根据化石的古生物属性划分的古动物学(paleozoology)、古植物学(paleobotany)和古藻类学(paleoalgology),以及进一步划分的古无脊椎动物学(invertebrate paleontology)、古脊椎动物学(vertebrate paleontology)、古人类学(paleoanthropology)、古孢子花粉学(paleopalynology)等。还有与相关学科交叉融合形成的生物地层学(biostratigraphy)、古生态学(paleoecology)、古生物化学(paleobiochemistry)、古生物地理学(paleobiogeography)等。

第二节　化石的形成

生活于地质历史时期的古生物,其死亡后的生物遗体及其生活时产生的遗迹,被沉积物埋藏,并在漫长的地质年代过程中,随着沉积物的成岩作用,与沉积物一起经受各种物理化学改造,最终成为沉积岩的一部分,这一过程就称为化石的石化作用(fossilization)。一个古生物能否保存为化石,主要取决于以下几个方面的条件。

一、生物本身条件

从生物本身条件来说,容易保存为化石的主要是生物的硬体部分,因为软体部分容易腐烂、分解而消失。所谓生物硬体,就是指生物体上相对比较坚硬的部分,特别是由矿物质组成的硬体,比较能够持久抵御各种破坏作用。但硬体的矿物质成分不同,保存为化石的可能性也不同。由方解石、硅质化合物和磷酸钙等矿物组成的生物硬体,在石化作用过程中比较稳定,容易保存为化石。而霰石和含镁方解石等不稳定矿物,在转化为稳定矿物之前则容易遭受破坏。有机质硬体如角质层、木质、几丁质薄膜等,虽易遭受破坏,但在石化作用过程中可碳化而保存为化石,如植物叶子、笔石体壁等。在某些极为特殊的条件下,一些动物的软体部分有时亦能保存为化石,如琥珀中的昆虫(图 2-1)和第四纪冻土中的猛犸象(图 2-2)等。

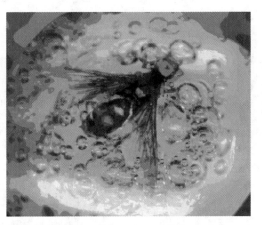

图 2-1　琥珀中保存完整的昆虫实体化石

二、生物死后的环境条件

生物死亡后,其尸体所处的物理化学环境直接影响到化石的形成。在高能水动力条件下,生物尸体容易被磨损破坏;水体 pH 值小于 7.8 时,碳酸钙组成的硬体易遭溶解;氧化环境下有机质容易腐烂,在还原环境下有机质容易保存下来。此外,生活着的动物吞食和细菌的腐蚀作用亦影响到化石的形成。

三、埋藏条件

生物死后掩埋的沉积物不同,保存为化石的可能性亦不同。如果生物尸体被化学沉积物、生物成因的沉积物所埋藏,除软体部分外,硬体较容易保存下来。但如果是被粗的碎屑沉积物埋藏,由于粗碎屑的机械活动性和富孔隙性,生物尸体容易遭受破坏。在某些特殊的沉积物(如松脂、冰川冻土)中,一些生物的软体部分亦能完好地保存下来(图 2-1,图 2-2)。

图 2-2　发现于西伯利亚冻土中的猛犸象实体化石及其复原图

四、时间条件

只有生物死后迅速被埋藏起来才有可能被保存为化石。被埋藏起来的生物尸体还必须经过长时期的石化作用后才能形成化石。有时生物死后虽被迅速埋藏,但不久又因各种原因被暴露出来遭受破坏,也不能形成化石。有时被埋藏在浅层沉积物中的生物尸体还有被生活在泥底中的生物吞食的可能。在一些较古老的岩层中的化石,岩层变形和变质作用亦容易使化石遭受破坏。

五、成岩条件

沉积物在固结成岩作用过程中,其压实和结晶作用都会影响到古生物的石化作用和化石的形成。一些孔隙度较高、含水分较多的碎屑沉积物,压实作用显著,因而保存在其中的化石变形作用明显。保存在碳酸盐岩沉积物中的化石,由于沉积物的成岩重结晶作用,由碳酸钙组成的生物硬体也将发生重结晶,因而生物体的结构容易被破坏。只有在压实作用较小且未经过严重重结晶作用的情况下,才能保存为完好的化石。

保存在沉积物中被埋藏起来的生物遗体,在沉积物的成岩作用过程中所发生的石化作用主要有以下 3 种形式。

(1)矿质填充作用:生物的硬体组织中的一些空隙,通过石化作用被一些矿物质沉淀充填,使得生物的硬体变得更加致密而坚实。这种填充作用可发生在生物硬体结构之中,如贝壳中的微孔、脊椎动物的骨髓等;也可发生在生物硬体结构之间,如有孔虫壳的房室、珊瑚的隔壁之间等。

(2)置换作用:在石化作用过程中,原来生物体的组成物质被溶解,并逐渐被外来矿物质所填充。如果溶解和填充的速度相当,以分子的形式置换,那么原来生物的微细结构可以被保存下来。例如,德国二叠纪的硅化木,其原来的木质纤维均被硅质置换,但其微细结构仍清晰可见;美洲西部二叠纪的硅化腕足动物化石,一些微小和精细的壳饰都完好地保存下来(图 2-3)。如果置换速度小于溶解速度,则生物体的微细构造不会保存,仅保留其外部形态。常见的置换作用有硅化、钙化、白云石化和黄铁矿化等。

(3)碳化作用:石化作用过程中生物遗体中不稳定的成分经分解和升馏作用而挥发消失,仅留下较稳定的碳质薄膜而保存为化石。例如,以几丁质成分($C_{15}H_{26}N_2O_{10}$)为主的笔石和植物叶子经升馏作用,H、N、O 元素挥发逃逸,留下碳质化石薄膜(图 2-4)。

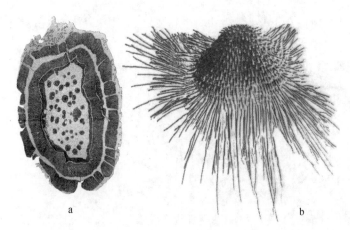

图 2-3　置换作用形成完好的木化石(a)和腕足类化石(b)

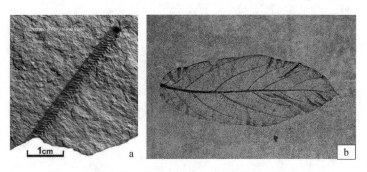

图 2-4　升馏作用形成碳质笔石(a)和植物叶化石(b)

由此可见,由古生物形成化石,必须满足严格的条件并经历各种地质过程,而地质历史时期在地球上生活过的古生物,绝大部分都难以达到以上条件。因此保存在各时代地层中的化石,只是地质历史时期生存过的生物群中的一小部分。而且即使化石已经形成,如果在地层中没有被发掘出来,它仍然受各种地质作用的控制,如变质作用、风化作用等,还可能遭受破坏。据统计,在现生生物中,已描述的种约有 200 万个,其中动物 150 万种(昆虫 100 万种),植物 50 万种。如果把现生种全部描述出来,估计有500 万～1000 万种。然而,目前已经记述的古生物种不到 20 万种,而地质历史已经历了几十亿年,即使从地球生物大爆发的显生宙以来,也有近 6 亿年的历史。有人估计曾经在地球上生存过的生物超过 50亿种,但其中超过 99.9% 的种已经灭绝了。这一事实一方面说明还有大量未知的化石有待发现,另一方面也表明化石记录的不完备性。

虽然人们对化石的认识在很大程度上取决于对已有化石的发掘、采集和分析,但严格的化石保存条件导致了化石记录的不完备性,这是古生物学中的基本事实,所以在研究古生物界的面貌及其发展规律时,必须考虑这个事实,避免做出片面的结论。同时,化石是珍品,要爱护来之不易的化石记录,使之发挥应有的作用。

第三节　化石埋藏学

研究古生物从死亡后到化石形成之前所经历的埋藏环境、埋藏条件和埋藏过程的学科,被称为化石埋藏学(taphonomy)。古生物从死亡到最后形成化石,生物体要发生重大变化,但其最重要的变化发生在生物体被最后埋藏(进入石化作用)之前。因为这段时期,生物体受到的外界环境干扰因素最多,身体本身不仅会遭受破坏,而且保存位置也可能会被转移。

一、化石的埋藏类型

古生物死亡后在原地埋藏保存为化石,称为原地埋藏。如果化石群的成员与原来生物群的成员一致,几乎全部未经移动,此化石群称原地化石群。如果化石群中保存着原来生物群中的大部分成员,且保存着原地生活状态,但一小部分被搬运走了,这种原地埋藏的化石群称残留化石群。古生物死亡后经过搬运,离开原地就成为异地埋藏。如果化石群中大部分成员属同一生物群,且未经搬运,但混入了搬运来的生物,其中有同时期的或不同时期再沉积的,这种化石群叫混合化石群。有些化石群的生物全部为搬运后而形成的,它们可能来自几个同时代的生物群,甚至有时是不同时期的化石再沉积的,此化石群称搬运化石群。

原地埋藏的原地化石群和残留化石群对确定地层时代及恢复古环境非常有用。搬运化石群和混合化石群一般不能用来确定地层的时代,但有时对古环境研究也能提供有用信息,如水流强度、水流方向、能量高低和沉积物质来源等。从地层中发现一个化石群,研究及应用时首先必须辨别它是原地埋藏还是异地埋藏,其辨别的主要标志如下。

(1)化石保存的完整程度。一般埋藏在原地的化石保存完整,很少受到破坏,且保存原来生活时的状态。如石炭纪森林中的鳞木(*Lepidodendron*),根部化石呈原位保存;又如辽西热河生物群中的虾化石,不仅具有完整的骨骼,且有皮膜印痕(图 2-5)。异地埋藏的化石保存不佳,个体多破碎或被磨损(图 2-6)。

(2)个体大小的分选性。原地埋藏的化石,一般个体大小会很不一样,有时还可以从中观察到从幼年期到老年期个体形态的变化。异地埋藏的化石,因经过水流分选,往往同样大小的个体埋藏在一起(图 2-6),且有磨损现象。但要注意,外来化石可能经过分选又与原来未经搬运的化石混合在一起,个体大小也不相同。

 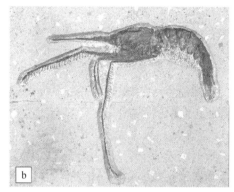

图 2-5　原地埋藏

a.苏格兰石炭纪森林中的鳞木(*Lepidodendron*)呈原位保存;b.辽西热河群中保存着完整的虾化石

(3)两壳保存的分散性。原地埋藏的双瓣壳化石,一般是两壳闭合。即使两瓣分离,同一地点或同一层位中,两瓣数量比例大致是 1∶1。而异地埋藏同一属种两瓣比例极不一致,甚至仅见其中的某一瓣,缺失另一瓣。

(4)观察判断生物的生长位置。原地埋藏的化石往往保持生物原来生活时的位置和方向,或稍有变动。异地埋藏的化石不保持原来生活时的位置,例如多数珊瑚萼部向下或珊瑚体全部平卧(图 2-7)。

(5)化石的生态类型与其埋藏环境是否一致。原地埋藏的化石群的居群组合与环境是一致的,例如

图 2-6　异地埋藏的腕足动物碎片(a)和介壳滩(b)

图 2-7　单体四射珊瑚的埋藏位置示意图

1、3.正常生长位置；2、4.经过搬运

围岩反映浅海沉积特征，化石群也是典型的浅海居群组合。异地埋藏的化石群则在浅海沉积中出现正常浅海生物，同时也有深海或陆生的生物群，如陆生脊椎动物和植物化石，它们可能是近岸河口冲刷搬运来的，这样就构成混合化石群。

（6）不同时代的化石保存在一起时，老的化石应该属于异地埋藏。这是保存在老地层中的化石被风化剥蚀出来后再次沉积到新地层中所致。

（7）生物生命活动过程中留下的痕迹一般为原地埋藏。

二、超常保存化石库

所谓超常保存是指一些古生物的软体组织或结构被全部或部分保存下来。由于超常保存只能形成于某些特殊的沉积环境条件下，而这种环境条件也有利于化石的保存和聚集，因此在这种区域保存下来的化石群常常是一段时期的古生物化石汇聚，故被称为化石贮集库或简称为化石库(Lagerstätte，这是一个德文词，其复数为 Lagerstätten)。不过，即使超常保存，一般也只有那些像几丁质和纤维素之类不太容易腐烂的软体组织才能发生石化；只有在一些极端条件，生物软体组织的结构才有可能被矿化或交代保存下来。生物软体组织的矿化保存主要有 3 种形式。

（1）完全矿化，即软组织的各个细节部分都被精确地矿化或复制。这种情况十分少见，其矿化作用应该发生得很早，也许是生物死亡后数小时之内，通常是磷酸盐化。这时候，像肌肉纤维这样一些很不稳定的结构都能保存下来。当然，更多的是一些比较抗腐烂的组织，如几丁质和纤维素等。

（2）矿化膜，即矿化作用在软组织的表面形成一层矿物质的膜。这种类型的矿化最常见，通常是在细菌的参与下形成的磷酸盐化、碳酸盐化或黄铁矿化。矿化膜完整地保存了软组织的形态，但软体结构完全消失了。

（3）矿化核，即在沉积压实作用的早期软体组织被矿物质交代充填后形成的铸型。常见的是硅质结核和钙质结核，其保证了软体的形态不被压扁或溶解。

在目前已经发现的超常保存化石库中，生物软体矿化保存类型大致可归纳为 5 类(图 2-8)。

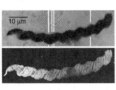

图 2-8 几类主要超常保存化石

a. 陡山沱型磷酸盐化保存；b. 古泉型硅化保存；c. 布尔吉斯页岩型碳质压膜保存；d. 比彻三叶虫型黄铁矿化保存；

e. 埃迪卡拉型微生物席包覆保存

（1）奥斯坦型或陡山沱型保存。以瑞典寒武纪奥斯坦化石库和中国埃迪卡拉纪陡山沱组化石库中的化石保存为特征，其生物软体主要以磷酸盐的形式完全矿化保存。

（2）古泉型保存。以澳大利亚前寒武纪古泉组中硅质交代保存的细菌化石为特征，在细胞腐烂之前，二氧化硅迅速包裹生物体，从而使其免受后期各种改造作用而保存下来。由于这种硅化作用所需的二氧化硅超饱和浅水环境不适宜于大型真核生物生存，因此它只见于微生物席和细菌化石中。

（3）布尔吉斯页岩型保存。以加拿大寒武纪布尔吉斯页岩化石库为代表，软体组织主要以碳质压膜的形式被保存下来。中国云南澄江的帽天山页岩化石库主要为这种类型。

（4）比彻三叶虫型保存。以美国纽约奥陶纪比彻三叶虫化石库中保存的精美古生物软体结构最有特色，黄铁矿化保存的软体和硬体结构都非常清晰。

（5）埃迪卡拉型保存。以澳大利亚埃迪卡拉纪埃迪卡拉化石库最有代表性，生物软体由于被微生物席所包覆而以印痕或铸型的形式被保存下来。

目前国际上已经发现的超常保存化石库有数十处，它们从前寒武纪一直到现代都存在。虽然有些化石库只产于某些特殊的地区，但也有一些化石库分布于当时世界的多个地区。这些超常保存化石库为生命演化史的关键环节研究提供了重要信息。例如，最先在澳大利亚南部命名的埃迪卡拉化石库（埃迪卡拉动物群）该化石群在包括中国在内的世界很多地区都有化石库）为多细胞后生动物的起源提供最早的化石证据；中国云南的澄江化石库（澄江动物群）为寒武纪生物大爆发提供了证据；中国辽宁西部的热河化石库（热河生物群）为揭示恐龙与鸟类的演化关系提供了直接的证据；等等。

第四节　化石的保存类型

根据化石的保存特点，大体上可以将化石分为四大类，即实体化石、模铸化石、遗迹化石和化学化石。

一、实体化石

实体化石是指经石化作用保存下来的全部生物遗体或一部分生物遗体的化石。在个别极为特别的情况下，生物的硬体和软体可以无显著变化，比较完整地保存下来。例如，2012 年在西伯利亚第四纪冻土层（约 45 000 年前）里发现的猛犸象化石（图 2-2），不仅骨骼完整，皮、毛、血、肉，甚至胃中食物也都被完整地保存下来；我国抚顺煤田古近系抚顺群（始新世至渐新世）琥珀中常见保存完整的蚊、蜂和蜘蛛等昆虫化石(图2-1)。但是多数实体化石只是生物的硬体部分,并且经历了不同程度的石化作用。

二、模铸化石

模铸化石指生物遗体在岩层中的印模和铸型,根据其与围岩的关系,又可分为4类。

(1)印痕化石:即生物尸体陷落在细粒碎屑或化学沉积物中留下生物软体的印痕。经腐蚀作用和成岩作用后,生物尸体完全消失,但印痕仍然保存,而且这种印痕常常可反映该生物的主要特征,如加拿大大不列颠哥伦比亚省苗岭统布尔吉斯页岩,中国云南省寒武系第二统澄江动物群和贵州省苗岭统凯里动物群中大量保存优美的动物软体印痕化石(图2-9)。

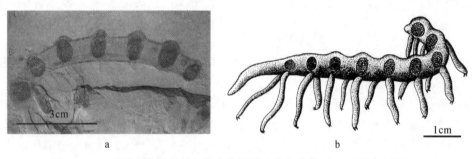

图2-9 云南澄江寒武系第二统中华微网虫的印痕化石(a)及其复原图(b)

(2)印模化石:即生物硬体(如贝壳)在围岩表面上的印模,包括外模和内模。外模反映了原来生物硬体的外表形态和构造特征;内模反映了生物的内部构造。需要注意的是,外模和内模所表现的纹饰和构造凹凸情况与原生物体的实际情况正好相反(图2-10)。在外模和内模形成后,生物硬体被溶解,经压实作用,内、外模重叠在一起就形成了复合模(图2-11)。

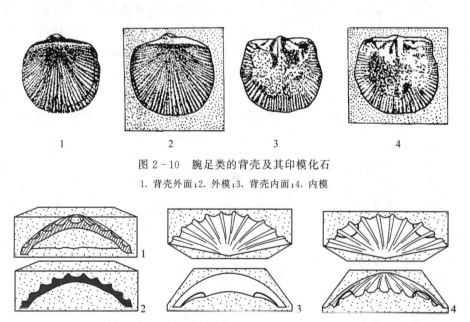

图2-10 腕足类的背壳及其印模化石
1.背壳外面;2.外模;3.背壳内面;4.内模

图2-11 复合模的形成过程(据McAlester,1962)
1.埋藏的双壳类壳体;2.壳体溶解;3.留下外模和内模;4.因压实作用形成复合模(既有外模的放射脊,又有内模的肌痕)

（3）核化石：即由生物体结构形成的空间或生物硬体溶解后形成的空间，被沉积物充填固结后，形成与原生物体空间大小和形态类似的实体，包括内核和外核两种。内核是充填于生物硬体内部空腔中形成的核化石，其表面就是内模（图 2 - 12,6a）；外核是被埋藏的硬体溶解后在沉积物中留下的空腔，该空腔被再次充填所形成的核化石，其表面特征与原硬体表面特征相同，是外模反印到外核上形成的，但其内部是实心的，不具有硬体的内部结构（图 2 - 12,6c）。

（4）铸型化石：即当贝壳埋在沉积物中已经形成了外模和内核后，壳质全部溶解，并被后来的矿质填充所形成的化石。该过程类似于工艺铸成品一样，填充物与原来的硬体部分的大小和形态一致，外部具有原硬体的装饰，内部包裹着一个内核，唯本身不具有原硬体的微细结构（图 2 - 12,6b）。

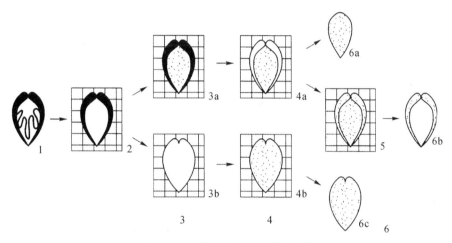

图 2 - 12　模铸化石及其形成过程

1. 双壳类壳瓣及内部软体；2. 软体腐烂；3a. 壳内被充填；3b. 壳瓣溶解；4a. 壳瓣溶解；4b. 原壳体
所占空间被充填；5. 原壳瓣处被充填；6a. 内核；6b. 铸型；6c. 外核

三、遗迹化石

遗迹化石指保存在岩层中的古代生物生命活动留下的痕迹和遗物。遗迹化石很少与遗体化石同时发现，但它对于研究生物活动方式和习性、恢复古环境具有重要意义。动物在软质底质行走时所留下的遗迹，如高等动物留下的足迹和低等动物移动时在底质留下的行迹、拖迹和爬行迹，生物在硬基底上形成的钻孔和在软基底上形成的潜穴等，都是常见的遗迹化石（图 2 - 13）。同时遗迹化石还包括粪团、粪粒、蛋、卵、胃石等生物的排泄物和分泌物以及古人类留下的石器（图 2 - 14）。

四、化学化石

地史时期生物有机质软体部分虽然遭受破坏未能保存为化石，但分解后的有机成分，如脂肪酸、氨基酸等仍可残留在岩层中。这些物质仍具有一定的有机化学分子结构，虽然通过常规方法不易识别，但借助于一些现代化的手段和分析设备，仍能把它们从岩层中分离或鉴别出来，进行有效的研究。目前，人们已从岩层中分析出多糖、核苷酸、嘌呤、烃类和各种氨基酸。如从 1 亿多年前的恐龙化石中分析出7 种氨基酸；从 10 亿年前的前寒武纪地层里分析出了烃类、氨基酸等。这些重大发现，推动了当代分子古生物学、古生物化学和生物成矿作用等新兴学科的迅速发展，对探索生命起源，阐明生物发展历史，以及对生物成因的矿产的探查和研究都有重要意义。

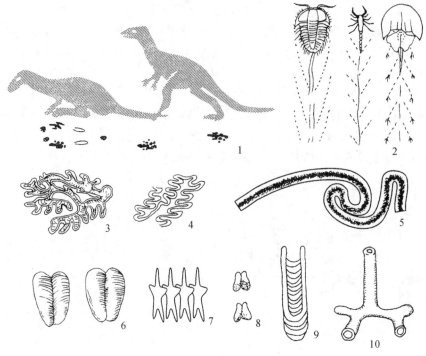

图 2-13　遗迹化石(一)

1. 足迹；2. 行迹；3、4. 拖迹；5. 爬行迹；6、7、8. 停息迹；9、10. 潜穴

(1. 据夏树芳,1978；2. 引自 Seilacher,1984；3～5,7～10. 引自 Ekdale 等,1984；6. 据 Seilacher,1970)

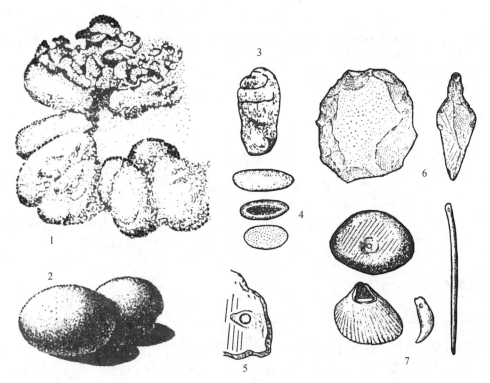

图 2-14　遗迹化石(二)

1. 南雄恐龙蛋化石；2. 华北黄土层中的驼鸟蛋化石；3. 鱼粪化石；4. 粪粒化石；5. 牡蛎壳上的化石珍珠；6. 猿人石器；7. 山顶洞人的装饰品和骨针

第五节　化石的研究方法和意义

古生物学中关于化石的常规研究一般包括化石标本或样品的采集,标本的揭露与分离,化石的鉴定和记述,化石标本的照相、制图和复原以及化石资料的分析和应用等几个步骤。

一、标本或样品的采集

大化石标本和微化石分析样品的野外采集是古生物学进行化石研究的第一步,也是最关键的工作,因为对化石的进一步研究和分析都依赖于野外对化石的观察和第一手资料收集。

野外资料的收集是根据研究工作任务、研究目的和要求而定的。一般说来,化石研究通常与产化石地层的研究相联系,涉及古生物的生活年代、生活环境、古地理位置及相关矿产资源等。在进行野外化石及其样品的采集之前,要对研究区的区域地质情况有所了解,诸如区域大地构造和古地理背景、地层层序及其出露情况、地层产状及接触关系等。

以地层学研究为主要目的的化石采集,要注意选择有代表性的地层剖面进行地层剖面测绘和化石标本或样品的采集工作。采集的化石标本或样品必须在野外进行现场编录和包装,并在野外记录簿上进行相应的登录和记述。尤其要记述标本的具体采集位置、与地层自然层理的关系、产出状态、丰富程度、完整性和野外现场初步鉴定结果(至少要在野外现场鉴定出大的门类归属,并分门别类地对化石装箱,以利于室内及时地根据各类化石特点进行分析处理)。

对于以古生态和古环境研究为主要目的的化石采集,除了进行常规的地层学资料收集外,应着重收集反映古生物本身生活特点和生活环境等方面的一些资料,特别要注意观察和记录(包括照相和素描)能够判定化石群是原地埋藏还是异地埋藏的重要信息,例如化石的保存状态、保存完整程度,化石的磨蚀、分选和排列情况,化石在地层中的分布情况,化石的丰度和分异度、类别组成和各类别间的共生组合关系等。同时,对围岩资料的收集和观察亦十分重要,尤其是一些与当时沉积环境关系密切的沉积构造、沉积物组成、沉积环境标志物(如黄铁矿、海绿石等)乃至地球化学等方面的资料都对古生物的生活环境和古生态的研究十分有用。

大化石的采集关键是使用合理的物理化学方法将化石完整地从围岩中剥离出来。野外采集必须根据化石围岩的特点,利用合适的工具和合理的提取方法,尽可能地不破坏化石本身的完整性及其装饰和结构。对于一些比较脆弱的化石或具有比较精细装饰和构造的化石,野外采集时通常要连同一部分围岩一起切取下来,待室内进一步分离和修理。对于一些比较坚硬的碳酸盐岩,必要时可用化学方法溶蚀围岩,以获取化石。

微化石一般肉眼看不见,不能像大化石那样采集,通常是将埋藏它们的沉积物一起按化石样品采集,回到实验室后借助于一定的物理化学方法进行处理后才能将微化石标本分离出来。对微化石样品的采集,必须要了解各类化石的保存特点和有利岩性,以提高采样效率和准确性。各类生物的生活方式和生活环境不同,有利于它们保存的岩性亦不同。例如,钙质生物通常较容易从碳酸盐岩中获得;游泳和浮游生物则主要产于深水灰岩、页岩和硅质岩中。采样间距主要根据工作目的和岩性特点来确定;采样量取决于所采化石的类别和岩性,采样数量通常为处理化石时所需数量的 5～10 倍。样品可采自地表露头、钻井或海底、湖底的松散沉积物中,但要力图采集新鲜样品,明显的风化作用有时会破坏化石。特别重要的是,要防止样品的污染。

二、标本的揭露与分离

对于大化石的采集,通常要注意在野外时尽量采集保存完好、暴露全面的标本。当难以采集到完整标本时,要特别注意采集标本的一些具有关键性鉴定特征的部位。同时对采集到的标本进行包装保护是十分重要的。不过,多数标本在装箱和搬运过程中都难免磨损,因此,一般还要注意采集一些在野外未完全暴露的标本,回到室内后再进行修理和揭露出化石的全貌。标本的修理和一些关键构造特征的揭露是一项十分细致的工作,需要有专门的修理设备和工具。这项工作通常要由专门的古生物学工作者或熟练的技术人员,或者在他们的指导下完成。为了揭示化石的内部构造,有时要做切片处理,或者磨出光面进行观察。

微化石标本的分离则更需要专门的技术对野外采集回来的样品进行处理。一般的处理包括碎样、物理或化学处理、挑样等过程。如果采集的是固体样品,第一步是将样品通过物理方法破碎成小块(通常 0.5~1cm 大小)。有时也采用水浸泡或用高温加热再骤冷的方法,直接将化石与围岩分离开来(这种方法对某些大化石的分离亦十分有效)。化石样品的化学处理,借助化石与围岩之间物理化学性质的差异选用不同的溶剂及其浓度,使其既能将围岩溶解,又不至于破坏化石。通过这种酸(如盐酸、醋酸、氢氟酸等)或碱溶液处理后,一般能将化石从围岩中分离出来。然后在显微镜下将化石标本从分离后的围岩样渣中挑选出来,封存到特制的标本盒中,以供鉴定和研究。

三、化石的鉴定和记述

化石从围岩中揭露和分离出来之后,就可以进行各项古生物学研究了。有些化石从外表特征就可以比较明确地鉴定,但有些化石需要结合其内部结构才能可靠鉴定,这时需要对化石做进一步的处理,如制作切片或借助一定的仪器设备(如 X-射线扫描)等,以完整揭示其内容结构特征。

一般说来,化石的鉴定和记述由专门的古生物学工作者完成。根据化石特征进行分类,查阅有关的古生物学文献,对照前人已有的化石标本或图片和记述资料给标本定名,确定其归属。如果查阅了所有的资料,确定它是新种或新属,就要根据有关命名法规给其以新的名称。

对于一些比较重要的化石,一般要进行详细的描述和分析,讨论其归属和地质意义。化石鉴定后要对相关的化石进行统计,结合野外观察和统计数据进行整理和补充,对野外未能正确确定的名称及相关的统计进行适当的补充说明,并在室内记录中记述修正意见和结果。

四、化石标本的照相、制图和复原

通常,化石标本的特征单靠文字记述很难完整确切地表达清楚,而配上一些清晰的照相图片,就能比较清楚地将其主要特征表现出来。尤其对一些重要的标本和新建种的模式标本,必须配有能清楚明确地表达其关键特征的化石照片。对于某些在照片上不易被注意到,或者不能清晰确切地表达的重要特征以及一些重要的细节,还应绘制各种线条图加以说明。

某些个体较大的生物化石,如脊椎动物化石和某些古植物化石,身体各部分往往分开保存。为了对化石有一个整体的认识,常需要研究者利用零散的化石标本根据比较解剖学及其他相关知识对化石进行复原。某些化石,甚至还需要恢复其外表的软体特征。

五、化石资料的分析和应用

化石研究的目的是服务于科学的理论研究和实践应用。根据研究的任务和工作的目的不同,化石资料的分析方法亦不同。由于化石是古代生物生命活动的产物，因此借助化石研究生命和生物的历史，以及生物体结构的演变，可以从生物学的角度来对化石资料进行分析和应用。生命发展不断向前，同时生物进化是不可逆的，因而各个地质历史时期曾经生活过的生物是互不相同的，因此化石具有明确的时间含义，它是地质历史的另一种时间标尺，可以从时间和历史发展的角度来对化石资料进行分析和应用。事实上，我们当前普遍采用的地质年代表就是依据古生物来划分建立的。生物与环境是统一的整体，化石是古生态系统的直接指示者，古生态系统的变化与古环境的变化是一致的，因此可以从古环境及其变迁的角度来对化石资料进行分析和应用。然而，在进行古生物资料分析和应用中，必须正视"化石记录的不完备性"这一客观事实，避免做出过分和片面的结论。

第六节　古生物的分类与命名

古今生物种类繁多、形态多样。为了便于研究，学者们一般根据它们之间的相似关系，将其归并成各种分类群，作不同的等级系统排列并命名，即进行分类研究。按照生物亲缘关系所做的分类称为自然分类，但由于化石保存常不完整或难以像现生生物那样直接确定其亲缘关系，因此有时只能按照化石之间形态上的表面相似性做人为分类。

一、分类等级

古生物（化石）的分类采用与现生生物相同的分类等级和分类单元，其主要分类等级是界（kingdom）、门（phylum）、纲（class）、目（order）、科（family）、属（genus）和种（species）。除这些主要分类单元外，还可插入一些辅助单位，如亚门、亚纲、亚科、亚属、亚种和超纲、超目、超科等。

任一等级上的生物类群都必须具有一些共同的性状特征，以区别于其他的生物类群。共同的性状越多，其分类等级越低。越高分类等级的生物类群，其共同的性状越少。

种（物种）是生物学和古生物学的基本分类单元，它不是人为的单位，而是生物进化过程中客观存在的实体。生物学上的种是由杂交可繁殖后代的一系列自然居群所组成的，它们与其他生物体在生殖上是隔离的。同种生物具有共同的起源、共同的形态和结构特征、相同的生活方式、同一地理区和相同的生态环境。化石种的概念与生物学相同，但由于对化石不能判断是否存在生殖隔离，因此化石种着重以下特征：①共同的形态特征；②构成一定的居群；③居群具有一定的生态特征；④分布于一定地理范围。根据以上特征判明的化石种，与生物种一样都是自然的基本分类单位。

有些种下可分亚种（subspecies），不同居群因地理隔离在性状上出现分异而形成地理亚种。除地理亚种外，古生物学中还有年代亚种，即随着时间推移，某些种会逐步发生性状（形态）变异而形成新的亚种。

属是种的综合，包括若干同源的和形态构造、生理特征近似的种。一般认为，属也同样应是客观的自然单元，代表生物进化的一定阶段。

二、命名

所有经过研究的生物都要给予科学的名称，即学名。学名要根据国际动物、植物和菌类学命名法规及有关文件规定来建立。各级分类单元均采用拉丁文或拉丁化的文字来表示。属（及亚属）以上分类单位的学名用单名法，即用一个词来表示，其中第一个字母大写。种的命名则用双名法，由两个词组成，即在种本名前加上它所归属的属名才能构成一个完整的种名。种名的第一个字母小写，但种名前的属名的第一个字母仍应大写。对于亚种的命名,则要用三名法,即在属和种名之后,再加上亚种名,而且亚种名的第一个字母要小写。此外,在印刷和书写时,属及属以下单元的名称字母均用斜体表示,属之上分类单位的名称用正体。为了便于查阅,在各级名称之后,用正体字写上命名者的姓氏和命名时的公历年号,两者间以逗点隔开,如 *Squamularia grandis* Chao,1929。

以老虎为例,其分类系统和名称体系如下:

  界   Kingdom Animalia Linnaeus,1758(动物界)

    门   Phylum Chordata Haeckel,1874(脊索动物门)

      亚门   Subphylum Vertebrata Linnaeus,1758(脊椎动物亚门)

        纲   Class Mammalia Linnaeus,1758(哺乳纲)

          目   Order Carnaivora Bowdich,1821(食肉目)

            科   Family Felidae Fischer and Waldheim,1817(猫科)

              属   Genus *Panthera* Oken,1816(豹属)

                种   Species *Panthera tigris* Linnaeus,1758(虎种)

东北虎(*Panthera tigris altaica*)和华南虎(*Panthera tigris amoyensis*)是在中国现存的两个地理亚种。

生物命名法规中有一条重要的原则是优先律,即生物的有效学名是符合国际动物或植物命名法规所规定的最早正式刊出的名称。遇有同一生物有两个或更多名称构成同物异名,或不同生物共有同一个名称构成异物同名时,应依优先律选取最早正式发表的名称。例如,腕足动物弓石燕属 *Cyrtospirifer* Nalivkin 是 1918 年最早命名的,后来 Grabau 在 1931 年又将同一属命名为 *Sinospirifer*,依据优先律,后者应废弃。

在化石研究中,有时会遇到一些不能做确切鉴定的情形,需要用特殊的表示方法。其表示方法通常是在属名后加注一些拉丁缩写词:sp.(species 的缩写)为未定种,表示标本鉴定后难于归入已知种中,而又无条件建立新种,如 *Redlichia* sp.;sp. indet.(species indeterminata,即不能鉴定的种)为不定种,表示化石保存欠佳,无法鉴定到种;cf.(conformis,相似、比较)为相似种或称比较种,指与某一已知种在形态上有一定的相似性,但仍有一定的差别,如 *Fusulina* cf. *cylindrica*;aff.(affinis,亲近)为亲近种,说明标本与某一已知种有一定亲缘联系,但特征上又存在差异。

如果属名、种名是第一次提出的,则在发表时分别于名称之后加注 gen. nov.(genus novum,新属)和 sp. nov.(species novum,新种)。发表新属时要指定模式种,即指定该属中一个最有代表性的种作为该属建立的依据。发表新种时则要指定模式标本,作为描述新种主要依据的某一标本为正模,其他作为正模的补充标本,为副模。

三、古生物的分类系统

生物及化石可以按各种各样的标准和方法进行分类。但是古生物的分类系统都是以化石形态和结构上的相似程度为基础的。这种分类方案的前提是化石的形态和构造特征相似性也基本上反映了生物界的自然亲缘关系,因而被称为自然分类系统。按照这种分类方法,把具有共同形态和构造特征的生物(和化石)归为一类,而把具有另外一些共同特征的生物归为另一类。于是整个生物界(包括现生生物和古生物)可以根据其固有的性状特征之间的异同关系,归纳为一个统一多级别的分类系统。

关于生物界的划分,不同学者由于认识差别而有不同的分法,从二界系统到六界系统各有依据。18世纪,Carolus Linnaeus 根据生物是固着生活还是可以运动,划分生物为植物界(Plantae)和动物界(Animalia)。19 世纪,Haeckel(1886)从植物界和动物界中将具有色素和感光眼点构造、有鞭毛能运动的单细胞低等生物独立为一界,即原生生物界(Protista),因此有三界系统,即原生生物界、植物界和动物界。20 世纪,Copeland(1938)根据生物的细胞结构水平,提出四界系统,即原核生物界(Prokaryotes)(包括蓝藻、细菌)、原始有核界(Protoctista)(包括真核藻类、真核菌类、原生动物)、后生植物界(Metaphyta)和后生动物界(Metazoa)。Whittaker(1969)则根据生物有机体营养方式的不同,提出五界系统,即原核生物界、原生生物界、植物界、动物界和真菌界(Fungi)。我国学者陈世骧(1977)还将病毒和类病毒(立克次氏体等)独立为一界,从而就有了六界系统。不过,当前古生物学研究中所涉及的化石主要属于原生生物界、动物界和植物界。表2-1、表2-2和表2-3分别列出原生生物界、动物界和植物界的主干分类谱系。

表 2-1　原生生物界分类谱系简表

细胞无核			原核生物界 Monera(原核生物 prokaryotes)		
有细胞核 (真核生物 eukaryotes)	真菌状原生生物 fungus-like protists	粘菌 slime molds			
		水霉 water molds			
	动物状原生生物 (原生动物 protozoans)	鞭毛或伪足运动	肉鞭毛虫门 Sarcomastigophora		
		纤毛运动	纤毛虫门 Ciliophora		
		无运动类器官	顶端复杂类器官	顶复虫门 Apicomplexa	
			无顶端类器官	微孢虫门 Microspora	
	植物状原生生物 (藻类 algae)	无色素,无壁单细胞,具运动鞭毛		裸藻门 Euglenophyta	
		叶绿素和甲藻黄素,单细胞,壁内纤维素成甲,浮游		甲藻门 Pyrrophyta	
		黄绿色色素体,单细胞,贮存脂肪		黄藻门 Xanthophyta	
		叶绿素、叶黄素和硅藻素,单细胞,壁硅化,贮存脂肪,浮游		硅藻门 Bacillariophyta	
		金黄色色素体,单细胞,贮存白糖素和脂肪		金藻门 Chrysophyta	
		富叶绿素,呈草绿色,细胞壁纤维素,贮存淀粉		绿藻门 Chlorophyta	
		鲜绿色或黄绿色,多细胞呈假根茎叶分化,卵式生殖,有藏精器和藏卵器		轮藻门 Charophyta	
		富叶黄素,呈黄褐色,多细胞呈假根茎叶分化,细胞壁为纤维素和褐藻胶		褐藻门 Phaeophyta	
		富藻红素,呈红色,多细胞,胞壁为纤维素和藻胶,贮存红藻淀粉		红藻门 Rhodophyta	

表 2 - 2　动物界分类谱系简表

单细胞原生动物								原生动物 protozoans
多细胞后生动物	真后生动物		侧生动物（两层细胞）					海绵动物门 Spongia、古杯动物门 Archaeocyatha
		三胚层、两侧对称动物	两胚层、辐射对称动物					腔肠动物门 Coelenterata
			真体腔动物	无体腔动物				扁形动物 Platyhelminthes
				假体腔动物				线形动物 Nemathelminthes
				体腔分隔动物	体腔不分隔动物			软体动物门 Mollusca
					后口动物	原口动物		环节动物门 Annelida、节肢动物门 Arthropoda
						原口—后口过渡动物		帚虫动物门 Phoronida、苔藓动物门 Bryozoa、腕足动物门 Brachiopoda
						无脊索动物		棘皮动物门 Echinodermata
						半索动物		半索动物门 Hemichordata
						脊索动物	脊索动物门 Chordata	尾索动物亚门 Urochordata
								头索动物亚门 Cephalochordata
								脊椎动物亚门 Vertebrata

表 2 - 3　植物界分类谱系简表

水生					藻类 Algae（原生生物界）
陆生	无维管系统		苔藓植物 bryophytes	苔藓植物门 Bryophyta	
	有维管系统（维管植物）	孢子繁殖	蕨类植物 pteridophytes	原蕨植物门 Protopteridophyta	
				石松植物门 Lycophyta	
				节蕨植物门 Arthrophyta	
				真蕨植物门 Pteridophyta	
		种子繁殖（种子植物）	种子裸露 裸子植物 gymnosperms	种子蕨植物门 Pteridospermophyta	
				苏铁植物门 Cycadophyta	
				银杏植物门 Ginkgophyta	
				松柏植物门 Coniferophyta	科达纲 Cordaitopsida
					松柏纲 Coniferopsida
				买麻藤植物门 Gnetophyta	
			种子包被 有花植物 angiosperms	被子植物门 Angiospermae	双子叶纲 Dicotyledoneae
					单子叶纲 Monocotyledoneae

第三章 生命起源与生物进化

第一节 生命的起源与生物的演化

一、生命的起源

关于生命的起源,学者们推测可能有以下两种途径。

一种途径是银河系中别的星球的生命(细菌或孢子)通过辐射压力或者附着于陨石上传播到地球,然后发展演化。所依据的基本事实是在宇宙中发现有机分子存在。到目前为止,在银河系中发现的 57 种星际分子中有 12 种是无机分子,其余 45 种为有机分子,其中 9 种有机分子是地球上或在实验室中没有发现过的,说明在宇宙中可能存在更为复杂的有机化合物,这是生命存在的物质基础。从陨石中已分析出诸如氨基酸、嘧啶、脂肪酸等复杂有机化合物,但目前还没有有关别的星球上存在生物的确切证据。

另一种途径也是多数学者所认为的生物的形成和发展是在地球上进行的。地球上的无机物在特定的物理化学条件下,形成了各种有机化合物,这些有机化合物后来再经过一系列的变化,最后转化为有机体。因此,生命产生被认为是一种化学进化过程,这一过程可以概略归纳为以下 4 个阶段(图 3-1)。

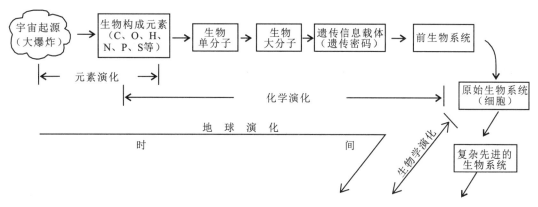

图 3-1 生命的起源和演化历程(据张昀,1989)

(1)从无机小分子物质生成有机小分子物质。一般认为生命起源的化学进化过程是在原始地球条件下开始进行的。当时,地球表面温度已经降低,但内部温度仍然很高,火山活动频繁,从火山内部喷出的气体形成了原始大气。原始大气的主要成分有甲烷(CH_4)、氨气(NH_3)、水蒸气(H_2O)、氢气(H_2),此外还有硫化氢(H_2S)和氰化氢(HCN)等。这些气体在当时强烈的宇宙射线、紫外线、闪电等作用下,就可能自然合成氨基酸、核苷酸、单糖等一系列比较简单的有机小分子物质。后来,地球的温度进一步降低,这些有机小分子物质又随着冷却降水汇集在原始海洋中。关于这方面的推测,已经得到了科学实验的证实。1935年,美国学者米勒等设计了一套密闭装置(图3-2)。他们将装置内的空气抽出,然后模拟原始地球上的大气成分,通入甲烷、氨气、氢气、水蒸气等气体,并模拟原始地球条件下的闪电,连续进行火花放电。最后,在U形管内检验出有氨基酸生成。此外,还有一些学者模拟原始地球的大气成分,在实验室里制成了另一些有机物,如嘌呤、嘧啶、核糖核酸、脱氧核糖核酸、脂肪酸等。这些研究表明:在生命的起源中,从无机物合成有机物的化学过程,是完全可能的。

（2）从有机小分子物质生成有机高分子物质。蛋白质、核酸等有机高分子物质,是怎样在原始地球条件下形成的呢? 有些学者认为,在原始海洋中,氨基酸、核苷酸等有机小分子物质,经过长期积累,相互作用,在适当条件下(如吸附在黏土上),通过缩合作用或聚合作用,就形成了原始的蛋白质分子和核酸分子。现在,已经有人模拟原始地球的条件,制造出了类似蛋白质和核酸的物质。虽然这些物质与现在的蛋白质和核酸相比,还有一定差别,并且原始地球上的蛋白质和核酸的形成过程是否如此,还

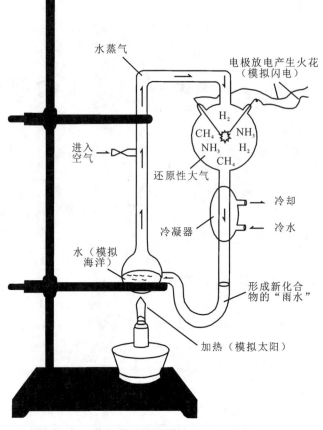

图 3-2 Miller 模拟实验装置(据吴庆余,2002)

不能确定,但是,这已经为人们研究生命的起源提供了一些线索,在原始地球条件下,产生这些有机高分子的物质是可能的。

（3）从有机高分子物质组成多分子体系。根据推测,蛋白质和核酸等有机高分子物质,在海洋里越积越多,浓度不断增加,由于种种原因(如水分的蒸发、黏土的吸附作用),这些有机高分子物质经过浓缩而分离出来,它们相互作用,凝聚成小滴。这些小滴漂浮在原始海洋中,外面包有最原始的界膜,与周围的原始海洋环境分隔开,从而构成一个独立的体系,即多分子体系。这种多分子体系已经能够与外界环境进行原始的物质交换活动了。

（4）从多分子体系演变为原始生命。从多分子体系演变为原始生命,这是生命起源过程中最复杂和最有决定意义的阶段,它直接涉及原始生命的发生。目前,人们还不能在实验室里验证这一过程。不过,我们可以推测,有些多分子体系经过长期不断地演变,特别是由于蛋白质和核酸这两大主要成分的相互作用,终于形成具有原始新陈代谢作用和能够进行繁殖的原始生命,然后,由生命起源的化学进化阶段进入到生命出现之后的生物进化阶段。

关于生命起源的化学进化过程的研究,虽然进行了大量的模拟实验,但是绝大多数实验只是集中在第一阶段,有些阶段还仅仅限于假说和推测。因此,对于生命起源问题还必须继续进行研究和探讨。

有生命的原生质是一种非细胞的生命物质,它出现以后,随着地球的发展而逐步复杂化和完善化,演变成为具有较完备的生命特征的细胞,从而产生了原核单细胞生物。因此生物界的发展历史是与地球发展的历史密切相关,不可分割。化石记录证实了生命是在地球上发生,生物是随地球的发展而发展演变的。

二、早期生物的发生和演化

保存于地球上前寒武纪岩石中的化石为早期生物的演化提供了证据。这些化石证据表明早期生物演化存在 4 次飞跃。

第一次飞跃是从非生物的化学进化发展到生物进化，即最早生物的出现。尽管地球年龄约 46 亿年，但生物化石目前仅在 35 亿年前的地层中发现。在澳大利亚皮尔巴（Pilbara）地区大约 35 亿年的 Warrawoona 群碳质燧石叠层石中发现的丝状细菌（图 3-3）是目前最早的可靠化石记录。在南非昂威瓦特系（Onverwacht Series，约 34 亿年前）也发现了可能为蓝藻和细菌的球形或椭圆形有机体。这些最早的化石记录就是从非生命的化学物质向生物进化转变时出现的最早生物体证据。

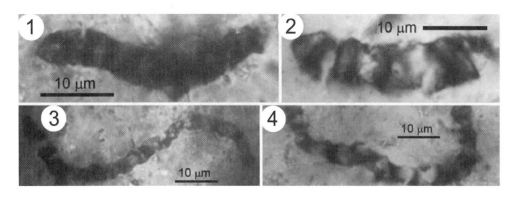

图 3-3　澳大利亚西北部 35 亿年前的蓝藻化石（Whitton，2012）

1、2. *Primaevifilum conicoterminatum*；3、4. *Primaevifilum amoenum*

第二次飞跃是早期生物分异，即多样性的增加。这可从加拿大 Ontario 西部苏必利尔湖沿岸的前寒武纪 Gunflint 组中发现的生物化石得到证明。Gunflint 组的燧石形成于大约 20 亿年前，其中发现了 8 属 12 种的微化石。数量最多的是具丝状结构的微化石，据其形态可分成 4 属 5 种，它们很像现代蓝绿藻中具丝状结构的 *Oscillatoria*，其中一个属与现代的铁氧化细菌 *Crenthrix* 相似。第 6 个属的微化石为 *Eoastrion*，由星状和放射状排列的丝状体组成，与现代和古代的生物无明显的相似性，但在某些方面相似于氧化铁锰的 *Metallogenium personatum*。最为特殊也最多的为 *Kakabekia*，它有一个具短柄的球茎，上面有一个类似伞状的构造，这三部分构造的大小随种而不同。第 8 个属的有机体为 *Eosphaera*，由内外两个同心层组成。这些生物的存在证实经过 10 亿年的演化，原核生物已发展到相当繁盛的程度，这可能与后期富氧大气圈的出现有关。

第三次飞跃是从原核生物演化出真核生物。在澳大利亚北方 Amadens 盆地的 Bitter Springs 组的燧石（年龄约为 10 亿年）中，发现了 4 个属的微化石。其中一个属像丝状的蓝绿藻，类似现代的 *Oscillatoria* 和 *Nostoc*。另 3 个属保存的内部结构像绿藻（真核生物）而非蓝藻。进一步的研究证实，此处共有 3 个像细菌的种，20 个可能是蓝藻的属和 2 个绿藻属，2 个细菌种和 2 个有疑问的生物，其中的一个绿藻为 *Glenobotrydion aenigmatis*。在中国北方中元古代串岭沟组（年龄为 17～18 亿年）中发现的大型球状疑源类化石（直径约 100 μm）（图 3-4），是早期真核生物的可靠证据。在印度、美国、加拿大等国家时代大体相同的地层中，均有真核生物的发现，说明此时

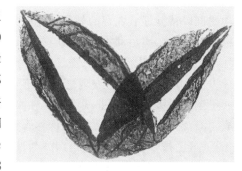

图 3-4　中国天津蓟县中元古界串岭沟组（距今 17～18 亿年）的单细胞真核生物化石（化石具有开裂特征，直径约 100 μm，引自阎玉忠等，1985）

真核生物已较多,这表明真核生物的出现大约在 18 亿年前,只是此时仍以蓝绿藻和细菌等原核生物为主,而真核生物的大量繁盛在 10 亿年前。

第四次飞跃是后生动物的出现。后生动物出现的时间一般认为在距今 5.6 亿年~5.8 亿年前,主要是软躯体的腔肠动物、蠕形动物中的一些门类。澳洲南部埃迪卡拉崩德砂岩中的埃迪卡拉动物群(图 3-5)是其典型代表。埃迪卡拉动物群(约 5.6 亿年前)主要由腔肠动物(如水母、水螅、锥石、钵水母、海鳃类等)、环节动物和节肢动物组成;另外,还有部分亲缘关系不明的化石和遗迹化石。该动物群分子在西南非洲纳马群、加拿大的康塞普辛群、西伯利亚北部文德系、英国强伍德森林(Charnnwood forest)地区、瑞典北部的托内湖区以及中国南方和新疆等地都有发现,尤其最近我国学者还认为在湖北宜昌地区灯影组灰岩中的遗迹化石可能是某种类似节肢动物的两侧对称动物所形成的(Chen et al.,2019)。

图 3-5 埃迪卡拉动物群复原图(引自张昀,1998)

a. *Cyclomedusa radiata*(似水母类);b. *Charniodiscus opposites*(似海鳃类);c. *Rangea longa*(似海鳃类);d. *Tribrachidium heraldicum*(分类位置不明);e. *Dickinsonia minima*(分类位置不明);f. *Spinther alaskensis*(分类位置不明);g. *Spriggina floundersi*(分类位置不明)

三、显生宙生物的演化

显生宙生物演化的形式不同于寒武纪后生动物大爆发之前的早期生物演化。

1. 动物界的第一次大发展

埃迪卡拉纪末期出现了具小型外壳的多门类海生无脊椎动物,称为小壳动物群。小壳动物群在寒武纪初大量繁盛,其特征是个体微小(1~2mm),磷酸钙质外壳,主要有软舌螺、单板类、腕足类、腹足类及分类位置不明的棱管壳等。小壳动物群处于一个特殊的阶段,它是继埃迪卡拉纪晚期的埃迪卡拉动物群之后首次出现的带壳生物,动物界从无壳到有壳的演化是生物进化史上的又一次飞跃,并被认为是寒武纪生物大爆发(Cambrian explosion)的序幕。

寒武纪生物大爆发的主幕以 5.2 亿年前产于中国云南澄江地区寒武系第二统(第三阶)的"澄江动物群"为代表。从寒武纪开始,在不到地球生命发展史 1% 的"瞬间",创生出了 99% 的动物门类。澄江动物群以特异埋藏保存的软躯体化石为特色,现已发现描述的化石分属于海绵动物、腔肠动物、鳃曳动物、叶足动物、腕足动物、软体动物、节肢动物等 10 多个动物门以及一些分类位置不明的奇异类群。此外,还有多种共生的海藻。澄江化石库(Chengjiang Lagerstätte)的发现,引起了世界科学界的轰动,被誉为"20 世纪最惊人的发现之一"。澄江化石库精确记录了寒武纪早期生物大爆发的史实,不仅为"寒武纪生物大爆发"这一非线性突发性演化提供了科学事实,同时对达尔文渐变式进化理论提出了重大挑战。澄江化石库的产出层位比世界著名的加拿大不列颠哥伦比亚寒武系第三统(苗岭统)的布吉斯页岩化石库(已被联合国教科文组织列为世界级化石遗产地名录)早了约 1000 万年。澄江动物群中动物体造型的分异度和悬殊度都很大,真可谓"创造门类的时代"。

2. 动植物从水生到陆生的发展

志留纪以前的植物都是低等的菌藻类,完全生活在水中,无器官的分化。志留纪末期至早、中泥盆世,地壳上陆地面积增大,植物界由水域扩展到陆地。此时植物体逐渐有了茎、叶的分化,出现了原始的输导系统(维管束),茎表皮角质化及具气孔等,这些特征使植物能够适应陆地较干燥的环境并不断演化发展,生存空间不断向陆地内部延伸。具有叶子的植物在中泥盆世大量出现,并且中泥盆世可能已出现种子植物的早期代表。

鱼形动物化石在寒武纪第二世澄江动物群(约 5.2 亿年)中就已出现,为无颌类。有颌类最早出现于温洛克世,它的出现是脊椎动物进化史上的一件大事,它使脊椎动物能够有效地捕食。脊椎动物从海洋登陆大约是从志留纪晚期开始,总鳍鱼类中的骨鳞鱼是四足动物的祖先。具明显的从总鳍鱼类向两栖类过渡性质的化石发现于晚泥盆世地层中。

动物完全摆脱水生变成陆生,是两栖类演化到爬行类。爬行动物在胚胎发育过程中产生一种纤维质薄膜,称为羊膜,它包裹整个胚胎,形成羊膜囊,其中充满羊水,使胚胎悬浮在液体环境中,能防止干燥和机械损伤。羊膜卵的出现使四足动物征服陆地成为可能,并向各种不同的栖居地纵深分布和演变发展,是脊椎动物进化史上的又一件大事。羊膜卵的化石记录出现于宾夕法尼亚亚纪的沉积中,如加拿大东部的林蜥(*Hylonomus*)。

3. 动物界各门类的演化谱系

生物界发生和发展的历史过程完全符合客观物质世界从简单到复杂、从低级到高级的变化规律。以动物界为例(图 3 - 6),一切最低级的动物由单细胞组成,称为原生动物(Protozoa)。由原生动物演化出多细胞后生动物(Metazoa)。海绵动物(Spongia)是最原始、最低等的多细胞动物,动物机体仅由两层细胞组成,细胞虽有分化,但无组织产生,在胚胎发育中,胚层细胞具逆转现象,这与其他多细胞动物不同,所以这类动物在演化上是一个侧枝,称为侧生动物(Parazoa)。有一类仅生活于古生代早期的古杯动物(Archaeocyatha)在身体形态和结构上与海绵动物十分相似,因此推测其也为侧生动物。腔肠动物(Coelenterata)是真正的后生动物,动物的身体由外胚层和内胚层构成,称两胚层动物(Diploblastica)。腔肠动物仅有简单的组织分化,还没有形成典型的组织与器官,其身体呈辐射对称,个体发育有浮浪幼虫阶段,是低等的后生动物。但所有其他后生动物都是经过这种两胚层阶段发展起来的,由两胚层动物演化为三胚层动物(Triploblastica),

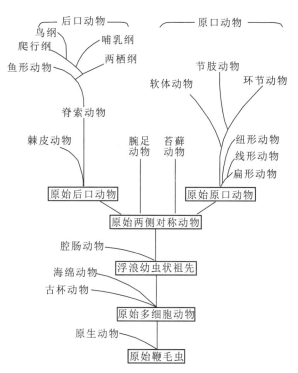

图 3 - 6　动物界各门类的演化谱系

即动物身体由外胚层、内胚层和中胚层发育形成各种复杂的组织、器官和器官系统。三胚层动物一般身体呈两侧对称,但也有些类别次生为非两侧对称,如棘皮动物呈五辐射对称。从原始的三胚层两侧对称动物进一步分化发展为原口动物(Protostomia,即由原肠胚的胚孔形成口的动物)、后口动物(Deuterostomia,在胚胎的原肠胚期其原口形成肛门,而与其相对的后口形成口的动物)和原口与后口间的过渡类群(腕足动物、苔藓动物等)。在后口动物中又发展出神经系统获得充分发展的脊椎动物,最后又在脊椎动物中发展出人类。人类具有自觉的能动性,起源于动物界,是动物发展的高级阶段。

第二节 种的形成

生物以种作为繁殖后代的单元,依靠遗传保持种的稳定;又以种作为进化的单元,种的性状不断发生变异,通过隔离和自然选择等作用,旧种不断灭绝,新种不断产生。

1. 遗传

遗传物质是基因。基因具有自身复制的能力,能使种在各个世代中保持自身的特性。每种个体有一定量的基因,同一居群中所有个体的基因总和构成基因库。一个种的基因库基本上是稳定的,所以种的特征能世代遗传。譬如,人生人,马生马;种瓜得瓜,种豆得豆,都是遗传现象。

2. 变异

同种个体的基因类型有不同程度的变化,所以各个个体之间都有差异。基因的突变和重组是个体发生变异的主要原因。人们常说的"一龙生九子,九子各不同"就是这个道理。

3. 隔离

隔离包括地理隔离和生殖隔离。地理隔离是指由于水体、沙漠、山脉等的阻挡或遥远的地理距离等原因造成的隔离。同种生物的不同居群生活在不同地区,彼此孤立起来,使不同居群的个体之间无法杂交,失去基因交流的机会,从而导致隔离的各居群间产生不同方向的变异,逐渐形成新的地理亚种。如我国的华南虎和东北虎,由于长期生活于不同的地理环境,在体型大小、毛色深浅以及毛的长短等方面都产生了明显的差别,已成为两个不同的地理亚种。地理亚种进一步发展,就会形成新种。生殖隔离是指居群间由于基因型差异使基因交换不能进行,这包括生态隔离、季节隔离(交配期不同)、行为心理隔离、机械隔离(生殖器官不相配)、杂交不育、不成活等。在古生物学资料中还能观察到由于时间隔离形成的年代亚种。

4. 自然选择

生物与环境是一个统一整体,生物必须适应变化了的环境,"适者生存,不适者淘汰"。性状变异是自然选择的原料,通过遗传积累加强适应环境的变异,促使居群的基因库发生重大变化,就为形成新种准备了条件。

自然选择的一个生动实例就是达尔文研究的马德拉群岛上的甲虫。他发现岛上 550 种甲虫中有200 种虽有翅膀但不会飞,会飞的翅膀都非常强大。他认为,原来这岛上的甲虫都是会飞的,后来有些甲虫的翅膀发育稍不完全,或者由于习性怠惰,很少飞翔,经过若干世代,翅膀便退化,丧失了飞翔能力。群岛常遭强烈的风袭击,每当海洋风暴发生时,不能飞翔的甲虫能够很好地隐藏,直到风暴过了以后才出来。而在空中飞翔的甲虫则常常被海风吹到海里,葬身碧波。这样一来,前者获得了最好的生存机会,保留下来,不断地繁衍后代;后者则不断被风浪淘汰,只有那些翅膀非常强壮,能够抵抗风暴的类型才能保留下来。

5. 微进化与宏进化

进化可以在生物组织的不同层次上发生,从分子、个体、居群、种到种以上的高级分类群。发生在种内个体和居群层次上的进化被定义为微进化(microevolution,也译为小进化);种和种以上分类群的进化被定义为宏进化(macroevolution,大进化)。微进化和宏进化并不是两种不同的、无关的进化方式,它们的主要区别只是研究领域或研究途径不同而已。生物学家研究现生的生物居群和个体在短时间内的进化改变，就是微进化；生物学家和古生物学家在现代生物和古生物资料的基础上来研究种和种以上的高级分类群在长时间（地质时间）内的进化现象，就是宏进化。微进化是进化的基础，宏进化中的进化革新事件在大多数情况下是微进化的积累。

6. 成种方式

种的形成方式有两种，一种是渐变式，或称线系渐变；另一种是突变式。前者认为自然选择使遗传变异逐渐积累，最后才形成新种，新种与旧种之间有一系列过渡类型；后者认为成种过程是突然发生的，新种与旧种之间一般没有中间类型，而且在一个种的存在时期其性状无重大变化，表现为长期稳定，只有在成种过程中才发生性状的质变。

（1）达尔文关于种形成的学说——渐变论。达尔文认为新种形成的主要原因是遗传、变异和自然选择。在自然选择作用下，一些微小的变异会在极其漫长的世代遗传中积累，逐渐出现性状分歧，当变异积累达到种的等级，就形成了新种（图 3 - 7b）。

（2）间断平衡论——突变论。它是由美国古生物学家 Eldredge 和 Gould（1972）根据化石资料的观察和分析后提出来的，认为生物演化是突变（间断）与渐变（平衡）的辩证统一（图 3 - 7a）。他们对生物演化方式和演化速度的认识都很不相同。在演化方式方面，间断平衡论认为重要的演变与分支成种事件同时发生，而不是主要通过种系的逐渐转变完成的。在演化速度方面，间断平衡论强调以地质时间的观点来看，分支成种事件是地史中的瞬间事件，并且在分支成种事件之后通常有一个较长时期（几百万年）的停滞或渐变演化时期。

间断平衡论强调成种作用的重要性，主要的演化过渡集中在成种时期；而渐变论认为大多数演化是由线系变异完成的，迅速分异的成种过程起的作用较小。间断平衡论不否认线系演化，但认为它属次要地位（图 3 - 7c）。

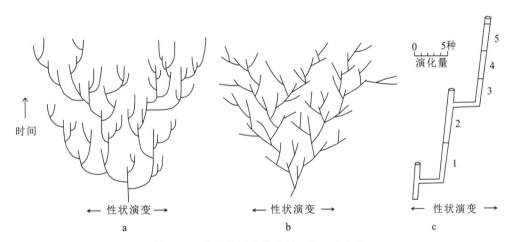

图 3 - 7　演化的两种模式（Stanley，1979）

a. 间断平衡论模式；b. 渐变论模式；c. 突变和渐变造成的演化量比较

第三节　生物进化的一些特点和规律

一、生物进化的一般规律

1. 进步性发展

进化论已经阐明,一切生物都起源于原始的单细胞祖先。以后在漫长的地质年代中,由于遗传、变异和自然选择,生物的体制日趋复杂和完善,分支类别越来越多。地层中的化石记录虽不完备,但足以说明自从生命在地球上出现以来,生物界经历了一个由少到多、由简单到复杂、由低级到高级的进化过程,这是一种上升的进步性的发展。同时生物发展是有阶段性的,这种阶段性进化是指生物由原核到真核,从单细胞到多细胞,多细胞生物又逐步改善其体制的发展过程。生物进化的分支发展是从少到多的分化进化,在分支发展过程中生物不断扩大其生活空间,向各种不同的生活领域发展其分支。就整个生物界来说,在其进化过程中,经历了 3 次重大的、突破性的分支发展。第一次是从异养(以周围环境中的有机质为养料)到自养(本身含叶绿素,能进行光合作用合成有机养料)的发展;第二次是从两极(合成者和生产者)到三极(生产者、分解者和消费者)生态系统结构的发展;第三次是从水生到陆生的发展。

2. 进化的不可逆性

生物界是前进性发展的,生物进化历史又是新陈代谢的历史。旧的类型不断死亡,新的类型相继兴起。已进化的生物类型不可能恢复祖型,已灭亡的类型不可能重新出现,这就是进化的不可逆性。例如脊椎动物中由水生的鱼类经过漫长的地质历史和许多演化阶段进化为陆生的哺乳类,哺乳类中如海豚、鲸类等虽又回到水中生活,却不可能恢复鱼类的呼吸器官——鳃,也没有鱼类的运动器官——鳍,海豚和鲸的前肢仅仅外貌像鳍,骨骼构造却完全不同。再如曾经在中生代称霸于地球的恐龙在中生代末期演变为鸟类而消失和灭绝之后,到新生代就再也不会出现。

3. 相关律和重演律

环境条件变化使生物的某种器官发生变异而产生新的适应时,必然会有其他的器官随之变异,同时产生新的适应,这就是器官相关律。例如生活在非洲干旱地区的长颈鹿的祖先,由于长期采食高树上的叶子,颈部不断伸长,前肢也随之变长。

生物每个个体从其生命开始直到自然死亡都要经历一系列发育阶段,这个历程称为个体发育。而一个生物类群的起源和进化历史则称为系统发生。生物类群不论大小都有它们自己的起源和发展历史。系统发生与个体发育是密切相关的,生物总是在其个体发育的早期体现其祖先的特征,然后才体现其本身较进步的特征。因此可以说个体发育是系统发生的简短而快速重演,这就是重演律。

4. 适应与特化

适应是指生物在形态结构和生理机能诸方面反映其生活环境及生活方式的现象,它是自然选择保留生物机能的有利变异,淘汰不利变异的结果,也就是生物对环境的适应。例如哺乳动物的前肢,在特定的生活方式影响下,有的变为鳍状,适于游泳;有的变为翼状,适于飞翔;有的变为蹄状,适于奔驰。特化则是指一种生物对某种生活条件的特殊适应,使它在形态和生理上发生局部的变异,但其整个身体的组织结构和代谢水平并无变化。

5. 适应辐射与适应趋同

生物在进化过程中,由于适应不同的生态条件或地理条件而发生种的分化,由一个种分化成两个或两个以上的种,这种分化的过程叫作分歧或趋异。如果某一类群的趋异不是两个方向,而是向着各种不同的方向发展,适应不同的生活条件,这种多方向的趋异就叫作适应辐射。如爬行动物在中生代初就向各种生活领域辐射,在陆地上有各种恐龙,在水中有鱼龙和蛇颈龙,在空中有翼龙(图 3-8)。与适应辐射相反,适应趋同是指一些类别不同,亲缘关系疏远的生物,由于适应相似的生活环境而在体形上变得相似,不对等的器官也因适应相同的功能而具有相似的性状。如鱼龙、海豚和鲸都呈鱼形;腕足类的李希霍芬贝、双壳类的马尾蛤和单体四射珊瑚因固着生活而同形(图 3-9)都是趋同的著名例子。趋同只是一种现象,不能形成进化谱系。

图 3-8　中生代爬行动物的适应辐射(转引自何心一等,1993)
1. 海中游泳的鱼龙;2. 陆上食草的剑龙;3. 陆上食肉的跃龙;4. 空中飞翔的翼龙

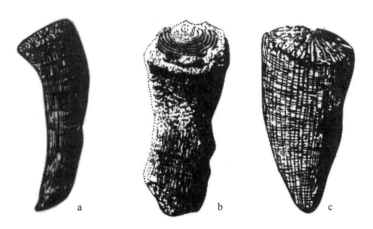

图 3-9　营底栖固着生活适应趋同现象的实例(转引自何心一等,1993)
a. 单体四射珊瑚(锥状)(腔肠动物门);b. 李希霍芬贝(*Richthofenia*)(腕足动物门);
c. 固着蛤类马尾蛤(*Hippuritella*)(软体动物门双壳纲)

二、生物演替

1. 种系代谢和生态代替

灭绝（extinction）是指生物完全绝种且不留下后裔。如果某生物种演变为新种而在地史中消失，这叫假灭绝（pseudoextinction）。古生物学资料表明，许多生物类群诸如三叶虫、笔石、菊石、鱼龙等，曾在地质历史上盛极一时，后来随时间推移而消失，没有留下后代。已知的古生物约 2500 科，其中 2/3 已灭绝。在生物进化过程中，旧的种不断灭亡，新的种不断出现，这是自然发展的必然规律。

在阶段性进化过程中，新种总是在旧种的基础上产生，许多旧种被其后裔种所代替而衰退灭亡，这叫种系代谢。生物的横向分化进化，是通过适应环境和占领新环境而进行的，是争夺生活领域的斗争。在这个斗争中，一些生物胜利了，扩大或取得了新的生境；一些生物失败了，丧失了生活领域以至退出了历史舞台，这就是生态代替。

2. 背景灭绝与集群灭绝

地史上任何时期都会有一些生物灭绝，使总的平均灭绝率维持在一个低水平上。通常每百万年灭绝 0.1～1 个种（依门类而不同），这叫背景灭绝（background extinction）。与之相对应，在一些地质时期，有许多门类的生物近乎同时灭绝，使生物的灭绝率突然成千上万倍地升高，这叫集群灭绝或大规模灭绝（mass extinction）。显生宙地质历史上最重大的集群灭绝共有 5 次，分别发生在奥陶纪—志留纪之交、晚泥盆世弗拉斯期—法门期之交、二叠纪—三叠纪之交、三叠纪—侏罗纪之交和白垩纪—古近纪之交（图 3-10）。

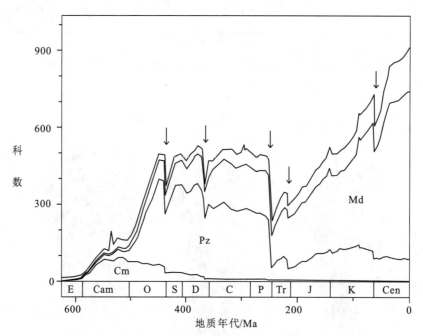

图 3-10　显生宙海洋无脊椎动物分异图，示 5 次集群灭绝

（据 Sepkoski，1979 修改）

E. 埃迪卡拉纪；Cam. 寒武纪；O. 奥陶纪；S. 志留纪；D. 泥盆纪；C. 石炭纪；P. 二叠纪；Tr. 三叠纪；J. 侏罗纪；K. 白垩纪；Cen. 新生代；Cm. 寒武纪进化动物群；Pz. 古生代进化动物群；Md. 现代进化动物群

导致生物大规模灭绝的事件,大致可分为地球成因事件和地外成因事件两大类。前者包括火山爆发、地磁场倒转、大规模海退、板块运动、温度变化、盐度变化、缺氧事件等;后者如超新星爆发、小行星撞击、太阳耀斑等。现今地球上由于人类活动给环境造成重大破坏,从而导致生物多样性急剧减少,因此有人提出如果按照地质时间尺度来计算当前的生物灭绝速率,可能地球生物界正经历第 6 次大灭绝。

三、生物复苏

大灭绝后的生物群和生态系统,通过生物的自组织作用和对新环境的不断适应,逐步回复到其正常发展水平的过程,即为生物复苏。经历大灭绝事件后,多数生物衰亡、灭绝,正常的生态系统遭受破坏,只有少数对灭绝期的环境具有特殊适应能力的类型能够在大灭绝后残存下来,并在所空出的生态系统中占据优势。但空出的生态领域也有利于一些进步类型的新生、分异和快速发展,从而迅速取代残存的古老类型,形成新的生态平衡,并开始新的繁荣阶段。

大灭绝后生物复苏是一个较新的课题。显生宙多数大灭绝—残存—复苏过程都要延续 $1 \sim 3$ Ma,它们都是由一系列逐步加速的灭绝和复苏事件所组成的。大灭绝后残存和复苏期的长短,除了与大灭绝的强度及灭绝后环境系统和营养结构的重建有关外,还直接与残存生物类型的特征、数量和分异度有关。祖先类型产生于大灭绝时的高压环境,它们是最成功的穿越大灭绝者,是随后复苏的原动力。不同类型的生态系统,在大灭绝后具有不同的复苏速率,通常呈现一种阶状渐进的方式。生态系统恢复的早期还可能包含了各种残留类型的一些小型短期灭绝事件。

第四章 古生物与环境

生物的生活环境是指以生物为核心,其周围一切能够影响到生物生存与发展的生物和非生物因素总和。生活环境中的生物因素主要是指生活在一起的各类生物之间的相互关系,如竞争、共生或寄生等。但产生这种关系的最重要的因素是食物链,所谓食物链是指一定的环境范围内各种生物通过食物而产生的直接或间接的联系。非生物因素包括物理因素和化学因素,例如温度、海拔高度或水体深度、基底底质、光线、水分、气体和盐度等。

生物与其生活环境之间是互相联系、紧密相关的。环境从根本上决定着生物的分布和生活习性等;但是生物也并不是完全被动地依附于环境而生存。在长期的生存斗争中,生物一方面在不同程度上获得了适应环境的能力和潜力,另一方面也在不断地直接或间接地改造或影响其生存环境。各种生物对环境的适应能力是不一样的。就无机因素而言,各种生物对每一种环境因素都要求有适宜的量,过多或不足都可能使其生命活动受到抑制,甚至死亡。或者说,每一种生物对每一个因素都有一个耐受范围,称为生态幅或耐受性范围。生态幅的中间为最适区,它的两端为两个生理受抑区,再向外延伸,超出生态幅,则为不能耐受区(图4-1)。

对同一环境因素,不同种类的生物耐受性范围是很不相同的。根据生物对生态因素的耐受性范围大小,可区分为广适性和狭适性生物(图4-2)。具体到各种环境因素,则有广盐性和狭盐性、广温性和狭温性等生物。一般说来,如果某种生物对各种环境因素的耐受范围都是广的,那么这种生物在自然界的分布也一定很广,反之亦然。各种生物通常在生殖阶段对生态因素的要求比较严格,因此它们所能耐受的生态因素的范围也就比较狭窄。例如,植物的种子萌发,动物的卵和胚胎以及正在繁殖的成年个体所能耐受的环境范围一般比非生殖个体要窄。但是,生物在生长发育过程中,其耐受性范围随年龄增长并不是不可改变的,它在环境梯度上的位置及其所占有的宽度在一定程度上也是可以改变的。这些改变虽然是很缓慢或微小的,但在地质时间尺度上却造就了生物新的环境适应能力,甚至能够适应于某些极端环境。例如,有些生物逐渐适应了在火山间歇泉的热水中生活。只是这种对极端环境的适应性也必然会减弱对其他环境条件的适应能力,因此这些生物一旦回到正常环境条件下反而又难以存活。一般说来,一种生物的耐受性范围越广,对某一特定点的适应能力也就越低。与此相反,属于狭生态幅的生物,通常对范围狭窄的环境条件具有极强的适应能力,但却丧失了在其他条件下的生存能力。从历史的角度来看,这可能是生物更替,甚至生物大规模灭绝的重要内在原因之一。

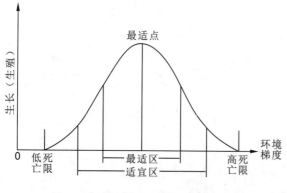

图4-1 生态幅和生物的耐受性范围图

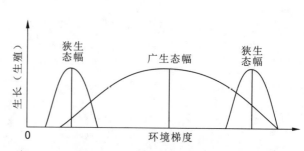

图4-2 广生态幅和狭生态幅生物

当然,生物适应环境的方式也是多种多样的,有些生物具有独特的生活方式,它们通过冬眠、夏眠、迁移、保护色及警戒色等来适应各自特殊的生活环境。总体来说,生物适应环境的能力是很强的,从两极至赤道,从高原至深海平原都有生物的痕迹。但生物适应环境的能力也是有限的,当环境条件在生物所能承受的一定限度(生态幅范围)内变化时,生物可以通过调节自身的生理机能(如冬眠、夏眠等降低代谢水平的方式)、改变生活方式或主动地寻找新的生活环境(如迁徙)来适应环境的变化;但当环境变化超出一定限度时,生物就会因无法适应新的环境而导致死亡。

研究生物与环境的关系具有重要的理论和现实意义。弄清生物与环境的关系、生物与环境的演化规律,对于我们了解生物的进化规律和地史时期地球环境的变迁具有重要的理论价值。当今社会,人口、环境和资源等全球性的问题正困扰着世界各国的和平与发展,通过对环境与生态的研究将有助于我们正确地处理好经济建设和环境保护的关系,维护整个地球自然生态环境的平衡,以保证人类社会能够快速持续地向前发展。

第一节　生物的环境分区

生物的环境分区方案是多种多样的,按海陆分布情况可分为陆地和海洋;按海拔高度及海水深度可分为高山区、平原区、滨海区、浅海区、半深海区和深海区;按纬度可分为极地生物区、寒带区、温带区、亚热带区和热带区等。

对于古生物学来说,化石保存的关键是埋藏条件,绝大部分化石是通过水底沉积而保存下来的,而海洋又是地球上最大的水体,于是当前所见的大多数化石是保存在海相地层中的,因而了解海洋生物的环境分区就显得尤为重要。海洋环境内部的划分主要是根据水深及其他条件来进行的。

1. 滨海生物区

滨海生物区位于海岸附近的高潮线和正常浪基面之间。由于邻近大陆,常出现海湾、河口三角洲、潟湖、岛屿等,所以地形复杂。滨海生物区地处高能动荡的自然环境,经常有波浪和潮汐的作用,海水含盐度、温度和光线等环境因素昼夜变化很大,因此生物比较贫乏。滨海地带的生物为了适应这种动荡环境,常具有坚硬的外骨骼(如厚壳的腹足类和双壳类),或牢固地附着生长在岩石上(如牡蛎、藤壶等);有的生物在沉积物中营潜穴生活或在硬底上营钻孔生活,以躲避风浪的侵袭。

2. 浅海生物区(正常浪基面至水深约 200m)

从潮汐地带向下至大陆架与大陆斜坡的交界处,海底地形比较平缓,水体不深。浅海区的上部(一般在 50m 以上)阳光充足,藻类繁盛;50m 以下的浅海区,由于阳光减少,光照不足,极少有藻类生长,或完全没有藻类。

由于浅海环境中海水含盐度变化不大,含氧量充足,温度只受季节性的影响,水层上部偶受波浪的搅动,水层下部除受风暴作用外,基本保持稳定状态,因此浅海环境对绝大多数的海洋生物生活都比较适合,所以浅海区生物的种类比滨海区生物的种类要丰富得多。浅海区生物的丰度也比其他各区的要丰富,其中最为丰富的是底栖爬行、底栖固着和潜穴生物。它们中的大多数以水中悬浮的有机质或微生物为食(滤食性动物),或者以从海底沉积物中摄取的有机质为食(食泥动物);有的兼有以上两种摄食方式。在动物群中有以其他生物为捕食对象的肉食类,如头足类、棘皮动物的海星等;有专门以生物的尸体为食的食腐性动物;也有以藻类等光合生物为食的草食性动物。

3. 半深海或次深海生物区(200~1000m)

半深海或次深海生物区是指从陆棚边缘至深海盆地的地区,即大陆斜坡地带。海水平静,温度和盐度比较稳定,含氧量稍低。由于光线达不到水底,所以没有藻类生长,这样势必造成草食性动物的绝迹及肉食性动物的减少。底栖生物以食腐动物为主,或在沉积物中寻找有机质碎屑为食。

4. 深海生物区(深度超过1000m)

深海生物区指大陆斜坡以下的深海底部,是一个黑暗、寒冷(2~10℃)的深海盆。深海底沉积物由上部降落的碎屑物质组成,其中很大一部分是一些远洋浮游生物的骨骼(如原生动物中的浮游有孔虫、放射虫等),沉积速率异常缓慢(每千年约数厘米)。有时也会被底部浊流冲刷搅动而再沉积。现代深海探测表明,深海动物群的类别和面貌与半深海区相似,但种群密度和群落结构有显著差别。该区动物群的数量锐减,以能适应黑暗寒冷的深海环境为特征的特殊类型为主。许多鱼类、甲壳类的眼睛消失,代之以细长的触角和鳍,常能发光放电。这些生物普遍缺乏易溶的碳酸钙骨骼,多以海底淤泥中的有机物为食,或以腐败的尸体或细菌为食。

深海生物区的水层部分主要为浮游及游泳生物。大多数的游泳生物死亡后,其钙质骨骼一旦落入海底,就会被逐渐地溶解。只有一些具有硅质骨骼的放射虫可落入海底而得以保存。因此在某种程度上说,深海沉积物中能够保存为化石的古生物以浮游及游泳生物为主,而底栖生物极为少见。

第二节　生物的生活方式

根据海洋生物的居住地段和运动方式不同,可以将海洋生物的生活方式分为以下几种类型(图4-3)。

1. 底栖生物

底栖生物指生活在水层底部,经常离不开基底的生物。根据生物与基底的关系可再分为表生生物(生活在基底表面以上的生物)和内生生物(生活在基底表面以下的生物)。有些表生生物营海底爬行生活、自由躺卧或固着生活,有些内生生物在软的沉积基底上营挖泥潜穴生活,或在硬的基底上通过一定的手段营钻孔生活。部分底栖生物如珊瑚和腕足类在幼虫阶段营浮游生活,而当幼虫固着以后,则变为底栖固着生活。

2. 游泳生物

游泳生物指具有游泳器官,营主动游泳生活的动物。这类生物的身体常呈流线型,两侧对称,运动、捕食和感觉器官较发达,如无脊椎动物中的头足类(包括鹦鹉螺类、菊石和乌贼等)、脊椎动物中的大多数鱼类和鲸类,以及已经灭绝的中生代某些水生爬行动物(如鱼龙、蛇颈龙等)。

3. 浮游生物

浮游生物指那些没有真正的游泳器官,常随波逐流,被动地漂浮在水中的生物。浮游生物的身体一般呈辐射对称,个体微小,骨骼不发育或质轻,壳常多茸刺以增大表面积,便于漂浮。浮游生物可分为浮游藻类和浮游动物两大类。前者包括硅藻、沟鞭藻和颗石藻等;后者包括原生动物的抱球虫类和放射虫类等。许多无脊椎动物如腔肠动物和软体动物等的幼虫、大型的水母以及已灭绝的大部分笔石动物均营浮游生活。此外某些生物往往附着在水草、树干或其他游泳生物的身体上,营被动的水中漂浮生活,称为假浮游生物,如某些海百合和某些体形较小、较轻的双壳动物等。

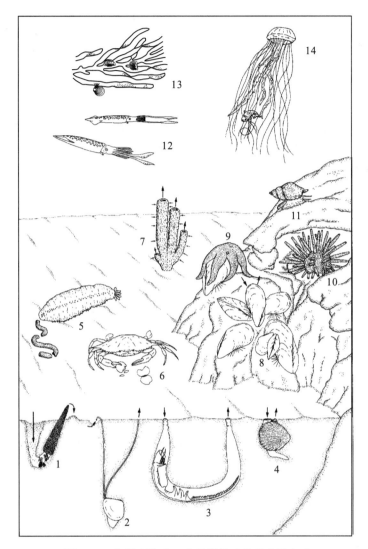

图 4 - 3　海洋环境中一些无脊椎动物的生活方式

（据 Raup and Stanley，1971 补充）

底栖内生潜穴动物：1. 角贝；2. 具有长水管的双壳类海螂；3. 蠕虫类；4. 双壳类。底栖表生动物：5. 食泥的海参及粪便；6. 自由爬行的蟹；7. 固着的海绵；8. 用足丝固着的贻贝；9. 正在捕食双壳动物的海星；10. 居住在岩洞中的海胆；11. 爬行的腹足动物。水中生活的表生动物：12. 游泳生活的头足动物章鱼；13. 附着于藻类上营假浮游生活的双壳动物；14. 浮游生活的水母

　　陆生生物的生活环境包括陆地、河流、湖泊和沼泽等。它们的生活方式与海生生物的生活方式有类似之处。有底栖固着的各类植物及菌类，有底栖活动（包括爬行、行走和蠕动）的各类四足动物及昆虫、蚯蚓等无脊椎动物。其中有些生物可以在陆地上穴居，河湖中有游泳的鱼类、虾、浮游的藻类及小动物等，有空中飞翔的鸟类及昆虫等，还有大量在空气中飘浮的菌藻类微生物等。

第三节　影响生物生存的主要环境因素

各种水生生物,包括底栖生物、游泳生物及浮游生物,它们的生存、繁殖和分布均与温度、水深、光照、含盐度、底质以及其他生物因素密切相关。而对于陆生及气生生物来说,除温度、光照和生物因素外,海拔、湿度、水陆分布及空气条件等对它们的生活也有着很大的影响。下面将一些重要的环境因素及其对生物的影响概述如下。

1. 温度

温度是控制生物的生存、繁殖和分布的最重要因素之一。温度主要受控于阳光的照射,一方面它随着纬度及季节的变化而变化,另一方面又随海拔高度和水体深度的不同而改变。一般来说表层水体的温度变化较大,底层水体的温度较稳定。海水中仅在 250～300m 以上的水层才有季节性温度的变化,其下水层温度终年无大变化。另外,局部地区由于有大洋暖流通过,或受海底火山喷发或熔岩作用影响,可造成局部增温,有利于某些生物的生长和繁殖。在陆地上,温度一般随海拔的升高而降低。此外,由于日照条件的影响,温度还受地理纬度的控制。

温度也直接控制着生物的分异度和分区。分异度是指在一定环境中生物种类的多少。一般来说,温度越高的地区生物的种类也就越多,分异度也就越高;温度低的地区生物种类少,生物的分异度也低。例如,极地的生物种类比热带生物种类明显减少。海洋中分异度最高的地方往往是生物礁。生物礁发育在温暖、清澈、盐度正常的热带、亚热带浅海环境里。现代生物礁的分布严格受纬度的控制,主要分布在南北纬 28°之间的热带浅海。因此通过对地层中生物礁地理分布的研究,可指示地史时期热带的位置。温度控制生物群分区的现象十分明显,不同温度气候带中生物群的面貌是不同的。另外,由于生物所产的卵的孵化需要一定的温度条件,因此温度又控制和影响着生物的繁殖。

2. 水深

海洋中海水深度的变化影响到其他一系列的环境因素。深度同压力呈正比、同光线透射度呈反比;在一定范围内海水的深度又与温度的变化有关。由于深度会影响光线的透射度,所以水深控制着各类生物特别是绿色植物和藻类的垂直分布。如藻类的分布下限是水深 200m,但在 15～50m 最为丰富,这就与透光性有关。另外由于光线中不同波长的光穿透海水的能力的不同,造成不同类型的藻类在分布深度上的差异。如浅海近岸处生长绿藻,在其下 20～30m 以褐藻最多,而红藻多分布在水深 30～200m。水深控制着植物和藻类的垂直分布,因此势必影响其他以其为食的草食性动物的分布,并最终影响到肉食性动物的分布。深度对海洋生物分布的控制也通过与深度有关的透光度、压力、盐分的变化、温度、溶解氧及食物供应等对各类生物的分布施加影响(图 4-4)。

3. 光

光线与水深及水体的清澈度有关。与光照条件直接相关的生物是水底植物和浮游藻类。根据水体中光照的强弱可分 3 个带:①强光带。自水面至水深 80m 左右,本带内光线充足,植物能进行光合作用,因此浮游藻类及浮游动物都很丰富。②弱光带。水深 80m 以下至 200m 左右,此带内浮游藻类已大量减少(但红藻和硅藻较发育)。③无光带。水深 200m 以下,此带为黑暗区,藻类绝迹,动物较稀少而特殊。因此地层中海生藻类化石的存在是浅海环境的重要标志。

对于陆生生物来说,有的动植物喜欢阴湿的环境,而有的则喜爱在阳光充足的地方生活。

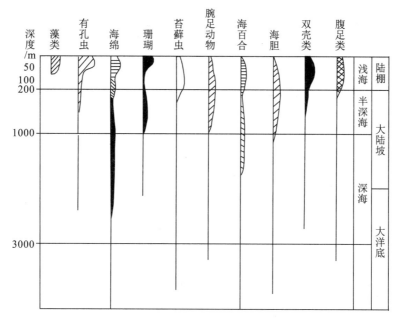

图 4-4 各种底栖生物生活区与海水深度的关系(杨式溥,1993)

4. 盐度

正常海水的含盐度为 35‰;干旱地区海水的盐度高于此值,如红海北部可达 40‰。在河流入海口,由于淡水的注入,有的地区海水的盐度可降到 16‰,如黑海。正常盐度海水中生物种类多样,但当海水的盐度升高或降低时,便出现海水的咸化或淡化,这都会引起生物在种类和数量上的变更,常表现为生物种类贫乏。只能适应正常盐度海水生活的生物称为窄盐性生物,如大多数的造礁珊瑚、头足动物及棘皮动物等;能够适应盐度变化范围较宽的生物称为广盐性生物,如双壳类、腹足类及苔藓动物等。主要无脊椎动物和藻类与海水含盐量的关系如图 4-5 所示。

5. 底质

水中底栖生物居住所依附的环境物质称为底质。底质一般分为硬底质和软底质。硬底质如岩石、各种贝壳和其他坚硬的物体;软底质为含有各种砂砾、细沙和淤泥的沉积物。不同的底质有不同的生物群,如沿岸岩石及贝壳上附着有许多藻类及各种具有固着能力的无脊椎动物;在潮间带各种硬底质中还可见钻孔生物;在沙质软底中则以潜穴生物为主;泥质软底中常有丰富的软体动物和节肢动物的甲壳类。

6. 气体

海水中的主要气体有氧气、氮气、二氧化碳,此外还有硫化氢、甲烷及氨气等,后 3 种气体对大多数生物是有害的。在滞流的深水及闭塞的海湾和潟湖中,由于死亡生物大量聚集,在腐烂过程中产生大量的硫化氢等有害气体,对底栖生物的生长极为不利,只在上部水层中可有浮游或游泳生物生活。现代海洋中缺氧海区的典型例子是黑海,由于水体滞流,缺少垂直交换,水体呈现明显的分层现象。在地史时期的海相沉积中,也出现过缺氧的还原环境,如华南志留纪早期形成的黑色笔石页岩,岩石中有机质含量高,而且常见还原矿物黄铁矿,生物化石主要为浮游型的笔石(故称为笔石页岩相)。

对于陆地环境来说,大气中各种有害气体(如 SO_2、CO 等)也会危及生物的生存。

7. 海拔

同一纬度地带由于海拔的高低也会造成生物(特别是植物)的分带现象。高原地区由于寒冷、缺氧、

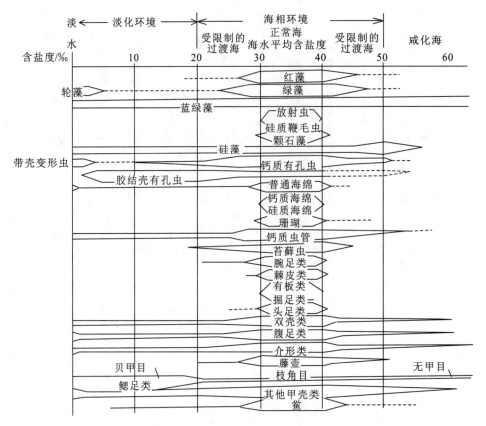

图 4-5　主要无脊椎动物和藻类化石分布与盐分的关系(全秋琦、王治平,1993)

植被稀少等因素的影响,动植物的种类减少。随着海拔的逐渐降低,气候由干冷转向温湿,植物由针叶、细叶类向阔叶类转化,同时植物的种类也逐渐增多,如现代青藏高原地区主要为一些草本植物和细叶的红柳灌木丛,缺乏高大的乔木。

8. 生物因素

生物因素主要表现为各类生物在获取食物的相互关系上。这些关系包括获取食物的机制,捕食与被捕食的关系及共生或寄生关系等。生物之间相互有利的关系称为共生;只对其中一方有利的称为共栖;对一方有利,而对另一方有害的称为寄生。在所有这些关系上,食物链的关系最为重要。如草原上有羊的地方常招来狼群。羊吃草、狼吃羊,由此构成一种食物链的关系。在这种食物链的关系中只要其中一个环节发生变化,就会影响到一系列与之有关的生物。如狼的存在,一方面威胁到羊的生存;但如果没有狼,羊就会肆意繁殖,毁坏草地,最终危及自身生存。故从某种程度上说"狼吃羊又有利于羊群的繁衍"。自然界的这种食物链法则很难用人类的道德准则来加以评判和衡量。在古生物学研究中,同一岩层中的原位保存的各种化石,在未弄清楚它们之间的关系之前,可统称为伴生生物。图4-6表示的是一个简化了的食物网关系。

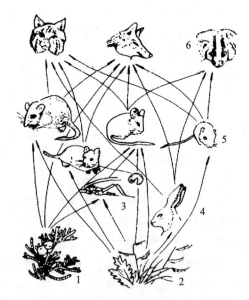

图 4-6　一个简化的食物网(武汉大学等,1978)

1. 桧树;2. 草本植物;3. 节肢动物;4. 兔;5. 啮齿动物;6. 食肉兽类

第四节　居群、群落和生态系统

生物有机体是生命活动的基本单元。栖息在同一地域中的同种生物个体组成了居群（population，又称为种群）。居群是由个体组成的群体，并在群体水平上形成了一系列新的群体特征，这是个体层次上所没有的。例如居群有出生率、死亡率、增长率，有年龄结构和性别比，有种内关系和空间分布格局等。在一定的地理区域内，生活在同一环境下的各种动物、植物和微生物等的居群彼此相互作用，组成一个具有独特成分、结构和功能的集合体，这就构成了生物群落（community）。同样，当群落由居群组成为新的层次结构时，产生了一系列新的群体特征，诸如群落的结构、演替、多样性、稳定性等。群落和它的非生物环境成分通过物质的循环和能量的流动而相互作用，形成一个复杂的系统，称为生态系统（ecosystem）。地球上有无数大大小小的群落和生态系统，茫茫大草原是一个大的群落和大的生态系统，一个小池塘则是一个小的群落和生态系统。生物圈是最大的生态系统，也是地球上一切生态系统的总和。研究生物与环境的关系，除了个体以外，居群、群落和生态系统都是重要的研究对象。

一般说来，居群有 3 个基本特征：①空间特征，即居群具有一定的分布区域和分布形式；②数量特征，即单位面积或体积内个体的数量（即密度）是变动的；③遗传特征，每个居群具有一定的基因组成。由于化石记录的性质，现代居群的某些性质在化石记录中难以辨认，因为居群是由生存在一个特定瞬间的个体组成，而我们能够获得的化石记录通常都是一个时空平均的综合化石记录。

群落是由多种生物组成的，但各种生物在群落中的数量和地位具有显著的差别，因此，研究群落一般都要从分析群落的种类组成开始。一个群落中往往存在着该群落所特有的种，该种在其他群落中缺失或少见，可以用来作为该群落的标志，此种就被称为该群落的特征种。群落中个体数量最多的种，即竞争能力强、最适合该环境的种称为优势种。由于优势种是该群落生活环境中最有竞争力的生物，因此它通常也是该群落的特征种（当然也可以不是）。一个群落中可以有一个特征种或优势种，也可能有多个特征种或优势种。一般说来，群落可以以特征种和优势种命名。

生态系统是由群落及其所生存的环境共同构成的一个统一的整体。在生态系统中生命的和非生命的因素总是处在不停的相互作用过程中，各种物质和能量在不断地运行、调整和循环以维持整个生态系统的动态平衡。一般来说，要实现一个生态系统的整体运行和物质循环，其内部必须具有以下 4 种基本的组成部分。

（1）非生物的物质和能量，包括无机物、水、气体和能量等。日光是生物能量的主要来源。

（2）生产者，也叫自养生物，主要是指藻类和植物。它们通过光合作用（或热泉化学合成作用），同时吸收环境中的无机盐和水及空气中的 CO_2 等来合成有机物。自养生物的这种生产作用一方面维持了自身的生长和繁殖，另一方面也为其他异养生物提供了食物来源。

（3）消费者，也称异养生物，主要是指动物。根据这些动物在食物链中所占位置的不同，可分为初级消费者、次级消费者和高级消费者。初级消费者主要是指草食性的动物，也包括食浮游藻类的水生动物（如某些浮游原生动物）；次级消费者则以初级消费者为食；高级消费者则主要是指一些大型的肉食动物。但高级消费者不一定必须以次级消费者为食，它可以跨越某个环节直接以初级消费者为食，反映出生态系统中食物和能量流动的交叉性和复杂性。此外，寄生生物也通常归入消费者行列。

（4）还原者或分解者，主要是指微生物。这些微生物的作用主要是将生物体中复杂的有机物分解为简单的无机物并释放到无机环境中去，以供藻类和植物的再次吸收利用。还原者是生态系统中不可缺少的重要组成部分。

生态系统最简单的例子是池塘（图 4 - 7）。在池塘这样一个生态系统中自养生物或生产者是其他各种有机体赖以生存的基础。自养生物产生的物质和能量经过初级消费者、次级消费者到高级消费者，但整个生态系统的全部有机体最终将供给分解者所分解。

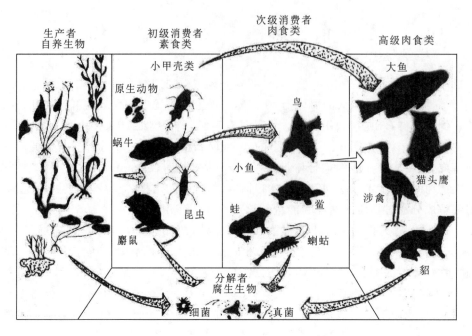

图 4-7　池塘食物网(据 Farb，1970)

第五节　环境的古生物学分析方法

环境与生物之间的这种互相作用、互相影响的关系使得我们有可能通过对化石的研究来分析和推断古环境的特征。古环境的研究可以通过沉积学、地球化学和古生物学等不同的方法来进行。应用古生物学来分析环境的方法很多,常用方法包括指相化石法、形态功能分析法和系统的群落古生态分析法等。

1. 指相化石法

所谓指相化石(index fossil)是指能够反映某种特定的环境条件的化石。如造礁珊瑚只分布在温暖、清澈、正常盐度的浅海环境中,所以如果在地层中发现了大量的造礁珊瑚,就可以用来推断这种特殊的环境条件。再如舌形贝(*Lingula*)一般只生活在滨海潮间带环境。

2. 形态功能分析法

解释古代生物的生活方式,除利用现代生物进行将今论古的直接对比外,还可以采用形态功能分析的方法。所谓形态功能分析的方法就是深入研究化石的基本构造,并力求阐明这些构造的生态功能,据此来重塑化石古生物的生活方式。形态功能分析的原理是建立在生物的器官构造必须和外界生存条件相适应的基础上的。因为在生物进化过程中,功能对器官和构造的变化起着重要作用。一般说来,生物体中不存在(或极少见有)无功能的形态和构造。生物的形态和生理对环境的适应,是在长期进化过程中受到外界环境条件的不断作用和影响,迫使生物不断地改变自身而形成的。如穿山甲、旱獭等穴居生物由于长期适应地下挖洞生活,使其四肢具有强健的爪子;而鱼类等由于长期适应游泳生活,则使其身体呈流线型并具有一些与游泳生活相适应的器官系统。再如生活在浅水动荡环境中的生物,其壳体一般较厚,因为厚壳有利于保护生物;而壳薄、纤细的生物(如笔石等)则多适应于相对静水的环境中。

3. 群落古生态分析方法

群落古生态分析法主要是根据群落的生态组合类型来分析古环境,并根据不同生态类型的群落在纵向上的演替来分析推断古环境的演变过程。

在生态学研究过程中,将对应于群落的生存环境单位称为小生境。无论是在潮间带、浅海、半深海、深海还是在生物礁体系中,均有与之相对应的生物群落。反过来,在古生态研究中我们可以通过对地史时期古生物(化石)群落的分析来推断其生存环境。但必须注意,由于化石保存的不完整性,古生物群落只是原生物群落的一部分,大部分不具硬体的生物一般难以保存下来。同时研究古生物群落时,还必须考虑化石保存的原地性。在没有弄清楚原地性的情况下,将在同一地点、同一层位上采集到的一群化石统称为化石组合(fossil assemblage),而不管它们是否经过改造和搬运。只有那些原地埋藏的化石群才能构成古生物(化石)群落,才能进行可靠的古环境分析。

群落的古生态研究一般包括以下几个步骤和内容。

(1)在被研究的地层中尽可能多地采集化石,并对化石产出的层位和岩性进行详细的登记和描述。

(2)对每一层位上的化石组合进行解析,识别出原地埋藏的化石和异地埋藏的化石。

(3)对原地埋藏的化石要进行群落的丰度和分异度的统计。所谓丰度是指群落中个体数量的多少和密度;分异度是指群落中种的数量及各个种中个体数量分布的均匀性,即种的多样性情况。每种生物在群落中所占的百分比可以用直方图来表示。

(4)通过对群落中各种的丰度统计,来确定群落中的优势种和次要种,并通过与相关群落比较确定其特征种。然后根据其特征种和优势种对群落进行命名。

(5)通过群落的丰度和分异度数据,分析群落中的居群数量。根据各居群的生态习性分析(采用将今论古或形态功能分析的方法)来进一步弄清各群落中的营养结构及群落内部能量的流动情况。必须注意的是,由于化石保存的不完整性,构成古生物群落的化石往往只是原来群落的一部分。

(6)根据群落在被研究的地层剖面上的垂直分布及群落类型自下而上的演替,就可以综合推断沉积环境的变化情况。

在群落古生态分析中,生物的生活习性是指示环境的有效标志。底栖生物、浮游生物、游泳生物、遗迹化石类型、孢粉类型等都可以用来指示不同的生活环境。分异度也是指示生态环境的重要标志,分异度高,指示种群数量多,表明该环境适合多种生物的生长,环境应该较优越;分异度越低,说明其环境只适合少数物种生活,环境条件较动荡多变。

第五章　古动物

　　动物是由多细胞组成,能进行摄食、消化、吸收、呼吸、循环、排泄、感觉、运动或繁殖等生命活动的有机体。古动物是指曾生活于地质历史时期,并保存在地层中的动物。古动物包括古无脊椎动物和古脊索动物两大类。

　　古无脊椎动物缺少脊椎,身体结构简单、低级,神经系统无分化,骨骼系统绝大多数为外骨骼。在地质记录中,无脊椎动物化石最为普遍。无脊椎动物从低级向高级演化,主要分为两层细胞的侧生动物(海绵动物门)、两胚层动物(腔肠动物门)和三胚层动物(蠕形动物、软体动物门、节肢动物门、苔藓动物门、腕足动物门、棘皮动物门、半索动物门等)(见表2-2)。

　　脊索动物是动物界中结构复杂、形态及生活方式极为多样的高等类群。古脊索动物的身体背部有一条富有弹性而不分节的脊索来支持身体。低等种类的脊索终生保留,而多数高等种类只在胚胎期保留脊索,成长时即由分节的脊柱(脊椎)所取代;具有背神经管,位于身体消化道的背侧,脊索(脊柱)就在它的下方;具有咽鳃裂,水生的脊索动物终生保留鳃裂,而陆生脊索动物的鳃裂仅见于胚胎期或幼体阶段(如蝌蚪)。脊索动物包括3个亚门,分别是尾索动物亚门、头索动物亚门和脊椎动物亚门。其中脊椎动物为脊索动物中最高等的一类,脊索仅在胚胎发育过程中出现,随即被脊柱(由若干单个脊椎骨组成)所取代,故名脊椎动物。

　　本章重点介绍地层记录中化石比较丰富的腔肠动物门珊瑚纲、软体动物门双壳纲和头足纲、节肢动物门三叶虫纲、腕足动物门、半索动物门笔石纲和脊椎动物亚门(鱼形超纲、两栖纲、爬行纲、鸟纲和哺乳纲)。

第一节　腔肠动物门珊瑚纲

一、腔肠动物概述

　　腔肠动物属于低等的二胚层多细胞动物,是真正的后生动物,包括现生的海葵和珊瑚。它们有明确的组织分化,但无真正的器官形成。身体多呈辐射对称,少数为两侧对称。体壁由外胚层、内胚层和中胶层组成,外胚层中有时具刺细胞,有御敌作用。中间有一空腔,司消化和吸收,称为腔肠。腔肠内可具有多级隔膜。腔肠上面的口既是食物的进口,又是废物的排泄孔,口周围有一圈或数圈触手(图5-1),体壁上常有壁孔。腔肠动物大多为海生,少数生活于淡水。其体型有固着生活的水螅型和浮游生活的水母型两种(图5-2)。水螅型呈圆筒状,营基底固着生活,单体或群体;水母型呈伞状,营漂浮生活。水螅型和水母型是同一种腔肠动物生活史的两个阶段。

　　腔肠动物在前寒武纪晚期已经出现,但保存的化石都为印模,古生代以来具硬体的腔肠动物相继兴起,现代仍十分繁盛。

　　根据刺细胞的有无、软体构造特点、是否有骨骼以及骨骼特征,腔肠动物门(Coelenterata)可划分为刺胞亚门和无刺胞亚门。刺胞亚门又可分为水螅锥石纲、水螅纲、原始水母纲、钵水母纲和珊瑚纲,其中

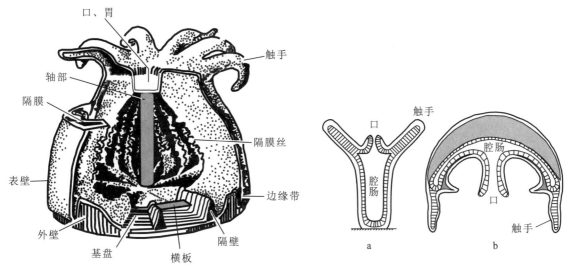

图 5-1　海葵的构造(据 Bayer，1956 修改)　　　图 5-2　水螅型(a)与水母型(b)的比较(傅英祺等,1981)

化石最多、地层意义和生态意义最大的是珊瑚纲。

珊瑚纲绝大多数具有外骨骼,以钙质为主。根据软体的特点,如触手、隔膜数目与排列、硬体骨骼特征等,一般再分为 6 个亚纲。其中有重要地层意义和古环境意义的是横板珊瑚亚纲、四射珊瑚亚纲和六射珊瑚亚纲。四射珊瑚和横板珊瑚亚纲主要生活于古生代,六射珊瑚亚纲最早发现于中三叠世,一直延续到现代。

二、四射珊瑚的基本特征

四射珊瑚形态有单体和复体之分,单体形态以锥状为主(图 5-3)。复体珊瑚由许多个体组成。个体之间紧密相连、无空隙的叫块状复体;个体之间保留一定距离的叫丛状复体。块状复体又可进一步划分为多角状、多角星射状、互通状和互嵌状。丛状复体可进一步分为枝状和笙状两种(图 5-4)。

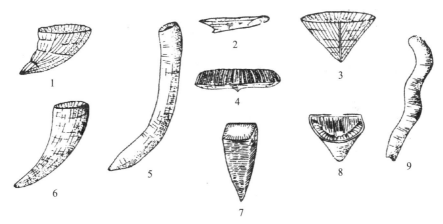

图 5-3　四射珊瑚的单体外形

1.阔锥状;2.荷叶状;3.陀螺状;4.盘状;5.圆柱状;6.狭锥状;7.方锥状;8.拖鞋状;9.曲柱状

四射珊瑚的内部构造可以归纳为 4 个部分。

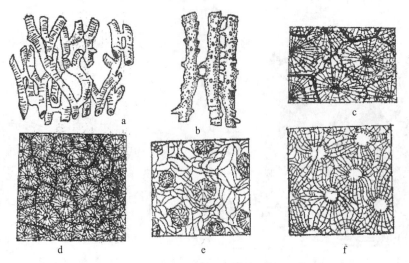

图 5-4　四射珊瑚的复体类型(俞昌明等,1963)

丛状:a. 枝状;b. 笙状。块状:c. 多角星射状(个体外壁部分消失);d. 多角状(个体外壁全部保留);e. 互嵌状(个体之间以泡沫带相连);f. 互通状(个体之间隔壁相通)

(1)纵列构造:即珊瑚体内辐射状排列的纵向骨板,称为隔壁。根据其生长顺序和长短有一级、二级、三级隔壁之分(图 5-5)。

(2)横列构造:为横跨腔肠的横板,可分为完整横板和上下交错的不完整横板(图 5-5)。

(3)边缘构造:珊瑚体内边缘呈叠瓦状排列的一系列小板。根据其与隔壁的交切关系分为鳞板和泡沫板,前者位于隔壁之间,不切断隔壁;而泡沫板是切断隔壁的边缘小板(图 5-6)。在珊瑚体横切面上,鳞板和横板的区别为鳞板位于珊瑚体边部,密集分布;横板位于珊瑚体相对靠中央的位置,断续分布(图 5-6d)。

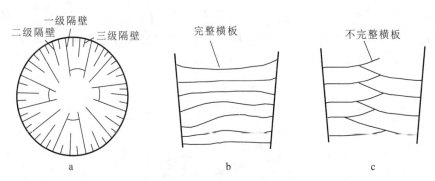

图 5-5　珊瑚(单带型)的隔壁与横板(据黄建辉,1980)

a. 横切面(示隔壁);b、c. 纵切面(示横板)

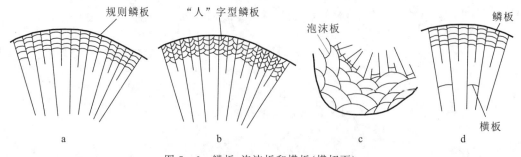

图 5-6　鳞板、泡沫板和横板(横切面)

a. 规则鳞板;b.“人”字形鳞板;c. 泡沫板;d. 鳞板和横板的区别

(4)轴部构造:包括中轴和中柱,前者是位于珊瑚体中央的一条实心的"灰质柱",后者是由长隔壁在内端分化出来的辐板与上凸的内斜板在珊瑚体中央交织成的一种网状构造(图5-7)。

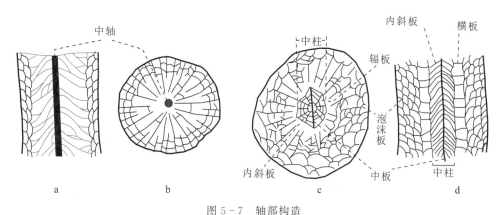

图5-7　轴部构造

中轴:a.纵切面;b.横切面。中柱:c.横切面;d.纵切面,中柱由中板、辐板和内斜板组成

根据珊瑚体内所存在的构造类型,可将四射珊瑚划分为4种构造组合类型(带型),其组合类型及时代分布见表5-1。

表5-1　四射珊瑚构造组合类型及时代分布表

带型	构造组合	时代分布
单带型	纵列构造＋横列构造	中奥陶世—二叠纪(以奥陶纪、志留纪为主)
双带型	纵列构造＋横列构造＋边缘构造或轴部构造	晚奥陶世—二叠纪(以志留纪、泥盆纪为主)
三带型	纵列构造＋横列构造＋边缘构造＋轴部构造	石炭纪—二叠纪(温洛克世已有少量出现)
泡沫型	泡沫板充满整个珊瑚体	中奥陶世—泥盆纪(以志留纪、泥盆纪为主)

三、四射珊瑚化石代表

Hexagonaria Guerich,1896(**六方珊瑚**)　多角状复体。隔壁常不达中心,二级隔壁长短不定。鳞板规则呈"人"字形。横板常分化为轴部与边部,轴部横板近平或微上凸(图5-8,1)。中-晚泥盆世。

Tachylasma Grabau,1922(**速壁珊瑚**)　小型阔锥状单体。隔壁作四分羽状排列,对部发育较快速,因此隔壁数较主部多。两个侧隔壁和两个对侧隔壁在内端特别加厚,形成棍棒状。主隔壁萎缩,主内沟明显。二级隔壁短。横板上凸。无鳞板(图5-8,2)。石炭纪—二叠纪。

Kueichouphyllum Yu,1931(**贵州珊瑚**)　大型单体,弯锥柱状。一级隔壁数多,长达中心。二级隔壁也较长,鳞板带宽,在横切面上呈半圆形。主内沟清楚、窄长。横板短小,呈泡沫状,向轴部隆起(图5-8,3)。密西西比亚纪。

Lithostrotion Fleming,1828(**石柱珊瑚**)　多角状或丛状复体,隔壁较长,具明显的中轴。横板呈帐篷状,有的在横板带的边缘部分具有水平的小横板。鳞板带一般较宽,鳞板小型(图5-8,4)。密西西比亚纪。

Wentzellophyllum Hudson,1958(**似文采尔珊瑚**)　块状复体,个体呈多角柱状,具蛛网状中柱。边缘泡沫带宽,泡沫板较小而数目多。横板向中柱倾斜,与鳞板带的界线不明显(图5-8,5)。乌拉尔世—瓜德鲁普世。

Cystiphyllum Lonsdale, 1839(**泡沫珊瑚**) 弯锥状或圆柱状单体,具许多短的隔壁刺,发育于泡沫板上,分布不规则。横板带与泡沫带界线不清楚。横板多向下倾(图 5-8,6)。志留纪。

Calceola Lamarck, 1799(**拖鞋珊瑚**) 单体,拖鞋状,萼深,萼部横切面半圆形,具半圆形萼盖。隔壁短脊状,对隔壁较突出,位于平坦面中央(图 5-8,7)。早-中泥盆世。

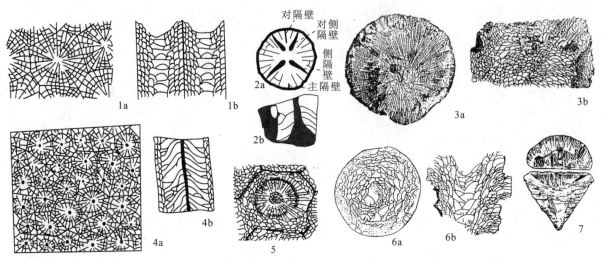

图 5-8 四射珊瑚纲化石代表

1. *Hexagonaria*(六方珊瑚):1a. 横切面,1b. 纵切面;2. *Tachylasma*(速壁珊瑚):2a. 横切面,2b. 纵切面;3. *Kueichouphyllum*(贵州珊瑚):3a. 横切面,3b. 纵切面;4. *Lithostrotion*(石柱珊瑚):4a. 横切面,4b. 纵切面;5. *Wentzellophyllum*(似文采尔珊瑚),横切面;6. *Cystiphyllum*(泡沫珊瑚):6a. 横切面,6b. 纵切面;7. *Calceola*(拖鞋珊瑚)

四、横板珊瑚的基本特征

横板珊瑚全是复体,也分为块状和丛状两类。块状复体的个体横断面多为多角形、半月形,复体外形有球形、半球形和铁饼形等。丛状复体的个体为圆柱状,复体外形有笙状、枝状及链状等。

横板珊瑚隔壁不发育或无隔壁,但横板是最发育的构造。其横板完整或不完整,完整的有水平状、下凹状、上拱状,不完整的有交错状、漏斗状及泡沫状(图 5-9)。横板珊瑚另一主要特征是具有沟通个体内腔或使个体相互连接的一种特征构造,称为"联结构造"或"共骨",可进一步划分为联结孔、联结管和联结板 3 种(图 5-10)。

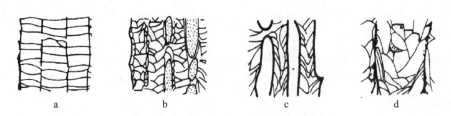

图 5-9 横板珊瑚的横板类型(均为纵切面)

完整横板:a. 水平状。不完整横板:b. 交错状,具边缘泡沫板;c. 漏斗状,具轴管;d. 泡沫状

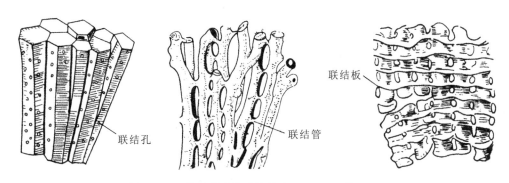

图 5-10 横板珊瑚的联结构造（据何心一等,1993）

五、横板珊瑚化石代表

***Favosites* Lamarck，1816（蜂巢珊瑚）** 各种外形的块状复体。个体多角柱状,体壁薄,常见中间缝。联结孔分布在壁上（壁孔）,1～6列。隔壁呈刺状、瘤状或无。横板水平、完整（图 5-11,1）。志留纪—中泥盆世

***Hayasakaia* Lang，Smith and Thomas，1940（早坂珊瑚）** 丛状复体,由棱柱状或部分呈圆柱状个体组成。个体由联结管相连。联结管呈四排分布在棱上。横板完整或不完整。边缘有连续或断续的泡沫带（图 5-11,2）。乌拉尔世—瓜德鲁普世。

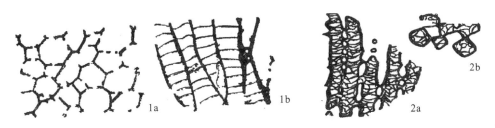

图 5-11 横板珊瑚化石代表

1. *Favosites*（蜂巢珊瑚）:1a. 横切面,1b. 纵切面;2. *Hayasakaia*（早坂珊瑚）:2a. 纵切面,2b. 横切面

六、四射珊瑚、横板珊瑚的生态及地史分布

大多数复体珊瑚生存范围较窄,生活于温暖、清澈的正常浅海,水深 20m 左右,水温 25～30℃最为适合。单体珊瑚的生态范围较广,各种深度和低温环境均可有不同类型的珊瑚生存。造礁珊瑚多为复体珊瑚。在现今赤道南、北纬 30°范围内有大量珊瑚礁分布,但它们主要分布在南、北纬 28°之间的热带及亚热带浅海,尤其在太平洋赤道附近南、北纬 13°之间珊瑚礁最为发育。因此,根据造礁珊瑚具有严格的生态环境及一定的分布规律,可以推断各地史时期的赤道位置、古纬度、古气候的变迁以及为大陆漂移、板块构造学提供重要的古生物证据。复体珊瑚产于灰岩地层,单体珊瑚可在灰岩和泥岩中产出。

横板珊瑚始现于芙蓉世,志留纪和泥盆纪最为繁盛,二叠纪末几乎全部灭绝,仅少数残存至中生代。四射珊瑚始现于中奥陶世,至二叠纪末全部灭绝。在其发展历程中有 4 个繁盛期,分别是晚奥陶世—温洛克世、早-中泥盆世、密西西比亚纪和瓜德鲁普世。

第二节　软体动物门双壳纲和头足纲

一、软体动物概述

软体动物是无脊椎动物中种类众多的一个门类,它仅次于节肢动物门,属动物界的第二大门类。它们分布广泛,生活适应能力强,在陆地和海洋中均有代表,如蜗牛、田螺、河蚌、乌贼等都是人们熟知的软体动物。

各类软体动物虽然形态习性差异较大,但基本特征相似,都是身体柔软而不分节,一般可大致区分为头、足、内脏团和外套膜4部分。头位于身体前端,具口;足具发达的肌肉,常位于头后方身体的腹部,为行动器官,因生活方式的不同而有各种不同的形状;内脏团是各种内部器官所在之处,为动物躯体部分;外套膜包裹着内脏团,常分泌钙质的硬壳。

软体动物的水生者以鳃呼吸,陆生者多以外套膜内面密布的微血管进行呼吸。

根据软体和硬壳形态等特征,软体动物至少可分为8个纲,即单板纲、多板纲、无板纲、掘足纲、腹足纲、双壳纲、头足纲,以及已经灭绝的竹节石纲。限于篇幅,下面只介绍双壳纲和头足纲。

二、双壳纲

1. 概述

双壳动物全为水生,两侧对称,具左右两片外套膜分泌的两瓣外壳(图5-12),如海扇、蚶等,故被命名为双壳纲(Bivalvia);由两瓣外套膜包围的空腔称外套腔,腔内具瓣状鳃,故也称为瓣鳃纲(Lamellibranchiata)。双壳类的足位于身体的前腹方,常似斧形,因此又被称为斧足纲(Pelecypoda)。某些双壳类还在足后伸出一簇丝状的足丝,用于附着在外物上。但足丝发育的成年个体,其足常退化;双瓣壳背部以铰合构造和韧带相连,与壳内的闭壳肌配合司壳体开合;后方有入水管(司输入食物和氧气)和出水管(司输出新陈代谢废物)(图5-12)。

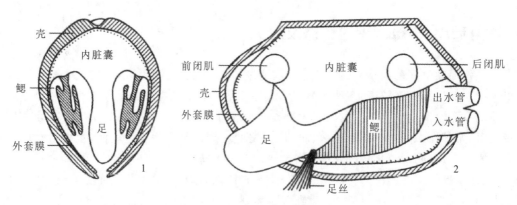

图5-12　双壳动物解剖图(据张玺等,1955)

1. 横剖面视;2. 右壳内视

2. 双壳类基本特征

双壳类一般具有互相对称、大小一致的左右两瓣壳。每瓣壳本身前后一般不对称。常见壳形如图 5-13 所示。

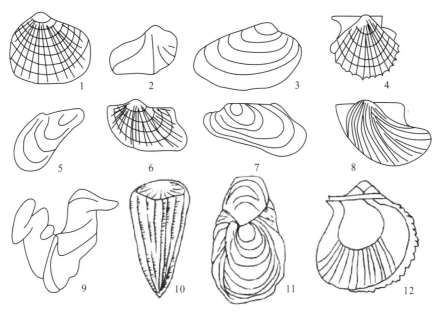

图 5-13　双壳类的壳形

1. 圆形；2. 三角形；3. 卵形；4. 扇形；5. 壳菜蛤形；6. 四边形；7. 偏顶蛤形；8. 斜扇形；9. 不规则形；10. 珊瑚形；11. 左壳掩覆；12. 左凸右平

图 5-14 为双壳类基本构造及名称图示。壳体最早形成的壳尖为喙，包括喙在内围绕喙的凸起部分为壳顶。两壳背缘铰合的边缘为铰合线，喙与两瓣铰合线之间的平面或曲面称基面，系韧带附着区。喙前基面常呈心形，称新月面，喙后基面常呈长矛状，称盾纹面。以足丝附着的表栖种类的壳体，在铰缘下前端和后端具翼状伸出部分，称为前耳和后耳。耳与其余壳面或呈过渡，或以凹槽状耳凹相隔。

双壳类壳饰通常分为同心饰和放射饰两类。按其强度及粗细，同心饰可分为同心纹、同心线、同心褶或同心层；放射饰可分为放射线、放射脊等。有些种类同时具有上述两类壳饰，相交成网状壳饰。此外有的具有孤立的刺、瘤、节等。

双壳类壳的内面附着有外套膜，外套膜的外边缘附着于壳内面所留下的痕迹，称为外套线，它与腹缘大致平行。具水管的双壳类，当双瓣壳关闭以御敌或阻止泥沙进入时，须将水管拉入壳内，其外套膜附着处向内移动，使外套线在后腹部形成内弯，称为外套湾。壳内面还可见 1 个或 2 个凹痕，为闭肌（司两壳闭合）留下的印痕，称为闭肌痕（图 5-14）。

双壳类铰合构造位于铰缘之下，沿铰缘分布在铰合面上，司两瓣壳的铰合，由齿和齿窝组成。每一瓣上的齿与齿窝相间，且与另一瓣上间列的齿窝与齿相对应。齿在演化中分异为主齿和侧齿。主齿位于喙下，较粗短，侧齿远离喙，多呈片状，与铰缘近于平行。

双壳类齿的数目、形状及排列方式称为齿系类型（图 5-15），是双壳纲分类的重要依据。

3. 壳的定向

壳分前、后、背、腹、左、右。两壳铰合的一方称背方，两壳开闭的一方为腹方。可根据下列特点确定壳的前后：①一般喙指向前方；②壳前后不对称者，一般后部较前部长；③放射及同心纹饰一般由喙向后

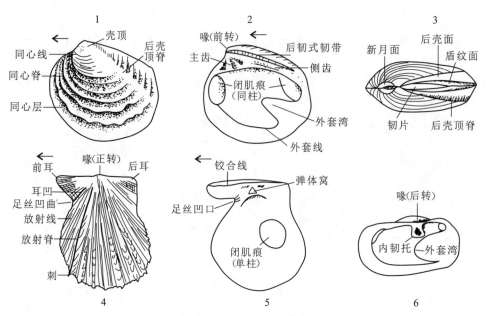

图 5 - 14　双壳类壳体的基本构造(箭头指示前方)

1. 左侧视;2. 右壳内视;3. 背视;4. 左侧视;5. 右壳内视;6. 右壳内视

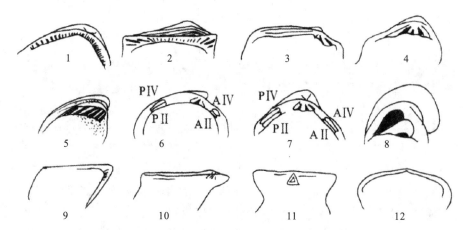

图 5 - 15　双壳纲的齿系(齿系中罗马数字Ⅰ、Ⅱ……表示侧齿,A 及 P 分别代表前后)

1. 古栉齿型;2. 新栉齿型;3. 假异齿型;4. 裂齿型;5. 射齿型;6,7. 异齿型;6. 满月蛤齿型,7. 女蚬
齿型;8. 厚齿型;9、10、11. 弱齿型;9. 原始栉齿,10. 原始射齿,11. 海扇类齿型;12. 贫齿型

方扩散;④新月面在前,盾纹面在后;⑤有耳的种类,后耳常大于前耳;⑥外套湾位于后部;⑦单个肌痕时,一般位于中偏后部。两个肌痕有大小不同时,前小后大(图 5 - 14)。

当壳的前后确定以后,将壳顶向上,前端指向观察者的前方,左侧壳瓣为左壳,右侧壳瓣为右壳。

4. 双壳纲化石代表

***Palaeonucula* Quenstedt,1930(古栗蛤)**　壳小,后缘不延伸,前部长,后部短,喙后转。两列栉齿被喙下弹体窝分割。无外套湾。壳面具生长线(图 5 - 16,1)。三叠纪—现代。

***Corbicula* Merge,1811(蓝蚬)**　壳圆卵形,壳顶突出,壳面具生长线。异齿型,侧齿有细沟纹(图 5 - 16,2)。两闭肌痕大小相当。白垩纪—现代,非海相。

***Myophoria* Bronn,1834(褶翅蛤)**　三角形,具后壳顶脊。裂齿型。喙前转,壳面光滑或具较简单

的同心饰,或具强的放射脊(图5－16,3)。三叠纪。

***Anadara* Gray,1847(粗饰蚶)**　斜四边形,具宽的基面,上有"人"形槽。铰缘直,短于壳长,沿铰缘发育一排栉齿,两侧栉齿微弯。内腹边缘呈锯齿状。无外套湾。壳面具粗射脊,其上常有瘤或沟(图5－16,4)。白垩纪—现代。

***Unio* Retzius,1788(蛛蚌)**　壳卵圆形至长卵形,较大而厚,内壳层珠母质,有后壳顶脊。表面除生长线外,常见同心状或"W"形的壳顶饰。典型的假异齿型,假主齿较短,其上有纵向小沟脊。两壳闭肌痕大小相等(图5－16,5)。晚三叠世—现代,非海相。

***Eumorphotis* Bittner,1900(正海扇)**　壳中等至较大,正或微前斜,一般壳长小于壳高。不等壳,左壳凸,右壳扁平。两耳发达,后耳较大,耳凹深,沟状,后耳与壳逐渐过渡。右壳前耳下方有足丝凹口。铰缘直而长,约与壳长相等。壳面具放射饰(图5－16,6)。早三叠世。

***Claraia* Bittner,1900(克氏蛤)**　壳圆,左凸右平,喙位于前方,铰缘直且短于壳长。前耳小或无,右壳前耳下方足丝凹口明显,后耳较大,但不呈翼状,与壳体逐渐过渡。具同心或(及)放射饰(图5－16,7)。乐平世—早三叠世。

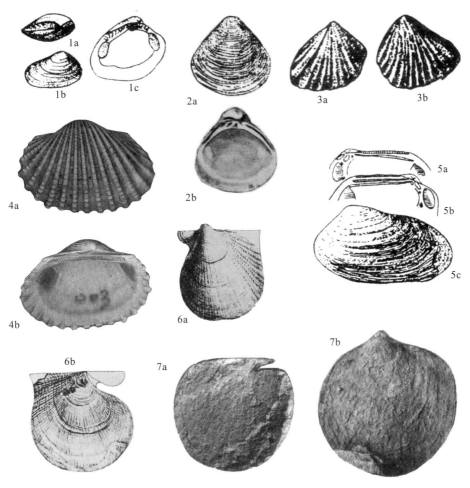

图5－16　双壳纲化石代表

1. *Palaeonucula*(古栗蛤):1a. 顶视,1b. 左侧视,1c. 右内视;2. *Corbicula*(蓝蚬):2a. 左侧视,2b. 左壳内视;3. *Myophoria*(褶翅蛤):3a. 右侧视,3b. 左侧视;4. *Anadara*(粗饰蚶):4a. 左侧视,4b. 左壳内视;5. *Unio*(蛛蚌):5a. 右壳内视,5b. 左壳内视,5c. 左侧视;6. *Eumorphotis*(正海扇):6a. 左侧视,6b. 右侧视;7. *Claraia*(克氏蛤):7a. 右侧视,7b. 左侧视

注:2b引自Cox等(1969)(p. 666,Fig. E139.8b);6a、6b分别引自Cox等(1969)(p. 337,Fig. C60.6a、6b);7a、7b分别引自He等(2007)(p.1013,Fig. 3.20、3.19)。

5. 双壳类生态及地史分布

双壳类是水生无脊椎动物中生活领域最广的门类之一,由赤道至两极,从潮间带至 5800m 深海,由咸化海至淡水湖沼都有分布,但以海生为主。双壳纲的生活方式复杂多样,基本生活方式为正常底栖、足丝附着和深埋穴居 3 种。

双壳类始现于寒武纪第二世。奥陶纪为双壳类主要辐射分化时期,泥盆纪出现淡水双壳类,至中生代迅速发展,现在达到全盛。

三、头足纲

1. 概述

头足纲(Cephalopoda)是软体动物门中发育最完善、最高级的一个纲,包括地史时期曾非常繁盛并具有重要意义的鹦鹉螺类、杆石、菊石、箭石和现代乌贼、章鱼等。头足动物两侧对称,头在前方而显著,头部两侧具发达的眼,中央有口。腕的一部分环列于口的周围,用于捕食,另一部分则靠近头部的腹侧,构成排水漏斗,是独有的运动器官。头足类的神经系统、循环系统和感觉器官等都较其他软体动物发达。鳃 4 个或 2 个,二鳃类壳体被外套膜包裹而成内壳或无壳,如乌贼、章鱼。四鳃者具外壳,故称外壳类,化石多。

2. 外壳类基本特征

1)壳形

外壳类壳形多种多样(图 5-17),其中平旋形壳每旋转一周称为一旋环,最后旋成的环为外旋环,外旋环以内的所有旋环为内旋环。据旋卷程度,可以划分为 4 种:外旋环与内旋环接触或仅包围内旋环的一小部分称外卷;外旋环完全包围内旋环或仅露内旋环的极少部分,为内卷;介于这两者之间的则为半外卷和半内卷。

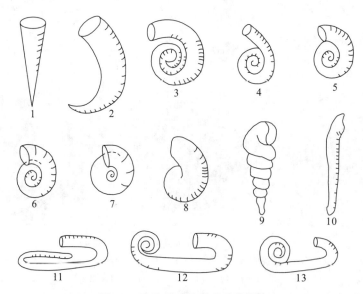

图 5-17 头足动物外壳类的形态

1.直形壳;2.弓形壳;3.环形壳;4.半旋形壳;5~8.平旋形壳;5.外卷壳,6.半外卷壳,7.半内卷壳,8.内卷壳;9.螺旋壳;10~13.异形壳

2）定向

在直壳或弯壳中，壳的尖端为后方，壳的口部为前方；与体管（贯穿全壳的一条灰质圆管）靠近的一侧为腹方，另一方则称背方。在平旋壳中，壳口为前方，壳体最初形成的原壳为后方；旋环外侧为腹方，内侧为背方（图 5－18）。

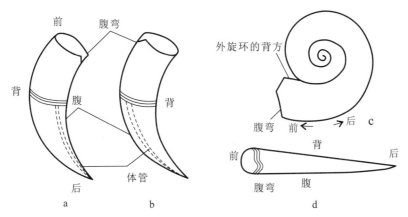

图 5－18　外壳类型的习惯定向（Teichert，1964）

a. 内腹式壳；b. 外腹式壳；c. 平旋壳；d. 直形壳

3）壳饰

外壳类壳面光滑或具装饰。在壳的生长过程中形成的平行于壳口边缘的纹、线称为生长纹、生长线。与壳体旋卷方向平行的纹、线叫纵旋纹、纵旋线。与壳体旋卷方向相垂直的肋叫横肋。有时横向与纵向纹线相交成网状纹饰。不少类别还具有壳刺和瘤状突起。

4）壳的基本构造

壳体最初形成的部分为原壳。壳壁内横向的板称为隔壁，隔壁把壳体分为许多房室，最前方具壳口的房室最大，为软体居住之所，叫住室；其余各室充以气体或液体，叫气室，所有气室总称闭锥。住室前端软体伸出壳外之口称壳口。平旋壳体的两侧中央下凹部分称为脐；脐内四周壳面称脐壁；内、外两旋环之交线称脐接线（图 5－19）。

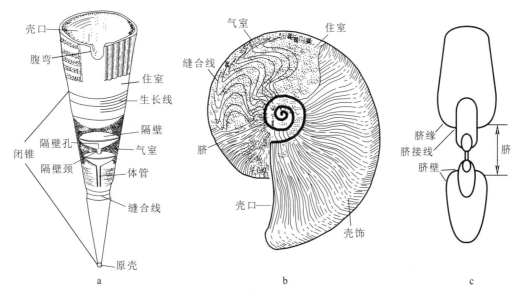

图 5－19　外壳类壳的基本构造（据何心一等，1993 综合）

a. 直形壳（鹦鹉螺类）的构造（部分为切面示意图）；b. 平旋壳（菊石）的构造（部分壳壁被剥离）；c. 平旋壳脐部构造（切面）

软体后端有一肉质索状管(体管索),自住室穿过各气室而达原壳,因此隔壁上都具有被体管索所经过的隔壁孔。沿隔壁孔的周围延伸出的领状小管称为隔壁颈,隔壁颈之间或其内侧常有环状小管相连,这种环状物称为连接环。由隔壁颈和连接环组成一条贯通原壳到住室的灰质管道,称为体管。体管形状一般为细长的圆柱形或串珠状。根据隔壁颈的长短、弯曲程度和连接环形状,体管可分为5种类型(图5-20)。

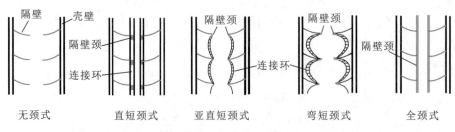

图5-20 鹦鹉螺类体管类型(据 Teichert,1964)

头足类隔壁边缘与壳壁内表面接触的线叫缝合线。一般情况下,只有外壳表皮被剥去以后才露出缝合线。隔壁不褶皱的类别,其缝合线平直,反之缝合线显著地弯曲。缝合线向前弯曲的部分称为鞍,向后弯曲的部分称为叶。根据隔壁褶皱的程度,头足类的缝合线可归纳为5种类型(图5-21)。

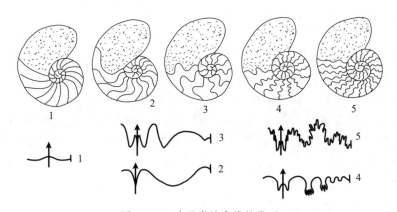

图5-21 头足类缝合线的类型
1.鹦鹉螺型;2.无棱菊石型;3.棱菊石型;4.齿菊石型;5.菊石型

3. 外壳类化石代表

Sinoceras Shimizu and Obata(emend. Yu,1951)(**中国角石**)　壳直锥形,壳面有显著的波状横纹。体管细小,位于中央或微偏,隔壁颈直长,约为气室深度之半(图5-22,1)。中奥陶世。

Protrachyceras Mojsisovics,1893(**前粗菊石**)　壳半外卷至半内卷,呈扁饼状。腹部具腹沟,沟旁各有一排瘤。壳表具有许多横肋,每一肋上附有排列规则的瘤,横肋常分叉或插入。缝合线为亚菊石式,鞍部发生微弱的褶皱(图5-22,2)。中-晚三叠世。

Armenoceras Foerste,1924(**阿门角石**)　壳直,横切面卵形,隔壁较密。隔壁颈极短而外弯,常与隔壁接触成小的锐角。体管大,呈扁串珠形,体管内有时可见次生堆积物(图5-22,3)。中奥陶世—晚志留世。

Manticoceras Hyatt,1884(**尖棱菊石**)　壳半外卷到内卷,呈扁饼状。腹部由穹圆形到尖棱状。壳面饰有弓形的生长线纹,缝合线由一个三分的腹叶、一对侧叶、一对内侧叶及一个"V"字形的背叶组成(图5-22,4)。晚泥盆世。

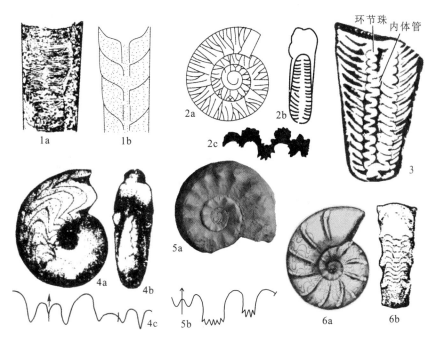

图 5-22　头足纲外壳类化石代表

1. *Sinoceras*（中国角石）：1a. 侧视，1b. 纵切面；2. *Protrachyceras*（前粗菊石）：2a. 侧视，2b. 前视，2c. 缝合线；3. *Armenoceras*（阿门角石），纵切面；4. *Manticoceras*（尖棱菊石）：4a. 侧视，4b. 前视；4c. 缝合线；5. *Pseudotirolites*（假提罗菊石）：5a. 侧视，5b. 缝合线；6. *Ceratites*（齿菊石）：6a. 侧视，6b. 腹视

注：6a 引自 Arkell 等（1957）（p. 151，Fig. 183. 2a）。

Pseudotirolites Sun,1937**（假提罗菊石）**　壳外卷，盘状。腹部呈屋脊状或穹形，具明显的腹中棱。内部旋环侧面饰有小瘤，外部旋环侧面发育"丁"字形肋或横肋，具腹侧瘤。齿菊石型缝合线，每侧具有两个齿状的侧叶，腹叶二分不呈齿状（图 5-22,5）。乐平世。

Ceratites Haan,1825**（齿菊石）**　壳外卷至半外卷，厚盘状。腹平或呈浑圆形。旋环横断面近方形、壳面饰有粗横肋，在腹侧常结为瘤状。典型的齿菊石型缝合线，腹叶宽浅，侧叶带小齿，鞍部圆（图 5-22,6）。中三叠世。

4. 头足纲生态及地史分布

现代头足动物都是海生的，化石头足类都保存在有多种其他海生生物化石的地层内，因而可以认为地史时期头足类也是海生的。现代外壳类头足动物只有一属，即鹦鹉螺（*Nautilus*），生活于浅海区，也可达较深的海区，营游泳及底栖爬行生活。化石外壳类都具气室，壳壁较薄，壳面的脊和瘤内部也是空的，因此推测外壳头足类都具有一定的游泳能力，但因壳形不同，游泳能力有所差别。头足类化石在海相灰岩和泥岩中均有产出，灰岩中常保存为实体化石，泥岩中常为外模化石。

头足类始现于芙蓉世，延至现代，早古生代全为鹦鹉螺类，晚古生代—中生代菊石较繁盛，尤其是中生代，称为菊石的时代，新生代以内壳类繁盛为特征。

第三节　节肢动物门三叶虫纲

一、节肢动物概述

节肢动物门(Arthropoda)是动物界最庞大的一门,占现生动物的85%,包括人们熟知的虾、蜘蛛、蚊子、苍蝇等。节肢动物对环境的适应性很强,几乎遍布地球所有生态领域,部分寄生于动、植物体内外。节肢动物的体节已愈合成头、胸、腹或头、胸、尾3部分,每一体节通常具一对附肢,附肢又分成若干关节相连的分节,故名"节肢动物"。

三叶虫纲(Trilobita)是节肢动物门中已灭绝的一个纲,也是节肢动物门中化石最多的一类。三叶虫身体扁平,披以坚固的背甲,腹侧为柔软的腹膜和附肢。背甲被两条背沟纵向分为一个轴叶和两个肋叶,三叶虫因此得名。

二、三叶虫的背甲构造

背甲成分以碳酸钙和磷酸钙为主,质地较硬。背甲形态呈长卵形或圆形,通常长3～10cm,最小的不及5mm,最大的可达70cm。从结构上可分为头甲、胸甲和尾甲(图5-23)。

1)头甲

头甲多呈半椭圆形,中间有隆起的头鞍和颈环,其余称颊部。头鞍形状一般为锥形、柱形或梨形,后端有颈沟与颈环分开。头鞍常具几对横向或倾斜的浅沟,称为鞍沟,是体节愈合的痕迹。头鞍之前的颊部称为前边缘,常被边缘沟分为外边缘与内边缘。头甲侧缘与后缘之间的夹角称为颊角,它可向后伸长成颊刺。大部分三叶虫的头甲背面被一对面线(缝隙)所切穿,因此推测三叶虫蜕壳时,虫体沿裂开的面线蜕出。面线将颊部分为固定颊与活动颊,固定颊与头鞍紧密相连,常一起保存,称为头盖。活动颊系面线外部的颊面,常分散脱离,单独保存为化石。在面线中部,固定颊外缘有一对半圆形凸起,称为眼叶,对眼起支持作用,其形状、大小及距头鞍的相对位置在分类上十分重要。眼叶前端可具一条凸起脊线与头鞍前侧角相连,称眼脊。面线中段从眼与眼叶之间穿过,位于眼叶前端的部分称为面线前支,后端的部分称为面线后支(图5-23a)。

根据面线后支延伸方向,可将三叶虫面线分为4种类型(图5-24)。

2)胸甲

胸甲由若干形状相似、相互衔接并可活动的胸节组成。胸节数目最少2节,最多40节。每一胸节上都有一对背沟,分胸节为中央的轴节和两侧的肋节。各肋节之间被间肋沟所分隔,每个肋节上有肋沟。肋节末端钝圆,或延长成刺(图5-23b)。

3)尾甲

尾甲多呈半圆形或近三角形,由若干体节愈合而成,少则1节,多可达30节。尾甲肋节有时部分愈合,因而其数较轴节少。肋沟较间肋沟深而宽。尾甲的边缘宽度因属而异,有时具有各种尾刺(图5-23c)。

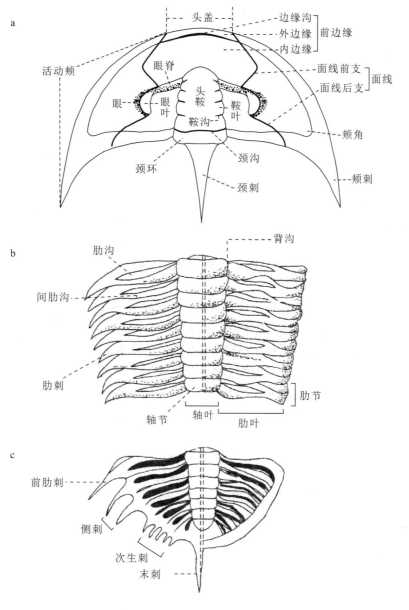

图 5-23 三叶虫背甲构造模式图

a. 头甲;b. 胸甲;c. 尾甲

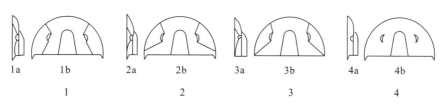

图 5-24 三叶虫面线类型(据何心一等,1987)

1. 后颊类面线;2. 前颊类面线;3. 角颊类面线;4. 边缘式面线

a. 侧视图;b. 正视图

三、三叶虫化石代表

Redlichia Cossman，1902（**莱德利基虫**）　头鞍长，锥形，具2～3对鞍沟；眼叶长，新月形，靠近头鞍；内边缘极窄。面线前支与中轴线呈50°～90°夹角。尾甲极小（图5-25，1）。寒武纪第二世。

Dorypyge Dames，1883（**叉尾虫**）　头鞍大，强烈上凸呈卵形或两侧具一对前坑；无内边缘，外边缘极窄；具颈刺；固定颊窄。尾轴高凸，两侧近平行，后端圆滑；肋部肋沟微弱，间肋沟显著，边缘不甚清楚，6对尾刺，其中第5对最长，第6对最短。壳面具小瘤点（图5-25，2）。苗岭世。

Coronocephalus Grabau，1924（**王冠虫**）　头鞍前宽后窄、成倒梨形或棒状，后部狭窄部分被3条深而宽的横沟分隔；前颊类面线，活动颊边缘上有9个齿状瘤；头甲壳面具粗瘤。尾甲长三角形，轴部分为35～45节；肋部分节数较少，由14～15个简单的无肋沟的肋节组成（图5-25，3）。温洛克世。

Dalmanitina Reed，1906（**小达尔曼虫**）　头鞍向前扩大，具3对鞍沟，后一对内端分叉；前边缘不发育；眼大、靠近头鞍；前颊类面线；具颊刺。尾甲分节多；后端具一末刺（图5-25，4）。中奥陶世—兰多维列世。

Damesella Walcott，1905（**德氏虫**）　头甲横宽，头鞍长，向前收缩，鞍沟短；无内边缘，外边缘宽，略上凸；眼叶中等大小，固定颊窄。尾轴逐渐向后收缩，末端浑圆；肋沟较间肋沟宽而深，边缘窄而不显著，具6～7对长短不同的尾刺。壳面具瘤点（图5-25，5）。苗岭世。

Shantungaspis Chang，1957（**山东盾壳虫**）　头盖横宽，头鞍向前略收缩，具3对鞍沟；具颈刺；内边缘宽，边缘沟深、宽；外边缘窄而凸，中部宽，向两侧变窄。眼叶中等大小，以平伸的眼脊与头鞍前侧相

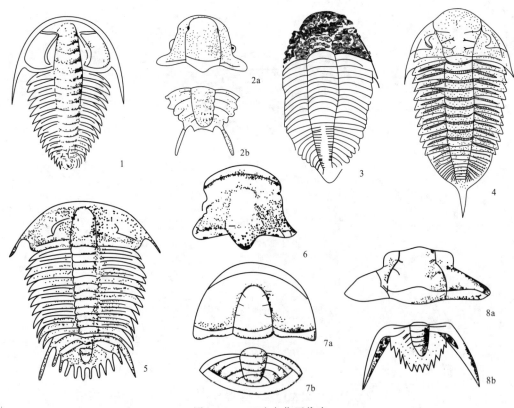

图5-25　三叶虫化石代表

1.*Redlichia*（莱德利基虫），背甲；2.*Dorypyge*（叉尾虫）；2a.头盖，2b.尾甲；3.*Coronocephalus*（王冠虫），背甲；
4.*Dalmanitina*（小达尔曼虫），背甲；5.*Damesella*（德氏虫），背甲；6.*Shantungaspis*（山东盾壳虫），头盖；
7.*Bailiella*（毕雷氏虫）：7a.头甲，7b.尾甲；8.*Neodrepanura*（新蝙蝠虫）：8a.头盖，8b.尾甲

连,因而眼前翼和内边缘宽度一致(图5-25,6)。苗岭世。

Bailiella Matthew,1885(**毕雷氏虫**) 头鞍锥形,前端浑圆;内边缘宽;无眼,但有时可见微弱的眼脊。固定颊极宽,活动颊极窄。尾小,横宽,分节清楚;尾缘显著(图5-25,7)。苗岭世。

Neodrepanura Özdikmen,2006(**新蝙蝠虫**) 头盖梯形,头鞍后部宽大,前部较窄,前端截切;前边缘极窄。眼叶小,位于头鞍相对位置的前部,并十分靠近头鞍;后侧翼成宽大的三角形。尾轴窄而短,末端变尖,尾部具一对强大的前肋刺,其间为锯齿状的次生刺(图5-25,8)。苗岭世。

四、三叶虫的生态及地史分布

三叶虫全为海生,大部分三叶虫为浅海底栖爬行或半游泳生活,另一些可在远洋中游泳或漂游。底栖三叶虫身体扁平,有的三叶虫可钻入泥沙生活,它们头部结构坚硬,前缘形似扁铲,便于挖掘。有的头甲愈合,肋刺发育,尾小,具尖锐的末刺,用以在泥沙中推进。另外,适于在松软或淤泥海底爬行生活的类型,其肋刺和尾刺均很发育,使身体不易陷入泥中。营漂浮生活的类型,往往身体长满纤细的长刺。

三叶虫始现于寒武纪第二世,寒武纪最为繁盛,地层意义最大;奥陶纪仍较繁盛,但由于头足类和笔石兴起,三叶虫在海洋中不再是居统治地位的生物;志留纪至二叠纪,三叶虫急剧衰退,只留下少数类别,至二叠纪末灭绝。

第四节 腕足动物门

一、概述

腕足动物门(Brachiopoda)是海生底栖、单体群居、具真体腔、硬体不分节且两侧对称的无脊椎动物。体外披着两瓣大小不等的壳,壳质主要为钙质或几丁磷灰质。腕足动物是滤食性生物,其滤食器官是纤毛腕(图5-26)。

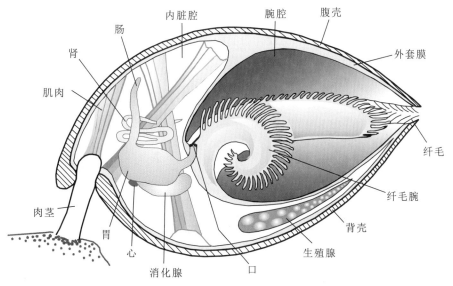

图5-26 腕足动物形态和构造(纵向剖视)

腕足动物现存约有 100 属 300 余种,但在地史时期曾相当繁盛,据统计,已描述的有 4200 余属,种数估计超过 50 000 种。腕足动物化石在确定地质时代方面有重要意义。

二、腕足动物壳体的基本特征

1. 壳体外形及定向

1)壳体定向及度量

壳体是由大小不等的两瓣壳组成,一般肉茎孔所在的壳较大,为腹壳(或腹瓣),另一较小的称背壳(或背瓣)。最早分泌的硬体部分成鸟喙状称壳喙。壳喙的一方为后方,喙旁边缘称后缘;相对的一方为前方,其边缘称前缘(图 5 - 27)。

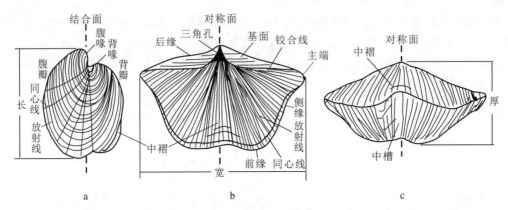

图 5 - 27　腕足动物的定向和硬体外部构造

Cyrtospirifer(弓石燕):a. 侧视;b. 背视;c. 前视,约×1

2)壳的外形

腕足动物壳体的形态要通过正视、侧视和前视 3 个方向来观察和描述。

(1)正视:从背壳或腹壳方向观察壳体轮廓(背视或腹视),常见的有圆形、长卵形、横椭圆形、三角形、五边形、方形等。

(2)侧视:从侧缘方向观察壳体凸度,依据两壳凸凹程度,一般可分为双凸、平凸、凹凸、凸凹和双曲 5 种(图 5 - 28)。两壳都凸为双凸;幼年期背壳凹而腹壳凸,成年期在壳体前部变为背壳凸而腹壳凹,称双曲。其他侧视术语,前一字指背壳,后一字指腹壳。

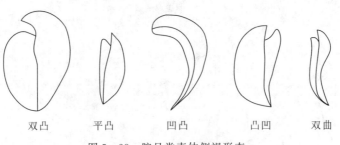

双凸　　平凸　　凹凸　　凸凹　　双曲

图 5 - 28　腕足类壳体侧视形态

(3)前视:壳体前接合缘有多种变化。前接合缘近直线的称直缘型。但许多腕足类壳体上有中槽和中褶(图 5 - 27c),沿壳面中央至前缘的褶隆称为中隆或中褶,凹槽称中槽。前接合缘向背方拱起,称单褶型;反之,前缘向背方凹陷者为单槽型。

2. 壳体基本构造

(1)壳体后部构造:腕足动物腹壳和背壳后端均具壳喙,一般腹喙较明显,或尖耸或弯曲。壳后缘两壳铰合处叫铰合线,或长或短,或直或曲。铰合线两端为主端,或圆或方,或尖伸作翼状。喙向两侧伸至主端的壳面称壳肩,壳肩与铰合线包围的三角形壳面称基面,腹壳和背壳都有基面,但通常腹基面较发育。腹喙下基面上常有的圆形或椭圆形孔称茎孔,为软体肉茎伸出之处,茎孔有时位于腹喙上。有些腕足动物由于肉茎在成年期退化而无茎孔。基面中央呈三角形的孔洞称三角孔(图 5 - 27b),在背壳的称背三角孔。三角孔有时部分(留出茎孔)或全部被覆盖,覆盖物有两种,单个三角形板叫三角板,两块胶合或分离的板叫三角双板。

(2)壳体内部构造:腕足动物的铰合构造由铰齿与铰窝组成,与双壳类不同的是腕足动物铰合构造的铰齿均在腹壳,而铰窝则在背壳。铰齿位于腹壳三角孔前侧角,其下常有一对向腹方壳底伸展的齿板支持;齿板有时相向延展联合成一个匙状物,称为匙形台或匙板。匙形台悬空,或以一个中板固着于腹壳内部。与齿板相对应,在背瓣铰窝下也有支持的铰窝支板。

腕足动物纤毛腕的支持构造是腕骨,生于背瓣铰窝前侧,可分为 3 种基本类型:①腕棒,从腕基向前延伸的短棒状构造,其末端附着纤毛环;②腕环,腕棒进一步延伸形成的环状构造;③腕螺,腕棒向前作螺旋状延伸。

(3)壳饰:除一部分腕足动物壳面光滑无饰外,大多具同心状或放射状壳饰。根据壳饰粗细,同心饰可分为同心纹、同心线、同心层和成波状起伏的同心皱;放射状饰有放射纹、放射线和放射褶。有时同心饰与放射饰交会成网格状。有些腕足动物也可有刺、瘤等壳饰。

三、腕足类化石代表

Lingula Brugeere,1872(舌形贝)　几丁磷灰质壳,壳薄,呈长卵形或舌形,后缘钝尖,两瓣几乎相等,腹瓣稍大,前缘略平直(中部常略向前突出);无铰齿和齿窝;腹瓣具茎沟(腹壳铰合面下的一个凹沟)(图 5 - 29,1)。新近纪(白垩纪?)—现代。

Dictyoclostus Muir - Wood,1930(网格长身贝)　壳大,呈圆方形,凹凸,腹瓣高凸,背瓣浅凹,前方急剧膝折,形成深凹的体腔;铰合线直长,主端钝方,形成耳翼;壳面放射线密布,后部有同心皱,两者相交成网格状;腹瓣有稀疏的壳刺(图 5 - 29,2)。密西西比亚纪。

Gigantoproductus Prentice,1950(大长身贝)　壳巨大,横向伸展,腹瓣高凸,背瓣深凹。铰合线直长,耳翼大。壳面具放射线,有时具不规则的放射褶,后部具同心皱。腹瓣有少数壳刺(图 5 - 29,3)。密西西比亚纪。

Sinorthis Wang,1955(中华正形贝)　壳小,方圆形。铰合线直,略短于壳宽,主端钝方。平凸型至双凸型,基面中等高,三角孔洞开。背壳具宽而浅的中槽。壳面具放射线。腹壳铰齿粗大,齿板小角度向两侧分离。背铰合面窄,壳内主突起发育,具腕基(图 5 - 29,4)。早-中奥陶世。

Yangtzeella Kolarova,1925(扬子贝)　壳呈横方形;铰合线直,略短于最大壳宽,双凸,背壳凸度较强;腹基面高于背基面,三角孔洞开。腹中槽、背中隆显著。壳面光滑。背内主突起发育,背瓣内有一对高强的铰窝支板;腹瓣内具匙形台(图 5 - 29,5)。早奥陶世。

Stringocephalus Defrance,1827(鸮头贝)　壳大,近圆形,双凸,腹瓣凸度稍高。铰合线短弯,具三角板或三角双板,卵形肉茎孔位于三角板或三角双板上部。壳面光滑。腹瓣内具长且高大的中板,背中板短。腕环宽长(图 5 - 29,6)。中泥盆世。

Yunnanella Grabau，1923（云南贝）　壳三角形至亚五边形，双凸，腹中槽、背中隆显著，向前延伸，中槽浅阔。壳面具圆形放射线，分叉或插入式增加，壳面前部具棱角状放射褶。齿板发育，背壳中隔板短小（图 5 - 29，7）。晚泥盆世。

Cyrtospirifer Nalivkin in Frederiks，1924（弓石燕）　壳中等，双凸，呈横长方形，铰合线等于或稍大于最大壳宽，基面较高，斜倾型。中槽、中褶纵贯全壳。全壳覆有放射线，中槽内壳线常分叉。齿板发育（图 5 - 27）。晚泥盆世。

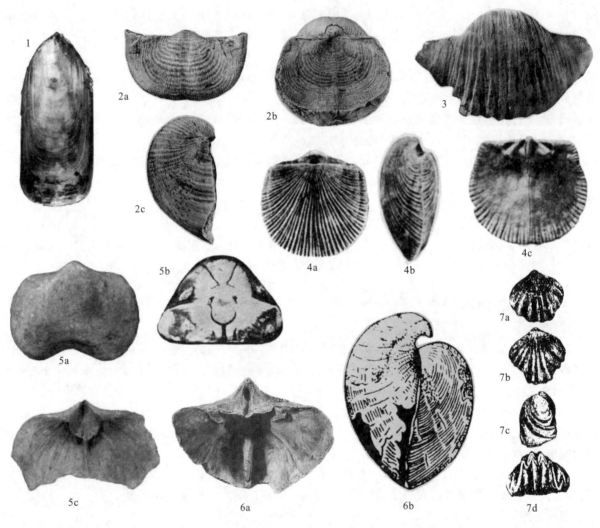

图 5 - 29　腕足类化石代表

1. *Lingula*（舌形贝），背视；2. *Dictyoclostus*（网格长身贝）：2a. 腹视，2b. 背视，2c. 侧视；3. *Gigantoproductus*（大长身贝），腹视；4. *Sinorthis*（中华正形贝）：4a. 背视，4b. 侧视，4c. 背内视；5. *Yangtzeella*（扬子贝）：5a. 腹视，5b. 横切面（示内部结构），5c. 腹内视；6. *Stringocephalus*（鸮头贝）：6a. 腹后视和内视（示三角双板和中隔板），6b. 侧视；7. *Yunnanella*（云南贝）：7a. 腹视，7b. 背视，7c. 侧视，7d. 前视

注：其中 1 引自 Holmer 等（2000）（p. 36，Fig. 8.1a）；2a～2c 引自 Brunton 等（2000）（p. 488，Fig. 331c，b，d）；3b 引自 Brunton 等（2000）（p. 551，Fig. 385a）；4c 引自 Williams 等（2000）（p. 727，Fig. 524.4g）；5a～5c 引自 Carlson 等（2002）（p. 946，Fig. 633.5a，g，e）；6a 引自 Lee 等（2006）（p. 2000，Fig. 1323c）。

四、腕足动物生态及地史分布

现代腕足动物一般生活在近 35‰ 的正常盐度、避光、安定的环境中，少数种类能忍受不正常的盐度。它们在各种水深处均能生存，但在水深 200m 左右地段现生种类最多。古生代的腕足类大多数生活在温暖、盐度正常的浅海环境中，但中生代以来发现它们与某些深水生物共生。

腕足动物始现于新元古代末期的小壳动物群中，经历奥陶纪、泥盆纪、石炭纪—二叠纪 3 大繁盛期之后，在二叠纪末急剧衰退。进入中生代，虽然还有一些类别数量较多，但已明显进入衰退期。至新生代，腕足动物面貌已接近现代。

第五节　半索动物门笔石纲

一、半索动物概述

半索动物的最主要特征是口腔背面向前伸出一条短盲管，称口索，这是半索动物门（Hemichordata）所特有的。有人认为口索是最初出现的脊索，有人则认为它相当于未来的脑垂体前叶。半索动物曾作为一个亚门，归属于脊索动物门，但基于它具有腹神经索及开管式循环，肛门位于身体最后端，而且口索很可能是一种内分泌器官，目前多数学者把半索动物作为一个独立的门。

笔石纲（Graptolithina）是半索动物门中已灭绝的一个纲，是一种海生小个体的群体动物。化石常因升馏作用而保存为碳质薄膜，在岩层上似象形文字，故称笔石。笔石纲分成两类，即正笔石类和树形笔石类。

二、笔石的基本构造

1. 胎管

胎管是第一个个体所分泌的圆锥形外壳，是笔石体生长发育的始部（图 5 - 30a）。胎管由基胎管和亚胎管组成。在亚胎管一侧由管壁中生出一条直的胎管刺；另一侧常沿胎管口缘延伸形成口刺；在基胎管尖端反口方向伸出一条纤细的线状管，称为线管（图 5 - 30a）。正笔石类中的有轴笔石，其线管硬化，称为中轴（图 5 - 30b）。

2. 胞管

第一个胞管由胎管侧面的一个小孔出芽生出。树形笔石类有两种类型的胞管，较大的正胞管和较小的副胞管，正胞管和副胞管由茎系连接在一起（图 5 - 31）。正笔石类绝大多数只有正胞管，但胞管形态多种多样，可分为 10 种类型（图 5 - 32）。

3. 笔石枝

成列的胞管构成笔石枝（图 5 - 33）。胞管所在的一侧为腹侧，与之相反的一侧为背侧。笔石枝靠近胎管的部分称为始端，胞管增长的一端为末端。正笔石类在笔石枝的背部有连通各个胞管的共通管

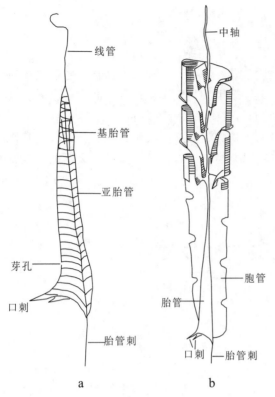

图 5-30 正笔石类笔石的胎管构造及其与
胎管的关系

a. 胎管构造;b. 胎管与胞管的关系(引自 Moore,1955)

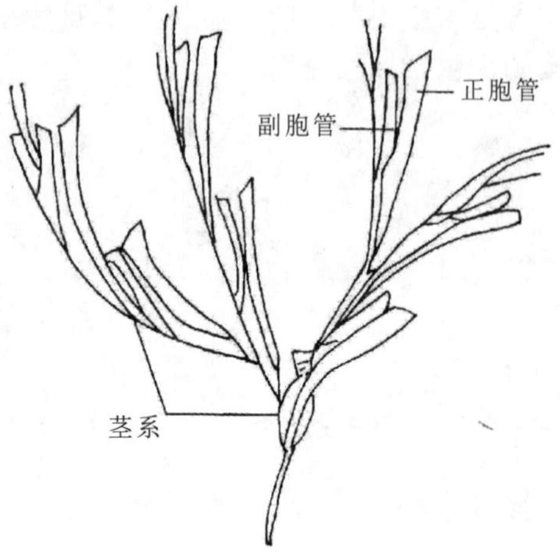

图 5-31 树形笔石类的两种胞管和茎系

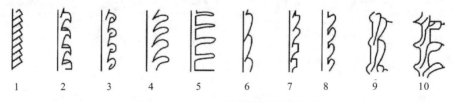

图 5-32 正笔石类胞管的不同类型

1. 均分笔石式,直管状;2. 单笔石式,胞管外弯,呈钩状;3. 卷笔石式,胞管向外弯曲,呈球状;4. 半耙笔石式,
胞管向外扩展,大部分孤立,呈三角形;5. 耙笔石式,呈耙形;6. 纤笔石式,胞管腹缘呈波状曲折;7. 栅笔石式,
胞管强烈内折,具方形口穴;8. 叉笔石式,胞管口部向内转曲;9. 瘤笔石式,形成背褶,口部内转,腹褶弱;
10. 中国笔石式,形成背褶及柱状腹褶

(沟)。每个胞管靠近共通管的一边为背,另一边为腹。相邻两胞管间常有重叠,但重叠的程度各类笔石不一。

正笔石类的笔石枝生长方向各有不同,以胎管尖端向上,口部向下为基准,可分为下垂式、下斜式、下曲式、平伸式、上斜式、上曲式和上攀式(图 5-34)。凡下垂式、下斜式、下曲式的笔石体,笔石枝彼此以腹侧相向;凡上斜式和上曲式的笔石体,笔石枝彼此则以背侧相向。数列胞管沿中轴攀合,称为上攀式。笔石枝上胞管的排列可分为单列式、双列式和四列式,个别还有三列式。

4. 笔石体

笔石体由笔石枝构成。正笔石类的一个笔石体少则一枝,多则可达数十枝(图 5-35)。树形笔石类的笔石体分枝复杂,常呈树枝状、网状或羽状。

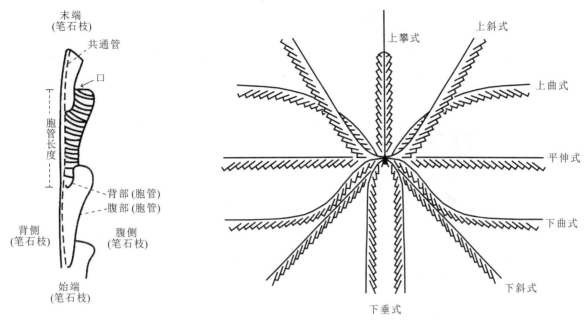

图 5-33　正笔石类笔石枝构造　　　　　图 5-34　笔石枝生长方向的综合表示

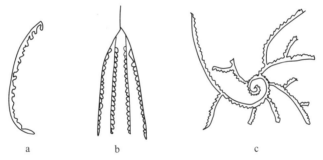

图 5-35　组成笔石体的笔石枝数量的变化

a.1 个笔石枝;b.4 个笔石枝;c.10 个以上笔石枝

三、笔石化石代表

Acanthograptus Spencer，1878(**刺笔石**)　笔石体呈灌木状或扇状,分枝不规则。胞管细长。笔石枝结构复杂,呈三芽发育方式,常见孤立的正胞管口和芽枝,骤视之,枝上生刺。有的类型枝间有横耙相连(图 5-36,1)。芙蓉世—志留纪。

Didymograptus McCoy，1851(**对笔石**)　笔石体具两个笔石枝,不再分枝,两枝下垂至上斜。胞管直管状。胎管锥状,向口部加宽(图 5-36,2)。早-中奥陶世。

Sinograptus Mu，1957(**中国笔石**)　由两枝到多枝水平至下斜笔石枝组成。胞管强烈曲折,始部形成背褶,末部形成腹褶,背褶和腹褶的顶端均具有相当发育的刺(图 5-36,3)。早奥陶世。

Normalograptus Legrand，1987 emend. Storch and Serpagli，1933(**正常笔石**)　单枝双列,胎管具底刺,第一对胞管不具口刺。胞管腹缘呈波浪状,常呈尖锐的口穴(图 5-36,4)。中奥陶世—兰多维列世。

Climacograptus Hall，1865(**栅笔石**)　笔石体横切面呈卵形。胞管强烈弯曲,腹缘作"S"形曲折,烟斗状,口穴显著,常为方形(图 5-36,5)。早奥陶世—兰多维列世。

Monograptus Heinitz，1852（单笔石）　笔石枝直或微弯曲，胞管口部向外弯曲，呈钩状或壶嘴状（图5-36，6）。兰多维列世—早泥盆世。

Rastrites Barraude，1850（耙笔石）　笔石体弯曲，钩形，非常纤细。胞管线形，孤立，没有掩盖，有向内弯曲的口部，共通沟纤细，胞管倾角大，与轴部近于垂直（图5-36，7）。兰多维列世。

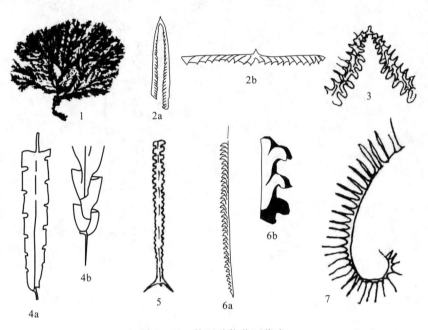

图5-36　笔石动物化石代表

1. *Acanthograptus*（刺笔石）；2. *Didymograptus*（对笔石）；3. *Sinograptus*（中国笔石）；
4. *Normalograptus*（正常笔石）；5. *Climacograptus*（栅笔石）；6. *Monograptus*（单笔石）；
7. *Rastrites*（耙笔石）

四、笔石的生态及地史分布

笔石动物可以生活在从滨海到陆棚边缘以及陆棚斜坡等海域。除了树形笔石类的大部分为固着生活外，其他各类笔石大都是浮游生活。笔石化石可以保存在各种沉积岩中，但最主要还是保存在页岩中，尤其是黑色页岩，往往含大量笔石，形成"笔石页岩相"。"笔石页岩相"代表水流不通畅、海底平静缺氧或者水体较深的海洋环境。笔石是很好的指相化石。

笔石动物始现于苗岭世，在芙蓉世生活的主要是树形笔石类，奥陶纪正笔石类极为繁盛；志留纪开始衰退，早泥盆世末正笔石类灭绝；树形笔石类的少数分子延续到密西西比亚纪末就全部灭绝了。

第六节　脊索动物门脊椎动物亚门

一、脊椎动物亚门概述

脊椎动物亚门(Vertebrata)是脊索动物门的3个亚门之一。

1)脊椎动物亚门的主要特征

脊椎动物身体有头、躯干和尾的分化,故又称有头类。多数种类的脊索只见于个体发育的早期,以后即为脊柱所代替。躯干部具附肢(偶鳍或四肢),有少数种类附肢退化或消失。除无颌纲外,均具备上、下颌。此外,脊椎运动具有完善的中枢神经系统位于身体背侧,其前端发育为大脑;循环系统位于身体腹侧;具内骨骼。

2)脊椎动物亚门的分类

一般将脊椎动物亚门分为2个超纲9个纲(表5-2),各纲的地史分布如图5-37所示。

表 5-2　脊椎动物亚门的分类(据 Romer,1966)

亚门	超纲	纲	特征	
脊椎动物亚门	鱼形超纲 (Pisces)	无颌纲(Agnatha)	无羊膜动物	变温动物
		盾皮鱼纲(Placodermi)		
		软骨鱼纲(Chondrichthyes)		
		棘鱼纲(Acanthodii)		
		硬骨鱼纲(Osteichthyes)		
	四足超纲 (Tetrapoda)	两栖纲(Amphibia)	有羊膜动物	
		爬行纲(Reptilia)		恒温动物
		鸟纲(Aves)		
		哺乳纲(Mammalia)		

二、鱼形动物

1. 鱼形动物的一般特征

鱼形动物全部为水生、冷血、鳃呼吸、自由活动的脊椎动物。它们的身体多呈纺锤形,不具五趾的肢骨,而具发育的鳍,其中背鳍、臀鳍和尾鳍位于身体的对称面上,因不成对,统称奇鳍。胸鳍及腹鳍成对在身体左右两侧,统称偶鳍。鳍内有骨质棘,称鳍棘。鳍在身体的部位及相互关系、鳍刺及鳍条的排列情况对鉴定鱼类化石有重要意义(图5-38)。

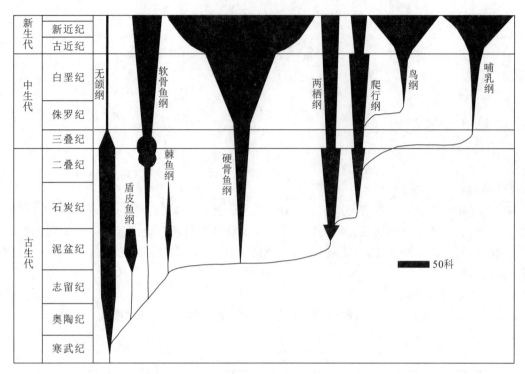

图 5-37 脊椎动物亚门各纲的演化及地史分布(据 Benton,2003 修改)

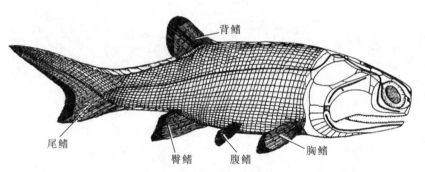

图 5-38 鱼类的基本构造

(1)尾鳍:鱼类重要的运动器官,也是分类和鉴定的重要根据之一。根据鱼的尾部脊柱延伸状况和尾鳍形态及对称性等,一般可将尾鳍划分为 3 种主要类型:①歪型尾;②圆形尾;③正型尾(图 5-39)。

(2)鳞:多数鱼类体表披鳞,有保护作用,一般可分为 4 种:①盾鳞,外形似盾,基板部分埋于皮层内,尖锥状小棘突露出体外;②硬鳞,多为菱形,厚板状,表面具珐琅质层;③圆鳞,为骨质鳞,表面无珐琅质,可见同心状生长线纹;④栉鳞,也是一种骨质鳞,只是鳞片表面具小棘,后缘具小锯齿(图 5-40)。

歪型尾　　　　　　　圆型尾　　　　　　　正型尾

图 5-39 鱼类尾鳍的类型

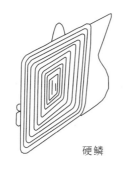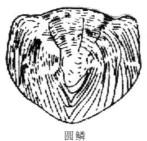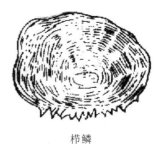

盾鳞　　　　　硬鳞　　　　　圆鳞　　　　　栉鳞

图 5 - 40　鱼鳞的类型

2. 鱼类的演化与陆生四足动物的起源

根据化石记录揭示或推测现代各种鱼类是由盾皮鱼(Placodermi)发展演化而来的。该类化石发现于志留纪后期地层中,繁盛于泥盆纪,因具成对鼻孔、颌及偶鳍,从而增强了盾皮鱼的感觉、取食和运动能力。泥盆纪时,由于地壳运动,古地理环境发生巨变,原在淡水栖息的鱼类,有的不能适应炎热干涸的环境而逐渐灭绝,也有部分被迫由陆地水域迁居海中。盾皮鱼的一支演变出早期软骨鱼类,是淡水鱼类迁到海洋生活的代表;另一支为了适应干旱的环境,体内长出一对囊状突起,起原始肺脏的作用,代替鳃的功能,因此演变为早期的硬骨鱼类。

硬骨鱼纲(Osteichthyes)的肺鱼类、总鳍鱼类中的扇鳍鱼类具内鼻孔及肉质偶鳍,能够在环境多变的淡水水域中生活。过去认为总鳍鱼类是陆生四足动物的祖先,但近年来的资料表明,两栖类不一定从总鳍鱼类演化而来,有人重提肺鱼类可能是有尾两栖类的祖先。总之,陆生四足动物的起源问题还未真正解决。

三、两栖纲

两栖纲(Amphibia)的最主要特征是在个体发育过程中幼体以鳃呼吸,无成对附肢,生活于水中,成年个体则用肺呼吸,具有四肢,但它的肺还不完备,需要靠湿润的皮肤(富于腺体)帮助呼吸。此外,两栖类头骨多扁平,骨片数目较鱼类减少,鳃盖骨化。

两栖纲的进步表现在初步解决了登陆所必须具备的若干条件:①有肺,可以在空气中呼吸,但肺不完备,需要靠湿润的皮肤帮助呼吸;②具有能支撑身体和运动的四肢;③早期两栖类身披骨甲或硬质皮膜来防止水分蒸发,现生种类则靠生活于阴湿处和分泌粘液进行保护。两栖类的出现是脊椎动物进化史上的一件大事,不过两栖类仍然未能真正摆脱水环境,表现为在水中产卵,幼体生活在水中,成年后肺和皮肤不够完备。

两栖纲始现于晚泥盆世,繁盛于石炭纪和二叠纪,并一直延续至现代,值得提出的化石是蜥螈(图 5-41),它具有两栖类与爬行类的特点,牙为迷齿型(图 5-42),头骨单一枕髁等,有人认为这种两栖动物有可能演变为中生代爬行类,也有人把蜥螈置于爬行纲,因它出现较晚(乌拉尔世),故可能是两栖类向爬行类进化中一个灭绝的旁支。

四、爬行纲

爬行类与两栖类之间的本质区别是卵结构不同:两栖类的卵像鱼类的卵一样,无羊膜结构,必须产在水中,在水中孵化;爬行类的卵有羊膜结构(图 5-43),可以产在陆地上,并在陆地上孵化。爬行类卵

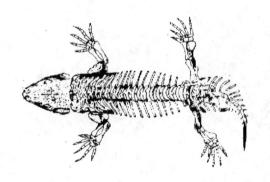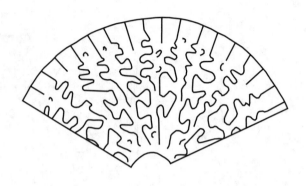

图 5-41　蜥螈 *Seymuoria baylorensis* Broili 复原图，　图 5-42　迷齿型牙齿横切面（部分）示珐琅质层形成的
×0.1，美国，乌拉尔统　　　　　　　　　　　　　复杂迷路构造

结构的这一进化使脊椎动物彻底摆脱了对水体的依赖，能在陆地上生活和繁殖后代。爬行类及其衍生的后裔哺乳类和鸟类也因此总称为羊膜动物。

爬行类的其他典型特征有：①头骨高，不同于两栖类那种通常扁平化的头骨；②脊椎骨大部或完全由侧椎体构成；③原始的爬行类有 2 块荐椎骨，不同于两栖类只有 1 块荐椎骨，而进步的爬行类可有多达 8 块荐椎骨；④肩胛骨和乌喙骨显著加强，匙骨、锁骨和间锁骨缩小或消失；⑤体外被覆角质的鳞甲。

爬行类的牙齿一般都是形态相似的圆锥形，称为同型齿。牙齿着生于颌骨上的方式有 3 种，即侧生齿、端生齿和槽生齿（图 5-44）。

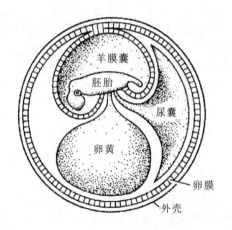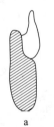

图 5-43　羊膜卵图解（据 Colbert，1969）　　　图 5-44　爬行动物牙齿的着生方式（据 Romer，1977）
　　　　　　　　　　　　　　　　　　　　　　a. 侧生齿（无齿根）；b. 端生齿（齿之基部及一侧附于颌骨）；c. 槽
　　　　　　　　　　　　　　　　　　　　　　生齿（齿根发达）

爬行纲（Reptalia）依据颞颥孔的类型（图 5-45）可分为 4 个亚纲：无孔亚纲（对应于无孔型，如中龙类）、双孔亚纲（对应于双孔型，如蜥蜴）、龟鳖亚纲（对应于上孔型）和下孔亚纲（对应于下孔型，如水龙兽）。爬行类始现于宾夕法尼亚亚纪早期，二叠纪逐渐增多，全盛于中生代，故中生代又称爬行动物时代。尤其是双孔亚纲的蜥臀目和鸟臀目，也就是俗称的恐龙（图 5-46），曾经在中生代显赫一时，因而中生代又称为恐龙时代，但恐龙中除一支演变为鸟类外，其他的非鸟恐龙到白垩纪末全部灭绝。

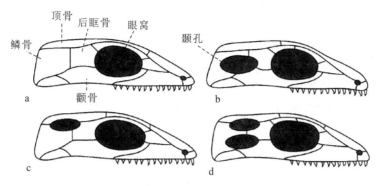

图 5-45　爬行动物头骨颞颥孔的类型(Romer,1966)
a. 无孔型;b. 下孔型;c. 上孔型;d. 双孔型

图 5-46　恐龙(据杨钟健,1941;Carroll,1988 等)

a. 恐龙的两种腰带构造,左为蜥臀目的三射型,右为鸟臀目的四射型;b. 早白垩世中华龙鸟(*Sinosauropteryx*);c. 晚白垩世霸王龙(*Tyrannosaurus*);d. 晚三叠世禄丰龙(*Lufengosaurus*);e. 晚侏罗世马门溪龙(*Mamenchisaurus*)

五、鸟纲

鸟纲(Aves)虽不是唯一能飞行的脊椎动物,但对飞行的适应是最成功的。它的主要特征是体表覆以羽毛,有翼,恒温和卵生,骨骼致密、轻巧,髓腔较大,许多部分骨骼愈合,胸骨发达,这些都是鸟类与其他脊椎动物的根本区别。

鸟类起源于爬行动物,是由恐龙的一支——蜥臀目兽脚类的祖先演化而来。最早的鸟类化石曾被认为是产于德国巴伐利亚索仑霍芬晚侏罗世地层中的始祖鸟,其特点是除具有羽毛外,其余骨骼特点均与爬行类一致,如有尾、有牙、前肢末端仍具爪等。现在一般认为始祖鸟不是现代鸟类的直接祖先,只是进化中的一个侧支,真正鸟类的祖先可能出现得更早。我国新疆、甘肃的白垩纪、青海的始新世地层发现过零星的鸟骨化石,但最丰富的化石记录来自我国辽西晚侏罗世—早白垩世地层中的热河生物群,其中产有多种类型的爬行类和鸟类及两者之间的过渡类型化石(图 5-47)。

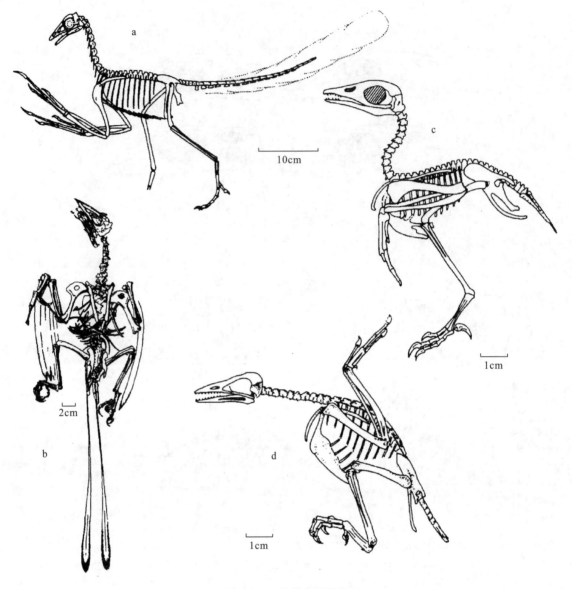

图 5-47　鸟类化石代表

a. 晚侏罗世的始祖鸟(*Archaeopteryx*)；b. 早白垩世的孔子鸟(*Confuciusornis*)；c. 早白垩世的华夏鸟(*Cathayornis*)，
d. 早白垩世的辽宁鸟(*Liaoningornis*)(据 Carroll，1988 等)

六、哺乳纲

哺乳纲(Mammalia)是脊椎动物中最高等的一类，它具有更完善的适应能力。恒温、哺乳、脑发达、胎生(除单孔类外)等是其主要特点。哺乳动物的进步性还表现在以下几个方面：①具有高度发达的神经系统和感官，能适应多变的环境条件；②牙齿分化，出现口腔咀嚼和消化，提高了对能量的摄取；③身体结构比爬行动物更为进化和坚固，一般具快速运动的能力。

哺乳动物的牙齿是其硬体中最坚硬的部分，易保存为化石，其组合形态随动物食性的不同而变化，因此，对分类具有极为重要的意义。哺乳动物的牙齿一般分化为门齿、犬齿、前臼齿和臼齿 4 种。前臼齿和臼齿合称颊齿，根据其形态和食性关系大致可分 3 种类型：①切尖型，食肉动物；②脊齿型，食草动物；③瘤齿型，杂食动物(图 5-48)。

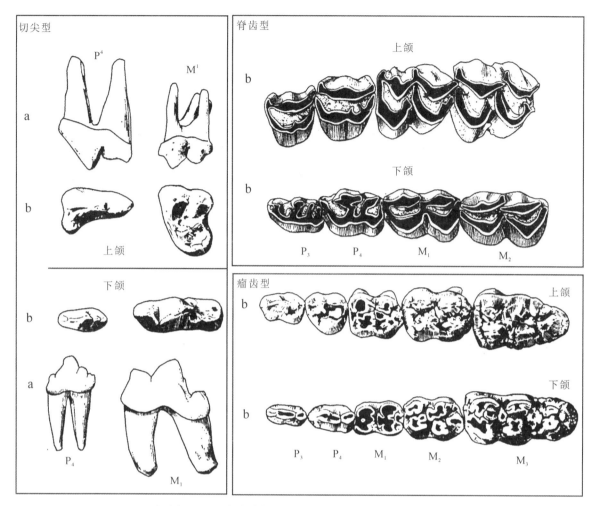

图 5 - 48　哺乳动物颊齿的主要类型(Schmid，1972)

a. 侧视；b. 齿冠面；P. 前白齿；M. 白齿

注：下标表示下颌牙齿，上标表示上颌牙齿。

　　哺乳动物最早出现于三叠纪,但是在整个中生代却是活在恐龙和其他爬行动物的夹缝中,直到白垩纪生物大灭绝之后,在新生代开始迅速地辐射演化,目前已知有 5000 多个属种,并占绝对优势,其生态领域扩展到海陆空等各种环境,故新生代又称为哺乳动物时代。

　　哺乳动物中智慧最高等的是灵长目。灵长类脑颅很大,眼睛大而前视,前肢得到进一步发展。灵长目分为更猴亚目(Plesiadapiformes)、原猴亚目(Prosimi)和类人猿亚目(Anthropoidea)。前两个亚目为原始灵长类,目前发现的化石数量并不多,但关系到人类的进化和起源问题,因而受到人们的极大重视。

　　根据 21 世纪以来的化石资料,人类的演化大致经历了以下 5 个阶段(图 5 - 49)。

1. 远古人

　　700 万年～400 万年前的远古人化石,可能代表了最早的人类化石,目前已经报道了 3 属 4 种。这个阶段的古猿体型较小、脑容量很小,仅有 300～380ml。它们和现代黑猩猩脑容量相当或更小,但是已经能够直立行走,并且出现了类似人类的一些特征,如犬齿小和眉脊粗壮。这些发现将人类的起源时间大大推前,和分子生物学推断的人类起源时间吻合。

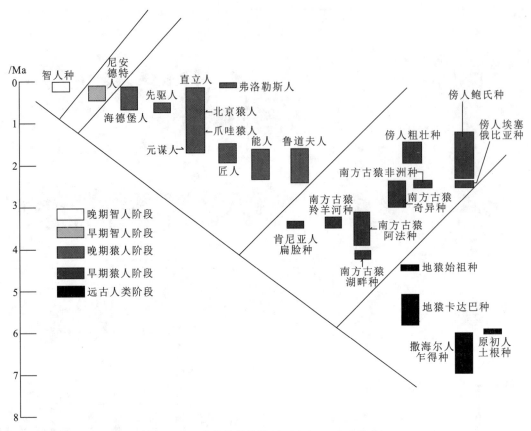

图 5-49　人类演化阶段(据 Mader，1998 修改)

2. 早期猿人

早期猿人主要指南方古猿(*Australopithecus*),400 多万年~100 万年前,主要分布在非洲南部和东部,以具有粗壮的颌及厚层珐琅质的齿为特征,能够两足直立行走。在形态上具有猿和人的镶嵌特征,身高 1.3m 以上,脑量 400~500ml。著名的"露西"属于南方古猿阿法种(*A. afarensis*),是迄今发现的最为完整的古人类骨骼之一,生存年代约为 350 万年前。

3. 晚期猿人

晚期猿人是已经成为人属的成员,包括能人(*Homo habilis*)和直立人(*H. erectus*)等至少 9 个种。最古老的人属是能人,首先发现在坦桑尼亚的奥杜威峡谷,时代为 250 万年~160 万年前。他的主要特点是头骨壁薄,眉脊不明显,脑量 500~700ml,比南方古猿明显扩大,颊齿,特别是前白齿比南方古猿非洲种窄,下肢骨明显显示两足直立行走的特征,手骨表明其拇指和其他四指能够对握,但还不是很精确。与能人同时发现的还有不少石器,典型的石器是用砾石制成的砍砸器,这种石器文化被称为奥杜韦文化。

比能人稍晚的是在非洲肯尼亚图尔卡纳湖附近发现的匠人(*H. eraster*),生活在 190 万年~170 万年前。他身高达到 1.6m,脑容量达到 830ml,虽然头骨仍保留了很多原始的特征,如眉脊粗壮、下颌发育、下巴缺失等,但是头后骨骼和现代人相似,完全适应了两足行走的生活。匠人制作工具的水平有很大提高,能够制作复杂的手斧,被称为阿舍利技术。

直立人(*Homo erectus*),生活年代大致定在距今 180 万年~30 万年之间的旧石器时代早期,在亚洲、欧洲、非洲等地都有发现。直立人的名称是根据其下肢骨能够采取直立的姿势而来,但并不表示他是最早直立行走的人。我国已发现的直立人化石比较多,有云南元谋人、陕西蓝田人、北京猿人、南京汤山人等。其中北京周口店的北京直立人遗址,是世界上至今已发现的材料最丰富的直立人遗址。北京猿人头盖骨高度远比现代人小,额向后倾斜,平均脑容量为 1088ml,眉脊非常粗壮而前突,头骨的厚度比现代人几乎大一倍,牙齿比现代人硕大和粗壮,面部比现代人较短而明显前突。北京直立人是已知最早的用火者,其使用的石器类型主要有砍砸器、刮削器和尖状器等几大类。

与直立人并存的还有 1997 年在西班牙北部阿塔普尔卡 Gran Dolina 洞穴里面发现的约 120 万年～80 万年前的先驱人(H. antecessor),这可能是最早一批从非洲迁入欧洲的人类。出土的生活在 60 万年～20 万年前欧洲的海德堡人(H. heidelbergensis)化石丰富,包括男性、女性和幼儿,有 30 多件个体。他们骨骼粗壮,身高相对较高(成年男性可以达到 1.75m)。海德堡人和非洲的匠人有很多相似的形态,但是脑容量在 1100～1400ml,和现代人已经很接近。他们眉骨突出,下肢相对较粗壮,完整的齿列已经和现代人无异。海德堡人和之后的尼安德特人已经能够制造更加复杂的工具,包括手斧和石片等,用于打猎。海德堡人可能是尼安德特人的祖先。

4. 早期智人

早期智人(Archaic Homo sapiens),生活于约 60 万年～10 万年前,发现于非洲、欧洲及亚洲,具有大脑壳,前臼齿及臼齿窄,脸平,头骨薄,骨骼纤细,脑量已达现代人水平等特点。早期智人代表是尼安德特人(Homo sapiens neanderthalensis),简称尼人,发现于德国尼安德特河谷。尼人的主要特征包括强壮的身体,指、趾短,前牙、鼻子大,几乎没有下巴颏。大鼻子可能是对寒冷的更新世气候的适应。我国的早期智人化石有广东的马坝人、湖北的长阳人、山西的丁村人、辽宁的金牛山人、陕西的大荔人等。早期智人制造的石器已经有了很多改进,能够狩猎巨大的野兽,能用兽皮当作粗陋的衣服,不仅会使用天然火,而且可能已会取火。东亚的成员仍然主要使用原始时期的制作技术,欧洲、非洲和中亚成员发展出了更进步的石核修理技术,创造了莫斯特文化,可能已经有了埋葬文化。

5. 晚期智人

晚期智人(Homo sapiens sapiens),在形态上已非常像现代人,出现的时间可以追溯到 19 万年～10万年前,与早期智人的区别是前额高,脑壳短、高,骨骼轻薄。晚期智人化石最早发现于法国的克罗马农村,称克罗马农人,主要生活在旧石器时代晚期,距今约 3.8 万年,身材高大,颅骨的高度增大,额部隆起,有明显突出的下颌,前臂比上臂长,小腿比大腿长,脑子很发达,有相当的智慧。欧洲在这个阶段石器更加精致,还出现了艺术品、精致骨器和角器,出现了洞穴壁画和雕刻艺术,能够摩擦生火。我国的晚期智人化石包括广西的柳江人、四川的资阳人、内蒙古的河套人和北京周口店的山顶洞人等。2015 年,我国学者发现了更早的现代人化石,即在湖南省道县发现的距今 12 万年～8 万年的 47 枚具有现代人特征的牙齿化石。

第六章　古植物

古植物学(paleobotany)是研究地史时期植物界的科学。植物在生命演化和陆地生态领域开拓中起到了十分重要的作用。尽管在距今 35 亿年前澳大利亚西部太古代地层中,就已发现过蓝藻(菌)类或细菌类化石,但生物界在海洋等水体中演化过程极其漫长。在距今 4 亿多年前的志留纪,具有真正维管束的植物出现,生物的生态领域才由水域扩展到陆地,开始了陆地生物的演化阶段。植物的出现,使大地披上了绿装,也促进了原始大气中氧气的循环和积累,这为包括人类在内的其他陆生生命演化提供了必要的先决条件,使地表有了今天山花烂漫的缤纷世界。古植物是划分及恢复地史时期古大陆、古气候和植物地理分区的主要标志。古植物本身亦参与成矿、成岩作用,是各地史时期煤层的物质基础。

一、分类体系

古植物化石按其体积大小一般分为大植物化石和微古植物化石。前者肉眼可见植物的各器官,包括根、茎、叶、果实、种子、花穗或其残余部分,后者需借助于显微镜研究角质层、孢子、花粉、树脂和其他可鉴别的植物碎屑(传统的古生物分类系统中,低等的菌藻类也被列入微古植物化石范畴)。古植物的自然分类系统与现代植物大体一致(表 6-1),按照植物体分化完善程度、解剖结构、营养方式、生殖和生活史类型进行划分。但古植物的分类又有其特殊性,由于大多数植物体大,各器官在地层中常分散保存,这样就给有些植物化石的自然分类带来了一定的困难,因而常要辅以人为的形态分类。

表 6-1　植物界(高等植物)分类系统

苔藓植物门(Bryophyta)	……………	早古生代—现代		
原蕨植物门(Protopteridophyta)	……………	志留纪—泥盆纪		
石松植物门(Lycophyta)	……………	泥盆纪—现代,石炭纪、二叠纪盛		蕨类植物
节蕨植物门(楔叶植物门)Arthrophyta (Sphenophyta)	…	泥盆纪—现代,石炭纪、二叠纪盛		
真蕨植物门(Pteridophyta)	……	泥盆纪—现代,石炭纪、二叠纪、中生代盛		
前裸子植物门(Progymnospermophyta)	…	中、晚泥盆世—二叠纪		
种子蕨植物门(Pteridospermophyta)	……	晚泥盆世—早白垩世		裸子植物
苏铁植物门(Cycadophyta)	………	宾夕法尼亚亚纪—现代,中生代盛		
银杏植物门(Ginkgophyta)	……	二叠纪—现代,中生代盛		
松柏植物门(Coniferophyta)	科达纲(Cordaitopsida)…晚泥盆世—早三叠世,石炭纪、二叠纪盛			
	松柏纲(Coniferopsida)…石炭纪—现代,中生代盛			
买麻藤植物门(Gnetophyta)	…	白垩纪—现代		
有花植物门(被子植物门)	Anthophyta (Angiospermae)	双子叶纲(Dicotyledones)	(中侏罗世?)	被子植物
		单子叶纲(Monocotyledones)	白垩纪—现代	

二、植物的形态和结构

陆生植物一般都已分化出根、茎、叶和生殖器官等部分,每个器官是由各种组织组合而成的。除苔藓植物门外,植物最重要的特征是具输导作用的维管系统,它存在于各个器官中。

1. 根

根的主要功能是吸收水分和无机盐,支持、固着植物体。根的形态除因类别而不同外,常因环境不同而异,旱生植物的根系能扎入深层土壤或膨大;潮湿地区植物根系较浅,常水平延伸或在茎的下部形成不定根或板状根以加强支撑。根部化石最常见于煤层的底板层中。

2. 茎

茎的功能是输送水分、无机盐和有机养料,支持树冠,分枝并形成大量的叶以制造食物。

(1)茎的形态和生活类型:绝大多数植物的茎是直立茎,暖湿地区还常发育横卧地面的葡萄茎,附着它物的攀援茎和缠绕茎。按茎的生活类型,可分为主干高大而又显著的乔木,主干不明显而较矮的灌木,攀附它物的藤本,矮小、无木质茎的草本植物及寄生于其他植物体的附生植物。

(2)茎的分枝:茎的分枝方式有二歧式和侧出式两种主要类型。二歧式分枝进一步分为等二歧式、不等二歧式和二歧合轴式(图6-1)。二歧式分枝由顶端分生组织分生出两枝均等或不等的分枝;侧出式分枝(也称单轴式分枝)是由侧芽发育成侧分枝,有明显的主轴和较细的侧枝(图6-1)。由不等二歧式分枝形成"之"字形的"轴"和较短的"侧枝",进而形成二歧合轴式分枝。

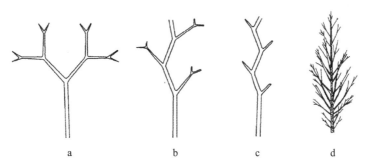

图6-1 茎的分枝方式

a. 等二歧式分枝;b. 不等二歧式分枝;c. 二歧合轴式分枝;d. 侧出式分枝(单轴式分枝)

3. 叶

叶是高等植物重要的营养器官。叶数量多,表面有角质层保护,被掩埋后保存为化石的机会最多。叶的形状和叶脉的多样性最能反映各种植物的特征。现代植物研究表明,除少数异叶性情况外,同种植物的叶形相似。

(1)叶的组成:叶通常由叶柄和叶片组成,有的还有托叶(图6-2)。没有叶柄的称为无柄叶;叶柄上只有一枚叶片的称单叶;叶柄上有多片小叶者称为复叶。复叶有各种形式(图6-2),有的叶基部相连形成包围于茎节上的叶鞘。

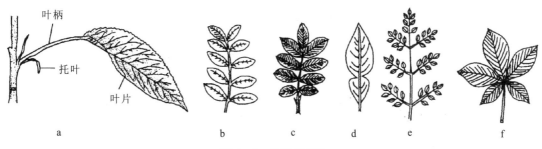

图6-2 单叶和复叶

a. 完全叶的组成(单叶);b. 偶数单羽状复叶;c. 奇数单羽状复叶;d. 单身复叶;e. 二次羽状复叶;f. 掌状复叶

（2）叶序：叶在枝上排列的方式称为叶序，有互生、对生、轮生、螺旋生等（图6-3），其排列的规律是相邻叶之间互不遮盖，使叶以较大面积接受阳光。

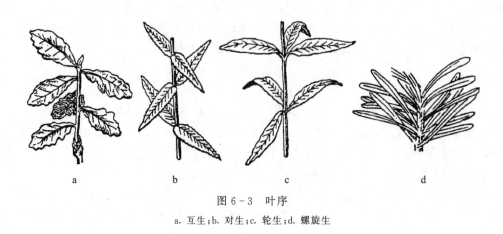

图6-3　叶序

a. 互生；b. 对生；c. 轮生；d. 螺旋生

（3）叶的形状：包括叶的整体轮廓、叶的顶端、基部及叶边缘。叶的轮廓通常以叶的长、宽之比及最宽处的部位为标准而划分的几何形态，并结合常见物体形象而命名（图6-4）。

图6-4　叶的各种形状

a. 线形；b. 披针形；c. 卵形；d. 鳞片形；e. 心形；f. 肾形；g. 舌形；h. 扇形；i. 楔形；j. 镰刀形；k. 匙形

叶的边缘无裂者称为全缘，有的叶缘呈锯齿状、波状，或呈浅裂、深裂、全裂和掌状分裂。叶顶端形态和叶基部形态各有6种（图6-5）。

（4）叶脉：叶脉是分布在叶片中的维管束。叶脉在叶片中排列的方式称为脉序，其形式多样化，且比叶形有较大的稳定性，是鉴定植物化石的重要特征，基本类型见图6-6。

4. 生殖器官

原始类群如原蕨、石松、节蕨和真蕨各门的生殖器官为孢子囊，载孢子囊的叶称为孢子叶。孢子囊内的孢子母细胞有的大小一致（同孢），有的大小不一致（异孢）。裸子植物和被子植物都是异孢植物，雄性的孢子囊称为花粉囊，可聚成各种形式的孢子叶，着生于生殖枝（小孢子叶球）。雌性生殖器官叫胚珠，受精后发育成种子，裸子植物各门种子形状多种多样，被子植物的种子和果实也多样化。

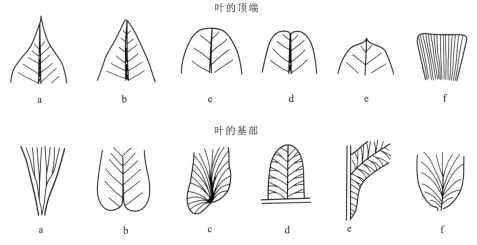

图 6-5　叶的顶端和基部形态

叶的顶端：a. 急尖，b. 渐尖，c. 钝圆，d. 凹缺，e. 短尖头，f. 截形；

叶的基部：a. 楔形，b. 心形，c. 偏斜，d. 截形，e. 下延，f. 圆形

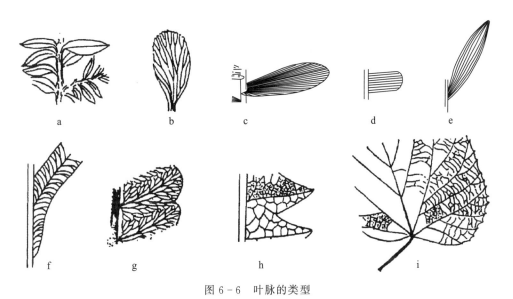

图 6-6　叶脉的类型

a. 单脉；b. 扇状脉；c. 放射脉；d. 平行脉；e. 弧形脉；f. 羽状脉及邻脉；g. 简单网脉；h、i. 复杂网脉

三、原蕨植物门（Protopteridophyta）

原蕨植物也称裸蕨植物，它是最早且原始的陆生维管植物。原蕨植物共同的特征是植物体一般矮小（十几厘米至 2m），分化不明显，茎二歧式分枝，无叶，无真正的根，为拟根状或假根，孢子囊常位于枝的顶端，或侧生成穗状。

原蕨植物始现于罗德洛世，繁盛于早、中泥盆世，晚泥盆世全部灭绝。原蕨植物的出现是植物界进化史上重要的转折点，它们完成了从水域扩展到陆地的飞跃。陆地环境的多样性又是促进它们迅速分化发展的外因。原蕨植物是无叶的，其他维管植物都有叶的分化，叶的发生与原蕨植物的进化有关。一种是由原蕨植物门二歧式分枝的顶端枝系，逐渐扁化、合并，而形成的大型叶（顶枝起源叶）（图 6-7）；另一种叶由茎表面突出物延伸发展而成小型叶（延伸起源叶）（图 6-8）。因此，原蕨植物门在植物界演化及系统发育上都有重要意义。

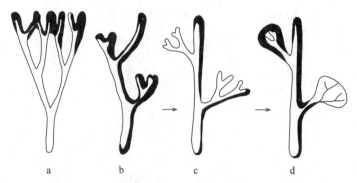

图 6-7 大型叶(顶枝起源叶)的演化图解(Smith,1955)

a. 等二歧式分枝;b. 不等二歧式分枝,较弱枝为大型叶的演化雏形;c. 不等二歧式分枝发生"扁化";d. 分叉枝间联合("蹼化"),产生扁平而具二歧式分叉的叶脉

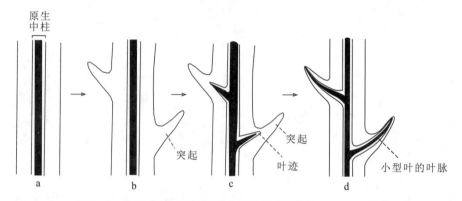

图 6-8 小型叶(延伸起源叶)的演化示意图(Lemoigne,1968)

a. 裸蕨状植物茎光滑;b. 茎表皮突起无维管束;c. 有细的维管束通至突起基部;d. 维管束伸达突起延生的叶器官内

四、石松植物门(Lycophyta)

石松植物的茎为二歧式分枝。单叶,小而密布于枝,呈螺旋状排列,单脉。孢子囊单个着生于孢子叶的叶腋或叶的上表面近基部处。

石松植物化石最常见的是叶的基部膨大,脱落后在茎、枝表面留下印痕(称叶座),例如晚古生代最发育的鳞木,其叶座结构最典型(图 6-9)。鳞木叶座呈螺旋形排列,叶座上部为心形或菱形、微凸、呈低锥形的部分称为叶痕,为叶基部脱落留下的痕迹。叶痕表面有横向排列的 3 个小点痕,中间是叶脉痕迹称为束痕,两侧边为通气道痕或称侧痕。有的在紧邻叶痕之下的叶座表面另有 2 个通气道痕。叶痕的上方有叶舌留下的叶舌穴。叶痕的下方或上、下方正中有微凸的中脊及横纹。叶座的形状、结构及排列方式各不相同,是鳞木目划分科、属的依据。

石松植物门始现于早泥盆世,晚泥盆世开始繁盛,极盛于石炭纪,是当时造煤的物质基础,二叠纪后期开始衰退,除中生代早期尚残存少量木本类型外,中生代至现代都为草本,现在仅存草本的少数属。石松植物化石代表如 *Lepidodendron*。

***Lepidodendron* Sternberg,1820(鳞木)** 是石松植物门鳞木目的典型代表,叶座为菱形、长纺锤形等不同形态,呈螺旋排列,叶痕为横菱形、斜方形等,中间具束痕,两侧有通气道痕,紧靠叶痕顶端发育很小的叶舌痕(图 6-9)。石炭纪—二叠纪。

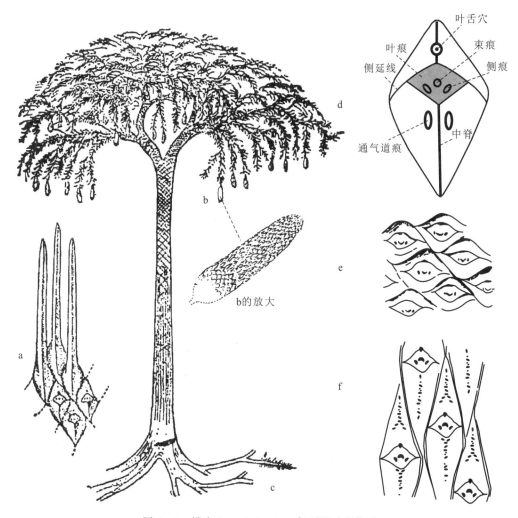

图 6 - 9　鳞木 *Lepidodendron* 复原及叶座化石

a. 叶在茎或枝上着生状态及叶脱落后留下的叶座；b. 鳞孢穗；c. 根座在地下二歧式分枝的匍匐分布状态；

d. 一个叶座的放大及其各部分名称；e. *Lepidodendron oculus felis*；f. *Lepidodendron szeianum*

五、节蕨植物门（**Arthrophyta**）

节蕨植物最明显的特征是茎为单轴式分枝，分为节和节间，节间上有纵脊和纵沟，枝和叶都自节部伸出。单叶，叶小，轮生。孢子囊着生在孢囊柄上并聚成孢子囊穗。

节蕨植物最常见的化石：一类是茎及其髓核化石（图 6 - 10），另一类是叶化石（图 6 - 11）。节蕨植物始现于早、中泥盆世，石炭纪—二叠纪为全盛期，遍及全球，有乔木、草本、小型藤本各种类型。中生代只有草本的木贼目，早白垩世后更趋衰退，现代仅存木贼一属。节蕨植物化石代表有 *Calamites*，*Sphenophyllum*，*Annularia*，*Lobatannularia* 等。

***Calamites* Suckowi，1784（芦木）**　是一个广义的属名，既是代表古生代木贼目芦木类茎的髓核化石属名，又是古生代芦木植物体的总称，髓核表面纵肋和纵沟在节上交互排列（图 6 - 10），具节下痕。宾夕法尼亚亚纪—二叠纪最盛。

***Sphenophyllum* Koening，1825（楔叶）**　楔叶目的枝叶化石，叶轮生，数目常为 3 的倍数，多为 6 枚，每枚叶的基部收缩成楔形，叶脉扇形（图 6 - 11a～c）。晚泥盆世—二叠纪，乌拉尔世、瓜德鲁普世最盛。

***Annularia* Sternberg，1823（轮叶）**　古生代木贼目芦木类的枝叶化石，枝对生，两侧对称。叶轮生，与末级枝几乎在一个平面上呈辐射状直伸排列，每轮叶 6～40 枚，互相分离，大多数长短相等，叶形

多种多样,线形、倒披针形或匙形等,单脉(图 6 - 11d)。宾夕法尼亚亚纪—二叠纪。

Lobatannularia Kawasaki,1927(瓣轮叶) 是古生代东亚华夏植物地理区特有的芦木类枝叶化石,末级枝上每轮叶 16～40 枚,叶形状和着生方式同轮叶,但叶长短差别大,多少向外向上弯曲,呈明显的两瓣,具上、下叶缺,一般下叶缺明显,近叶缺处的叶最短。叶基部分离或不同程度地连合。顶叶轮不呈两瓣,卵形或圆形(图 6 - 11e)。二叠纪,盛于乐平世。

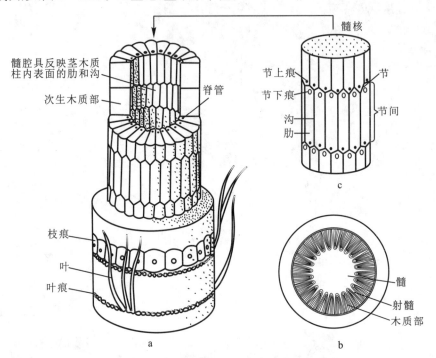

图 6 - 10 芦木 _Calamites_(Boureau,1964)

a. 茎的结构解剖图;b. 茎的横切面;c. 茎的髓腔充填后形成的髓核化石

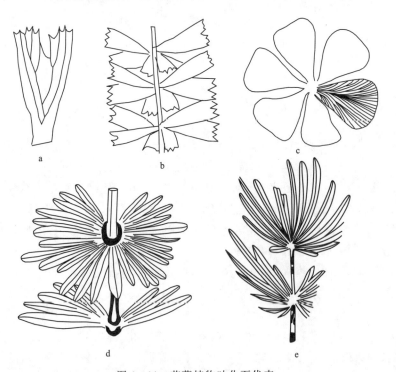

图 6 - 11 节蕨植物叶化石代表

a～c. 楔叶 _Sphenophyllum_;d. 轮叶 _Annularia_;e. 瓣轮叶 _Lobatannularia_

六、真蕨植物门（Pteridophyta）

真蕨植物的茎不发育，它最突出的特征是叶很大，绝大多数为一次至多次羽状复叶，也有单叶或掌状分裂叶，总称蕨叶。叶柄和茎均以二歧合轴式及单轴式分枝为主。孢子囊不聚成穗而是单个或成群着生于叶的下表面（背面）。

由于真蕨类的叶子很大，保存为化石时常不完整，不易确定蕨叶分裂次数，故通常以蕨叶的最小单位起始来计算羽次，羽状复叶各部分名称见图 6-12。小羽片是鉴别蕨叶的最基本单位，其轮廓、基部、顶端和边缘都有很多种类型。叶脉多样化，有扇状脉、羽状脉等，尤以后者最为普遍。部分真蕨类具网状脉。

真蕨植物门的蕨叶与种子蕨植物门（详见本节，七）的蕨叶形态极为相似，如果未发现生殖器官，它们几乎无法区别，因此常常只能根据叶的形态来建立形态属。

真蕨植物最早出现于中泥盆世，石炭纪晚期开始繁盛，并成为重要造煤植物。但新生代真蕨植物门在植物界中仅占次要地位。现代真蕨类以热带、亚热带暖湿地区最盛。代表化石如 *Bernoullia*，*Cladophlebis* 等。

***Bernoullia* Heer，1877（贝尔瑙蕨）**　蕨叶 1 或 2 次羽状分裂。小羽片长 5～6cm，线形至剑形，基部收缩，以基部中心点附着于轴上。中脉粗强，侧脉细密，分叉数次呈束状。生殖羽片较短，孢子囊成群地排列于侧脉两侧，布满叶背面（图 6-13a、b）。中三叠世晚期—晚三叠世。

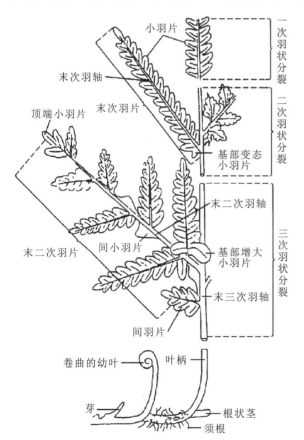

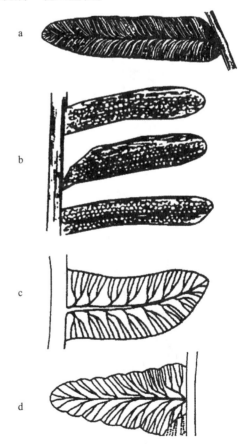

图 6-12　真蕨和种子蕨植物的蕨形叶综合示意图

图 6-13　真蕨植物门化石代表

a～b. *Bernoullia*（贝尔瑙蕨）：a. 营养羽片，b. 生殖羽片；

c～d. *Cladophlebis*（枝脉蕨）：c. *C. asiatica*；d. *C. gigantea*

Cladophlebis Brongniart，1849（枝脉蕨）　蕨叶 2～4 次羽状分裂，小羽片常较大，且多少呈镰刀形，顶端常尖或圆凸，全缘或具齿。羽状脉，侧脉常分叉（图 6 - 13c、d）。*Cladophlebis* 是一个广泛应用的形态属，一般把自二叠纪至中生代具上述形态而又未发现生殖羽片的蕨叶都归入本属。大多数的 *Cladophlebis* 可能属于紫萁科，其自然属名称为 *Todites*（似托第蕨）。三叠纪—早白垩世繁盛。

七、种子蕨植物门（Pteridospermophyta）

种子蕨植物门是古老的裸子植物，植物体不大，为小乔木或灌木，也有藤木，直立或攀援，很少分枝，这又与苏铁植物相似（故曾名为苏铁羊齿类）。本门最常见的化石是叶部，大多数为大型羽状复叶，形态与真蕨植物门的蕨叶几乎无法区别，不同的是生殖叶上长有种子，故名种子蕨。由于大多数蕨形叶的生殖器官化石缺乏，无法确定其自然分类位置，因此常采用形态分类，即依据蕨形叶的形状、脉序型式、小叶与轴的关系等特征建立形态分类及形态属，分为很多种蕨形叶类型（图 6 - 14）。

图 6 - 14　蕨形叶的主要形态类型

a. 扇羊齿；b. 准楔羊齿；c. 针羊齿；d. 楔羊齿；e. 栉羊齿；f. 脉羊齿；g. 畸羊齿；h. 座延羊齿；i. 齿羊齿；j. 美羊齿；k. 单网羊齿；l. 带羊齿；m. 舌羊齿

种子蕨植物始现于晚泥盆世,石炭纪—乌拉尔世极盛,乐平世衰退,少数延续至中生代,可能至晚白垩世灭绝。化石代表如 *Pecopteris*, *Neuropteris*, *Gigantonoclea* 等。

***Pecopteris* Brongniart,1822(栉羊齿)**　多次羽状复叶。小羽片大多数为两边平行、顶端钝圆的舌形,小羽片全缘,基部全都附着于羽轴。羽状脉,中脉达顶端。为形态属。大多数为真蕨类,少数可能为种子蕨(图6-15a)。石炭纪—二叠纪。

***Neuropteris* Brongniart,1822(脉羊齿)**　奇数或偶数羽状复叶。小羽片舌形、镰刀形等,基部收缩成心形,以一点附着于羽轴,全缘,顶端尖或钝圆。羽状脉,中脉明显,伸至小羽片全长之1/2或2/3处就消散,侧脉以狭角分出,多次分叉向外弯(图6-15b)。密西西比亚纪—乌拉尔世,以宾夕法尼亚亚纪最繁盛。

***Gigantonoclea* Koidz emend. Gu and Zhi,1974(单网羊齿)**　羽状复叶或单叶。小羽片(或叶)大,披针形、长椭圆形或卵形,边缘为全缘、波状或齿状。中脉较粗,侧脉分1～3级,细脉二歧分叉结成简单网,网眼或长或短,多角形,具伴网眼(图6-15c)。乌拉尔世晚期—乐平世,个别残存至早三叠世早期。

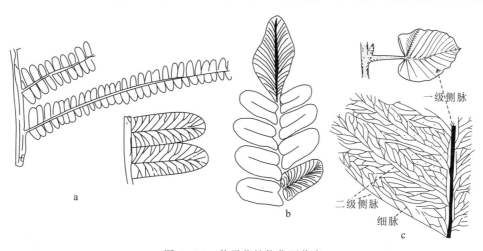

图6-15　种子蕨植物化石代表
a. *Pecopteris*(栉羊齿);b. *Neuropteris*(脉羊齿);c. *Gigantonoclea*(单网羊齿)

八、苏铁植物门(Cycadophyta)

现代苏铁植物门多数是粗矮的常绿木本植物,而化石苏铁常为细茎类型。很少分枝或不分枝。茎顶端丛生坚硬革质的一次羽状复叶或单叶。羽状分裂的裂片着生于羽轴两侧或羽轴腹面,大多数具平行脉或放射脉,个别为单脉或网状脉。叶表皮角质层厚,气孔下陷。

苏铁植物在地层中经常见到的大多是叶化石,但单凭叶的外部形态,不易自然分类,常常根据叶形态先建立形态属名,再根据表皮细胞结构进行自然分类。最常见的叶化石有 *Pterophyllum*(侧羽叶)、*Nilssonia*(尼尔桑)、*Ptilophyllum*(毛羽叶)、*Otozamites*(耳羽叶)和 *Anthrophyopsis*(大网羽叶)等(图6-16)。

***Pterophyllum* Brongniart,1824(侧羽叶)**　叶单羽状。裂片基部全部附着于羽轴的两侧,线形、扁针形或舌形,两侧边平行。平行脉,分叉1～3次(图6-16a)。宾夕法尼亚亚纪—早白垩世,以晚三叠世—侏罗纪最繁盛。

***Nilssonia* Brongniart,1825(尼尔桑)**　羽叶披针形或线形,全缘或裂成裂片,羽叶基部的叶膜很少分裂。叶膜或裂片着生于羽轴腹面,几乎全部覆盖羽轴。平行脉简单,分叉次数少(图6-16f)。二叠纪—古近纪,主要繁盛于晚三叠世—早白垩世。

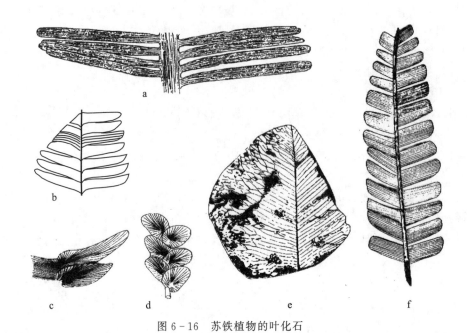

图 6-16　苏铁植物的叶化石

a. *Pterophyllum*（侧羽叶）；b. *Ptilophyllum*（毛羽叶）；c、d. *Otozamites*（耳羽叶）；e. *Anthrophyopsis*（大网羽叶）；f. *Nilssonia*（尼尔桑）

九、银杏植物门（Ginkgophyta）

现代银杏为高达 30 余米的乔木。单轴式分枝,有长、短枝之分。长枝上稀螺旋着生单叶,短枝上叶呈密螺旋状排列,形成簇状（图 6-17）。单叶,具长柄、扇形、肾形或宽楔形,或分裂成细长的裂片。自叶的基部伸出两条脉然后多次二歧式分叉形成扇状脉（图 6-18）。

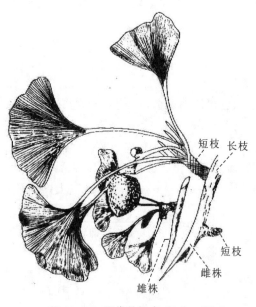

图 6-17　现代的银杏 *Ginkgo biloba*

图 6-18　侏罗纪的似银杏 *Ginkgoites sibiricus*

　　银杏植物始现于晚古生代,较可靠的化石记录为二叠纪,中生代银杏类型多样,尤其是侏罗纪和早白垩世达到极盛阶段,分布广,几乎遍及全球。早白垩世晚期突然衰退,新近纪晚期地理分布已缩小,至现代仅存一属,即银杏,分布于中国和日本,为孑遗的活化石。

　　***Ginkgoites* Seward,1919(emend. Florin,1936)(似银杏)**　叶形与现代银杏相近。具长柄,扇形、肾形或楔形。扇状脉。叶常二歧式分裂为2～8个或更多个的最后裂片,每个裂片内有平行脉4～6条或更多。叶表皮细胞结构与现代银杏有差别(图6-18)。乌拉尔世—新近纪,以侏罗纪—早白垩世最盛。

十、松柏植物门 (Coniferophyta)

　　松柏植物门植物体为多分枝的乔木或灌木,次生木质部中薄壁细胞少,致密。单叶呈螺旋形排列。雌雄同株或异株,球果单性。包括科达纲和松柏纲。

　　1. 科达纲 (Cordaitopsida)

　　科达纲已灭绝,植物体为树干直径不超过1m的细高乔木,茎干基部有时长有高位支持根(图6-19a)。树干上部多分枝,组成较大的树冠。单叶,螺旋状着生于枝,无柄,带形至舌形(图6-19b),大小不一,长者可达1m,短者仅几厘米,平行脉。

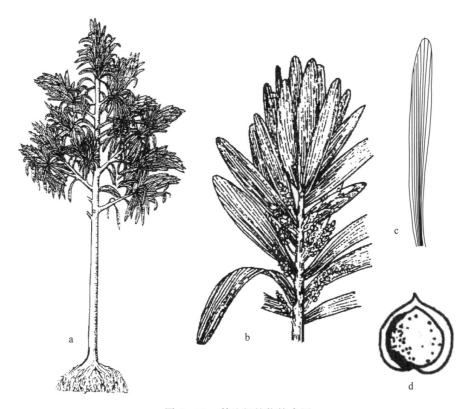

图6-19　科达纲植物综合图

a. *Cordaites*(科达),植物体复原图,具高位根;b. 科达的带叶小枝,着生孢子叶球;c. 具平行脉的单叶;d. *Cardiocarpus*(心籽)

　　本纲植物化石始现于晚泥盆世,宾夕法尼亚亚纪—乌拉尔世最繁盛,遍及全球各植物地理区,在热带与鳞木等同为重要的造煤植物,三叠纪有残存,三叠纪后期灭绝。

***Cordaites* Unger，1850（科达）**　　细高乔木,叶子密集螺旋着生于顶端小枝。叶呈带形,全缘,无柄,平行脉(图 6－19)。石炭纪—二叠纪。

2. 松柏纲（Coniferopsida）

松柏纲除少数为灌木外,绝大多数为乔木,单轴式分枝。叶小,常呈鳞片形、锥形、针形、条形或披针形等,大多数为单脉,一般称之为针叶树。叶排列方式多样(图 6－20)。叶角质层厚,气孔下陷。生殖器官绝大多数为单性的球花(大、小孢子叶球),雌雄同株,极少数异株。

本纲植物化石始现于宾夕法尼亚亚纪,中生代全面繁盛,至新生代松柏纲仍是裸子植物中生存最多的类群。现存松柏纲植物广布于不同纬度和不同海拔高度的平原、山区,常形成大片的针叶林。化石代表如 *Podozamites*。

***Podozamites* Braun，1843（苏铁杉）**　　枝轴细,叶稀螺旋状着生,呈假两列状,椭圆形、披针形或线形。叶脉细,平行叶边缘,至顶端常聚缩(图 6－21)。晚三叠世—早白垩世。

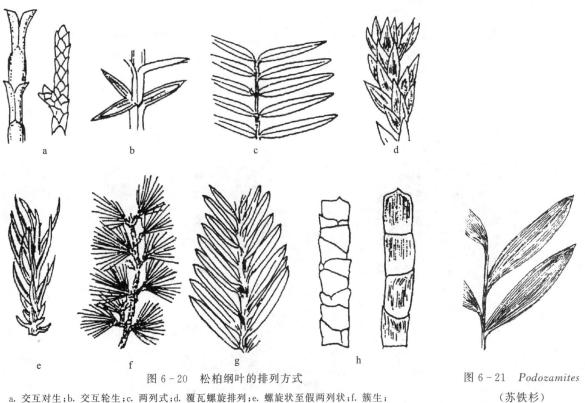

图 6－20　松柏纲叶的排列方式

a. 交互对生;b. 交互轮生;c. 两列式;d. 覆瓦螺旋排列;e. 螺旋状至假两列状;f. 簇生;g. 假两列状;h. 鞘状

图 6－21　*Podozamites*（苏铁杉）

十一、被子植物门（Angiospermae）

被子植物是植物界中结构最完善的种子植物。被子意为胚珠包在由心皮（封闭的大孢子叶）形成的子房内,成熟的种子不裸露。其有性生殖器官是化,故亦称有花植物。典型的花结构如图 6－22 所示。被子植物有乔木、灌木、藤木、草本;陆生、水生或寄生;维管束结构最完善;单叶或复叶,形态多种多样,有的具托叶;主脉羽状或弧状等,细脉均结成网状（图 6－23）。

被子植物可能出现于侏罗纪或更早,但确切的化石记录见于早白垩世地层中,且在晚白垩世迅速广泛分布,古近纪被子植物迅速取代裸子植物而在植物界中占绝对优势,并保持到现代。

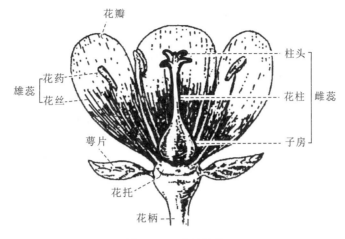

图 6 - 22 花的结构

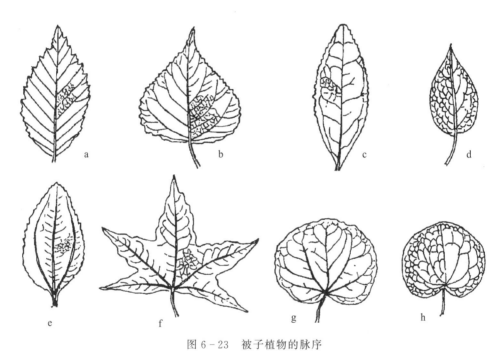

图 6 - 23 被子植物的脉序

a. 羽状达缘脉序；b. 羽状弧曲脉序；c. 羽状环结脉序；d. 羽状网结脉序；e. 三出脉序；f. 掌状脉序，裂片
羽状环结脉；g. 掌状环结脉序；h. 掌状网结脉序

十二、植物界演化的主要阶段

植物界与动物界具有相同的演化规律，即由水生到陆生，由低级到高级，从简单到复杂。地史时期的植物可以划分为 4 个主要演化阶段。

（1）早期维管植物阶段：自志留纪末期至早-中泥盆世，地球上陆地面积增大，植物界由水域扩展到陆地。最早的陆生植物以原蕨植物门为主，并有原始的石松门、节蕨门、真蕨门和前裸子门植物，主要适应于滨海暖湿低地生长。此外，苔藓植物也是早期陆地生态系统的重要成员，但它是生物进化史上的一个旁支。

（2）蕨类和古老裸子植物阶段：自晚泥盆世至瓜德鲁普世，以石松门、节蕨门、真蕨门、前裸子门和古老裸子植物的种子蕨门、松柏门中的科达纲为主。松柏纲自石炭纪晚期始现，二叠纪起，中生代型的蕨类和苏铁、银杏类始现。此阶段早期(晚泥盆世—密西西比亚纪)基本形成古生代植物群面貌;宾夕法尼亚亚纪中期—二叠纪,古生代植物群极度发育,是全球的重要聚煤期。

(3)裸子植物阶段:乐平世—早白垩世,以裸子植物的苏铁门、银杏门、松柏纲和中生代型真蕨植物为主。乐平世—早、中三叠世,气候干旱,中生代植物群开始发育;晚三叠世—早白垩世,中生代植物群极盛,也是中生代重要聚煤阶段。

(4)被子植物阶段:晚白垩世—现代,被子植物逐步在植物界占绝对统治地位。古近纪是全球重要的聚煤期。自第四纪冰期后,植物界面貌与现代植物界相似。

第七章　微体化石

第一节　微体化石概述

1. 微体化石的一般特征

微体古生物学(micropalaeontology)是古生物学的分支学科之一。它不是按生物系统分类建立的学科,而是由于某些化石个体微小,必须采用特殊的技术方法和手段才能开展研究而形成的一门应用基础学科。微体化石是微体古生物学的研究对象,指曾生活于地质历史时期,保存在地层中的各种肉眼不能直接识别的微小化石,是必须借助显微镜、电子显微镜或其他分析仪器才能进行观察和研究的化石。根据古生物的生物学属性,微体化石可大致归纳为3种类型:①微小古生物的完整个体,如有孔虫、介形虫、硅藻等;②大个体古生物中的某些微小器官或组织,如牙形石、孢子和花粉等;③古生物生命活动遗留的微小遗迹化石,如微钻孔、微粪粒等。

微体化石由于个体小、量多、分布广等特点,比大化石应用范围更为广泛,特别是钻井岩芯或钻井岩屑不能提供保存大量完好的大化石,但从中可获取丰富的微体化石,因此,微体化石研究在能源勘探与开发中尤为重要。

2. 微体化石的主要类群

微体化石以单细胞的低等生物占优势,也包括某些高等生物或其组织和器官,以及某些分类位置不明的生物。它们一般按化石大小和生物硬体的化学组分来划分不同类群。

按照化石个体大小,微体化石主要划分为2类(表7-1):①微化石(microfossil),其度量以毫米为单位,采用常规光学显微镜(如双目实体显微镜、透射式生物显微镜)就可进行观察研究;②超微化石(nannofossil),其度量以微米为单位,须采用电子显微镜等进行观察研究。

按生物硬体的化学成分,微体化石一般可分为4类(表7-1):①钙质微体化石,其化学成分主要为碳酸钙,矿物成分主要为方解石;②硅质微体化石,其化学成分为二氧化硅,常见为蛋白石;③磷质微体化石,其成分为磷酸钙,一般结晶为磷灰石;④有机质微体化石,其化学成分为复杂的木质或几丁质,常常因为在石化过程中,其中容易挥发的组分逸散,使原有的碳氢比例改变或仅仅保留了碳元素,形成了碳质压膜化石。此外,有孔虫、鞘变形虫和丁丁虫类中有少数类群,由软体分泌胶结物质,将外界的矿物岩石碎屑及生物碎壳粘连起来,形成一种成分复杂的外壳,称为胶结型壳。

表 7 - 1　微体化石的主要生物类群

微化石	钙质微体化石	有孔虫(大多数)(寒武纪—现代)	超微化石	颗石类(晚三叠世—现代)
		介形虫(奥陶纪—现代)		盘星石类(古近纪—新近纪)
		蓝细菌(太古宙—现代)		
		绿藻(元古代—现代)		五边石类(白垩纪—现代)
		红藻(元古代—现代)		
	磷质微体化石	早期骨骼(小壳化石)(元古代—寒武纪)		角状石类(白垩纪—现代(?))
		牙形石(寒世纪—三叠纪)		
		软舌螺(寒世纪—二叠纪)		楔石类(古近纪—新近纪)
	硅质微体化石	放射虫(寒世纪—现代)		簇石类(古近纪)
		硅藻和硅鞭藻(晚侏罗世—现代)		
		有孔虫(少量)(石炭纪—现代)		太阳石类(古近纪)
	有机质微体化石	孢子及花粉(寒武纪—现代)		
		沟鞭藻(二叠纪—现代)		微锥石类(侏罗纪—白垩纪)
		疑源类(元古代—现代)		

尽管微体化石种类很多,但应用较广泛的主要是有孔虫、放射虫、介形虫、牙形石、孢子花粉等。

第二节　有孔虫

有孔虫(foraminifers,简写 forams)分类位置属于原生生物界(Protista)肉鞭毛虫门(Sarcomastigophora)肉足虫亚门(Sarcodina)有孔虫纲(Foraminifera),为原始的单细胞动物或原生动物。原生动物(protozoans)是一类与多细胞动物相对应的最低等的真核单细胞动物状原生生物,生物个体仅由一个细胞组成,但它是一个能够独立生活的有机体,具有新陈代谢、刺激感应、运动、繁殖等机能。原生动物没有真正的器官,但其细胞产生分化,形成"类器官",各司一定的功能,如鞭毛、纤毛、伪足就是运动类器官。原生动物个体微小,一般需用显微镜才能看到,其身体由一团细胞质和细胞核组成,有些原生动物的细胞质内具有骨架或分泌坚硬的外壳。原生动物分布广泛,生活在淡水、海水以及潮湿的土壤中,有的营寄生生活。根据运动类器官的结构、运动和生殖方式以及核酸序列,原生动物一般可划分为:肉鞭毛虫门、顶复虫门、微孢虫门和纤毛虫门。其中以肉鞭毛虫门化石最丰富,比较重要的包括有孔虫纲和放射虫纲。

本节首先重点介绍一类仅生活于古生代晚期的特殊有孔虫类群——蜓类有孔虫。蜓类是有孔虫纲的一个目——蜓目(Fusulinida),因其化石个体在有孔虫中相对较大,故常称其为大有孔虫。

一、蜓类有孔虫

1. 蜓壳的基本特征

蜓又名纺锤虫,具钙质壳(称为蜓壳),大如麦粒,直径一般为 4～5mm,大者可达 30～60mm,最小者不到 1mm。蜓壳常呈纺锤形或椭圆形,有时呈圆柱形、球形或透镜形(图 7-1)。

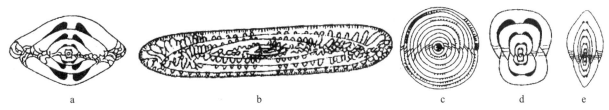

图 7-1 蜓壳轴切面形态
a. 纺锤形;b. 圆柱形;c. 球形;d. 方形;e. 透镜形

蜓壳最先长成的初房位于壳中央,多为圆球形。以后的壳壁围绕一假想轴旋卷增长,同时向旋轴两端伸长包裹初房。壳壁内部由一系列向中心下垂的隔壁将壳体分隔为若干房室。隔壁平直或褶皱。旋壁围绕旋轴一圈构成一个壳圈,壳圈从内到外层层包裹(图 7-2)。蜓壳隔壁基部中央有开口,各个隔壁上的开口位置相对,彼此贯通形成通道。通道两侧有次生堆积物,这些堆积物形成从内到外盘旋的两条隆脊称旋脊(图 7-2a,b)。某些高级蜓类,隔壁基部有一排小孔称为列孔,列孔旁侧也有次生堆积物,称为拟旋脊(图 7-2d)。

蜓壳的旋壁具分层结构,由原生壁和次生壁组成。原生壁包括黑色的致密层、浅色的透明层和蜂窝状的蜂巢层;次生壁为不太致密的暗色疏松层(图 7-3)。根据旋壁的分层情况,可将蜓壳划分为单层式、双层式、三层式和四层式4 种(图 7-4)。

蜓类具包旋壳,只能在各种切面上进行内部构造观察和研究,一般有以下几种切面:①轴切面,即通过初房平行于旋轴的切面(图 7-2b);②旋切面,通过初房垂直旋轴的切面图(图7-2c);③弦切面,未通过初房而平行旋轴的切面。其他方向的切面均为斜切面,但前 3 种切面对于蜓类化石的鉴定最为重要。

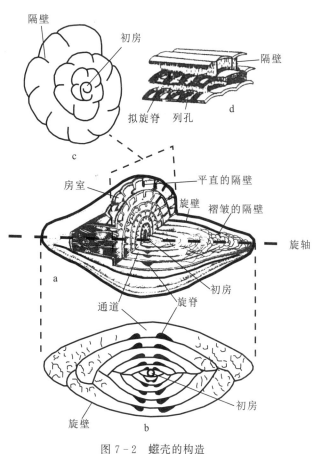

图 7-2 蜓壳的构造
a. 壳的剖视图;b. 轴切面;c. 旋切面;d. 内部构造模式图

2. 蜓类化石代表

***Ozawainella* Thompson,1935(小泽蜓)** 壳小,透镜形,壳缘尖锐,旋壁由致密层及内、外疏松层组成,某些大个体具透明层。隔壁多而平直。旋脊发育,向两侧延伸到旋轴两端(图 7-5,1)。石炭纪—二叠纪。

***Palaeofusulina* Deprat,1912(古纺锤蜓)** 壳小,粗纺锤形,包旋较松。旋壁薄,由致密层及透明层组成。隔壁薄,全面褶皱。无旋脊,初房大(图 7-5,2)。乐平世。

***Fusulinella* Moeller,1877(小纺锤蜓)** 壳体纺锤形。旋壁由致密层、透明层和内、外疏松层组成。隔壁平直,仅在两端微有褶皱。旋脊粗大(图 7-5,3)。宾夕法尼亚亚纪。

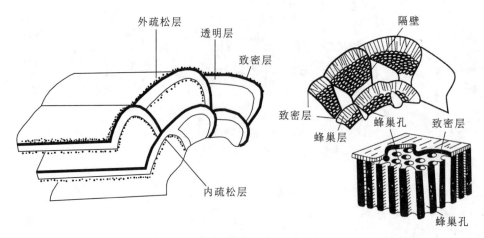

图 7 - 3　蟆壳的旋壁构造

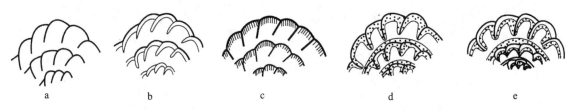

图 7 - 4　蟆壳的旋壁分层类型

a. 单层式,仅由致密层组成;b. 双层式,由致密层和透明层组成;c. 双层式,由致密层和蜂巢层组成;d. 三层式,由致密层、内疏松层和外疏松层组成;e. 四层式,由致密层、透明层、内疏松层和外疏松层组成

Schwagerina Moeller，1877(**希瓦格蟆**)　壳纺锤形、长纺锤形或圆柱形。旋壁由致密层及蜂巢层组成,蜂巢层很粗。隔壁全面褶皱,强烈而不规则。旋脊无或仅见于内圈(图 7 - 5,4)。宾夕法尼亚亚纪—瓜德鲁普世。

Neoschwagerina Yabe，1903(**新希瓦格蟆**)　壳中等到大,粗纺锤形,11～20 壳圈。旋壁由致密层及蜂巢层组成,蜂巢层极细。原始种仅具一级旋向副隔壁,进化的种具一级及次级旋向副隔壁和轴向副隔壁。拟旋脊低而宽,一级旋向副隔壁下延与拟旋脊相连(图 7 - 5,5)。瓜德鲁普世。

Verbeekina Staff，1909(**费伯克蟆**)　壳中等到巨大,球形或近球形。壳圈密,房室多,12～21 个壳圈。旋壁很薄,由致密层,细蜂巢层及内疏松层组成。隔壁平直,拟旋脊见于内部数圈及外部数圈,不连续,在中部壳圈上极不发育(图 7 - 5,6)。乌拉尔世—瓜德鲁普世。

3. 蟆类的生态及地史分布

一般认为蟆类是浅海底栖动物,生活于热带或亚热带浅水区域、水体清澈、平静的浅海环境。蟆类一般保存在泥质含量相对较少的生物碎屑灰岩之中,常与复体珊瑚、腕足类、有孔虫等共生。蟆类最早出现于密西西比亚纪晚期,至瓜德鲁普世达到极盛,乐平世开始衰退,二叠纪末全部灭绝。蟆类分布时限短,演化迅速,地理分布广泛,是划分和对比地层很好的标准化石。

二、非蟆有孔虫

1. 一般特征

非蟆有孔虫即蟆目以外的其他有孔虫(以下简称有孔虫)。有孔虫大小一般在 0.1～1mm,最大可

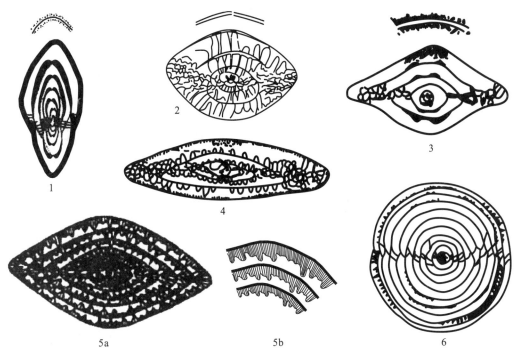

图 7-5　䗴类化石代表

1. *Ozawainella*（小泽䗴），轴切面；2. *Palaeofusulina*（古纺锤䗴），轴切面；3. *Fusulinella*（小纺锤䗴），轴切面；
4. *Schwagerina*（希瓦格䗴），轴切面；5. *Neoschwagerina*（新希瓦格䗴）；5a. 轴切面、5b. 示副隔壁；6. *Verbeekina*
（费伯克䗴），轴切面

达 110mm。有孔虫的虫体由一团原生质构成,原生质分化为外质和内质。外质较薄而透明,伸出许多分叉、分枝的丝状体称为伪足,这些伪足起运动和捕食的作用(图 7-6)。内质颜色较深,细胞核和细胞器包于其中,司消化和生殖等机能。外质分泌钙质或由分泌物胶结其他外来颗粒构筑成有孔虫壳(text),包裹并保护软体部分。

有孔虫生活史为有性生殖和无性生殖交替进行的世代交替。有性世代产生的第一个房室壳体较小,即初房;而无性世代产生的壳体较大。

2. 有孔虫硬体的基本构造与壳形

有孔虫一般由初房以及多个房室组成,房室与房室之间由隔壁分开(图 7-7)。根据房室多少及其排列方式,有孔虫包括单房室壳、双房室壳和多房室壳(图 7-8):①单房室壳(unilocular test)。有孔虫壳体仅由一个房室构成,具一个或多个口孔。壳常呈瓶形、圆球形、放射状及树枝状等。②双房室壳(bilocular test)。整个壳仅有两个房室,常为一个球形初房和一个管状的第二房室组成。由于第二房室位置和形状的变化,形成各种壳形。有圆盘形、球形、之字形等。③多房室壳(multilocular test)。壳由两个以上的房室构成。因房室排列形式不同而产生不同的构造和形态,有列式壳、平旋式壳、螺旋式壳、绕旋式壳。

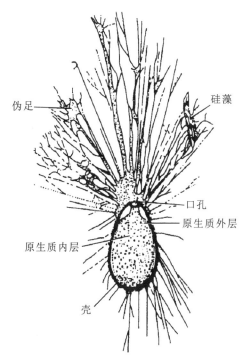

图 7-6　现代有孔虫 *Allogromia ovoides*
（网足虫）的基本结构

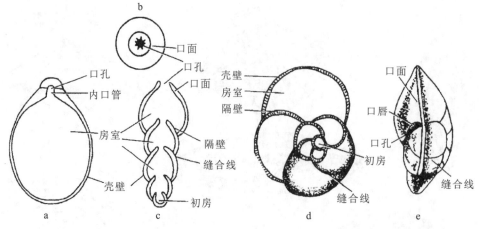

图 7-7　化石有孔虫壳的一般结构

a. 单房室壳的纵切面；b. 顶视；c. 单列式多房室壳的壳体纵切面；d. 螺旋式多房室壳的壳体侧视（部分切面）；e. 螺旋式多房室壳的壳缘视

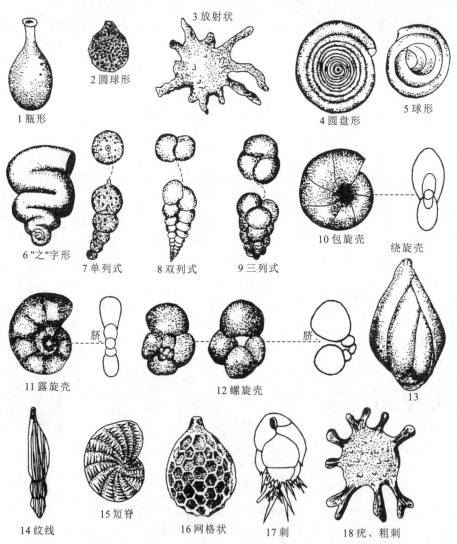

图 7-8　有孔虫的典型壳形及壳面纹饰

1～3. 单房室壳；4～6. 双房室壳；7～13. 多房室壳；14～18. 示壳面纹饰

3. 有孔虫的生态与地史分布

现代有孔虫绝大多数生长在海洋,少数生活在半咸水,极少数可在淡水中生存。有孔虫按其生活习性分为底栖和浮游两种类型。营浮游生活的有孔虫多具薄壳和球形房室,壳体膨鼓,微孔粗、壳面茸刺发育。底栖有孔虫大多在水底游移,少数固着生活,有的内生在沉积物表面之下 200mm。因温度、盐度、水深和底质不同,产生不同的有孔虫类型。如 *Ammonia beccarii*(毕克卷转虫)在水温 $10\sim35℃$ 之间都能生存,而 *Buccella frigida*(冷水面颊虫)则喜冷水;大多数有孔虫适应于盐度为 $33‰\sim36‰$ 的海水环境;底栖有孔虫随海水深度变化而形成分带现象;碳酸盐岩沉积、粉沙和泥的底质常常富含有机质碎屑,可以养育丰富的有孔虫居群,它们大多壳薄而纤细;在粗糙基底生活的有孔虫可能具较厚的壳和粗强的壳饰。因此,有孔虫对古环境具有很好的指示意义。有孔虫化石大多数保存在灰岩地层中,硅质泥岩中也可能有少量保存。

有孔虫从前寒武纪末期开始出现,一直延续到现代。有孔虫具有 3 个繁盛期,即石炭纪—二叠纪、白垩纪和古近纪。

第三节　放射虫

放射虫属于原生生物界(Protista)肉鞭毛虫门(Sarcomastigophora)肉足虫亚门(Sarcodina)放射虫纲(Radiolaria),为单细胞动物。

1. 一般特征

放射虫具有放射状的伪足,中央有一个球形、梨形或圆盘形的中心囊。中心囊表面覆有几丁质或类似蛋白质的薄膜,将细胞质分为囊内和囊外两部分(图 7-9)。囊内和囊外的细胞质通过中心囊膜表面上的小孔相互沟通。囊内有一个或多个细胞核和各种细胞器,司营养和生殖功能。囊外细胞质多泡,能增加放射虫的浮力,以利于浮游。放射虫形状多样,通常为球形、钟罩形等。身体直径为 $0.1\sim2.5mm$,群生的种类可大于 15mm。

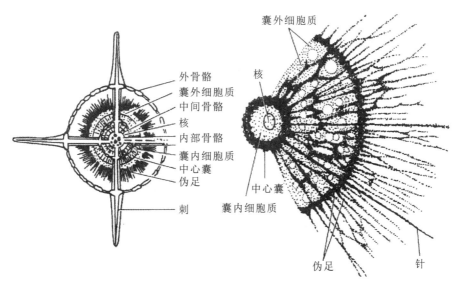

图 7-9　放射虫的软体与硬体构造

2. 放射虫硬体的基本构造与壳形

放射虫主要包括泡沫虫目(Spumellaria)、内射球虫目(Entactinaria)、十字多囊虫目(Latentifistularia)、阿尔拜虫目(Albaillellaria)、古刺球虫目(Archaeospicularia)、似胶虫目(Collodaria)和罩笼虫目(Nassellaria)(De Wever et al.，2001)。不同类别的放射虫，其形态可能不同，有球形、盘状、三角形、塔形等，呈辐射对称或两侧对称(图7-10)。泡沫虫目和内射球虫目一般为球形。球形放射虫具放射状刺，放射状刺常从球体表面伸出。球形的骨骼常由两个或多个相互套置的同心球壳构成，球壳之间由放

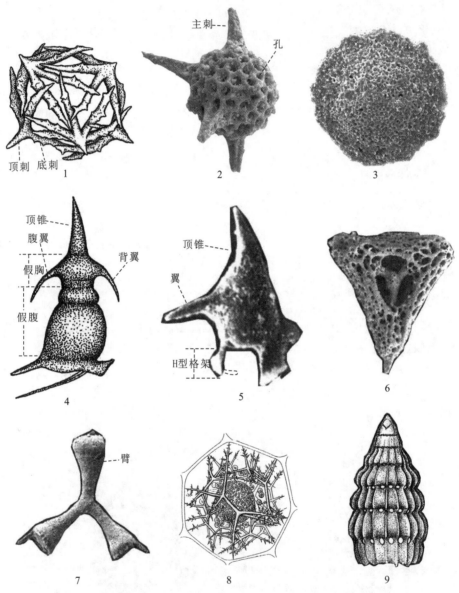

图7-10　放射虫骨骼的主要形态类型与结构

1. 刺搭建成球形(古刺球虫目，轮球虫 *Rotasphaera*)；2. 梁搭建成球形(内射球虫目，内射球虫 *Entactinia*)；3. 盘状(泡沫虫目，克郎海绵虫 *Klaengspongus*)；4. 鸟状(阿尔拜虫目，似丑巾虫 *Parafollicucullus*)；5. 鸟状(阿尔拜虫目，阿尔拜虫 *Albaillella*)；6. 三角形(十字多囊虫目，福尔曼虫 *Foremanhelena*)；7. 三射状(十字多囊虫目，科莱虫 *Cauletella*)；8. 刺和梁搭建成似球形(似胶虫目，球虫 *Sphaerozoum*)；9. 塔形(罩笼虫目，网帽虫 *Dictyomitria*)
注：1、4、8、9引自 De Wever 等(2001)；2、3引自 He 等(2008)；5引自 Jin 等(2007)；6、7引自 Feng 等(2006)。

射状的小梁相连。位于中心的球壳称髓壳(medullary shell),而位于外部的球壳称皮壳(cortical shell)。髓壳一般很小,且为放射虫所特有。十字多囊虫目呈三角形或者有 3～4 个臂。阿尔拜虫呈鸟状或锥形,全为两侧对称,壳壁多为无孔板状。古刺球虫目由骨针组合呈球状。罩笼虫类呈塔形或钟罩形,其骨骼是一个极开口的异极壳,呈轴对称或两侧对称。

3. 放射虫的生态与地史分布

放射虫全部海生,营漂浮生活,广布于世界各海洋中。放射虫的分布受多方面因素影响,其中温度和深度是主要因素。放射虫一般保存在硅质岩、硅质泥岩中,硅质灰岩中也可能有少量放射虫保存。放射虫始现于寒武纪,一直延续到现代,其中泥盆纪—石炭纪、侏罗纪—白垩纪、新生代是放射虫的 3 大繁盛期。放射虫对沉积古水深和地层的地质时代的研究具有重要意义。

第四节　介形虫

介形虫(ostracods)分类位置为节肢动物门(Arthropoda)甲壳纲(Crustacea)介形虫亚纲(Ostracoda)。

1. 一般特征

介形虫身体两侧对称,不分节,分为头部和胸部(躯干部);外部被两瓣钙质硬壳包裹;具 4～7 对分节的附肢;胸部末端生有一对尾叉;消化系统由位于头部腹侧的口、食道、胃、肠及位于身体后端的肛门组成;无鳃,通过薄的体壁自然扩散进行呼吸;肌肉系统复杂,控制附肢的牵引肌一端附着于介壳内面,另一端附着在头部的内骨板上,控制壳的关闭和固定软体的闭壳肌两端各附于一瓣壳的内面(图 7 - 11)。

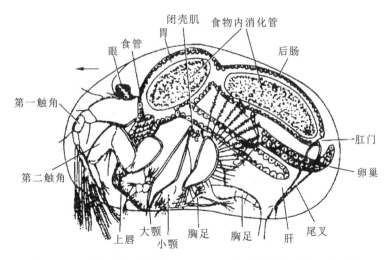

图 7 - 11　现生介形虫(*Eucypris virens*)除去左壳的内部解剖图

2. 介形虫硬体的基本构造与壳形

介形虫壳(carapace)以钙质为主,按照动物前进方向分为前方、后方,具左、右两瓣壳。根据人们的观察方位,从壳的侧面方向观察称侧视(包括左侧视和右侧视);从背面观察称背视;从腹方或两端方向观察分别称腹视、前端视和后端视(图7-12)。生活于不同环境以及不同类别的介形虫,壳体厚薄不一,一般厚10~100μm。壳的形状多样,因龄期、性别及生存环境等的不同而有变化。其侧视有近圆形、半圆形、圆形、肾形、纺锤形、三角形、菱形及梯形等;背视主要为各种凸度的透镜状及椭圆形等;端视(从两端观察)多为椭圆形和三角形。

多数介形虫两瓣壳不等大,较大壳瓣常以边缘叠覆于较小壳上(图7-12),称超覆或叠覆。如左壳边缘叠覆于右壳称左超覆,反之称右超覆。有的属种在同一个体上兼有两种超覆。

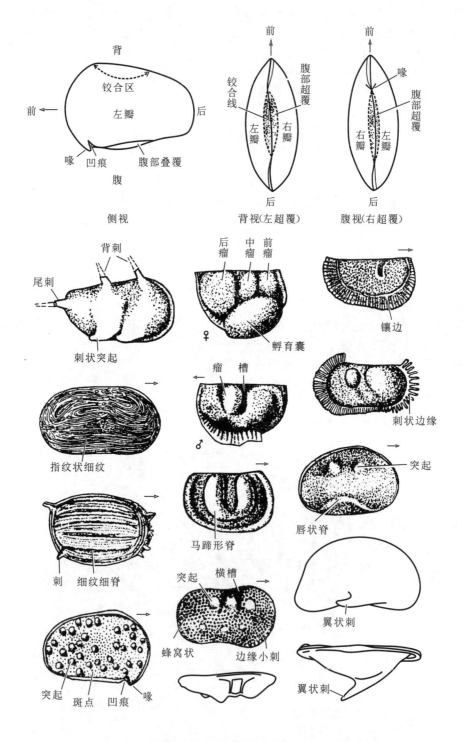

图7-12 介形虫壳面构造及定向(箭头指向前方)

介形虫的前腹部具钩状突起称喙;喙后的缺口称凹痕(图7-12)。介形虫壳内侧具有化石鉴定意义的内部构造包括肌肉印痕、铰合构造和边缘构造。铰合构造位于壳内侧近背部边缘,类型多样,由齿、齿窝、脊、槽等构成(图7-13)。海相介形虫铰合构造比较复杂,陆相介形虫较简单。介形虫的铰合构造划分为无齿型铰合、半分化型铰合、双齿型铰合3种类型(图7-13)。无齿型铰合:通常只是沿较大壳的背部边缘具一条细槽,在较小壳上具相应的脊。半分化型铰合:由前、中、后3部分铰合成分组成;前、后节为齿或齿窝;中节为脊或槽。双齿型铰合:由半分化型铰合发展而来,其中节进一步分化为前中节和后中节;前者较短,为齿或齿窝,后者为脊或槽。边缘构造包括钙化襞、结合带、结合线、毛细管带等(图7-13)。

少数介形虫壳面光滑无饰,多数介形虫壳面具各种不同的纹饰,主要装饰有瘤、槽、刺、细纹、细脊、斑点等。细纹和细脊分别为壳面上呈同心圆状或平行分布的纹和脊状壳饰;斑点为壳面密布的小坑。同一种的介形虫雌、雄壳体往往存在显著差别,称为介形虫性双形现象。

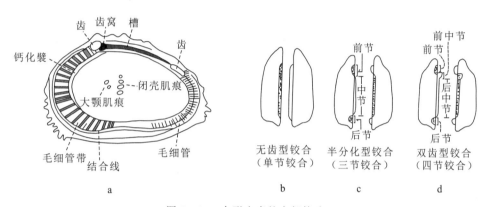

图7-13　介形虫壳的内部构造

a. 介形虫的内部构造综合图;b~d. 介形虫3种铰合构造类型模式图;b. 无齿型铰合,c 半分化型铰合,
d. 双齿型铰合

3. 介形虫化石壳的定向

介形虫化石的定向比较复杂,一般情况下:①肌痕位于壳中央或偏前方;②大颚肌痕位于闭壳肌痕的前方;③铰合构造位于背部边缘处;④眼点位于前背部;⑤喙和凹痕位于前腹部或前端;⑥背槽位于靠背侧的中部或中前部,槽的末端向后弯;⑦毛细管带和钙化襞,多数前端较后端发育;⑧壳面如具一个大刺或翼形刺,其末端指向后方;⑨锯齿状端缘刺,前端常较后端发育;⑩背缘直或外拱,腹缘多数不同程度的内凹;⑪两端如呈上翘的尖形,前端者较钝;⑫多数壳的前端高,中部或偏后方厚度大(图7-12)。

4. 介形虫的生态与地史分布

介形虫的生活领域很广,近岸浅海是介形虫大量繁殖的主要地区,陆地上的湖泊、河流、池塘等也都有介形虫的分布。介形虫多数为底栖爬行,部分营浮游和掘穴生活,其繁殖、分布与水体的深度、温度、食物的供给、含盐量、酸碱度等环境因素有着密切的联系。丽足介目全部生活于海洋中,陆相淡水介形虫均属于速足介目。古生代以豆石介目、古足介目为主,中生代和新生代以速足介目占优势。

第五节　牙形石

1. 一般特征

牙形石(conodonts)又名牙形刺,是某种已经灭绝了的海生动物的骨骼器官化石。由于组成骨骼器官的微小分子外表形态很像鱼的牙齿和蠕虫动物的颚器,故名牙形石。牙形石的生物分类位置至今仍存在较大争议。一般情况下,牙形石呈分散状态保存,大小在 0.1～0.5mm 之间,最大可达 2mm;颜色呈琥珀褐色、灰黑色或黑色;透明或不透明,风化后质脆;化学成分为磷酸钙,质地坚硬,溶于盐酸,但不溶于弱酸。

2. 牙形石骨骼分子的形态类型

根据分离的牙形石骨骼分子的不同形态,牙形石大致可分为 4 类(表 7 - 2)。

表 7 - 2　牙形石分子的形态分类

主要形态类型	一级划分	二级划分
锥型(单锥型)	膝状、非膝状	
分枝型(齿棒型)	翼状、三脚状	
	双扭状	短形、长形
	双羽状、锄状、四枝状、多分枝状	
耙型		
梳型(齿片型,齿台型)	星射状	台形星射状、舟形星射状
	三突状	台形三突状、舟形三突状
	梳状	台形梳状、舟形梳状
	角状	台形角状、舟形角状
	片状	台形片状、舟形片状 舟形双片状、舟形三片状

以上 4 种不同类型牙形石的形态和基本构造如图 7 - 14～图 7 - 17 所示。

3. 牙形石的定向

牙形石的定向原则如下:①具细齿的一面称为口面或上面;相反的一面,即具基腔的一面称为反口面或下面(图 7 - 14,图 7 - 15,图 7 - 17)。②牙形石的主齿常弯曲,其弯曲的凸面称为前,凹面称为后;如果主齿不弯曲,则根据基腔位置定前后,近基腔的一端为前方,远离基腔的一端为后方。③如果主齿不明显,则根据细齿的高低定向,细齿高的一端为前方,低的一端为后方。④对于梳型分子的牙形石细窄的一端为前方,主齿和基腔位于后方;如果主齿不明显,齿突高的一端为前。⑤牙形石定向除确定口面、反口面,前、后方外,通常还有内、外侧之分,即将牙形石的前、后连成一条中线,凸的一侧为外侧或外平台,凹的一侧为内侧或内平台。根据不同的观察方位,分别称为口面、反口面、前视、后视、侧视等(图 7 - 14)。

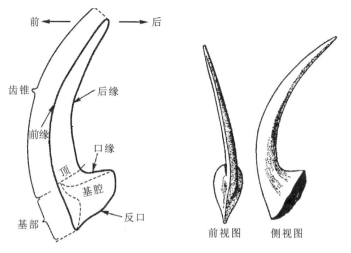

图 7-14　牙形石锥形分子的形态、定向和基本构造

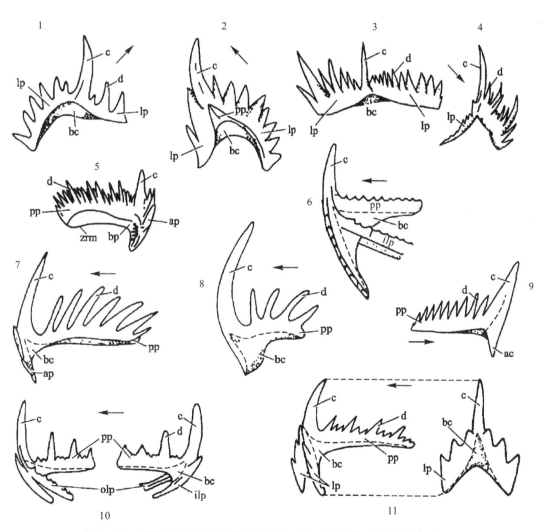

图 7-15　牙形石分枝型分子的形态类型、定向和基本构造（箭头指向前方）

1、3. 长形双扭状；2、4. 短形双扭状；5、7. 双羽状；6. 四枝状；8、9. 锄状；10. 三脚状；11. 翼状；ac. 对主齿；ap. 前齿突；bc. 基腔；bp. 基坑；c. 主齿；d. 细齿；ilp. 内侧齿突；lp. 侧齿突；olp. 外侧齿突；pp. 后齿突；zrm. 基缘菱缩带

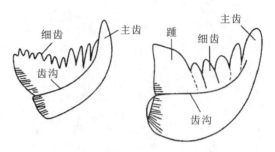

图 7-16　牙形石耙型分子的形态和构造

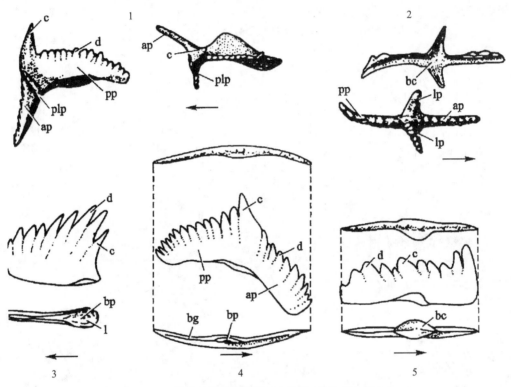

图 7-17　牙形石梳型分子形态和构造(箭头指向前方)

1. 三突状梳型分子;2. 星射状梳型分子;3. 片状梳型分子;4. 角状梳型分子;5. 梳状梳型分子;ap 前齿突;bc 基腔;bg 齿槽;bp 基坑;c 主齿;d 细齿;l 环台面;lp 侧齿突;plp 一级侧齿突;pp 后齿突

4. 牙形石动物的古生态及地史分布

一般认为牙形动物生活在海域中,大多数属种是世界广布的种,是一种浮游或自游的海生食肉动物。研究资料还显示,牙形石的形态或表面微形态随环境的不同而变化。例如,基腔大小随着海水深度的增加(或海水扰动的强度减弱)而变小,这种观察对恢复牙形石动物的行为习性和古环境很有意义。牙形石从前寒武纪晚期出现,至三叠纪末灭绝。

第六节 孢子花粉

1. 一般特征

孢子和花粉(简称"孢子花粉"或"孢粉"sporopullen)是植物繁殖器官的主要组成部分,个体微小,一般在 5～500 μm 之间。孢子(spore)一般指孢子植物的生殖细胞。产生孢子的器官称孢子囊,包括微型藻类、苔藓类等的隐孢子(缺三射缝,"缝"在显微镜下为痕迹,故亦可称为三射痕)和有胚植物的孢子等。植物的孢子可以分为同形孢子和异形孢子(异形孢子分为大孢子和小孢子)。花粉(pollen)为种子植物的雄性生殖细胞,产生花粉的器官称花粉囊或花药。孢粉学(palynology)是专门研究孢子花粉的学科,不仅研究现代孢粉,通常也涉及化石孢粉(即古孢粉学 paleopalynology)。

2. 孢子花粉的形态和基本构造

高等植物的孢子和花粉都有一定的几何形态。为便于观察描述和定向,采用和地球相类似的术语命名孢子花粉的相应部位(图 7-18)。将四分体中心的一点称为近极;由近极与孢子花粉的中心连线并延至表面的交点称为远极;从近极通过孢粉粒中心与远极之间的一条假想的线称极轴;通过孢粉粒中心与极轴垂直的线称为赤道轴;赤道轴沿孢子表面的轨迹称为赤道。赤道将孢粉粒分成两个极面,靠近近极的称近极面,靠近远极的称远极面。凡被赤道等分的孢子花粉称等极孢粉,反之为异极孢粉(图7-19);少数不能辨别极性的孢粉称无极孢粉;介于等极孢粉与异极孢粉之间的称为亚等极孢粉,如 *Carya*(山核桃)。

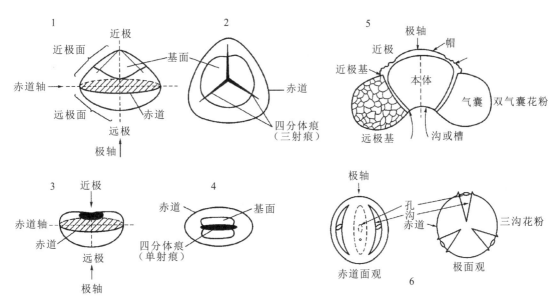

图 7-18 孢子花粉的形态和术语(据王开发等,1983;郝诒纯,1993,综合)
1、2. 三射缝孢子;3、4. 单射缝孢子;5. 裸子植物花粉(具气囊);6. 被子植物花粉(三孔沟类)

孢子花粉的极性和对称性取决于四分体中母细胞的排列方式。四方型四分体排列的花粉一般为左右对称;四面体型四分体的孢子花粉多为辐射对称(图 7-19)。左右对称型有两个或两个以下的对称面,如单缝孢或具气囊的花粉。辐射对称型有两个以上的对称面,如三缝孢和三孔沟的花粉。若通过花粉粒中心所切割的任何一个面都对称,则称为完全对称,属特殊辐射对称,这种花粉粒呈圆球形。

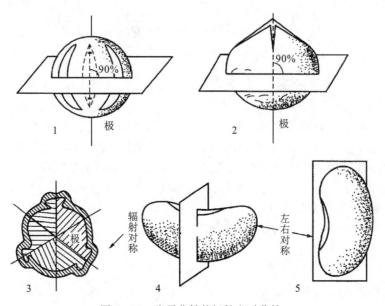

图 7 - 19　孢子花粉的极性和对称性

1. 等级;2. 异极;3. 辐射对称;4、5. 左右对称

3. 孢粉组合的地史分布规律

孢粉组合的演化和古植物的演化规律基本一致。早古生代孢粉组合主要为古老苔藓类的隐孢子。晚古生代孢粉组合主要是原始鳞木、古老的种子蕨以及古老的松柏。中生代孢粉组合主要为苏铁、银杏、松柏、裸子植物和被子植物。新生代主要是被子植物。

第七节　化石藻类

藻类(algae)是原生生物界中一类植物状真核生物,通常还包括原核生物蓝细菌。藻类能进行光合作用,是地球上最古老的光合生物类群之一,也是生物界庞大而复杂多样的类群。

地层中的叠层石(stromatolite)主要通过蓝细菌的生物膜捕获、结合和胶结沉积颗粒而形成的层状生物化学沉积结构,随着季节的变化和生长沉淀的快慢,形成深浅相间的复杂色层构造。叠层石的色层构造有纹层状、球状、半球状、柱状、锥状及枝状等。形成叠层状的生物沉积构造称为叠层石(图 7 - 20),形成叠层石的微生物群落因呈席状展布,故被称为微生物席。

1. 基本特征

藻类主要生活在水中(包括海洋、半咸水和淡水),没有陆生植物所具有的根、茎、叶分化及维管组织。藻类的个体大小相差较大,小者为直径约几微米或者更小的单细胞体或群体,大者长度可达 10m 以上。因此,藻类并不完全是微体生物,其中有些类别可以通过肉眼辨识,故称其为宏观藻类。但即便是宏观藻类,其化石通常也需要通过显微镜研究,因此一般也归入微体化石范畴。化石藻类常见有 7 种类型,即绿藻、红藻、硅藻、甲藻、颗石藻、疑源类和蓝细菌(表 7 - 3,图 7 - 21)。

图 7 - 20　微生物群落形成的叠层石

a. 周口店中元古界蓟县系铁岭组叠层石；b. 甘肃酒泉地红山中元古界蓟县系平头山组叠层石
（张克信提供）；c. 澳大利亚鲨鱼湾现代叠层石

表 7 - 3　主要化石藻类组成成分及保存特点

类别	分类位置	化石成分	保存特点	生态
绿藻	原生生物界绿藻门	有机质或钙质	群体的微小部分或者是单细胞体或叶状体	海生,淡水生
红藻	原生生物界红藻门	有机质或钙质	群体的微小部分或者是单细胞体或叶状体	海生
硅藻	原生生物界硅藻门	硅质	微小个体	海生,淡水生
甲藻	原生生物界甲藻门	有机质	微小个体	海生,半咸水生
颗石藻	原生生物界金藻门	钙质	微小骨板	海生
疑源类	分类位置未定	有机质	微小个体	海生
蓝细菌	原核生物界蓝藻门	有机质或钙质	群体的微小部分或者是单细胞体	海生,淡水或土壤中

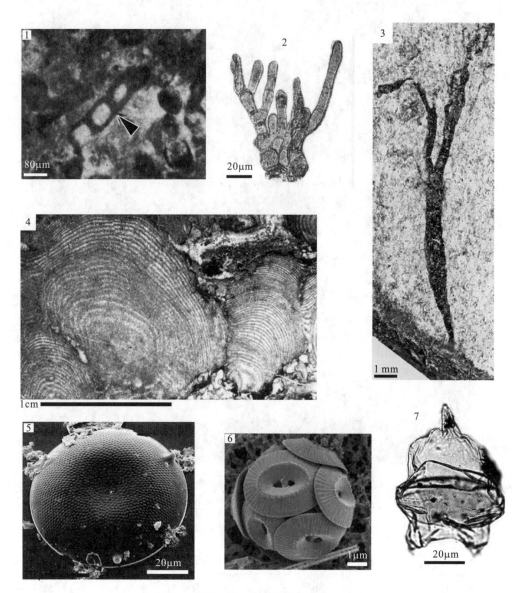

图 7-21　不同类型的藻类

1～3. 绿藻(1 据刘志礼和何远芯,1985;2 据朱浩然,1979;3 据 Ye et al. , 2015);4. 红藻(Flügel,2010);5. 硅
藻(Flower et al. ,1996);6. 颗石藻(Young et al. , 2003);7. 甲藻(Daners et al. , 2017)

2. 藻类的生态与地史分布

藻类生态类型分为底栖和浮游两种。各种藻类的生态习性差异很大,例如红藻中大约 99％是海洋
种类,淡水种类极少;绿藻中仅约 10％的种类生活在海洋,而 90％为淡水种类;颗石藻几乎全为海洋种
类;甲藻在海水、半咸水、淡水中均有分布,但是其中的沟鞭藻大部分为海洋种类;硅藻的淡水和海水种
类都很普遍。

化石藻类在各个地质时代都有广泛分布,各类别的地质时代具体如图 7-22 所示。

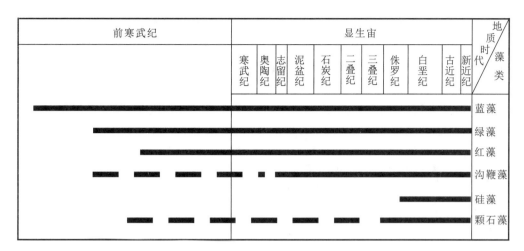

图 7-22　化石藻类的地史分布概况（根据刘志礼，1990 修改）

第八节　微体化石野外采集与室内处理

一、微体化石野外采集

不同化学成分或矿物成分的微体化石，其赋存的岩性存在差异。硅质微体化石（如放射虫、硅质海绵骨针等）通常保存在硅质岩、硅质泥岩中；钙质微体化石（如介形虫、有孔虫、牙形石等）一般保存在灰岩或钙质泥岩中；孢粉化石在泥质碎屑岩中保存较丰富。因此，野外采样时需要根据岩性差异确定可能采集到的微体化石类型。由于大部分微体化石很难在野外直接识别，野外采样时需要根据研究目的确定采样间距。一般几米或数厘米采一个样，有时甚至要连续采样（如精细研究生物演化的规律）。每个样品的采集重量和门类有关，如孢粉分析样品，一般每件 50～200g；牙形石一般每件为 2.0～3.0kg；放射虫和硅质碎屑岩中的有孔虫每件 500～1000g；介形虫和轮藻一般每件为 1kg 左右。

注意事项：需要采集新鲜的岩石样品，因此采样前需要剥掉岩石表层的风化物；为了避免混样和化石混染，每采完一个样品，必须将工具擦净，然后再进行下一个样的采集。

二、微体化石室内处理

少部分微体化石可以通过切片的方式进行研究，如有孔虫，但绝大部分微体化石需要采用化学试剂进行岩石溶蚀、分离。采用化学试剂分离化石的原理是利用化石与围岩的矿物成分的差别，将包裹化石的围岩溶解掉，同时保证所采用的化学试剂不会强烈损坏化石。一般采用化学试剂分离化石主要包括以下 3 步。

（1）化石与围岩分离：即将包含化石的岩石样品分散，使化石与围岩分离。一般可采用物理或化学方法。对于没有强烈固结的样品（如黏土），一般采用清水浸泡一段时间，或加入一定量有利于颗粒离散但对化石无显著腐蚀或其他破坏性的试剂（如双氧水），促使化石与围岩分散开来。对已固结成岩的样品，首先采用机械手段将样品碎成一定大小的碎块；然后再利用化石与围岩在组成结构及矿物成分上的差别,使用相应的化学酸或碱试剂,将化石与围岩分离开来。在此阶段,化学试剂浓度的选择是关键,要求试剂浓度既能将围岩溶解,又不溶蚀化石或只对化石产生较轻微的腐蚀。如从灰岩样品中分离牙形石,选用浓度为 5%～10% 的冰醋酸溶液浸泡;从硅质岩样品中分离放射虫,选用浓度小于 5% 的氢氟酸溶液浸泡;从灰岩样品中分离介形虫和有孔虫,可用纯的冰醋酸浸泡。

(2)化石富集:一般来说,微体化石在样品中含量很低。因此,无论是未固结样品的化石分离,还是采用化学试剂的化石分离,最后都会有大量非化石的围岩残渣和化石混在一起。为了避免"大海捞针",提高工作效率,需要进行化石富集处理。化石富集主要包括筛选法和浮选法。筛选法:依据微体化石的直径大小,选用适当孔径的筛子过筛进行化石分离,使化石得到富集。浮选法:依据化石与围岩残渣岩屑之间的密度差,配制适当的重液,使化石与岩屑分离。

(3)挑样及制片:经过上述分离和富集,仍然富含大量非化石残余岩屑,此时需要在显微镜下将化石从样品中挑选出来,并将化石放置在载玻片上或标本盒内,当然也可以直接将经过富集处理的样品制成薄片进行观察。

注意事项:酸的浓度不宜过高,否则将腐蚀化石;用水洗化石时,尽量减小水动力或水的流量,否则会导致化石破损;使用钢筛或水杯等容器前必须清洗干净,否则容易混样。

化学试剂分离化石的具体步骤如图 7-23、图 7-24 所示。

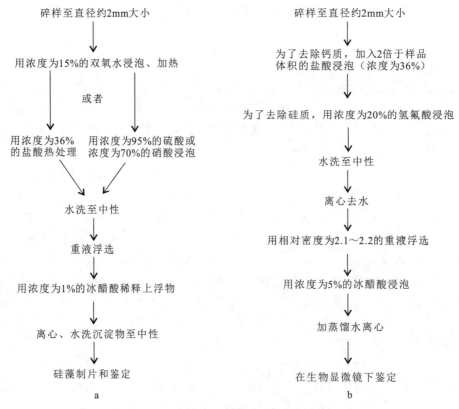

图 7-23　硅藻(a)和孢粉(b)的处理流程

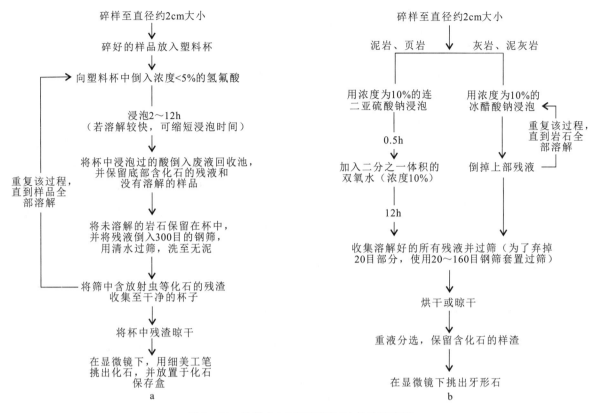

图 7-24　放射虫(a)和牙形石(b)的处理流程

第八章 地层的划分和对比

地层的划分和对比是地层学研究的重要内容。地层划分是指根据岩层具有的不同特征或属性把岩层组织成不同的单位;而地层对比则是指根据不同地区或不同剖面地层的各种属性进行比较,确定地层单位的地层时代或地层层位的对应关系。因此,地层划分是从一般中认识个别,而地层对比则是从个别中寻求一般。岩层的属性或特征是多种多样的,根据岩层的不同属性或特征可以进行不同的地层划分。地层对比的类型也与组成地层可划分的属性有关,根据地层不同的物质属性,可以进行不同的地层对比。但是,现代地层学更强调地层的时间对比,甚至将时间对比作为地层对比的同义词。因此,地层的时间属性对比是最重要和最基本的对比。

第一节 地层的物质属性——地层划分的依据

地层学的研究对象是地质历史中形成的岩层。岩层是地层的基本组成单元,也是地层学研究的基本对象。在长期的地质演化历史中,这些岩层被赋予许多特征,即物质属性。这些物质属性包括岩层的物理属性(如岩性特征、磁性特征、电性特征、地震特征)、生物属性(时代特征、生态特征)、化学属性(地球化学特征、同位素年龄等)、宏观属性(旋回特征、变形和变质特征等)。地层的物质属性正是我们划分地层和建立地层单位的基础,根据不同的物质属性,可以划分不同的地层单位系统。岩层有多少种能够用于划分的根据,地层就有多少种类的划分,这就是地层划分的多重性。与之对应,可以根据地层划分的多重性确定多重的地层单位(表 8-1,图 8-1)。虽然地层划分和地层单位具有多重性,但重要的和常用的地层划分主要包括岩石地层、生物地层和年代地层划分。同时只有岩石地层和年代地层才形成全球和区域一致的、完整连续的地层系统,即多重地层单位、两套地层系统。

表 8-1 地层的物质属性的多重性和多重地层单位

物质属性	地层单位	物质属性	地层单位
岩性特征	岩石地层单位	生物特征	生物地层单位
生态特征	生态地层单位	磁性特征	磁性地层单位
电性特征	测井地层单位	地震特征	地震地层单位
地球化学特征	化学地层单位	生物的时代属性	年代地层单位
		同位素年龄	
旋回特征	旋回地层单位、层序地层单位	变形和变质特征	构造地层单位

就常用的岩石地层、生物地层和年代地层而言,组成地层岩层的岩石是由不同的组分组成的;这些组分以不同的组构方式集合形成不同的岩石;这些岩石具有不同的颜色、层厚,发育不同的沉积构造;这些岩石形成的岩层具有不同的体态,并以不同的接触关系与相邻岩层相接触;这些岩层含有不同的化石

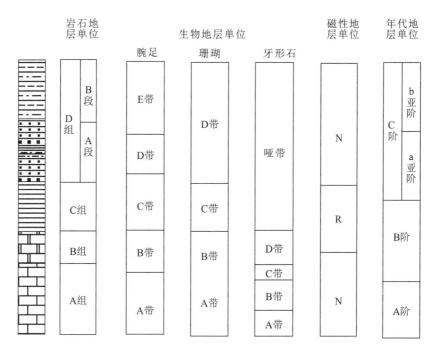

图 8-1　多重地层划分和多重地层单位示意图

注:图中说明一个地层剖面可根据不同的物质属性划分不同的地层单位,各单位划分界线
点的位置存在差别。

或具有其他时代证据,代表着不同的形成年龄。众多的岩层以均一的或不均一的、有序的或无序的组构方式构成地层体。所有这些属性都是地层划分的重要依据。值得注意的是,地层的生物属性具有双重的含义,一是生物属性,二是年代属性,这两种属性常常混淆。地层的生物属性是指地层中含有的生物化石特征,由此建立的是生物地层单位(生物带);生物的年代属性是指这些生物化石具有的时间(年代)特征,由此建立的是年代地层单位(时带)。

一、岩石学特征

地层的岩石学特征是认识地层的最重要内容和划分地层的最重要基础。它包括组成地层的岩石的颜色、矿物组分或结构组分、结构、组构和沉积构造等。在岩石地层划分中,首要考虑的是组成地层的岩石特征。岩性相同或大致相同的连续岩层可以划分为一个岩石地层单位,岩性不同的地层体应该划分为不同的岩石地层单位。

二、生物学特征

地层的生物学特征也是地层划分的重要依据。地层的生物学特征主要包括地层中所含的生物化石组分(类别),以及生物化石的含量、生物化石的保存状态、生物化石之间及生物化石和围岩之间的相互关系等。地层中所含的生物化石在认识地层和地层划分中至少具有两方面的意义:一是年代学的意义,地层中所含的生物化石类别不同,可以反映地层形成的时代不同;二是环境学的意义,地层中所含的生物化石类别、含量、保存状态及相互关系可以反映它们形成环境的差别。

三、地层结构

地层结构是指组成地层的岩层在时空上的组构方式。大量的研究工作表明,大多数地层是由有限的岩层类型构成的,这些岩层又通常以规律的组合方式组构在一起。因此,根据岩层的组构方式所划分地层的结构类型(表 8-2)可作为地层划分的依据。

表 8-2　地层结构划分简表

地层结构	地层			非层状地层
	层状地层			
简单型	均质式	均一式		斜列式 叠积式 嵌入式等
	非均质式	互层式		
		夹层式		
		有序多层式		
		无序多层式		
复合型	上述各种简单型结构的复合			

对于层状延伸的地层来说,可以分为简单的均质式结构和非均质式结构两大类和若干小类。均一式结构是指地层是由一种单一的岩层类型组成的。所谓单一,是指岩层的组分相同,结构、组构和沉积构造相同或相似,颜色和层厚相近等。互层式结构是指地层由两种岩层类型规则或不规则交互而成的,如砂岩和页岩的交互、灰岩和白云岩的交互等。夹层式结构是指组成地层的岩层以一种岩层类型为主,间夹另一种岩层类型,如地层总体为泥岩岩层,内夹少量砂岩岩层等。有序多层式结构是指地层由三种或三种以上的岩层类型组成,这些岩层以规律的组合方式组构在一起。最具代表性的是各种旋回沉积序列,也就是现代地层学中强调的地层的基本层序。基本层序是指由一定的岩层类型以一定的规律组合而成的地层序列,其实质就是上述的旋回沉积序列。无序多层式结构是指地层由多种岩层类型组成,但并没有一定的组合规律,它们是由非旋回沉积作用形成的。

对于非层状延伸的地层,由于地层的侧向变化大,应该从三维的角度去认识地层的结构。表 8-2 中的斜列式结构是指组成地层的岩层以斜列的方式排列,如生物礁前缘斜坡倒石堆形成的地层。叠积式结构是指一些丘状或块状的岩层在垂向上叠加而成的地层结构,典型的如连续垂向加积的生物礁形成的地层结构。嵌入式结构是指地层总体以某一种岩层为主,内夹一些非层状或丘状、透镜状岩层,典型的如台地碳酸盐组成的地层中夹有小型生物礁岩层。

上述地层结构可以单独出现,也可以以不同的方式组合形成复合式结构,如均一式结构中夹有序多层式结构、互层式结构中夹均一式结构、无序多层式结构中夹有序多层式结构等。

地层结构是认识地层和划分地层的重要依据。一个岩石地层单位除具有一定的岩石特征外,还应该具备一定的地层结构。不同的岩石地层单位在地层结构上也应有所差别。

四、地层的厚度和体态

地层的厚度和体态也是地层学研究的重要内容。它包括组成地层的岩层厚度和体态,也包括地层单位的厚度和体态。地层的体态是指岩层或地层体的空间形态和分布状态。地层的空间形态一般是层状的,但也不乏非层状的,如楔状、透镜状、丘状等。地层的分布状态一般认为是水平或近于水平的,但也有许多地层是斜列的。地层的分布状态可以通过特殊的沉积构造(如示顶底构造)去识别。一般要求,一个地层单位应有一定的厚度,如厚度过小则不足以建立一个地层单位。地层单位的厚度要求一般根据地质填图的比例尺确定,即可以在地质图上以最小的表达尺度(1mm)去表达。

五、地层的接触关系

地层的接触关系是地层的重要物质属性之一。它在识别地层结构、划分地层单位中具有重要作用。常见的地层接触关系包括两大类:一是整合接触,二是不整合接触。整合接触关系包括连续接触和小间断等类型;不整合接触关系包括角度不整合、平行不整合、非整合(沉积接触和侵入接触)(图8-2)。

整合(连续)接触关系是指不间断的沉积作用形成的岩层之间的接触关系,它也是地层中最常见的接触关系。小间断为地层中由于沉积作用中断或沉积环境变迁造成的沉积间断面,它是沉积地层中最常见的界面,小间断面一般可以作为地层的段或组的分界面。

角度不整合为分隔下部被褶曲或掀斜地层和上部水平地层间的分隔面。这种不整合包含着一系列曾经发生过的地质事件:下伏的原始水平或近于水平的地层在构造作用下发生褶皱或掀斜,然后经历隆升、风化、剥蚀削去了其上翘的顶端,而后新的地层沉积其上。角度不整合面是分隔地层单位(如群、组)的重要界面。在地层单位内部(如组、段)一般不允许存在角度不整合。

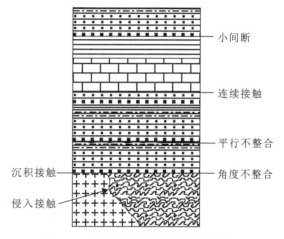

图8-2 地层的接触关系类别示意图

平行不整合(或称假整合)接触关系是指上下地层产状平行或近于平行、具有不规则的侵蚀和暴露标志的分隔面。它代表了早期地层的整体上升,遭受风化、剥蚀,而后又接受沉积的演化历史。平行不整合面上一般都具有古风化壳或底砾岩、粗碎屑岩等。平行不整合是地层单位的重要界面。组一级的地层单位之间常见平行不整合的接触关系。组内一般不允许平行不整合存在。

非整合的接触关系是指地层和岩浆岩之间的接触关系,包括侵入接触和沉积接触。侵入接触是指后期侵入岩体侵入到早期地层中形成的接触关系;沉积接触是指早期岩体被暴露、剥蚀,尔后被沉积地层覆盖所形成的接触关系。无疑,非整合面是划分地层单位的重要界面。

六、其他属性

除上述常用的几大物质属性之外,地层还包括许多其他的物质属性,如地层的磁性特征、电阻率和自然电位、矿物特征、地球化学特征、生态特征、同位素年龄等,它们均可以作为地层划分的依据,用于建立不同的地层单位。

地层划分的结果是建立地层单位。由于地层划分的依据不同,或划分地层所依据的物质属性不同,所建立的地层单位也不一样。依据地层的岩石学特征及地层结构、厚度和体态、接触关系等建立的地层单位是岩石地层单位;依据地层的时间属性(如生物地层所反映的时间、地层的同位素年龄等)所划分的地层单位是年代地层单位;依据地层的生物或生态特征建立的地层单位是生物地层单位或生态地层单位;依据地层的磁性特征建立的地层单位是磁性地层单位;依据地层的地球化学特征建立的地层单位是化学地层单位等。

第二节　地层划分、对比的原则和方法

地层划分是依据不同的地层物质属性将相似和接近的地层组构成不同的地层单位;地层对比是将不同地区的地层进行空间对比和延伸。地层划分和对比在古地理、古构造及矿产资源调查和勘探中具有重要意义,因此它是沉积地质和沉积矿产研究的重要基础性工作。地层划分、对比所遵循的主要原则之一是地层的物质属性相当的原则。由于地层的属性或划分依据不同,所划分的地层单位也不一致。不同地层单位的对比依据的是建立这些地层单位的物质属性的一致性。地层划分、对比应遵循的第二个原则是不同地层单位的地层对比不一致的原则。由于地层单位不同,或者说地层对比的属性不同,对比的界线就不可能一致。如岩石地层单位的对比主要是依据岩性和地层结构的对比,因此对比的界线和年代地层界线或时间界线就不可能一致。只有以严格的时间属性进行的地层对比才具有时间对比意义。地层划分对比主要有以下一些方法。

一、岩石学的方法

岩石学的方法仅适用于岩石地层划分和对比。岩石地层划分强调地层的岩石属性一致或接近,即岩性相同或相似,结构相同或相似,岩相、变质程度相同或接近。岩石地层单位之间的界线清楚,便于识别。岩石地层单位内部尽可能连续,在空间上有一定的分布范围,在时间序列上有一定的厚度。

在侧向连续的条件下,不同地区岩石学特征相当的地层是可以对比的。这些岩石学特征包括岩层的岩性、岩石组合、地层结构以及厚度、顶底接触关系等。以地层的岩石学特征进行的地层对比不是时间对比,因为穿时普遍性存在原理决定了绝大多数岩石地层单位是穿时的。常用的岩石地层对比方法包括岩性组合法、标志层法、地层结构对比法等。

岩性组合法是地层划分最基本的方法,也是地层对比最重要的方法。侧向连续的同样岩性或岩性组合的地层是可以进行岩石地层单位对比的。如华南中、下扬子地区(湖北东部、江西东北部、安徽南部、江苏、浙江西北部等)的泥盆系五通组均为下部砂岩、上部粉砂岩-页岩组合,因此可以进行区域岩石地层对比。

标志层法是岩石地层对比常用的方法。标志层是指那些厚度不大、岩性稳定、特征突出、易于识别、分布广泛的特殊岩层。标志层通常可以用于地层对比,它有两种类型:一是穿时性的标志层,如地层中的砂岩夹层、煤层、蒸发岩层等;二是等时性的标志层,如火山灰层、小行星撞击事件层及风暴岩层等。穿时性的标志层只能用于岩石地层单位的对比,如地层中的砂岩夹层、煤层、蒸发岩层等一般都是穿等时性标志层。等时性的标志层才能用于年代地层单位的对比,如华南二叠系—三叠系过渡层中的界线黏土层,广泛分布于华南绝大部分省区,可以进行等时性对比。

地层结构对比是根据地层的结构类型及组合方式进行的岩石地层对比,如华北石炭系太原组由多个砂岩-粉砂岩-泥质岩-灰岩(或灰岩透镜体)组成有序多层式结构,可以依此进行大区域岩石地层对比。

二、生物地层方法

生物地层划分的理论依据是生物演化的前进性、阶段性、不可逆性和生物扩散的瞬时性。由于生物从低级向高级的不可逆发展,不同的地层中自下而上包含不同的生物化石组合。生物地层划分是指以地层所包含的化石的一致性建立生物地层单位。

生物地层对比的理论依据为著名的 Smith 生物顺序律。Smith(1815)认为,相同岩层总是以同一叠覆顺序排列着,并且每个连续出露的岩层都含有其本身特有的化石,利用这些化石可以把不同时期的岩层区分开。Smith 称这种方法为"用化石鉴定地层"。这一原理被后人通俗地概括为"含有相同化石的地层的时代相同,不同时代的地层所含的化石不同"。用生物化石对比地层通常应用标准化石法、化石组合法等。

标准化石是指那些演化速度快、地理分布广、数量丰富、特征明显、易于识别的化石。利用这些化石不仅可以鉴定地层的时代,还可以用于地层的年代对比(图 8-3a)。但标准化石法通常受诸多因素影响而受到限制,如用作标准化石的生物对环境的宽容度较小,生态环境相对局限,生物遗骸在沉积和成岩过程中总要受到损害,再加上采样精度问题,其标准性也是相对的。因此,在应用标准化石法时应注意其精度。

化石组合法是根据地层的化石组合对比地层的方法。所谓化石组合是指在一定的地层层位中所共生的能够根据组合关系划分地层的所有化石,如图 8-3 中 b-c 组合、d-e 组合、b-e 组合或 c-d 组合等。根据化石组合所界定的界线不仅可以进行地层划分和建立地层单位,还可以进行地层对比。用生物地层方法进行地层对比主要用于生物地层单位的对比,也通常应用于年代地层单位的对比。

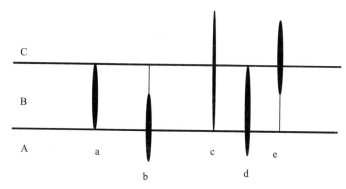

图 8-3 标准化石和化石组合示意图

三、构造运动面方法

利用地层中的不整合面进行地层划分、对比是一种常用的方法。对于地层划分来讲,一个基本的地层单位中(如岩石地层"组")一般不能有不整合存在,但它可以作为组的界线。由于不整合界面代表一次区域性的地壳运动,所以有较大的分布范围,因此可以用来作为地层对比的界线。如果不同地区的地层为连续可追索的不整合界面所限定,这些地层是可以对比的。不整合界面可以作为一个等时面,但紧邻该面上下的地层是不等时的。一般来讲,不整合面之下的地层或经历不同程度的变形,或经受不同程度的侵蚀,因此该地层的顶面一般不是等时面。不整合面之上的地层是在海侵过程中形成的,该地层的底面(海侵面)也是不等时的。所以,构造运动面的对比一般只能用于岩石地层单位的对比,在应用于年代地层单位对比时应特别谨慎。

四、同位素年龄测定

同位素年龄测定是根据放射性同位素衰变原理进行的。放射性元素在衰变过程中释放出能量并转化为终极元素。用于地层年龄测量的同位素方法主要有铀-铅法、钍-铅法、铷-锶法、钾-氩法、钐-钕法等。同一地区的地层的同位素年龄可以用于地层年龄的确定和年代地层的标定,不同地区的地层的同位素年龄可以用于地层对比。

五、磁性地层对比

在地层记录中,通常可以保存沉积物沉积期或成岩期的磁性特征,这种磁性称为"剩余磁性"。通过地层剖面中系统的剩余磁性测量发现,随着地质历史的演进,地磁极曾发生过许多次倒转。根据地磁极的倒转并配合同位素年龄测定,可以建立一个地磁极向年表即磁性地层单位(图8-4)。由于地球的磁极是全球性的,利用已知的地磁极向年表可以进行磁性地层的对比。由于这种对比是严格的时间对比,因此可以用于年代地层对比。

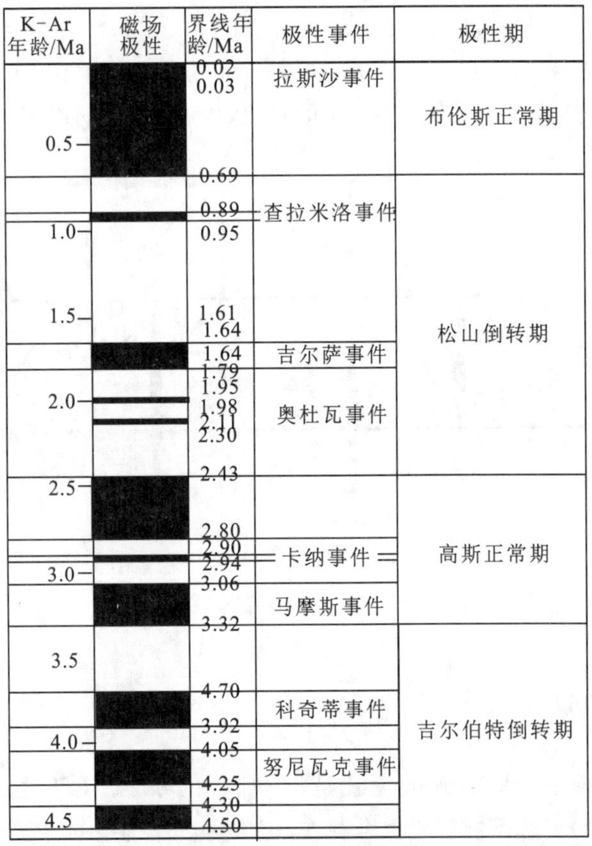

K-Ar 年龄/Ma	磁场极性	界线年龄/Ma	极性事件	极性期
		0.02 0.03	拉斯沙事件	
0.5				布伦斯正常期
		0.69		
		0.89	查拉米洛事件	
1.0		0.95		
1.5		1.61 1.64		松山倒转期
		1.64	吉尔萨事件	
2.0		1.79 1.95 1.98 2.11 2.30	奥杜瓦事件	
2.5		2.43		
		2.80 2.90 2.94 3.06	卡纳事件	高斯正常期
3.0			马摩斯事件	
		3.32		
3.5		4.70	科奇蒂事件	吉尔伯特倒转期
		3.92 4.05		
4.0		4.25	努尼瓦克事件	
		4.30		
4.5		4.50		

图8-4　以K-Ar法同位素年龄测定确定的地磁场极性倒转时间表(据考克斯,1969)

第三节　地层单位和地层系统

在地层物质属性研究的基础上建立地层单位和确立地层系统是地层学的中心任务。如前所述,由于地层的物质属性不同,地层划分的依据不一,所建立的地层单位也不一致。《国际地层指南》和《中国地层指南》都强调了多重地层单位的思想。王鸿祯(1989)在讨论地层单位系统时强调,对各类地层单位的主次关系应坚持双重地层分类的观点,将地层单位分为两类:一是以建立局部地层系统为目的,主要以区域性特征为依据的岩石地层单位系统,以及为改善、补充和验证该地层系统的其他地层学分支所提供的地层单位(如地震地层单位、构造地层单位、化学地层单位及生态地层单位等),所有这些地层单位之间的界面都是穿时的;二是以建立全球性年代地层系统为目的的年代地层单位系统,以及为完善和验证该系统服务的生物地层单位和磁性地层单位,这些地层单位之间的界面是等时的。因此,不是所有的地层单位都能形成完整的地层系统。目前地层研究中最常用的是 3 套地层单位(岩石地层单位、年代地层单位和生物地层单位)和 2 套地层单位系统(岩石地层单位系统和年代地层单位系统)(表 8-3)。

表 8-3 主要地层单位分类表

年代地层单位	地质年代单位	岩石地层单位	生物地层单位
宇(eonthem)	宙(eon)		
界(erathem)	代(era)		延限带(range zone)
系(system)	纪(period)	群(group)	组合带(assemblage zone)
统(series)	世(epoch)	组(formation)	顶峰带(abundance zone)
阶(stage)	期(age)	段(member)	谱系带(lineage zone)
时带(chronozone)	时(chron)	层(bed)	间隔带(interval zone)

一、岩石地层单位和地层系统

确定和建立岩石地层单位一直坚持岩石学特征稳定性的原则。其首要的是岩性的稳定性,其次要求地层结构的稳定性。一个岩石地层单位应由岩性相对一致或相近的岩层组成,或为一套岩性复杂的岩层,但可以和相邻岩性相对简单的地层相区别。除此之外,一个岩石地层单位应有相对稳定的地层结构。一般一个段级的地层单位是由一种结构类型的地层组成的,内部不分段的组也只有一种结构类型,内部分段的组可有多种结构类型。岩石地层单位包括群、组、段、层四级单位。

组 组是岩石地层单位系统的基本单位。组是具有相对一致的岩性和具有一定结构类型的地层体。所谓岩性相对一致,是指组可以由一种单一的岩性组成,也可以由两种岩性的岩层互层或夹层组成,或由岩性相近、成因相关的多种岩性的岩层组合而成,或为一套岩性复杂的岩层,但可与相邻岩性简单的地层单位相区分。组的内部结构也应有一致性,内部不分段的组为一种结构类型,内部分段的组可有多种结构类型。组的顶底界线明显,它们可以是不整合界线,也可以是标志明显的整合界线,但组内不能有不整合界线。除此之外,组的厚度应有一定的范围,一般要求可以在区域地质图(1∶5~1∶20万)上表达出来。同时,组也应有一定的分布范围,至少可以在区域地质图上表达出来,分布范围过小不应该建组。

群 群为比组高一级的地层单位,为组的联合。其联合的原则是岩性的相近、成因的相关、结构类型的相似等。一般一个群是由岩性相似、结构相近、成因相关的组联合而成的。群的顶底界线一般为不整合界线,或为明显的整合界线。

段 段为比组低一级的地层单位,为组的再分。分段的原则主要包括组内岩性的差别、组内结构的差别、地层成因的不同等,也即依据组内地层的岩性、结构、成因的差别划分段。一般一个段是由岩性相同或相近、一种结构类型、成因相关地层岩层组成的地层单位。不同的段具有岩性、结构或成因上的差别。段的顶底界线也应明显,一般是标志明显的整合界线。

层 层是最小的岩石地层单位。层有两种类型:一是岩性相同或相近的岩层组合,或相同结构的基本层序的组合,可以用于野外剖面研究时的分层;二是岩性特殊、标志明显的岩层或矿层,可以作为标志层或区域地质填图的特殊层。

需要说明的是,在造山带构造变形和变质作用改造的地层区或克拉通的深变质岩区,由于变形和变质作用的改造,原始的地层顺序、位态及相互关系都发生了变化,很难再恢复原生的地层单位和地层系统,一般采用岩群、岩组、岩段的地层单位术语。岩群、岩组和岩段的划分原则与群、组、段不同,其主要依据地层的岩性组合、变形和变质程度等。岩群、岩组、岩段的顶底界线一般是断层(包括脆性断层和韧性断层)界线,或受断层改造的不整合界线。

任一地层区都可以建立从老到新的岩石地层单位系统。这个地层单位系统是客观存在的,也是地层学研究的基础性工作。所有的其他地层学工作都是建立在岩石地层单位和岩石地层单位系统基础上的。

二、年代地层单位和地层系统

年代地层单位是以地层形成的时代为依据划分的地层单位。由于所谓演化的阶段性具有明显的时间意义,因而生物演化特征是年代地层单位划分的主要依据。除此之外,放射性同位素年龄、磁性地层也可以作为年代地层划分的重要依据。

年代地层单位是在特定的地质时间间隔内形成的地层体,这种单位代表地史中一定时间范围内形成的全部地层,而且只代表这段时间内形成的地层。每个年代地层单位都有严格对应的地质年代单位。年代地层单位自高向低可以分为 6 个级别:宇、界、系、统、阶、时带,它们和地质年代单位的宙、代、纪、世、期、时相对应。

宇 宇是最大的年代地层单位。它是与时间“宙”对应的年代地层单位。它是根据生物演化最大的阶段性,即生命物质的存在及方式划分的。由于地球早期的生命记录为原核细胞生物,之后的生命记录为真核细胞生物,最后才发展为高级的具硬壳的后生生物。所以可将整个地史时期分为冥古宙、太古宙、元古宙和显生宙。所对应的年代地层单位则为冥古宇、太古宇、元古宇和显生宇。宇是全球统一的地层单位。

界 界是第二级年代地层单位。它是与时间“代”对应的年代地层单位,是根据生物界发展的总体面貌以及地壳演化的阶段性划分的。太古宙和元古宙主要依据地壳演化的阶段性分别划分为始、古、中、新太古代和古、中、新元古代。与之对应的年代地层单位则为始、古、中、新太古界和古、中、新元古界。而显生宙可根据生物界演化和地壳演化的阶段性划分为早古生代、晚古生代、中生代和新生代,其中早古生代对应于加里东构造阶段,生物界以海洋无脊椎动物、裸蕨类植物为特色;晚古生代对应于海西构造阶段,生物界以早期的鱼类、中晚期的两栖类脊椎动物、蕨类植物及新的海洋无脊椎动物为特色;中生代对应于阿尔卑斯构造阶段,生物界面貌以裸子植物、爬行类、鸟类脊椎动物及海洋无脊椎动物为特色;新生代对应于喜马拉雅构造阶段,生物界以被子植物、哺乳动物及海洋无脊椎动物为特色。与早-晚古生代、中生代、新生代对应的年代地层单位则分别为下-上古生界、中生界、新生界。界也是全球统一的地层单位。

系 系是低于界的年代地层单位,它对应于地质时间单位“纪”。纪的划分主要是依据生物界演化的阶段性。如晚古生代的泥盆纪以鱼类脊椎动物、裸蕨类植物以及较早古生代有显著变革的海洋无脊椎动物为特色,故泥盆纪可以称为"鱼类的时代"。与泥盆纪对应的年代地层单位则为泥盆系。系是年代地层单位中最重要的单位,具有全球可对比性,因此,系也是全球统一的。

统　统是系内的次级地层单位,与地质年代单位"世"相对应。一般一个纪可以依据生物界面貌划分为两到三个世,通常称之为早、中、晚世,与之对应的年代地层单位则为下、中、上统。如泥盆纪划分为早、中、晚泥盆世,对应的年代地层单位为下、中、上泥盆统。白垩纪可分为早、晚白垩世,对应的年代地层单位则为下、上白垩统。由于世所代表的地质时间仍较长,全球生物界面貌在较长时间范围内仍能保持一致,所以统仍是全球统一的。

阶　阶是年代地层单位的最基本单位,其对应于地质时间单位"期"。期主要是根据科、属级的生物演化特征划分的。如寒武纪可以分为8个期,对应的年代地层单位为8个阶。这些阶主要是根据寒武纪最繁盛的三叶虫动物群的演化划分的。阶的应用范围取决于建阶所选的生物类别,以游泳型、浮游型生物建的阶一般具全球可对比性,如奥陶系、志留系以笔石建的阶、中生代以菊石建的阶等;而以底栖型生物建的阶一般是区域性的,只能应用于一定的区域,如寒武系以底栖型生物三叶虫建的阶。

时带　时带是年代地层单位中最低的单位,与地质时间单位"时"相对应,即时带是指一个"时"内所有的地层记录。时带是根据属、种级生物的演化划分的,因此时带一般以生物属或种来命名。如下寒武统的 *Redlichia* 时带是生物 *Redlichia* 属所占时间间隔内的地层,而三叠系的 *Claraia wangi* 时带是指生物 *Claraia wangi* 种所占时间间隔的地层。以全球性分布的游泳生物或浮游生物划分的时带是全球性的,如菊石、牙形石时带等,而以底栖生物划分的时带一般是区域性的。

三、生物地层单位

生物地层单位是根据地层中保存的生物化石划分的地层单位。生物地层单位是以含有相同的化石内容和分布为特征,并与相邻单位化石有区别的三度空间地层体。生物地层单位为生物带。常用的生物带包括延限带、顶峰带、组合带、谱系带等。

延限带　延限带是指任一生物分类单位在整个延续范围之内所代表的地层体(图8-5a)。其代表该生物分类单位从"发生"到"灭绝"所占用的地层。但在一个地层剖面上,延限带的界线仅仅是该生物类别最早出现到最后消失的界线。因此延限带的确切界线应在所有剖面都调查清楚以后才能确定。

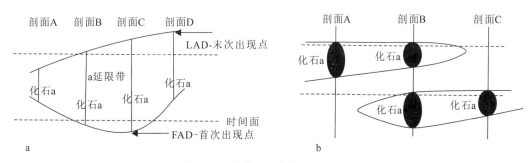

图8-5　延限带(a)和顶峰带(b)示意图(据 Salvador,1994 修改)

顶峰带　顶峰带是指某些化石属、种最繁盛时期的一段地层(图8-5b)。它不包括该类化石最初出现和最终消失时的地层。地层中化石属、种的繁盛可以以3种方式表现:一是化石在特定时期于一定的地理范围内富集,比其早期和晚期化石密集度要大;二是化石在一定的地理分布范围中富集,单位面积中的化石个数基本上是常数,仅地理分布范围比早期和晚期大;三是化石仅仅在特定的环境中,在极窄的地理范围内富集,而在该化石所占的其他地区个体数却不多。这3种情况都可以形成繁盛期,繁盛期所代表的地层为顶峰带。因此,不同地区的繁盛期未必完全一致,只有通过等时性对比才能确定。

组合带 组合带是指特有的化石组合所占有的地层(图8-3)。该地层中所含的化石或其中某一类化石,从整体上说构成一个自然的组合,并且该组合与相邻地层中的生物化石组合有明显区别。组合带不是由某一化石类别延续的时间所占有的地层确定的,而是根据多种化石类别的共存所占有的地层确定的。

谱系带 谱系带是含有代表进化谱系中某一特定化石的地层体(图8-6)。它既可以是某一化石分类单元在一个演化谱系中的延限,也可以是该化石分类单元后裔分类单元出现前的那段延限。谱系带的界线是通过演化谱系中化石的最低存在生物面来确定的。因此,谱系带代表了一个分类单元在演化谱系中的总体或部分延限。谱系带以该分类单元来命名。由于谱系带具有较强的时间性,因此多用于进行年代地层"时带"的划分。

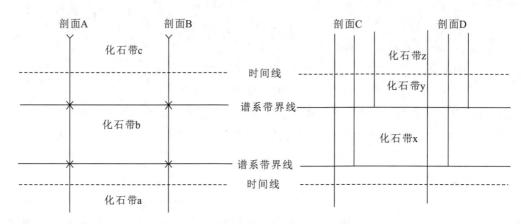

图8-6 谱系带示意图(据 Salvador,1994 修改)

需要说明的是,上述生物带是生物地层单位的不同类别,而不是具有包容或从属关系的级别。对一个地区来说,生物地层单位不是普遍建立的,各单位之间也不一定是连续的。那些因缺少化石而无法建立生物地层单位的地层,可以称为"哑间隔带"。同时,由于生物地层单位的不连续性,所以它不能形成独立的地层单位系统,而只是为建立年代地层单位系统服务的过渡性环节。

四、层型

在地层划分和建立地层单位的过程中,对于新建的地层单位必须采用优先权法则,并为命名的地层单位指定一个代表该单位的地层模式,该模式即为层型。

一个地层单位是指具有一定特征的一段地层间隔,这个间隔既包括这段地层本身,也包括该段地层的上、下界线,所以层型就有单位层型和界线层型之分。单位层型是给一个命名的地层单位下定义和识别一个命名地层作标准用的一个特殊岩层序列中的特定的间隔的典型剖面;而界线层型是给两个命名的地层单位之间的地层界线下定义和识别这个界线作标准的特殊岩层序列中的一个特定的点(图8-7)。

为了精确地使用层型,现代地层学应用生物命名法则中的概念和术语来描述层型,因此层型又分为正层型、副层型、选层型、新层型、次层型等。正层型是指命名人在建立地层单位或地层界线时指定的原始层型;副层型是指命名人为了解释正层型所建立的一个补充层型,如广西桂林南边村泥盆系—石炭系界线副层型是为解释泥盆系—石炭系界线正层型的;选层型是指命名人命名地层单位或界线时未选定合适的层型而之后补指的原始层型;新层型是指为取代已经毁坏而不复存在的或失效的旧层型,在层型所在地或地区重新指定的层型;次层型则是为延伸一个地层单位或地层界线在别的地区或相区指定作

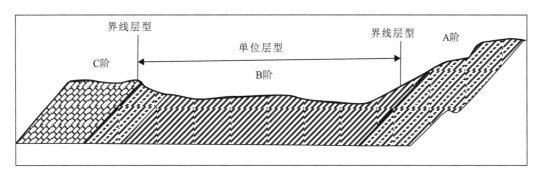

图 8 - 7　年代地层单位的单位层型与界线层型

为参考用的派生的层型,或叫参考层型剖面。

一个层型建立以后,原则上不应该变动或加以修正。如果原有的层型被永久破坏了,或后来发现原有层型是错误的,最好在典型地区之内建立一个新层型。

地层划分中使用最多的是岩石地层单位、年代地层单位和生物地层单位。为了使地层单位的含义更准确,让使用人理解和使用更方便,从一开始建立地层单位时就应该建立层型剖面。对未建立层型剖面的地层单位应尽早建立它们的层型剖面。目前国内通过地层清理,大部分的岩石地层单位都建立了层型剖面。年代地层单位是全球性的,国际地层委员会正在加紧建立全球性的年代地层单位的层型剖面。

层型是命名的地层单位或地层界线的概念和含义的体现,建立层型时必须满足一定的要求。首先,层型剖面一般要求是连续出露的地层剖面,地理位置应该不存在政治限制、交通方便、逾越条件好。其次,地质上主要要求地层划分或建立地层单位的标志清楚,易于识别。再次,属于全球性的年代地层单位层型,为了能使各国所接受,必须通过国际合作的方式,建立这类地层单位的定义标准,并通过国际性权威地质学组织的认可方才有效。最后,属于区域性的岩石地层单位、生物地层单位等,也要经过国家或区域权威地质学组织的认可。

描述一个层型包括地理和地质两个方面的内容。地理上应图示层型剖面的地理位置,交通途径和方式,并附一定比例尺的航空照片或地面照片。地质上应明确表示层型剖面的地层分层、岩性、厚度、生物化石、矿物、构造、地貌及其他地质现象,界线层型应详细描述地层界线的划分标志。同时应附地层剖面图、柱状图等。层型剖面最好能建立永久性人工标志,并作为保护对象保护起来。

五、地层单位之间的相互关系

由于不同类型的地层单位是根据地层的不同物质属性确定的,因此各类地层单位之间的关系是错综复杂的。

首先,岩石地层单位是根据地层的岩石学及地层结构等特征确定的,而这些特征是随沉积环境的变迁或沉积作用方式的演变而变化的。因此,多数岩石地层单位和年代地层单位的界线不一致,或岩石地层单位的界线与年代地层单位的界线斜交。这种现象称为岩石地层单位的穿时或时侵。图 8 - 8 为华北寒武系—奥陶系三山子组白云岩穿时现象的示意图。从图 8 - 8 上可以看出,该组在不同地区的顶底界线所代表的时间不同。在河南临汝,它属于中寒武统张夏阶。向北层位逐渐升高,到济源为上寒武统崮山阶—凤山阶。到河北峰峰一带,其为上寒武统长山阶—凤山阶。再向北到井陉、曲阳一带为上寒武统凤山阶—下奥陶统新厂阶。

其次,生物地层单位和年代地层单位也是不一致的,或者说生物地层单位也具穿时性。生物地层单

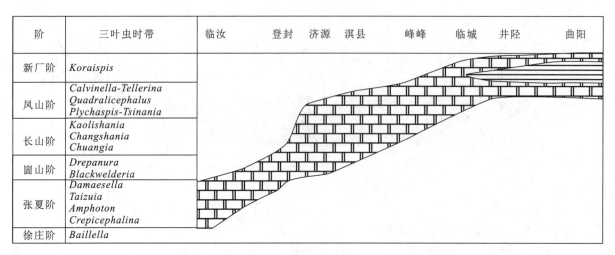

阶	三叶虫时带	临汝	登封	济源	淇县	峰峰	临城	井陉	曲阳
新厂阶	*Koraispis*								
凤山阶	*Calvinella-Tellerina* *Quadralicephalus* *Plychaspis-Tsinania*								
长山阶	*Kaolishania* *Changshania* *Chuangia*								
崮山阶	*Drepanura* *Blackwelderia*								
张夏阶	*Damaesella* *Taizuia* *Amphoton* *Crepicephalina*								
徐庄阶	*Baillella*								

图 8-8 华北地区三山子组的穿时关系(据张守信,1989 修改)

位的"生物带"与年代地层单位的"时带"不同,生物地层单位的生物带仅仅是指所含某类化石或化石组合的地层,不含该类化石或化石组合的地层不属于该生物带。而时带是某一类化石或化石组合所占有的时间间隔内的所有地层,而不管该地层是否含有该化石。如图 8-9 所示,*Claraia wangi* 生物带是指所含该生物的地层,而 *Claraia wangi* 时带是指该生物带所占有的时间间隔内的所有地层。即使一些地区相当的地层中不含该化石,由于其属于该时间间隔,也应该划为同一时带。

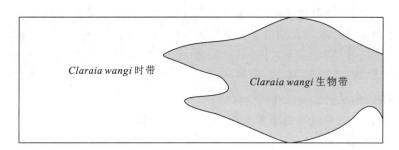

Claraia wangi 时带   *Claraia wangi* 生物带

图 8-9 时带和生物带的相互关系(据张守信,1989 简化)

六、年代地层表和地质年代表

年代地层表与地质年代表是两个不同的概念,年代地层表是由地层组成的物质单位,而地质年代单位则是地质时间单位,它们是相互严格对应的关系。年代地层单位包括从冥古宙到第四纪的整个地质历史时间内形成的全部地层。划分年代地层单位的最终目的是要建立一个既能用于地区,又能适用于全球;既无间断,又不重叠的完整的年代地层表。但由于地壳的差异升降,任何一个地区的地层都不可能完整无缺的保存,因而只有把全球的地层综合进来,才能形成完整的年代地层体系。经过全世界,特别是一些重要地区的地层划分、对比研究,以及大量同位素年龄测定的成果应用,年代地层表在 19 世纪完成之后又逐渐完善。目前国际通用的地质年代表是国际地质科学联合会(IUGS)每年公布的国际地层表,全国地层委员会同时会修订中国区域年代地层表(图 8-10)。

纪 Period	世(Epoch)	期(Age) 中国	期(Age) 国际	数字年龄 /Ma
第四纪 Quaternary	全新世(Qh) Holocene			0.0117
	更新世(Qp) Pleistocene	萨拉乌苏期	晚期 Late	0.129
		周口店期	奇班期 Chibanian	0.774
		泥河湾期	卡拉布里雅期 Calabrian	1.80
			杰拉期 Gelasian	2.58
新近纪 Neogene	上新世(N₂) Pliocene	麻则沟期	皮亚琴察期 Piacenzian	3.600
		高庄期	赞克尔期 Zanclean	5.333
	中新世(N₁) Miocene	保德期	墨西拿期 Messinian	7.246
		灞河期	托尔托纳期 Tortonian	11.63
		通古尔期	赛拉瓦勒期 Serravallian	13.82
			兰盖期 Langhian	15.97
		山旺期	波尔多期 Burdigalian	20.44
		谢家期	阿启坦期 Aquitanian	23.03
古近纪 Paleogene	渐新世(E₃) Oligocene	塔本布鲁克期	夏特期 Chattian	27.82
		乌兰布拉格期	吕珀尔期 Rupelian	33.9
	始新世(E₂) Eocene	蔡家冲期	普利亚本期 Priabonian	37.71
		垣曲期	巴顿期 Bartonian	41.2
		伊尔丁曼哈期	路特期 Lutetian	47.8
		阿山头期		
		岭茶期	伊普利斯期 Ypresian	56.0
	古新世(E₁) Paleocene	池江期	坦尼特期 Thanetian	59.2
			赛兰特期 Selandian	61.6
		上湖期	丹麦期 Danian	66.0

纪 Period	世(Epoch)	期(Age) 中国	期(Age) 国际	数字年龄 /Ma
白垩纪 Cretaceous	晚白垩世	绥化期	马斯特里赫特期 Maastrichtian	66.0
			坎潘期 Campanian	72.1±0.2
		松花江期	圣通期 Santonian	83.6±0.2
				86.3±0.5
		农安期	康尼亚克期 Coniacian	
			土伦期 Turonian	89.8±0.3
			塞诺曼期 Cenomanian	93.9
	早白垩世	辽西期	阿尔布期 Albian	100.5
			阿普特期 Aptian	~113.0
		热河期	巴雷姆期 Barremian	~125.0
			欧特里夫期 Hauterivian	~129.4
		冀北期	凡兰今期 Valanginian	~132.6
			贝里阿斯期 Berriasian	~139.8
				~145.0
侏罗纪 Jurassic	晚侏罗世		提塘期 Tithonian	152.1±0.9
			基末利期 Kimmeridgian	157.3±1.0
			牛津期 Oxfordian	163.5±1.0
	中侏罗世	玛纳斯期	卡洛夫期 Callovian	166.1±1.2
			巴通期 Bathonian	168.3±1.3
		石河子期	巴柔期 Bajocian	170.3±1.4
			阿林期 Aalenian	174.1±1.0
	早侏罗世	硫磺沟期	托阿尔期 Toarcian	182.7±0.7
			普林斯巴期 Pliensbachian	190.8±1.0
		永丰期	辛涅缪尔期 Sinemurian	199.3±0.3
			赫塘期 Hettangian	201.3±0.2
三叠纪 Triassic	晚三叠世	佩枯措期	瑞替期 Rhaetian	~208.5
			诺利期 Norian	~227
		亚智梁期	卡尼期 Carnian	~237
	中三叠世	新铺期	拉丁期 Ladinian	~242
		关刀期	安尼期 Anisian	247.2
	早三叠世	巢湖期	奥伦尼克期 Olenekian	251.2
		殷坑期	印度期 Induan	251.902±0.024

据2021国际地层表和2012中国地层表综合

纪 Period	世(Epoch)	期(Age) 中国	期(Age) 国际	数字年龄/Ma
Permian 二叠纪	乐平世 Lopingian	长兴期	长兴期 Changhsingian	251.902±0.024
		吴家坪期	吴家坪期 Wuchiapingian	254.14±0.07
				259.51±0.21
	瓜德鲁普世 Guadalupian	冷坞期	卡皮敦期 Capitanian	264.28±0.16
		孤峰期	沃德期 Wordian	266.9±0.4
		祥播期	罗德期 Roadian	273.01±0.14
	乌拉尔世 Cisuralian	罗甸期	空谷期 Kungurian	283.5±0.6
		隆林期	亚丁斯克期 Artinskian	290.1±0.26
		紫松期	萨克马尔期 Sakmarian	293.52±0.17
			阿瑟尔期 Asselian	298.9±0.15
Carboniferous 石炭纪	宾夕法尼亚纪 Pennsylvanian	逍遥期	格舍尔期 Gzhelian	303.7±0.1
			卡西莫夫期 Kasimovian	307.0±0.1
		达拉期	莫斯科期 Moscovian	315.2±0.2
		滑石板期	巴什基尔期 Bashkirian	
		罗苏期		323.2±0.4
	密西西比亚纪 Mississippian	德坞期	谢尔普霍夫期 Serpukhovian	330.9±0.2
		大塘期	维宪期 Visean	346.7±0.4
		岩关期	杜内期 Tournaisian	358.9±0.4
Devonian 泥盆纪	晚泥盆世 Late Devonian	邵东期 阳朔期 锡矿山期	法门期 Famennian	372.2±1.6
		余田桥期	弗拉斯期 Frasnian	382.7±1.6
	中泥盆世 Middle Devonian	东岗岭期	吉维特期 GFivetian	387.7±0.8
		应堂期	艾菲尔期 Eifelian	393.3±1.2
	早泥盆世 Early Devonian	四排期 郁江期	埃姆斯期 Emsian	407.6±2.6
		那高岭期	布拉格期 Pragian	410.8±2.8
		莲花山期	洛赫考夫期 Lochkovian	419±3.2

纪 Period	世(Epoch)	期(Age) 中国	期(Age) 国际	数字年龄/Ma
Silurian 志留纪	普里道利世 Pridoli			423.0±2.3
	罗德洛世 Ludlow	卢德福德期	卢德福德期 Ludfordian	425.6±0.9
		高斯特期	高斯特期 Gorstian	427.4±0.5
	温洛克世 Wenlock	候墨期	候墨期 Homerian	430.5±0.7
		安康期	申伍德期 Sheinwoodian	433.4±0.8
	兰多维列世 Llandovery	南塔梁期	特列奇期 Telychian	438.5±1.1
		马蹄湾期	埃隆期 Aeronian	440.8±1.2
		大中坝期	鲁丹期 Rhuddanian	443.8±1.5
Ordovician 奥陶纪	晚奥陶世 Late Ordovician	赫南特期	赫南特期 Hirnantian	445.2±1.4
		钱塘江期	凯迪期 Kaitian	453.0±0.7
		艾家山期	桑比期 Sandbian	458.4±0.9
	中奥陶世 Middle Ordovician		达瑞威尔期 Darriwilian	467.3±1.1
		大坪期	大坪期 Dapingian	470.0±1.4
	早奥陶世 Early Ordovician	益阳期	弗洛期 Floian	477.7±1.4
		新厂期	特马豆克期 Tremadocian	485.4±1.9
Cambrian 寒武纪	芙蓉世 Furongian	牛车河期 凤山期	第十期 Age 10	~489.5
		江山期	江山期 Jiangshanian	~494
		排壁期 长山期	排壁期 Paibian	~497
	苗岭世 Miaolingian	古丈期 崮山期	古丈期 Guzhangian	500.5
		王村期 张夏期	鼓山期 Drumian	~504.5
		台江期 徐庄期 毛庄期	武流期 Wuliuan	~509
	第二世 Epoch 2	都匀期 龙王庙期	第四期 Age 4	514
		南皋期 沧浪铺期	第三期 Age 3	~521
	纽芬兰世 Terreneuvian	梅树村期	第二期 Age 2	~529
		晋宁期	幸运期 Fortunian	541.0±1.0

宙 Eon	代 Era	纪(Period) 国际	纪(Period) 中国	世(Epoch)	数字年龄/Ma
Proterozoic 元古宙	Neoproterozoic 新元古代	埃迪卡拉纪 Ediacaran	震旦纪(Z)	晚震旦世 / 早震旦世	541.0±1.0
		成冰纪 Cryogenian	南华纪(Nh)		~635
		拉伸纪 Tonian	青白口纪(Qb)	景儿峪组 骆驼岭组(龙山组)	~720 / ~1000
	Mesoproterozoic 中元古代	狭带纪 Stenian			
		延展纪 Ectasian		下马岭组	1400
		盖层纪 Calymmian	蓟县纪(Jx)	铁岭组 洪水庄组 雾迷山组 杨庄组 高于庄组	1600
	Paleoproterozoic 古元古代	固结纪 Statherian	长城纪(Ch)	大红峪组 团山子组 串岭沟组 常州沟组	1800 / 2050
		造山纪 Orosirian			
		层侵纪 Rhyacian	滹沱纪(Ht)		2300
		成铁纪 Siderian			2500
Archean 太古宙	Neoarchean 新太古代				2800
	Mesoarchean 中太古代				3200
	Paleoarchean 古太古代				3600
	Eoarchean 始太古代				4000
冥古宙 Hadean					~4600

据2021国际地层表和2012中国地层表综合

图 8-10　中国和国际地质年代对比

第九章　地层形成的沉积环境和古地理

　　作为地史分析的重要内容,地层的沉积环境和古地理特征研究旨在揭示其形成的沉积环境和沉积作用过程及古地理面貌。地层形成的沉积环境包括环境内部的物理、化学和生物特征以及环境所处的古地理背景和环境所致的沉积物特征。沉积物或沉积岩蕴含有丰富的沉积环境和古地理信息,因其时间占有长、空间分布广,所以必须利用多种方法,进行多学科的综合和概括分析,才能获得较合理的环境和古地理解释。

第一节　沉积相的概念及相分析原理

　　相的概念最早由瑞士地质学家 Amanz Gressly(1838)提出,用以描述一组特征性的岩石单元,反映特定的沉积环境。沉积环境指一个具有独特的物理、化学和生物条件的自然地理单元(如河流环境、湖泊环境、海洋环境等),即与特定类型沉积物形成有关的物理、化学和生物过程的综合;沉积相则是特定的沉积环境的物质表现,即在特定的沉积环境中形成的岩石特征和生物特征的综合(也即环境相或背景相)。沉积环境在岩性特征上的表现即为岩性相,在生物特征上的表现即生物相。反映特定的沉积作用(如泥石流和浊流作用、风暴作用、地震作用、海啸作用)的沉积记录为作用相(事件相);反映大地构造背景(沉积盆地)的沉积记录为大地构造相。

　　沉积相在横向(空间)上的变化称为相变。地史时期的沉积相研究,往往从地层剖面入手,从垂向顺序中分析相的更替。19世纪末期,德国学者瓦尔特(J Walther,1894)提出"只有那些目前可以观察到是彼此毗邻的相和相区,才能原生地重叠在一起。"这就是著名的瓦尔特相律,亦称相对比原理。其大意是相邻沉积相在纵向上的依次变化与横向上的依次变化是一致的,即可以根据相邻沉积相在纵向上或横向上的变化预测其在横向上或纵向上的变化。如在碎屑岩潮坪环境中,自陆向海的环境依次是潮上带、潮间带、潮下带、陆棚浅海带,其垂向的沉积序列也是依次相邻的(图 9 - 1)。值得指出的是,相对比原理的提出是根据沉积环境的变化(背景相),其应用前提是沉积环境为连续渐变,地层为连续沉积。对事件沉积(如浊流沉积、风暴沉积)而言,在连续的沉积作用过程中,由于沉积作用方式的规律变化形成的沉积相,在时空分布上也服从相对比原理,即相在垂向和横向上的变化具有一致性。如风暴事件沉积的沉积作用过程是风暴滞留沉积、风暴浪沉积、风暴后期悬浮沉积,其风暴沉积序列也依照上述过程形成规律性的沉积序列(图 9 - 1)。虽然事件沉积和背景沉积各自的时空分布均服从瓦尔特相律,但由于它们是不同沉积作用方式的产物,所以在沉积相分析时应区别对待。以沉积序列为基础,以现代沉积环境和沉积物特征的研究为依据,从大量研究实例中,对沉积相的发育和演化加以高度的概括,归纳出具有普遍意义的沉积相的空间组合形式,称为相模式。

　　对地层的沉积特征进行综合分析,确定沉积相,恢复沉积环境条件即为相分析。自发地孤立地运用现代沉积环境与其产物的关系来推断古代沉积物或地层的形成条件的"将今论古"思想在很早以前就已出现。莱伊尔提出的现实主义原理是指导沉积相分析的基本原则。近代沉积学方面(如浊积岩、生物礁、远洋沉积等)的重大进展,都与现代沉积作用的重新深入研究有关。但是,随着时间的推移,地质作用赖以发生的环境因素和介质本身是以不同速度和规模变化的,运用现实主义原理进行沉积相分析时,切不可机械地套用现代模式,而应遵循辩证的和历史发展的规律进行现实类比分析。只有这样才能对历史时期中的环境条件作出正确的判断。

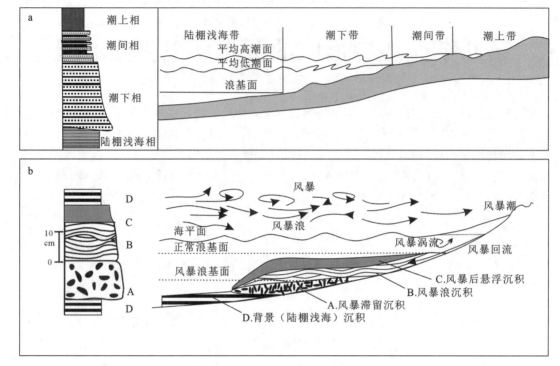

图 9-1 潮坪环境沉积(a)和风暴事件沉积(b)的相对比原理

第二节 沉积相识别标志

在一个特定沉积环境内存在着一系列独特的物理、化学和生物作用,由此形成独特的沉积特征组合,反映相应的沉积环境条件,即为相标志。归纳起来主要包括生物标志、物理标志和岩矿地球化学标志三大类。

一、物理标志

地层沉积环境的物理标志主要包括沉积物的颜色、结构和原生沉积构造。

1. 沉积物颜色

大多数情况下,沉积物颜色与其所含色素类型及多少有关。一般来说,浅色的岩石含有机质低,多形成于浅水、动荡和氧化条件下,如海滩成因的砂岩和台地沉积的灰岩。而在深水或静水和还原条件下多形成暗色岩石,如沼泽和深海沉积等。在岩石中具有含铁离子的矿物时,紫红色反映强氧化条件,如陆相沉积和大洋红层;而暗绿色则反映相对还原的沉积环境。

2. 沉积物结构

沉积物结构包括粒度、圆度、分选、定向性和支撑类型等。一般来说,粒度粗、圆度高、分选好、颗粒支撑的岩石反映较高能量的沉积条件。相反,粒度细、圆度低、分选差、杂基支撑的岩石形成于较低能的水体中。

3. 原生沉积构造

主要包括层面构造、层理构造、准同生变形构造、生物及化学成因构造。

1)层面构造

层面构造主要包括反映介质流动状态的波痕、冲刷痕、压刻痕及各种暴露标志。波痕是指流水、波浪或风作用于非黏性沉积物表面留下的波状起伏的痕迹，按其成因可分为流水波痕、浪成波痕及风成波痕(图9-2)。当水流能量加强，常在下伏沉积物，尤其是泥质沉积物表面形成冲蚀的槽状痕迹，称为冲刷痕。沉积物中携带的粗粒物质(如砾石、生物介壳)在下伏沉积物顶面刻画出的各种痕迹，称为刻压痕(如沟痕)。冲刷痕和刻压痕是重力流沉积中常见的沉积构造。暴露构造指沉积物间歇暴露于大气中时在沉积物表面形成的沉积构造，如泥裂、雨痕、石盐假晶及足迹等。通常反映沉积盆地边缘间歇性暴露条件，如潮上带、湖滨环境等。

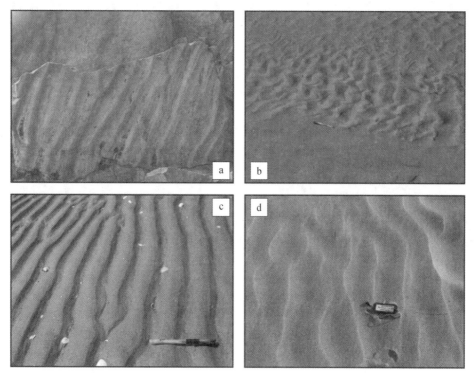

图9-2　层面构造

a. 河南渑池元古宇云梦山组浪成波痕；b. 陕西黄河壶口瀑布现代水流波痕；c. 秦皇岛南戴河七里海
现代沙质海岸浪成(削顶)波痕；d. 英国圣安德鲁斯西海岸现代风成波痕

2)层理构造

层理构造是指垂直岩层层面方向上由沉积物成分、颜色、粒度及排列方式的不同显示出来的构造。根据形态可分为以下类型。

(1)交错层理。交错层理由一系列与层面斜交的内部纹层组成层系，层系之间由层系面分隔。交错层理可以根据形态分为板状、楔状、波状和槽状交错层理等多种类型。依据交错层理的形态、大小、前积层倾角和方向等可判断出水动力特征和古水流方向，进而帮助识别古环境。按成因分类，交错层理可分为水流交错层理、浪成交错层理、风成交错层理。单向水流交错层理一般形成高角度的板状交错层理(图9-3a)，进退潮双向水流则形成双向的鱼骨状(或羽状)交错层理(图9-3b)，而冲洗作用则形成低角度(<10°)的楔状交错层理(冲洗层理)(图9-3c)，浪成交错层理多呈对称状或双向的束状纹层(图9-3d)，风成交错层理以波脊颗粒比波谷大区别于其他类型的层理。

图 9-3 交错层理

a. 河南渑池元古宇水流交错层理;b. 河南渑池新元古界羽状交错层理;c. 河南渑池元古宇冲刷交错层理;d. 河南渑池中元古界浪成交错层理

(2)平行层理和水平层理。二者的纹层均相互平行且与层面一致,但平行层理是高流态条件下的沉积,沉积物粒度粗(中粗砂级),纹层不清晰且不连续,而水平层理反映静水条件,沉积物粒度细(泥质),纹层清晰且连续(图 9-4)。

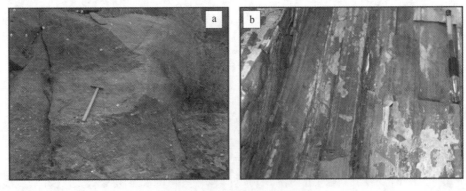

图 9-4 平行层理和水平层理

a. 河南渑池元古宇平行层理;b. 天津蓟县团山子组底部泥质白云岩水平层理

(3)均质层理和块状层理。二者均为用肉眼甚至用仪器也难以识别内部纹层,即无层理构造。块状层理内部成分不均一、大小混杂,反映未经分选的沉积物经快速堆积而成,如冲积扇。而均质层理内部成分粒度均一,反映单一成分的快速堆积或由生物扰动破坏原生层理所致,如洪水期的深—浅湖沉积,生物扰动后的潮坪或陆棚沉积等。

(4)递变层理。递变层理以沉积颗粒的粒度递变为特征,可分为粒序递变和粗尾递变两种(图

9-5)。粒序递变层理从底到顶沉积物颗粒均变细,一般认为由牵引流作用形成。粗尾递变细粒物质作为杂基从底到顶均有分布,仅颗粒向上变细,一般认为由重力流作用形成。递变层理底部具明显冲刷面,尤其是粗尾递变与底部冲刷面、槽铸型等,常作为识别浊流沉积的重要证据。

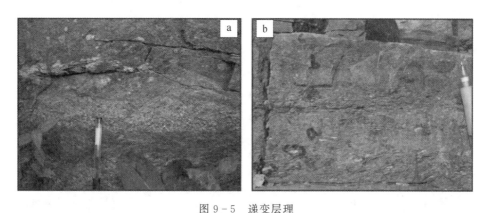

图 9-5　递变层理
a. 天津蓟县长龙山组底部河流相粒序递变层理;b. 甘肃靖远下志留统肮脏沟组浊流粗尾递变层理

3)准同生变形构造

准同生变形构造是指沉积物沉积之后、固结之前发生塑性变形形成的构造,它仅局限于上下非变形层之间以区别于后生构造,常见的准同生变形构造有负载构造、火焰构造、枕状和球状构造、变形层理、滑塌构造、液化脉、沙火山、泥火山等(图 9-6)。准同生变形构造发育于快速堆积(沉积物来不及及时脱水)或具有原始倾斜的沉积层中。沉积物的液化和侧向流动,可形成具复杂揉皱的包卷层理,差异压实作用及构造不稳定(如地震的颤动)常导致上覆粗粒层下沉或下陷到下伏松软泥质沉积层中形成负载构造、枕状和球状构造,泥质沉积插入碎屑层中形成火焰构造。液化的砂质沉积或含有气体(如甲烷)的泥质沉积沿裂缝充填可以形成液化脉,冲出沉积物表面可形成砂火山和泥火山。原始陡倾的沉积斜坡可使沉积物下滑形成滑移构造和滑塌构造。因此,根据准同生变形构造的类型和强度可以帮助认识沉积盆地性质及堆积速度、构造活动性等。

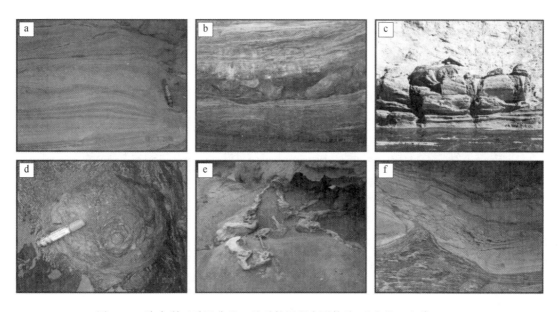

图 9-6　澳大利亚悉尼盆地二叠系软沉积变形构造(引自杜远生等,2007)
a. 变形层理;b. 负载构造和枕状构造;c. 地裂缝;d. 沙火山;e. 液化砂岩脉;f. 枕状层和火焰构造

4)生物及化学成因构造

生物及化学成因构造类型繁多,常见的如叠层状构造(图9-7a)和鸟眼构造(图9-7b)。鸟眼构造指白云岩或灰岩中大小约1mm左右的蠕虫状或不规则状亮晶方解石充填体。多数学者认为鸟眼构造形成于潮坪环境,由藻类腐解留下孔隙或者气泡,经亮晶方解石和石膏充填而成。叠层状构造在地质历史时期分布,是一种常见的生物成因沉积构造。现代潮坪上叠层石发育,推测古代叠层石主要形成于潮坪等浅水沉积条件。

图9-7 化学及生物成因构造
a. 周口店中元古界铁岭组叠层石;b. 黄石三叠系嘉陵江组鸟眼构造

一般来说沉积环境物理标志主要反映沉积环境的物理特征,如介质的性质(水、风、冰)、能量条件(水流速度、波浪强度等)和搬运方式(牵引流、重力流)。除此之外,部分物理标志还具有古气候和古构造意义,前者如叠层构造,后者如滑塌构造、递变层理等。

二、岩矿地球化学标志

1. 沉积物结构组分

沉积物的结构组分可以反映其沉积历史、物源及沉积介质的特征。如纯净的石英砂岩(图9-8a)形成于浅水高能条件(如海滩环境),鲕状灰岩(图9-8b)多形成于水质清洁的动荡浅水环境(如鲕粒滩、坝);富含长石、不稳定岩屑的杂砂岩形成于颗粒未经充分簸选的快速沉积场所(如断陷盆地);以灰泥为主的泥状灰岩则反映低能的沉积条件(如陆棚或潟湖沉积)。一些特殊的沉积岩石和沉积矿产的出现不仅对沉积相的确定具有重要意义,而且可以帮助了解地层形成时期特定的古地理、古海洋和古气候特征,如礁灰岩、竹叶状灰岩(图9-8c)、微生物席(叠层状)灰岩(图9-8d)、膏溶角砾岩、白云岩、磷块岩、含笔石的黑色页岩、含菊石或放射虫的硅质岩、条带状硅铁沉积、煤和铝土矿等。

2. 自生矿物

自生矿物指沉积期或同生期形成的原生矿物,它们通常是沉积介质物化条件的反映。如海绿石、磷灰石主要形成于浅海沉积环境;石膏、岩盐等蒸发岩(图9-9)类矿物形成于盐度过饱和的干旱气候条件;原生赤铁矿、褐铁矿的出现往往代表氧化条件;原生菱铁矿、菱锰矿、黄铁矿的出现反映缺氧还原的沉积条件。

3. 地球化学标志

元素地球化学在古盐度、古温度等方面的分析在古环境指标的判别中具有重要意义。

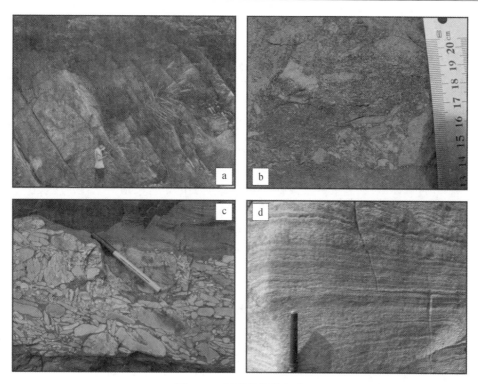

图 9-8　沉积物结构组分

a. 黄石泥盆系石英砂岩;b. 北京西山下苇店寒武系鲕状灰岩;c. 北京西山下苇店寒武竹叶状灰岩;
d. 河南新乡寒武系微生物席

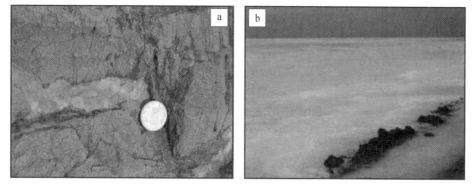

图 9-9　自生矿物

a. 黄石三叠系嘉陵江组石膏假晶;b. 青海盐湖盐类沉积

　　在古盐度分析中,常用硼(B)含量和元素比值来判别。如 B 含量小于 60×10^{-6} 为淡水环境,介于 $60\times10^{-6}\sim100\times10^{-6}$ 之间为过渡环境,大于 100×10^{-6} 为海水环境。$\omega(Sr)/\omega(Ba)$ 在淡水沉积物中常小于 1,而在海水沉积物中常大于 1。

　　在古温度条件分析中,常用氧同位素来判别。原生碳酸盐(通常用低镁方解石或磷灰石等生物介壳)中的 $\delta^{18}O$ 随温度升高而降低。Craig(1965)提出了用氧同位素计算古温度的公式:$t(℃)=16.9-4.2(\delta c-\delta\omega)+0.13(\delta c-\delta\omega)^2$,其中 δc 为 25℃时碳酸盐与 100％磷酸盐反应时产生的 CO_2 的 $\delta^{18}O$ 值,$\delta\omega$ 为 25℃时测试的碳酸盐形成时与海水平衡的 CO_2 的 $\delta^{18}O$ 值。

　　除此之外,在古酸碱度、古氧化还原条件等古海水化学条件研究中,通常用硼、碳、硫、锶等同位素分析方法判别。

三、生物标志

生物作为沉积环境的一部分,其生物类别、丰度、分异度、组合特征及保存特征均反映相应的环境条件。据现代不同环境中生物群落的观察,总结出特定环境的生物特征,可有效用于判别生物的生活环境和沉积环境(可参考第四章)。

(1)生物与盐度:根据生物对盐度的适应性,可分为狭盐度生物、广盐度生物和淡水生物。狭盐度生物,如珊瑚、有孔虫、腕足、头足等门类只生活于正常盐度的开放海洋环境;广盐度生物,如腹足、双壳类等主要生活于海陆过渡环境(如三角洲和海湾);淡水生物,如陆生脊椎动物、植物、淡水软体动物等适应陆相淡水环境(图4-5)。

(2)海洋生物与水深:由于大部分生物对水体含氧量和透光度有一定要求,从而形成规律性的生物深度分带性,腕足类、珊瑚、层孔虫、钙质海绵、三叶虫、有孔虫等营底栖生活,多分布于0~100m透光且富氧的浅水区;而在100~200m的水深区分布有较多的苔藓虫、具铰纲腕足类、海绵和海胆等;200m以下的深水区由于不透光且缺氧而缺乏底栖生物,以游泳或浮游生物为主,如浮游笔石类、头足类等(图4-4)。

(3)海洋生物丰度和分异度:水体的生活条件越好(水体动荡、富氧、透光、盐度、初级生产力等),生物分异度越高,生物量越大。反之生物分异度低,生物量小。滨海环境生物生活条件最好,其生物类别多,生物含量高;潟湖、沼泽、局限海盆、深海、半深海等生物生活条件差,生物类别单调,生物含量低;浅海介于前两者之间,生物类别多,但通常生物含量低。

(4)生物化石的保存状态:生物化石保存状态可分为原地原位、原地异位、异地保存3种方式。原地原位保存的生物既有造礁生物,也有静水环境的原地生物;原地异位保存的生物多数是在弱动荡水体的生物;异地保存的生物既包括被动荡水体打碎的生物,也包括风暴、海啸、重力流搬运到异地的生物。在生物环境分析时,应注意区别对待。

此外,遗迹化石作为地质历史时期生物吃、住、行等生存方式的重要遗迹,也能反映环境的特征及变化。

四、其他标志

除上述各类标志外,沉积相的纵向变化序列、横向变化关系、沉积体的空间几何形态及古流方向等在沉积相恢复中亦可发挥重要作用。如海滩沉积多为带状或席状,三角洲和海底扇多呈扇状,浊流沉积具鲍马序列(图9-10a),曲流河沉积下部曲流沙坝和上部洪泛平原组成二元结构(图9-10b)。综合上述各方面证据,尤其是那些在多方面具指相意义的标志,才能正确分析地史时期古环境特征。

图9-10 其他常见沉积相标志

a. 甘肃靖远县下志留统浊流沉积鲍马序列;b. 黄石下侏罗统曲流河沉积(下部曲流沙坝,上部洪泛平原)

第三节　沉积相类型

　　地球表面的沉积环境可以分为陆地环境、海洋环境和海陆过渡环境,对应的沉积相分别为陆相、海相和海陆过渡相(图9-11)。从地质历史角度看,不同环境对沉积记录的保存潜能大不相同,地质历史时期的古地理、古气候、古海洋背景与今天的面貌也有极大差别。本节重点介绍地质历史时期一些常见的沉积环境及其沉积相特征(表9-1)。

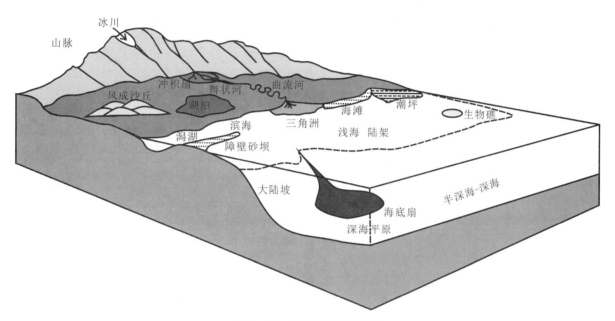

图9-11　地表主要沉积环境

一、陆地沉积环境/沉积相类型

1. 河流

　　河流是陆地环境中重要的地质营力之一,各种类型的河流沉积广布于现代地表和古代地层中。河流沉积物以不同粒度的硅质碎屑为主,从冲积扇砾岩到辫状河再到曲流河的砂泥质沉积。随沉积物粒度的改变,碎屑颗粒的搬运和沉积模式也有所差异。

　　冲积扇的外形近似于圆锥体的一部分,通常由山间河流携带各种粗碎屑在出山口地区堆积而成。山间河流河道较直、流速大、切割深,主要保存河床粗碎屑沉积,沉积物多呈紫红色,块状构造,无化石或含脊椎动物骨骼碎块。在这种地势变化大、碎屑供应充足的地区,冲积扇沉积常沿活动断层崖联合形成山麓冲积平原。在冲积扇中,一般可区分出4种沉积类型,即碎屑流沉积、漫流沉积、河道沉积和筛状沉积(Collinson,1978)。碎屑流形成于扇端,常为高密度、高黏性的泥石流,可搬运巨砾级的碎屑颗粒。漫流在水道下游端不远处沉积中等分选的砂和砾质沉积物,发育冲刷面而交错层理不常见。河道沉积为透镜状层理的分选差的砂和砾石,主要发育于低黏度流扇的上部,其中砾质沉积物可呈叠瓦状,砂质沉积物发育交错层理。筛状沉积为一种水体渗透流失情况下形成的碎屑支撑的砾石舌状体,分选较好,不发育叠瓦排列,在埋藏过程中粒间空隙常被后期细粒沉积物充填。

在冲积扇向下坡降较大的地区,一般发育辫状河,辫状河以迁移性河道砂坝和河道间浅滩组成,以砂岩、砂砾岩沉积为主,具冲刷面和水流交错层理,河漫滩可发育泥质岩,泥质岩厚度较小。

表 9 - 1　地层形成的主要沉积环境及其沉积特征

沉积环境	沉积环境亚类	沉积特征
河流环境	冲积扇	沉积体呈扇状分布,包括杂基支撑的泥石流成因的杂砾岩;辫状水流成因的砾岩、砂砾岩、含砾砂岩内发育冲刷面和叠瓦状组构
	河流	以砂岩和泥质岩沉积为主,砂岩具水流交错层理。曲流河下部河道砂岩和上部洪泛平原泥质岩叠复,二者厚度大致相当;辫状河下部厚的河道砂岩和薄的河漫滩泥质岩叠覆两种河流均形成向上变细的垂向序列
湖泊环境	潮湿气候湖泊	滨浅湖以砂岩为主,半深湖-深湖以泥质岩为主,砂岩具浪成交错层理,泥质岩具水平层理。湖泊沼泽化可以形成煤层,湖泊沉积也可以形成油气的烃源岩。淡水生物化石发育
	干旱气候湖泊	发育蒸发岩,如天然碱、石膏、岩盐、钾盐等
沙漠环境		由细砂岩或粗粉砂岩组成不同规模的沙丘,具风成交错层理
冰川环境		山岳冰川多形成冰碛砾岩,砾石具冰川擦痕,多与冰川地貌共生。大陆冰川可断裂成冰山飘入海洋形成冰海沉积,多形成含砾泥岩,发育落石构造
三角洲环境		发育河流和洪泛平原沉积(三角洲平原)、三角洲前缘水下河道和波浪改造的三角洲前缘席状砂组合。或与滨岸潮坪、海滩共生形成潮控三角洲、浪控三角洲沉积。具广盐度的生物化石
滨海环境	碎屑岩滨海	高能海岸滨浅海以滨海砂岩和浅海泥质岩为主,滨海砂岩发育冲洗交错层理、浪成交错层理,浅海泥质岩发育水平层理。低能潮汐控制的海岸以潮坪泥砂岩、潮下带砂岩、浅海泥质岩为主。潮坪沉积具潮汐层理、双向交错层理,潮下带砂岩具双向交错层理,浅海泥质岩水平层理。具窄盐度的海相生物化石
	碳酸盐滨浅海	滨岸潮坪常发育微生物席,滨岸浅滩常发育颗粒灰岩。潮下带以各类含颗粒灰岩和颗粒灰岩为主,局部发育生物礁和生物滩或其他颗粒滩。浅海以泥晶灰岩为主。具窄盐度的海相生物化石
浅海环境		正常浅海以泥质岩、泥晶灰岩为主,发育水平层理。具窄盐度的海相生物化石。风暴控制的浅海发育风暴岩,大潮控制的浅海发育潮汐岩
深海-半深海环境	背景沉积	以各类泥质岩沉积为主,包括硅质软泥、钙质软泥、大洋红土沉积。具浮游或游泳的海相生物化石
	事件沉积	发育海底重力流沉积,包括滑坡、滑塌、碎屑流、浊流沉积等

河流中下游,河流流速减小、河谷加宽、河曲逐渐发育,形成曲流河。曲流河主要有河道、砂坝和泛滥平原沉积,以砂、粉砂和泥质沉积物为主。河道沉积底部为砾石层,其中砾石常具定向排列,为河底滞留沉积,整体呈透镜状分布,与下伏沉积层呈冲刷侵蚀接触。向上逐渐过渡为点砂坝沉积,以岩屑或长石石英杂砂岩为主,具大型板状或槽状交错层理。向上渐变为小型交错层理和水平层理。颗粒粒度也向上变细,一般缺乏生物化石,偶具脊椎动物骨骼或树干碎块。天然堤以细砂至粉砂岩为主,发育小型槽状交错层理及水平层理。泛滥平原沉积以粉砂质泥质为主,发育均质层理或水平层理、泥裂和雨痕。洪水冲溢天然堤形成决口扇沉积,以粉砂岩为主,发育小型波纹交错层理,生物逃逸迹是常见的遗迹化

石。当蛇曲发展促使河流改道,就会形成废弃河道和牛轭湖,牛轭湖最终被淤塞形成泥炭沼泽沉积呈透镜状夹于河流沉积层序中。河曲发育程度的不同所形成的沉积物特征也有所差别。与高曲度的曲流河相比,低曲度的辫状河沉积砂质含量较大,主要为游荡性河道沉积,废弃河道中可见少量粉砂质沉积物,且通常不发育洪泛平原沉积。

2. 湖泊

湖泊是陆地上的半封闭水体,其沉积物在地史时期分布广泛,常形成重要的沉积型矿产。湖泊中主要水动力为波浪和湖流。大型湖泊潮汐作用明显,从滨湖到深湖,随湖水深度增加水动力逐渐减弱,因此沉积物由滨湖经浅湖到深湖粒度逐渐变细,层理类型从浪成交错层理逐渐变为水平层理,形成近同心的环带状分布。当有河流进入时,河流入湖处形成小型三角洲。此外,在没有陆源硅质碎屑输入时,也可出现灰岩沉积;在合适的水文条件下,也会出现浊流沉积。

湖泊受气候影响明显。在潮湿气候区,降雨量大于蒸发量,多为淡水湖泊,以细砂岩、粉砂岩及黏土岩为主。湖滨地带可出现粗碎屑沉积。在大型淡水湖泊里,泥灰岩、介壳灰岩、油页岩也极为常见。湖泊中养料充分,透广度好,含氧充足,宜于生物大量繁殖。因此淡水湖泊中常发育淡水双壳类、腹足类、介形类、叶肢介及鱼类、植物碎片、昆虫和脊椎动物化石,形成特有的湖生生物组合。在干旱气候区,蒸发量大于降雨量,则可形成以化学沉积为主的高盐度咸水湖泊和半咸水湖泊。随着湖泊干枯,湖泊面积缩小,水体变浅,在滨湖地区常见干裂等暴露构造。湖泊干枯过程中,依次出现石膏、岩盐和钾盐等矿物。在现代死海中出现石膏和文石沉淀,在全新世早期有大量的岩盐沉积。湖泊盐类沉积物与海水蒸发所成的盐类物质在组成上可以有较大的差别。在东非的碱湖中,大量的钠质碳酸盐(天然碱)与沸石矿物一同发生沉淀。半咸水湖和咸水湖中除发育少量广盐度的双壳、腹足、介形和鱼类外,一般化石稀少。

在地层中河流相和湖泊相往往共生保存,这在我国中、新生代地层中极为常见。除大型稳定背景的河湖相沉积盆地外,一些小型的夹有粗碎屑及火山物质的断陷盆地河湖相沉积也极为发育。在河湖相之间可夹有湖相三角洲沉积。相对于海相沉积来说,陆地环境沉积物成分成熟度、结构成熟度均较低,宽厚比也较小,陆生动植物及湖相淡水生物发育。

3. 冰川

冰川是由多年积累起来的大气固体降水在重力作用下,经过一系列变质成冰过程形成的,主要经历粒雪化和冰川冰两个阶段,是地表重要的淡水资源。它不同于冬季河湖冻结的水冻冰,构成冰川的主要物质是冰川冰。按照冰川的规模和形态,冰川分为大陆冰川和山岳冰川。大陆冰川又称为"冰坡"或"冰原",是覆盖着整个岛屿与大陆的巨大冰体。它的特点是面积大,有的达百万平方千米;厚度大,有的达几千米,中央部分冰层最厚,外形呈盾状或表面有较大起伏的饼状覆盖。大陆冰川主要分布在高纬度地区,如格陵兰和南极大陆冰川是世界上最大的两个大陆冰川。山岳冰川又称为"高山冰川",发育于山地,受地形的影响较大,类型多样,主要有悬挂冰川、冰斗冰川、山谷冰川、山麓冰川等。

在大陆冰川地区,冰川刨蚀裹携的碎屑物质被搬运至冰融区堆积下来称为冰积层。这种沉积有较大的空间分布范围,砾石为外来的远距离搬运碎屑,多呈棱角状,大小混杂,表面多具擦痕,下伏层面具有冰川擦痕和新月形冰蚀沟。在冰积层之上或沿横向追索可出现具层理构造的冰湖或冰海等冰水沉积。冰雪融水河流以低曲度辫状为特征,形成互层的砂砾质沉积物。冰川下及其内部融水河流沉积形成环绕状砂体,即蛇形丘。在冰水沉积之外,粉砂和黏土等细颗粒可经风搬运、沉积形成黄土。在冰湖中,季节性冰融水径流带来的粉砂与其余时间沉淀的黏土物质交替沉积,形成典型的纹泥式沉积。当冰川直接流入海中,浮冰所携带的碎屑可在远岸带因浮冰融化而沉落。这样,各种大小的碎屑无规律地分布于细粒层状海洋沉积物中。砾石表面可发育冰川擦痕。有时还可见到由细粒围岩组成的水平层理被压弯而呈"落石"特征,这种沉积物称冰海砾泥沉积。

4. 沙漠

沙漠中的沉积环境多样,包括风成沙、冲积扇、季节性河流和内陆盐沼等。风成沉积沙可以具有水平纹层,也可以构成不同尺度的前积纹层。当风向和沙丘走向垂直或高角度斜交(大于 60°)时,形成新月形沙丘,当风向平行于或低角度斜交(小于 30°)沙丘走向时形成纵向沙丘。而多向风在山前或地形较复杂的地区常形成的金字塔沙丘、蜂窝状沙丘等。单个纹层沙常具较好的分选,纹层间普遍存在沙粒径的突变,直径大于 5mm 的颗粒不常见,黏土质碎屑更为稀少。风成沙中不含有黏土物质,且一般也不见云母类矿物;石英颗粒具有较好的磨圆度,且常具一个剖光面。风成交错层一般为中到大型,高度可达 7m,而前积纹层倾角可达 34°;其层面通常近于水平,以小角度向下风向倾斜;在垂直剖面上常向上变薄;且以板状交错层理为主。沙丘间为多棱砾石的石漠化沉积。水平层状的干盐湖沉积由砂、粉砂和黏土物质组成,常显示干缩龟裂结构,有时也可见足迹和雨痕。岩盐和石膏可作为表壳和结块出现,常常切穿沉积层,钙质结砾层也现于此类沉积中。

二、过渡沉积环境/沉积相特征

海陆过渡环境位于陆地和海洋的过渡地带,它既受海洋的影响,也受陆地上地质营力(如河流作用)的影响,一般指三角洲环境。三角洲是携带大量碎屑物质的河流在入海处因流速减缓而堆积形成的大型扇状沉积体。其形态和沉积特征取决于多种控制因素,如内陆环境、气候、沉降速率及河流、波浪、潮汐及岸流影响的相对大小。其中,水文条件最为重要,构成了三角洲分类的基础。以河流作用过程为主可形成建设性三角洲,在平面上呈鸟足状(图 9-12a),经潮汐、波浪作用的改造则形成破坏性三角洲(图 9-12b),通常三角洲按水文控制因素分为河控三角洲、潮控三角洲和浪控三角洲,其间也存在一些混合型三角洲。以河流作用为主形成的典型三角洲,以平均海平面和浪基面为界,三角洲由陆向海分为三角洲平原、三角洲前缘和前三角洲 3 部分。

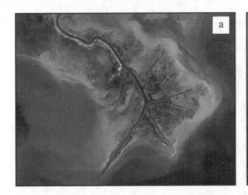

图 9-12　典型河控三角洲(密西西比三角洲,来自 www.coastalenvironments.wikispaces.com)(a)
和破坏性三角洲(秦皇岛新河河口三角洲)(b)

三角洲平原是三角洲的陆上部分,以分支河道砂质沉积为主,也包括洪泛平原和湖沼沉积的粉砂、黏土和泥炭以及天然堤和决口扇沉积。在河控三角洲平原上,分流河道与冲积河道相比改道更为频繁。其沉积相与一些冲积河道相似,形成底部滞留沉积和向上变细的沉积序列;但由于频繁的水流改道过程,分流河道沉积具有相对低的宽深比。天然堤沉积以波纹或平行层理砂构成为特征。与洪泛平原相似,分流河道间的决口扇沉积作用形成舌状砂体。浪控三角洲平原通常为蛇曲状的主河道或分流河道,河道以外为洪泛平原和湿地。潮控三角洲平原上部为非潮控平原部分,具有较高宽深比的分流河道沉积,下部为潮控三角洲部分,为潮坪和潮沟(溪)沉积,河流作用不明显,具潮坪沉积序列。

三角洲前缘为浪基面以上的三角洲水下部分,主要包括分流河口砂坝、远砂坝、分流间湾和三角洲前缘席状砂沉积。河控三角洲前缘分流河口沉积形成一系列不连续的新月形河口坝,即指状砂坝。浪控三角洲前缘则具有一个相对较陡的斜坡,发育一个较平直的海滩和临滨。当三角洲前缘向海增生时,形成一个由海相生物扰动泥质沉积向上变为分选好的砂质沉积序列,后者通常发育典型海滩的低角度或平行纹层。潮控三角洲前缘分流河口处发育放射状潮流脊,沉积物具有独特的双向交错层理。

前三角洲位于三角洲前缘的前方,处于浪基面以下,以富含有机质的泥质沉积为主,水平层理和均质层理发育。

在三角洲向海推进的过程中,形成自下而上由前三角洲泥—三角洲前缘粉砂和砂—三角洲平原砂质沉积为主的向上变粗沉积序列。特殊的沉积环境条件使得三角洲沉积物中可发育陆生生物—广盐度生物组合。

三、海洋沉积环境/沉积相特征

现代海洋约占地球表面积的 71%,在地史时期海相地层分布广泛,因此是地史沉积学分析的主要对象。根据海水深度和海底地形,海洋环境可分为滨海(浪基面以上)、浅海(浪基面至 200m 水深,或称陆棚或陆架)、半深海(一般为 200～3000m 水深,包括大陆斜坡和陆隆)和深海(水深大于 3000m,深海平原)几个带。

1. 滨海沉积

滨海区又称海岸带。受波浪、潮汐、岸流作用的影响强烈。海岸地形分异大,同时也是沉积作用最活跃和最复杂的地区。以波浪作用为主的滨海地区形成海滩沉积,以潮汐作用为主的地区形成宽阔的潮坪沉积,在两者过渡的情况下则形成障壁砂坝-潟湖沉积体系。

陆源碎屑海滩沉积以纯净石英砂岩为主,粒度向海变细,成分成熟度和结构成熟度均较高。在高波能区以物理沉积构造为主,如平行层理、低角度板状、楔状交错层理和冲洗交错层理。而中-低能区则交替发育物理和生物成因的沉积构造。生物化石多为碎片,零星或透镜状分布。

潮坪沉积环境可以分为潮上带(平均高潮线以上)、潮间带(平均高潮线与平均低潮线之间)和潮下带(浪基面至平均低潮线之间)。低潮线附近为潮坪环境中的高能带,因此以砂质沉积为主。向陆或向海沉积物粒度逐渐变细,以粉砂和泥质为主。常见潮汐成因的交错层理,如透镜状层理和压扁层理。由于涨潮和退潮潮流的作用,在潮间带至潮下带常发育向陆方向分支的潮沟(潮汐通道)。潮沟侧向迁移可以形成砂和粉砂交替的侧向加积层理。

在障壁砂坝-潟湖沉积体系中,障壁砂坝以砂质沉积为主,发育大型板状、槽状交错层理、平行层理。在其入潮口两侧形成扇状的涨潮三角洲和退潮三角洲。障壁砂坝之后(向陆一侧)为潟湖沉积环境,沉积物以泥岩为主,发育水平层理或均质层理。随与外海的连通状况及古气候背景的不同,水体盐度可以咸化或淡化,因此生物组合多为广盐度特点。

2. 浅水碳酸盐岩沉积

浅水碳酸盐岩可以形成于滨岸潮坪、海滩、浅海等不同环境。

滨浅海碳酸盐岩通常形成碳酸盐缓坡和碳酸盐台地两种类型。碳酸盐台地和碳酸盐缓坡的区别在于台地有镶边的台地边缘(生物礁、生物滩或非生物颗粒滩),台地内部地形平坦,而缓坡不发育镶边的生物礁、滩,缓坡地形向海缓倾斜。在台地或缓坡靠陆地部分发育碳酸盐潮坪或海滩。

碳酸盐潮坪根据其形成古气候背景的不同可以分为两种。在干旱炎热的气候条件下,如现代的波斯湾地区,称萨勃哈沉积。由于雨量少、蒸发量大,沉积物中含大量的自生蒸发盐类矿物,如石膏、硬石膏和石盐。硬石膏等结核层中可发育特殊的网状结构或盘肠状构造。自生蒸发盐类矿物的沉淀提高了地下水中的镁、钙离子比值,引起广泛的白云岩化作用。如果在沉积过程中发生淡水淋滤,则蒸发岩将被溶解而形成塌陷角砾岩。在气候温暖潮湿的地区,潮下带往往为粗粒生物碎屑灰岩,向陆粒度变细,逐渐被藻纹层灰岩和白云岩所取代,鸟眼构造和干裂等暴露标志常见。碳酸盐海滩通常由生物碎屑、内碎屑灰岩组成,颗粒之间为亮晶胶结,内发育冲洗交错层理等。

碳酸盐潮坪和海滩向海通常有低能的局限潮下或台地、高能开放潮下或台地。开放潮下或台地以浅色厚层-巨厚层颗粒灰岩、泥粒灰岩为特色,生物类别多、生物量大。而局限台地以暗色中厚层泥状灰岩、粒泥灰岩为特色,生物类别单调(多为广盐度生物),生物量小。

生物礁是浅水碳酸盐岩沉积中一种特殊的沉积体,它既可以发育在沿岸形成岸礁,也可出现在镶边台地形成障壁礁(或堡礁)。生物礁通常形成丘状隆起,礁体呈块状,以骨架岩、黏结岩和障积岩为主(图9-13)。古生代造礁生物以四射珊瑚、海绵、古杯、苔藓虫、层孔虫为主,中生代以后主要为六射珊瑚和厚壳蛤等。生物礁的形成不但为其后侧(向陆方向)和前侧(向海方向)提供了大量的碳酸盐岩沉积物,而且直接影响着周围水体的能量、含氧量、温度、含盐度以及生物的发育,因此礁后往往形成顶部相对平缓的浅水碳酸盐台地,发育对环境耐性较强的生物群;礁前则形成礁前角砾岩。

图9-13 广西田东二叠系海绵礁丘状隆起地貌(a)和具亮晶胶结的骨架岩(b)

3. 浅海陆棚沉积

浪基面以下的浅海陆棚沉积环境,水体相对较为平静,含氧量正常,盐度稳定,因此底栖生物化石丰富、保存完好。沉积物多为砂泥质互层。但该区有时可受到风暴流、潮流和洋流的影响。受潮流控制的浅海陆棚主要出现于大潮差(3~4m)的半封闭海。潮流作用形成与潮流方向平行的潮砂脊。潮砂脊以砂岩为主,砂粒圆度高、分选好,具双向交错层理,沉积序列为向上变粗。受风暴作用控制的陆架主要发育在低纬度(5°~20°)地区。典型的风暴岩序列由3部分组成:下部为滞留的砾石或生物介壳层,底为冲刷面或渠铸型;中部为具丘状层理或浪成层理的砂质和生物碎屑沉积,为风暴浪作用形成;上部为泥质沉积(图9-1),顶部泥岩中生物潜穴发育,生物扰动强烈。

陆棚碳酸盐岩沉积环境内除发育有与陆源碎屑沉积环境相对应的风暴沉积外,主要为含生物碎屑灰岩和泥晶灰岩及其与泥灰岩和页岩的互层。具正常海相生物群组合。生物潜穴、结核状和瘤状构造常见,生物扰动作用强烈。

4. 半深海-深海沉积

半深海和深海沉积环境中主要有远洋、半远洋背景沉积和海洋重力流事件沉积两种。现代深海沉积主要由褐色黏土、抱球虫软泥和放射虫软泥等组成。地史中远洋、半远洋沉积则为含远洋浮游生物,如笔石、三叶虫的泥质页岩和放射虫硅质岩等。对现代深海沉积物的深入研究发现,深海洋流(包括沿等深线流动的等深流)(图9-14)也可在远洋盆地中形成各种砂体,砂体中发育波痕、小型交错层理等流动构造。

海底重力流沉积主要发育于大陆边缘地区。重力流作用形成的碎屑流和浊流沉积在空间上形成海底扇沉积体系(图 9-14)。浊积岩是海底扇沉积的主体,经典的浊积岩由完整的鲍马序列 5 部分组成(图 9-14)。此外重力流沉积还包括岩崩作用形成的碎屑堆,滑移和滑塌形成的变形程度不等的异地堆积岩块和沉积物。地史学中常把巨厚的由深海浊积岩及其他重力流沉积组成的综合体称为复理石沉积。

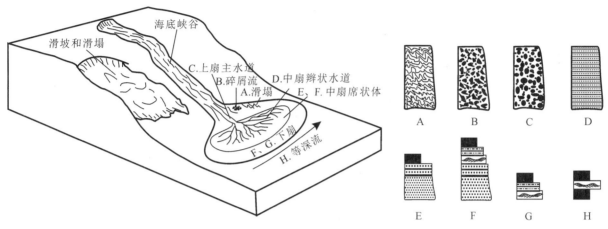

图 9-14　海底扇模式和岩相分布图(引自杜远生等,2008)

第四节　古地理

古地理分析是在综合沉积学、古生态学、古气候学、古构造学及地球化学等资料的基础上,再造地史时期的自然地理景观,即再造沉积和剥蚀区的景观。古地理分析对于分析研究区的自然环境变迁、沉积盆地与构造演化具有重要的理论意义,对于查明沉积矿产的形成、分布规律也具有重要的应用价值。

一、古地理分析的主要内容

古地理分析的主要内容包括陆源区分析、沉积区限定、古岸线确定、古水体物理化学条件分析、古水深(环境)分析、古气候分析等。

1. 陆源区分析和沉积区限定

陆源区分析主要包括古陆或剥蚀区的判断、古地形分析、物源区性质及母岩判别等。一般来说,如果地层没有遭受剥蚀,侵蚀没有地层沉积,侵蚀区和沉积区的界线位于地层沉积厚度等于零的部位。没有地层沉积的区域为剥蚀区,具有不同厚度沉积的区域为沉积区。按照构造隆升的程度,剥蚀区可以分为准平原化的剥蚀区和山地剥蚀区,这是古地形研究的内容。山地剥蚀区来源的沉积物多为粗粒、块状到厚层状、成分成熟度和结构成熟度低的砾岩、砂砾岩,堆积在沉积盆地的边缘。而准平原化的剥蚀区来源的沉积物多为细粒、成分成熟度和结构成熟度高的砂岩、粉砂岩和泥岩,堆积在盆地边缘。从沉积相上讲,山地剥蚀区来源的沉积多为冲积扇、扇三角洲、辫状河等沉积,而准平原化的剥蚀区来源的沉积多为曲流河、稳定滨湖相沉积或滨海相沉积。物源区性质及母岩判别是盆地构造性质研究的重要方面。不同的物源区(如大陆克拉通、大陆基底、岛弧、火山弧、造山带等)带来的沉积物不同。物源区及母岩的性质可以通过砾岩的组分、砂岩矿物组合及岩屑组分、碎屑重矿物组合等判别。由于砾岩的砾石、砂岩的岩屑直接来自物源区,砾石和岩屑的成分直接反映母岩类型,进而反映物源区性质。

2. 古岸线的确定

除了地层厚度指示岸线之外,湖岸和海岸受波浪、岸流影响。海岸带潮汐作用明显,大型湖泊也存在微弱的潮汐作用。因此岸线附近一般发育滨湖、滨海沉积,这些沉积物中发育各种波浪、潮汐及岸流形成的沉积构造和砂体,也发育泥裂、雨痕、冰雹痕、介壳滩、砾石滩、海岸蒸发岩、叠层石等特殊的沉积构造和沉积物。对于早期沉积被后期改造破坏或被后期构造破坏的地区,滨岸沉积的识别对古岸线的确定尤其重要。

3. 古水体物理化学条件分析

水体介质的物理化学条件包括温度、盐度、含氧量(Eh 值)、酸碱度(pH 值)等。

古温度、古盐度可以通过生物化石组合、沉积标志、地球化学标志判别。一般来说,生物可以分为窄盐性生物、广盐性生物、淡水生物。不同的水体保存不同类型的生物化石。淡水生物保存在河流、湖泊等淡水水体中,广盐性生物保存在三角洲、潟湖、干旱海岸带环境中,窄盐性生物保存在正常、开放的海洋环境。生物丰度高、分异性强,反映盐度正常,水体温暖。从正常盐度到高盐度的水体,形成一系列化学成因的标志性矿物,其形成顺序为方解石—白云石—天青石—石膏—石盐—钾盐。特别是含天青石、萤石、重晶石的白云岩,与蒸发岩共生的正玉髓为高盐度水体的指示矿物,而海绿石、胶磷矿等形成于正常盐度的水体中。水体古温度、古盐度也可以利用碳、氧稳定同位素判别,此处不再赘述。

水体介质的 Eh 值通常通过对氧化还原敏感的变价元素形成的矿物去判别,一般来说,常用的含铁矿物由氧化条件到还原条件出现的顺序是褐铁矿—赤铁矿—海绿石—鳞绿泥石—菱铁矿—黄铁矿。因此含原生黄铁矿、菱铁矿的沉积为强还原环境,含原生褐铁矿、赤铁矿的沉积为强氧化环境。沉积物的颜色也可以帮助判别氧化还原条件,通常暗色的沉积形成于还原环境,红色、黄色的沉积形成于氧化环境。

水体介质的 pH 值也可以通过一些指示矿物判别。另外,含煤的沼泽环境形成于强酸性的水介质,含黄铁矿的黑色页岩通常形成于弱碱性的水体介质。

4. 古水深(环境)分析

古水深分析主要依靠生物化石标志、沉积标志等。大部分的海相生物与水深关系密切(图 4 - 4),因此可以通过生物类型和组合判别古水深。沉积构造是反映古水深的重要标志,浪基面以上的浅水地区发育多种类型的波浪、潮汐、岸流形成的沉积构造和砂体分布。蒸发岩多形成于滨岸浅水地区(如潮坪、潟湖等);生物礁多形成于 0～50m 水深的浅水环境;鲕粒灰岩形成于温暖浅海环境,水深一般不超过 10～15m。

沉积环境和沉积相分析是古地理分析的重要基础,通过沉积环境和沉积相的识别,可以恢复沉积盆地内部的沉积物分布规律。

5. 古气候分析

古气候分析包括古纬度分析、古温度分析、古湿度分析、古风向和古洋流分析等。古纬度分析通常用古地磁分析方法。古温度分析可以通过生物化石组合、沉积标志、氧同位素地球化学标志判别。古湿度可以通过黏土矿物、岩石组合、孢粉组合、生物标志化合物等判别。古风向和古洋流可以通过特征的事件沉积(如风暴岩、等深积岩)等判别。

二、古地理图

古地理图是古地理研究的图示,也是古地理研究成果的最重要表达方式。

按照比例尺,古地理图可以分为概略性的古地理图(≤1∶500万)、小比例尺的古地理图(1∶200万～1∶500万)、中比例尺的古地理图(1∶50万～1∶100万)、大比例尺的古地理图(≥1∶20万)。比例尺越小,图幅地理范围越大,比例尺越大,图幅地理范围越小。所以概略性和小比例尺的古地理图一般用于巨域或区域构造演化分析;中比例尺的古地理图主要用于成矿带成矿规律研究和成矿预测;大比例尺的可直接用于找矿和矿床预测研究。

古地理图的编图单元视比例尺不同而异。概略性和小比例尺的古地理图一般用沉积类型、沉积组合编图,反映不同类型的沉积组合的分布、海陆格局等(见分论各纪古地理图)。中比例尺和大比例尺的古地理图一般用沉积相或岩性组合为编图单元,故又常称为沉积古地理图或岩相古地理图。图9-15为中比例尺的黔中地区震旦纪陡山沱组含磷岩系沉积古地理示意图,由图中可以看出,黔中地区陡山沱组磷矿主要分布于黔中古陆北部高能无障壁海岸和东部高能海湾环境。

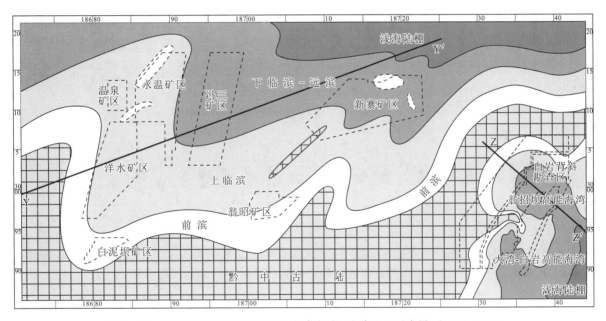

图9-15　黔中地区震旦纪陡山沱组含磷岩系沉积古地理示意图(张亚冠,2019)

古地理图的成图单元也与比例尺有关。概略性的古地理图一般以纪或世为成图单元;小比例尺的古地理图多以世或期为成图单元;中比例尺的古地理图一般用期或更小的时间单元编图;大比例尺的古地理图多以含矿层或含矿段为单元编图。由于每一个编图单元代表一定时间间隔的地层,因此编图单元越大,古地理图反映的内容越概略,准确度越差。编图单元越小,古地理图反映的内容越准确,精度越高。

地史构造古地理分析主要采用概略性的构造古地理图。概略性构造古地理图是在现代地理底图的基础上,划分不同的构造单元和不同的沉积单元(详见第十一至第十五章各纪的古地理图)。如果按照恢复后的板块位置复原古大陆和古海洋的相对位置,可以编制原型的古地理图或古大陆再造图(详见第十一至第十五章各纪古大陆再造图)。

第十章 历史构造分析和古构造

在漫长的地质岁月中,地球内部不断发生着变化,导致地壳或岩石圈在水平和垂直方向上,以有节奏和平静演化与急剧变革相交替的方式运动。这种运动一方面使各大陆在水平方向上发生大规模的运动,导致大陆之间的离合,同时造成古生物、古地理和古气候的差异;另一方面引起地球表面的差异升降,从而造成不同环境中沉积物性质、结构、构造、几何形态以及空间分布等方面的差异。历史构造分析主要以地层记录为研究对象,恢复不同地区、不同时代的地层记录形成的构造背景,包括:①沉积盆地及其大地构造背景;②确定其时间序列的构造演化阶段,划分构造旋回;③进行空间尺度上的大地构造分区,进行古大陆再造。

历史构造分析的重要理论依据就是王鸿祯院士(1982,1990)提出的大地构造活动论、大地构造单元论和构造演化阶段论。大地构造活动论认为地史时期大陆板块相对于地极或赤道(或板块之间)发生大规模的运动。构造演化阶段论是指地球岩石圈由简单到复杂、有节奏和分阶段的平静演化与急剧变革相交替的演化规律。大地构造单元论是指在活动论和阶段论的思想指导下,根据古大陆形成演化历程去划分大地构造单元和分区。上述大地构造三论是一个相互联系和依存的完整理论体系,是历史大地构造理论的精华。

第一节 沉积盆地及其构造背景分析

地层记录形成的沉积盆地及其构造背景分析是历史大地构造研究的基础。其目的是根据地层记录,尤其是沉积记录确定地层形成的构造性质,恢复其形成的盆地背景,包括以沉积建造或沉积组合分析为核心的传统历史大地构造分析和以沉积盆地分析为核心的沉积大地构造分析。

一、传统历史大地构造分析

地壳构造状态是不均一的,不同地区地壳垂直和水平运动的幅度和速度不一,对沉积过程中沉积物的迁移距离、分选程度和沉积速度都有重要影响,也必然会反映到沉积物组分上来。在大陆克拉通(板块)地区,一般为地形平缓的河湖环境,河流沉积中的碎屑物质可能来源于千里之外。经过长期的风化和长距离的搬运磨蚀,大部分不稳定矿物受风化分解不复存在,遗留下来的矿物经过反复冲刷磨蚀,成分成熟度和结构成熟度均高,稳定的碎屑成分(如石英)含量高,磨圆和分选较好。相反,在造山带及其周缘的同造山盆地,一般为高差悬殊的山区或山麓带,风化作用时间短,碎屑物质搬运不远,快速堆积,沉积物中多具岩屑或岩块,成分和结构成熟度低。同样,在被动大陆边缘地区,平坦的陆架或滨浅海带碎屑沉积物经过滨海带的长期簸选磨蚀,成分成熟度高、分选及磨圆好。而在活动大陆边缘,火山岛弧通常堆积大量具棱角的火山岩屑,形成岩屑杂砂岩,代表构造和火山活动地区的快速堆积。由此可以看出,不同构造背景的沉积区具有不同的岩石矿物成分。

孟祥化(1982)按照沉积建造的概念对沉积记录的大地构造性质进行了划分。王鸿祯(1980)认为来自俄文的沉积建造对应于英文的"Formation"与英文的"组(Formation)"容易发生混淆,建议采用沉积组合(depositional assemble)的概念,因此沉积建造和沉积组合基本上是同义语。

沉积建造或沉积组合是特定的沉积盆地在不同的盆地演化阶段形成的反映其大地构造背景的沉积记录。可以看出,沉积建造或沉积组合的时间和空间尺度都远远比沉积相或相组合更大更广,其空间尺度为沉积盆地级别的,如被动大陆边缘盆地、活动大陆边缘盆地、内克拉通盆地、前陆盆地等,面积是十万至百万平方千米级别的。其时间尺度为盆地的演化阶段,如威尔逊旋回的不同阶段,尺度为十万到百万年级别的。根据构造活动程度,王鸿祯(1982)把沉积组合划分为陆相稳定型、过流型、活动型和海相稳定型、过渡型、活动型6种类型。在大陆上,稳定类型的构造背景主要发育在广阔的准平原、内陆盆地及近海平原,相应的沉积组合是游移盆地湖泊碎屑组合、内陆盆地河湖泥质组合及近海盆地含煤碎屑组合。活动类型的构造背景以强烈上升的高峻山系和巨大的陆缘火山活动带为代表,巨厚的山麓山间粗碎屑(磨拉石)组合和大陆火山喷发-碎屑组合为其典型产物。陆相过渡型沉积组合包括近海沉陷盆地碎屑泥质沉积组合和海陆交互相碎屑泥质沉积组合等。在海洋中,广阔的陆表海、陆棚海代表稳定的构造背景,形成稳定型滨浅海碎屑岩或碳酸盐岩组合;非补偿的边缘海、活动陆棚、大陆斜坡可以代表过渡型的构造背景,形成相应的过渡型沉积组合,如非补偿边缘海碳质硅质组合、活动陆棚泥质碳酸盐岩沉积组合。活动大陆边缘的弧后海、弧间海、深海沟和远洋盆地为活动型的海洋背景,其形成岛弧海岩屑杂砂岩-火山岩沉积组合以及包含超基性-基性岩和放射虫硅质岩的蛇绿岩组合。大洋萎缩形成的残余海盆和碰撞造山形成的前陆盆地常发育半深海至深海砂泥质复理石组合。本教材分论各时代的构造古地理图基本采用王鸿祯(1982)的沉积组合划分方法,并引用了王鸿祯等(1985)的编图。

二、沉积大地构造分析

沉积大地构造学是板块学说提出以后,尤其是板块学说应用于大陆构造之后逐渐发展起来的大地构造学与沉积学的交叉学科,目前已经成为沉积学和大地构造学的一个重要学科方向。沉积大地构造学以沉积记录为研究对象,恢复沉积盆地原型及其大地构造背景和演化,其核心是沉积盆地恢复。

以板块理论为基础的沉积盆地分类是建立在现在全球盆地分布的基础上的。按照盆地的构造应力场,可以分为伸张型、挤压型、走滑型3类。按照盆地的构造部位,可以分为大陆克拉通盆地(板块)、大陆边缘盆地、大洋盆地等(图10-1)。

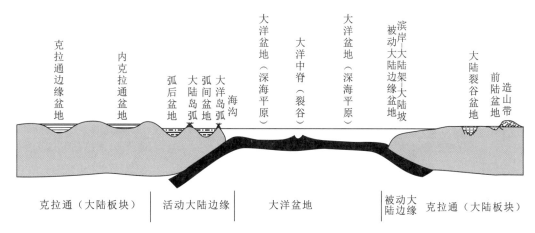

图 10-1　板块背景下部分沉积盆地分布示意图

克拉通盆地是指具有硅铝质地壳的大陆板块上的沉积盆地,按照盆地在克拉通的位置可以分为内克拉通盆地、克拉通边缘盆地;按照构造应力场可以分为克拉通断陷盆地(包括大陆裂谷盆地)、克拉通坳陷盆地。整个克拉通均被浅海覆盖则常称作陆表海盆地。陆表海盆地和坳陷盆地以浅水沉积为特色,沉积相空间展布范围大,厚度变化和相变不明显。克拉通断陷盆地和碳酸盐台地内部裂陷槽以斜坡角砾岩、浊积岩和深水沉积为特色,厚度较大,相变剧烈(表 10 - 1)。

表 10 - 1　主要盆地类型的相组合

盆地类型	亚类		沉积体形态	相组合特征
克拉通盆地	内克拉通盆地	陆表海盆地	面状覆盖克拉通,不等厚层面状	河流-三角洲-湖泊(滨浅海)碎屑岩相组合 滨浅海碳酸盐缓坡或台地相组合
		坳陷盆地	局限分布克拉通内部,不等厚层面状	
		断陷盆地	同陆内裂谷	同陆内裂谷
	克拉通边缘盆地	断陷盆地	类似大陆边缘裂谷	类似大陆边缘裂谷
		坳陷盆地	平面上面状,剖面上不等厚层状	河流-三角洲-滨浅海碎屑岩相组合 滨浅海碳酸盐缓坡或台地相组合
被动大陆边缘盆地	滨岸、大陆架、大陆坡		不等厚层面状	滨浅海碎屑海滩-陆棚相组合 滨浅海碎屑潮坪-陆棚-陆坡相组合 滨浅海碎屑障壁-潟湖-陆棚-陆坡相组合 滨浅海碳酸盐缓坡-陆棚-陆坡相组合 滨浅海碳酸盐台地-陆棚-陆坡相组合
活动大陆边缘盆地	弧后盆地、岛弧、弧间盆地、弧前盆地		弧后盆地:面上面状,其他:带状分布	岛弧:具有岛弧火山岩、火山碎屑岩沉积 其他:具有火山碎屑岩或火山岩夹层的浅海-半深海相组合
裂谷盆地	陆内裂谷		平面上多宽带状,剖面上具有陡的断裂边界	洪、冲积扇-辫状河-扇三角洲(湖泊或海相)-斜坡浊积扇组合
	台地内裂陷槽			斜坡碳酸盐岩-深水盆地相组合
	大陆边缘裂谷		沿大陆边缘呈宽带状,剖面上具陡的断裂边界	洪、冲积扇-辫状河-海相扇三角洲-深水盆地相-斜坡碎屑流-浊积岩相组合
拉分盆地			沿大走滑断裂带状分布,四周均为陡的断裂边界	洪、冲积扇-辫状河-湖相扇三角洲-湖泊-浊积扇组合
走滑盆地			线状,剖面上透镜状分布	
前陆盆地	周缘前陆盆地		沿造山带带状分布,剖面上不对称分布,造山带一侧较陡,克拉通一侧较缓	滨浅海相-浊流(复理石)-洪、冲积扇、扇三角洲、辫状河(磨拉石)组合,具造山带和克拉通双向物源
	弧后前陆盆地			滨浅海相-浊流(复理石)-洪、冲积扇、扇三角洲、辫状河(磨拉石)组合,具岛弧和克拉通双向物源

　　大陆边缘盆地根据是否存在俯冲消减带分为被动大陆边缘盆地、活动大陆边缘盆地。被动大陆边缘盆地类似于大西洋、印度洋的大陆边缘,没有洋壳俯冲带,所以不存在岛弧-海沟体系(图 10 - 2a)。活动大陆边缘类似于太平洋的大陆边缘,该边缘具有洋壳俯冲带,洋壳俯冲形成岛弧-海沟体系(西太平洋)(图 10 - 2b)或大陆火山弧-海沟体系(东太平洋)(图 10 - 2c)。从沉积上讲,大陆边缘既不同于大陆

板块内部的稳定克拉通盆地,也不同于具有深水细粒沉积和伴生有洋壳的大洋盆地。被动大陆边缘发育滨岸-浅海(陆架)-半深海的沉积相组合,而活动大陆边缘发育与岛弧或陆缘弧火山岩相关的较深水沉积。海沟常发育火山碎屑的深水浊积岩沉积(表10-1)。

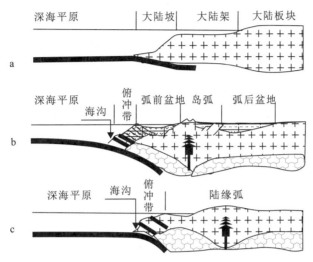

图 10-2 被动大陆边缘(a)和活动大陆边缘(b、c)示意图
b. 西太平洋式俯冲;c. 东太平洋式俯冲

与走滑作用相关的盆地包括既具有走滑又伴有伸展的拉分盆地,也包括以走滑作用为主的走滑盆地(表10-1)。它们既可以分布于大陆板块内部的大型走滑断裂附近(如郯庐走滑断裂带、阿尔金走滑断裂带),也可以分布于大陆板块边缘(如太平洋大洋中脊进入北美的加利福尼亚湾走滑带)。

与造山作用有关的盆地主要是前陆盆地。前陆盆地是在造山过程中,褶皱断裂形成的冲断带仰冲到克拉通边缘之上,导致克拉通岩石圈挠曲和下沉形成的盆地。一般可分为陆-陆碰撞造山形成的周缘前陆盆地和弧-陆碰撞形成的弧后前陆盆地。前陆盆地为靠克拉通一侧较缓,靠造山带一侧较陡的不对称盆地特征,并具有双向物源特征;靠克拉通一侧以克拉通物源为主,靠造山带一侧以造山带物源为主(表10-1)。由于前陆盆地由被动大陆边缘或弧后盆地演化而成,一般形成被动大陆边缘-周缘前陆盆地,弧后盆地-弧后前陆盆地的演化序列。前陆盆地从早期的岩石圈挠曲下沉到后期快速充填,常具有早期复理石沉积到晚期磨拉石沉积的转换。

沉积大地构造学分析包括沉积相组合和沉积古地理分析、特殊沉积(如硅质岩)分析、碎屑物源分析等。

1. 沉积相组合和沉积古地理分析

沉积相组合分析是沉积大地构造学分析的基础。不同的盆地类型具有不同的相组合。表10-1列举了一些主要盆地的相组合特征。

利用沉积相恢复地层的沉积环境可以帮助重建地层形成的古地理。古地理重建的重要手段是通过岩相古地理编图了解地史时期的海陆分布、地形地貌特征等古地理要素及各地理单元中沉积物类型。岩相古地理图编图通常采用点—线—面分析法。首先为了解某一地质时期内一定范围内沉积环境的全貌,往往要通过大量剖面点的地层划分对比和沉积环境分析,而后恢复沉积环境沿某一断面的变化状况(线)及全区的海陆格局和沉积类型的空间分布(面)。沉积断面的截取一般垂直于主要沉积相带的展布方向,以最大限度地展现某一时期内地层岩性或沉积相的空间格架、相互关系和展布规律,便于对其形成控制因素的分析。

2. 硅质岩沉积地球化学分析

一般认为,硅质岩及硅泥质岩是深水沉积的典型代表。但硅质岩可以形成于远洋盆地,也可以形成于被动大陆边缘盆地(如北祁连寒武系)、活动大陆边缘(如北祁连奥陶系)、大陆边缘裂谷(如南华裂谷震旦系—寒武系)甚至克拉通内裂陷盆地(如右江盆地泥盆系—二叠系)。因此应对地史时期分布的硅质岩进行深入研究,进行硅质岩形成的构造背景进行判别。一般认为,显生宙硅质岩中 SiO_2 的主要有生物成因(主要为放射虫、海绵骨针、硅藻土等)、热液成因和陆源输入。现代海洋中的溶解态硅 80% 来自河流输入,其余部分来自大气、海底热烟囱、海底玄武岩的风化。其由硅藻、放射虫、海绵骨针等吸收以及死亡分解后,约 3% 的生源硅沉降形成 A 型蛋白石(opal-A),再经过 CT 型蛋白石(opal-CT)沉降与溶解过程,最后转化为硅质岩。硅质岩由于很少受后期改造及风化作用的影响,其地球化学特征记录了热液沉积、火山碎屑及陆源碎屑等的含量变化,对古环境的恢复具有重要指示意义。由于硅质岩矿物颗粒多为微晶质、隐晶质,所以常用硅质岩的地球化学特征来恢复其成因和形成构造背景。

1)硅质岩成因判别

硅质岩成因研究是硅质岩沉积大地构造分析的基础。直接的岩石学观察往往划分生物或非生物成因硅质岩。然而,由于很多硅质岩受后期成岩影响,硅质岩的原始结构、构造和矿物组成均可能发生改变,从而很难获得可靠的岩石学直接证据。因此通过地球化学手段可以判断不同成因的硅质岩类型。硅质岩中的 Fe、Mn 的富集主要与热液的参与有关,而 Al、Ti 的富集则主要与陆源物质的输入有关。Bostrom 和 Peterson(1969)提出,海相沉积物中 $\omega(Al)/[\omega(Al)+\omega(Fe)+\omega(Mn)]$ 值是衡量沉积物热液组分含量的标志,该比值随着离扩张中心距离的增加而增大。Adachi 等(1986)和 Yamamoto(1987)在系统研究了热液成因与生物成因的硅质岩后,认为 $\omega(Al)/[\omega(Al)+\omega(Fe)+\omega(Mn)]$ 值由纯热液成因的 0.01 到纯生物成因的 0.60 之间变化,并由此拟定了判别热液成因与非热液成因硅质岩的 Al-Fe-Mn 三角判别图解(图 10-3)。在该判别图解上,生物成因硅质岩的投点均落入图解的富 Al 端,它们一般形成于非断陷型的盆地,如被动大陆边缘盆地等;所有热

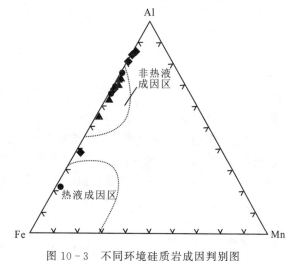

图 10-3　不同环境硅质岩成因判别图

液成因硅质岩的投点均落入图解的富 Fe 端,它们一般形成于具有富硅热液输入的盆地背景,如裂谷盆地、活动大陆边缘盆地、远洋盆地等。

2)硅质岩的构造背景判别

常量元素通常用于硅质岩的构造环境判别。$\omega(Al_2O_3)/[\omega(Al_2O_3)+\omega(Fe_2O_3)]$ 值是判别硅质岩形成环境的一个常用指标,大陆边缘硅质岩的这个值在 0.5～0.9 之间;远洋盆地硅质岩的这个值在 0.4～0.7 之间;而洋中脊硅质岩这个值一般小于 0.4。此外,Sugisaki 等(1982)总结了不同环境下沉积物的 $\omega(MnO)/\omega(TiO_2)$ 比值变化规律,并认为硅质岩 $\omega(MnO)/\omega(TiO_2)$ 值可以作为判断其来源及沉积盆地古地理位置的标志。其中,距离陆地较近的大陆边缘沉积的硅质岩 $\omega(MnO)/\omega(TiO_2)$ 比值偏低,一般均小于 0.5;而开阔大洋中的硅质沉积物的比值则比较高,为 0.5～3.5。Murray 等(1994)系统总结了显生宙不同环境硅质岩的地球化学特征,提出用 $\omega(Al_2O_3)/[\omega(Al_2O_3)+\omega(Fe_2O_3)]$-$\omega(Fe_2O_3)/\omega(TiO_2)$(图 10-4)来判别硅质岩形成的构造背景。

硅质岩的稀土元素(REE)含量受成岩作用的影响很弱,特别是其 δCe 值和 $(La/Yb)_N$ 可以用来有效地判别硅质岩的形成环境。由于海水中三价铈容易被氧化为溶度积相对较小的四价铈,四价铈被有机物微粒、铁锰氢氧化物或结核吸附,造成海水中剩余的溶解态铈相对亏损。$(La/Yb)_N$ 用来分析轻重

稀土元素的配分趋势,该值越高,反映轻稀土富集,配分曲线右倾,该值越低,反映重稀土富集,配分曲线左倾。Murray等(1990,1991)对加利福尼亚弗朗西斯科杂岩中层状硅质岩序列的研究表明,硅质岩中铈异常(δCe)及稀土元素含量(ΣREE)由海水中金属物质、陆源输入量及埋藏速率控制。其中,在大洋中脊及两翼($0\sim400km$)环境中,高埋藏速率减少了沉积物在海水中的暴露时间进而限制了从海水中吸附REE,导致硅质岩具有较低的ΣREE,并具有最低的δCe(0.30 ± 0.13,NASC标准化;0.28 ± 0.12,PAAS标准化);在开阔洋盆中,海水中的吸附作用控制了硅质岩的稀土元素特征,由于缺少陆源输入且具有较低的埋藏速率,硅质岩常可以从海水中吸附较多的稀土元素并显示中等的$\delta(Ce)$值(0.60 ± 0.11,NASC标准化;0.56 ± 0.10,PAAS标准化);而大陆边缘盆地的硅质岩从海水吸附以及继承陆源物质的稀土元素较多,既形成了硅质岩中较高的ΣREE又形成轻稀土元素富集的右倾型配分模式,且具有最高的δCe值(1.09 ± 0.25,NASC标准化;1.02 ± 0.24,PAAS标准化)。稀土元素配分图中Ce的负异常越明显,重稀土越富集,反映受大陆边缘影响越小(图10-5)。

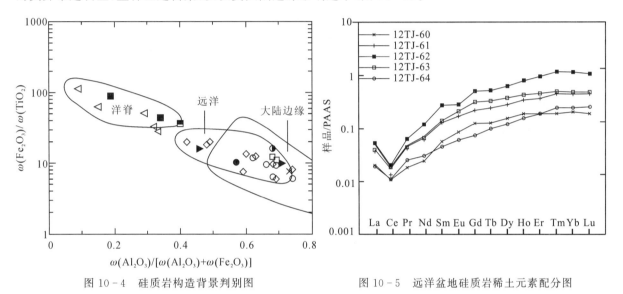

图 10-4　硅质岩构造背景判别图　　　　　　　图 10-5　远洋盆地硅质岩稀土元素配分图

3. 碎屑物源分析

　　碎屑岩是地质记录中最丰富的岩石类型。除了宏观的沉积相、相组合分析之外,碎屑来源可以反映物源区的大地构造背景,进而帮助恢复沉积盆地的构造背景,尤其在近物源区、快速搬运沉积的同造山盆地(如前陆盆地、残余盆地),碎屑物源分析成为盆山相互作用研究的一种重要手段。物源分析主要是通过碎屑组分、重矿物及其同位素年代学(如锆石等)以及碎屑记录的地球化学特征,确定沉积物源区的构造背景,恢复沉积盆地的大地构造性质,探讨物源区和盆地的盆山作用和造山带碰撞隆升过程。

　　碎屑组分分析又称为碎屑岩骨架颗粒统计分析,主要根据不同构造背景下盆地沉积物中碎屑骨架颗粒(石英、长石、岩屑)的相对含量变化,恢复盆地物源区的构造背景。该方法只需切制薄片,分析对象主要是中—粗粒砂岩,利用显微镜计点统计石英、长石、岩屑、单晶石英、多晶石英、硅质岩含量,利用物源模式图判别物源区的特征及所处的大地构造背景,是目前碎屑岩物源分析中最基本的一种分析方法,被广泛采用。Dickinson等(1979,1980,1983)利用砂岩碎屑组分判别沉积物源区构造背景,他们总结了世界上典型地区的砂岩碎屑组分,将砂岩的碎屑组分做了详细的划分和定量统计,编绘出用于物源判断的模式图——Dickinson三角图解(图10-6),该图解一直被广泛采用。

　　重矿物的物源分析主要利用单颗粒重矿物的地球化学分异特征来判断物源。随着电子探针的应用,很多学者针对不同的地区,利用不同重矿物(如锆石、尖晶石、金红石、辉石、角闪石、电气石、锆石、石榴石等)分析提出了判别物质来源的指标和端元图。Leterrier等(1982)对爱尔兰海、赫布里底群岛和

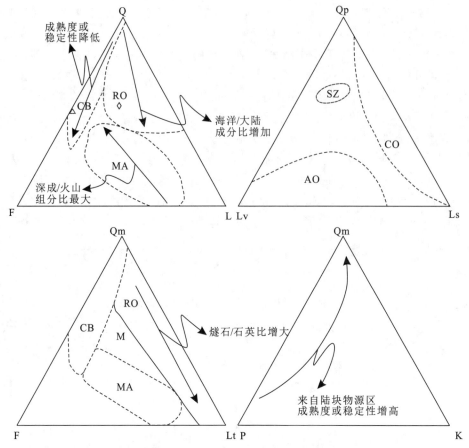

图 10-6　碎屑物源分析三角图解(底图据 Dickinson,1983)

Q. 总石英;Qm. 单晶石英;Qp. 多晶石英;F. 总长石;P. 斜长石;K. 碱性长石;L. 总岩屑;Ls. 沉积
岩屑;Lv. 火山岩屑;Lt. L+Qp 之和;CB. 稳定陆块物源区;RO. 再旋回造山带物源区;MA. 岩浆弧
物源区;M. 混合物源区;AO. 弧造山带物源区;CO. 碰撞造山带物源区;SZ. 大陆俯冲带物源区

北海海底沉积物中的辉石成分分析后,利用辉石化学分异特征,提出用 $\omega(Ti)-\omega(Ca+Na)$ 图解来判定物源是拉斑玄武岩还是碱性玄武岩、用 $\omega(Ti+Cr)-\omega(Ca)$ 图解来区分辉石源区是造山带还是非造山带环境。Morton(1985)对中国北海砂岩、新西兰和孟加拉扇地区海底古近纪、新近纪沉积物中的石榴石成分差异进行研究后,根据不同条件下石榴石组分的差异,提出了 P(镁铝榴石)、AS(铁铝榴石+锰铝榴石)、GA(钙铝榴石+钙铁榴石)三端元图。

细碎屑沉积物的地球化学特征在物源分析中也进行了广泛应用,沉积物的化学成分与碎屑矿物构成之间存在着一定的关系,在不同的构造环境下具有不同的特征,据此可以根据成分变化特征来判定物源区的性质和构造背景。Bhatia 等(1983,1986)和 Roser 等(1986)通过对砂岩和砂泥质岩的研究,提出用一系列常量元素(图 10-7)、微量元素(图 10-8)地球化学端元图来鉴别被动大陆边缘、活动大陆边缘、大洋岛弧和大陆岛弧等构造背景,这些不同端元图之间的相互校正使用已被大多数学者所采用。

同位素测年技术在物源分析中应用更为广泛。在物源研究方面,不仅可以利用同位素之间的相互关系来判别物源区,如利用绿帘石中的钕[$\varepsilon_{Nd}(t)$]和锶[$\varepsilon_{Sr}(t)$]同位素比值进行物源判别(幔源或壳源),更重要的是通过重矿物年龄谱的对比来判别物源。现在常用的方法有含铀矿物(如锆石、独居石)的 U-Pb 法、碎屑沉积岩的 Rb-Sr 法以及 Sm-Nd 法等。

碎屑岩中的碎屑锆石 U-Pb 同位素定年是应用最广泛的方法。碎屑锆石年龄可以记录锆石的地质历程,不同经历的锆石年龄谱不同。如锆石中心的年龄通常代表所在陆块的基底年龄,锆石中间层的年龄代表陆块演化过程中重要热事件的年龄,锆石边缘的年龄代表成岩或交代年龄;磨圆的锆石代表经

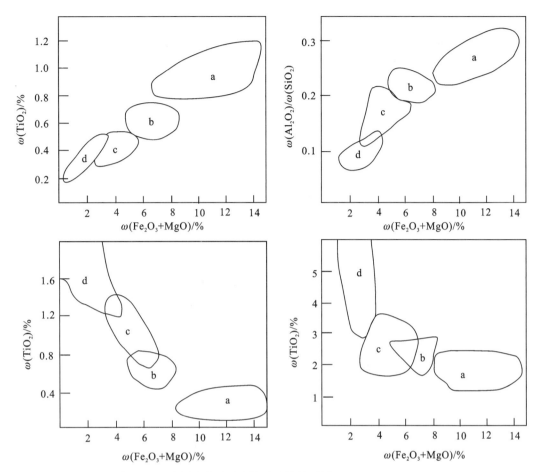

图 10-7 碎屑岩常量元素构造环境判别图（Bhatia et al.，1983）

a. 大洋岛弧；b. 大陆岛弧；c. 主动大陆边缘；d. 被动大陆边缘；Fe_2O_3. 全铁

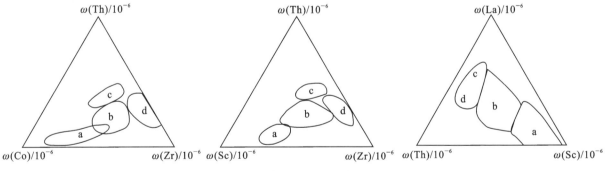

图 10-8 碎屑岩微量元素构造环境判别图（Bhatia et al.，1986）

a. 大洋岛弧；b. 大陆岛弧；c. 主动大陆边缘；d. 被动大陆边缘

历过风化—搬运—磨蚀的过程，晶型完整的锆石代表未经远距离搬运过的锆石。将碎屑岩粉碎至细砂—粉砂级并进行锆石挑样（100 颗左右），进行同位素年龄（SHRIMP 或 La-ICP-Ms 等方法）测定，并将不同时代的锆石颗粒数编制成一个直方图或曲线图，就形成一个碎屑锆石年龄谱（图 10-9）。通过碎屑锆石年龄谱与相邻地块锆石年龄谱对比，可以判别物源区构造性质及剥蚀层位，进而推断物源区的隆升剥蚀程度。如北祁连造山带志留纪—泥盆纪碎屑锆石的年龄谱（图 10-9A）及华北板块基底（图 10-9B,a）、中祁连地块基底（图 10-9B,b）的年龄谱对比发现，北祁连造山带锆石年龄谱主要类似于中祁连地块而不同于华北板块,反映北祁连志留纪—泥盆纪的物源区为中祁连地块。北祁连东段和西段存在明显差异,说明北祁连东段在晚奥陶世开始碰撞造山,既接受中祁连地块的物源,又接受北祁连造山带(500Ma 左右)的物源。西段在志留纪才开始碰撞造山,同时接受中祁连地块和北祁连造山带的双重物源,反映北祁连造山带自东向西的斜向碰撞的造山过程(图 10 - 10)。

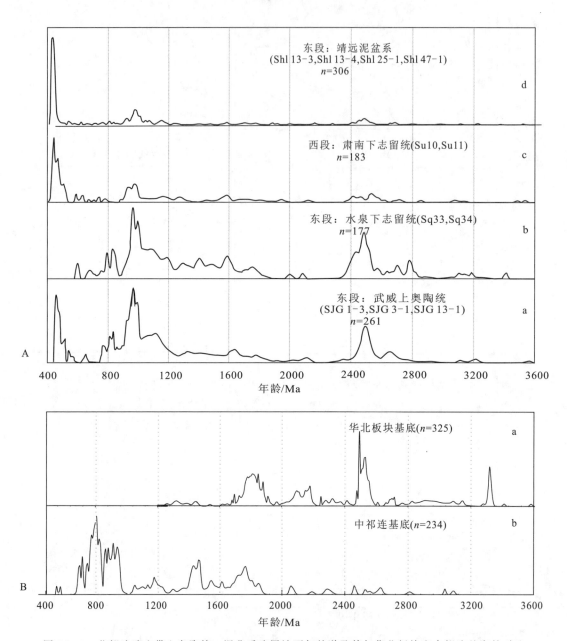

图 10 - 9　北祁连造山带上奥陶统—泥盆系碎屑锆石年龄谱及其与华北板块和中祁连基底的对比

　　Rb - Sr 法大多用于中酸性岩浆岩的测年。一般通过测定碎屑沉积物年龄并结合区域构造历史来判断物质来源和物源区岩浆活动历史。如李忠等(2001)在对大别山北缘、合肥盆地南缘的侏罗系凤凰台组底部冲积扇砾岩的研究中,通过对两个花岗岩砾石样品中钾长石、黑云母、角闪石和全岩 Rb - Sr 同位素的测定,判断出大别山侏罗系物源区曾发育早古生代花岗岩类岩浆侵入体。

　　Sm - Nd 法判断沉积物物源主要采用碎屑沉积岩中 Sm - Nd 同位素资料来推断沉积物源区性质并估计陆壳从地幔中分离的时间。Sm - Nd 在海水中滞留的时间很短,且 Nd 同位素在海水中的含量极

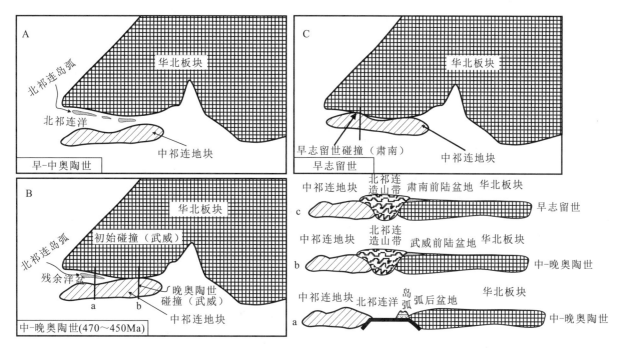

图 10-10 北祁连早古生代造山带斜向碰撞和不规则边缘碰撞示意图(据徐亚军等,2013 修改)

低($\omega(B) \leqslant 3 \times 10^{-6}$),因此,沉积岩,尤其是细碎屑沉积岩能够使源区岩石中的 Sm-Nd 同位素保持相对丰度。Nd 同位素也可用来反演山脉源区类型、性质及其多样性特征,从而可以计算出不同沉积层位每一源区端元对该层位沉积物的相对贡献比例及源区的剥蚀量(陈江峰,1989)。

除了上述几种同位素示踪物源外,还有 K-Ar 法、Ar-Ar 法等具示踪作用的同位素测年方法。这些方法在研究物源时所遵循的思路大多是在获得碎屑物年龄的情况下,结合区域年龄进行对比或根据构造演化历史来判别物质来源。

第二节 构造旋回和构造阶段

由于地质历史的演化与地球岩石圈的构造演化密切相关,而岩石圈的构造演化多具有巨域型(地理上的洲际尺度,地质上的超大陆或跨板块尺度)甚至全球性,因此地球历史中具有明显的全球性或巨域型构造事件的突发集中期和平缓过渡期的旋回现象,这种旋回现象称为构造旋回。构造旋回主要表现为大陆板块的离合和造山带的形成。根据不同的构造旋回所占有的时间可以划分不同的构造阶段。全球构造事件、构造旋回和构造阶段是对应的(表 10-2)。按照大陆板块的规模和拼合过程,可以区分出①大板块(如劳伦板块、波罗的板块、西伯利亚板块、华北板块、华南板块等)或超大陆(冈瓦纳大陆、劳俄大陆、劳亚大陆等)之间的构造旋回;②小陆块之间的构造旋回。后者主要出现在地史时期的多岛洋中,如古特提斯、新特提斯洋、古亚洲洋等(如北羌塘地块、南羌塘地块、拉萨地块等)。大板块之间相互作用的构造旋回可称为威尔逊旋回,小陆块及其与大陆块之间相互作用的构造旋回可称为非威尔逊旋回(殷鸿福,1998)。

表 10-2 构造旋回和构造阶段划分表

构造旋回	构造运动		构造阶段	
	国际	中国	国际	中国
喜马拉雅旋回 (新生代)	喜马拉雅运动 (~23Ma)	喜马拉雅运动 (~23Ma)	喜马拉雅阶段 (新生代)	喜马拉雅阶段 (新生代)
阿尔卑斯旋回 (中生代)	阿尔卑斯运动 (~163~100Ma)	燕山运动 (~163~100Ma)	阿尔卑斯阶段 (中生代)	燕山阶段 (侏罗纪—白垩纪)
		印支运动(230Ma)		印支阶段 (三叠纪)
海西旋回 (晚古生代)	海西运动 (~250Ma)	海西运动(~250Ma)	海西阶段 (晚古生代)	海西阶段 (晚古生代)
加里东旋回 (早古生代)	加里东运动 (~420Ma)	广西运动(~420Ma)	加里东阶段 (早古生代)	加里东阶段 (南华纪—早古生代)
罗迪尼亚旋回 (新元古代)	格林威尔运动 (~1.0Ga)	雪峰运动(~720Ma) 武陵运动(~820Ma)	罗迪尼亚阶段 (新元古代)	雪峰阶段 武陵阶段
哥伦比亚旋回 (古元古代)	(~1.8Ga)	吕梁运动(~1.8Ga)	哥伦比亚阶段 (古元古代)	吕梁阶段 (滹沱纪)
克罗岗旋回 (新太古代)	(~2.5Ga)	五台运动(~2.5Ga)	克罗岗阶段 (新太古代)	五台阶段 (晚太古代)

　　构造旋回主要是依据全球和巨域的等时或近等时的构造运动面确定的。以不整合面为典型的构造运动面是地壳运动的直接记录。不整合,不论是平行不整合还是角度不整合,都是地壳抬升,遭受剥蚀产生的结果。角度不整合代表了早期形成的地层经过不同程度的变形,并通常伴有一定程度的变质改造,遭受剥蚀,而后再接受沉积。平行不整合反映早期形成的地层经整体抬升,遭受剥蚀,而后接受沉积。二者分别反映了古大洋闭合碰撞造山运动和古大陆克拉通远程效应的造陆运动。因此可以根据全球或巨域的不整合区分构造旋回,划分构造阶段。

一、威尔逊旋回

　　板块学说认为,大陆板块和大洋盆地在地质历史时期并非一成不变和永恒存在的。大陆板块的分离导致大洋盆地的形成,大洋盆地的萎缩、闭合导致大陆板块的聚合,大陆板块之间的碰撞导致造山带的形成。加拿大地质学家威尔逊(1973)根据现代大陆和大洋的实例归纳了大陆板块离合和大洋盆地演化的发展旋回模式,即威尔逊旋回(图10-11)。他把洋盆演化分为6个阶段:①胚胎期(东非裂谷期),指在大陆板块内部伸展拉张形成大陆裂谷的时期,现代实例为东非裂谷;②初始洋盆期(红海期),指陆壳分裂形成狭长的海槽,局部出现洋壳,现代实例为红海;③成熟大洋期(大西洋期),由于大洋中脊的向外扩张,大洋边缘尚未出现俯冲消减,使大洋盆地迅速扩大,现代实例为大西洋;④衰退大洋期(太平洋期),大洋中脊持续扩张,但大洋边缘出现俯冲消减,使洋盆出现萎缩,面积缩小,现代实例为太平洋;⑤残余洋盆期(地中海期),随着大陆板块的相互挤压,洋壳快速消减,洋盆急剧萎缩,出现残留的小洋盆,现代实例为地中海;⑥消亡期(喜马拉雅期),随着大陆板块的碰撞,洋盆最终闭合,海域消失,形成造山带,沿碰撞带(古缝合线)残留洋壳残余(蛇绿岩套),现代实例为阿尔卑斯—喜马拉雅造山带。威尔逊旋回客观地反映了大陆板块离合和大洋盆地演化的历史,每个旋回的大致时限为$(1.5\sim2)\times10^{8}$年。一次大陆板块的分合和大洋盆地离闭过程都伴有板块内部及板块边缘规律性的沉积、生物和构造事件,并在大陆板块之间形成规模宏大的造山带。与此相对应,稳定的板块内部也出现大规模的地壳升降和海平面升降的旋回性变化。这种旋回性的变化规律是全球岩石圈演化史中存在客观自然阶段的反映,我们把这种全球性的构造作用旋回现象称为构造旋回,并把发生这种构造旋回的时间称为构造阶段。

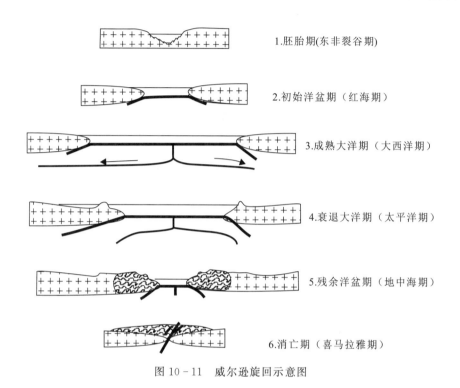

1.胚胎期(东非裂谷期)

2.初始洋盆期（红海期）

3.成熟大洋期（大西洋期）

4.衰退大洋期（太平洋期）

5.残余洋盆期（地中海期）

6.消亡期（喜马拉雅期）

图 10-11 威尔逊旋回示意图

二、非威尔逊旋回

地质历史时期的板块离合和洋盆演化情况多变,尤其是地质历史中特提斯构造域(特提斯洋)、中亚构造域(古亚洲洋)小陆块发育,小陆块之间、小陆块—板块之间的分裂、闭合和碰撞过程更加复杂。因此,殷鸿福等(1998,1999)针对包括中国在内的古特提斯小块体的特殊分离、拼合过程提出了非威尔逊旋回的思想。其核心思想包括多岛洋、软碰撞、多旋回等。

多岛洋是一个宽阔而不"干净"的洋。与现代大西洋、印度洋等"干净"的大洋不同,多岛洋在各个演化阶段始终充满着由裂解地块与裂谷、海道,小陆块与小洋盆,岛弧与边缘海等不同裂离程度的块体,组成海陆相间的多岛洋盆,现代的实例是西太平洋地区。各个小陆块(裂解地块、微板块、岛弧)的运动虽总体有序,例如特提斯洋总体是随着冈瓦纳裂解,小陆块向欧亚增生,但小陆块各自的移动速度和方向不尽相同。早古生代中国中央造山带(秦岭-祁连-东昆仑)的祁连山地区发育由一系列的蛇绿岩带分隔的地块,形成古特提斯洋边缘的多岛洋(图10-12);古生代的古亚洲洋、古-中生代的西南特提斯洋也是多岛洋的背景。

软碰撞不同于大板块之间的传统的"面对面式"的硬碰撞,特提斯多岛洋体系下的软碰撞多为冈瓦纳大陆裂解、小陆块向欧亚大陆增生过程中的"追尾式"碰撞。"追尾式"碰撞产生的动能($mv^{2}/2$,m为质量,v是速度)比两板块之间正面碰撞产生的动能小得多,因为硬碰撞的速度(v)是两板块的速度之和,而软碰撞是二者的速度之差。硬碰撞通常形成造山—隆升过程中的复理石—磨拉石的连续序列,而软碰撞通常只有复理石,没有磨拉石沉积,或者磨拉石沉积滞后,如早古生代北秦岭的闭合、新元古代江南洋的闭合,只发育复理石而不发育磨拉石。

无论是硬碰撞还是软碰撞,斜向(剪刀式)碰撞和不规则边缘碰撞都是常见的。斜向碰撞是指两个块体的碰撞过程在造山带走向上迁移,一边先碰撞,另一边滞后,逐渐碰撞。块体碰撞边界一般是不规则状的,相对突出的部分最先发生点碰撞,而后其他部分逐渐碰撞,即为不规则边缘碰撞。如北祁连加里东造山带,东部武威一带为晚奥陶世开始碰撞,西部为早志留世碰撞,属于斜向碰撞。北祁连加里东造山带的点碰撞以肃南一带不连续的"鹿角沟砾岩"为标志,代表不规则边缘点碰撞的沉积响应(图10-12)。

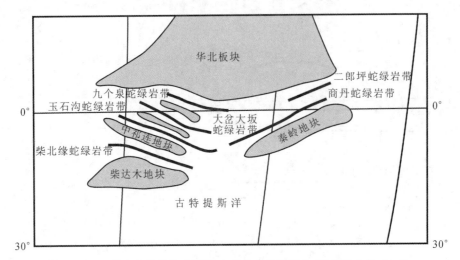

图 10-12 早古生代秦岭-祁连造山带的多岛洋格局(据杜远生等,2007)

多旋回是指同一造山带具有多期次的造山运动,威尔逊旋回和非威尔逊旋回的造山带,都可能存在多旋回造山,但以多岛洋为特征的非威尔逊旋回造山带多旋回更为普遍。非威尔逊旋回造山带的多旋回表现为一个造山带内每一造山旋回内或旋回之间,缝合线的位置随时间而迁移,这主要有以下原因:①多岛洋体系部分块体的挤压碰撞通常造成相邻块体之间的拉张裂陷,后期块体之间拉张裂陷盆地再闭合碰撞与早期挤压增生碰撞形成多旋回碰撞造山。如秦岭造山带北秦岭加里东期的增生形成以商丹洋萎缩闭合为特征的北秦岭加里东期—早海西期的造山带,与之伴随南秦岭(勉县—略阳)的拉张裂陷最终形成勉略洋,印支期扬子陆块与华北及秦岭微板块的碰撞(勉略洋的闭合)形成南秦岭印支期造山带。②多岛洋体系中多岛弧与大陆块体(小板块)之间的依次增生,形成多旋回的碰撞造山过程,如江南造山带在新元古代武陵运动(四堡运动)表现为820Ma左右发生的梵净山、四堡双列岛弧与扬子陆块的第一次弧陆碰撞。雪峰运动表现为720Ma左右发生的南华洋龙胜岛弧与扬子陆块的第二次弧陆碰撞。

威尔逊旋回和非威尔逊旋回存在一定区别(图10-13),威尔逊旋回是大块体(板块)、大洋背景,通过俯冲、硬碰撞最终造山;而非威尔逊旋回表现为小块体的多岛洋背景,通过俯冲、软碰撞最终形成多旋回造山。包括中国的东亚特提斯构造域,地史时期主体表现为孤立、分散的小块体分布于特提斯洋中,因此主要表现为非威尔逊旋回的构造演化。

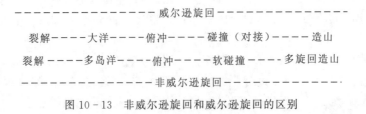

图 10-13 非威尔逊旋回和威尔逊旋回的区别

三、地质历史时期的主要构造阶段

构造旋回和构造阶段主要是根据全球性的造山事件划分的。基于构造演化的全球性或巨域性，一个构造旋回期通常有一系列的洋盆相继闭合，形成全球或巨域性的造山带，这个时期即为一个构造阶段。构造旋回和构造阶段的命名一般采用经典造山带所在地命名。如早古生代后期在欧洲—北美洲之间古大西洋关闭形成加里东造山带，该构造旋回和构造阶段称为加里东构造旋回和加里东构造阶段；晚古生代在劳俄大陆和冈瓦纳大陆之间的瑞亚克洋关闭形成海西造山带，该构造旋回和构造阶段称为海西构造旋回和海西构造阶段；中新生代劳亚大陆和冈瓦纳大陆之间的特提斯洋关闭形成的阿尔卑斯造山带，该构造旋回和构造阶段称为阿尔卑斯构造旋回和阿尔卑斯构造阶段。在包括中国的东亚地区，中新生代岩石圈演化具一定的特殊性，故进一步细分为印支构造旋回和印支构造阶段（三叠纪）、燕山构造旋回和燕山构造阶段（侏罗纪—白垩纪）、喜马拉雅构造旋回和喜马拉雅构造阶段（新生代）（详细的划分及时限见表 10-2）。

第三节　构造古地理恢复和古大陆再造

按板块构造学说的观点，岩石圈和软流圈是对立的。岩石圈是由地壳和上地幔顶部组成的，软流圈之上基本连续的刚性块体。软流圈是厚达几百千米的可缓慢塑性流动的软弱带，岩石圈板块能在它的上面滑动。具硅铝层和硅镁层双层结构的大陆岩石圈厚约 120～150km，仅具硅镁层的大洋岩石圈约厚 70km。岩石圈被各种超岩石圈的构造活动带—洋中脊、转换断层、海沟、古缝合带分割成刚性的板状块体——板块。因此，板块内部是相对稳定的地区，而板块边界则是构造最活跃、最集中的构造带。按照这一观点，Pichon（1968）将现在的岩石圈划分为六大板块（太平洋板块、欧亚板块、印度洋板块、非洲板块、美洲板块、南极洲板块）和一些小板块（如菲律宾板块等）。

构造古地理恢复是以现代地理（经纬度）为基础，恢复地史时期的古板块的分布，又称固定论的构造古地理；而古大陆再造则是恢复地史时期各块体的古纬度和分布位态，又称活动论的构造古地理。很明显，地质历史时期古板块的构造古地理恢复比较复杂，古大陆再造的难度更大。除了古缝合带的识别之外，还可以借助生物古地理、古气候等方法辅助进行构造古地理和古大陆再造。

一、古缝合线追踪法

板块相互之间的俯冲消减和碰撞造山能留下一些古大洋残片、混杂岩带和高温高压变质带，它们代表古板块的边界以及板块拼合的证据，通常称为古缝合线。沿古缝合线则断续分布有蛇绿岩套、混杂堆积和高温高压变质带等特殊的地质记录。

蛇绿岩套是由代表洋壳组分的超基性—基性侵入岩（图 10-14 层 A—B）—枕状玄武岩（图 10-14 层 C）和远洋沉积（图 10-14 层 D）组成的"三位一体"共生综合体。其中的超基性—基性侵入岩往往呈现冷侵入式构造侵位，代表板块碰撞时沿古缝合线挤上来的古洋壳残片；枕状玄武岩代表来源于地幔的基性火山岩的海底喷发；远洋沉积岩（常见深海硅质岩、泥灰岩、黏土岩等）代表深海平原沉积。地史中蛇绿岩套的典型层序可以与现代深海盆地的洋壳结构进行很好的对比（图 10-14）。

混杂堆积是海沟俯冲带的典型产物，其中既有一系列洋壳逆冲切碎的洋壳构造残片（图 10-15），又有洋壳俯冲而刮下来的深海沉积物（浊流、远洋沉积），还有火山弧浅水区垮塌下来的早先形成的外来

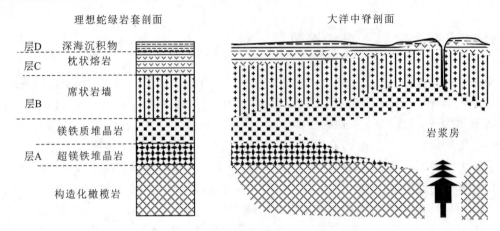

图 10 - 14　理想蛇绿岩套剖面及其成因模式

岩块。它的一个典型特征就是由不同成因、不同时代的岩块和深海沉积的组成,同一层位可出现不同时代的化石的混杂堆积体。

　　高温高压变质带也是地缝合线的一个特有现象。在海沟、俯冲带部位,受到强烈的挤压应力,但温度不高,出现以高压变质矿物蓝闪石为标志的高压低温变质带。个别情况下远离俯冲带的岛弧附近还会出现以热变质矿物红柱石、蓝晶石、矽线石为代表的高温低压变质带。高压低温变质带和低温高压变质带组成双变质带。高压变质带一般沿地缝合线平行出现,可用来指示地缝合线的位置以及板块的俯冲方向。

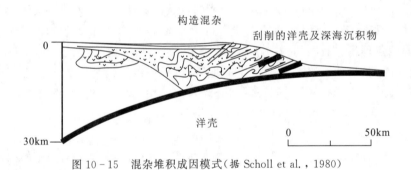

图 10 - 15　混杂堆积成因模式(据 Scholl et al. , 1980)

二、古地磁学方法

　　不管是火成岩还是沉积岩都含有磁性矿物,这些矿物在岩石形成时受到地磁场的磁化影响,在岩石中保留了可以指示当时地磁方向的磁偏角(D)和磁倾角(I)等剩余磁性。如果采用退磁措施,消除后期地壳运动对原有剩余磁性的叠加影响,可以恢复岩石形成时的磁化特征。利用 $\tan I = 2\tan\lambda$ 公式计算出古纬度(λ),例如 $I = 49°$,则 $\lambda = 30°$。这样可以确定古板块当时的古纬度,通过同一板块不同时期的古地磁反映的古纬度变化,可以推断板块的运动方向和距离。同时,通过古地磁分析计算,还可计算出古磁极的位置和变化。一般假定古磁极与地球自转轴(地理极)的平均位置大体接近,根据磁偏角和古磁极恢复可以确定古板块的方位。对不同板块不同时期的古磁极进行系统研究,可以得出各个板块记录的不同时期古磁极的变化轨迹,即极移轨迹。图 10 - 16 是欧洲和北美板块记录的寒武纪以来古磁极位置连续变迁的轨迹,可以看出,这两条曲线并不重合。如果地质历史时期这两个大陆的相对位置未发生位移,那么这两条曲线应是重合的。两条极移曲线不重合说明这两个大陆在地史时期曾发生过较大的相对位移,如果假设两大陆间曾在早古生代有一个古大西洋相隔,则这种极移曲线的偏离可以消除。

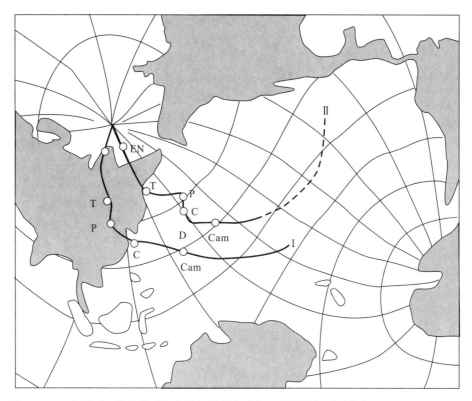

图 10-16　欧洲（Ⅰ）和北美（Ⅱ）大陆记录的寒武纪以来的磁极迁移曲线（据 Runcorn,1962）

三、生物古地理

生物古地理分区主要是在温度和地理隔离两大因素控制下形成的生物区系。纬度主要受经纬度及大洋表层洋流控制，地理隔离主要受大陆和大洋分布控制。因此，生物古地理分区与全球古大陆、古大洋分布密切相关，可以用来恢复构造古地理，尤其是可以帮助进行全球古大陆再造。对陆生生物来说主要受气候带（温度、湿度）制约，有时也与地形高低所反映的垂直气候分带有关。海生生物则主要受与纬度有关的海水温度及不规则海流分布范围的影响。地理隔离对陆生生物来说主要是海洋隔离，对海洋生物来说既有大陆的陆地隔离因素，也有广阔洋盆的深海隔离。相对来说，地理隔离对生物分区的影响更为重要，这是因为地理隔离可造成生物间基因无法交流，形成一些差别较大，甚至很大的生物类群，从而形成不同的生物区系。

大陆板块之间均为大洋、海沟分隔，是陆生生物和海生底栖生物地理隔离的一个重要障碍。以现代陆生生物为例，欧亚大陆和澳洲大陆是两个分离的板块，欧亚大陆的生物界属东洋界大区，发育欧亚型的哺乳动物群。而澳洲大陆长期与欧亚大陆分隔，存在古特提斯—新特提斯洋的隔离，主要发育有袋类等不同于欧亚大陆的澳洲界的特殊生物群。地史时期的生物古地理分异也非常明显，如石炭纪—二叠纪，可以分为热带—亚热带的华夏植物区、南半球寒温带的冈瓦纳植物区（舌羊齿植物区）和北半球温带的安加拉植物区，它们受石炭纪—二叠纪全球古大陆、古大洋分布制约。再如二叠纪—三叠纪陆生动物水龙兽、肯氏兽在冈瓦纳大陆、劳亚大陆均有分布，指示了这些大陆有陆地或陆桥连接，由此确定了Pangea超大陆的形成（详见第十六章）。

四、古气候分析

古气候是指地史时期各种气候要素如降雨量、气温、风力和风向等的综合。古气候分析通过古气候的各种生物(暖温型、湿热型、寒冷型)、矿物(如寒冷气候条件下的六水碳钙石、干旱条件下的盐类矿物、潮湿条件下的铁锰氧化物矿物)、岩石(如干旱条件下的蒸发岩、红层,潮湿条件下的黑色页岩和煤层)等气候指标,恢复不同地区不同时期的古气候。

一般情况下,在热带海洋环境中可形成生物礁、鲕粒滩、叠层石等特殊的沉积物。干热的滨浅海环境中可出现石膏、石盐,甚至钾盐沉积,伴生有泥裂、晶痕等。干热的陆相湖盆多出现红层(紫红色泥岩等碎屑岩)。温暖潮湿的陆地上可出现湖沼相的煤层及大量植物化石。相比之下,寒冷的海洋环境内缺乏上述沉积,在大陆冰川附近的海域,冰海沉积发育,如具明显"落石构造"的冰筏沉积发育。寒冷海域的碳酸盐岩沉积中多缺乏生物碎屑、鲕粒、团粒等,六水碳钙石为其特征矿物,生物贫乏,多为一些冷水的典型分子,如石炭纪—二叠纪冷水型四射珊瑚主要为一些体壁较厚的单带型单体分子。低纬度(南北纬 5°～30°之间)热带风暴(台风、飓风或热带气旋)发育,风暴岩的特殊沉积也可指示低纬度的古纬度。

地质历史时期不同的板块处于不同的古纬度,其古气候环境不一样。由于板块之间的相对运动,以前纬度差别很大的两个板块之后相撞在一起,必然出现气候条件差异很大的沉积物及生物群彼此相邻,这为寻找板块边界提供了重要依据。例如,石炭纪时期,西南特提斯域的拉萨地块、保山地块、南羌塘地块属冈瓦纳大陆,处在高纬度的寒冷气候区,冰水沉积普遍发育。海相生物为 *Eurydesma*(宽铰蛤)冷水动物群,所见珊瑚也为体壁厚、缺乏鳞板的小型单体,如 *Cyathaxonia*(杯轴珊瑚),*Amplexus*(包珊瑚)等。陆相为适应寒冷气候条件的灌木-草木植物群——舌羊齿(*Glossopteris*)植物群;而其东侧的昌都地块、北羌塘地块和扬子板块当时处在低纬度热带区,出现有暖水碳酸盐岩,海相暖水生物繁盛,以造礁型复体珊瑚、苔藓虫、钙质海绵为特征。陆相植物主要为高大的石松、节蕨和科达类。其中鳞木可达 40m 长,树干不显年轮,显现了热带森林景观。如今,这两类隶属于两种纬度差别极大气候条件下的沉积物和生物群彼此相邻,说明二者之间曾经存在一个宽阔的古特提斯洋。

第四节　中国古板块重建和全球古大陆再造

由于地壳构造活动的不均一性,可以从空间的角度将地壳各部分的区域性分异与构造阶段的发展变化联系起来进行大地构造单元划分或大地构造分区。在此基础上进行古板块构造古地理重建。大地构造分区的主要依据是构造活动程度,地壳演化中各个地区构造活动程度并非一成不变,而是可以相互转化的,所以在进行大地构造分区时,必须具有历史分析的观点,即区分不同的构造阶段进行。

大陆板块是大地构造分区的主要单元,因此大地构造分区的关键是区分大陆板块。一般来说,大陆板块之间应发育代表古大洋的缝合线分隔,它以蛇绿岩套、混杂堆积、双变质带、超岩石圈断裂为特征。除此之外,不同板块的古生物、古地理、古气候等均有明显的差异,相邻板块上的生物群由于长期的地理隔离,基因无法交流,生物群面貌差异很大,绝非一般生态环境分异所致的生物群差异所能比拟。不同的板块在地质时期由于古纬度不一样,其古气候和古地理也必须有明显差异,这也是识别划分古板块的重要标志。

微板块(Microplate)和地块(或陆块)(Block)是地史时期出现的一些小的稳定块体,但不少学者对它们的使用并不完全一致,目前有用地块(或陆块)替代微板块的趋向。严格地讲,微板块应指由代表古大洋的缝合线分隔的小的稳定块体,内部具有褶皱变质基底,微板块之间或与相邻的板块之间具有缝合线分隔,不同微板块具有不同的盆地背景和演化历史,但微板块之间或与相邻板块之间可能相距较近,不一定形成生物带隔离和古气候的分异。地块(或陆块)一般也具有稳定的褶皱变质基底,可以有但不强调由缝合带围限。在实际使用过程中,不少学者将微板块和地块(或陆块)混用,如昌都-思茅-北羌塘地块、南羌塘地块、拉萨地块,两侧都为缝合带蛇绿岩套。本教材沿用目前流行的意见,统称为地块。

板块或地块之间的相向运动导致古洋盆的关闭。具有洋壳的古大洋的关闭通常称为闭合。古大洋的萎缩常常是由大洋地壳的俯冲所致,而大洋的闭合常常由大陆的碰撞而成。大陆的碰撞意指大陆地壳的碰撞连接,又称为大陆对接(王鸿祯等,1987),而具有过渡型地壳的岛弧和大陆板块之间的碰撞称为大陆增生或叠接(王鸿祯等,1987)。传统的碰撞造山一般是指大陆碰撞引起的造山带隆升。陆-陆碰撞造山或弧-陆碰撞造山通常形成具有早期复理石(碰撞期)和后期磨拉石(隆升期)的同造山盆地(前陆盆地或残余盆地)沉积,可作为碰撞造山的沉积标志。

根据古缝合线的分布以及古生物、古地理、古气候分析,可将我国古大陆分为不同的古板块或地块。重要的包括华北地区的华北板块、西北地区的塔里木板块和华南地区的华南板块。其中华北板块由西部地块和东部地块组成,华南板块由扬子地块和华夏地块构成。在古亚洲洋、古秦岭-古祁连-古昆仑洋和西南特提斯洋还包括多个稳定地块(图10-17)。在此基础上可以编制中国各时代构造古地理图,本教材采用王鸿祯等(1985)的系列编图(详见第十一至十五章)。

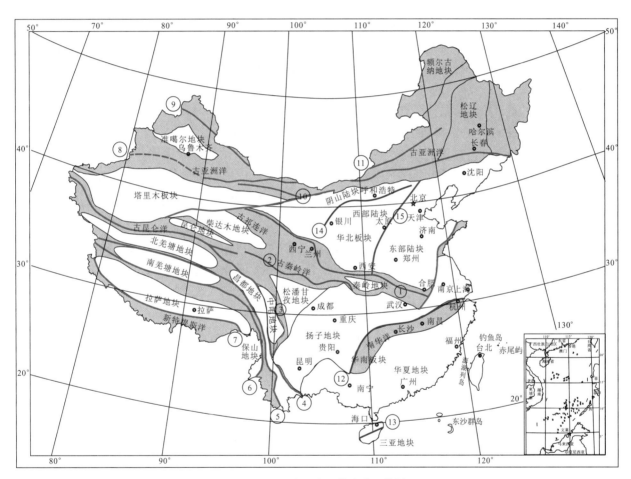

图 10-17　中国大地构造分区简图

①北祁连-商丹缝合线;②秦岭勉略-东昆仑阿尼玛卿-西昆仑康西瓦缝合线;③甘孜-理塘缝合线;④金沙江-哀牢山缝合线;⑤双湖-龙木错-澜沧江-昌宁-孟连缝合线;⑥班公错-丁青-怒江缝合线;⑦雅鲁藏布江缝合线;⑧艾比湖-居延海至索伦-西拉木伦缝合线;⑨鄂尔济斯-布尔根缝合线;⑩小黄山缝合线;⑪贺根山缝合线;⑫江绍缝合线;⑬屯昌缝合线;⑭燕山-贺兰山缝合带;⑮中部造山带

根据地质(大陆克拉通和造山带分布)、古地磁、生物古地理、古气候等证据,可以进行全球古大陆再造。目前国际上不同学者有不同的全球古大陆再造系列图,本教材采用李江海、姜洪福(2013)最新编制的全球古大陆再造图,详见本教材第十一至十五章。

第十一章　前寒武纪地史

前寒武纪指地球起源(4600Ma)到寒武纪开始(541Ma)之间的地球早期漫长的时期,前寒武纪分为冥古宙、太古宙和元古宙。早期地球的形成和演化经历了复杂而漫长的历程。一般认为,作为太阳系的一员,地球的形成年龄和太阳系其他成员大体是相同的。近年对月岩和陨石的研究表明,月岩最古老的年龄可达 4600～4400Ma,地球上大多数陨石的年龄也在 4600～4500Ma 之间。所以地月体和太阳系大体形成于4600Ma 左右。现在已知地球最老地质记录(如格陵兰西部、南极恩比地、南非林波波等地的变质岩)的年龄为 3800Ma 左右,可视为地质历史的真正开始。但是,从 4600～3800Ma 之间的 8 亿年左右为地球形成的天文时期,该期地球演化细节还不清楚,只能根据月球、太阳系其他行星作为类比来推测。

地史时期的古板块是经过长期而复杂的演变过程形成的。一般认为,古板块的形成时期主要在前寒武纪,王鸿祯(1987)认为古板块是通过陆核(太古宙)、原地台(早元古代)、地台(前震旦纪)等不同阶段形成的。因而从某种意义上讲,前寒武纪地史也就是古板块的形成史。中国境内几个重要的古板块——华北板块、扬子板块、塔里木板块均是古元古代形成的。本章着重以中国古板块的形成史为纲,简介中国古大陆的地史特征。

第一节　前寒武纪的生物界

一、太古宙—中元古代生命记录

目前最早的生命记录发现于 3500Ma 之前的沉积岩中,包括格陵兰岛 3800Ma 的地层中发现的叠层石、生物成因的矿物和地球化学证据(Mojzsis et al.,1996;Nutman et al.,2016),加拿大 3770Ma 的玉髓里面的丝状化石(Dodd et al.,2017),西澳大利亚 3400～3500Ma 的 Warrawoona 群地层中的丝状和链状细胞体(Schopf et al.,1994)等。自 3500Ma 生命出现之后的长达 10 亿年的时间里,原核生物几乎是地球上唯一的生命存在形式。它们大多属于厌氧化能自养细菌,这个时期的生态系统是建立在化能自养基础上的微生物生态系统。

从古元古代开始蓝细菌开始取代化能自养微生物,逐渐成为生态系统的主要组成部分。进入中元古代,蓝细菌大量繁盛,在世界范围内沉积了大规模的碳酸盐岩沉积,这意味着以蓝细菌类为主的沉积碳酸盐和建造叠层石的微生物广泛分布和繁盛于陆缘浅海和滨海环境。在元古宙长达 20 亿年的时间里,蓝细菌一直是生物圈主要的(占优势)的生物类群,也是全球生态系统中最重要的初级生产者。蓝细菌化石被广泛地报道于世界各地的地层中,包括加拿大 1900Ma 的 Gunflint 铁建造(Awramik,1978),中国华北 1600～1400Ma 的蓟县群(Zhang,1985;Lee and Golubic,1998;Shi et al.,2017),西伯利亚 1500Ma 的 Kotuikan 组(Vorob'eva et al.,2015),加拿大 1200Ma 的 Dismal Lakes 群(Horodyski and Donaldson,1980)等。

地球上最早的真核生物是报道于 1700Ma 以后的地层中的具有抗酸碱的有机质壁化石,包括外壁

同心纹纹饰的 *Valeria lophostriata*，具有六边形纹饰的 *Dictyosphaera* 和 *Shuiyoushaeridium*，具有凸起的 *Tappania* 和 *Shuiyoushaeridium*（Adam，2014；Agić et al.，2015；Pang et al.，2015；Javaux et al.，2001；Nagovitsin，2009；Peng et al.，2009；Yin et al.，2005）。距今 1200Ma 开始，加拿大 Somerset Island 的 Hunting 组燧石条带中出现了最早的多细胞的红藻 *Bangiomorpha*（Butterfield，2000）（图 11-1）。

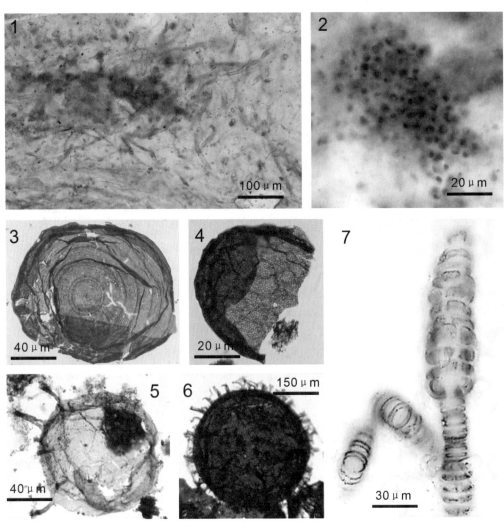

图 11-1 前寒武纪化石

1. 天津蓟县大红峪组（1600Ma）燧石中的丝状蓝细菌化石；2. 天津蓟县大红峪组（1600Ma）燧石中的球状蓝细菌；3. 山西运城汝阳群（>1400Ma）页岩中的 *Valeria lophostriata*；4. 山西永济汝阳群（>1400Ma）页岩中的 *Dictyosphaera*；5. 澳大利亚 Roper 群（1500～1400Ma）页岩中的 *Tappania*；6. 山西永济汝阳群（>1400Ma）页岩中的 *Shuiyousphaeridium*；7. 加拿大 Somerset Island 的 Hunting 组（1200Ma）燧石条带中的多细胞的红藻 *Bangiomorpha*

二、新元古代的生物界

新元古代是地球生命演化的重要时期，在地球早期生物演化的过程中，受太古宙末期和新元古代后期两次大氧化事件的影响，新元古代后期地球的大气氧含量有了显著提升，接近于现今大气氧含量。地球上的海洋化学条件也有了利于生物进化的改观。新元古代开始出现一系列复杂真核生物的记录，为寒武纪初期生命大爆发打下了坚实基础。按时间顺序,新元古代的生物记录主要包括宋洛生物群、蓝田生物群、瓮安生物群、庙河生物群、埃迪卡拉生物群等。

1. 宋洛生物群

宋洛生物群是指发现于神农架东部地区宋洛乡,成冰纪南沱组冰碛岩夹层的黑色页岩、粉砂质泥岩中的,以宏体藻类为代表的生物组合。20世纪八九十年代,朱士兴、瞿乐生等老一辈地质工作者在神农架宋洛地区工作时,在成冰纪南沱组杂砾岩的碳质页岩夹层中,发现了少量带状碳质压膜化石 *Vendotaenia* sp. 和 *Tyrasotaenia* cf. *podolica*,并将它们解释为大型褐藻化石(李铨和冷坚,1991)。但由于化石数量较少,且多为碎片,并未引起关注。2012年以来,经童金南、叶琴等再次发掘和研究,发现该地区的碳质化石不仅具有宏观体积,而且大部分表现出明显的形态分异,其中既包括一些形态简单、延续时间较长的化石类型,同时也包括一些形态复杂、被解释为底栖固着生活的宏体藻类化石,因此认为它们主要是一个以多细胞宏体藻类为主的化石组合(Ye et al.,2015)。

通过研究,宋洛生物群化石面貌至少包括10余个不同形态的类群,其中具代表性的形态类型有:①圆盘形或椭圆形(图11-2A、B),其直径通常介于2~10mm之间,平均5.5mm,以 *Chuaria* 为代表。②带状化石(图11-2C、D),化石呈两侧平行,两端逐渐尖缩的带状体,无分枝,常扭折,折叠或弯曲状产出,宽0.1~2mm,长度不一,最长可达20mm,常被认为是 *Vendotaenia* 属或其相关类群。在这类带状化石中,少量化石表现为不仅具有叶片、叶柄,基部还有须根状固着器(图11-2E、F)。③棒状类型(图11-2G),这类化石高达7mm,最宽处为2mm。其最大特征是具有须根状固着器、棒状叶柄和叶片的分化特征,可归属为 *Baculiphyca*。④可能的分枝类型,包括 *Konglingiphyton erecta*(图11-2J,一次分枝,分枝向上变宽,分枝宽度由下部的0.1~0.3mm向上变宽至0.8mm,分枝角约30°)、*Enteromorphites siniansis*(图11-2K,等二歧式分枝或者分枝向上略有变窄,分枝宽约0.2mm)、*Enteromorphites* sp.(图11-2M,与 *E. siniansis* 相似,但其下部具有一个膨胀的叶柄和一个球形的固着器)。⑤假单轴式分枝类型,又包括两个属种化石。其一特征是稀疏的圆柱状分枝从主轴一侧伸出,主轴宽0.17mm,长5.1mm,侧枝宽0.06~0.15mm,长0.8~1.2mm,分枝间距为0.8~1.1mm,分枝角较大,可达60°~90°(图11-2L)。这类分枝方式与埃迪卡拉纪翁会生物群中的 *Wenghuiphyton erecta* 相似,不同点在于后者侧枝有二歧分枝现象。其二是从主轴一侧分散出大量侧枝,且侧枝向远端有变细变尖现象。主轴最宽处约1mm,长达15mm,侧枝宽0.2~0.6mm,长1.5~3.1mm,分枝角近垂直,达到85°(图11-2H、I)。此化石类型与中寒武世凯里生物群中的一类可能的藻类化石 *Parallelphyton tipica* 形态特征相似,但后者的侧枝也存在向远端二歧分枝的现象。

宋洛生物群的发现对于认识"雪球地球"时期的环境特征、生物面貌和两者之间的关系,以及早期宏体藻类形态的演替,都是全新的资料或重要的补充(Corsetti,2015)。在以往的认知中,全球成冰纪由于低温与冰冻的极端环境制约了生物的发展,古生物化石的报道甚为贫乏,仅少数地方的间冰期沉积中有部分微生物化石的报道。但宋洛生物群的发现表明,即使在典型的冰期沉积南沱组中至少已发现了多种类型的宏体藻类化石,部分化石还表现为具固着器、分枝的特征,充分说明了宏体藻类在成冰纪已具有一定的分化特征,同时具有一定的多样性和复杂性,弥补了世界范围内的成冰纪宏体藻类化石资料的极度不足(空白)。另外,值得注意的是,上述宋洛生物群不仅包括一些形态简单、延续时间较长的化石类型(如 *Chuaria* 和 *Vendotaenia*),而且也包括一些形态复杂、被解释为底栖固着生活的宏体藻类化石(如 *Baculiphyca* sp.、*Konglingiphyton erecta*、*Enteromorphites siniansis* 等)。这不仅说明以南沱组为代表的冰川作用并没有使生物群完全灭绝,以蓝田生物群为代表的埃迪卡拉纪后生生物也并不是随着埃迪卡拉纪的开始而突然爆发的,而是在以南沱冰碛岩为代表的成冰纪生物群的基础上发展而来的,因此极端环境条件可能是造就新类型生命的关键因素。而且,不同于现代冰川中的微体生物具有较为广泛的生活范围,宋洛南沱组泥质页岩夹层中的底栖宏体藻类所代表的环境条件可能表明,它们不但需要较为稳定的生存空间,同时它们纤细脆弱的须根状或球状固着器不适于生活在坚硬的石质底质,可能更适于生活在泥质底质上。此外，藻类的生长、繁殖需要依赖阳光进行光合作用，因而其生活环境应是开放水域的透光带。因此，宋洛生物群的发现说明在 Marinoan 冰期（南沱冰期），至少在中纬度的华南滨岸环境存在开放水域，存在适合宏体底栖藻类生存的底质，为理解"雪球地球"的强度和范围提供了重要的化石证据（Ye et al.，2015）。

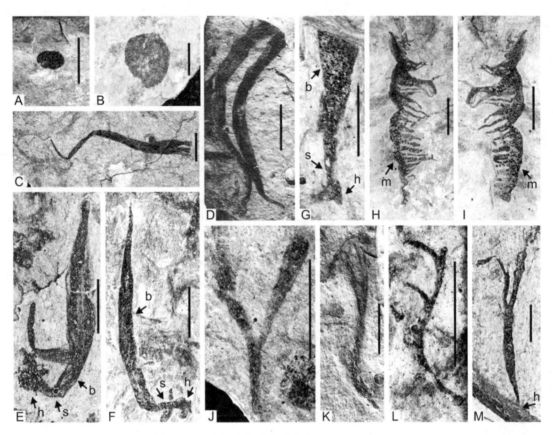

图 11 - 2　宋洛生物群典型代表（Ye et al.，2015）

A、B. *Chuaria* sp.；C、D. 带状化石 *Vendotaenia*；E、F. 具有可能的固着器 – 叶柄 – 叶片分化特征的带状化石；G. *Baculiphyca*，具有须根状固着器，圆柱状叶柄和棒状叶片的分化特征；H、I. 似 *Parallelphyton* 的化石；J. *Konglingiphyton erecta*；K. *Enteromorphites siniansis*；L. 似 *Wenhuiphyton* 的一类单轴分枝状化石；M. *Enteromorphites* sp.，固着器被氧化呈红褐色。h. 固着器；s. 叶柄；b. 叶片；m. 主轴。图中线段比例尺均代表 3mm

2. 蓝田生物群

蓝田生物群产于安徽省黄山市休宁县蓝田地区，化石主要以碳质压膜的形式保存在埃迪卡拉系下部蓝田组二段的黑色页岩中。该生物群最早由毕治国、王贤方于 1981 年发现，并由邢裕盛等（1985）正式报道，初步描述了 5 属。此后不同学者相继对该地区宏体化石进行大量挖掘和研究，随着化石面貌的不断增加，闫永奎等（1992）将该化石组合命名为"蓝田植物群"。蓝田生物群先后被描述的化石种多达 50 个以上，后经袁训来等系统修订，归入 12～15 个种一级的分类单元（Yuan et al.，1999），基本为碳质压膜保存的宏体藻类化石，没有发现可靠的动物化石。近年来，袁训来团队对该生物群开展了更加详细的系统研究，有关这一化石生物群的总体面貌和时代等方面的研究取得了新进展。在化石面貌方面，现已发现 24 种不同类型的宏体化石，按照生物属性可以划分为宏体藻类、后生动物和疑难化石三大类群（图 11 - 3），分别是：宏体藻类 *Anhuiphyton lineatum*、*Chuaria* spp.、*Doushantuophyton lineare*、*Doushantuophyton rigidulum*、*Doushantuophyton cometa*、*Enteromorphites siniansis*、*Flabellophyton*

图 11-3　蓝田生物群典型代表(据 Yuan et al.，2011 修改)

a~d、g~i. 宏体藻类：a. *Doushantuophyton cometa*，b. *Huangshanophyton fluticulosum*，c. *Anhuiphyton lineatum*，d. *Flabellophyton lantianensis*，g~i. *Flabellophyton* sp.；e、f、j. 疑难化石：e. Unnamed Form A，f. Unnamed Form C，j. *Orbisiana linearis*；k~o. 可能的后生动物化石：k~m. *Lantianella laevis*，n. *Qianchuania fusiformis*，o. *Piyuania cyathiformis*。图中线段比例尺除了在图 b、h 为 1cm 外，其他均代表 5mm *lantianensis*、*Flabellophyton* spp. 、*Grypania spiralis*、*Huangshanophyton fluticulosum*、*Marpolia spissa*；后生动物 *Lantianella laevis*、*Lantianella annularis*、*Piyuania cyathiformis*、*Qianchuania fusiformis*、*Xiuningella rara*；疑难化石 *Orbisiana linearis*、Unnamed Form A、Unnamed Form B、Unnamed Form C、Unnamed Form D（袁训来等，2016；Wan et al.，2016）。该生物群不仅包含了形态多样的宏体藻类，也有具触手和类似肠道特征、形态可与现代腔肠动物或蠕虫类相比较的后生动物，因此正式更名为"蓝田生物群"（袁训来等，2012）。在时代方面，根据化学地层学、沉积序列并结合区域地层对比，认为蓝田生物群属于埃迪卡拉纪早期的宏体多细胞生物群，早于以往报道的所有埃迪卡拉生物群，时代限定在 635～580Ma 之间（Yuan et al.，2011）。

蓝田生物群为我们重新认识早期复杂宏体生命打开了一个新的窗口（Narbonne，2011）。一方面，它是地球早期形态简单的微体真核生物向体型结构复杂的多细胞宏体真核生物演化的重要环节，显示了在新元古代雪球地球事件刚刚结束后不久，形态多样化的宏体真核生物，包括海藻和后生动物，就发生了快速辐射（Yuan et al.，2011）；另一方面，从蓝田生物群的总体特征及相关环境信息推断，它生活在水深 100～200m 之间的静水、有氧的海洋环境中，预示着多细胞宏体生物的起源和早期演化很可能发生在较深水的安静环境中，并在埃迪卡拉纪中晚期逐步迁移和扩散到较浅水的近岸环境中（袁训来等，2016）。

3. 瓮安生物群

瓮安生物群产自贵州省瓮安县瓮安磷矿埃迪卡拉系陡山沱组中上部磷块岩之中，距今约 609Ma（Zhou et al.，2017a）。瓮安生物群的研究历史要追溯到 20 世纪 80 年代初期，1984 年，朱士兴等描述了瓮安磷矿中的一种多细胞藻类（朱士兴等，1984），随后陈孟莪和刘魁梧首次报道了瓮安磷矿陡山沱组磷块岩中的大型球状化石和疑源类（陈孟莪和刘魁梧，1986），揭开了瓮安生物群的研究序幕。此后，瓮安陡山沱组中一系列精美保存的化石被发现，并于 1993 年被命名，它是指由底栖的多细胞藻类、浮游疑源类、丝状和球状蓝藻组成的晚前寒武纪生物群（袁训来等，1993）。1998 年，国际顶级期刊 *Nature* 和 *Science* 几乎同时报道了瓮安生物群中的"后生动物胚胎化石"（Xiao et al.，1998a）和"具细胞结构的海绵动物及其胚胎化石"（Li et al.，1998），将多细胞动物出现的化石记录从寒武纪向前大大推进，使得瓮安生物群受到国际学术界的极大关注，迅速成为早期生命研究的前沿热点。

到目前为止，瓮安生物群所涉及的生物内涵和所包含的属种发生了很大变化，使瓮安生物群不仅包含丝状和球状蓝藻类、具组织结构和分化的多细胞藻类和大型具刺疑源类等化石，还包含丰富的后生动物休眠卵和胚胎化石以及少量可疑的早期后生动物微型成体化石（Xiao et al.，2014a）。根据对已发表资料的统计，瓮安生物群已描述的上述各类化石达 51 属 86 种（图 11-4，尹崇玉等，2007；Xiao et al.，2014b 及其内参考文献），其中丝状及球状蓝藻 7 属 12 种（含 3 个未定种）*Archaeophycus yunnanensis*、*Obruchevella parva*、*Salome nunavutensis*、*Salome hubeiensis*、*Siphonophycus septatum*、*Siphonophycus robustum*、*Siphonophycus typicum*、*Siphonophycus kestron*、*Siphonophycus solidum*、*Eozygion* sp. 、*Gloeodiniopsis* sp. 、*Myxococcoides* sp. ；多细胞藻类 6 属 8 种 *Gremiphyca corymbiata*、*Paramecia incognata*、*Sarcinophycus radiatus*、*Thallophyca ramosa*、*Thallophyca corrugata*、*Thallophycoides phloeatus*、*Wengania globosa*、*Wengania exquisita*；疑源类和动物胚胎化石 31 属 56 种（含未定种 2 个）*Appendisphaera grandis*、*Appendisphaera tenuis*、*Asterocapsoides robustus*、*Asterocapsoides sinensis*、*Asterocapsoides wenganensis*、*Bacatisphaera baokangensis*、*Baltisphaeridium rigidium*、*Bullatosphaera* sp. 、*Caveasphaera costate*、*Cavaspina acuminate*、*Cavaspina basiconica*、*Cymatiosphaeroides yinii*、*Dicrospinasphaera virgate*、*Dicrospinasphaera zhangii*、*Distosphaera speciose*、*Eotylotopalla dactylos*、*Eotylotopalla delicate*、*Ericiasphaera magna*、*Ericiasphaera rigida*、*Helicoforamina wenganica*、*Hocosphaeridium scaberfacium*、*Hocosphaeridium anozos*、*Knollisphaeridium*? *bifurcatum*、*Knollisphaeridium* cf. *gravestockii*、*Knollisphaeridium maxi-*

mum、*Knollisphaeridium triangulum*、*Megasphaera inornate*、*Megasphaera cymbala*、*Megasphaera ornate*、*Megasphaera patella*、*Megasphaera puncticulosa*、*Meghystrichosphaeridium magnificum*、*Mengeosphaera chadianensis*、*Mengeosphaera eccentrica*、*Mengeosphaera reticulata*、*Mengeosphaera* sp.、*Papillomembrana boletiformis*、*Papillomembrana compta*、*Pustulisphaera membranacea*、*Sinosphaera speciosa*、*Sinosphaera variabilis*、*Spiralicellula bulbifera*、*Sporosphaera guizhouensis*、*Taedigerasphaera lappacea*、*Taeniosphaera doushantuoensis*、*Tanarium conoideum*、*Tanarium digitiforme*、*Tanarium victor*、*Tianzhushania polysiphonia*、*Tianzhushania rara*、*Tianzhushania spinosa*、*Variomargosphaeridium gracile*、*Variomargosphaeridium litoschum*、*Vulcanisphaera phacelosa*、*Weissiella brevis*、*Yinitianzhushania tuberifera*；可能的后生动物化石 7 属 10 种 *Crassitubus costatus*、*Eocyathispongia qiania*、*Quadeatitubus orbigoniatus*、*Ramitubus increscens*、*Ramitubus decrescens*、*Sinocyclocyclicus guizhouensis*、*Sinocyclocyclicus centriporatus*、*Sinoquadraticus poratus*、*Sinoquadraticus wenganensis*、*Vernanimalcula guizhouena*。

其中动物胚胎化石作为迄今最古老的后生动物化石之一，一直以来是瓮安生物群中最具影响力也是最有争议的化石。这些化石呈球形，大小在 200～800 μm 之间，壳体表面光滑或具板状、瘤状、脑纹状纹饰，壳体内部分别包裹着 1 个、2 个、4 个、8 个、16 个乃至 2^n 个有规律出现的小球，且具有不同数量小球的球状化石个体大小也大致相同。这类化石最初由薛耀松等(1995)发现，将之与现生绿藻门下的团藻进行对比。1998 年，肖书海等认为这些球状化石具有等体积细胞分裂的特征，即细胞总体积不变，单个细胞体积随细胞分裂次数增多(按 2 的指数形式增长，即细胞个数从 2^0 到 2^1 到 2^2…，直到成百上千个细胞)而递减。这些特征正是后生动物胚胎早期卵裂的特征，据此将内含 2、4、8 等多个细胞的化石解释为处于卵裂阶段的动物胚胎，将内含单个细胞且有表面装饰包壳的球状微体化石解释为处于休眠状态的合子，并认为可与现代鳃足类节肢动物休眠卵进行形态学上的对比(Xiao et al.，1998a)。后来的研究还发现更多不同类型的胚胎化石(朱茂炎等，2019)，并观察到这些球状化石内部细胞分裂到数百个之后，出现了营养细胞和繁殖细胞的分化，预示其发育过程发生过程序性细胞凋亡，因而有可能是某种基干类群动物，但也不能排除是某种多细胞真核藻类(Chen et al.，2014)。目前有关这些球状化石的亲缘关系仍争议不断(Cunningham et al.，2017)，未来的研究需要更多的证据才能作出更为明确的解释。

瓮安生物群中可能的后生动物成体化石同样引人注目，包括海绵动物化石、微管状化石和两侧对称动物化石等，均遭受一定程度的质疑(Xiao et al.，2014a；朱茂炎等，2019 及其内参考文献)。2015 年，殷宗军等在瓮安生物群中发现了一枚海绵动物实体标本(图 11 - 4q～s)，这一化石十分微小，体积只有 2～3 mm³，但保存了精美的细胞结构和完好的水沟系统(Yin et al.，2015)，是迄今为止全球发现的最古老的可靠海绵化石的记录，该发现不仅将海绵动物在地球上出现的实证记录从寒武纪向前推进了 6 千万年，还意味着复杂的多细胞动物起源的时间可能远远早于古生物学家的传统推测。

此外，瓮安生物群中常见的多细胞藻类，细胞和组织结构清晰可见，甚至部分标本可见细胞壁上的微细构造，为研究其内部结构、发育特征及亲缘关系等提供了重要的科学依据(袁训来等，2002)；对于大型具刺疑源类化石来说，虽然亲缘关系及生物分类位置尚难以确定，但它们结构精美、类型多样，具有明显时代特征，是该时期海洋浮游生态系统的重要角色，代表了该时期浮游真核生物的演化水平，同时也是埃迪卡拉系内部划分和区域/洲际对比的重要标志。

总之，瓮安生物群这一磷酸盐化特异埋藏化石库以三维立体的形式保存了大量非矿化生物的细胞和亚细胞结构，透过瓮安生物群这一独特窗口，让我们有机会在细胞和组织水平上研究 6 亿年前生物的进化。

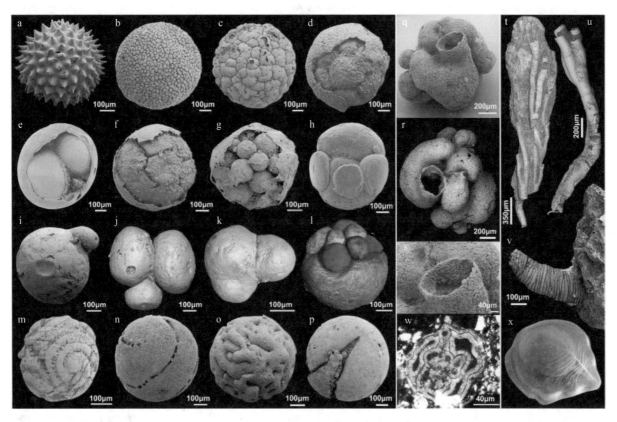

图 11-4　瓮安生物群典型代表化石(朱茂炎等,2019)

a. 大型带刺疑源类网格大刺球 *Mengeosphaera reticulate*;b~l. 动物胚胎化石;b~c. 展示胚胎外包膜表面的装饰特征,d. 显示带装饰外膜包被的分裂球,e~g. 显示不同分裂阶段的均等同步分裂胚胎,h. 典型的不均等分裂胚胎,i~k. 不同发育阶段的具极叶胚胎化石,i. 极叶结构膨出的单细胞期,j. 三叶型的二细胞期,极叶结构与其中一个细胞连通,k. L 型二细胞期,极叶结构开始回缩至连通的细胞,l. 盘状卵裂胚胎,细胞分裂发生在动物极,植物极是不分裂的富含卵黄的大细胞;m~p. 瓮安生物群中的疑难球形化石:m. *Spiralicellula bulbifera*,n. *Helicoforamina wenganica*,o. *Caveasphaera costata*,p. *Sporosphaera guizhouensis*;q~s. 贵州始杯海绵 *Eocyathispongia qiania*;q. 侧视图,r. 顶视图,s. 其出水口放大细节;t~v. 管状化石;w. 贵州小春虫 *Veranimalcula guizhouena*;x. 推测的贵州小春虫复原图

4. 庙河生物群

1984 年,朱为庆和陈孟莪首次报道了湖北秭归县庙河地区陡山沱组-灯影组过渡地层(庙河段)黑色页岩中的一类宏体碳质压膜化石(朱为庆和陈孟莪,1984)。1990 年底,陈孟莪和肖宗正重新奔赴该地,采集了 40 余块宏体藻类和其他可能的动物化石标本,并将该地区产出的这一特殊化石组合命名为"庙河生物群"(陈孟莪和肖宗正,1991)。随后,不同课题组在这个化石群中发现了更多化石,丁莲芳等(1996)在《震旦纪庙河生物群》一书中描述了 140 多个种。Xiao 等(2002)在大量古生物学研究工作以及前人研究的基础上,将庙河生物群内的化石进行重新厘定,共描述并甄别出 17 属 20 种(图 11-5):*Aggregatosphaera miaoheensis*、*Anomalophyton zhangzhongyingi*、*Baculiphyca taeniata*、*Beltanelliformis brunsae*、*Calyptrina striata*、*Cucullus fraudulentus*、*Doushantuophyton lineare*、*Doushantuophyton quyuani*、*Enteromorphites siniansis*、*Glomulus filamentum*、*Jiuqunaoella simplicis*、*Konglingiphyton erecta*、*Liulingjitaenia alloplecta*、*Longifuniculum dissolutum*、*Miaohephyton bifurcatum*、*Protoconites minor*、*Sinocylindra yunnanensis*、*Sinospongia chenjunyuani*、*Sinospongia typica* 和 *Siphonophycus solidum*。并认为其中大部分可能与现生的三大高级藻类分支——绿藻、

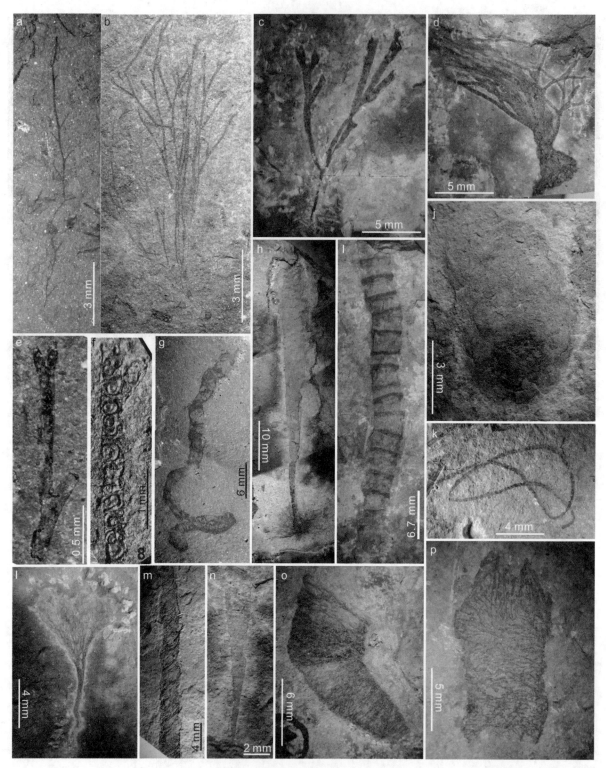

图 11 - 5　庙河生物群典型代表化石(Xiao et al.，2002)

a. *Doushantuophyton quyuani*，主轴呈"之"字形弯曲；b. *Doushantuophyton lineare*，具规则二歧分枝；c. *Konglingiphyton erecta*，分枝向上变粗；d. *Enteromorphites siniansis*；e～f. *Miaohephyton bifurcatum* 及其表面的瘤状结构，被解释为生殖窝；g. *Jiuqunaoella simplicis*；h. *Baculiphyca taeniata*，具强壮的须根状固着器；i. *Calyptrina striata*；j. *Cucullus fraudulentus*；k. *Sinocylindra yunnanensis*；l. *Longifunciculum dissolutum*；m. *Liulingjitaenia alloplecta*；n. *Protoconites minor*；o. *Sinospongia typica*；p. *Sinospongia chenjunyuani*

红藻、褐藻有着亲缘关系，属真核多细胞藻类，同时至少 5 种类别可能是原始的后生动物化石。例如庙河生物群中最普遍的双叉庙河藻（*Miaohephyton bifurcatum*），个体呈"Y"字形，表面可见瘤状结构，解释为生殖窝，与现生褐藻门的墨角藻属亲缘相近，可能是早期褐藻起源的重要证据（Xiao et al.，1998b）；而环纹杯状管（*Calyptrina striata*）具有加厚的环带，形态上类似某些现生腔肠动物的栖居管（Xiao et al.，2002）；此外，八臂仙母虫（*Eoandromeda octobrachiata*）是一类体型奇特的球囊状宏体化石，由 8 个完全相同的旋臂组成，曾被认为是遗迹化石（丁莲芳等，1996），后认为其与八射珊瑚或栉水母动物有关，可能是刺胞动物的祖先类型（Zhu et al.，2008）。

庙河生物群在湖北峡东地区的分布范围比较局限，三十年以来，除庙河地区以外，没有在其他剖面中发现，因此对庙河生物群的研究一度陷入了沉寂。直到近几年，童金南、安志辉、叶琴等在神农架—宜昌地区埃迪卡拉纪晚期庙河段黑色页岩中新发现多个宏体化石产地，如芝麻坪、麻溪和三里荒等，从而扩大了庙河生物群的地理分布范围，为埃迪卡拉纪多细胞生物群研究提供了新的参考资料（An et al.，2015；Ye et al.，2019）。同时，伴随新的化石产出地点的发现，有关庙河生物群的赋存层位（即庙河段）的不同认识（An et al.，2015；Zhou et al.，2017b）也使得该生物群的时代归属产生了很大的争议。到目前为止，对庙河段的地层对比问题主要有两种不同的对比方案。传统上人们将庙河地区两套页岩夹一套白云岩的组合总体与九龙湾剖面陡山沱组第四段进行对比（Zhou et al.，2017b），而安志辉等通过大量野外调查，综合古生物化石、层序地层和化学地层的研究，认为庙河段要晚于陡山沱组第四段沉积，应当与灯影组石板滩段下部进行对比（An et al.，2015）。目前庙河生物群的最小年龄被限制在 551Ma（Condon et al.，2005），如能在陡山沱组第四段和/或灯影组石板滩段下部开展同位素测年工作，将是解决上述地层对比争议的重要方法之一。

庙河生物群是以底栖固着藻类为主的复杂宏体生物群，是宏体藻类高度繁盛的时期。与新元古代之前的宏体藻类相比，该时期的宏体藻类形态稳定，具高的丰度和分异度，分枝清楚，器官分化明显，具有现生藻类的诸多形态和结构特点，代表了宏体藻类演化史上的一次辐射性事件，是了解寒武纪生命大爆发前夕生物多细胞化、组织化和生物宏体形态多样化的重要窗口之一。

5. 埃迪卡拉生物群

埃迪卡拉生物群最早由 Sprigg 于 1946 年发现于澳大利亚南部埃迪卡拉山前寒武纪末期 5.5 亿年前的庞德石英砂岩中，目前几乎在全球都有发现（Boag et al.，2016；Waggnoer，2003）。它主要分为 3 个生物组合（Narbonne，2005；Waggnoer，2003），自下而上分别为：阿瓦隆生物群组合（the Avalon assemblage，575～560 Ma），主要包括典型的叶状化石 arboreomorphs 和 rangeomorphs 分子，代表地为纽芬兰和英格兰地区，属于深水边缘斜坡和盆地相环境；白海生物群组合（the White Sea assemblage，560～550 Ma），数量最为丰富，主要包括 dickinsoniomorphs、bilateralomorphs、triradialomorphs/tribrachiomorphs 等（图 11-6），代表地点为南澳大利亚弗林德斯山脉和俄罗斯白海等地，分布在近海环境；纳玛生物群组合（the Nama assemblage，550～541Ma），由 erniettomorph（图 11-6g～i）、rangeomorph 和少量具有矿化骨骼动物如 *Cloudina* 和 *Namacalathus* 组成，代表地为纳米比亚、华南、加拿大和英国西部地区，是近岸滨岸环境。这 3 个埃迪卡拉纪生物群组合见证了埃迪卡拉纪生物的形态空间演化过程，即埃迪卡拉生物体的形态空间在阿瓦隆生物组合即已达到最大程度，并在之后的白海生物组合和纳玛生物组合中基本保持不变，尽管在生物类型丰度方面，白海生物组合远高于阿瓦隆和纳玛生物组合。埃迪卡拉生物群中这种生物体形态演化与生物类型丰度之间的脱耦性与寒武纪生物大爆发类似，可能代表着二者在生物演化模式上具有相同的驱动机制（Shen et al.，2008；Xiao and Laflamme，2009）。

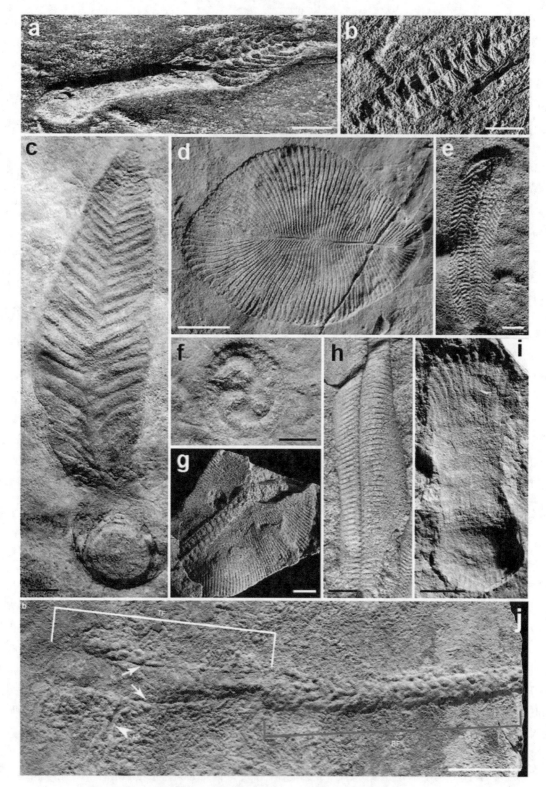

图 11-6　埃迪卡拉生物群典型代表化石（据 Muscente et al.，2018 和 Chen et al.，2019 修改）

a～b. 阿瓦隆半岛生物群组合中的分子：a. arboreomorph *Charniodiscus*，b. rangeomorph *Fractofusus*；c～f. 白海生物群组合中的分子：c. arboreomorph *Charniodiscus*，d. dickinsoniomorph *Dickinsonia*，e. bilateralomorph *Spriggina*，f. triradialomorph *Tribrachidium*；g～i. 纳玛生物群组合中的分子：g. erniettomorph *Swartpuntia*，h. erniettomorph *Pteridinium*，i. erniettomorph *Ernietta*；j. 华南湖北三峡地区埃迪卡拉系灯影组的石板滩生物群中穗状夷陵虫化石 *Yilingia spiciformis*（BF）和死亡前形成的遗迹（TF）。直线比例尺在 a、d 中代表 30mm，e、j 中代表 5mm，f 中为 10mm，g～i 中为 20mm

埃迪卡拉生物群是寒武纪生物大爆发前夕最引人注目的复杂生物群,该生物群从一开始被发现便解释为与寒武纪之后和现代海洋中的动物相关的动物祖先类群。但是埃迪卡拉生物群中的化石个体较大,形态多样且奇特,呈软躯体保存,缺乏矿化外壳和骨骼,几乎都不能与寒武纪之后乃至现今的生物进行很好的形态对比,因此有关埃迪卡拉生物属性和生活方式存在各种各样不同的假说,如真菌、地衣、原核生物、原始多细胞动物等。1992 年,Seilacher 提出一个新的生物门类——文德动物门(Vendozoa)或文德生物群(Vendobionta),以示埃迪卡拉生物群在生命演化史中的特殊性。他认为埃迪卡拉生物群中即使有可归入现生的门甚至动物界的化石,那也只是少数,大部分类型是一群在地质历史上"昙花一现"、已经完全灭绝了的生物,并认为这些化石是由单细胞通过特定的方式构成的,它们的演化是以表面积的扩大为特征,是生物演化史上一次失败的尝试(Seilacher,1989,1992)。另一部分学者认为埃迪卡拉生物群代表了寒武纪大爆发前夕出现的大量存活时间很短的动物祖先分子,可能属于动物系统树底部不同位置上的干群支系(Dunn and Liu,2019)。支持的证据包括具有肌肉收缩运动和动物标志化合物的 *Dickinsonia*、可能的两侧对称动物如 *Kimberella* 和 *Parvancarina*、刺细胞动物 *Haootia* 和 *Bjarmia*、海绵 *Thectardis* 和 *Coronacollina*(Muscente et al.,2018 及其内参考文献)。近年来,在华南三峡地区灯影组石板滩段灰岩中发现了多种类型的埃迪卡拉生物群典型分子,还包括一些复杂两侧对称动物实体化石和遗迹化石,如三叶形蠕形动物实体与其运动痕迹一起保存的化石(图 11 - 6j)和具有成对附肢动物的爬行觅食迹化石等,为埃迪卡拉纪晚期两侧对称动物干群的存在提供了可靠的化石证据(Chen et al.,2018,2019),是对寒武纪大爆发幕式演化过程的最有力支持(朱茂炎等,2019)。

第二节　太古宙—古元古代基底

一、华北板块基底

华北地区太古宙—古元古代基底较为发育,主要分布于华北北部内蒙古阴山、冀东迁西、辽东鞍山、山西五台山、太行山、中条山,山东泰山,河南嵩山,陕西华山等地,形成冀辽、鄂尔多斯、河淮等若干陆核(王鸿祯,1985)。Zhao 等(1998)将华北划分为东部陆块、西部陆块和中部带(或中部造山带)(图 11 - 7),认为华北板块是由东部陆块和西部陆块在古元古代碰撞形成中部造山带后最终形成的。

1. 东部陆块区

东部陆块基底岩石分布于吉南、辽北、鞍(山)本(溪)、辽南、辽西、冀东、密云、鲁西、胶东等地,包括古太古代—古元古代地层(表 11 - 1),主要岩性为高级—中低级变质的花岗质混合岩、绿岩。河北迁安曹庄地区古太古界为一套角闪斜长片麻岩、斜长角闪岩、黑云斜长片麻岩、斜长透辉石岩、石英片岩、透辉石岩夹大理岩透镜体,斜长角闪岩的年龄为 3.5Ga,石英岩的碎屑锆石年龄为 3.6~3.9Ga(赵国春,孙敏,2002)。冀东-辽西地区中太古界为迁西群和下鞍山群,主要为斜长角闪岩、磁铁石英岩等。冀东地区新太古界为八道河群,主要岩性为斜长角闪片麻岩、变粒岩和磁铁石英岩互层,原岩为基性火山岩、中基性火山岩及硅铁岩类,TTG 片麻岩的年龄为 2.8~2.5Ga(赵国春,孙敏,2002)。上述岩石形成之后,普遍发生花岗岩侵位,太古宙地层多呈岩块、岩片残留其中。

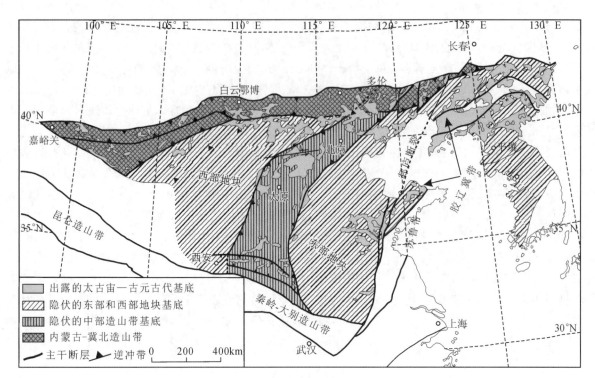

图 11-7　华北板块基底岩石分布及构造单元划分(据 Kusky et al.，2016)

表 11-1　华北地区太古宙—古元古代基底地层对比表(引自杨崇辉等,2018)

宙	代	年龄/Ma	辽吉	冀东	鲁西	胶东	冀西北	内蒙中部	五台-恒山	太行山	吕梁山		中条山	豫西
	中元古代	1800						白云鄂博群(?)		东焦群(?)	汉高山群/小两岭组		西洋河群	熊耳群
元古宙	古元古代		老岭群 集安群 辽河群		粉子山群 荆山群	丰镇岩群 红旗营子岩群	化德群	上集宁岩群 上乌拉山岩群	东冶亚群 豆村亚群		野鸡山群 岚河山群 黑茶山群	界河口岩群 吕梁群(?)	担山石群 中条群 绛县群	嵩山群
		2200 2300							高凡亚群(?)				冷口火山岩?	上太华岩群(?)
		2470												
太古宙	新太古代	2800	鞍山岩群 夹皮沟岩群 龙岗岩群 朱杖子岩群 迁西岩群 遵化岩群 滦县岩群	山草峪-济宁岩系 雁翎关-柳杭岩系	沂水岩群	胶东岩群	崇礼岩群	下济宁岩群 下乌拉山岩群 色尔腾山岩群	五台岩群 恒山岩群 阜平岩群 赞皇群 官都群	五台岩群		西姚表壳岩 同善岩群	安沟群 登封群 下太华岩群

2. 西部陆块区

西部陆块基底主要分布于陆块北部集宁、大青山-乌拉山、固原-武川、色尔腾、贺兰山-千里山、阿拉善等地(图11-8),陆块南部为鄂尔多斯盆地覆盖。西部陆块基底可以划分为新太古代TTG片麻岩和表壳岩两个单元。前者以花岗-绿岩地体或麻粒岩相高级变质岩分布于固阳、武川、色尔腾、阿拉善等地。鄂尔多斯盆地零星钻孔证实盆地之下有麻粒岩存在。后者呈线性构造带分布于集宁—大青山—千里山—贺兰山一带,构成一条近东西向的古元古代孔兹岩带,主要由孔兹岩系(斜长片麻岩、变粒岩、磁铁石英岩、大理岩和少量斜长角闪岩等)、TTG片麻岩、铁镁质麻粒岩等组成,将北部和南部基底分开。西部地块TTG片麻岩年龄为2.6~2.5Ga,孔兹岩系碎屑锆石年龄为2.3~1.9Ga,变质锆石年龄为1.9~1.8Ga(赵国春,孙敏,2002)。

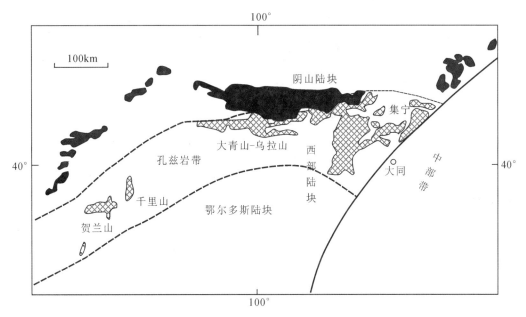

图11-8 西部陆块区孔兹岩带、鄂尔多斯陆块和阴山地块空间分布(据赵国春,孙敏,2002)

3. 中部造山带

中部带(中部造山带)大致位于信阳-开封-石家庄-建平断裂带和华山-离石、大同、多伦断裂带之间,与东部陆块和西部陆块分隔。中部带基底岩石出露于登封、太华山、中条山、赞皇、吕梁山、阜平、五台山、恒山、怀安、宣化等地。五台-太行地区基底地层包括新太古代阜平群、龙泉关群、五台群和古元古代滹沱群,新太古代地层主要由TTG片麻岩、表壳岩、铁镁质岩墙和花岗岩组成。岩石地化特征表明这些岩石形成于活动大陆边缘(岛弧和弧后盆地)环境,少量超铁镁岩被认为是古大洋残片,五台群变质橄榄岩-辉长岩-辉绿岩墙-枕状玄武岩组合。最新的年代学研究证实,阜平杂岩中部分花岗质片麻岩原岩年龄为2.0Ga左右,表壳岩系中泥质片麻岩最大沉积年龄为2.1Ga。局部地区可能存在少量老于2.7Ga的太古宙基底,可能代表中部带岩浆弧和弧后盆地之前的残余地壳(赵国春,孙敏,2002)。

中部带的古元古代滹沱群自下而上分为豆村亚群、东冶亚群和郭家寨亚群。豆村亚群自下而上为砾岩、砂砾岩、砂岩、页岩和叠层石白云岩,砂泥岩中具波痕、泥裂、交错层理等,代表滨浅海沉积。东冶亚群为具浊流韵律的细碎屑岩、泥质岩夹少量基性火山岩,向上变为白云岩、硅质条带白云岩,局部见竹叶状砾石和鲕粒,代表从深水盆地复理石到滨浅海碳酸盐岩沉积。郭家寨亚群为一向上变粗的序列,自下而上为泥质岩、砂质泥岩(具不稳定的砾岩)—长石石英砂岩—巨厚层砾岩,代表吕梁运动后期的造山过程的磨拉石沉积。

传统认为,华北板块中部带经历了阜平(2.6～2.5Ga)、五台(2.5～2.4Ga)、吕梁(～1.8Ga)3层基底和3个构造阶段,这种认识主要是基于3个阶段之间的不整合和变质越深年代越老的观念。最新的研究表明,这些不整合实际上为区域规模的韧性剪切带,新的年龄资料也不支持这些构造运动的全部存在。例如阜平-五台-恒山地区的高级变质的阜平杂岩和恒山杂岩并不早于中低级变质的五台杂岩,它们都经历了2.55～2.45Ga的TTG和花岗质岩浆侵入。2.55～1.90Ga的表壳岩的形成和2.45～2.2Ga的花岗质岩浆侵入,锆石U-Pb年龄证实大部分基底只有一期变质锆石(1.87～1.8Ga)的存在,表明中部带基底岩石的区域变质作用并非发生在太古宙末期的阜平运动或五台运动,而是发生在～1.85Ga的吕梁运动(赵国春,孙敏,2002)。结合区域变质作用和年代学研究成果,赵国春和孙敏(2002)认为新太古代—古元古代期间,华北西部的阴山陆块、鄂尔多斯陆块和东部陆块之间可能长期被一个古大洋分隔。华北西部的阴山陆块和鄂尔多斯陆块在2.0～1.9Ga发生碰撞形成西部陆块,东部陆块和西部陆块于1.85～1.80Ga发生碰撞(吕梁运动)形成中部造山带(图11-9)。

吕梁运动古元古代后期发生了强烈的地壳运动。吕梁运动有两幕:Ⅰ幕(主幕)使古元古代早期的基底地层(如豆村亚群,东冶亚群)遭受褶皱、区域变质和广泛的岩浆侵入,Ⅰ幕后的郭家寨亚群及其相当地层实际上已是山前和山间盆地的磨拉石堆积;Ⅱ幕使上述磨拉石沉积也发生褶皱隆起和变质,上覆的中-新元古界已属似盖层或盖层性质的沉积。

吕梁运动是一次极为重要的地质事件,对华北地区的岩石圈构造发展意义重大,它把古元古代初期分裂的陆核焊接起来,扩大了硅铝质陆壳的范围,增加了地壳的厚度,提高了稳定程度,形成了华北板块的原型,华北稳定的大陆板块基本定型。

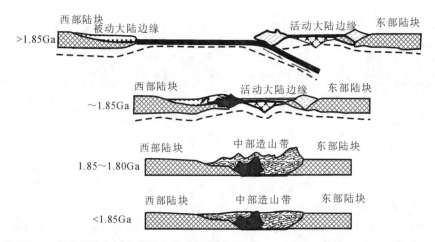

图11-9 华北板块古元古代拼合模式示意图(据Zhao et al.,2001;赵国春,孙敏,2002)

二、塔里木板块基底

塔里木陆块的前寒武纪岩石主要出露在塔里木盆地的周边(图11-10)。塔里木盆地具有较完整的新元古代似盖层,并有越来越多的资料显示可能存在一个保存较好的早前寒武纪基底(高振家等,1985;新疆地质矿产局,1991,1999)。

1. 塔里木板块的太古宙基底

塔里木板块的前寒武纪基底岩石有以新太古代TTG片麻岩为主的杂岩、古元古代中—深变质的表壳岩系,以及中-新元古代下部的绿片岩相岩石。新元古代晚期存在一套基本未变质的含有冰碛岩及

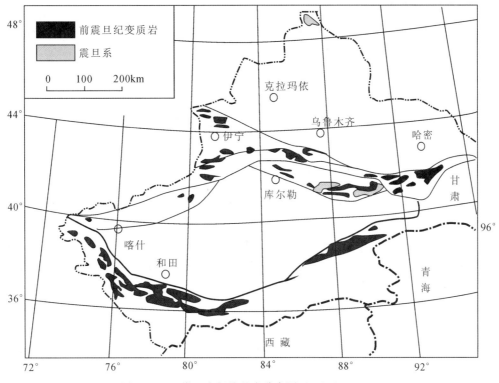

图 11-10　塔里木板块基底分布图(据翟明国,2013)

少量火山岩的沉积岩系。

　　据翟明国(2013)总结,位于塔里木盆地北缘库鲁克塔格地区发育太古宙的地质体(郭召杰等,2000;胡霭琴和韦刚健,2006;龙晓平等,2011)。该区最古老的前寒武纪结晶基底是托格拉克布拉克杂岩以及兴地塔格群岩石的一部分,主要由 TTG 岩系组成。托格拉克布拉克杂岩主要出露在辛格尔以南地区。在辛格尔村南,沿冲沟可以观察到比较完整的岩性剖面,出露达 800~1000m,未见底。岩石主要有暗灰色的斜长角闪岩、角闪片岩、灰色片麻岩、石榴黑云片岩、阳起石云母石英片岩、黑云石英片岩、混合岩等,并夹少量不稳定的大理岩透镜体夹层。片岩、大理岩等沿走向变为片麻岩。这套岩石又被粉红色片麻状二云母花岗岩侵入。其上被古元古界兴地塔格群不整合覆盖,中元古界不整合覆盖于兴地塔格群之上。托格拉克布拉克杂岩中占主体的岩石类型是灰色片麻岩或阳起石云母石英片岩,均具有特征的TTG 组分。它们包裹暗灰色的斜长角闪岩或角闪片岩。TTG 岩石的主体部分为灰色白云母斜长片麻岩、二云母斜长片麻岩和黑云母斜长片麻岩,多具条带状构造,局部受强烈的变质变形作用已经混合岩化或已转变为结晶片岩。辛格尔地区的灰色片麻岩的 SIMS 锆石 U-Pb 年龄是(2565±18)Ma,其中以残留包体形式存在的斜长角闪岩的 Sm-Nd 等时线年龄是(3263±126)Ma。$\varepsilon_{Nd}(t)=3.2\pm0.7$(胡霭琴和韦刚健,2006),说明它们是一套太古宙杂岩。辛格尔灰色片麻岩还有一些古元古代的年龄,如~2300Ma 和 2100~1800Ma 的锆石 U-Pb 年龄(Long 等,2012),侵入其中的片麻状花岗岩有~20 000Ma 锆石 U-Pb 年龄,铁门关斜长角闪岩中的锆石 U-Pb 年龄是~1800Ma 等(郭召杰等,2003),记录了元古宙的构造热事件。库尔勒附近 TTG 质片麻岩锆石 U-Pb 原位微区定年结果显示,该 TTG 岩石为区内发现的最古老岩石,形成于~2.65Ga(龙晓平等,2011),该 TTG 质片麻岩中 Hf(t)值介于 1~5,两阶段模式年龄 TDM2 主要集中在古-中太古代(3.0~3.3Ga),表明该区新太古代基底岩系主要来自古-中太古代的新生地壳物质的部分熔融,进而说明库鲁克塔格地区可能不存在>3.3Ga的陆壳。在阿尔金山阿克塔什塔格曾测得(3605±43)Ma 的单颗粒锆石 U-Pb 年龄数据,获得了古老地壳存在的同位素年代学信息(陆松年和袁桂邦,2003),并建立了早前寒武纪岩浆活动的相对序列,这些热事件序列可分为早期花岗岩和二长花岗岩侵入体、英云闪长岩侵入体(赋存有斜长角闪岩的包体)、奥长花岗岩、基性岩墙群和石英二长岩脉等。初步建立了该区早前寒武纪岩浆活动的年代格架:石英二长岩(脉)(1825±23)Ma,TDM=2920Ma;奥长花岗(片麻)岩(2374±10)Ma,TDM=3460Ma;英云闪长(片麻)岩(2604±102)Ma,TDM=3063Ma;二长花岗(片麻)岩(3096±17)Ma,TDM=2975Ma;花岗(片麻)岩(3605±43)Ma,TDM=3525Ma。证明阿克塔什塔格是我国塔里木陆块最古老的地壳出露区,塔里木克拉通最古老的地体可能最早形成于阿尔金山北坡,到新太古代晚期古陆的规模才延伸至塔北库鲁克塔格地区,最终形成具有一定规模的太古宙克拉通基底(Long et al.,2011,2012;龙晓平等,2011)。

2.塔里木陆块的元古宙变质岩基底

据翟明国(2013)总结,塔里木西南的铁克里克隆起带出露浅变质强变形的碎屑沉积岩系,其上有新元古代火山-沉积岩覆盖。其碎屑锆石从新太古代到中元古代都有,最年轻的是~1.3Ga。变质锆石的年龄是0.9~0.8Ga,对应于两期浅色岩脉。暂将此套岩石定为长城系—蓟县系的同期沉积岩(张传林等,2012)。阿克苏蓝片岩很令人瞩目,它产于塔里木克拉通西北缘的柯坪隆起区内,在构造上连续并缺少混杂岩(肖序常等,1992)。阿克苏蓝片岩南部为新元古代上震旦统所不整合覆盖,下震旦统缺失。上震旦统底部(即不整合面之上)的砾岩层中含有下伏阿克苏群蓝片岩及穿插阿克苏群中的未变质的辉绿岩墙砾石,岩墙未侵入震旦系盖层中。阿克苏蓝片岩为一完整的蓝片岩—绿片岩系列,主要由强烈片理化的绿泥石-黑硬绿泥石石墨片岩、黑硬绿泥石-多硅白云母片岩、绿片岩、蓝片岩及少量石英岩、变铁质岩组成,其峰期变质温度在300~400℃,岩层呈北东-南西方向分布,宽约20km,长约40km,褶皱变形强烈。阿克苏蓝片岩的变质年龄是760~862Ma(矿物$^{40}Ar/^{39}Ar$和岩石Rb-Sr年龄(Chen et al.,2004)),其中未变质的基性岩墙的锆石年龄是803~780Ma(Zhan et al.,2007;张志勇等,2008),阿克苏群变质沉积岩中碎屑锆石的年龄峰值是830~780Ma,可能的解释是沉积时代在~830Ma之后,而后在~780Ma变质。

三、华南板块基底

华南板块是由扬子陆块、华夏古陆和江南造山带在新元古代拼合而成的。扬子陆块太古宙和古元古代基底主要发育于扬子陆块峡东地区、扬子西北缘南秦岭的后河杂岩以及云南的大红山杂岩。华夏陆块的基底零星分布,江南造山带主要由新元古代的浅变质岩组成,将在新元古代部分介绍。

1.扬子陆块基底

扬子深变质基底岩石主要包括峡东地区的崆岭杂岩、扬子西北缘的后河杂岩,以及云南的大红山杂岩。崆岭高级变质地体位于宜昌黄陵地区秭归—兴山一带,呈一弯隆状出露(图11-11)。其北部被形成于约1.85Ga的钾长花岗岩侵入,南部则被大规模的新元古代黄陵花岗杂岩体侵入(焦文放等,2009)。原称的崆岭群属一较典型的太古宙高级变质地体,主体由闪长质-英云闪长-奥长花岗-花岗闪长质片麻岩和花岗质片麻岩(TTG)组成,其次为变沉积岩和斜长角闪岩及少量基性麻粒岩等组成的表壳岩系片麻岩和花岗质片麻岩。变沉积岩主要为含或不含石墨的条带状黑云变粒岩和片麻岩,并发育石榴矽线石英(片)岩、石榴矽线黑云片麻岩等高铝岩石、石墨片岩、大理岩和钙硅酸岩、石英岩及磁铁石英岩等,显示出孔兹岩建造特征。Qiu等(2000)和高山等(2001)最早用SHRIMP锆石U-Pb方法获得崆岭TTG岩石中最古老的结晶年龄是2.95~2.90Ga,并报道了变质沉积岩中碎屑锆石的年龄是3.3~2.8Ga,变质锆石的年龄为约2010~1950Ma(Liu et al.,2008)。焦文放等(2009)报道崆岭地区黄梁村的黑云斜长片麻岩的岩浆锆石给出的(3218±13)Ma的年龄,应该代表了该岩石的形成年龄。这一结果表明,扬子板块存在约3.2Ga的古老岩石。这些锆石的Hf(t)值为2.33±0.51,两阶段模式年龄为(3679±49)Ma,表明其为更古老的＞3.6Ga 的始太古代地壳物质部分熔融作用形成(Zhang et al.,2006a;Zheng et al.,2006)。这一结果与在扬子克拉通沉积岩中发现古老的碎屑锆石(＞3.5Ga,最高达 3.8Ga)一致(Zhang et al.,2006),指示扬子克拉通存在非常古老的始太古代地壳物质。崆岭地区 TTG 片麻岩中～2.9Ga 岩浆锆石和～3.2Ga 的残留锆石的 Hf(t)值和两阶段 Hf 模式年龄(Zhang et al.,2006a;Zheng et al.,2006)与黄粱村的黑云斜长片麻岩较为一致,说明～2.9Ga 的 TTG 片麻岩和～3.2Ga 的片麻岩可能来自相同特征的源区岩石。崆岭杂岩各类变质岩的变质锆石年龄集中在 2.0～1.9Ga(Qiu et al.,2000),与侵入崆岭杂岩的钾质花岗岩一致,标志着扬子陆块古元古代的一期构造热事件结束(李献华等,2012)。

扬子西北缘南秦岭的后河杂岩主要由英云闪长片麻岩和少量角闪岩以及大理岩组成,经历了高级角闪岩相变质和混合岩化,锆石定年确定岩浆年龄是～2.08Ga(Wu et al.,2012)。

云南出露的大红山群经历了低角闪岩相-高绿片岩相变质,其中火山岩的形成年龄是～1.68Ga(Greentree and Li,2008),说明扬子西南缘出露的变质基底要年轻得多。

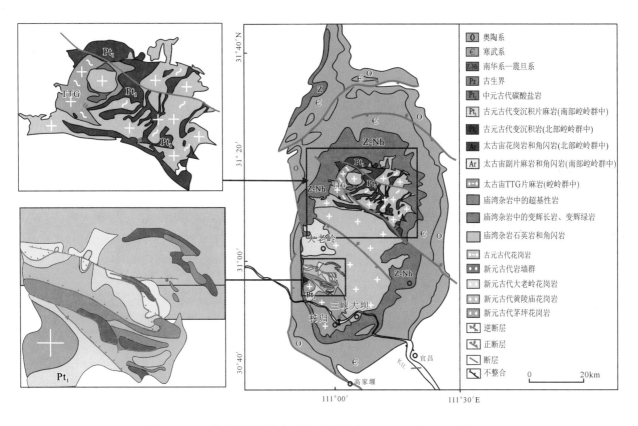

图 11-11　峡东地区崆岭杂岩地质略图(据 Deng et al.,2017 简化)

2. 华夏古陆的基底

华夏古陆的基底零星分布,据翟明国(2013)总结,华夏地块现已确定的最古老的岩石是出露于浙南闽北地区的古元古代变质火成岩(胡雄键,1994;甘晓春等,1995;Li,1997),其中一些火成岩中新太古代碎屑(或继承)锆石也被发现(Xu et al.,2007;Zheng et al.,2011),说明华夏地块可能存在新太古代基底。近年来在粤东的古寨花岗闪长岩和龙川片麻岩中又陆续发现了 3.1～3.0Ga 的残留锆石(于津海等,2007),从而使人们设想华夏地块可能也具有非常古老的演化历史。于津海等(2007)对粤北南雄地区一个副片麻岩中 56 个碎屑锆石的年代学研究显示,华夏腹地晚新元古代沉积岩主要由新太古代

（～2.5Ga）和 Grenville 期（1.1～0.9Ga）的碎屑物质组成，其中还包含了一定数量的中元古代和少量中太古代（3.2～3.0Ga）和始太古代（～3.76Ga）的碎屑物质。这些发现表明华夏地块存在非常古老的物质。37 颗锆石的 Hf 同位素组成显示这些碎屑物质具有不同的成因，少量结晶于有较多新生地壳组分熔融产生的岩浆，而大多数结晶于古老地壳组分部分熔融产生的岩浆。锆石 U－Pb 年龄和 Hf 同位素综合研究指出华夏地块新生地壳物质主要是在 2.6～2.5Ga 形成，中太古代（3.3～3.0Ga）、古元古代晚期（～1.8Ga）和始太古代（～3.7Ga）也是重要的地壳生长期。中元古代—新元古代的岩浆活动非常强烈，但主要表现为古老物质的再循环，只有很少有新生地壳增生。～2.1Ga 模式年龄峰值的存在和同时代锆石的缺失表明许多锆石的古元古代模式年龄很可能是源区中新太古代和古元古代晚期物质混合的结果。

浙南闽西武夷山区的八都杂岩和相关的古元古代花岗岩（Yu et al.，2010,2012）主要变质岩由云英片岩、绿帘角闪岩、阳起石片岩、细粒花岗结构的黑云片麻岩、含磁铁石英岩以及大理岩组成，推测原岩是镁铁质火山岩和泥质-砂质-钙质沉积岩。一些侵入八都杂岩的花岗质岩石形成在 1888Ma 之前（Yu et al.，2009）。上述的各类岩石都被早古生代的岩石侵入并被古生代和早中生代沉积岩覆盖。变质岩的锆石核部年龄是～2.5Ga，边部是 1.89～1.88Ga，分别代表了形成年龄和变质年龄。碎屑锆石中很集中的～2.5Ga 的年龄和大多数锆石 Hf(t) 的值说明八都杂岩中沉积岩的原岩是来自太古宙末的岩浆岩。此外还有少量～2.8Ga 以及 3.5～3.3Ga 锆石，说明还有更古老的源区岩石。

第三节　古-中元古代（似盖层）地史

2.1～1.8Ga 期间，地球上发生一系列全球碰撞事件，形成了 Columbia 超大陆，因此 1.8Ga 左右是地质历史的一个重大转折时期。赵国春等（2002）将华北中部造山带的碰撞与 Columbia 超大陆的形成相联系，将华北置于 Columbia 超大陆边缘，与印度板块相近（详见第十六章）。而塔里木板块和华南扬子陆块、华夏陆块与 Columbia 超大陆的关系尚不明确。1.8Ga 之后，全球进入 Columbia 超大陆裂解期，这种裂解在华北和华南都有一定的记录。

一、华北板块古-中元古代（似盖层）地史

（一）华北板块古-中元古代似盖层的地层系统

华北板块古-中元古代地层以天津蓟县剖面为代表，自下而上可以分为长城系（常州沟组、串岭沟组、团山子组、大红峪组）、蓟县系（高于庄组、杨庄组、雾迷山组、洪水庄组、铁岭组）、待建系（相当于国际上的延展纪）（下马岭组），其地层时代如表 8－10 所示。

1. 长城系

1）常州沟组

常州沟组最早由高振西等（1934）命名为"长城石英岩"，1964 年在蓟县震旦系学术研讨会上创立常州沟组，命名地点在蓟县下营镇常州沟村。常州沟组不整合于太古宙变质岩之上，自下而上由砾岩、砂砾岩变为石英砂岩、粉砂岩和砂质页岩，厚度 859m 左右。

2）串岭沟组

串岭沟组由高振西等（1934）创名的"串岭沟页岩"沿革而来，命名地点在天津蓟县串岭沟村。串岭沟组下部主要为页岩、粉砂质页岩、粉砂岩夹砂岩透镜体，上部为页岩、含泥质白云岩、粉砂岩等，厚度

913m左右,与下伏地层常州沟组整合接触。

3)团山子组

团山子组由陈晋镳(1962)创名,命名地点在蓟县团山子村。团山子组下部主要由白云岩组成,中部为砂质白云岩、含砂白云岩和泥晶白云岩,上部为砂岩、粉砂质页岩和砂质白云岩,厚度510m左右,与下伏地层串岭沟组整合接触。

4)大红峪组

大红峪组由高振西等(1934)创名的"大红峪石英岩夹安山岩"沿革而来,命名地点在蓟县大红峪村。大红峪组为一套火山沉积岩系,其下部为石英砂岩、长石石英砂岩、白云岩夹粗面岩、火山角砾岩和凝灰岩,上部为白云岩、硅质白云岩,白云岩中具大量叠层石。该组厚度408m左右,与下伏地层团山子组整合接触。

大红峪组及串岭沟组、团山子组夹有火山岩或凝灰岩,其锆石U-Pb年龄在1680～1620Ma,表明长城系的地层时代为古元古代。

2. 蓟县系

1)高于庄组

高于庄组由高振西等(1934)创名的"高于庄灰岩"沿革而来,命名地点在蓟县高各庄和于各庄村。高于庄组可分为4段:第一段底部为含砾砂岩、石英砂岩夹粉砂质页岩,上部为白云质粉砂岩、粉砂质白云岩、砂质白云岩、含砂白云岩等;第二段为中厚层白云岩、含锰白云岩,内叠层石发育;第三段为中厚层—厚层泥晶白云岩、含砂白云岩、纹层状白云岩等;第四段主要由白云岩、硅质白云岩夹硅质岩。高于庄组厚度1529m左右,与下伏地层大红峪组平行不整合接触。

2)杨庄组

杨庄组由高振西等(1934)创名的"杨庄红色页岩"沿革而来,命名地点在蓟县杨庄村。现杨庄组主要为一套淡红色、紫红色、灰色含砂白云岩、硅质团块白云岩、钙质页岩等,厚度773m左右,与下伏地层高于庄组整合或平行不整合接触。

3)雾迷山组

雾迷山组由高振西等(1934)创名的"雾迷山灰岩"沿革而来,命名地点在蓟县五名山村(谐音雾迷山)。雾迷山组分为4段,但主要由白云岩组成,包括泥晶白云岩、硅质(条带或团块)白云岩、含沥青白云岩、叠层石白云岩、内碎屑白云岩,局部夹泥质或粉砂质白云岩、硅质岩,厚度3416m,与下伏地层杨庄组整合接触。

4)洪水庄组

洪水庄组由高振西等(1934)创名的"洪水庄页岩"沿革而来,命名地点在蓟县洪水庄村。洪水庄组主要为一套灰色、灰绿色、棕色页岩、粉砂质页岩、白云质页岩、含铁锰质页岩等,厚度131m,与下伏地层雾迷山组整合接触。

5)铁岭组

铁岭组由高振西等(1934)创名的"铁岭灰岩"沿革而来,命名地点在蓟县铁岭村。铁岭组分为两段,下段底部为钙质砂岩、粉砂质白云岩,向上变为薄板状白云岩、含锰白云岩、含铁锰页岩,上段主要为内碎屑白云岩、含锰白云岩、叠层石白云岩,厚度325m左右,与下伏地层洪水庄组整合接触。

根据蓟县群下伏地层长城群顶部大红峪组和上覆地层下马岭组火山岩和斑脱岩的锆石U-Pb同位素年龄限定,蓟县系的地层时代大致为1.6～1.4Ga,为中元古代,相当于国际上的盖层系。

3. 待建系

下马岭组

下马岭组由叶良辅等(1920)创名的"下马岭层"沿革而来,创名地点在北京门头沟下马岭村。下马岭组下部为一套含铁的泥质岩、页岩和粉砂质页岩夹透镜状砂岩或砂砾岩,局部见斑脱岩;中部为砂岩、粉砂岩和泥页岩互层;上部泥质岩、粉砂岩、砂岩,局部见褐铁矿结核或泥灰岩透镜体。下马岭组厚度168m左右,与下伏地层铁岭组平行不整合接触。

下马岭组原划归新元古代青白口系。新的研究发现,下马岭组的斑脱岩以及侵入下马岭组的基性岩席中的锆石和斜锆石 U–Pb 同位素年龄为 1370～1320Ma(高林志等,2007;李怀坤等,2009;Zhang et al.,2009),下马岭组所限定的时代为 1400～1200Ma,因此下马岭组从青白口系中分出,中国地层委员会提出建立待建系的方案,待建系时代为 1400～1000Ma(高林志等,2011)。1200～1000Ga 的地层在蓟县剖面上缺失。

(二)华北板块古-中元古代似盖层古地理

中元古代是全球 Columbia 超大陆的裂解期,也是华北板块形成后的伸展裂陷期。华北板块中元古代有 3 个沉积区(图 11–12):①北边的燕辽海槽,呈北东东向展布,向西可能与阴山海槽相连。在中元古代时强烈下降、堆积了近万米的沉积物,为大陆板块上的裂陷槽。②华北板块西南部的豫西海槽,往南与北秦岭海槽相邻。③东部的河淮海槽,呈北东向展布,从中元古代开始下降接受沉积,至震旦纪强烈下沉。

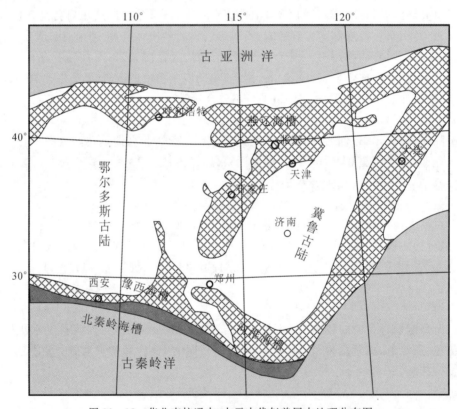

图 11–12　华北克拉通古-中元古代似盖层古地理分布图

燕辽海槽的蓟县一带中元古代地层发育完整,研究最详细。中元古界组成一巨型沉积旋回,剖面总厚近 10 000m。根据沉积特征、接触关系、叠层石和微古植物组合特征及同位素年龄,将其划分为 3 个系(长城系、蓟县系、待建系),10 个组。长城系以角度不整合覆于太古宇之上,包括 4 个组。常州沟组底部具明显的古风化壳为一套分选较差、成熟度低的含长石砂、砾岩,内发育交错层理、泥裂、波痕,代表河流相沉积,向上逐渐变为分选较好、成分较纯的滨海相砂岩。串岭沟组为灰绿色至暗灰色页岩,代表潮下至浅海环境沉积。团山子组为砂质白云岩,内含叠层石,具泥裂、波痕、石盐假晶等暴露标志,代表滨海环境的沉积。大红峪组以钙质砂岩为主,夹火山岩和火山角砾岩,砂岩中具有大型板状交错层理和波痕,为滨海沉积。

蓟县系包括5个组,高于庄组沉积时期是中元古代最大的一次海侵期,海侵范围向南、北大范围扩展。高于庄组主要为含硅质和锰质白云岩,内具燧石条带,顶部有冲刷面、交错层理,代表了滨浅海环境沉积。杨庄组为红色泥质白云岩,含石盐假晶,代表滨浅海、潟湖沉积。雾迷山组为硅质白云岩,厚度巨大,叠层石发育,代表一种海水进退频繁的滨浅海沉积。洪水庄组为黑色碳质页岩,含黄铁矿,厚度小,水平层理发育,为静水滞流环境的沉积。铁岭组为白云岩及白云质灰岩,叠层石发育,属潮间带环境。

待建系仅保存1.4~1.2Ga的下马岭组。下马岭组以细碎屑岩、泥质岩为主,分布局限。与上覆新元古代骆驼岭组(龙山组)不整合接触。

整个中元古界沉积物厚度巨大,夹少量火山岩,相变明显,但未遭受区域变质,为稳定板块发展早期阶段的裂陷槽沉积,和典型的盖层沉积有一定的差别,因此称为似盖层沉积。铁岭组沉积后,华北大陆板块海域整体抬升为陆,在湿热气候条件下,发育了富铁风化壳,局部可见微型喀斯特地貌和古土壤。这次抬升约发生于中元古代末期,称为芹峪抬升。

中元古代时期,华北板块北部的阴山-大青山地区为与燕辽海槽相连的被动大陆边缘沉积。

华北板块南部古元古代为豫西海槽,裂陷槽发育以汝阳群、管道口群、五佛山群等为代表的碎屑岩、碳酸盐岩沉积,这套地层与燕辽海槽相似,厚度巨大,未发生变质,碎屑岩沉积成熟度高,碳酸盐岩以白云岩为主,内有较多叠层石。

豫西海槽向南与秦岭海槽相连,秦岭海槽中元古界为熊耳群、宽坪群的火山岩和变质碎屑岩地层,代表南部活动的大陆边缘沉积。

二、华南地区古-中元古代(似盖层)地史

华南地区中元古代似盖层主要分布于扬子板块北部神农架、西部滇中—川西一带,包括鄂西的神农架群、滇中地区的昆阳群、川西地区的会理群等。与华北燕辽裂陷槽、豫西裂陷槽类似,这些地层具有未变质、厚度大、浅水沉积为主、分布局限的特征。因此一般认为扬子陆块的中元古代也存在类似于华北的裂陷槽沉积,但其与Columbia超大陆裂解的关系尚不清楚。

鄂西地区的神农架群分布于神农架一带,神农架群主要由砂岩、粉砂岩、泥质岩和白云岩、叠层石白云岩交互而成,内夹中酸性火山熔岩和火山碎屑岩。神农架群厚度巨大,厚度12 680m左右(湖北省地质矿产局,1996)。

扬子板块西部的滇中元江、易门、东川到川西会理、会泽地区发育一套巨厚的中元古代地层,渝南称为昆阳群、四川称为会理群。昆阳群和会理群主要为细碎屑岩、泥质岩夹细晶白云岩、叠层石白云岩,局部夹中基性、碱性火山岩,总厚度大于8500m。昆阳群和会理群的火山岩锆石U-Pb年龄分别为1032Ma和1028Ma左右。会理群上部天宝山组为中酸性火山岩,其顶、底均为角度不整合,分别代表晋宁运动早、晚两幕。昆阳群和会理群的中基性、碱性火山岩属于大陆板块活动较弱的裂谷盆地沉积。

华南其他地区尚未发现发育完整、连片分布的中元古代地层。由于江南造山带地区主要由浅变质的新元古代地层组成,华南板块的拼合形成于新元古代后期—早古生代晚期,因此,中元古代扬子陆块类似于华北板块,尚未达到稳定状态,中元古界具有似盖层特征。

第四节　新元古代青白口纪地史

新元古代是指距今10亿年到5.41亿年的地质时期,国际地层委员会将新元古代划分为拉伸纪(Tonian Period)(10~7.2亿年)、成冰纪(Cryogenian Period)(7.2~6.35亿年)、埃迪卡拉纪(Ediacaran Period)(6.35~5.41亿年)。与之对应,中国新元古代划分为青白口纪、南华纪、震旦纪。

青白口纪是指在北京门头沟青白口村命名的地层单位,时代为(1000~720Ma),原包括下马岭组、龙山组和景儿峪组(高振西等,1934),由于下马岭组发现1360Ma左右的火山灰层,因此下马岭组时代为中元古代。"震旦"是我国的古称,Richthofen(1871)首次用于地层专名,其最初含义是指华北早古生代—元古宙之间的大套碳酸盐岩地层。Grabau(1922)重新厘定震旦系含义为"寒武系之下,五台群或泰山群变质岩系之上的一套未变质的岩系",其标准剖面为天津蓟县剖面。李四光(1924)在长江三峡东部将黄陵隆起周围的变质基底之上、寒武系之下的地层建立了华南的震旦系。后研究表明以华北蓟县剖面为代表的北方"震旦系"实际为中、新元古代地层(后曾建震旦亚界),因此目前不再将其作为震旦纪地层。李四光(1924)在三峡地区所建的震旦系分为上下两部分,下统为莲沱组碎屑岩和上部南沱组冰碛岩,上统为陡山沱组和灯影组,均为镁质碳酸盐岩。第三届全国地层会议(2000)将震旦系解体,下部独立新建南华系,与国际地层表中的成冰纪接轨。上部仍保留为震旦系,与国际地层表中的埃迪卡拉系对应。近年来,莲沱组的凝灰岩的锆石年代学研究发现莲沱组时限大于成冰纪底界720Ma,因此莲沱组应为青白口系而非南华系。

新元古代在地史发展中处于一个特定的阶段。首先,该时期地球上几乎所有的大型稳定板块都已形成,板块上多具有非变质的沉积盖层。其次,中元古代后期形成的罗迪尼亚(Rodinia)超大陆从新元古代开始裂解。南华纪(成冰纪)是地史时期重要的冰室期,先后发育Kaigas(757~741Ma)、Sturtian(718~660Ma)、Marinoan(651~635Ma)和Gaikers(583.7~582.7Ma)4次冰期,尤其是Sturtian和Marinoan冰期在全球几乎所有陆块均发育冰碛岩,Hoffman(1997)认为当时地球表面从两极到赤道,从陆到海全部被冰覆盖,称为"雪球地球"。

从生物演化来看,南华纪到震旦纪是原生动物向后生高等动物演化的重要环节,此期有著名的宋洛生物群、瓮安生物群、埃迪卡拉生物群、庙河生物群、蓝田生物群等。但就总体来看,这些化石时空分布局限,保存程度差,还不足以生物化石建阶和分带以划分地层。因此,只能把南华纪和震旦纪看成从元古宙到古生代的过渡阶段。

就中国而言,南华系和震旦系在华北地区零星分布,而华南地区分布广泛且层位齐全,是全球研究成冰系(南华系)和埃迪卡拉系(震旦系)的经典地区。

一、中国东部青白口纪的地层系统

1. 华北地区青白口纪的地层系统

华北地区青白口系以燕山地区发育较好,包括骆驼岭组(或龙山组、长龙山组)和景儿峪组。

龙山组最早由郝诒纯(1954)命名为龙山砂岩,命名地点在北京市昌平县龙山,同年乔秀夫称龙山组。1976年发现"龙山组"一名与南方龙山系混淆,故改称长龙山组。邢裕盛等(1982)认为无此"长龙山"地名,也不符合地层建组规范,故命名骆驼岭组。

骆驼岭组由含砾长石砂岩、石英砂岩、海绿石砂岩及杂色页岩组成,在中国蓟县一带厚118m,燕山西段厚64m,富含微古植物,主要有粗面球形藻、古巢面藻、巢面球形藻、*Trachysphaeridium*、*Polymatosphaeridium*等。此处尚有宏观碳质化石(藻类):*Vendotaenia* sp. *Chuaria circularis*、*Shouhsienia shouhsiensis*、*Longfengshania* sp.等。其海绿石 K - Ar 法年龄为855Ma、870Ma、890Ma,地层时代为青白口纪。骆驼岭组与下伏地层下马岭组平行不整合接触。

景儿峪组由高振西等(1934)在天津蓟县西景儿峪村命名的景儿峪灰岩沿革而来。该组岩性主要由一套红色、灰绿色、蛋青色、灰褐色薄层含泥的白云质泥晶灰岩组成,最底部常有一层含海绿石粗粒长石砂岩或细砾岩。景儿峪组在区域上分布稳定,厚度变化较大,一般为59~202m。本组海绿石 K - Ar 法年龄为853Ma和862Ma,地层时代为青白口纪。景儿峪组底部以30~50cm含海绿石砂岩与下伏骆驼岭组整合接触,顶部以白云岩与寒武系府君山组含三叶虫的白云质灰岩、灰岩平行不整合接触。

2. 华南地区青白口纪的地层系统

华南地区青白口系具有明显的扬子地块、江南造山带、华夏地块地层的三分性,扬子地块内部青白口系为莲沱组。莲沱组($Pt_{Q_1}l$)是刘鸿允、沙庆安(1963)所创的莲沱群演变而来。莲沱组指黄陵花岗岩与南沱组之间的一套紫红色碎屑岩沉积。本组可分为两段:下段为紫红、棕黄色中厚层—厚层状砂砾岩、含砾粗砂岩、长石质砂岩、凝灰质砂岩、凝灰岩等,底部有时具砾岩,厚度39~63m;上段为紫红色、灰绿色中厚层状细粒岩屑砂岩、长石质砂岩夹凝灰质岩屑砂岩、晶屑、玻屑凝灰岩等,厚度91~105m。据赵自强等(1988)研究,本组产微古植物共计11属、19种。其中主要是球藻亚群 *Leiopsophosphaera minor*, *Trachysphaeridium planum* 等。另外,赵自强等(1985)采自峡东莲沱组层凝灰岩中的锆石之 U–Pb 年龄为(748±12)Ma。Lan 等(2015)在三峡地区王凤岗剖面莲沱组下部获得 U–Pb(SIMS)同位素776Ma的年龄,顶部为724Ma,说明莲沱组的时代主要为青白口纪。

江南造山带新元古界青白口系发育较好,尤其是江南造山带西段湖南、贵州、广西部分青白口系发育较为齐全,主要分两个构造层(表11-2)。其中湖南分别称为冷家溪群和板溪群,贵州称为梵净山群和下江群,广西称为四堡群和丹州群。冷家溪群为一套浅变质的碎屑岩、火山碎屑岩,局部夹中基性火山岩。梵净山群为浅变质的基性、超基性火山岩和火山碎屑岩、含火山碎屑的砂岩为主。四堡群主要是一套基性、超基性的火山岩。板溪群、下江群、丹州群岩性大致相似,由一套浅变质的碎屑岩、泥质岩组成,从下部向中部由近岸浅水沉积(如贵州的甲路组)变化到半深海浊流沉积(如贵州的番召组和清水江组),向上到顶部(如贵州的平略组和隆里组)又变为滨岸浅水沉积。由扬子地块向江南造山带方向也呈现海水逐渐加深的趋势。

表 11－2　江南造山带新元古代地层对比表

地层系统			年代/Ma	湖南小区	黔东南小区	桂北小区	浙西小区	赣东北-皖南小区	
新元古界	成冰系	南华系		南沱组	南沱组	南沱组	南沱组	南沱组	
				湘锰组	大塘坡组	黎家坡组	休宁组	休宁组	
				东山峰组	富禄组	富禄组			
			—720	缺失	长安组	长安组	雪峰运动		
	拉伸系	青白口系		牛牯坪组 725±11Ma	719±4Ma 隆里组 725±10Ma	717±5Ma 拱洞组			
				白合垅组	平略组 733.9±8.8Ma	735±4Ma	上墅组 767Ma	小安里组 751±3Ma 铺岭组 766Ma	落可岽组 767Ma 流源组
				多益强组			河上镇群		
				五强溪组 768Ma	清水江组 756.8±7.6Ma	三门街组 765±14Ma	沥口群	镇头群	
				板溪群 通塔组	下江群 番召组	丹洲群 合桐组	虹赤村组 797Ma	邓家组	翁家岭组 桃源组 听门组
				马底驿组	乌叶组 779.8±4.7Ma				缺失
				横路冲组 814±10Ma	甲路组 814±6Ma 819±5Ma	802Ma 白竹组 819±11Ma	珞家门组	葛公镇组 817+11Ma	819Ma
			—820	武陵运动 822±11Ma	819±6.4Ma			818±4Ma	820±16Ma
				冷家溪群	梵净山群	四堡群	双溪坞群	溪口群	双桥山群
中元古界			—1000			不明			

华夏地块青白口系分布零星,具有不同程度的变质作用改造,研究程度较低。如赣南地区的青白口系为浒岭组、神山组和潭头群(浅变质的碎屑岩、泥质岩),闽西北的麻源群(石英云母片岩),浙江的河上镇群(浅变质的中基性火山岩、火山碎屑岩,砂泥岩),广东的云开群上部的沙湾坪组(变质砂泥岩、云母石英片岩等)。总体上看,华夏地块青白口系以具有火山活动的火山岩、火山碎屑岩,具火山碎屑的砂泥岩为特色,与扬子板块和江南造山带具有一定差异性。

二、青白口纪地史

中元古代后期,受1100~1000Ma格林威尔运动的影响,几乎地球表面的所有大陆聚合,形成Rodinia超大陆。Li等(1999)恢复了包括华南的Rodinia超大陆,将华南陆块置于Rodinia超大陆的中部(详见第十七章),认为新元古代为Rodinia超大陆的裂解期。最新的研究认为,华南可能位于Rodinia超大陆的北部边缘,和澳大利亚和印度板块具有亲缘性(Cawood et al.,2015;Xu et al.,2013,2016),因此将华南陆块置于Rodinia超大陆的北缘的澳大利亚和印度板块的外缘。新元古代时期,Rodinia超大陆进入裂解阶段,许多学者认为华南进入同步裂解,也有人认为华南仍处于扬子陆块和华夏陆块的拼合阶段,裂解时间有所滞后。

1. 华北板块及其大陆边缘青白口纪的古地理

继承中元古代的裂陷槽盆地格局,华北板块新元古代青白口系主要分布于北部燕辽海槽和东南部豫西淮南海槽(图11-13)。

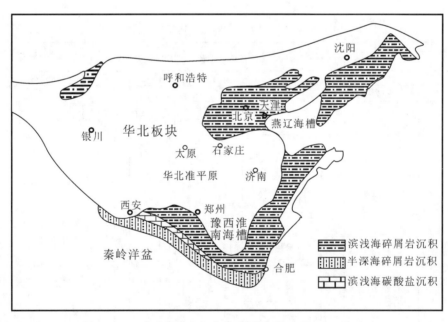

图11-13　华北青白口纪古地理图(据王鸿祯,1985修改)

燕辽海槽区青白口系分为下部龙山组(骆驼岭组)和上部景儿峪组,两组厚度均较小,滨浅海沉积为主,反映裂陷作用微弱。龙山组(骆驼岭组)为超覆于下伏不同层位上的含砾长石砂岩、石英砂岩、海绿石砂岩及杂色页岩,为滨浅海相沉积,上部景儿峪组为含泥的白云质泥晶灰岩组成,最底部常有一层含海绿石粗粒长石砂岩或细砾岩,以浅海碳酸盐岩沉积为主,底部为滨海碎屑岩沉积。

豫西淮南海槽以豫西为代表,北部嵩山-淇县小区青白口系下部葡峪组、骆驼畔组为滨浅海砂岩、粉砂岩夹泥质岩,上部何家寨组下部为滨浅海碳酸盐岩沉积,上部为滨浅海碎屑岩、泥质岩沉积。渑池-缺失小区青白口系洛峪群下部崔庄组、三教堂组为滨浅海砂岩、粉砂岩夹泥质岩,上部洛峪口组为滨浅海相白云岩、砂质白云岩。栾川小区的栾川群下部白术沟组、三川组为滨浅海砂岩、粉砂岩夹泥质岩,上部南泥湖组和煤窑沟组以滨浅海碳酸盐岩为主。上述沉积特征反映华北板块南部主要为稳定的滨浅海沉积。

新元古代青白口纪华北板块南北两侧均为非稳定的大陆边缘地区。华北板块北部的阴山-大青山地区新元古界的白云鄂博群上部为新元古代的被动大陆边缘沉积。华北板块南部的豫西-陕南地区,新元古界宽坪群的火山岩和变质碎屑岩地层代表南部活动的大陆边缘沉积。

2. 华南地区青白口纪的古地理和古构造

华南地区青白口系分布广泛,具有明显的三分性:西部为扬子地块,东部为华夏地块,二者之间为江南造山带(图 11 - 14)。扬子地块以鄂西最典型,围绕"黄陵隆起"分布莲沱组碎屑岩。江南造山带地区分布冷家溪群和板溪群及相当层位的地层。华夏地块青白口系零星分布,总体为一套浅变质岩系。

扬子地块青白口系莲沱组下部为辫状河和三角洲平原的粗碎屑砂砾岩和砂岩夹薄层泥岩,砂岩中具流水交错层理;中部为三角洲前缘的砂岩夹泥质岩,砂岩中具流水交错层理和浪成交错层理;上部为滨浅海相的砂泥岩互层,砂岩中具浪成交错层理。反映围绕扬子北缘黄陵-神农架古陆的近岸陆相—滨浅海相的碎屑沉积环境。

如前所述,华夏地块青白口系分布零星,变质作用改造明显,研究程度较低。总体来看,浙赣闽越地区的青白口系为浅变质的碎屑岩和火山岩、火山碎屑岩,与扬子地块、江南造山带具有明显区别,属于 Rodinia 超大陆北缘的华夏地块沉积组合。

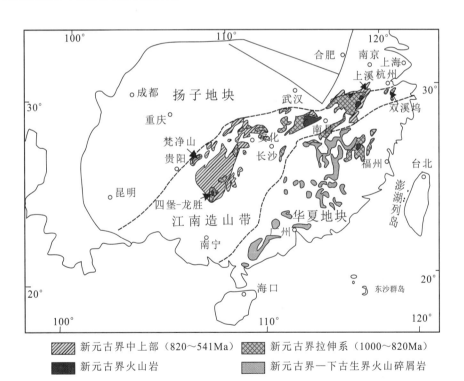

图 11 - 14 华南大地构造分区图(据 Zhao and Cawood,2012 简化修改)

位于扬子地块与华夏地块之间的江南造山带,青白口系分为上下两部分(表 11 - 2)。青白口系下部(>820Ma)在江南造山带西段分别称为冷家溪群(湖南)、梵净山群(贵州)、四堡群(广西),在江南造山带东段称为双桥山群(江西)、双溪坞群(浙江)或溪口群(江西)。这些地层主要为浅变质的碎屑岩、火山碎屑岩,并夹有中基性火山岩。尤其是梵净山群(~840Ma)、四堡群(~860Ma)具有超基性—基性火山岩,被认为是蛇绿岩及弧火山岩。王鸿祯(1985)认为江南造山带西段梵净山群和四堡群的蛇绿岩和弧火山岩代表该期存在着双列岛弧,岛弧之间的冷家溪群为弧间盆地构造背景(图11-15)。大约820Ma左右,江南造山带发生一次碰撞造山,形成冷家溪群及相当地层与上覆板溪群及相当地层之间的角度不整合—平行不整合,这次构造运动被命名为"武陵运动"。

青白口系上部(820~720Ma)在江南造山带西段分别被称为板溪群(湖南)、下江群(贵州)、丹洲群(广西),在江南造山带东段分别被称为镇头群或沥口群(赣西-皖南)、河上镇群(浙江)等。这套地层仍为浅变质碎屑岩及凝灰岩,局部夹中基性火山岩。值得注意的是,湖南的江南造山带北部的板溪群以紫红色为特色,称为"红板溪",南部的板溪群以暗色为特征,称为"黑板溪",反映板溪群自北向南由浅水盆地向深水盆地的变化。

关于江南造山带的新元古代的盆地格局和构造演化,一般认为冷家溪期(>820Ma)为活动大陆边缘背景(图11-15)(王鸿祯,1985),板溪期(820~720Ma)属于裂谷盆地(图11-16)(王剑等,2019)的构造背景。部分学者根据贵州下江群的系统研究,并考虑到与下江群清水江组年龄相同、构造性质相同的龙胜岛弧火山岩(750~760Ma)的存在(Lin et al.,2015),认为板溪期为一弧后裂谷盆地的构造背景(覃永军,2015),现予以简述。

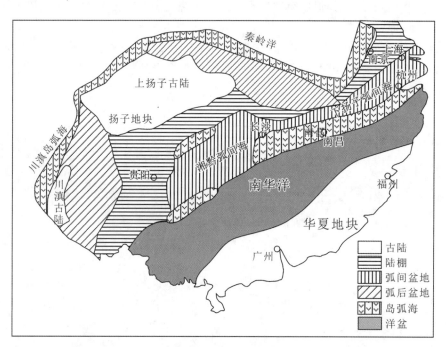

图11-15 华南地区新元古代早期(冷家溪期)构造古地理简图(据王鸿祯,1985修改)

贵州与板溪群相当的下江群自下而上分为6个组。甲路组下部以底砾岩、含砾砂岩为特征,为辫状河沉积。甲路组上部为钙质板岩、钙质千枚岩和钙质片岩夹变质砂岩,常夹呈薄层或小透镜体状大理岩或个别厚度达数米的块状大理岩透镜体或称钙质岩系。砂岩中含浪成交错层理,板岩中具变余的水平层理,属于滨海相的潮下带沉积。乌叶组下部为板岩类、千枚岩夹变余粉—细砂岩等组成,少有片岩、石英岩及变质火山碎屑岩和变质凝灰岩。砂岩中发育平行层理及浪成交错层理、脉状层理及不对称波痕,为滨海相的临滨—过渡带—浅海相沉积。乌叶组上部以深灰—灰黑色板岩类、千枚岩及变质细碎屑岩为特征,见钙质(大理岩)小透镜体,水平层理发育,为较深的浅海相沉积。番召组的岩性以浅灰色、灰色薄—中层粉砂质绢云母板岩、含粉砂质绢云母板岩以及绢云母板岩等板岩类与变质粉—细砂岩呈无定比互层。番召组下部以变质粉—细砂岩为主,上部以灰色板岩类为主,时夹凝灰质板岩或变质沉凝灰岩,时或有钙质(大理岩)小透镜体产出。番召组发育块状或递变层理、平行层理、波状层理、水平层理

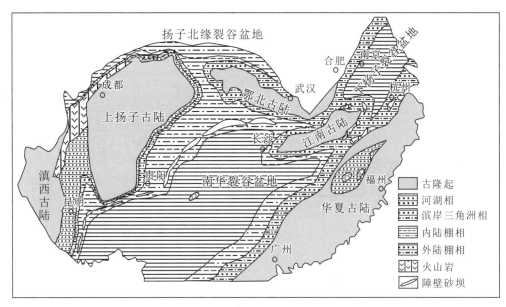

图 11 - 16 华南地区新元古代早期（板溪期）构造古地理简图（据王剑等，2019）

等，具槽模和软沉积变形，为半深海浊流相沉积。清水江组在贵阳—镇远—湖南芷江一线以北与南华系呈微角度不整合或平行不整合接触，该线以南与上覆平略组为整合接触。主体岩性由变质沉凝灰岩、变质粉—细砂岩、变质砂岩、变质凝灰质砂岩、凝灰质板岩、砂质绢云母板岩、粉砂质绢云母板岩和绢云母板岩等呈多样式不等比互层，以含大量凝灰质岩石为特征。清水江组具有典型的鲍马序列，为半深海浊流沉积，滑塌构造发育，滑塌方向为北西向南东方向。平略组岩性主要为浅灰、灰色及灰绿色薄—厚层状绢云母板岩、粉砂质绢云母板岩以及绿泥石绢云母板岩等板岩类，夹少量变质粉—细砂岩及凝灰质板岩，下部时夹变质沉凝灰岩。平略组下部以板岩占绝对主体，呈现"板岩夹砂岩"的特征，上部呈现板岩与砂岩互层的特征。平略组仍具有鲍马序列和滑塌变形，也为半深海浊流沉积。隆里组岩性组合以浅灰色—灰色变质砂岩及变质粉砂岩夹板岩，或变质粉—细砂岩与板岩互层为特征，时含细砾及砾岩小透镜体。隆里组内具典型的浪成交错层理和浪成波痕等，属于滨岸碎屑沉积。

可以看出，从下江群的沉积环境变化早期为一从陆相（甲路组下部）到浅海（甲路组中上部—乌叶组）、半深海相（番召组—清水江组）海水逐渐加深的过程，晚期又为一从半深海相（平略组）到滨海相（隆里组）海水逐渐变浅的过程，反映了盆地从伸展到萎缩的过程（图 11 - 17）。古地理分析也显示，从甲路组到清水江组沉积范围逐步扩大，从清水江组到隆里组沉积范围逐渐萎缩，清水江组与平略组之间存在一个明显的盆地由伸展到萎缩的构造事件（覃永军，2015）。

下江群的碎屑矿物在 Q-F-L、Qm-F-Lt 三角图上主要落在再旋回造山带和岩浆弧物源区以及二者的混合物源区，在 Qp-Lv-Ls 三角图上主要落在碰撞造山带物源和弧造山带物源区以及二者的混合物源区，在 Qm-P-K 三角图上，显示随着单晶石英的增高，砂岩的成熟度及稳定性随之增高（图 11-18），反映下江群以造山带物源区以及弧造山带物源为主，物源主要来自再旋回造山带物源及岩浆弧物源，基本没有来自稳定大地块的物源。下江群物源尤其是甲路组、乌叶组、番召组和清水江组物源组分图解中具有明显弧造山带物源，表明此时期区域上存在岩浆弧，下江群应处于弧后盆地沉积环境。

下江群沉凝灰岩和碎屑岩含有大量具较高的 Th/U 比值的岩浆锆石。锆石年龄统计显示清水江组沉积期是物源转换的关键时期。清水江组之前物源主要来自扬子地块周缘四堡和龙胜岛弧；而清水江组之后盆地萎缩，物源已经转变为下江群早期地层的再旋回。清水江组的沉凝灰岩和碎屑锆石年龄（770～740Ma）与东南广西龙胜枕状玄武岩和基性岩年龄（Lin，2016）吻合，下江群凝灰岩和碎屑岩中锆石微量元素 Hf/Th-Th/Nb 投图显示，绝大多数均投在岩浆弧/造山带环境区域，个别投点落在板内/

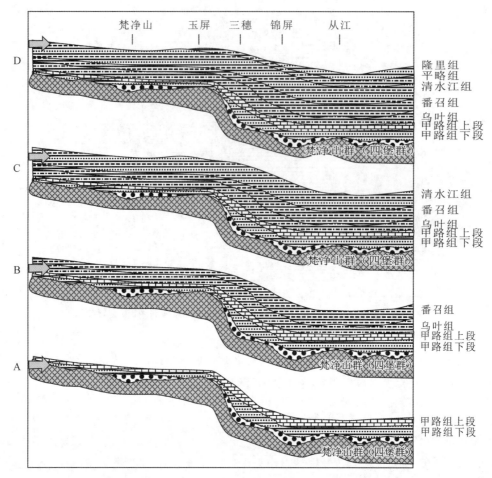

图 11-17　黔东南地区新元古代下江期的沉积演化示意图(据覃永军,2015)

非造山带环境区域,也显示下江群的物源均来自岛弧/造山带环境(覃永军,2015),尤其是下江群的物源与 Lin(2016)报道的桂北地区 760～750Ma 左右的岛弧火山岩吻合,证实下江群形成于与岛弧相关的弧后盆地环境。下江群和南华系之间的不整合反映雪峰运动导致龙胜火山弧与扬子地块弧-陆碰撞造山,形成了扬子地块东南缘继武陵运动之后的再次增生。

总结江南造山带西段新元古代的沉积盆地演化,大致可以勾画出扬子地块增生的过程(图 11-19):①850Ma 左右,江南造山带处于活动大陆边缘体系,可能存在梵净山和四堡(龙胜)双列岛弧,梵净山岛弧和四堡岛弧之间为弧间盆地;②820Ma 左右,梵净山岛弧和扬子地块弧-陆碰撞造山(武陵运动),形成扬子地块的第一次增生和梵净山群(冷家溪群)与下江群(板溪群)之间的区域不整合;③820～750Ma 期间,四堡(龙胜)岛弧俯冲汇聚,并最终在 750～720Ma 期间发生再次弧-陆碰撞造山(雪峰运动),形成扬子地块的二次增生,最终形成华南板块的雏形。

3. 中国其他地区青白口纪概况

塔里木板块主体为塔里木盆地。盆地周缘已发现变质的元古宙地层。如盆地的东北缘库鲁克塔格出露元古宇变质碎屑岩和碳酸盐岩地层;南缘昆仑山、阿尔金山北侧也发育元古宇的火山-沉积地层。古元古代晚期的兴地运动(相当于吕梁运动)使塔里木原始板块开始形成。中、新元古代板块又趋于活动,其南北两侧发育陆缘裂陷槽,如西北缘阿克苏地区发育长城纪的蛇绿岩及元古宙的蓝闪石片岩,到新元古代后期,塔里木板块形成,震旦纪进入新的发展阶段。

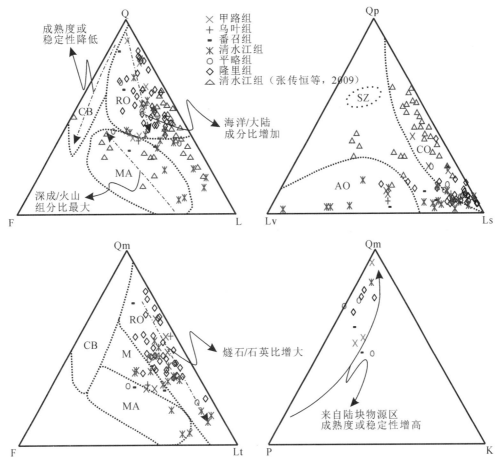

图 11-18 黔东南地区下江群砂岩碎屑岩模式组成 Q-F-L、Qm-F-Lt、Qp-Lv-Ls 和 Qm-P-K 图

（据覃永军，2015）

Q. 总石英；Qm. 单晶石英；Qp. 多晶石英；F. 总长石；P. 斜长石；K. 碱性长石；L. 总岩屑；Ls. 沉积岩屑；Lv. 火山岩屑；Lt. L+Qp 之和；CB. 稳定陆块物源区；RO. 再旋回造山带物源区；MA. 岩浆弧物源区；M. 混合物源区；AO. 弧造山带物源区；CO. 碰撞造山带物源区；SZ. 大陆俯冲带物源区；底图据 Dickinson，1983

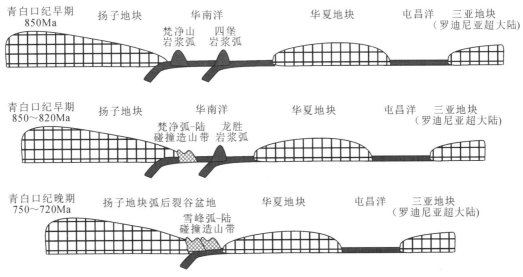

图 11-19 江南造山带大地构造格演化图

至于其他板块和微板块,由于没有准确的地层证据,尚难确定。位于青藏地区的冈底斯、藏南江孜、保山等板块或微板块可能仍与冈瓦纳板块为一体尚未分离出来。

第五节　南华纪—震旦纪地史

一、中国东部南华纪—震旦纪的地层系统

1. 华北板块南华纪—震旦纪的地层系统

华北板块内部缺失南华纪—震旦纪的地层,仅在板块南部河南、安徽等地发育。以河南为例,南华系—震旦系自下而上包括 4 个组,即黄连垛组、董家组、罗圈组、东坡组。

1)黄连垛组

黄连垛组由关保德、潘泽成(1980)在河南省鲁山县下汤乡黄连垛村命名。黄连垛组主要为一套灰白色、青灰色含硅质条带的叠层石白云岩夹砂砾岩,底部为巨厚层砂砾岩,厚度 134.2m。黄连垛组上部含微古植物 *Trematosphaeridium minutum*,*Polyporata* sp.,与下伏中元古界洛峪口组平行不整合接触。

2)董家组

董家组由关保德、潘泽成(1980)在河南省鲁山县下汤乡董家村命名。董家组底部为 1m 左右的灰白色砂砾岩,向上为灰白色、灰绿色砂岩夹粉砂岩,顶部为白云质灰岩。董家组含微古植物化石 *Trematosphaeridium* sp.,*Pseudozonosphaera nucleolata*,*Polyporata* sp. 等,厚度 133.3m,与下伏地层黄连垛组平行不整合接触。

3)罗圈组

罗圈组由刘长安、林蔚兴(1961)在河南省汝州市蟒川乡罗圈村命名。岩性为一套冰碛砂质砾岩、含砾泥岩,厚度 218.2m,内含较多微古植物化石,包括 *Trematosphaeridium* sp.,*Trachyphaeridium* sp.,*Taeniatum crassum*,*Laminarites* sp. 等。与下伏地层董家组整合接触或与中元古界北大尖组平行不整合接触。

4)东坡组

东坡组由关保德、潘泽成(1980)在河南省汝州市蟒川乡东坡村命名,主要岩性为灰绿色、紫红色粉砂质页岩、粉砂岩,厚度 77.3m,与下伏地层罗圈组和上覆地层辛集组均为整合接触。

2. 华南扬子地块南华纪—震旦纪的地层系统

鄂西三峡及邻区新元古界包括青白口系(拉伸系)、南华系(成冰系)和震旦系(埃迪卡拉系)。在茅坪花鸡坡一带自下而上分为青白口系莲沱组、南华系南沱组、震旦系陡山沱组和灯影组(喻建新等,2015)。在长阳一带莲沱组和南沱组之间发育古城组和大塘坡组。综合上述剖面,其地层特征如下。

1)古城组(Nh_1g)

古城组由赵自强等(1985)在湖北省长阳县古城岭村命名,主要岩性为灰绿色含砾泥岩,厚度约 5.9m,与下伏地层莲沱组整合接触。古城组下部莲沱组顶部 724Ma 的年龄接近于成冰系底部年龄(720Ma),上部大塘坡组下部凝灰岩为 662Ma 左右。因此古城组应为南华纪(成冰纪)早期的地层。

2)大塘坡组(Nh_2d)

大塘坡组由江荣吉(1967)在贵州省松桃县大塘坡锰矿区创名,在湖北长阳大塘坡组为 12m 左右的

黑色含锰页岩和锰矿层。大塘坡组与下伏地层古城组整合接触。据 Lan 等(2015)总结,大塘坡组内凝灰岩锆石 U-Pb 年龄为 662~654Ma,属南华纪(成冰纪)中期的地层。

3)南沱组(Nh_3n)

南沱组由 Blackwelder(1907)、李四光等(1924)于宜昌市南沱创名的南沱层或南沱岩系沿革而来。南沱组为灰绿色、紫红色冰碛块状夹层状含砾砂泥岩,与下伏莲沱组凝灰质细砂岩呈平行不整合接触,厚度 50~200m。赵自强等(1988)在南沱组已发现 *Leiopsophosphaera minor*,*Trachysphaeridium nigousum* 等微古植物 11 属 24 种,其中主要为球藻亚群的及柱面藻亚群、带状藻类、褐藻碎片等。据 Lan 等(2015)总结,湖南省古丈县的南沱组锆石 U-Pb 年龄为 636Ma 左右,属南华纪(成冰纪)晚期的地层。

4)陡山沱组(Z_1d)

陡山沱组由李四光等(1924)创名的陡山沱岩系演变而来,命名地点在宜昌市陡山沱村。陡山沱组自下而上可以分为 4 段。陡山沱组一段为浅灰色—灰色厚层—巨厚层含硅质含燧石结核白云岩(又称盖帽白云岩),厚 3.3~5.5m。陡山沱组二段为深灰色—黑色薄层泥质灰岩、白云岩夹薄层碳质泥岩,呈不等厚互层状韵律,含泥质和硅质磷质结核,厚度 235m。陡山沱组三段下部为灰白色厚层夹中层状白云岩,粉晶—细晶白云岩,燧石结核及条带发育,上部为薄层状粉晶白云岩,厚度 835m。陡山沱组四段为黑色薄层硅质泥岩、碳质泥岩夹透镜状灰岩,厚 0~8.4m。陡山沱组和下伏地层大塘坡组整合接触。陡山沱组的黑色页岩及含磷白云岩中含有丰富的微古植物化石,据赵自强等(1988)统计主要有球藻亚群,菱形藻亚群及开口的球形微古植物等 50 属,约 90 种。陡山沱组底部凝灰岩的锆石 U-Pb 年龄为 635Ma 左右(Gao et al.,2009),属于震旦纪(埃迪卡拉纪)早期的地层。

5)灯影组(Z_2dn)

灯影组系李四光等(1924)创建的"灯影石灰岩"演变而来,命名地点在宜昌市西北 20km 长江南岸石牌村至南沱村的灯影峡。该地层曾被北京地质学院(1961)称为"灯影群上部灯影组"。地质科学院(1962)将陡山沱层与灯影灰岩合称灯影组,刘鸿允等(1963)将灯影石灰岩称灯影组,后为大家沿用。赵自强等(1985)曾将灯影组自下而上分为蛤蟆井段、石板滩段、白马沱段及天柱山段。现天柱山段时代划归寒武纪,因此灯影组为 3 段。

灯影组指平行不整合于牛蹄塘组(水井沱组)之下,整合于陡山沱组之上的一套地层,岩性三分:下部蛤蟆井段为灰色—浅灰色中层夹厚层内碎屑白云岩,细晶白云岩,含硅质细晶白云岩,厚度 134.4m;中部石板滩段为深灰色、灰黑色薄层含硅质泥晶灰岩,偶夹燧石条带,极薄层泥晶白云岩条带发育,产埃迪卡拉生物群,厚度 36m;上部白马沱段为灰白色厚层—中层状白云岩、夹中层—薄层状细晶白云岩,厚 17.5m。灯影组含著名的埃迪卡拉生物群及微古植物 25 属 55 种,时代为震旦纪晚期。

二、南华纪—震旦纪地史

1. 华北板块及其边缘南华纪和震旦纪古地理

华北板块主体自青白口纪后期抬升以来,一直处于剥蚀状态,称为华北古陆(图 11-20)。南华系—震旦系仅在其东缘辽南-胶东、东南缘苏北-淮南和南缘的豫西及西缘贺兰山一带有零星出露。

华北板块东缘辽南至胶东、徐淮地区,南华纪—震旦纪时为海域覆盖,称为胶辽徐淮海,向东则与朝鲜中部海域相连。在东部辽东半岛复县一带,南华系和震旦系总厚大于 3000m。其与下伏地层青白口系细河群、与上覆地层寒武系均为平行不整合接触。南华系为石英砂岩,杂色粉砂岩及页岩、微古植物群丰富,特征可与扬子板块相比。震旦系以碳酸盐岩沉积为主,为灰白至紫红色白云岩及泥质灰岩组成,含多种叠层石及类红藻,与扬子板块震旦系所产的组合面貌不尽相同。从整个层序来看,辽东南华系和震旦系整体均成一个大的海侵旋回。皖北淮南地区的南华系和震旦系,其层序、化石和辽东地区相似。胶辽、徐淮地区震旦系厚度巨大,南华系不太发育,无冰碛岩,代表华北板块的东部克拉通陆表海坳陷盆地,整体保持了滨、浅海环境的沉积类型。

华北板块南缘及西缘,自豫西至龙首山—贺兰山一带,南华系和震旦系地层零星发育。在豫西宜阳、汝阳以东,南华系黄连垛组与下伏地层汝阳群呈平行不整合接触。其岩性为砂砾、砂岩与白云岩互层,局部夹硅质岩。南华系董家组由砂砾岩、页岩、碳酸盐组成。震旦系罗圈组为一套冰碛岩,厚度变化大,横向上由数十米至数千米,下部为暗紫色,暗绿色泥砾岩,砾石成分复杂,表面有凹面、压坑、擦痕等,底部基岩表面可见冰溜面,属于山岳冰川形成的冰碛岩。震旦系东坡组为紫红色和灰绿色砂页岩,具水平层理,为冰后期沉积。

华北板块周缘的大陆边缘南华系和震旦系也有不同程度的发育,板块南部大陆边缘的北秦岭地区,二朗坪群、丹凤群可能包括一部分南华纪和震旦纪地层,以岛弧型火山岩沉积为特征,代表华北板块南部的活动大陆边缘沉积。在板块北缘的黑龙江鸡西地区,麻山群部分包括了南华纪和震旦纪地层代表板块北部大陆边缘的沉积。

2. 华南地区及其大陆边缘南华纪和震旦纪古地理和古构造

华南地区包括扬子地块、华夏地块及其二者之间的南华裂谷3个构造单元(图11-20,图11-21)。扬子地块经800Ma左右的构造运动,形成了稳定的基底,南华系—震旦系形成稳定的盖层沉积。华夏地块南华系—震旦系仍为活动型的碎屑岩及火山碎屑岩沉积。南华裂谷自新元古代雪峰运动(720Ma)之后,南华系—震旦系的弱变质地层角度不整合、微角度不整合覆盖在青白口系的低级变质岩地层之上,并由底部的陆相和滨浅海碎屑岩逐渐变为深水盆地的泥质岩、硅质岩,呈现裂陷作用加剧,盆地基底沉降,海水逐渐加深的过程。

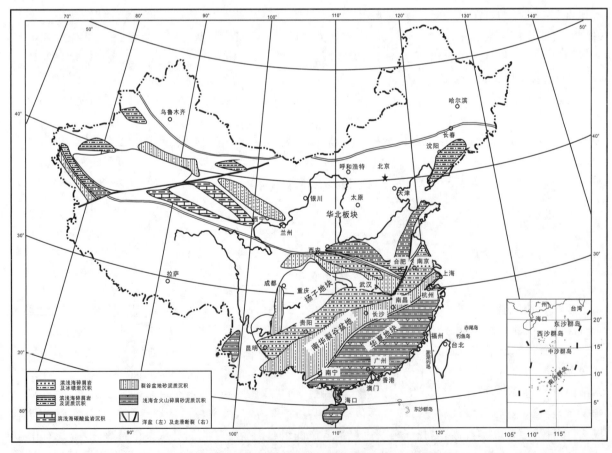

图11-20 中国南华纪构造古地理图(据王鸿祯,1985修改)

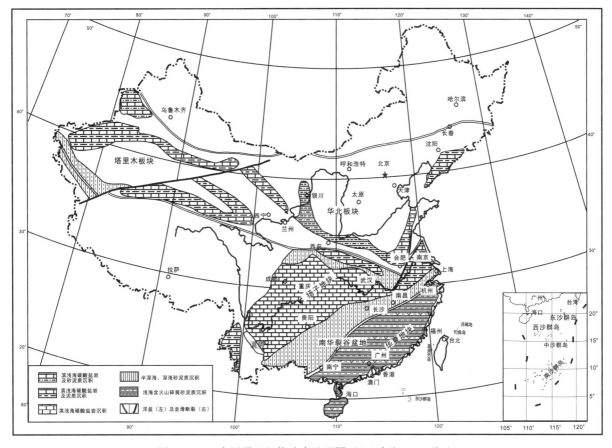

图 11-21　中国震旦纪构造古地理图（据王鸿祯，1985 修改）

1）扬子板块内部南华纪和震旦纪的古地理

扬子板块南华系和震旦系均发育较好，自西向东可以分为上扬子区和下扬子区，各区沉积特征略有差异。上扬子区新元古界以鄂西一带发育较好，研究程度最高，包括青白口系莲沱组、南华系古城组、大塘坡组、南沱组，震旦系陡山沱组和灯影组。

在鄂西宜昌一带，莲沱组与下伏地层古元古界崆岭群为角度不整合接触。莲沱组下部砾岩以紫红色为主，砾石具叠瓦状构造，多具板状交错层理，代表陆上河流沉积；上部粒度变细，为河口湾—水下三角洲沉积；顶部为滨浅海相的细砂岩和粉砂岩、泥质岩。古城组为冰碛含砾泥岩，属冰海沉积。大塘坡组为深水含锰泥质岩和菱锰矿层。南沱组为灰紫色至紫红色砂泥质杂砾岩，砾石成分复杂，颗粒无分选，具块状层理或水流交错层理，砾石上有冰川擦痕，代表山岳冰川和近岸冰海沉积。

鄂西峡东地区震旦系以碳酸盐岩沉积为特色，为陆表海的碳酸盐缓坡沉积环境。陡山沱组第一段盖帽白云岩为 Marinoan 冰期（南沱冰期）冰后期的浅水碳酸盐潮坪沉积，第二段—第四段以浅海相的白云岩、含泥质白云岩、泥质岩沉积为主。灯影组下部为潮坪白云岩，中部为浅海相白云岩和灰岩，内具埃迪卡拉生物群，上部为潮坪到局限潮下的白云岩。扬子地块其他地区震旦系总体与鄂西相似，但贵州中部地区发育一水上隆起（黔中古陆），围绕黔中古陆滨岸地区发育著名的陡山沱组"开阳式"磷矿（分为陡山沱组第二段的 A 磷矿和第四段的 B 磷矿），B 磷矿中出现著名的瓮安生物群。

扬子板块西部区的滇中—川西一带，南华纪时存在著名的南北向苏雄裂陷带。在成都西南的甘洛小相岭一带，南华系不整合于元古宙变质岩系之上，下部苏雄组以大陆喷发酸性火山岩为主；中部开建桥组为各种凝灰岩、凝灰质角砾岩以及含大量火山碎屑的陆相砾岩与砂岩；上部列古六组是含火山灰、砂的冰川湖泊沉积。整个南华系局部厚度大于 5000m，向东、西两侧厚度迅速减小至尖灭。苏雄组火山岩系是以钙碱性—碱性英安—流纹岩类和少量玄武岩—安山岩类为特征，开建桥组则包括两种截然不同的火山岩,即富硅、碱(尤其富钾)、贫钙的钙碱性—碱性流纹岩和少量的碱性玄武岩兼而有之,具有"双峰式"火山岩的特点,这两组均为陆相成因,属于夭折的大陆裂谷产物。由该区向南,开建桥组逐渐变为陆相粗碎屑紫红色砾砂岩夹少量火山凝灰岩,称为澄江组,局部厚达3000m,横向变化显著,也属大陆裂谷沉积。澄江组为南沱组大陆型冰碛层所覆,两者间可见局部微角度不整合接触。

扬子板块西部区的震旦系和鄂西地区相似,其分布广泛并形成广泛的超覆,以岩相稳定的碳酸盐岩沉积为主。说明南沱期以后,随着古气候的转暖,冰川融化,海平面上升,形成了上扬子陆表海。在川南地区灯影期出现了蒸发海盆,形成巨厚的盐类沉积。根据灯影组层序分析,灯影期海水进退频繁,各区灯影组保存的最高层位不同,与寒武系的关系,在凹陷中为连续沉积,在相对隆起区则有不同程度的间断。

下扬子区(包括湘鄂赣交界、赣西北、苏皖、浙西北等地)南华系在赣西北称为硐门组,岩性和峡东莲沱组类似,但细粒沉积增多,且多发育与潮汐作用有关的沉积构造,为河流—滨岸浅水碎屑岩沉积。在皖南对应的地层为休宁组,以碎屑岩为主,局部有少量火山岩楔入。浙西北相当的地层为志棠组,其韵律性构造明显。下扬子区南华系上部普遍为冰碛岩,相当于鄂西地区的南沱组。不同的是,下扬子区南沱组以冰海沉积为主,部分为海洋型冰筏沉积,包括冰缘水下重力流沉积。与上扬子区不同,下扬子区震旦系以暗色硅质岩、硅质页岩及碳质页岩发育为特征,代表深水、静水、还原的沉积环境。

扬子板块的北部大陆边缘为南秦岭地区。南秦岭地区南华系耀岭河群为一套变质的中基性、碱性火山熔岩、火山碎屑岩夹碎屑岩及大理岩,厚可达2000m,与震旦系不整合接触。震旦系为稳定型碎屑岩和碳酸盐岩沉积,下部陡山沱组为碎屑岩和白云岩,上部灯影组为白云岩,厚1200～2000m。表明南华纪扬子板块北缘为活动的裂陷槽,震旦纪与扬子板块拼合为一体。

扬子板块西缘川西—滇西南华纪和震旦纪地层不甚发育,推测也应存在大陆边缘的沉积。

2)华夏地块南华纪和震旦纪地史特征

华夏地块位于华南板块东南部,包括福建、广东、江西南部、广西东部、浙江中南部等地。湘赣边境至闽西一带,南华系和震旦系厚达4000余米,总体为一套砂泥质复理石沉积,南华系夹火山岩或火山碎屑岩,震旦系夹多层硅质岩。碎屑复理石指示由东南向西北的浊流运动方向,反映物源来自华南外侧的古大陆(推测为Rodinia超大陆)。

3)南华裂谷南华纪和震旦纪地史特征

南华裂谷位于扬子地块和华夏地块之间,包括黔东南、湘中、桂西北、赣北、浙江及苏南等地,为一狭长的、北东向展布的裂谷盆地。大致沿梵净山—贵阳一线,形成明显的扬子地块和南华裂谷盆地的同沉积断裂边界,断裂以北,为陆表海滨浅海的碎屑岩和碳酸盐岩,断裂以南为深水相的浅海到半深海的碎屑岩和深水盆地相的泥质岩、硅质岩和泥质白云岩。在湘黔渝交界区,南华系自下而上为两界河组、铁丝坳组、大塘坡组、黎家坡组。两界河组(相当于富禄组)为一套河流相的碎屑岩,厚度0～300m。铁丝坳组(相当于古城组)为一套冰海沉积的含砾泥质岩,厚度小于10m。大塘坡组下部为黑色泥质岩、含锰页岩、菱锰矿层,厚度几米到几百米不等。黎家坡组(相当于南沱组)为冰海沉积的含砾泥岩,厚度50m左右。两界河组、大塘坡组都存在明显的岩相突变带和厚度突变带,形成地垒、地堑间列的裂谷盆地结构,地垒上无两界河组或两界河组厚度极小,地堑区两界河组厚度较大,最大可达300多米。地垒上大塘坡组厚度一般只有几米,大塘坡组底部为盖帽白云岩;地堑内部大塘坡组厚度可达300m,大塘坡组底部为菱锰矿含矿岩系(杜远生等,2015,2019;周琦等,2016)(图11-22a)。该区震旦系下部"陡山沱组"为一套深水相的泥质岩、泥质白云岩,老堡组为一套深水硅质岩夹泥质岩(图11-22b)。在湘黔桂交界区至雪峰山一带,南华系形成一个巨大楔状体。底部长安组平行不整合或微角度不整合于新元古界丹洲群之上,为一套含砾板岩、粉砂质板岩及砾质砂岩,偶夹不规则的板岩、砂岩,厚达千余米。所含砾石成分复杂、无定向、稀疏散布并偶见落石构造,一般认为是一套冰水(冰筏)沉积,也有人认为是一套大陆斜坡重力流沉积。中部富禄组以灰绿色砂岩及页岩为主,夹黑色页岩,含火山物质,上部夹含锰泥质岩。上部为黎家坡组(或称泗里口组)冰成含砾板岩、含砾砂质板岩及含砾泥质白云岩,砾石多呈

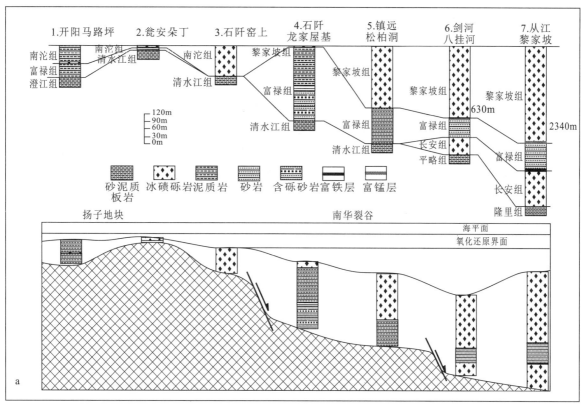

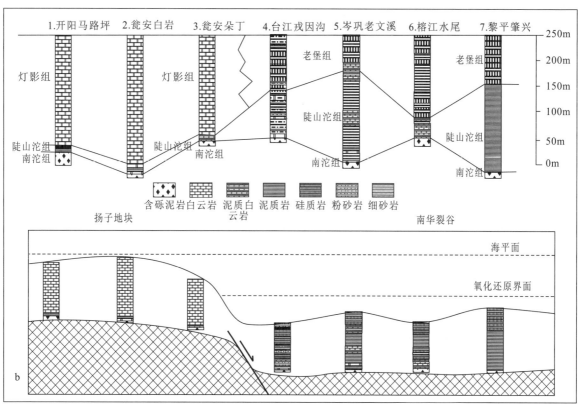

图 11-22 南华纪—震旦纪南华裂谷沉积剖面示意图(据杜远生等,2019)

落石特征。南沱组为一套冰筏海洋沉积。震旦系陡山沱组和老堡组主要为一套黑色、灰黑色碳质页岩、硅质页岩及薄层硅质岩,内含磷结核,具水平纹层,厚度很小,代表一种非补偿的较深水缺氧环境。从湘黔边境到湘赣边境,震旦系由西向东由以白云岩为主到以暗色硅质岩为主,厚度急剧减小,过渡现象十分清晰。

3. 中国其他地区南华纪—震旦纪古地理特征

塔里木板块主体南华纪和震旦纪时也处于古陆状态(图 11-20,图 11-21),其东北缘的库鲁克塔格山一带南华系和震旦系发育较全,厚约 6000m,总体为火山岩、浊积岩,含多层杂砾岩、冰碛层,由多个平行不整合所分割,代表板块边缘强烈沉降的补偿海沉积特征。南华系下部为杂砾岩及粗碎屑沉积为主,间夹有火山岩和冰积岩;上部以砂岩、粉砂岩沉积为主,内夹砾岩,常见水平层理,代表较深水的浅海沉积;顶部为冰碛砾岩、砂岩和板岩,与南沱组冰期相当。震旦系和南华系之间以平行不整合面相隔。南华系和上震旦统下部以砂岩、粉砂岩为主,具递变层理和鲍马序列,底模构造发育,复理石韵律发育,总体为一套较深水的浊流沉积;中部以碳酸盐岩沉积为主;上部为冰碛杂砾岩,可与豫西罗圈组冰碛岩对比,上与寒武系纽芬兰统含磷层平行不整合接触。与扬子板块和华北板块不同,该区的冰碛岩发育最全,反映有 3 个冰期和 2 个间冰期。

塔里木板块西北缘的柯坪地区南华系下部缺失,最低层位为相当于南沱期的冰碛层,震旦系下部为细碎屑泥质沉积,含丰富的微古植物,上部为碳酸盐岩沉积,产大量叠层石,相当于板块上稳定的陆表海沉积,顶部也为相当于豫西罗圈组的冰碛岩。

中国其他地区的南华系和震旦系出露较差、研究程度较低,此处不再讨论。结合后述早古生代的地史特征,可以推测南华纪和震旦纪时期中国古大陆总体由华北板块、扬子地块、华夏地块、塔里木板块等组成,青藏及川滇西部的板块和微板块群一部分属于扬子板块(如古生代的昌都-思茅、羌塘微板块),一部分属于冈瓦纳板块(如古生代以后的藏南、冈底斯、保山等微板块)。华北板块和塔里木板块以北为古亚洲洋的一部分。

第六节 前寒武纪的矿产

太古宙—中元古宙矿产主要包括铁、锰、金、铀、铜、铅、锌、镍、铂、稀土等,尤其是华北冀东、鞍山等地太古宙—古元古代基底中的条带状磁铁矿是最重要的矿产资源。白云鄂博的铁矿中稀土元素丰富,为全球最大的稀土矿床。华北中元古代高于庄组含有广泛分布的沉积型锰矿。滇中—川西"东川式""易门式"和江西德兴的斑岩型铜矿都发育于中元古代的地层或火山岩中。

新元古代是一个重要的沉积矿产成矿期,最典型的是南华纪沉积型锰矿和震旦纪磷矿、锰矿。南华纪锰矿又称"大塘坡式"锰矿,主要分布于贵州东部、重庆南部、广西北部、湖南中西部以及湖北鄂西地区,为我国最重要的锰矿矿集区。震旦纪磷矿是我国最重要的磷矿层位,主要分布于湖北西部地区、贵州中部地区,磷矿赋存于陡山沱组,可分为上下两个矿层(A 矿和 B 矿),分别相当于宜昌陡山沱组的第二段和第四段。陡山沱组的锰矿主要分布于湖北扬子地块北缘地区。

第十二章　早古生代地史

早古生代包括寒武纪、奥陶纪和志留纪,约开始于541Ma,结束于419Ma(图8-10),早古生代形成的地层称下古生界。英国的薛知微(Sedgwick)(1835)最早在英国西部寒武山(Cambria)建立了寒武系(Cambrian),莫企逊(Murchison)(1835)在英国南部威尔士建立了志留系(Silurian)(以英国古代民族Silures命名),认定这段地层是下古生界。但1879年,拉普沃思(Lapworth)发现志留系和寒武系之间有重复部分,建议把这部分重复的地层另建奥陶系(Ordovician),同时提出下古生界三分的意见。1989年国际志留系分会通过了志留系"四统七阶"划分方案;2003年,在第9届国际奥陶系大会上确立了国际奥陶系"三统七阶"的划分方案;2004年,在韩国举行的寒武系国际会议上通过了寒武系"四统十阶"的划分方案(Peng,2004),该方案在2004年底由国际地层委员会寒武系分会表决通过,这些方案分别被国际地层表所采用(戎嘉余等,2019;张元动等,2019;朱茂炎等,2019)。

从早古生代开始,地球进入一个崭新的发展阶段。这一时期的生物界与前寒武纪生物界明显不同,以小壳动物群和澄江生物群的大量繁盛为起点,各种后生动物迅速发展,其中海生动物繁盛并大量保存为化石。因此,从寒武纪开始,地质年代各阶段的划分,主要依据生物的演化阶段,在地层划分和对比工作中,生物地层学方法也成为十分有效的手段之一。从无机界的演化来看,早古生代华北板块、塔里木板块处于陆表海环境,寒武纪—奥陶纪以碳酸盐岩沉积为主,华北板块主体奥陶纪中期以后隆升为陆,直到石炭纪后期才复被海水覆盖。华南地区仍存在扬子地块、华夏地块和南华裂谷的三分格局。扬子地块寒武纪—奥陶纪以碳酸盐岩沉积为主,志留系早期为碎屑岩沉积。华夏地块寒武纪至奥陶纪早中期以碎屑岩为主,晚奥陶世之后隆升为陆。位于扬子地块和华夏地块之间的南华裂谷盆地寒武至中奥陶世以深水泥质岩、硅质岩、泥质灰岩为主,晚奥陶世—志留纪兰多维列世为碎屑岩沉积。

第一节　早古生代的生物界

早古生代的生物界是海生生物,尤其是无脊椎动物的繁盛时期,几乎所有的海生生物门类都已出现。因此,早古生代又称海生无脊椎动物的时代。无脊椎动物以三叶虫、笔石、头足类、腕足类、珊瑚及牙形石最为重要。除了海生无脊椎生物以外,原始脊椎动物的代表在云南澄江寒武系底部被发现,无颌类的 *Artraspis*(星甲鱼)最早在北美西部中奥陶统发现,志留纪晚期原始的陆生植物裸蕨类开始出现。早古生代经历了寒武纪生命大爆发和奥陶纪生物大辐射的重大地质事件,形成一系列特异保存生物群,呈现出无脊椎动物、早期脊椎动物等海生生物的空前繁盛。

一、特异保存生物群

1. 小壳动物群

小壳动物群产于扬子地块寒武系底部三叶虫化石出现之前的梅树村组(Li et al.,2007),又被称为"梅树村动物群"(钱逸,1977)。小壳动物群是个体微小(1~2mm),具外壳的多门类海生无脊椎动物,基本上以磷酸盐化的形式保存在磷块岩、碳酸盐岩和碎屑岩等反映不同浅水环境的地层中,包括:①软体动物门的原始类群(软舌螺纲、单板纲、腹足纲、双壳纲、喙壳纲等);②腕足类;③似牙形石类;④腔肠动物及分类位置不明的棱管壳等。其代表分子有 *Anabarites trisulcatus*(三槽阿纳巴管螺)、*Maikhanella prisinis*(原始马哈螺)、*Latouchella*(拉氏螺)、*Watsonella yunnanensis*、*Circotheca*(圆管螺)、*Protohertzina anabarica*(阿纳巴尔原棘慈利牙形石)及 *Siphogonuchites*(棱管壳)等(图 12-1)。小壳动物群始见于埃迪卡拉纪末期,寒武纪初期大量繁盛,它是继埃迪卡拉动物群之后生物界又一次质的飞跃,完成了早期生物从无壳到有壳的演化历程。从地层学角度看,小壳动物群是划分前寒武纪和寒武纪地层界线的最好标志,目前国内外多数地质学者倾向以小壳化石大量繁盛为寒武系底界的标志。

在小壳动物群(梅树村动物群)相当层位发现的特征略有差异的动物群还有瑞典南部的奥斯坦型(Örsten)化石群和我国陕西南部的宽川铺生物群、湖北西部的岩家河生物群等。

奥斯坦型(Örsten)动物群最初是德国的学者 Müller(1975)在瑞典南部 Örsten 的灰岩结核中发现,是一类个体微小却以三维形式特异保存的化石,以软躯体的、表皮次生磷酸盐化的节肢动物未成年个体为主。奥斯坦型保存化石极少被后期成岩作用改造,无明显受垂向挤压变形,生动呈现出生物活体时的形态特征(张喜光等,2009;刘政,2017)。

宽川铺生物群是陕南地区寒武纪早期一个以微体动、植物化石为特色的生物群(李勇和丁莲芳,1992)。该生物群和梅树村动物群类似,保存有大量小壳动物化石,还保存精美的磷酸盐化的、具有完整发育系列的刺细胞动物胚胎和幼虫化石,是一个由动物、植物共同组成的完整地方性生物群。宽川铺生物群包括软舌螺类、海绵类、锥石类、织金钉类等38属57种。宽川铺生物群不但以具硬体的微小骨骼动物化石为代表,而且以含有大量动物胚胎及软体组织保存为特色,该生物群可能具备后生动物的最原始特征,证明了两侧对称动物在寒武纪最早期时分异度已经相当高。

岩家河生物群(Guo et al. ,2008)主要发现于宜昌地区长江以南岩家河组中部灰黑色层状微晶灰岩与黑色粉砂质页岩中,包括微古植物、蓝菌类、小壳化石、球形类、宏体藻类和后生动物化石等六大类动物化石。该生物群与梅树村动物群存在一定区别,除了小壳化石之外,还有一些宏体动、植物化石的分子。岩家河生物群中的发现,不仅丰富了该时期生物多样性,也为震旦纪晚期—寒武纪早期生物带进化细节研究提供了化石依据。

2. 澄江动物群

20 世纪 80 年代,南京地质古生物研究所(1984)在我国云南省澄江县帽天山一带寒武系近底部发现一多门类化石群,命名为澄江动物群。该动物群以异常埋藏方式保存于寒武系近底部筇竹寺组(现今的玉案山组帽天山页岩段)中,包含寒武纪早期动物 20 多个门和亚门一级、近 50 个纲的 281 个物种(朱茂炎等,2019)。澄江动物群中保存了几乎现今各门类动物的祖先——从低等的海绵到高等的脊椎动物的早期代表,包括:①后生动物原始类型(双胚层动物),如海绵动物(31 种,占 11%)、栉水母动物、腔肠动物等;②原口动物类,如腕足类、苔藓类、帚虫动物、软体动物、环节动物、节肢动物(113 种,37%)等;③后原口动物,如古虫类、无脊椎动物步带类(古囊类、棘皮类、半索动物类)、脊索动物(尾索动物、头索动物、脊椎动物)等(图 12-2),还有大量疑难化石类别(21 种,占 7.5%)。总体表现为动物造型歧异度(disparity)高,而物种多样性(diversity)低的特征。

3. 其他特异保存生物群

与澄江动物群相近或稍晚的寒武纪动物群还有发现于加拿大不列颠哥伦比亚地区的布尔吉斯页岩(Burgess Shale)化石群,以及发现于我国贵州遵义松林地区的遵义动物群、湖北长阳地区的清江生物群、贵州凯里的凯里生物群、云南滇东的关山动物群等。

布尔吉斯页岩生物群是 Walcott(1909)在加拿大不列颠哥伦比亚地区的布尔吉斯页岩中发现的大量造型奇特且以压扁二维方式保存的软躯体生物化石。现在把以压扁二维方式特异保存在细碎屑岩和

图 12-1　云南晋宁梅树村动物群代表化石(据蒋志文, 1980)

1~3. 原始阿纳巴螺 *Anabarites primitivus* Qian et Jiang；4、12. 六槽阿纳巴螺相似种 *Anabarites* cf. *hexasulcatus* Miss；5、14. 三槽阿纳巴螺 *Anabarites trisulcatus* Miss；6、7、22. 长锥圆管螺 *Circotheca longiconica* Qian；8~10、23. 多沟圆管螺 *Circotheca multisulcata* Qian；11. 原始软舌螺类(属种未定)Gen. et. sp. indet.；13、16. 光滑椭口螺 *Turcutheca lubrica* Qian；15. 弯圆管螺 *Circotheca subcurvata* Yu；17. 短小圆管螺 *Circotheca nana* Qian；18. 弓弯锥管螺 *Conotheca absidata* Qian et Jiang；19 小口昆阳螺 *Kunyangotheca ostiola* Qian；20. 雷波螺未定种 *Leibotheca* sp.；21. 壮直方管螺 *Quadrotheca ischyra* Jiang(21a. 侧视, 21b. 腹视)；24、25. 竿形方管螺 *Quadrotheca scapiformis* Jiang；26. 八道湾椭口螺 *Turcatheca badaowangensis* Jiang(26a. 横断面(中部壳体), 26b. 侧视)；27、29. 特氏异管螺 *Allatheca degeeri*(Holm)；28. 长鞘始诸氏螺 *Eonovitatus longevaginatus* Jiang(28a. 侧视, 28b. 近腹视)；30~33. 肥胖圆管螺 *Circotheca obesa* Qian(30. 切面, 31~33. 侧视)。

页岩中的软躯体碳质膜化石,称为布尔吉斯页岩型化石。这些化石大多是身体受到极度压缩而呈薄膜状保存的结果,因此几乎都出现了明显的变形,与生物活体时的相貌大不相同(陈均远等,1996)。和奥斯坦型保存化石以微小个体不同的是,布尔吉斯型特异保存化石的大小一般在几厘米到几十厘米,属于宏观化石。

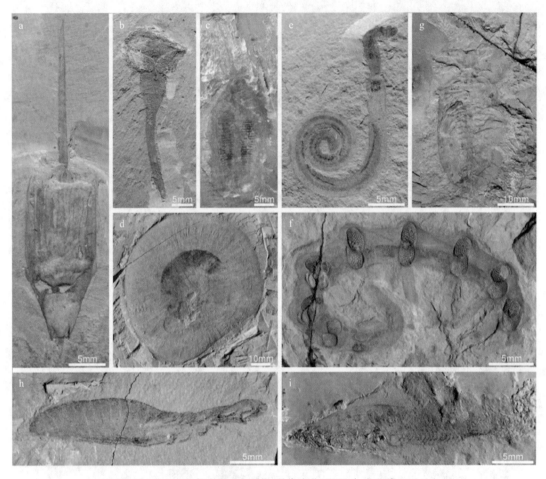

图 12-2　云南寒武纪澄江动物群代表化石(据朱茂炎等,2019)

a. 高足杯状疑难动物 *Dinomischus venustus*(奇妙高足杯虫);b. 触手动物 *Yuganotheca elegans*(优美玉矸囊形贝);c. 头足类软体动物 *Petaliliumlatus*(宽叶形虫);d. 水母状疑难动物 *Stellostomites eumorphus*(真形星口水母钵);e. 曳鳃动物 *Cricocosmia jinningensis*(晋宁环饰蠕虫);f. 叶足动物 *Microdictyon sinicum*(中华微网虫);g. 节肢动物 *Misszhouia longicaudata*(长尾周小姐虫);h. 脊椎动物 *Haikouella lanceolata*(梭状海口虫);i. 脊椎动物 *Haikouichthys ercaicunensis*(耳材村海口鱼)

遵义动物群最早先后由赵元龙等(1999)和 Steiner 等(2005)报道,其最低产出层位要早于澄江动物群。它包括盘虫类三叶虫 *Tsunyidiscus*,软躯体节肢动物 *Naraoia*、*Skioldia*、*Isoxys*、金臂虫、奇虾类的前附肢、软躯体管状化石 *Cambrorytium*,以及具壳的 *Scenella* 和海绵化石等(Steiner et al.,2005)。该动物群中的软躯体化石在澄江动物群中基本上均有发现,化石组合和保存背景也与澄江动物群相似,但软躯体化石保存质量相对较差,呈压扁的姿态平行层面保存,缺少类似澄江动物群地层中保存大量立体软躯体化石的事件泥质岩层,因此遵义动物群属于非典型布尔吉斯页岩型化石群。

清江生物群是 2019 年在湖北长阳寒武系水井沱组发现的以含有大量浮游动物为特色的动物群,目前共采集化石标本 20 000 余件,已经初步鉴定出 109 个属,且 53％的分类单元是从未有过记录的全新属种,其中 85％是不具有矿化骨骼的水母、海葵等软躯体化石。这些化石未经明显的成岩作用和风化

作用改造,以原生碳质薄膜形式保存了化石精细的软体形态,反映了远离海岸的较深水环境(Fu et al.,
2019)。

凯里生物群是赵元龙等(1994)报道的保存于贵州凯里地区寒武系凯里组的化石群。凯里生物群包
含大量与澄江动物群和布尔吉斯页岩动物群共有的生物分子。目前凯里生物群已发现 10 个门类大约
120 个属的化石,包括大量的软躯体动物化石,如多种软躯体节肢动物、叶足类、各种蠕虫类、水母状化
石、奇虾类、高足杯虫等,其中保存完整的各种三叶虫化石和棘皮动物化石是凯里生物群的特色(Zhao
et al.,2005;赵元龙等,2011),从时代上它们更加接近于布尔吉斯页岩动物群。2018 年,凯里生物群的
原产地凯里乌溜-曾家岩剖面被国际地科联批准为寒武系苗岭统乌溜阶底界的金钉子(GSSP)(Zhao et
al.,2019)。

关山动物群最早由罗惠麟等 1999 年命名,发现于昆明筇竹寺关山附近的乌龙箐组,现该动物群产
地已扩大到滇东很多地区。关山生物群中的化石保存质量和方式与澄江动物群相似,发现了多达 15 个
门类的 60 多个种的保存精美的软驱体动物化石,其中节肢动物占总标本数量的 69%(罗惠麟等,
2008),是我国寒武纪又一个由多门类软驱体化石组成的典型布尔吉斯页岩型重要动物化石群。

二、早古生代生命大爆发和生物辐射

1. 寒武纪生命大爆发(Cambrian Explosion)

对于寒武纪生命大爆发的持续时间和演化模式,目前有不同的观点。

陈均远等(2004)认为发现于前寒武纪的瓮安动物群和埃迪卡拉动物群代表了动物世界的黎明和一
次失败了的辐射演化,而梅树村动物群和澄江动物群则是寒武纪大爆发的序幕和主幕,从而奠定了显生
宙动物演化的基本框架(图 12-3)。

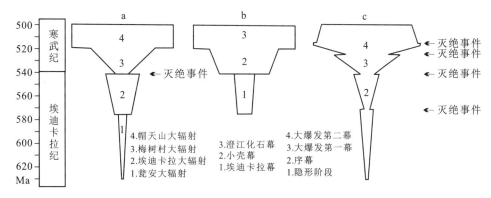

图 12-3　中国学者近年提出的寒武纪大爆发多幕式演化模型(据朱茂炎等,2019)
a. 陈均远(2004)四幕式模型;b. 舒德干等的三幕式模型(Shu,2008;Shu et al.,2014);c. 朱茂炎等的多
幕式大辐射与大灭绝模型(Zhu et al.,2007;朱茂炎,2010;朱茂炎等,2019)

舒德干等(Shu,2008;Shu et al.,2014)认为,埃迪卡拉动物群、小壳化石群和澄江动物群分别完成
了动物界从基础动物到原口动物再到后口动物的 3 个谱系的构建,各自代表了寒武纪大爆发的前奏、第
一幕和第二幕,并且寒武纪大爆发的两幕与其前奏之间并无演化上实质性的间断,动物树框架至第二幕
基本构建成型(图 12-3)。

朱茂炎等则提出了由多幕大辐射和大灭绝共同构成寒武纪大爆发幕式演化模型的观点(Zhu et
al.,2007;朱茂炎,2010;朱茂炎等,2019),强调动物在埃迪卡拉纪早期经历了隐形的早期演化阶段,寒
武纪初期以梅树村动物群为代表,动物开始了两侧对称和生物骨骼矿化的大爆发,随后被以澄江动物群

为代表的动物群所替代,达到了动物造型多样性的高峰。从生态空间上,动物起源于浅水,然后逐步向深水迁移,在寒武纪第三期扩展至深海,从而达到寒武纪大爆发的高峰(图 12-3)。但他们提出在寒武纪大爆发的各幕之间存在大灭绝事件,而且生物幕式演化与海水碳同位素比值($\delta^{13}C$)具有显著的耦合关系。

Paterson 等(2019)通过对寒武纪三叶虫化石数据库的定量分析,也认为寒武纪大爆发在寒武纪第三期结束,但也有一些学者认为寒武纪大爆发持续时间一直延续到奥陶纪(Erwin et al.,2011;Zhuravlev and Wood,2018)。

2. 奥陶纪生物大辐射(Major Ordovician Radiation)

奥陶纪生物大辐射是生物界宏演化进程中的第一次辐射,是古生代的一次重大生物事件。这次生物事件发生的时间,詹仁斌等认为开始于 4.88 亿年前,持续了 4000 余万年(詹仁斌等,2007;詹仁斌和梁艳,2011),张元动等(2019)认为奥陶纪生物大辐射的实质性爆发可能是从早奥陶世弗洛期开始一直延续到晚奥陶世。

经过这次大辐射,生物分类单元多样性明显增加,以目及以下级别分类单元的增加为主要特点。据统计,生物在科级水平上急速增长了 700%,分类单元数是寒武纪后生动物的 3 倍之多(Sepkoski and Sheehan,1983;Sepkoski,1995;Miller,2003)。以三叶虫为主的节肢动物和磷酸盐质壳生物为主的寒武纪演化动物群,在奥陶纪被演化迅速的钙质壳腕足动物与三叶虫、半索动物(如笔石)、棘皮动物、苔藓动物、软体动物(如头足类、双壳类等)、腔肠动物等共同组成的复杂多变的古生代演化动物群所取代,这些动物为了应对竞争压力,开拓新的生态领域,改变了寒武纪以浅水为主要生态空间的特征,从而增加了群落生态多样性,使海洋生态系统在横向和纵向上都出现了高度的复杂化(张元动等,2009,2019;詹仁斌和梁艳,2011)。

研究发现,奥陶纪生物大辐射的发生有多种可能的原因。从全球板块运动的角度来说,奥陶纪初超大陆开始解体,地球上由此出现更多相互隔离的块体,从而为大规模的物种形成创造了条件。通过层序地层学研究发现,海平面从寒武纪开始持续上升(Haq and Schutter,2008),奥陶纪时地球各地形成更为广阔的陆表海,为生物提供了更多的生态域,加上风化作用增强给陆表海地区输入丰富的陆源碎屑而形成软泥底质,为生物的生存创造了适宜的环境。还有学者通过对化石壳体氧同位素分析认为,奥陶纪初全球开始的持续降温事件可能是触发大辐射的主要因素(Trotter et al.,2008)。从生物本身来讲,奥陶纪兴起的重要生物类群如钙质壳腕足动物、笔石等,寒武纪时长期处于三叶虫的统治之下,但一直没有停止演化的步伐,在上述各种外因的促使下,伴随着三叶虫的衰退,迅速成为海洋生态系统的主角。但是,奥陶纪大辐射在不同地区、不同环境以及不同门类之间均存在差异性,如 Servais 等(2008,2016)对一些浮游生物如几丁虫、放射虫、笔石等和游泳生物如头足类的研究认为,它们的辐射可能开始于寒武纪晚期,要远早于底栖生物。

总之,奥陶纪生物大辐射对寒武纪海洋生态系统进行了彻底更新,建立了古生代演化动物群在整个古生代海洋生态域的优势地位(詹仁斌等,2007;张元动等,2019)。

三、主要生物门类

早古生代以海生无脊椎动物繁盛为特征,包括三叶虫、笔石、头足类、腕足类、珊瑚及牙形石等化石,它们在地层年代划分中起着至关重要的作用。

1. 三叶虫

三叶虫是继小壳动物后最早繁盛的带壳动物,它在寒武纪属种繁多,演化迅速,生态分异明显,化石丰富,是寒武纪地层划分对比的重要依据。

寒武纪纽芬兰世和第二世三叶虫以莱德利基虫目为主,具头大、尾小、胸节多,头鞍长锥形、鞍沟明显、眼叶大等特点,代表分子有 *Redlichia*(莱德利基虫)、*Palaeolenus*(古油栉虫)等;还有头尾等大,个体较小,营浮游生活的古盘虫亚目,如 *Hupeidiscus*(湖北盘虫)。苗岭世以褶夹虫目的大量出现为标志。初期常见宽阔的固定夹,头鞍截锥形,具平直的眼脊和较小的尾板,如 *Shantungaspis*(山东盾壳虫),中后期与芙蓉世初期的三叶虫特征相近,尾板宽大,尾刺发育,如 *Damesella*(德氏虫)、*Blackwelderia*(蝴蝶虫)、*Bailiella*(毕雷氏虫)及 *Neodrepanura*(新蝙蝠虫)等。芙蓉世中晚期常出现一些头鞍特殊的属,如 *Ptychaspis*(褶盾虫)等。苗岭世—芙蓉世还广泛分布营浮游生活的球接子类,这一类三叶虫头尾等大,头甲和尾甲凸出似球形,是重要的标准化石,如 *Ptychagnostus*(褶纹球接子)(图 12 - 4)、*Pseudagnostus*(假球接子)等。

奥陶纪由于新生游泳的鹦鹉螺类和漂浮的笔石类等类别的大量出现和兴盛,三叶虫在海洋中不再占有统治地位,与寒武纪相差较大,以栉虫亚目、斜视虫亚目和三瘤虫亚目占优势,一般尾甲更大为等尾型,头鞍前叶膨大,代表分子有 *Dactylocephalus*(指纹头虫)、*Asaphellus*(小栉虫)、*Eoisotelus*(古等称虫)、*Dalmanitina*(小达尔曼虫)、*Nankinolithus*(南京三瘤虫)(图 12 - 5)等。

志留纪起三叶虫显著衰退,仅镜眼虫目较为重要,代表分子有 *Encrinuroides*(似彗星虫)、*Coronocephalus*(王冠虫)(图 12 - 6)等。

2. 笔石

笔石是地史时期的海生群体动物,化石中最常见的有树形笔石目和正笔石目。树形笔石类呈树状或丛状,大多数底栖固着生活,常与腕足类、三叶虫类等共生,代表正常浅海环境。树形笔石类最早出现于苗岭世,灭绝于石炭纪密西西比亚纪。正笔石类由一枝至多枝组成,笔石枝从下垂至上斜上攀生长,胞管形态多变,营漂浮生活,从奥陶纪起大量发展,早泥盆世灭绝。正笔石类演化迅速,分布广泛,是奥陶系、志留系划分和对比的主要依据。正笔石类演化线索明显:①笔石枝数从多到少;②笔石枝生长方向的变化由下垂→下斜→平伸→上斜至攀合;至志留纪温洛克世仅剩单列式;③胞管形态变化为直管状→内弯(O_3)→外弯(S)→分离;④笔石体的几次复杂化,如中奥陶世 *Nemagraptus* 具次枝,志留纪中期 *Cyrtograptus* 具幼枝。

寒武纪芙蓉世—早奥陶世早期主要是树形笔石类,如 *Acanthograptus*(刺笔石)和 *Dictyonema*(网格笔石)等。早奥陶世中晚期以正笔石类中无轴亚目的繁盛为特征,代表分子有 *Didymograptus*(对笔石);中晚奥陶世是笔石发展的极盛时期,胞管以内弯型为主,笔石体复杂化,具次枝,以无轴亚目、隐轴亚目和有轴亚目中双列攀合的笔石为主,典型代表有 *Dicellograptus*(叉笔石)、*Normalograptus*(正常笔石)和 *Climacograptus*(栅笔石)、*Nemagraptus*(丝笔石)等(图 12 - 5、图 12 - 6)。

志留纪无轴亚目和隐轴亚目笔石已消失,双列攀合的笔石在早期仍较繁盛,随后单笔石科兴起,并成为志留系主要分带化石。笔石体形态多样,有直、弯、螺旋状等,胞管以外弯为主,有直管状、三角状、外卷状及分离状等。兰多维列世代表分子有 *Monograptus*(单笔石)、*Rastrites*(耙笔石)等(图 12 - 6);温洛克世以具幼枝的弓笔石类为特征,代表有 *Cyrtograptus murchisoni*(莫氏弓笔石)等。志留纪末,正笔石类急剧衰退,只有少量单笔石残留到早泥盆世。

3. 腕足类

腕足类自寒武纪早期起已有广泛分布,以具几丁质类的无铰纲为主,如 *Obolella*(小圆货贝),也有具铰纲的原始代表。奥陶纪是腕足类发展的高峰期之一,具铰纲的三分贝目、正形贝目、五房贝目和扭月贝目进入顶峰阶段,代表有 *Sinorthis*(中国正形贝)、*Yangtzeella*(扬子贝)、*Hirnantia*(赫南特贝)等(图 12 - 5),石燕贝及小嘴贝类也都有代表。志留纪腕足类化石相对减少,但其内部构造渐趋复杂化,具中隔板和匙板的五房贝类如 *Pentamerus*(五房贝),具腕的石燕类如 *Eospirifer*(始石燕)、*Howellella*(赫韦尔石燕)及 *Tuvaella*(图瓦贝)等。

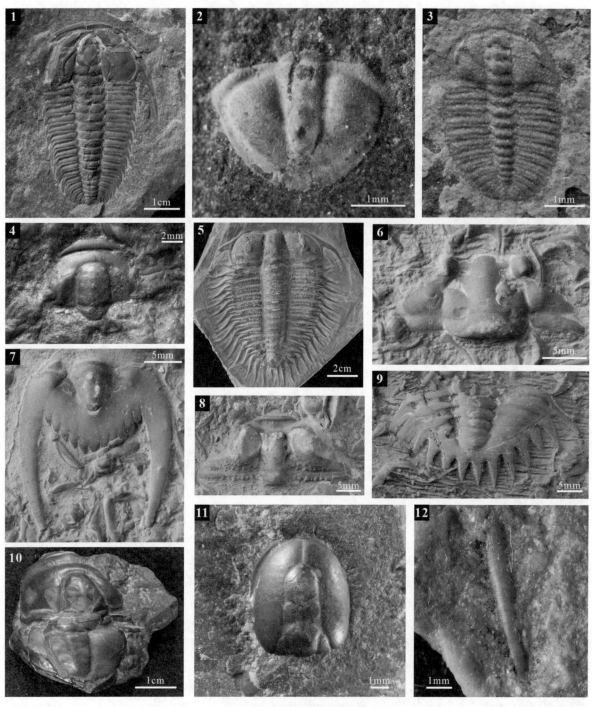

图 12-4　寒武纪典型化石(转引自蔡熊飞等,2014)

1. *Redlichia*(莱德利基虫,$\in_2$);2. *Hupeidiscus*(湖北盘虫,$\in_2$);3. *Palaeolenus*(古油栉虫,$\in_2$);4. *Shantungaspis*(山东盾壳虫,$\in_{1-3}$);5. *Damesella*(德氏虫,$\in_{3-4}$);6~7. *Neodrepanura*(新蝙蝠虫,头甲、尾甲,$\in_{3-4}$);8~9. *Blackwelderia*(蝴蝶虫,头甲、尾甲,$\in_{3-4}$);10. *Bailiella*(毕雷氏虫,$\in_3$);11. *Ptychagnostus*(褶纹球接子,$\in_3$);12. *Circotheca*(圆管螺,$\in_1$)

4. 头足类

头足类从寒武纪芙蓉世开始出现,早古生代主要为缝合线简单的鹦鹉螺类。奥陶纪是鹦鹉螺重要发展时期,壳体增大,壳内体管构造复杂化,以直壳类型为主,代表分子有 *Manchuroceras*(满洲角石)、

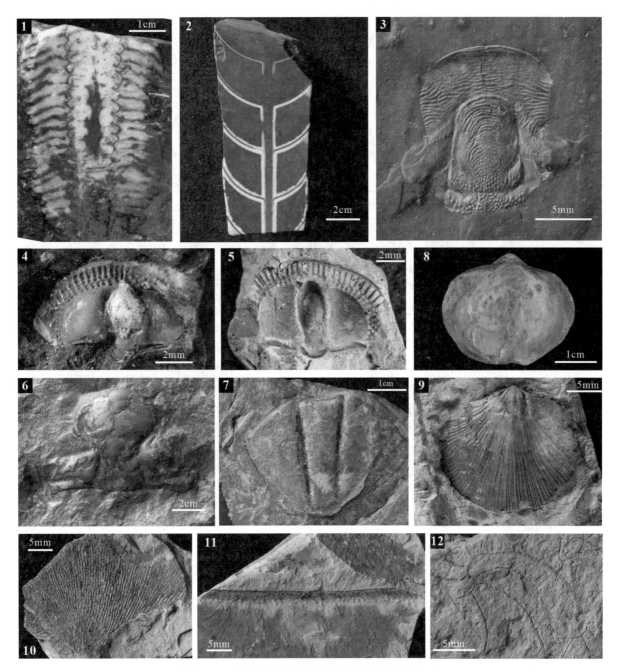

图 12-5 奥陶纪典型化石(转引自蔡熊飞等,2014)

1. *Armenoceras*(阿门角石,O_2—S);2. *Sinoceras*(中国角石,O_2);3. *Dactylocephalus*(指纹头虫,O_1);4~5. *Nankinolithus*(南京三瘤虫,O_3);6~7. *Eoisotelus*(古等称虫,头甲、尾甲,O_1);8. *Yangtzeella*(扬子贝,O_1);9. *Hirnantia*(赫南特贝,O_3);10. *Dictyonema*(网格笔石,$\in_4$—C_1);11. *Didymograptus*(对笔石,O_{1-2});12. *Nemagraptus*(丝笔石,O_{2-3})

Armenoceras(阿门角石)、*Sinoceras*(中国角石)(图 12-5)等。志留纪起鹦鹉螺类开始衰落,仅存少量类别,如 *Sichuanoceras*(四川角石)等。

5.珊瑚

我国在早奥陶世发现床板珊瑚,晚奥陶世开始繁盛,主要为单带型的四射珊瑚和床板珊瑚,如 *Streptelasma*(扭心珊瑚)、*Agetolites*(阿盖特珊瑚)、*Plasmoporella*(似网膜珊瑚)。志留纪是珊瑚的第

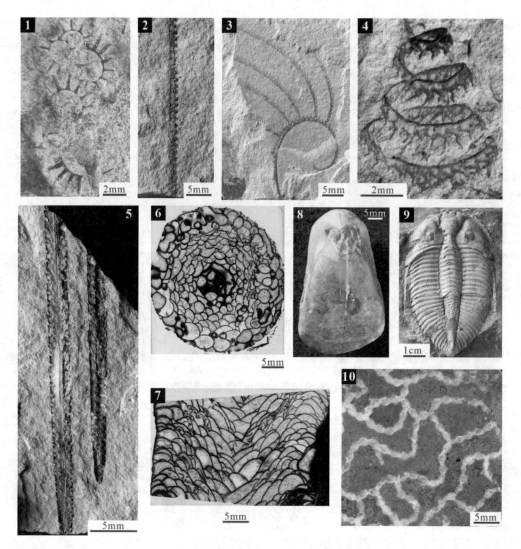

图 12-6　志留纪典型化石(转引自蔡熊飞等,2014)

1.*Rastrites*（耙笔石，S_1）；2.*Monograptus*（单笔石，$S—D_1$）；3.*Cyrtograptus*（弓笔石，S_{1-2}）；4.*Spirograptus*（螺旋笔石，S_1）；5.*Normalograptus*（正常笔石，$O_2—S_1$）；6~7.*Cystiphyllum*（泡沫珊瑚，横切面、纵切面，S）；8.*Borealis*（北方贝，S_1）；9.*Coronocephalus*（王冠虫，S_2）；10.*Halysites*（链珊瑚，$O_2—S$）

一个繁盛期,以单带型、泡沫型四射珊瑚和床板珊瑚为主,并可造礁,此时代表分子有 *Cystiphyllum*（泡沫珊瑚）、*Stauria*（十字珊瑚）、*Favosites*（蜂巢珊瑚）、*Halysites*（链珊瑚）、*Heliolites*（日射珊瑚）等（图 12-6）。

6.海绵

完整的海绵体化石最早发现于澄江动物群(陈均远等,1989),目前为止澄江动物群中已经发现海绵动物 27 种。在扬子地台寒武纪第三期贫氧的深水相区和斜坡相区产出的黑色页岩中,保存完整的海绵动物化石的特异埋藏动物群相继被发现,包括湖南张家界的三岔海绵动物群、贵州遵义的牛蹄塘海绵动物群、皖南的荷塘海绵动物群和黄柏岭海绵动物群等,它们以普通海绵类或六射海绵类为主。

除此之外,早古生代还有腹足类、双壳类、苔藓虫、棘皮类、古杯类以及高等植物裸蕨类等。尤其是微体古生物化石牙形石,已成为早古生代重要生物类别和划分年代地层的重要手段。

第二节　中国东部早古生代地层系统

一、华北板块早古生代的地层系统

早古生代华北板块是一个统一板块,早古生代地层全区变化不大,以寒武纪—早中奥陶世地层为主,其中河南早古生代地层发育最全,现予以简述。

1)辛集组($\in_1 x$)

辛集组由河南省地质科研所(1962)在鲁山县辛集创立的"辛集含磷组"沿革而来。河南叶县杨寺庄一带辛集组下部为褐黑色含磷砂砾岩、灰色薄层石英粉砂岩夹粉砂质页岩,上部灰色厚层状含生物碎屑粉砂质砂屑白云岩,厚度约 20m。上部白云岩中含化石,如三叶虫有 *Hsuaspis zhoujiaquensis*, *H.* (*Madianaspis*) *houchiuensis*, *H.* (*Yinshanaspis*) *anhuiensis*;软舌螺有 *Microcornus* sp., *Parakorilithes mammillatus*, *P. delicates*, *Linevitus suvorovi*;单板类有 *Anhuiconus microtuberus*, *Mellopegma rostratum*, *Anabarella drepanoida*, *Tannuella* sp., *Bemella costa*, *Yochelcionella chinensis*, *Scenella* sp.;腹足类有 *Auriculatespira adunca*;骨针有 *Chancelloria aldaica*, *Ch. morocana*, *Eiffella* sp., *Archiasterella pentactina*, *A. antiqua*, *Onychia* sp., *Allonnia tripodophora*;齿形类有 *Henaniodus magicus*, *H. communis*, *Bioistodina planuta*;双壳类有 *Pojetaia runnegavi*, *Oryzoconcha Prisca*。辛集组与下伏地层震旦系东坡组平行不整合接触,时代为寒武纪纽芬兰世。

2)朱砂洞组($\in_1 z$)

朱砂洞组由冯景兰、张伯生(1952)在平顶山西南的朱砂洞村创立的"朱砂洞石灰岩系"沿革而来。河南叶县杨寺庄一带朱砂洞组下部为灰色厚层状钙质砾屑白云岩、粉晶白云岩、白云质灰岩,偶含硅质团块。中部灰色厚层条纹条带状含白云质粉晶灰岩、巨厚层豹皮灰岩。上部灰白色厚层含白云质灰岩、黄绿色云泥岩、含白云质细晶灰岩,厚 30～250m。朱砂洞组化石稀少,仅在登封关口等地发现 *Redlichia chinensis*, *R. noetlingi* 等。朱砂洞组与下伏地层辛集组整合接触,时代为寒武纪第二世。

3)馒头组($\in_{1-2} m$)

馒头组由 Willis 和 Blackwelder(1907)在山东省长清县张夏镇馒头山创立的"馒头层"(又称馒头页岩)沿革而来。卢衍豪等(1953)根据所含化石将馒头页岩划分为馒头统、毛庄统、徐庄统,后改统为组。根据河南省地质矿产厅(1997)的划分,现馒头组分为三段,分别相当于传统的馒头组、毛庄组、徐庄组。在河南登封一带,馒头组一段为米黄色中厚层状白云岩和中薄层状白云质灰岩,厚度 95.16m。馒头组一段化石稀少,仅见 *Redlichia chinensis*, *R. noetlingi* 等,时代为寒武纪第二世。馒头组二段为灰色、灰绿色页岩夹薄层泥质粉砂岩、泥灰岩、含粉砂质页岩,厚度 115.4m,含三叶虫化石 *Ptychoparia* sp., *Shantungaspis aclis* 等。馒头组三段为深灰色薄层状石英粉砂岩、页岩、泥质粉砂岩、含粉砂质灰岩夹鲕状灰岩,厚度 66.3m,内含三叶虫 *Sunaspislui*, *Poshania* sp., *Proasaphiscus* sp. 等。馒头组地层第一段时代为寒武纪第二世,第二段、第三段时代为寒武纪苗岭世。馒头组与下伏地层朱砂洞组整合接触。

4)张夏组($\in_3 z$)

张夏组由 Willis 和 Blackwelder(1907)在山东省长清县张夏镇创立的"张夏石灰岩"沿革而来。河南省张夏组以卫辉县沙滩剖面最为典型,其岩性主要是灰色、深灰色中厚层夹薄层鲕状灰岩,厚度 178.21m,内含三叶虫化石及化石碎片,如 *Poshania* sp., *Crepicephaliana pergranosa*, *Manchuriella* sp., *Megagraulos coreanicus*, *M. obscura*, *Jixiania jixianensis*, *Bailieella lantenoisi* 等。张夏组与下伏地层馒头组整合接触,时代为寒武纪苗岭世。

5)崮山组（$\in_4 g$）

崮山组由 Willis 和 Blackwelder(1907)在山东省长清县张夏镇崮山镇创立的"崮山页岩"沿革而来。河南省崮山组以卫辉县沙滩剖面最为典型，其岩性主要是灰色薄层状含砾砂屑灰岩，夹泥晶灰岩、藻灰岩、叠层石灰岩、砂屑灰岩、鲕粒灰岩，厚度 41.68m。崮山组含三叶虫化石 *Blackwellderia paronai*，*Cyclolorenzella yentaiensis*，*Drepanura premesnili*，*Damesella* sp. 等。崮山组时代为寒武纪芙蓉世，与下伏地层张夏组整合接触。

6)炒米店组（$\in_4 c$）

炒米店组由 Willis 和 Blackwelder(1907)在山东省长清县炒米店创立的"炒米店石灰岩"沿革而来。后因卢衍豪等(1953)将孙云铸(1923)在河北唐山划分的长山层(后改为长山组)和凤山层(后改为凤山组)引入山东并扩展到华北，炒米店组才逐渐被遗忘。1997 年《全国地层多重划分和对比研究》恢复了炒米店组，大致相当于长山组。炒米店组在河南省卫辉县沙滩一带发育良好，岩性为灰色到深灰色中薄层泥晶灰岩、疙瘩状泥晶灰岩夹竹叶状灰岩，厚度 47.84m，产三叶虫 *Homagnostus hoi*，*Quaduahomagnostus tienshihfuensis*，*Changshania conica*，*Irvingella taitzuhoensis*，*Changshania conica*，*Pagodia* sp.，*Chuangia* sp. 等。炒米店组与下伏地层崮山组整合接触，时代为寒武纪芙蓉世。

7)三山子组（$\in -O_1 s$）

三山子组由谢家荣(1932)在江苏铜山市贾汪三山子山命名的"三山子石灰岩"沿革而来，现指华北广泛分布的寒武系顶部—奥陶系底部的一套白云岩，这套白云岩是一套穿时地层，在豫西渑池一带底部可达张夏期(张夏组上部鲕状白云岩到原亮甲山组)，豫北新乡一带底部为寒武系顶部(相当于传统的凤山组到原亮甲山组)，河北三山子组底部为下奥陶统。在河南卫辉沙滩一带，三山子组主要由灰色中厚层中细晶白云岩组成，内见交代残余的竹叶状砾屑，厚度 135m。三山子组化石稀少，仅下部产三叶虫 *Chalfontia* sp.，*Dikelocephalites flabelliformis* 等。三山子组与下伏地层炒米店组整合接触，与上覆地层奥陶系马家沟组平行不整合接触，根据生物化石和地层接触关系，判别其时代为寒武纪芙蓉世到早奥陶世。

8)马家沟组（$O_{1-2} m$）

马家沟组由 Grabau(1922)在河北省唐山市命名的"马家沟石灰岩"沿革而来。河南省安阳、博爱、林州一带马家沟组可以分为 8 段，其中第一段(又称贾汪段)底部为 10cm 左右的碎屑岩，之上为含碎屑的白云岩，厚度 20m 左右。第二段至第八段为灰岩和白云岩互层，白云岩中局部见石膏假晶和膏溶角砾岩，厚度 800m 左右。马家沟组含角石 *Armenoceras* sp. 及牙形石 *Scandodus* sp.，*Aurilobodus aurilobus*，*Plectodina onychodonta*，*Panderodus compressus*，*P.* sp.，*Microcoelodus* sp.，*Belodina* sp.，*Tasmanognathus badouensis* 等。马家沟组与下伏地层三山子组为平行不整合接触，据河南省国土资源厅(1997)总结，豫北地区的马家沟组第一段至第六段为早奥陶世，第七段至第八段为中奥陶世。

二、华南扬子地块早古生代的地层系统

早古生代华南板块分为扬子地块区、华夏地块区及二者之间的南华裂谷区，下古生界明显的三分性特征。扬子地块区早古生代地层以碳酸盐岩为主，碎屑岩为辅，研究程度较高。华夏地块区早古生代地层以浅变质的碎屑岩为主，主要发育寒武系和奥陶系。位于二者之间的南华裂谷盆地在寒武系—奥陶系以深水盆地的细碎屑岩、泥质岩、硅质岩、灰岩为特色，志留纪发育碎屑岩。

扬子地块下古生界以湖北三峡地区发育最全，从寒武系到志留系均有发育(喻建新等，2015)。

1. 寒武系

1)岩家河组（$\in_1 y$）

岩家河组为马国干、陈国平(1981)创名，标准地点在宜昌三斗坪岩家河，原归属于灯影组顶部含小

壳化石段(曾用名天柱山段)。其岩性主要是灰色硅质泥岩、白云岩、黑色碳质灰岩夹碳质页岩,厚度20~50m。内含岩家河生物群,其中小壳化石可以分为上、下两个组合,下组合为 Circotheca – Anabarites – Protohertzina 组合,上组合为 Avalitheca –Obtusocolis –Aldanella 组合。岩家河组的地层时代为寒武纪纽芬兰世,与下伏地层震旦系灯影组整合接触。

2)牛蹄塘组($\in_2 n$)

牛蹄塘组由刘之远(1942)命名的"牛蹄塘页岩"演变而来,创名地点为贵州省遵义县牛蹄塘,曾用名"水井沱组"(张文堂等,1957)。鄂西地区的牛蹄塘组下部以碳质页岩为主夹灰岩或白云质灰岩,上部以灰岩为主夹黑色页岩或碳质页岩,厚度168.5m。牛蹄塘组含三叶虫 Sinodiscus shipaiensis, S. similis, S. changyangensis, Tsunyidiscus ziguiensis, T. sanxiaensis, Hupeidiscus orientalis, H. elevatus,以及腕足类、海绵骨针、软舌螺等。牛蹄塘组地层时代为寒武纪第二世,与下伏地层岩家河组呈整合或平行不整合接触。

3)石牌组($\in_2 sh$)

石牌组由李四光等(1924)创名的"石牌页岩"演变而来,创名地点在宜昌市北20km长江南岸石牌村,经张文堂等(1957)多次修正,命名为石牌组。石牌组由一套灰绿-黄绿色黏土岩、砂质页岩、细砂岩、粉砂岩夹薄层状灰岩、生物碎屑灰岩组成,厚度158m左右。石牌组化石丰富,以产 Redlichia 为主的三叶虫群为特征,其中主要有 R. kobayashii, R. meitanensis, Palaeolenus latenoisi, Cootenia yichangensis, lchanngia conica, Neocobboldia hubelensis 等,尚有腕足类。石牌组时代属寒武纪第二世,与下伏地层牛蹄塘组呈整合接触。

4)天河板组($\in_2 t$)

天河板组由张文堂等(1957)创建的"天河板石灰岩"演变而来,创名地点在宜昌市西北约20km石牌村至石龙洞之间的天河板。天河板组由深灰色及灰色薄层状泥质条带灰岩,局部夹少许黄绿色页岩及鲕状灰岩,含丰富的古杯类和三叶虫化石,厚度88~108m。天河板组盛产古杯类和三叶虫化石,古杯类主要有 Achaeocyathus hupehensis, A. yichangensis, Retecyathus kusmini, Protopharetra sp., Sanxiacyathus hubeiensis, S. typus 等;三叶虫主要有 Megapalaeolenus deprati, M. obsoletus, Palaeolenus minor, Kootenia ziguiensis, Xilingxia convexa, X. yichangensis 等。天河板组时代为寒武纪第二世,与下伏地层石牌组整合接触。

5)石龙洞组($\in_2 sl$)

石龙洞组由王钰(1938)创建的"石龙洞石灰岩"演变而来,创名地点在宜昌市西北约18km长江南岸石龙洞。石龙洞组为一套浅灰–深灰色至褐灰色中—厚层状白云岩、块状白云岩,上部含少量钙质及少量燧石团块,厚度86.3m。该组生物化石稀少,仅在湖北通山珍珠口和南漳朱家峪两地采到了三叶虫化石。前处有 Reldlichia sp., Yuehsienszella sp.;后处有 Redlichia sp., R. guizhouensis coniformis, R. (Pteroredlichia) murakami。根据上列三叶虫,石龙洞组时代属于寒武纪第二世。石龙洞组下伏地层天河板组整合接触。

6)覃家庙组($\in_3 q$)

覃家庙组由王钰(1938)创建的"覃家庙薄层石灰岩"演变面来,剖面命名地点在宜昌市覃家庙。覃家庙组以薄层状白云岩和薄层状泥质白云岩为主,夹有中—厚层状白云岩及少量页岩、石英砂岩,岩层中常有波痕、干裂构造,并有石盐和石膏假晶,厚度240m左右。该组已获得三叶虫的主要分子有 Solenoparia trogus, Xingrenaspis grenaspis, Scopfaspis hubeiensis, S. zhoojipingensis 等化石。覃家庙组时代属寒武纪苗岭世,与石龙洞组整合接触。

7)娄山关组($\in_4—O_1 l$)

娄山关组由丁文江(1930)创建的,并于1942年发表的"娄山关石灰岩"演变而来,创名地点在贵州省遵义娄山关。娄山关组下部为浅灰色厚层含粒灰泥灰岩、叠层石灰岩、微晶白云岩;上部为灰白色厚层细晶灰质白云岩、鲕颗粒白云岩、砂砾屑白云岩、角砾状白云岩,厚度350m左右。娄山关组中下部产

三叶虫 *Fangduia subeylindrica*，*Artaspis xianfengensis*，*Liaoningaspis sichuanensis*，*Stephanoare* sp.，*Blackwelderia* sp. 等；中部产三叶虫 *Enshia typica*，*E. brevica* 等；上部产三叶虫 *Saukia enshiensis*，*Calvinella striata* 等及牙形石 *Teridontus nakamurai*，*Eoconodontus notchpeakensis*，*Cordylodus proavus*。本组顶部（距顶界 7～40m 不等）产牙形石，主要以 *Hirsutodontus simplex*，*Monocostodus sevierensis* 等为特征，其所在层位应属早奥陶世早期。总之，本组时代是由寒武纪苗岭世至早奥陶世，是一个穿时较长的岩石地层单位。娄山关组与下伏地层覃家庙组整合接触。

2. 奥陶系

1）南津关组（O_1n）

南津关组由张文堂（1962）所创的"南津关石灰岩组"演变而来，创名地点在湖北宜昌南津关。南津关组底部为生屑灰岩、灰岩，含三叶虫、腕足类等化石，下部为白云岩，中部为含燧石灰岩、鲕状灰岩、生屑灰岩，上部为生屑灰岩夹黄绿色页岩，厚度 209.77m。本组底部和上部普遍含有较丰富的三叶虫、笔石和腕足类，从下至上含有丰富的牙形石及头足类、介形虫等化石。其中三叶虫以 *Asaphellus inflatus*，*Dactylocephalus dactyloldes*，*Asaphopsis immanis*，*Szechuanella szechuanensis*，*Tungtzuella szechuanensis* 等为代表；笔石为 *Dictyonema asiaticum*，*D. belliforme yichangensis*，*Callograptus curoithecalis*，*Dendrograptus yini*，*Acanthograptus sinensis*，*Adelograptus* sp. 等；牙形石以 *Codylodus angulodus*，*Sanxiagnathus sanxiaensis*，*Acanthodus costalus*，*Glyptoconus quadraplicatus*，*Paltoeusdeltiferpristinus*，*P. dehifer deltifer*，*Acodushamulus*，*Drepanoistodus pitjanti*，*Triangulodus bicostatus* 等为代表，说明本组时代属早奥陶世早期。南津关组与下伏地层娄山关组整合接触。

2）分乡组（O_1f）

分乡组一名由张文堂（1962）率先从王钰（1938）的分乡统引申而来，标准地点在宜昌分乡镇西边女娲庙北山坡上。分乡组下部为灰色中厚层砂屑生物屑鲕粒灰岩夹黄绿色薄层状泥岩或呈不等厚互层，上部为灰色薄层生屑灰岩夹泥岩，厚度 22～54m。分乡组各门类化石均较丰富，笔石化石主要分布于上部，包括两个笔石化石带，下为 *Acanthograptus sinensis* 带，上为 *Adelogruptus - Kiaerograptus* 带；三叶虫主要有 *Dactylophalus*，*Psilocephalina*，*Szechuanella* 及 *Asaphopsis*，*Tunghzuella*，*Goniophrys*，*Coscnia*，*Protopliomerops*，*Parapilekia*；牙形石主要有 *Paltodus deltifer*，*Acodus hamulosus*，*Paroitodus inistus*。分乡组时代为早奥陶世特马豆克期，与下伏地层南津关组整合接触。

3）红花园组（O_1h）

红花园组系张鸣韶、盛莘夫（1940）创名，由刘之远（1948）介绍的"红花园石灰岩"演变而来。张文堂（1962）称红花园石灰岩组。红花园组由灰色、深灰色中至厚层状夹薄层状微至粗晶灰岩、生物碎屑灰岩组成，常含燧石结核和透镜体，下部偶夹页岩，含丰富的头足类、海绵骨针及三叶虫、腕足类化石，局部成生物礁，厚度 45.9m。本组富含头足类、海绵骨针、牙形石、腕足类、三叶虫等化石，其中头足类包括 *Coresanoceras*，*Manchuroceres*，*Clitendoceras*，*Oderoeras*，*Chaohuceras*，*Recorooceras*，*Hopeioceras*，*Kerkoceras*，*Teratoceras*，*Belmnoceras* 等；海绵骨针有 *Achaeocyathus*（*Achaeocyathus*）*chihiensis* 等；牙形石主要有 *Triangulodus bicostatus*，*Tropodus yichangensis*，*Acodus suberectus*，*Serratognathus* sp.。红花园组时代为早奥陶世，与下伏地层分乡组整合接触。

4）大湾组（$O_{1-2}d$）

大湾组由张文堂等（1957）创名的"大湾层"演变而来，创名地点在宜昌县分乡场女娲庙大湾村。大湾组自下而上分为三段：一段为灰绿色、深灰色、浅灰色薄层含生屑泥晶灰岩、微晶灰岩间夹极薄层黄绿色页岩，厚度 25.5m；二段为紫红色、灰绿色或浅灰色薄层生物屑泥晶灰岩、瘤状泥晶灰岩，夹少许钙质泥岩，厚度 7.7m；三段为黄绿色薄层粉砂质泥岩夹生屑灰岩或呈不等厚互层，厚度 21.55m。本组生物化石特别丰富，其中以笔石、牙形石、头足类、腕足类和三叶虫等研究较详细。据汪啸风等（1983）研究，大湾组笔石从下而上建立 4 个笔石带：①*Didymograptus bifidus* 带；②*Azygograptus suecicus* 带；③*Glyptograptus sinodentatus* 带；④*G. austrodentatus* 带。据倪世钊等(1987)研究，本组牙形石从下而上建立 4 个牙形石带：①*Oepikodus evae* 带；②*Baltoniodus triangularis* 带；③*Baltoniodus navis - Paroistodus parallelus* 带；④*Paroistodus originalis* 带。其中①～③带产于本组下部，④带产于本组中部。据赖才根、徐光洪(1987)研究，本组头足类从下而上建立 3 个带：①*Bathmoceras* 带；②*Protocycloceras depraty* 带；③*Protocycloceroides - Cochlioceroides* 组合带。腕足类以 *Yangtzeella*，*Sinorthis*，*Martellia*，*Leptella*，*Lepidorthis*，*Euorthisina* 等属特别繁盛。三叶虫据卢衍豪(1975)研究有 37 个属种，后经项礼文、周天梅(1987)的进一步研究建立两个带，下部为 *Pseudocalymenea cylindrica* 带，上部为 *Hanchungolithus (Ichangolithus)*带。本组时代主要以早奥陶世弗洛期—中奥陶世大坪期为主，顶部进入达瑞威尔期。其中大坪阶的金钉子就在宜昌黄花场，以牙形石 *Baltoniodus triangularis* 的首现作为大坪阶底界。大湾组与下伏地层红花园组整合接触。

5)牯牛潭组(O₂g)

牯牛潭组由张文堂等(1957)所创建的"牯牛潭石灰岩"演变而来，创名地点在宜昌市分乡场牯牛潭。牯牛潭组为一套青灰色、灰色及紫灰色薄至中厚层状生物碎屑泥晶灰岩、砾屑灰岩与瘤状泥质灰岩互层，富含头足类和三叶虫等化石的地层序列，厚度 20.6m。本组化石中以头足类最为丰富，其次有牙形石、腕足类和三叶虫等。其中，头足类以 *Dideroceras wahlenbergi* 为代表产于本组下部；上部以 *Ancistroceras* 和 *Paradnatoceras* 为代表。据倪世钊等(1983)研究，牙形石可建立上部 *Eoplacognathus fohaceus* 带，下部 *Amorphognathus variabilis* 带；腕足类有 *Yangtzeella*，*Nereidella*，*Skenidioides* 等属；三叶虫有 *Remopleurides*，*Nileus*，*Illaelus*，*Asaphus*，*Megalaspides*，*Birmanites*，*Lonchodomaas* 等。牯牛潭组地层时代为中奥陶世，与下伏地层大湾组整合接触。

6)庙坡组(O₂₋₃m)

庙坡组由张文堂等(1957)创建的"庙坡页岩"演变而来，创名地点在宜昌县分乡场庙坡。庙坡组为一套黄绿色、灰黑色钙质泥岩、粉砂质泥岩、黄绿色页岩夹薄层生物碎屑灰岩透镜体，厚度 3.1～6.6m。本组富产笔石、三叶虫、介形虫以及腕足类、头足类、牙形石等化石。其中笔石可分上、下两个带，上为 *Nemagraptus gracills* 带，下为 *Glyptograptus teretiusculus* 带；三叶虫主要为 *Birmanites*，*Nileus*，*Telephina lonchodomas*，*Atractpyge*，*Tangyaia*，*Illaenus*，*Reedocalymane*，*Bumatus* 等；牙形石由下而上可建 3 个带，分别为①*Pygodus serra*，②*P. anserinus* 带，③*Prioniodus alobatus* 带；头足类以 *Lituites*，*Cyclolituites* 等为代表。庙坡组地层时代为中奥陶世晚期到晚奥陶世早期，与下伏地层牯牛谭组整合接触。

7)宝塔组(O₃b)

宝塔组由李四光等(1924)所创名的"宝塔石灰岩"沿革而来，创名地点在秭归新滩龙马溪雷家山。宝塔组为灰色、浅紫红色或灰紫红色中厚层收缩纹泥晶灰岩夹瘤状泥晶灰岩，以产头足类 *Sinoceras sinensis* 为其特点。厚度 8.4～18.4m。本组含有丰富的头足类，以及牙形石、三叶虫、腕足类和介形虫等化石。其中头足类以 *Sinoceras sinensis*，*Elongaticeras*，*Eosomichilinoceras*，*Dongkaloceras* 等为主要特色；牙形石以 *Hamarodus europaeus*，*Protopanderodus insculptus* 为代表；三叶虫主要产于本组中、上部，中部以 *Paraphillipsinella globosa* 为代表，上部以 *Nankinolithus* 为代表。宝塔组地层时代为晚奥陶世，与下伏地层庙坡组整合接触。

8)五峰组(O₃w)

五峰组由孙云铸(1931)所创立的"五峰页岩"一名演变而来，命名地点在五峰县渔洋关。五峰组分为笔石页岩段和观音桥段。

(1)笔石页岩段。本段相当于原五峰页岩(孙云铸，1931)或五峰组(张文堂，1962)。其岩性为黑灰色风化呈黄绿、浅紫或棕黄色的微薄层至薄层状含有机质、石英细粉砂质水云母黏土岩，夹黑灰色微薄层至薄层状微晶硅质岩，厚度 5.44m。

(2)观音桥段(层)。观音桥段岩性可分为 3 部分:下部为黑灰、黄褐或浅紫灰色含石英粉砂、水云母黏土岩,中部为黄灰、米黄或浅紫灰色含石英水云母黏土岩(或流纹质凝灰岩);上部为黄灰或浅灰色水云母黏土岩,厚度 0.17～0.3m。其中的 *Hirnantia* 壳相动物群,以产大量 *Hernantia - Kinnella* 为代表的腕足类动物群和 *Dalmanitina* 为代表的三叶虫群为特点。该动物群主要有腕足类 *Hirnantia*,*Dalmanella*,*Kinnella*,*Paromalomena*,*Eostropheodonta*,*Plectothyrella*,*Hindella* 等 28 属 35 种以及三叶虫 *Dalmanitina*,*Platycoryphe*,*Leonaspis*。

五峰组产大量笔石,有 30 余属,200 多种,建立了 3 个笔石带和 1 个壳相动物群,自上而下为:④*Normalograptus persculptus* 笔石带;③*Hirnantia* 壳相动物群;②*Normalograptus extraordinarius* 笔石带;①*Paraorthograptus pacificus* 笔石带。其中,*Paraorthograptus pacificus* 带可进一步分为 3 个亚带,而上而下分别为:Ⅲ.*Diceratograptus mirus* 亚带;Ⅱ.*Tangyagraptus typicus* 亚带;Ⅰ.未命名亚带,该亚带底界与 *Paraorthograptus pacificus* 笔石带的底界一致,以 *Tangyagraptus typicus* 的首现为顶界。五峰组地层时代为晚奥陶世,与下伏地层宝塔组整合接触。

3. 志留系

最新的志留系分为 4 个统,自下而上为兰多维列统、温洛克统、罗德洛统、普里道利统。鄂西三峡地区志留系均属兰多维列统。

1)龙马溪组($S_1 l$)

龙马溪组由李四光、赵亚曾(1924)所创建的"龙马页岩"演变而来,创名地点在秭归县新滩龙马溪。龙马溪组是指观音桥层(段)之上,以 *Akidograptus ascensus* 笔石首现开始,主要为一套富含笔石的黑色、灰绿色薄层粉砂质泥岩、石英粉砂岩偶夹薄层状石英细砂岩、黄绿色粉砂质泥岩、泥质粉砂岩,偶夹钙质泥岩透镜体,含腕足类和三叶虫化石。龙马溪组产大量笔石化石,自下而上分为 *Akidograptus ascensus* 笔石带、*Parakidograptus acuminatus* 笔石带、*Orthograptus vesiculosus* 笔石带、*Coronograptus cyphus* 笔石带。龙马溪组地层时代为兰多维列统,与下伏地层五峰组整合接触。

2)新滩组($S_1 x$)

新滩组由 Blackwelder(1907)创建的"新滩页岩"沿革而来,创名地点在秭归县新滩。新滩组现指整合于龙马溪组与罗惹坪组之间的一套黄绿色页岩、砂质页岩、薄层粉砂岩夹少量薄层细砂岩,波痕发育,产笔石的地层序列。新滩组富含笔石 *Stroptograptus* sp.,*Monograptus communis*,*Spirograptus turriculatus* 等浮游生物,以及三叶虫、腕足类。新滩组时代为兰多维列世早期,与下伏龙马溪组呈整合接触。

3)罗惹坪组($S_1 lr$)

罗惹坪组由谢家荣、赵亚曾(1925)创建的"罗惹坪系"演变而来,创名地点在宜昌罗惹坪(又称大中坝)。罗惹坪组下部为黄绿色泥岩、页岩夹生物灰岩、泥灰岩或透镜体,产腕足类、笔石等混合相生物群;中部为黄灰色泥岩、钙质泥岩与灰岩或泥灰岩互层,产珊瑚、腕足类等壳相生物群;上部为黄绿色泥岩、粉砂质泥岩,不含灰岩。罗惹坪组厚度为 73.7～172m。罗惹坪组下段含丰富的多门类化石,其中腕足类主要以 *Meifodia lissatrypaformts*,*Lisatrypa magna*,*Stricklandia transversa*,*Pentamerus*(*Pentamerus*)*robustus*,*P.*(*sulcupentamerus*)*hubeiensis*,*Apopentamerus hubeiensis*,*Katastrophomena depresa* 及 *Isorthi* sp. 等为代表;珊瑚以 *Palaeofauosites paulus*,*Favosites kogtdaensis*,*F. gothlundicus*,*Heliolites saiairicus*,*Onychophyilum pringlei*,*Halysttes*(*Acanthokalysites*)*pycnoblastoidu yabei*,*Pycnatis elegans* 等为代表;三叶虫以 *Scotokarpes sinensis*,*Sckaryio hubeiensis* 等为代表;笔石以 *Monoclmacis arcuata*,*Giyntograptus sinuatus*,*Pseitdociimacograptus enskiensh* 等为代表以及牙形石、海百合茎、苔藓虫、头足类、双壳类、腹足类等。上段化石相对较少,笔石有 *Climacograptus nebula*,*Pristiograptus variabilisy*,*Oktavites planus* 等;腕足类有 *Katastrophomena maxima*,*K. depressa*,*Lsorthis* sp. 等;三叶虫有 *Latiproetus latilimbatus*,*Luojiaskanta xvangjiaxvanensis* 等以及鱼化石

Sinacanthus 和双壳类、腹足类等。罗惹坪组时代为兰多维列世中-晚期,与下伏地层新滩组整合接触。

4)纱帽组(S$_{1-2}$sh)

纱帽组由谢家荣、赵亚曾(1925)创建的"纱帽山层"演变而来,创名地点在宜昌罗惹坪纱帽山。纱帽组下部为黄绿色页岩、泥质粉砂岩、粉砂岩夹砂岩或紫红色细砂岩;上部为灰绿色夹紫红色中厚层状细粒石英砂岩夹中至薄层状粉砂岩、砂质页岩。本组下部产笔石,主要分子有 *Monograptus marri*,*M. cf. drepanoformis*,*Pristiograptus regularis*,*P. variabis* 等,以及三叶虫、腕足类和牙形石 cf. *Pterospathodus celloni*,*Carniodus carnus*,*C. carnudus* 等;中部主要有腕足类 *Nalivkinia* cf. *elongata*,*Eospirifer* sp.,*Isorthis* sp. 等,三叶虫 *Coronocephallus* sp.,*Latiproetus* sp. 等;上部化石稀少,有腕足类 *Strispirifer* sp.。纱帽组时代为兰多维列世中-晚期,与下伏地层罗惹坪组整合接触。

第三节 早古生代地史

早古生代处于加里东构造阶段,从全球背景上看,新元古代晚期 Rodinia 超大陆持续裂解(图 12-7~图 12-9)。当时劳伦(北美)、波罗的(俄罗斯)、西伯利亚、华北和扬子等块体均处于泛大洋中,非洲、南美、澳大利亚、印度、南极等其他大陆组成的冈瓦纳位于南半球高纬度地区。奥陶纪晚期以北非为中心广泛分布于冈瓦纳大陆西部的大陆冰盖沉积,说明冈瓦纳大陆处于南纬高纬度地区。受加里东构造运动影响,加里东后期古大西洋闭合使北美板块与波罗的板块对接拼合形成劳俄大陆。该构造阶段在中国表现为陆壳板块的扩大和增生。扬子地块与华夏地块之间经历多次构造运动,于志留纪末最终拼合形成华南板块,而柴达木、秦岭微板块与华北板块碰撞,也使华北板块规模扩大。与这种古构造格局相对应,早古生代的沉积类型也复杂多样,华北地区寒武纪—奥陶纪以陆表海碳酸盐岩沉积为主,中奥陶世华北地区主体暴露并一直持续到石炭纪宾夕法尼亚亚纪,形成了遍及华北的中奥陶统和宾夕法尼亚亚系之间的平行不整合(怀远运动)。华南地区早古生代仍然继承了元古宙扬子地块、华夏地块及二者之间南华裂谷的"三分性"特征。扬子地块寒武系—奥陶系以陆表海碳酸盐岩沉积为主,间夹少量细碎屑岩沉积。华夏地块寒武系—奥陶系以碎屑岩沉积为主。扬子地块与华夏地块之间的南华裂谷盆地的寒武系—奥陶系以深水细粒的泥质岩、硅质岩、薄板状灰岩为特色。华南地区志留纪兰多维列世地层主

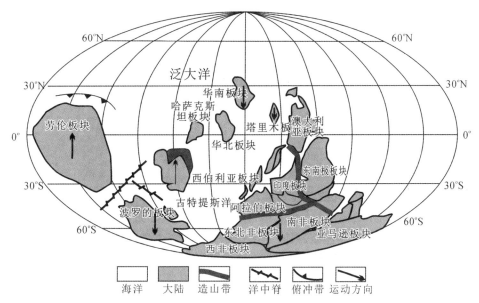

图 12-7 寒武纪全球古大陆再造图(据李江海,姜洪福,2013)

要发育于南华裂谷盆地及扬子地区。南华裂谷盆地为前陆盆地的复理石沉积为特色,扬子地块主体仅发育兰多维列世—温洛克世陆表浅海和隆后盆地的细碎屑岩—中粗粒碎屑岩,代表扬子地块和华夏地块的最终拼合的沉积响应。

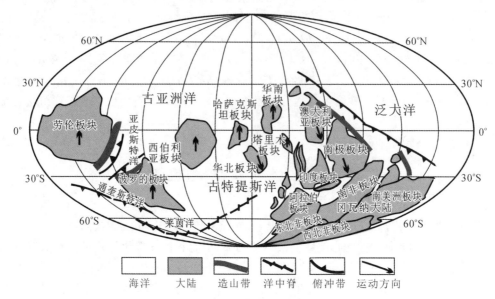

图 12 - 8 奥陶纪全球古大陆再造图(据李江海,姜洪福,2013)

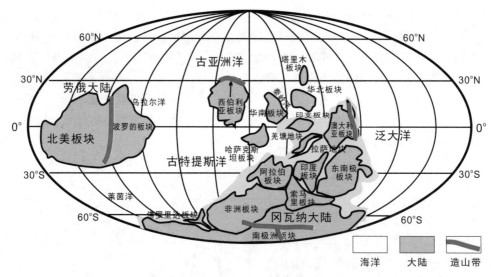

图 12 - 9 志留纪全球古大陆再造图(据李江海,姜洪福,2013)

一、华北板块及其大陆边缘早古生代地史

华北板块主体自新元古代后期抬升后一直遭受风化剥蚀,寒武纪早期开始接受海侵。寒武纪—奥陶纪早期华北地区为稳定的陆表海碳酸盐岩沉积,中奥陶世主体抬升为陆。其南缘以主动大陆边缘与秦岭洋毗邻,北部以被动大陆边缘与古亚洲洋相接。

1. 华北板块的古地理

1) 华北板块寒武纪的古地理

华北地区寒武系是稳定陆表海沉积分布区,除华北板块南缘、西南缘豫西、淮南、陕西陇县及宁夏贺兰山地区寒武系纽芬兰统发育较全外,其他地区纽芬兰世地层普遍缺失。板块中南部河南寒武纪主要以陆表海碳酸盐岩沉积为主,局部夹少量泥质岩或细碎屑岩。寒武系底部辛集组为滨浅海含磷碎屑岩、泥质岩为主,上部见碳酸盐岩。朱砂洞组以滨浅海碳酸盐岩为特色。馒头组主要是滨浅海相的灰岩、泥质岩和细碎屑岩,上部夹鲕状灰岩。张夏组为浅滩相的鲕状灰岩。寒武纪芙蓉世崮山组以厚层含微生物的灰岩、白云质灰岩为主。炒米店组主要为中薄层的泥晶灰岩,内有风暴成因的竹叶状灰岩,总体代表滨海—浅海的碳酸盐缓坡环境。寒武纪末期(凤山期)—早奥陶世早期为三山子组的白云岩,代表局限海盆的碳酸盐岩沉积。早奥陶世晚期到中奥陶世初期,主要为滨浅海背景下的局限海盆的白云岩、含石膏白云岩和开阔海盆的暗色中薄层灰岩互层。

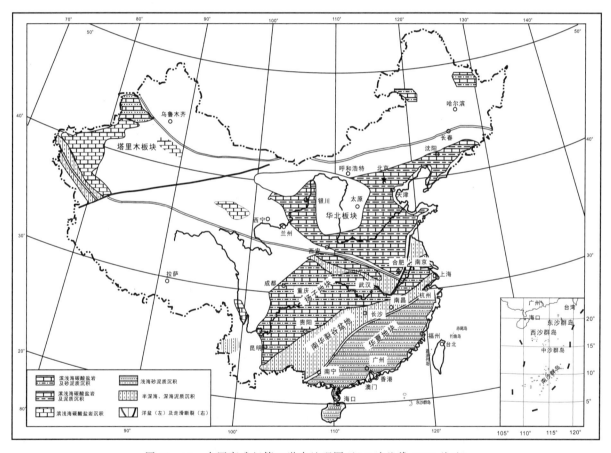

图 12 - 10　中国寒武纪第二世古地理图(据王鸿祯等,1985 修改)

从整个华北来看,寒武纪时期,鄂尔多斯及周缘为一古陆,随着寒武纪的海侵,古陆范围逐渐缩小(图 12 - 10,图 12 - 11)。寒武纪早期古陆范围较大,华北地区仅豫西、淮南、陕北陇县及贺兰山等南部、西南部边缘地区保存寒武纪早期地层。寒武纪第二世向华北内陆海侵,除鄂尔多斯古陆中部,其他地区大部分为海水覆盖,如燕山地区为昌平组,是含 *Palaeolenus* 的豹皮灰岩。太行山、中条山一线和鄂尔多斯、阿拉善西缘及南缘,为馒头组。寒武纪苗岭世毛庄期、徐庄期海侵向西延伸到吕梁山。西部贺兰山一带的海水亦向东扩大到鄂尔多斯中部,鄂尔多斯古陆进一步缩小。张夏期海侵显著扩大,除陕北和内蒙古东胜地区仍为古陆外,华北地区广泛发育了稳定的浅海碳酸盐岩沉积。寒武纪芙蓉世华北板块的古地理格局发生了显著变化,南部淮南、豫西和晋南一带开始上升,海水变浅,形成白云岩沉积(三山子组)。白云岩层位由南向北升高。北部燕辽地区相对下降,为滨浅海灰岩沉积。此时地形南高北低,与寒武纪早-中期的地形呈"翘翘板"式变化。

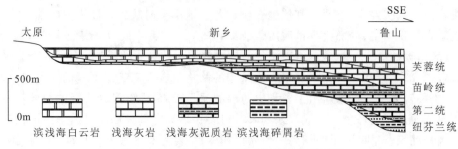

图 12-11 华北地区寒武纪沉积示意剖面图

2)华北板块奥陶纪的古地理

继承寒武纪的古地理格局,华北地区早奥陶世到中奥陶世早期主要是陆表海碳酸盐岩沉积(图12-12)。华北板块南部的河南中部地区,相当于冶里组、亮甲山组的地层为三山子组白云岩(该白云岩延续到河北唐山亮甲山组上部白云岩),为陆表海局限盆地蒸发环境。华北板块北部唐山一带中、下奥陶统以陆表海碳酸盐岩沉积为主,包括冶里组、亮甲山组和马家沟组。冶里组岩性为厚层灰岩夹竹叶状灰岩及页岩,含有三叶虫、腕足类和树形笔石类等底栖型生物,沉积环境为正常浅海并受风暴作用袭扰。亮甲山组下部为灰岩,含底栖的腕足类、腹足类、古杯和海绵等,仍为正常浅海环境,向上逐渐变为白云

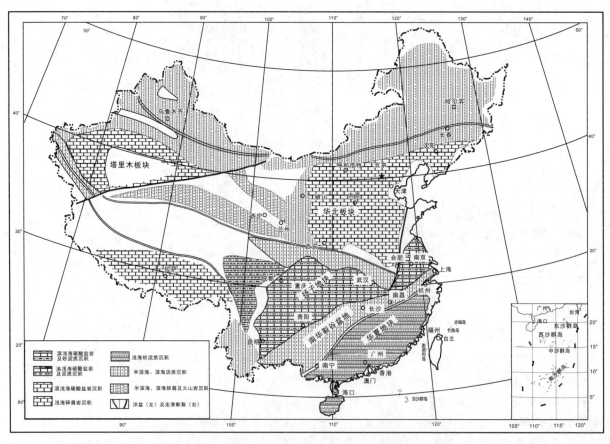

图 12-12 中国早奥陶世古地理图(据王鸿祯等,1985 修改)

岩,且化石稀少,代表碳酸盐滨岸蒸发环境。马家沟组都是由灰岩、灰质白云岩、白云岩组成,马家沟组上部夹含石膏的白云岩和膏溶角砾岩,均代表碳酸盐浅海—潮坪环境。

从区域上看,华北板块奥陶纪的古地理主要受北秦岭造山带的俯冲、造山影响,南部挤压导致地壳隆升,从而形成局限盆地的蒸发岩沉积(三山子组),该沉积自南向北层位逐渐升高,反映局限盆地的向北迁移。早奥陶世早期(冶里组)大致以德州—石家庄—保德一线为界,北部以正常浅海环境为主;南部主要为蒸发环境,地层沉积厚度从北向南减薄,说明此时华北区地势北低南高。早奥陶世中期(亮甲山组)南部继续抬升,代表潮坪—局限盆地蒸发环境的白云岩向北迁移到晋南和鲁西北一带。早奥陶世晚期—晚奥陶世早期(马家沟组)华北海侵范围扩大,马家沟组向南、向西北方向超覆。中奥陶世海侵仍比较广泛,在太行山中段和南段,吕梁山、中条山等地,局部保存峰峰组正常浅海的厚层灰岩与泥质灰岩、白云岩。同期沉积在山东西部和苏北一带也常见。可能受南侧秦岭造山带和北侧古亚洲洋的俯冲或碰撞的挤压应力下的远程效应影响,中奥陶世后期华北整体地壳上升成为古陆剥蚀区,仅在西南缘的陕西耀县及宁夏固原一带发育背锅山组,为一套含底栖珊瑚、腕足类、三叶虫、腹足类和海百合等生物的正常浅海碳酸盐岩沉积。

3)华北板块志留纪的古地理

华北板块志留纪主体仍为古陆剥蚀区,志留系主要发育于板块边缘及大陆边缘地区(图 12-13)。华北板块西南部宁夏同心等地区,只有志留系中上部地层。中部照花井组,主要由灰岩、泥灰岩构成,含大量造礁生物,厚仅 100m 左右,属稳定浅海沉积。上部旱峡群为紫红色砂砾岩,厚度 500m,代表西侧北祁连造山带的前陆盆地沉积。

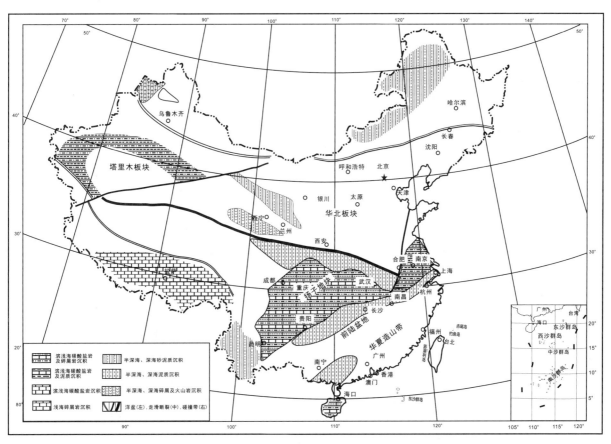

图 12-13　中国志留纪温洛克世古地理图(据王鸿祯等,1985 修改)

2. 华北板块南部大陆边缘早古生代古地理

华北板块南部北秦岭地区早古生代是主动大陆边缘,展布于商丹缝合线以北。沿陕西商南—丹凤一带发育蛇绿岩套及丹凤群的岛弧火山岩、河南西峡—南召一带发育二郎坪群的弧后火山岩。向西到甘肃天水一带也发育类似的含火山岩地层李子园群,其时代为寒武纪—志留纪兰多维列世。证明当时秦岭洋向北俯冲,在华北板块南缘形成了活动大陆边缘。志留纪晚期,秦岭微板块与华北板块发生初始碰撞,泥盆系仍然为前陆盆地沉积。

华北板块西南侧与柴达木地块之间的北祁连地区为古祁连洋,祁连山南北坡寒武系为裂陷海槽沉积,北祁连海槽中发育较深海含放射虫硅质岩、中基性火山岩及砂泥质复理石。奥陶纪发育肃南九个泉、大岔大坂、玉茨沟等多套蛇绿岩和岛弧火山岩,为活动大陆边缘—深海洋盆沉积。志留系在河西走廊为复理石沉积,代表中祁连地块和华北板块碰撞形成北祁连造山带的前陆盆地沉积。

二、华南地区早古生代地史

华南地区寒武纪继承了震旦纪的古地理、古构造格局,保持着扬子板块、华夏地块、南华裂谷三分性特征。扬子地块显示以稳定型陆表海为特征,华夏地块为冈瓦纳大陆的北部大陆边缘,扬子板块与华夏板块之间为南华裂谷盆地。南华裂谷于寒武纪早期拉张达到最大规模,以后则以热沉降为主。志留纪时期,随着扬子地块和华夏地块的拼合、碰撞造山,最终形成统一的华南板块。

1. 扬子板块早古生代的古地理

1)扬子板块寒武纪的古地理

寒武纪扬子区海侵广泛,地层具明显两分性:纽芬兰统和第二统为泥砂质和碳酸盐岩沉积,化石丰富;苗岭统和芙蓉统以镁质碳酸盐岩沉积为主,化石稀少。华南寒武纪可能存在一个川滇古陆,自川滇古陆向东,海水逐渐加深,碎屑岩逐渐减少,碳酸盐岩逐渐增多,地层发育逐渐变全。如云南晋宁梅树村剖面仅发育纽芬兰统梅树村组和第二统筇竹寺组、沧浪铺组和龙王庙组,苗岭统发育陡坡寺组和双龙潭组。双龙潭组与上覆志留系平行不整合接触。

梅树村组主要是一套磷块岩,内含小壳化石可富集成生物碎屑层,发育波状、鱼骨状交错层理,顶部白云岩内含鸟眼构造,反映比较典型的滨海潮间—潮下带沉积。筇竹寺组下部黑色粉砂质、泥质沉积,含碳质及稀有元素,为海水流动不畅的弱氧化至还原环境,可能为潮下低能海湾,中上部以泥砂质沉积为主,含有澄江动物群等生物化石,环境已趋于正常浅海,总体代表持续海侵过程。沧浪铺组以砂页岩沉积为主,内含浪成波痕和交错层理,为滨海沉积。龙王庙组的白云岩为咸化海沉积。寒武纪苗岭世的陡坡寺组和双龙潭组为浅海砂泥、碳酸盐岩沉积。苗岭世后期滇东地区上升为陆。

湖北宜昌三峡剖面寒武系发育完整。纽芬兰统和第二统自下而上分为岩家河组、牛蹄塘组、石牌组、天河板组和石龙洞组。岩家河组继承震旦系灯影组,为陆表海浅水碳酸盐岩沉积。牛蹄塘组为黑色碳质页岩夹薄层灰岩,含磷、稀有元素及黄铁矿,化石以浮游的盘虫类为主,推测为陆表海坳陷盆地滞流还原环境。石牌组和天河板组为正常浅海的砂泥质和碳酸盐岩沉积,含较多底栖的古杯类。石龙洞组为厚层白云岩。苗岭统覃家庙组由薄—中层白云岩组成,波痕、交错层理、泥裂、石盐假晶发育。芙蓉统娄山关组为厚层白云岩,其顶部归属奥陶系。从石龙洞组至娄山关组均为干旱的咸化海环境。

寒武纪扬子区为稳定的陆表海,地势西北高东南低,西部的川滇古陆始终存在,其范围不断扩大(图12-10,图12-14)。纽芬兰世扬子区为向东倾斜的混积型缓坡。梅树村期在震旦纪晚期灯影期古地理基础上发展形成碳酸盐缓坡。筇竹寺期和沧浪铺期则是以陆源碎屑沉积为主,西北康滇古陆边缘的滇东、川西一带为砂砾岩、粉砂岩类白云质灰岩,向东至黔中、鄂中、湘西等地,陆源碎屑逐渐变少、颗粒变细,碳酸盐增多。龙王庙期为典型的碳酸盐缓坡,仅在古陆东缘的川西南—滇中地区含陆源碎屑,而在川、滇、黔、鄂为大范围的潮下低能碳酸盐岩沉积。自寒武纪苗岭世起,扬子区西部古陆不断扩大,形成纵贯西部边缘的康滇古陆,古地理由早期的缓坡发展成镶边型碳酸盐台地。由于西部古陆和东南部水下隆起影响形成半封闭海盆,加之气候炎热干旱,使海水盐度增高,主体发育一套化石稀少的白云岩沉积,在川西南、滇东北等地还有膏盐沉积。

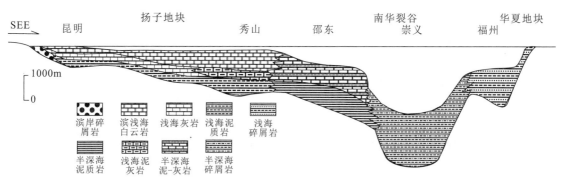

图 12-14　华南寒武系沉积示意剖面图

下扬子区寒武系纽芬兰统和第二统沿巢县—句容—泰县一带呈北东方向存在一个狭窄的碳酸盐潮坪相带,主要为白云岩和白云质灰岩,该带的南北两侧由碳酸盐缓坡进入陆坡深水盆地。苗岭统和芙蓉统主体为半局限台地白云岩沉积,南北两侧仍为陆坡较深水盆地。

2)扬子板块奥陶纪的古地理

扬子板块奥陶系以上扬子地区发育较好,宜昌黄花场剖面最具代表性,是我国奥陶系的标准剖面。该剖面奥陶系自下而上分为娄山关组顶部、南津关组、分乡组、红花园组、大湾组、牯牛潭组、庙坡组、宝塔组和五峰组。

奥陶纪早期新的海侵开始。娄山关组顶部白云岩中与寒武纪芙蓉世三游洞组相似,鸟眼构造、生物扰动构造发育,化石稀少,反映海水循环不畅,属能量较弱的局限海沉积。南津关组底部为生屑灰岩、灰岩,含三叶虫、腕足类等化石;下部为白云岩;中部为含燧石灰岩、鲕状灰岩、生屑灰岩;上部为生屑灰岩夹黄绿色页岩,代表碳酸盐缓坡潮下带到浅海沉积。分乡组下部灰色中厚层砂屑生物屑鲕粒灰岩夹灰绿色薄层状泥岩或呈不等厚互层;上部灰色薄层生屑灰岩夹泥岩,反映碳酸盐缓坡高能潮下带到浅海沉积。红花园组由灰色、深灰色中至厚层状夹薄层状微至粗晶灰岩、生物碎屑灰岩组成,常含燧石结核和透镜体,下部偶夹页岩,生物既有底栖型,也有游泳型,反映了水体能呈较弱的潮下带环境。大湾组和牯牛潭组主要为灰绿色、灰色薄层含生屑泥晶灰岩、瘤状灰岩、页岩、钙质泥岩、砂质泥岩,生物种类繁多、保存完整,底栖和浮游生物混生,说明了水能量较弱的浅海沉积。庙坡组为一套黄绿色、灰黑色钙质泥岩,粉砂质泥岩、黄绿色页岩夹薄层生物碎屑灰岩透镜体,反映局限的水下滞留盆地环境。宝塔组为灰色、浅紫红色或灰紫红色中厚层收缩纹泥晶灰岩夹瘤状泥晶灰岩。这种收缩纹是成岩过程中脱水形成的收缩裂纹,反映较深的浅海陆棚环境。五峰组是较典型滞流盆地的笔石页岩沉积,上部观音桥层壳相泥质灰岩沉积是晚奥陶世冰川作用造成全球海平面下降的地质记录。

奥陶纪是地史上海侵范围逐渐扩大的时期(图 12-12)。早奥陶世早期扬子地块古地理面貌与晚寒纪中晚期相似,为巨大的陆表海碳酸盐缓坡。扬子板块西部自寒武纪苗岭世不断扩大的康滇古陆,随着早奥陶世海侵不断被超覆,造成扬子区内部岩相变化显著。扬子地块西部康滇古陆以东的川西、滇东一带为滨岸相带,沉积了潮坪环境的砂岩、页岩、钙质页岩,向古陆一侧碎屑增多、粒度较粗。由此向东,陆源碎屑逐渐减少,代之以碳酸盐岩沉积为主,在黔北、川南一带为碳酸盐岩为主夹砂泥质的混积潮下带沉积。再向东至鄂西、湘西一带以碳酸盐岩沉积为主,夹泥质,生物碎屑、内碎屑、鲕粒等十分发育,形成开放潮下带沉积。下扬子区全部为碳酸盐缓坡沉积。早奥陶世晚期(牯牛潭组)—晚奥陶世早期

(庙坡组和宝塔组)相带分异格局已不明显,整个扬子区均以碳酸盐岩和泥质岩交互为特色。庙坡组黑色页岩是局限的水下滞留盆地,宝塔组的收缩纹灰岩分布较广。黔中地区同时异相的大田坝组浅水碳酸盐岩沉积。晚奥陶世晚期海平面下降,西部康滇古陆与滇黔桂古陆连成一片,造成五峰期的滞流海盆,沉积了典型的笔石页岩相。

下扬子地区与上扬子地区近似,早奥陶世以陆表海浅水碳酸盐岩沉积为主,中晚奥陶世以含泥的碳酸盐岩、网纹状泥灰岩、泥质灰岩、泥灰岩为特色。晚奥陶世末期为五峰组黑色含笔石页岩。

3)扬子地块志留纪的古地理

志留纪处于扬子地块与华夏地块最终拼合,南华裂谷闭合碰撞造山的时期,因此扬子地块志留系发育不全(图12-13)。鄂西宜昌地区仅保存兰多维列世龙马溪组、新滩组、罗惹坪组和纱帽组,总体是受华夏地块挤压影响的克拉通边缘盆地沉积。龙马溪组与五峰组为连续的黑色页岩、硅泥质岩沉积,属典型的笔石页岩相,代表滞流、非补偿海盆。新滩组黄绿色砂质页岩厚度较大,笔石分散保存,推测为弱还原环境,反映沉积速率加快,逐渐转化为补偿盆地。罗惹坪组内产有大量的珊瑚、腕足、三叶虫等底栖生物化石,代表正常浅海环境。纱帽组是一套滨海相碎屑岩堆积。纱帽组自下而上砂岩含量增加,粒度变粗,交错层理发育,化石稀少,代表周围碎屑物质供应充分的超补偿海盆。志留纪温洛克世后期,受扬子板块与华夏板块拼接的影响,扬子地区主体暴露,遭受剥蚀,与上覆中泥盆统云台观组石英砂岩呈平行不整合接触。

下扬子地区志留系保存齐全,包括高家边组、坟头组、茅山组。高家边组下部为黑色页岩,含笔石化石;上部为灰绿色页岩、粉砂质页岩。坟头组为灰绿色粉砂质页岩、粉砂岩、细砂岩。茅山组为灰绿色到浅灰色中细粒砂岩、粉砂岩、粉砂质页岩。和上扬子地区相似,下扬子地区志留系也属于受扬子板块与华夏板块拼接影响的克拉通边缘盆地浅海—滨浅海沉积。

在扬子板块西南缘的滇东一带,从寒武纪晚期隆升成陆后直到志留纪晚期才开始接受沉积。关底组以泥灰岩及页岩为主。其上妙高组岩性由黄绿色、灰绿色页岩及瘤状泥灰岩、灰岩所组成。再上玉龙寺组为黑色页岩夹薄层瘤状泥灰岩,含腕足类、三叶虫和牙形石化石,与上覆下泥盆统整合接触。由此可见,志留纪晚期滇东地区为扬子板块的沉降中心。

2. 南华裂谷盆地早古生代的古地理

早古生代时期,南华裂谷盆地包括黔东南、湘中、桂西北、赣北、浙江及苏南等地,为一狭长的、北东向展布的裂谷盆地热沉降阶段的非补偿海盆,与扬子地块的浅水碳酸盐岩沉积和华夏地块的碎屑岩沉积形成显著差别(图12-15)。

南华裂谷盆地寒武系纽芬兰统和第二统主要为黑色碳质页岩、硅质页岩夹硅质层,水平纹层发育,含放射虫和海绵骨针,偶见浮游型三叶虫,局部夹磷结核、黄铁矿团块等,代表深水、缺氧的还原环境。苗岭统为深灰、灰黑色碳质页岩、页岩和灰岩相,含漂浮型的球接子类及海绵骨针。芙蓉统主要为泥岩、泥质灰岩。苗岭世和芙蓉世江南区的还原条件有所改善,但仍属非补偿海盆。整个寒武系沉积厚度不超过800m。

奥陶纪时期,南华裂谷盆地西部为湘桂次深海,东部为浙皖次深海,处于持续热沉降阶段。湘桂次深海以湘中地区为代表,奥陶系是一套深灰至灰黑色含碳质、硅质的笔石页岩,厚度600m,代表一种非补偿滞流还原环境。浙皖次深海以浙西为代表,早中奥陶世也为滞流环境的笔石页岩相,晚奥陶世沉积了一套巨厚的深水浊积岩,厚度逾千米。

南华裂谷志留系仅发育兰多维列统,在湘中一带称周家溪群,主要为泥砂质类复理石沉积(图12-15)。志留纪晚期,华夏地块和扬子地块最终碰撞,形成江南造山带,华南地区泥盆系角度不整合(江南造山带和华夏地块)或平行不整合(扬子地块)于下伏地层之上,标志着华南板块的定型。

钦防地区志留系发育齐全,兰多维列统为含丰富笔石的页岩,温洛克统为泥质粉砂岩、页岩,罗德洛统和普里道利统是泥质粉砂岩夹砂岩、页岩,属深水海槽复理石沉积,代表原特提斯洋的分支海。钦防

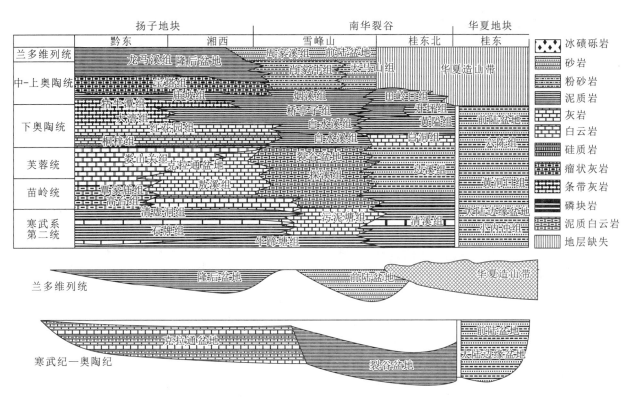

图 12-15 华南早古生代南华裂谷盆地地层对比和沉积盆地示意图

海槽未受加里东运动影响,与上覆地层泥盆系整合接触,代表南华裂谷的一个残余海槽。

3. 华夏地块早古生代的古地理

华夏地块大致位于绍兴—江山—萍乡—南宁一线以南地区,大致以长汀—清远—玉林为界分为西北部的赣粤次深海盆地及东南部的闽粤浅海盆地。粤北曲江及赣南崇义等地寒武系为砂泥质浊积岩,夹少量灰泥及凝灰质,含深水放射虫和海绵骨针。而在广东化州、福建永安等地,此期主要是一套砂岩、页岩、碳质页岩等,含磷、锰矿层,在广东郁南、台山、开平一带寒武纪中期出现紫红色含镁砂岩。闽粤浅海盆地为靠近冈瓦纳大陆的被动大陆边缘。

华夏地块早奥陶世古地理格局与寒武纪相似,也由闽粤浅海和赣粤桂次深海两个大相带控制。闽粤浅海为浅海碎屑岩沉积,赣粤桂次深海为深水复理石沉积。中奥陶世以后,华夏地块沉积区加速萎缩,到奥陶纪末,整个华夏地块褶皱成陆,仅在钦防残余海槽继续沉积。

4. 扬子板块北部大陆边缘早古生代的古地理

扬子板块的北部大陆边缘为南秦岭区。寒武纪以商丹古缝合线为界,南、北秦岭分别构成扬子和华北板块的大陆边缘,中间为秦岭洋所阻隔。南秦岭属扬子板块的被动大陆边缘,受板块边缘离散作用影响,寒武纪晚期南秦岭裂陷形成大陆边缘裂谷盆地,裂谷盆地内沉积了寒武系二道桥组的火山岩和碎屑岩、奥陶系洞河群的变质细碎屑岩和火山岩沉积、志留系的玄武岩(安康—随州一带)和含笔石的泥质岩。裂谷以南的镇坪—岚皋等地为斜坡相的泥质碳酸盐岩沉积。西秦岭迭部地区,志留系兰多维列统和温洛克统以碎屑岩为主,内含笔石,罗德洛统和普里道利统为碎屑岩夹碳酸盐岩类,含珊瑚、腕足类及牙形石等化石。裂谷盆地以北的镇安—山阳一带寒武系—奥陶系均为浅水碳酸盐岩和碎屑岩沉积,被称为秦岭微板块。

三、中国其他地区早古生代地史简述

中国其他地区包括塔里木板块、古亚洲洋和古特提斯洋中的小块体。

1. 塔里木板块及其大陆边缘早古生代的古地理

1）塔里木板块及其大陆边缘寒武纪的古地理

寒武纪塔里木板块内部为稳定类型沉积，以北部柯坪地区发育最好，其沉积特征和生物与扬子区相似，沉积厚度500～600m，主要为泥质、粉砂质及硅、镁碳酸盐岩沉积，底部含磷结核，中、下部产三叶虫 *Redlichia*。说明寒武纪塔里木板块与扬子板块关系密切。

塔里木板块北部大陆边缘属于被动大陆边缘类型，板块西南大陆边缘的昆仑海槽研究程度较低。西昆仑寒武系为化石稀少、厚度巨大的砂泥质碳酸盐岩沉积，西昆仑与喀喇昆仑间有新元古代以来的蛇绿岩，代表原特提斯洋的消减带。

2）塔里木板块及其大陆边缘奥陶纪的古地理

塔里木板块奥陶系以西北缘柯坪地区发育最好，下统为浅海灰岩，中上统为泥灰岩，夹钙质粉砂岩和页岩，含头足类、三叶虫等底栖生物群，属板块内部稳定浅海沉积。板块北部边缘的西准噶尔地区属古亚洲洋，发育富含泥质的碎屑岩与火山碎屑岩。而在板块西南边缘也见有含中基性火山岩和灰岩的砂泥质复理石沉积及蛇绿岩，反映昆仑洋向塔里木板块的俯冲作用。

3）塔里木板块及其大陆边缘志留纪的古地理

塔里木板块的志留系主要出现在西北、东北部。柯坪地区的兰多维列统为含笔石及三叶虫的杂色碎屑岩，志留纪中晚期地层为含中华棘鱼的紫红色砂岩和泥岩。塔里木北缘南天山一带志留系厚度巨大，为中性火山碎屑岩、火山岩及沉积岩，代表活动的古构造环境。

2. 古亚洲洋早古生代的古地理

1）古亚洲洋寒武纪的古地理

古亚洲洋以艾比湖—居延海—西拉木伦河地缝合线为代表，共分为3部分。主体为天山—西拉木伦洋，南侧为华北板块和塔里木板块北部大陆边缘，北侧为西伯利亚板块南部边缘，准噶尔为哈萨克斯坦板块的一部分，松辽是古亚洲洋中的中间陆块。

兴蒙、东北地区寒武纪特征与华北、塔里木板块明显差异。在黑龙江伊春地区纽芬兰统为厚度300m以上的碳质泥砂质和碳酸盐岩沉积，含 *Kootenia*（库迁虫）、*Proerbia*（原叶尔伯虫），后者是西伯利亚常见分子。大兴安岭纽芬兰统中也有西伯利亚的古杯类。这一地区属西伯利亚生物大区，与华北、华南生物特征明显不同。

天山-西拉木伦洋寒武纪为大洋环境，在内蒙古中部的温都尔庙群是温都尔庙蛇绿岩套的组成部分，代表典型的洋壳。在大洋南、北两侧的生物，沉积特征均相差较大，也证明此时有大洋阻隔，限制了生物之间的交往。

2）古亚洲洋奥陶纪的古地理

奥陶世古亚洲洋主体转换到额尔济斯—居延海—西拉木伦河一带，此时洋壳板块向南北两侧的陆壳板块下俯冲，在大洋北部由于板块的俯冲，在新疆北部、内蒙古及东北地区构成西伯利亚板块南部复杂大陆边缘，如在新疆阿尔泰地区奥陶系是一套砂质板岩、火山岩、火山碎屑岩及碳酸盐岩，厚达数千米。

3）古亚洲洋志留纪的古地理

志留纪古亚洲洋北部的准噶尔—兴安地区各段活动性不同。西准噶尔兰多维列世的复理石、类复理石是洋壳大规模俯冲后残余盆地的产物。东准噶尔罗德洛统和普里道利统含 *Tuvaella*（图瓦贝）的紫色灰岩、钙质砾岩、中酸性火山角砾岩等不整合于奥陶纪—温洛克统蛇绿岩套之上。再向东至兴安岭

地区,志留纪海域范围与奥陶纪相似,均具有一定活动性。天山-西拉木伦洋志留纪仍然为大洋环境,其向华北板块俯冲形成沟—弧—盆体系。

在东准噶尔、内蒙古东北部、大兴安岭中段和小兴安岭北部等地均发现 *Tuvaella* 动物群,该动物群分布在西伯利亚南部及蒙古西部的图瓦盆地,说明志留纪这些地区同属西伯利亚板块南缘。

3. 古特提斯洋早古生代的古地理

1)古特提斯洋寒武纪的古地理

寒武纪古特提斯洋的主洋盆在班公湖-怒江古缝合线。缝合线以南的冈底斯、江孜地区属冈瓦纳板块的一部分;以北、以东的北羌塘地区、昌都、思茅、松潘、甘孜地区尚未与扬子板块分离,可能为扬子板块西部的一部分。滇西保山地区寒武系中下部为浅变质陆坡砂泥质、硅质浊流沉积,仅见海绵骨针和微古植物,与震旦系连续过渡;上部为砂泥夹钙质浅水沉积,含底栖及浮游混合型三叶虫,总厚度 4000 余米。藏南地区寒武系为一套透辉石石英片岩和含燧石结晶灰岩,与印度板块关系密切。

2)古特提斯洋奥陶纪的古地理

奥陶纪在滇西保山、潞西地区为稳定浅海碎屑泥质夹碳酸盐岩沉积,中奥陶世有直角石类与珠角石类混生,晚奥陶世特殊的海林檎动物群,与扬子区有一定差异。在越南北部马江带已发现早古生代蛇绿岩和蓝片岩,证明沿金沙江—红河—马江一线奥陶纪有一定规模的洋盆。

喜马拉雅地区奥陶系主要是稳定浅海的灰岩沉积,也出现直角石类和珠角石类混生现象。

3)古特提斯洋志留纪的古地理

滇西保山地区志留纪主要为浅海泥质和碳酸盐岩沉积,为古特提斯洋中稳定的小型地块。藏南珠峰地区的志留系发育完整,兰多维列统为灰黄色石英岩,温洛克统是灰色页岩,含笔石 *Streptegarptus*, *Orthograptus*,罗德洛统和普里道利统为灰色含泥质条带灰岩,内产丰富的头足类、牙形石,总厚度不足 100m。向北至申札地区,灰岩增多,厚度达 250m。两地均属板块内部的稳定浅海沉积。在上述地区的角石类以 *Michelinoceras* 最为常见,与扬子区明显不同,证明当时冈瓦纳板与扬子板块间有特提斯洋阻隔。

第四节　早古生代的沉积矿产

早古生代的沉积、层控矿产比较丰富,主要有磷、石煤、页岩气、重晶石、铁矿、铅锌矿、多金属稀有元素、膏盐和汞等。

中国南方寒武系底部、奥陶系—志留系之交黑色岩系,是页岩气、磷、多金属稀有元素、重晶石等矿产资源的主要赋存层位。寒武纪早期的黑色岩系由黑色页岩、碳质页岩、碳硅质页岩、结核状磷块岩、粉砂质页岩等组成,厚度变化大,在 20～950m 之间,但层位稳定,几乎华南各地均有分布,蕴藏着丰富的页岩气(中上扬子地块)、磷(如滇东、黔西)、重晶石(如黔东、南秦岭)、钒及多金属富集层等矿产资源。五峰期和龙马溪期主要是一套黑色的笔石页岩相,其为华南地区重要的页岩气层。华南地区下古生界是层控型铅锌矿的重要层位,如上扬子地块东南缘的鄂西、湘西、黔东、桂北等地寒武系发现大量的热液型铅锌矿,赋存于寒武系的富微生物的碳酸盐岩地层中。

华北板块山西、河南、河北等地奥陶系马家沟组富含石膏,河北邯郸式铁矿产于马家沟组富铁的碳酸盐岩地层中。

华南、华北地区广泛分布的下古生界碳酸盐岩沉积发育,是我国水泥、石灰、熔剂和建筑业的重要原材料。此外,寒武系芙蓉统含三叶虫灰岩,奥陶系的瘤状灰岩、泥质条带灰岩,可以作为工艺和建筑装饰板材。

第十三章 晚古生代地史

晚古生代包括泥盆纪、石炭纪和二叠纪，约开始于4.19亿年前，结束于2.52亿年前（图8-10）。泥盆纪（Devonian）由薛知微（Sedgwick）和莫企逊（Murchison）（1936）在英国西南部德文郡（Devonshire）发现并命名，"泥盆"二字来自日本学者的日文片假名。石炭纪（Carboniferous）是由康尼拜（Conybeare）和菲利普（Phillips）（1822）根据英格兰北部含煤地层建立的。二叠纪（Permian）最早是由莫企逊（Murchison）（1841）在俄国乌拉尔地区发现地层具有二分性命名的。马尔谷（Marcou）（1859）也在德国南部根据类似地层的二分性命名为Dyas系。后证明这两套地层具有相同时代，1937年国际地质会议决定正式采用Permian系，"二叠"二字亦来自日文片假名。根据2021年的国际年代地层表，泥盆纪分早、中、晚3个世，时限为419.2～358.9Ma；石炭纪分2个亚纪（相当于北美的密西西比亚纪和宾夕法尼亚亚纪），时限为358.9～298.9Ma；二叠纪分3个世，时限为298.9～251.9Ma。

晚古生代为加里东运动之后地史发展的一个新阶段，全球的有机界和无机界较早古生代均有很大发展。在有机界，海生无脊椎动物发生了重要变革，陆生植物也开始大量繁盛，脊椎动物如鱼类、两栖类及原始爬行类逐渐征服大陆，呈现出一派生机盎然的局面。在无机界，早古生代后期大陆板块运动导致北美和俄罗斯板块碰撞，形成劳俄大陆。在中国，华夏板块与扬子板块的碰撞形成了基本统一的华南板块。柴达木、秦岭微板块与华北板块的碰撞使华北板块扩大了规模，由此造成了中国构造古地理的重大改观。晚古生代，更大规模的板块运动导致劳俄板块与西伯利亚板块、华北板块和西伯利亚板块与哈萨克斯坦板块、非洲板块与劳俄板块等的缝合，诸多古大洋消失，到晚古生代末期，全球范围的联合大陆（Pangea）基本形成。晚古生代的沉积类型更加丰富多彩，沉积矿产类型繁多。尤其是海生无脊椎动物的繁盛及高等植物繁盛导致森林的形成，为油气和煤等能源矿产的形成创造了条件。

第一节 晚古生代的生物界

晚古生代生物界发生了重大变化，其主要表现在：①脊椎动物相继发生重要进化并逐渐征服大陆；②陆生植物逐渐繁盛，改变了陆地的古地理景观；③海生无脊椎动物丰富多姿，生物类别发生了重大改观。

一、脊椎动物的发展与演化

晚古生代脊椎动物的演化中，鱼类的发展令人瞩目，特别是泥盆纪，鱼类繁盛，被称为"鱼类的时代"。这个时期淡水鱼开始大量出现，它们生活于内陆河流、湖泊或河口地区，体现了动物界征服大陆的进化过程。早泥盆世鱼类以无颌类为主，属低等鱼形动物，中、晚泥盆世以盾皮鱼类为主，明显的进化使其上、下颌分化，如沟鳞鱼（*Bothriolepis*）（图13-1）。

晚泥盆世，生物在征服大陆的道路上又迈出了巨大的一步，即鱼类向两栖类的演化。晚泥盆世鱼类种类繁多，其中一类称总鳍鱼类，具有强大的肉鳍，牙齿具有和迷齿两栖类类似的迷路构造，在水中用鳃呼吸，当水体干涸时，则用肉鳍在泥砂上爬行，用肺呼吸。因此，一般认为总鳍鱼可能是两栖类的祖先。

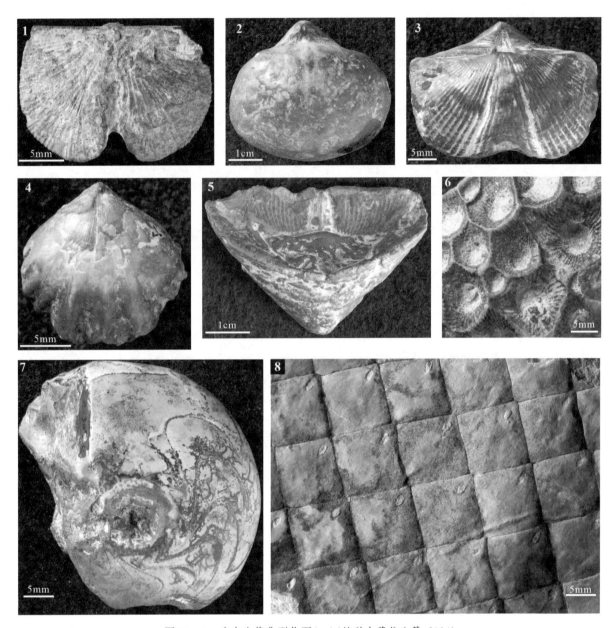

图 13-1 晚古生代典型化石(一)(转引自蔡熊飞等,2014)

1. *Dicoelostrophia*(双腹扭形贝,D_1);2. *Stringocephalus*(鸮头贝,D_2);3. *Cyrtospirifer*(弓石燕,D_3);4. *Yunnanella*(云南贝,D_3);5. *Calceola*(拖鞋珊瑚,D_{1-2});6. *Hexagonaria*(六方珊瑚,D_{2-3});7. *Manticoceras*(尖棱菊石,D_3);8. *Leptophloeum*(薄皮木,D_{2-3})

格陵兰东部上泥盆统顶部发现的个体长约 1m 的鱼石螈,为原始两栖类的代表。两栖类多生活于河湖、沼泽近水地带,可以始螈为代表,某些类型已经摆脱了对水的依赖,演化成为早期的羊膜动物。两栖类在石炭纪时得到蓬勃发展,并在石炭纪—二叠纪占据统治地位,因此石炭纪和二叠纪被称为"两栖类的时代"。

石炭纪晚期,原始爬行类的出现是脊椎动物演化史上又一次重大事件。它代表动物界进一步摆脱了对水体的依赖,可以占领陆上广阔的生态领域。产于北美石炭系—二叠系乌拉尔统的蜥螈因其骨骼形态兼具两栖类和爬行类的特点,而被认为是从两栖类向爬行类进化的过渡类型。发现于北美的林蜥是原始爬行类的代表。至二叠纪,爬行类有了进一步的发展,类型更加多样,其重要性也显著增加。著名的代表有发现于北美的异龙类和遍布世界各大洲的二齿兽类,另外还有适应水中生活的中龙等。这些生物因演化迅速、分布广泛,常成为二叠纪陆相地层的标准化石及大陆漂移的重要证据。

二、陆生植物的繁盛及其古地理分异

晚古生代生物征服大陆,不仅表现在动物界,而且也表现在植物界。以裸蕨类为代表的陆生植物在志留纪晚期已开始出现,至早泥盆世有进一步的发展,主要代表如工蕨。但这类植物尚无真正的根、茎、叶的分化,只能适应于近水沼泽地区生活。早泥盆世晚期—中泥盆世,开始出现根、茎、叶分化明显的原始石松类。晚泥盆世裸蕨类灭绝,乔木状植物占优势,常见的化石如 *Leptophloeum*(薄皮木)(图 13-1),并出现小规模森林,原始裸子植物开始出现,表明适应陆地环境的能力增强,标志着植物演化史上的一次重大飞跃。

石炭纪陆生植物进一步繁荣,地球上首次出现大规模森林,主要代表有石松、节蕨、真蕨、种子蕨和科达类等,常见的化石如 *Neuropteris*(脉羊齿)、*Lepidodendron*(鳞木)等(图 13-2)。石炭纪宾夕法尼亚亚纪,真蕨类和种子蕨类得到迅速发展,裸子植物也开始兴起,陆生植物的属种数量及所占空间领域均有重要发展,形成大规模的森林和沼泽,成为全球第一个重要成煤期。而且受古地理和古气候分异的影响,开始呈现明显的植物地理分区。近赤道的低纬度区为热带植物区,主要包括中国大部分地区、日本、印尼的苏门答腊、中亚、欧洲及北美东部,其特征是高大的石松、节蕨和科达类大量繁盛,树高林密,枝叶繁茂,形成热带森林景观。其中鳞木可高达 30~40m,直径达 2m,但树干不显年轮。北亚、我国新疆准噶尔盆地及东北北部,称安加拉植物区,以草本真蕨和种子蕨为主,木本植物具明显年轮,代表北温带气候,其代表有匙叶等。冈瓦纳大陆发育以舌羊齿为代表的舌羊齿植物群,我国藏南地区已有发现,其特征是植物种类单调,反映了南半球中高纬度区较冷的气候特征。

二叠纪陆生植物的演化可分为两个明显的阶段。二叠纪乌拉尔统与石炭纪植物面貌相似,热带植物区分化为华夏和欧美两个植物区。中国位于华夏植物区,进一步可分为北方亚区和南方亚区,分别以大羽羊齿和单网羊齿大量发育为特征。二叠纪典型的植物化石如 *Cathaysiopteris*(华夏羊齿)、*Lobatannularia*(瓣轮叶)、*Gigantopteris*(大羽羊齿)、*Annularia*(轮叶)(图 13-2,图 13-3)。欧美植物区主要指欧洲和北美东部,完全不见大羽羊齿植物群的踪迹,植物区的分异反映了二叠纪古地理和古气候的复杂化。二叠纪晚期,裸子植物占据主导地位,松柏类、银杏类和苏铁类十分繁盛,渐近中生代植物群面貌,显示出植物界又出现一次重大变革,预示着中生代的来临。

三、海生无脊椎动物的变革

从早古生代到晚古生代,海生无脊椎动物发生了重要变化,早古生代繁盛的笔石几乎完全灭绝,三叶虫大量减少,珊瑚、腕足类和蜓类则占据重要位置。晚古生代期间,泥盆纪末期、二叠纪末期发生了重要的生物大灭绝事件。

四射珊瑚在晚古生代得到大发展,种类繁多,构造复杂,并于中泥盆世—晚泥盆世早期、石炭纪密西西比亚纪和二叠纪乌拉尔世先后出现 3 次发展的高潮期。泥盆纪以双带型和泡沫型珊瑚为主,其代表有费氏星珊瑚(*Phillipsastraea*)、拖鞋珊瑚(*Calceola*)、泡沫内沟珊瑚(*Cystophrentis*)、分珊瑚(*Disphyllum*)等(图 13-1)。石炭纪—二叠纪,四射珊瑚除双带型以外,三带型珊瑚大量出现,石炭纪常见的化石如假乌拉珊瑚(*Pseudouralina*)、泡沫柱珊瑚(*Thysanophyllum*)、袁氏珊瑚(*Yuanophyllum*)、贵州珊瑚(*Kueichouphyllum*)(图 13-2)等。二叠纪常见的化石如棚珊瑚(*Dibunophyllum*)、似文采尔珊瑚(*Wentzellophyllum*)、卫根珊瑚(*Waagenophyllum*)等(图 13-3)。床板珊瑚在晚古生代仍具重要地位,并为重要的造礁生物,常见代表为笛管珊瑚(*Syringopora*)、早坂珊瑚(*Hayasakaia*)(图 13-3)等。

腕足类在整个晚古生代均很繁盛。泥盆纪以大量石燕类出现为特征,如阔石燕(*Euryspirifer*)、弓

图 13-2 晚古生代典型化石(二)(转引自蔡熊飞等,2014)

1~2. *Kueichouphyllum*(贵州珊瑚,横切面、纵切面,C_1);3. *Fusulinella*(小纺锤蜓,轴切面,C_2);4~5. *Pseudoschwagerina*(假希瓦格蜓,轴切面、旋切面,P_1);6. *Lepidodendron*(鳞木,C—P);7. *Annularia*(轮叶,C_2—P);8. *Neuropteris*(脉羊齿,C_1—P_1);9. *Gigantopteris*(大羽羊齿,P_3—T_1);10. *Angaropteridium*(安加拉羊齿,C_2)

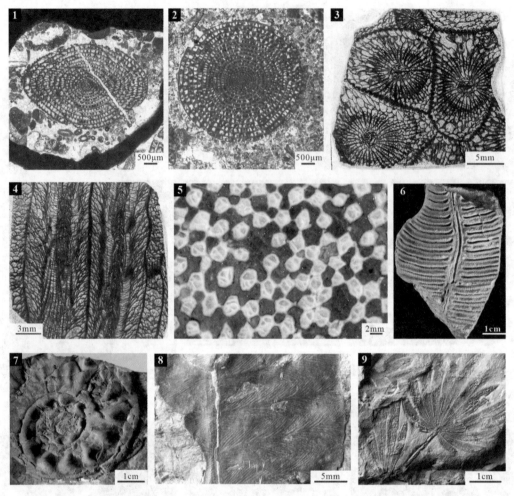

图 13-3　晚古生代典型化石（三）（转引自蔡熊飞等，2014）

1～2. *Neoschwagerina*（新希瓦格蜓，轴切面、旋切面，P_2）；3～4. *Wentzellophyllum*（似文采尔珊瑚，横切面、纵切面，P_{1-2}）；
5. *Hayasakaia*（早坂珊瑚，横切面，P_{1-2}）；6. *Leptodus*（蕉叶贝，P_3）；7. *Pseudotirolites*（假提罗菊石，P_3）；8. *Cathaysiopteris*（华夏羊齿，P）；9. *Lobatannularia*（瓣轮叶，P）

石燕（*Cyrtospirifer*）等。此外，穿孔贝类（如鸮头贝 *Stringocephalus*）及小嘴贝类（如云南贝 *Yunnanella*）等也很发育（图 13-1）。石炭纪—二叠纪长身贝类兴起，重要的化石如网格长身贝（*Dictyoclostus*）、大长身贝（*Gigantoproductus*）、分喙石燕（*Choristites*）等。二叠纪乐平世腕足类出现特化的类型（如蕉叶贝 *Leptodus*）（图 13-3），可能是预示二叠纪后期腕足类出现大量衰减的征兆。

　　石炭纪—二叠纪是有孔虫的繁盛期，尤其蜓类的繁盛和快速演化使其成为重要的分带化石。石炭纪宾夕法尼亚亚纪早期蜓类旋壁为三层式或四层式，重要的代表如纺锤蜓（*Fusulina*）。石炭纪宾夕法尼尼亚纪晚期蜓类个体增大，旋壁出现蜂巢层，主要代表如小纺锤蜓（*Fusulinella*）（图 13-2）、麦粒蜓（*Triticites*）。二叠纪为蜓类的全盛期，其特点是个体大、拟旋脊和列孔发育，有的出现副隔壁，重要的化石代表如假希瓦格蜓（*Pseudoschwagerina*）、米氏蜓（*Misellina*）、新希瓦格蜓（*Neoschwagerina*）（图 13-2、图 13-3）。乐平世蜓类出现衰减和形态特化（如喇叭蜓 *Codonofusiella*），二叠纪末蜓类全部绝迹。

　　除上述类别外，晚古生代头足类及微体化石竹节石类、牙形石在地层划分对比中也具重要意义。重要的宏体化石如菊石 *Manticoceras*（尖棱菊石，D_3）、*Pseudotirolites*（假提罗菊石，P_3）等（图 13-1、图 13-3）。晚古生代繁盛的另一类腔肠动物层孔虫，营底栖固着生活，常与珊瑚、苔藓虫等一起形成生物礁。

受板块运动和古纬度的影响,晚古生代的海生无脊椎动物具有明显的分区现象。在赤道附近的古特提斯区,包括我国大部地区及北美东部、西欧、哈萨克斯坦等地,暖水生物群发育,常见珊瑚类、腕足类、层孔虫及苔藓虫、海绵类形成生物礁,代表低纬度热带、亚热带气候,与欧美—华夏植物区一致。在我国新疆北部、东北北部和北亚地区,不见古特提斯区的造礁生物,泥盆纪发育小型单体珊瑚,石炭纪出现安加拉羊齿(*Angaropteridium*)(图 13 - 2),二叠纪见小石燕(*Spiriferella*)、单通道蜓(*Monodiexodina*)和乌拉尔菊石等,代表北方大区温凉气候条件的生物群。我国滇西、藏南和印度、澳大利亚、非洲、南美等地,晚古生代造礁生物缺乏,小型单体珊瑚(如厚壁珊瑚 *Lytvolasma*)、厚壳双壳类(如宽铰蛤 *Eurydesma*)发育,代表南方生物大区的冷水型生物群。

第二节　中国东部晚古生代的地层系统

晚古生代时期,中国东部华北板块和华南板块仍处于分离状态,中间由秦岭勉略洋盆相分隔。现将华北板块和华南板块晚古生代地层系统予以分述。

一、华北板块晚古生代的地层系统

华北地区自中奥陶世早期隆升为陆,到石炭纪宾夕法尼亚亚纪才被海水淹没,因此中奥陶统和宾夕法尼亚亚系本溪组之间为平行不整合接触,之间缺少中奥陶世—密西西比亚纪的地层。华北地区上古生界地层系统基本一致,尤以河南、山西发育较好,现以河南的上古生界予以简介。

1)本溪组(C_2b)

本溪组由李四光、赵亚曾(1926)在辽宁本溪命名的本溪系沿革而来。河南的本溪组由下往上可分为 3 部分。下部为紫红色、黄褐色或杂色铁铝质黏土岩,夹赤(褐)铁矿,俗称"山西式"铁矿,在鹤壁、焦作等局部地区夹砂砾岩透镜体。中部发育铝土岩(矿)和黏土岩(矿),呈灰色、灰白色、灰黄色,局部夹碳质页岩和煤层。上部为铝土黏土岩、碳质页岩或煤层(线),在太行山,永城一带为泥岩、泥质粉砂岩,夹煤线并含 1~3 层灰岩透镜体,灰岩厚度 0.25~5m。受底部喀斯特地形与古地理影响,本溪组厚度变化较大,多为 5~45m,一般 10~30m,呈西南薄、东北厚的趋势。本溪组化石不甚丰富,动物化石主要为蜓类、腕足类及双壳类,产出于太行山小区及豫东地区的灰岩透镜体与泥岩中,其他地区则以产植物化石为主。其中蜓类主要有 *Fusulina - Fusulinella* 带的代表分子 *Ozawainella* sp. ,*Fusulina pseudokonnoi*,*F. konnoi ordinata*,*F. quasicylindrica*,*F. konnoi*,*Fusulinella hebiensis*,*F. provecta*,*F. pseudobocki*,*F. bocki*,*F. obesa*。本溪组地层时代为石炭纪晚期威斯发期(Westphalina),与中国宾夕法尼亚亚纪达拉期大致对应(王鸿祯,2000),与下伏地层马家沟组平行不整合接触。

2)太原组(C_2-P_1t)

太原组由翁文灏、Grabau(1922)在山西太原西山创名的太原系沿革而来。本溪组主要由泥岩、灰岩、砂岩、粉砂岩及煤层(线)组成,具有明显的三分性,上、下段都以灰岩为主,中段主要为碎屑岩。太原组厚 22.5~169m,平均 68m。下部灰岩段又称大涧段,大致由 4 层灰岩和薄煤层相间组成,夹泥岩、砂质泥岩,厚 5~23m,富含生物碎屑。中部碎屑岩段又称胡石砂岩段或磨街段,由灰白、灰色中细粒石英砂岩(胡石砂岩)、砂质泥岩夹薄煤及 1~3 层不稳定灰岩组成,一般厚 5~11m,最大不超过 56m。上部灰岩段又称猪头沟段,由深灰色中厚层燧石灰岩、泥灰岩、砂质泥岩、泥岩和煤组成。本段含灰岩 2~3 层(L_7-L_9),局部可达 4~5 层,含煤 4~5 层,厚 20m 左右。太原组是华北地区主要含煤岩系。太原组古生物化石十分丰富,主要有蜓类、有孔虫、牙形石、介形虫、腕足类、海百合及双壳类、珊瑚、古植物等。

其中蜓类包括 *Sphaeroschwagerina suprema*，*S. glomerosa*，*Schwagerina nobilis*，*S. cervicalis*，*Ozawainella borealis O. angulata O. henanensis*，*O. machalensis*，*Rugosofusulina vicaria*，*R. prisca*，*Boultonia minima*，*B. truncata*，*Dutkevitchia henanensis*，*Dunbarinella transversa*，*Klamathina microsphaerica*，*Quasifusulina inusitata*，*Q. compact*，*Paraschwagerina borealis*，*Pseudofusulina pulchra*，*Boultonia truncata*，*Oketaella cheneyi*，*O. campensis*，*Alpinoschwagerina paratiwenkiangi*，*Triticites* cf. *parvulu* 等；牙形石包括 *Sweetognathus whitei*，*S. inomatus*，*N. dentiseparata*，*Streptognathodus barskovi*，*S. isolatus* 等。太原组上部时代为二叠纪乌拉尔统紫松阶—隆林阶，下部为石炭纪宾夕法尼亚亚纪。

3）山西组（P_2t）

山西组由 Blackwelder(1907)在山西创名的山西系沿革而来。山西组在华北也称二煤段，以煤为主，主要由一套灰色、黑色页岩、砂质页岩、灰白色砂岩、砂质泥岩和泥岩组成，含煤2~8层。山西组自下而上划分为二₁煤段、大占砂岩段、香炭砂岩段和小紫斑泥岩段。

二₁煤段主要由深灰色、黑色含菱铁矿结核泥岩、砂质泥岩及条带状砂岩组成，局部相变为中粒石英砂岩，厚10~40m，向上过渡为黑色泥岩和可采煤层，厚0~37.78m。

大占砂岩段为灰白色细中粒含云母碎片及岩屑砂岩，局部相变为泥岩或砂质泥岩，厚4~40m。

香碳砂岩段下部为黑色砂质泥岩、泥岩，夹数层薄煤，上部为浅灰—深灰色中细粒砂岩（香碳砂岩）、砂质泥岩、泥岩，厚15~40m。

小紫斑泥岩段由1~3层紫斑泥岩组成，局部紫斑不明显，具鲕粒，本组厚3~5m，局部（如登封）可达15~30m。

山西组含腕足类、双壳类 *Phestia*，*Schizodus* 等，古植物化石非常发育，主要有 *Emplectopteris triangularis*，*Emplectopteridium alatum*，*Cathaysiopteris whitei*。山西组和下伏地层太原组整合接触，其地层时代为二叠纪瓜德鲁普世。

4）石盒子组（P_3s）

石盒子组由 Norin(1922)在山西太原东山创名的石盒子系沿革而来。以禹州市神垕大风口剖面为代表，主要为一套黄绿色、灰色、紫红土色页岩、泥岩、煤层（线）、砂岩、粉砂岩、硅质海绵岩的沉积岩系。石盒子组自下而上划分为小风口段、云盖山段、平顶山段。

小风口段由灰白色砂岩、灰紫色铝土泥岩、灰绿色、灰黄色砂质泥岩、泥岩及煤层组成的旋回层，按沉积旋回自下而上分为三、四、五煤段，厚度266m左右。小风口段含有半咸水双壳类化石及无铰纲腕足类化石 *Lingula*，植物化石主要有 *Gigantonoclea catahysiana*，*Lobatannularia ensifolia*，*Fascipteris* 等。

云盖山段为一套灰绿色泥岩、粉砂岩夹白色砂岩、紫斑泥岩、灰黄色硅质海绵岩及煤层，该段含煤较差，包含六、七、八煤段，厚度80m左右。云盖山段含大量的腕足 *Lingula*、双壳类及海绵骨针，而且植物化石十分丰富，主要有 *Gigangtopteris nicotianefolia*，*Lobatannularia multifolia*，*Psygmophyllum multipartitum*，*Fascipteris ellipticum*，*Taeniopteris spatulata* 等。

平顶山段为浅白色、灰色巨厚层粗—细粒长石石英砂岩夹灰绿色、灰黄色黏土岩或薄层粉砂岩，底部含砾，局部为细砾岩，厚度100m左右。平顶山段化石稀少，仅有植物 *Calamites* sp.，孢粉 *Calamospora* sp. 等。石盒子组地层时代为瓜德鲁普世—乐平世，其中小冯口段为瓜德鲁普世，云盖山段—平顶山段为乐平世，与下伏地层山西组整合接触。

5）孙家沟组（P_3sj）

孙家沟组由刘鸿允(1959)在山西宁武化北屯乡孙家沟创名。在华北孙家沟组是石千峰群的一部分，石千峰群由 Norin(1922)在山西太原西山创名，自下而上分为孙家沟组、刘家沟组与和尚沟组。孙家沟组属于乐平世地层，刘家沟组与和尚沟组为三叠纪地层。孙家沟组下部以灰绿色、灰黄色细砂岩、粉砂岩、紫红色砂质黏土岩为主，夹紫红色黏土岩、灰黄色薄层砂屑灰岩；上部以暗紫色为主，自下而上为灰白色石英砂岩、暗紫色粉砂岩、砂质黏土岩、紫色黏土岩、钙质黏土岩、含钙结核黏土岩。该组总厚82～406m,产植物化石 *Ullmannia bronnii*, *Pseudovolitia* cf. *libeana* 等。孔家沟组地层时代为乐平世,与下伏地层石盒子组为整合接触。

二、华南板块晚古生代的地层系统

加里东运动之后,华南形成一个统一的板块。泥盆系在扬子地区平行不整合于下古生界之上,在其他地区角度不整合覆盖于下古生界之上。华南南缘广西一带和北缘四川北部,泥盆系发育较全,呈现从广西向华南中部、从四川北部向上扬子地区海侵、泥盆系超覆的趋势。石炭纪、二叠纪继承泥盆纪的海侵格局,整个华南地区绝大部分被海水覆盖,为陆表海沉积。受晚古生代冰期—间冰期造成的海平面变化影响,华南上古生界出现多个区域平行不整合。晚古生代伴随古特提斯金沙江—松马洋的开裂,右江、南盘江地区出现大陆边缘裂解,形成连陆台地、孤立台地和台间裂陷槽间列的格局。华南晚古生代地层以广西发育最全,现以台地相区地层系统予以简述。

1)莲花山组(D_1l)

莲花山组由朱庭祜(1928)在广西贵县龙山圩附近的莲花山创名的莲花山系沿革而来,其岩性主要为底部砾岩、砂岩、粉砂岩和页岩。莲花山组含有较多的腕足类、双壳类、介形虫及鱼类化石。如腕足 *Kwangsirhynchus liujingensis*;双壳 *Leptodesma guangxiensis*, *Dysodona angulata*;鱼类 *Yunnanolepis chii* 等。莲花山组时代为早泥盆世洛赫考夫期,与下伏寒武系角度不整合接触,厚度334.3m。

2)那高岭组(D_1n)

那高岭组由王钰(1956)在广西横县六景创名的那高岭页岩沿革而来,岩性主要为灰绿色粉砂质泥岩、钙质粉砂岩、泥质粉砂岩、页岩,中上部夹泥灰岩、灰岩薄层或透镜体,厚度147m。那高岭组含有大量腕足类、双壳类、珊瑚、竹节石、牙形石化石。根据牙形石 *Eognathodus sulcatus* 等化石建立的 *Eognathodus sulcatus* 带,确定其地质年代为早泥盆世布拉格期。那高岭组与下伏地层莲花山组整合接触。

3)郁江组(D_1y)

郁江组由赵金科(1950)提出的郁江建造,赵金科、张文佑(1952)命名的郁江层沿革而来。该组自下而上分为霞义岭段、四洲段、大联村段、六景段4个岩性段,厚度251.6m。霞义岭段主要岩性以细砂岩、粉砂岩、泥岩或页岩为主;四洲段以粉砂质页岩、页岩、泥灰岩、灰岩为主;大联村段为灰岩和泥灰岩;六景段为含泥灰岩、泥灰岩、泥质灰岩和灰岩。郁江组含有大量的腕足类、竹节石、三叶虫、头足类、牙形石化石。根据内含的牙形石 *Polygnathus dehiscens*, *Polygnathus pireneae* 等判别,该组时代为早泥盆世早埃姆斯期。郁江组与下伏地层那高岭组整合接触。

4)上伦组(D_1s)

上伦组(或称上伦白云岩)由刘金荣(1975)在广西象州妙皇上伦村命名的上伦段沿革而来,主要岩性为微晶—细晶白云岩,中部夹薄层页岩,厚度65m左右。上伦组内含极少腕足类化石,如 *Orientispirifer wangi*,时代为晚埃姆斯期。上伦组与下伏地层郁江组整合接触。

5)大乐组(D_1d)

大乐组由贾慧贞、杨德骊(1979)在广西象州大乐创名,为广西孤立台地相区与上伦组同期异相地层。大乐组自下而上分为3段:石朋段为灰岩、泥质灰岩夹黑色页岩,底部为白云岩;六回段为灰岩、泥质灰岩夹薄层页岩;丁家山岭段为灰岩、泥灰岩,上部含燧石团块。大乐组与下伏地层整合接触,厚度460.3m。

大乐组含有较多的腕足类、珊瑚类、双壳类、介形虫及少量的牙形石化石。根据腕足、珊瑚及牙形石 *Polygnathus inverses* 和 *P. serotinus* 等化石对比,其时代为早泥盆世晚埃姆斯期。

6)唐家湾组(D_2t)

唐家湾组由殷保安等(1990)在广西桂林唐家湾村创名,主要岩性为暗色厚层生物、生物屑灰岩、灰质白云岩、白云质灰岩、白云岩,底部见泥质灰岩、泥灰岩,厚度 227m 左右。唐家湾组含大量层孔虫、珊瑚、腕足类化石。其中四射珊瑚类包括 *Endophyllum* sp., *Sinospongophyllum* sp., *Disphyllum* sp., *Temnophyllum* sp., *Hexagonaria* sp., *Faseiphyllum* sp., *Stringophyllum* sp. 等;腕足类主要以 *Stringocephalus* sp. 种群为代表。唐家湾组地层时代为中泥盆世吉威特期,与下伏地层整合接触。

7)东岗岭组(D₂*d*)

东岗岭组由乐森璕(1928)在象州城东东岗岭命名的东岗岭层沿革而来,主要岩性为深灰色中厚层、中薄层灰岩、泥灰岩、泥质灰岩夹钙质页岩、泥岩,厚度 203m 左右。东岗岭组内含大量腕足类、珊瑚类、牙形石、双壳类化石。其中腕足类仍以 *Stringocephalus* sp. 种群为特征,其他还有 *Acrothyris* sp., *Desquamatia* sp., *Indospirifer* sp., *Schizophoria* sp. 等;四射珊瑚包括 *Temnophyllum* sp., *Disphyllum* sp., *Hexagonaria* sp., *Billingastrea* sp., *Stringophyllum* sp., *Acanthophyllum* sp. 等。东岗岭组时代为中泥盆世吉维特期,与下伏地层整合接触。

8)桂林组(D₃*g*)

桂林组由冯景兰(1929)创名的桂林灰岩沿革而来,主要岩性为含生物碎屑灰岩、藻纹层、藻花斑灰质白云岩或白云质灰岩,厚度 512m 左右。桂林组灰岩中含有大量珊瑚、腕足类、层孔虫、棘皮类、软体类等化石。四射珊瑚类包括 *Temnophyllum* sp., *Crypophyllum* sp., *Pseudozaphentis* sp., *Sinodisphyllum* sp. 等,还有少量牙形石化石,其中包括 *Icriodus alternatus* 带化石,反映其时代为晚泥盆世弗拉期。桂林组与下伏地层唐家湾组整合接触。

9)东村组(D₃*d*)

东村组由殷保安(1987)在桂林南郊瓦窑口东村一带创名,主要岩性为具藻纹层、藻球粒、藻屑、鸟眼构造的灰岩、白云岩、白云质灰岩、灰质白云岩,厚度 486m 左右。

东村组灰岩和白云岩及其过渡岩类中含有大量藻类化石,并有少量有孔虫、介形虫化石。受 F—F 生物灭绝事件影响,东村组宏体生物不发育。内见少量腕足类 *Tenticospirifer* 及有孔虫 *Septatournayella rauserae*,介形虫 *Leperditia mansueta* 等。东村组时代为晚泥盆世法门期,与下伏地层桂林组整合接触

10)额头村组(D₃*e*)

额头村组由殷保安(1987)在桂林南郊瓦窑口额头村一带创名,主要岩性为灰色中厚层泥晶灰岩、含生物或生物碎屑灰岩、白云质灰岩、核形石灰岩,厚度 63m 左右。额头村组含较多有孔虫、珊瑚、层孔虫化石。其中有孔虫分为 *Quasiendothyra* 带和 *Septatournayella* 带两个化石带,并含珊瑚 *Cystophrentis* 等。额头村组时代为晚泥盆世法门期,与下伏地层东村组整合接触。

11)融县组(D₃*r*)

融县组由田奇㻪(1938)在广西融水县城附近命名的融县灰岩沿革而来,为广西台地相区与桂林组-东村组-额头村组同时异相的地层,主要岩性为藻灰岩、白云岩、溶孔白云岩等,厚度 352.2m。融县组白云岩中含有大量藻类,受 F—F 生物灭绝事件影响,宏体化石较少但出现牙形石 *Palmatolepis gigas* 等带化石,反映其时代为晚泥盆世法门期。融县组与下伏地层东岗岭组(或谷闭组、唐家湾组)整合接触。

12)尧云岭组(C₁*y*)

尧云岭组由广西区测队(1976)在广西罗城东门镇创名,主要岩性为深灰色薄层微晶灰岩、泥质灰岩及中层生物碎屑灰岩,下部为页岩、泥质条带灰岩,发育水平层理、条带状构造,厚度 110~281m。尧云岭组下部生物少,上部富含珊瑚、腕足类、有孔虫,有珊瑚 *Pseudouralinia gigansis*,腕足类 *Chonetes hardrentea*,*Eochoristites* sp.,*Fusella* sp. 等。尧云岭组时代为石炭纪密西西比亚纪杜内期,与下伏地层融县组或额头村组整合接触。

13)英塘组(C₁*yt*)

英塘组由广西区测队(1976)在罗城东门镇创名。英塘组岩性主要为深灰色、黑色中层状灰岩、燧石

灰岩夹结晶灰岩，局部夹含碳质灰岩，底部夹黑色泥岩，广西北部靠近江南古陆一带下部夹石英砂岩，往北靠近古陆砂岩增多，灰岩减少，往南陆源碎屑减少，到黎塘一带全部变为灰岩。英塘组厚196～258m。英塘组产四射珊瑚 *Pseudouralinua* sp.，*Zaohrentites* sp.，*Heterocaninia* sp.，*Donophyllum* sp.等，腕足类 *Neospirifer* sp.，*Linoproductus* sp.等化石。英塘组时代为密西西比亚纪早期，与下伏地层尧云岭组整合接触。

14）都安组（C_1d）

都安组由徐寿永、林甲兴（1979）在广西大化县六也创名，以浅灰色厚层、块状灰岩为主，夹白云质灰岩、白云岩，厚度316m左右。下以深灰色灰岩夹白云岩、硅质灰岩的消失或灰色厚层灰岩的出现与英塘组分界；上以灰岩的消失或厚层、块状白云岩的出现与大埔组分界。都安组丰产腕足类 *Linoproductus* sp.；珊瑚类 *Dibunophyllum* sp.，*Neoclisiophyllum* sp.，*Arachnolasma* sp.等化石。都安组厚106～540m，时代为密西西比亚纪晚期，与下伏地层英塘组整合接触。

15）大埔组（C_2d）

大埔组由张文佑（1941）在广西柳城县大埔镇创名的大埔白云石层沿革而来，主要岩性为灰白—灰黑色厚层—块状白云岩，局部含燧石团块。下以灰岩的消失或厚层—块状白云岩的出现与都安组分界；上以厚层—块状白云岩的消失或灰岩的出现与黄龙组分界。大埔组产䗴 *Profusulinella* sp.，*Fusulinella* sp.等化石，厚80～895m，时代为宾夕法尼亚亚纪早期，整合于下伏地层都安组之上。

16）黄龙组（C_2h）

黄龙组由李四光、朱森（1930）在江苏镇江石马庙命名的黄龙石灰岩沿革而来。在广西柳州一带，黄龙组为浅灰色—灰色中—厚层生物碎屑灰岩、生物屑泥晶灰岩、白云质灰岩、白云岩，厚154～455m。下以白云岩的消失或灰岩的出现与大埔组分界；上以白云质灰岩、白云岩的消失或灰岩的出现与马平组分界。黄龙组产䗴 *Profusulinella* sp.，*Fusulinella* sp.，*F. bocki moeller*，*Fusulina* sp. *Pseudostaffella* sp.等化石，也见珊瑚、腕足等。黄龙组时代为宾夕法尼亚亚纪早期，整合于下伏地层大埔组白云岩之上。

17）马平组（$C_2 - P_1m$）

马平组由丁文江（1928）命名的马平石灰岩沿革而来。广西柳州—宜州市一带，马平组主要岩性为灰白色中厚层泥晶灰岩、微晶灰岩、生物屑灰岩、白云质灰岩，厚328～420m。马平组产䗴 *Triticites* sp.，*T. parvulus*，*Schwagerina* sp.，*Quasifusulina* sp.，*Pseudoschwagerina* sp.等化石。马平组时代为宾夕法尼亚亚纪晚期—二叠纪乌拉尔世早期，与下伏地层黄龙组整合接触。

18）栖霞组（P_2q）

栖霞组由李希霍芬（1912）在南京栖霞山命名的栖霞灰岩沿革而来。广西的栖霞组底部为灰褐色砂岩、铁质粉砂岩、页岩夹碳质页岩及煤线，局部夹泥灰岩透镜体，厚度0～49m。栖霞组下部灰黑色中厚层状燧石灰岩，局部夹沥青炭质页岩，含 *Misellina claudiae* 等，厚度67m；上部深灰色中厚层—厚层状燧石灰岩，含 *Hayasakaia elegantfula*，*Stylidophyllum* cf. *volzi* var. *alpha* 等，厚度89m。栖霞组地层时代为瓜德鲁普世，栖霞组与下伏地层马平组平行不整合接触。

19）茅口组（P_2m）

茅口组由乐森璕（1929）在贵州六盘水郎岱镇茅口河岸命名的茅口灰岩沿革而来，主要岩性为灰色、深灰色厚层状灰岩、泥质灰岩、白云质灰岩，局部夹少量燧石及白云岩团块，厚度537m左右。该组产䗴 *Neoschwagerina* sp.，*Verbeekina* sp.，*Nankinella* sp.，*Schwagerina* sp.，*Neomisellina* sp.；珊瑚 *Waagenophyllum* sp.等。茅口组时代为瓜德鲁普世，与下伏地层栖霞组整合接触。

20）合山组（P_3h_2）

合山组由张文佑、陈家天（1938）在广西合山命名的合山层沿革而来。合山组按岩性可分为上、下两段。下段底部为灰色—浅灰色铝土质岩或铝土矿，厚度2～3m。下段下部为黑色页岩、泥岩夹煤层，厚度20m左右。下段上部为深灰色生物屑泥质灰岩、深灰色泥岩，局部夹煤线，厚度108m左右，灰岩中

产䗴 *Codonofusiella* sp. , *Leella* sp. , *Nankinella* sp. , *Palaeofusulina pseudoprisca* , *Palaeofusulina mutabilis* , *Palaeofusulina nan* , *Reichelina* sp. 等；产非䗴有孔虫 *Glomospira* sp. , *Coloniella* sp. , *Geinitzina* sp. , *Cribrogenerina* sp. 和珊瑚 *Huayunophyllum* sp. 等。合山组地层时代为乐平世，与下伏地层茅口组平行不整合接触。

21）大隆组（P₃d）

大隆组由张文佑、陈家天（1938）在广西合山大隆村命名的大隆层沿革而来。大隆组主要由暗色薄层硅质页岩、硅质岩和凝灰岩组成，厚度 30m 左右。大隆组含腕足类、菊石类等化石。如腕足类 *Oldhamina* sp. , *Laptodus* sp. , *Neophricadothyris* sp. 等；菊石 *Pseudogastrioceras* sp. , *Pseudotirolites asiaticus* 等。大隆组时代为乐平世晚期，与下伏地层合山组整合接触。

第三节　晚古生代地史

晚古生代处于海西构造阶段，从全球背景上看，晚古生代主要为古特提斯洋打开和潘基亚（Pangea）联合大陆形成的时期。泥盆纪时期，南半球冈瓦纳大陆依然存在，劳伦（北美）和波罗的（欧洲）加里东晚期拼合形成劳俄板块，西伯利亚、哈萨克斯坦、华北、塔里木、华南等板块位于北半球低纬度地区，中间由古特提斯洋分隔。环绕这些大陆为泛大洋。石炭纪开始，北方陆块群逐渐拼合，逐步形成潘吉亚（Pangea）联合古大陆。首先劳伦板块与冈瓦纳大陆拼合，形成非洲和北美之间的海西造山带，二叠纪劳俄板块与西伯利亚、哈萨克斯坦、塔里木、华北等板块拼合形成中亚造山带。至此，全球除了华南、印支、羌塘、拉萨、保山等小板块或陆块外，其他大陆形成了潘基亚（Pangea）联合古大陆。其中印支、加里曼丹、马来西亚等陆块与冈瓦纳大陆分离，形成新特提斯洋（图 13-4～图 13-6）。

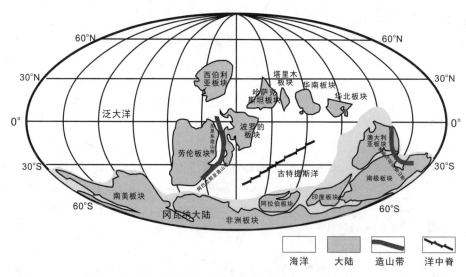

图 13-4　泥盆纪全球古大陆再造图（据李江海，姜洪福，2013）

晚古生代时期，中国的华北、塔里木、华南都孤立地处于北半球低纬度地区，古地理格局较早古生代有重大改观。加里东后期，柴达木板块、秦岭微板块和华北板块对接碰撞使华北板块扩大了规模。在区域性挤压的构造体制下，华北板块内部自中奥陶世开始的隆升一直持续到石炭纪密西西比亚纪，宾夕法尼亚亚纪才开始接受沉积。在华南地区，晚加里东期扬子板块和华夏板块的碰撞形成了江南造山带。泥盆纪之后持续而有节奏的海侵使华南海域逐渐扩大，至二叠纪覆盖了华南绝大部分地区。同时，华南

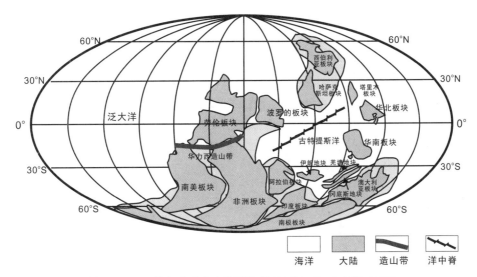

图 13-5　石炭纪全球古大陆再造图(据李江海,姜洪福,2013)

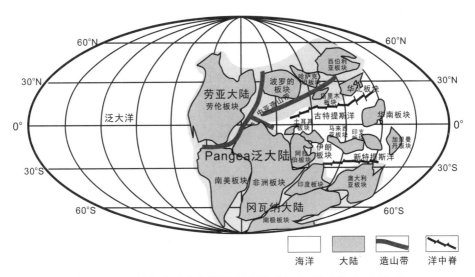

图 13-6　二叠纪全球古大陆再造图(据李江海,姜洪福,2013修改)

板块及周缘的伸展裂陷形成了晚古生代的裂陷槽和小洋盆,金沙江、南秦岭洋也陆续形成,使华南及邻区的古地理格局更加复杂。冈瓦纳板块北缘的陆块群与昌都-思茅地块及北羌塘地块之间为古特提斯多岛洋的主洋盆。塔里木和北羌塘地块之间的昆仑洋、华北和华南之间的南秦岭洋也是古特提斯的一部分。

一、华北板块及其大陆边缘晚古生代地史

1. 华北板块晚古生代地史

华北板块自奥陶纪晚期开始,一直处于隆起遭受缓慢剥蚀状态,因此泥盆纪华北主体处于古陆剥蚀状态(图 13 - 7)。石炭纪密西西比亚纪除大别山北麓出现较厚的近海和海陆交互含煤碎屑堆积以及辽东地区可能接受沉积之外,主体部分仍然是一个近乎准平原状态,到宾夕法尼亚亚纪开始缓慢沉降,普遍接受海陆交互相沉积(图 13 - 8),二叠纪华北主体处于内陆河湖沉积环境,气候也由潮湿逐渐转为干旱(图 13 - 9)。

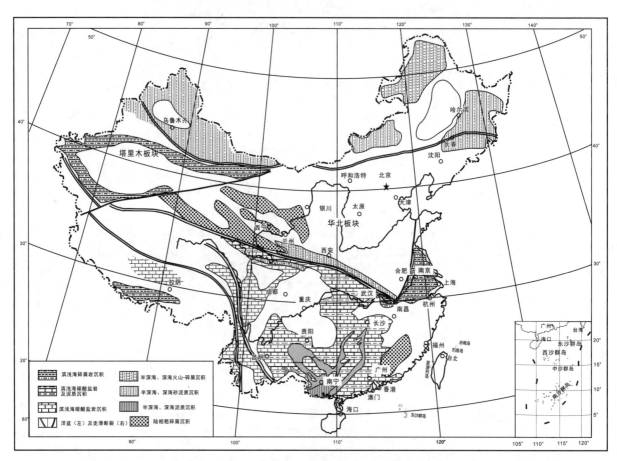

图 13 - 7　中国晚泥盆世古地理图(据王鸿祯等,1985 修改)

1)华北板块石炭纪古地理

华北板块内部主要发育宾夕法尼亚亚纪,自下而上分为本溪组和太原组。石炭系和二叠系界线位于太原组下部。

华北地区在中晚奥陶世—密西西比亚纪一直处于风化剥蚀及准平原化作用过程中。随着宾夕法尼亚亚纪海侵的到来,铁铝物质在古风化壳上大量富集,因此本溪组下部形成著名的"山西式铁矿"和"铝土矿层"。其上含有薄煤层的砂页岩和含䗴类灰岩为滨海沼泽至浅海环境的产物。太原组内分 3 段,每段底部均以粗碎屑沉积开始,粗碎屑沉积中含硅化木化石,发育大型板状、槽状或楔状交错层理,局部发育浪成交错层理,为平原河流至三角洲沉积相组合;中部变细,出现页岩及煤层;上部为灰岩,含海相底栖生物,旋回现象十分清楚,反映陆相(平原河流至三角洲沉积相组合)和海相(滨海沼泽至浅海)交替出

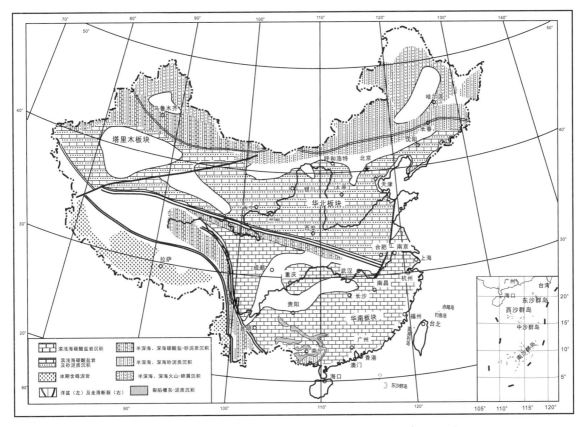

图 13-8　中国石炭纪宾夕法尼亚亚纪古地理图(据王鸿祯等,1985修改)

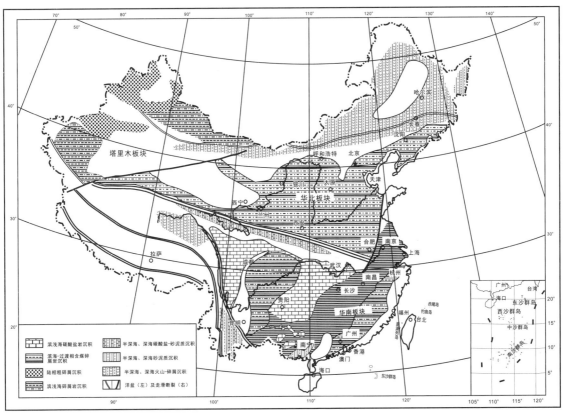

图 13-9　中国二叠纪乐平世古地理图(据王鸿祯等,1985修改)

现的环境。从整体上看,华北地台整个宾夕法尼亚亚系厚度仅百余米,表明当时华北地区地势平坦、地壳运动幅度和沉积速度都相对缓慢。上述旋回可能与陆源碎屑物质供应速度变化或全球海平面频繁变化有关。

从空间上看,石炭纪宾夕法尼亚亚纪早期本溪组岩性、厚度在空间上的变化有明显规律,反映古地理的分异。辽宁太子河流域本溪一带,本溪组厚 $160\sim300m$,含海相灰岩多达 6 层,煤层可采。河北唐山厚约 $80m$,只含海相灰岩 3 层,薄煤 2 层。至山东中、西部厚 $40\sim65m$,不含可采煤层。至山西太原,厚度减至 $50m$ 以下,仅含海相灰岩 1 层,也不含重要煤层。太子河流域本溪组包含两个化石带,上为 $Fusulina$ - $Fusulinella$ 带,下为 $Eostaffella$ 带。到河北唐山及山西太原一带,仅见上部化石带。上述特征表明,石炭纪宾夕法尼亚亚纪早期华北具有东北低西南高的地形。当时海水先到达东北的太子河流域,而后逐渐向华北推进。再往南至河北峰峰、河南焦作以及豫、皖大部地区,缺失本溪组沉积。但在苏北贾汪一带本溪组厚约 $100m$,灰岩夹层总厚达 $50m$,岩性和所含蟆、有孔虫化石与华南地区很相似,表明当时苏北一带的海侵来自南方,很可能与南秦岭海槽东延部分的古海域有关。

2)华北板块石炭纪宾夕法尼亚亚纪晚期—二叠纪乌拉尔世古地理

石炭纪宾夕法尼亚亚纪晚期—二叠纪乌拉尔世,太原组华北南部海侵范围更加广泛,在皖北、豫南及鄂尔多斯一带均有明显的超覆。但在北部的本溪、北京、大同以及鄂尔多斯东胜地区,却出现陆相含煤沉积区。与此同时,南北方向上海相灰岩夹层的数量和累积厚度也发生了"翘翘板"式变化。河北唐山仅有少数海相灰岩夹层,往南至晋东南沁水盆地和冀南磁县一带,太原组厚 $80\sim100m$,灰岩层数增多至 6 层,海相化石丰富。更南至皖北、淮南地区,灰岩层数可达 12 层,累积共厚 $80m$。由此可以看出,石炭纪宾夕法尼亚亚纪晚期华北已转变为北高南低的地势,海岸线也逐渐南移,太原组的含煤性一般以北纬 $34°30'\sim37°30'$ 一带最好,正好是当时滨海沼泽环境最为广布的地段。

3)华北板块瓜德鲁普世—乐平世古地理

华北板块主体瓜德鲁普世—乐平世已基本脱离海洋环境,仅局部地区遭受短期海侵影响。因此瓜德鲁普世—乐平世地层以陆相沉积为主,包括瓜德鲁普统山西组,乐平统石盒子组和孙家沟组。

瓜德鲁普世山西组下部为具交错层理的含砾石英砂岩,上部砂页岩中夹可采煤层,含丰富的植物化石并有厚仅 $2.6m$ 的含舌形贝等化石的海相夹层,代表海退背景下的三角洲平原泥炭沼泽环境和热带潮湿气候条件。乐平世石盒子组为一套岩性复杂的河、湖相沉积。下石盒子组下部仍夹不规则煤层,往上逐渐变为杂色和紫红色,不再出现煤层,但夹有铁锰及铝土层,显示潮湿气候减弱和氧化环境增强。本组厚度显著增大并出现长石石英砂岩,指示相邻陆源区的结晶岩、变质岩已暴露至地表遭受剥蚀。乐平世孙家沟组为紫红色-杂色碎屑沉积地层,化石稀少,偶夹石膏,代表干旱气候条件下的内陆河湖沉积。因此本剖面反映了气候由潮湿逐渐转变为干旱、地形由近海三角洲平原沼泽逐渐转变为内陆盆地和构造分异逐渐增强的演变过程。

从空间上看,乌拉尔世—瓜德鲁普世(太原组中-上部和山西组)华北地区普遍出现聚煤环境。相当山西组层位时期,由于华北板块北部古陆的抬升,太原以北全属陆相河湖沉积,最有利聚煤的近海泥炭沼泽环境迁移到华北中部一带;更南至豫西、两淮地区,该层位含多层海相灰岩。本期地层的总厚度仅 $200m$ 左右,显示了稳定的构造环境。乐平世早期石盒子组普遍以杂色至紫红色内陆盆地河湖沉积为主,厚度增大,一般不含可采煤层,指示地势差异增强和气候渐趋干旱的过程。但在黄河一线(北纬 $34°30'$)以南的淮南地区,石盒子组还含重要可采煤层,并常见富含 $Lingula$ 的夹层。豫西禹县石盒子组中也发现硅质海绵等海相化石,说明华北地区南部为近海沼泽环境,且常遭受来自南侧秦岭海槽的海泛影响。乐平世晚期孙家沟组,整个华北广布干旱气候的红色河湖碎屑沉积。

2. 华北板块大陆边缘晚古生代地史

1)华北板块大陆边缘泥盆纪地史

华北西南缘的祁连山一带,由于志留纪后期柴达木地块、中祁连地块和华北板块碰撞造山,泥盆纪北祁连山前和山间盆地与河西走廊中发育中下泥盆统的雪山群粗碎屑磨拉石沉积和上泥盆统沙流水群碎屑岩与泥质岩互层沉积。雪山群为紫红色砂砾岩,产植物 *Drepanophycus*(镰蕨)及鱼类 *Bothriolepis* 等化石。沙流水群为紫红色砂砾岩、粉砂岩和泥质粉砂岩,含 *Leptophloeum rhombicum* 等植物化石。沙流水群和雪山群呈角度不整合接触,反映祁连造山带的挤压、隆升过程仍在继续进行。柴达木北缘晚泥盆世早期耗牛山组为含 *Leptophloeum rhombicum* 的紫红色砂砾岩、砂岩和中酸性火山岩及火山碎屑岩,晚期阿木尼克组为紫红色砾岩和砂砾岩,代表祁连造山带南部的活动山前盆地沉积。

华北南缘北秦岭地区,早古生代后期随着商丹洋盆的闭合,在商丹缝合带以南发育巨厚的碎屑岩沉积,包括西秦岭的舒家坝群和大草滩群、东秦岭的刘岭群、河南的南湾组,为北秦岭造山带与秦岭地块之间的前陆盆地沉积(杜远生,1988)。商丹缝合线以北的蟒岭一带,零星分布中、上泥盆统变石英砂砾岩和片岩,推测为秦岭加里东造山带北侧的前陆盆地沉积。

华北板块北部大陆边缘泥盆系以碎屑岩、碳酸盐岩沉积为主,如内蒙古珠斯楞海尔罕地区泥盆系主要为灰褐色到灰绿色砂岩、粉砂岩夹砾岩和生物灰岩,内有拖鞋珊瑚、六方珊瑚等海相化石,代表华北北缘的被动大陆边缘沉积。

2)华北板块大陆边缘石炭纪地史

华北板块西缘的河西走廊地区,石炭系发育较全。自密西西比亚纪—宾夕法尼亚亚纪早期,海侵来自华北板块西南缘的古特提斯海域,与华北板块本部的陆表海并不沟通,沉积类型、岩石地层单位和地层厚度也有明显区别。整体以砂页岩为主,下部可夹薄层石膏(前黑山组、臭牛沟组),上部夹灰岩泥灰岩及煤层(榆树梁组、靖远组)。但自宾夕法尼亚亚纪晚期起与华北陆表海直接沟通,沉积特征和岩石地层单位名称基本一致。

华北板块南缘的北秦岭地区沿商丹缝合带,石炭纪时出现小型走滑拉分盆地,其中出现由碎屑岩—薄层深水灰岩—砂板岩—含煤岩系和石膏的沉积序列。在陕南商南的韧性推覆剪切带中,也获得315Ma 左右的黑云母变质年龄。这些都证明华北板块南缘由于相对华南板块作向西旋转,发生左行平移走滑运动,显示了板块边缘的复杂构造发展史。向南沿合作—礼县—山阳一线密西西比亚纪起出现粗碎屑重力流,泥质和硅质等深水沉积。

华北板块北部大陆边缘的吉中和西拉木伦河以南地区石炭系上、下两亚系都有出露,总厚逾3000m,沉积类型以滨浅海碳酸盐岩为主夹薄层泥质岩,也夹火山岩。古生物化石属暖水型生物区系和华夏植物区。

3)华北板块大陆边缘二叠纪地史

华北板块北部大陆边缘、西拉木伦河一线以南的华北板块北缘带可以吉林中部九台地区为代表。瓜德鲁普世—乌拉尔世地层以厚度巨大的浅海碳酸盐岩、碎屑岩和大量中酸性火山岩为特征,底部与石炭系之间存在角度不整合,反映了华北板块北缘发生过板块挤压作用,与华北盆地北侧古陆的抬升有密切关系。古生物区系以特提斯暖水型蝬、珊瑚为主,也有少量北方区冷温型分子单通道蝬和安加拉羊齿。乐平世以中酸性火山碎屑岩和黑色板岩为主,平行不整合于下伏地层之上,含海相和非海相双壳类等化石,已接近北方生物区面貌,代表陆相及残留海沉积。九台剖面总体上反映了华北板块与西伯利亚-蒙古板块间进一步接近、拼合和海槽逐渐消失的演化过程。

华北板块南部大陆边缘的中秦岭北缘,二叠纪裂陷海槽依然存在。以陕甘交界的凤县、徽成地区为代表,已发现厚达7000余米的二叠纪板岩和砾状灰岩(十里墩群),属于华北板块南缘裂陷带的深水盆地和斜坡相滑塌堆积。

二、华南板块及其大陆边缘晚古生代地史

泥盆纪处于加里东向海西—印支期转折的重要时期,与早古生代后期的挤压体制不同,晚古生代华南及临区处于伸展的构造体制下。华南陆内右江裂陷槽、西南缘的金沙江洋盆和北缘南秦岭勉略洋盆

相继形成,导致了华南板块及邻区存在复杂的古地理格局。

1. 华南板块晚古生代地史

加里东运动之后,随着扬子地块和华夏地块的最后碰撞造山,华南主体上升为陆。泥盆纪初期,除桂东南钦(州)防(城)地区存在残余海槽和滇东一带见到陆相泥盆系与志留系连续过渡外,华南其他地区均为遭受剥蚀的古陆或山地。从早泥盆世开始,华南地区自西南滇黔桂逐渐向北东方向发生海侵,华南北部从南秦岭向华南北部海侵。早泥盆世后期,华南总体处于一个张裂的构造背景下,华南西南部海盆(右江盆地)中出现浅水碳酸盐台地(象州型)和条带状较深水硅、泥和泥灰质台内裂陷槽(南丹型)的岩相及生物相分异,这种相分异一直持续到二叠纪(表13-1)。中上扬子的川东、鄂西、湘西北一带,来自南秦岭的海侵始于中泥盆世,仅见中上泥盆统的滨浅海相沉积。下扬子地区仅见上泥盆统,总体以滨浅海沉积为主。因此,泥盆纪华南板块内部可以分为南华海、中上扬子和下扬子3个沉积区(图13-7)。石炭纪—二叠纪时期,华南持续海侵,受冈瓦纳大陆晚古生代冰期、间冰期影响,华南上古生界出现周期性的相对海平面升降旋回。

表13-1 右江盆地上古生界对比图(据杜远生等,2013)

年代地层		滨岸台地相区		孤立台地-台地边缘相相区		裂陷槽斜坡-盆地相区		
三叠系	下统	永宁镇组	安顺组	罗楼组	罗楼组	罗楼组	石炮组	
		飞仙关组	大冶组					
二叠系	上统	宣威组	吴家坪组	大隆组	二叠纪海绵礁灰岩	晒瓦组	领薅组	
		龙潭组		合山组				
	中统	茅口组	猴子关组	茅口组		四大寨组	岩头组	
		栖霞组		栖霞组				
	下统	梁山组		马平组	马平组			
		马平组						
石炭系	上统	黄龙组	威宁组	黄龙组	黄龙组	南丹组		
		大埔组		大埔组				
	下统	上司组		都安组		巴平组	他拔组	
		旧司组			都安组		顺甸河组	
		祥摆组						坝达组
		汤耙沟组		英塘组				
		者王组		尧云岭组		鹿寨组		
泥盆系	上统	革老河组	额头村组	融县组	五指山组	五指山组		
		尧梭组	东村组					
		望城坡组	桂林组		榴江组	榴江组		
	中统	独山组	唐家湾组	东岗岭组	罗富组	达莲塘组		
		龙洞水组						
		邦寨组						
	下统	舒家坪组	大乐组/上伦组	塘丁组	平恩组	坡脚组		
			郁江组	郁江组				
		丹林组	那高岭组	那高岭组	大瑶山组	松树坡组		
			莲花山组	莲花山组				

1)华南板块泥盆纪的古地理

华南南部的南华海区泥盆系是我国晚古生代地层分布广泛、类型复杂、研究程度高的地区,可以分为台地相区的象州型和裂陷槽相区的南丹型。石炭纪—二叠纪基本继承了这种台地(包括连陆台地和孤立台地)、裂陷槽的盆地格局,只是盆地范围和边界略有变化。

桂中地区台地相区的"象州型"地层以台地碳酸盐岩为主,沉积厚度巨大,常达数千米之巨。生物丰度高,分异性强,生物量巨大,尤其以腕足、珊瑚、层孔虫、苔藓虫大量繁盛为特色,并有双壳、腹足、头足、三叶虫、棘皮类、厚壳竹节石、介形虫、藻类等多门类化石。以层孔虫、复体四射珊瑚和层孔虫为主筑积而成的生物礁广泛分布,反映了"象州型"沉积形成于清洁浅水、动荡富氧的条件下。

台地相区的下泥盆统莲花山组与下伏寒武系呈角度不整合接触,代表了加里东运动。莲花山组以紫红色碎屑岩沉积为特色,向上粒度变细,局部夹灰岩。碎屑岩中见槽状交错层理,生物化石以鱼类、双壳类和介形虫为主,并见腕足类碎片等,反映干热气候条件下的河湖及滨岸沉积。那高岭组以细碎屑岩夹灰岩为主,内有腕足、珊瑚等正常盐度的海相化石。郁江组总体为碳酸盐岩,碎屑岩向上变少、粒度变细。上伦组或大乐组为厚层台地碳酸盐岩沉积。自莲花山组至上伦组或大乐组总体代表一次明显的海平面升降旋回。

中泥盆统应堂组泥质沉积又趋增多,以滨浅海页岩、泥灰岩、泥质灰岩为主。东岗岭组下部由浅海相薄层泥灰岩、页岩向上变为台地相厚到巨厚层的生物碎屑灰岩,代表又一次明显的海平面升降旋回;上部由下向上为薄层灰岩到灰岩夹硅质岩,代表一次新的海侵沉积。

上泥盆统桂林组以厚层含生物灰岩为主,内富含腕足、珊瑚及牙形石化石,为碳酸盐台地沉积。东村组以微生物碳酸盐岩沉积为主。额头村组为含泥的碳酸盐岩沉积,为弗拉期—法门期生物灭绝之后的碳酸盐台地沉积。融县组总体为一明显海退过程,下部含生物灰岩为主,底具角砾灰岩,中部泥晶到粉晶灰岩,上部以白云质灰岩、白云岩为主,代表泥盆纪最后一次明显的海平面升降旋回。

与"象州型"相对应的裂陷槽盆地的"南丹型"深水沉积呈北北东或北西向的条带状分布,明显受同沉积断裂控制(图 13 - 10)。"南丹型"沉积可以桂西北罗富剖面为代表。下泥盆统莲花山组和益兰组以碎屑岩为主,内有腕足、珊瑚等浅水底栖生物,说明此时沉积分异还不明显;下泥盆统上部塘丁组为暗色泥岩,内仅有竹节石等浮游生物,说明同沉积断裂开始活动,沉积分异形成。中-上泥盆统均以黑色泥岩、泥灰岩和硅质岩为特色,内有菊石、竹节石及无眼的三叶虫化石。因此,所谓"南丹型"是一套暗色的含浮游-游泳生物的薄层泥岩、泥灰岩、泥晶灰岩和硅质岩,代表较深水滞流缺氧的微型裂陷槽(台内断槽)沉积。

南华海区深水沉积还见于钦州、防城地区。钦防地区的泥盆系自下而上分为钦州群(D_1)、小董群(D_2)和榴江组(D_3)。钦州群主体为暗色薄层泥质岩,内有笔石和竹节石等浮游生物化石,与下伏志留系整合接触。小董群以暗色泥岩、泥质粉砂岩、含砾泥岩、砂岩及局部含锰泥岩组成,内有竹节石、介形虫、三叶虫等生物。榴江组以暗色泥岩、硅质岩和灰岩为主,富含竹节石、介形虫、菊石等浮游生物。钦防地区泥盆系总体反映了深水、滞流缺氧的海槽环境,属加里东期后的残余海槽。

在南华海盆地东缘闽中一带,上泥盆统南靖群为厚达 2000m 的砾岩、角砾岩、砂岩等粗碎屑沉积,代表陆相活动类型沉积,可能和东南山地的抬升有关,为山前断陷盆地的磨拉石沉积。

从区域古地理上看,南华海区泥盆纪的古地理演化总体以海侵超覆为特征。早泥盆世早期地层分布不广,仅见于滇东和钦防海槽,与志留系上部连续沉积。早泥盆世中晚期,海侵进一步扩展,尤其在向北东方向最为明显,早泥盆世后期海侵可达湘南一带。湘南地区下泥盆统已出现陆相和滨岸的沉积。中、晚泥盆世海侵范围更趋广泛。中泥盆世由桂中向北东方向的海侵可达湘中及湘赣交界一带。湘中地区中泥盆统下部跳马涧组以河湖到滨岸碎屑岩沉积为主,内有植物和鱼类化石碎片;中泥盆统上部棋子桥组和上泥盆统佘田桥组以滨浅海碳酸盐岩为主,内有大量腕足、珊瑚、层孔虫、棘皮类、软体类化石;上泥盆统上部锡矿山组下部为灰岩、泥灰岩及泥质岩,含著名的"宁乡式"鲕状赤铁矿,上部以砂岩、粉砂岩为主,反映泥盆纪末期因海退形成的进积特征。与黔桂相似,湘中地区也同样存在着台间海槽沉积,

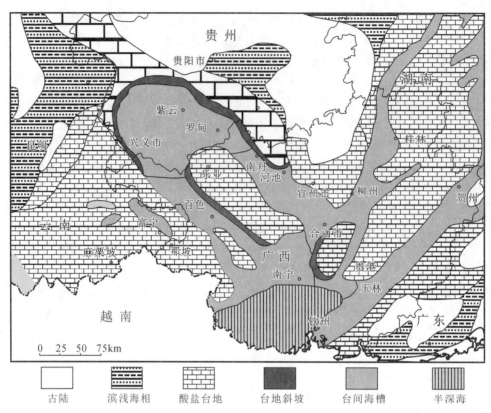

图 13-10 右江盆地中泥盆世晚期古地理图

但规模较前者小,主要形成于棋子桥和佘田桥期。湘赣交境附近中、上泥盆统以碎屑岩沉积为主,内夹灰岩、泥质灰岩及泥灰岩。生物既有海相生物如腕足、棘皮类、珊瑚等,也有陆生的植物和鱼类,反映海陆交互相的特征。上泥盆统上部的鲕状赤铁矿是华南泥盆纪重要的铁矿层。

从时间演化上看,南华海区自早泥盆世开始由滇东、钦防等处的海水向大陆内部逐渐侵进,尤其是向北东向的海侵十分明显,形成明显的地层超覆。由于受古地形和构造升降的影响,海侵呈台阶状特征。早泥盆世(布拉格期—埃姆斯早期)的海侵范围大致达桂北、湘南一线,为第一台阶。中泥盆世吉维特期的海侵遍及湘中到赣西地区为第二台阶。晚泥盆世弗拉期海侵到达湘北,可能淹没江南古陆与中扬子区连通为第三台阶。这种海侵规程与前述的地层层序和海平面变化规律是一致的。

华南板块西北部的中上扬子地区,海侵来自北侧的南秦岭、大别海盆。中上扬子区的川东、鄂西及湘西北地区于中、晚泥盆世也遭海侵,发育中泥盆统上部到上泥盆统地层。其中,中泥盆统云台观组为滨海相的纯石英砂岩;上泥盆统下部黄家磴组为细砂岩、粉砂岩夹泥岩和泥灰岩,内有腕足 *Cyrtospirifer*(弓石燕)及植物化石碎片;上泥盆统上部写经寺组下部以碳酸盐岩为主,夹鲕状赤铁矿、鲕绿泥石和菱铁矿,含腕足 *Yunnanella*(云南贝)、*Yunnanellina*(小云南贝)等,写经寺组上部砂页岩以植物化石为主。总之川鄂浅海区中、晚泥盆世以海陆交互相沉积为主,晚泥盆世可能和南华海、秦岭海槽均有连通。

华南板块东北部下扬子地区仅见上泥盆统五通组。五通组下部为灰白色、浅灰色的石英砂岩、砂砾岩,砂岩中具滨岸海滩的冲洗交错层理。五通组上部由浅灰色到灰绿色粉砂岩、泥岩组成,内有植物化石 *Leptophloeum rhombicum*(斜方薄皮木)和鱼类 *Sinolepis*(中华棘鱼)、*Asterolepis*(星鳞鱼)等,代表潮湿气候条件下的滨浅海沉积,表明可能与北侧的大别海槽连通。

2)华南板块石炭纪的古地理

华南板块石炭纪古地理面貌是泥盆纪的继续和发展,石炭纪早期海侵范围进一步扩大,密西西比亚纪的地层分布、岩相类型和晚泥盆世相似，海域主要分布于滇黔桂湘地区，华夏古陆西缘的浙西—江西大部—粤东一带主要为陆相粗碎屑岩沉积，下扬子地区开始出现海相沉积。宾夕法尼西亚亚纪海侵范围进一步扩大，除了川中局部出露为古陆外，华南绝大部分地区均被海水所覆，均为碳酸盐岩沉积，一般厚200～400m。滇黔桂一带仍处于沉降中心，厚度可超过800m。靠近雪峰古陆、上扬子古陆和康滇古陆的滨岸潮坪带，主要为含镁碳酸盐岩（白云岩），可夹少量碎屑沉积。

继承泥盆纪的盆地格局，南华海区右江盆地仍存在碳酸盐台地和台间海槽间列的局面（图13-11）。台地相区的石炭系密西西比亚系尧云岭组、英塘组、都安组均为滨浅海碳酸盐岩沉积，而裂陷槽相区的鹿寨组为暗色的泥质岩、硅质岩，巴平组、南丹组为深水相暗色薄层灰岩、硅质岩与斜坡相的角砾灰岩和碎屑灰岩。

南华海区自广西向湖南、贵州方向海侵仍然明显。广西石炭系密西西比亚系尧云岭组、英塘组、都安组均为滨浅海碳酸盐岩沉积，而贵州六盘水—紫云—罗甸以北的扬子地区，石炭系密西西比亚系自下而上为汤粑沟组、祥摆组、旧司组、上司组。汤粑沟组为细碎屑岩泥质岩夹球粒灰岩，具脉状—透镜状层理，为潮坪沉积，代表石炭纪海侵的开始。祥摆组为滨浅海相的砂页岩夹煤层，旧司组和上司组以滨浅海相灰岩为主。祥摆组的含煤细碎屑岩反映海平面下降影响下的碎屑输入的沉积记录。宾夕法尼亚亚系大埔组、黄龙组、马平组均为碳酸盐岩沉积，反映南华海区均为海水覆盖。与贵州类似，湖南石炭系密西西比亚系为马栏边组滨浅海相灰岩、天鹅坪组滨浅海相细碎屑岩夹泥质灰岩、石磴子组浅海相灰岩、测水组滨浅海相碎屑岩含煤层、梓门桥组浅海相灰岩的沉积序列，受晚古生代冰期海平面下降影响，天鹅坪组、测水组的碎屑岩反映该区离古陆较近，具有碎屑输入的沉积记录。

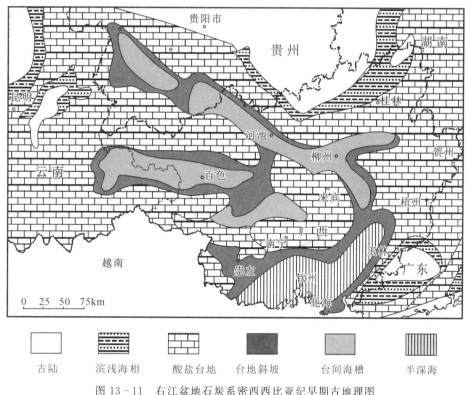

图13-11　右江盆地石炭系密西西比亚纪早期古地理图

中上扬子和中下扬子地区，贵阳以北仍为广阔的古陆，即上扬子古陆。在古陆中部存在一连通中下扬子的海湾。鄂西—鄂东—下扬子地区石炭纪早期发育金陵组滨浅海相的灰岩和高骊山组的细碎屑岩、和州组的滨浅海相灰岩和砂泥岩。

3) 华南板块二叠纪的古地理

华南板块二叠系继承了石炭纪晚期的沉积格局,遭受了晚古生代最大的海侵,该时期沉积范围最大。华南地区的区域伸展形成了碳酸盐台地和深水盆地的沉积分异,大幅度的海平面变化造成多次暴露。

华南板块内部,马平组为跨越石炭系—二叠系的岩石地层单位,二叠纪早期马平组上部由潮坪—浅海相的碳酸盐岩组成。梁山组和马平组之间的平行不整合代表一次较大规模的海退和较长时间的沉积间断。梁山组以陆源碎屑沉积为主,局部夹薄煤层,时有海相灰岩透镜体,含腕足类及植物化石,属滨海沼泽环境。向上逐渐过渡到栖霞组浅海碳酸盐岩沉积,内含大量燧石结核、丰富蟆类及珊瑚化石,代表海侵扩大过程。茅口组为浅海相灰岩,具构造复杂的蟆类和大量造礁的复体珊瑚,反映热带—亚热带陆表海碳酸盐台地沉积环境。瓜德鲁普世末期,因构造隆升发生海退,造成茅口期最高蟆带的缺失。龙潭组由砂页岩及灰岩组成,夹煤层,含海相动物化石及植物化石,属海陆交互相沉积,底部的凝灰质砂岩反映邻区有火山喷发活动。乐平世晚期的长兴组以灰岩为主,含蟆类等海相化石,代表龙潭组之后新的海侵,但规模较小。大隆组硅质沉积中仅见浮游类型的菊石化石,代表滞留还原条件下的沉积。

华南板块东西边缘,受川滇古陆和华夏古陆影响,发育陆相—海陆交互相的含煤碎屑岩沉积。华南板块西缘川东南—黔西—滇东二叠纪早期龙吟组、包磨山组、梁山组为滨浅海细碎屑岩和碳酸盐岩,二叠纪晚期宣威组河流-三角洲相和龙潭组的滨海相的含煤碎屑岩。

继承泥盆纪—石炭纪的盆地格局,南华海区右江盆地仍存在碳酸盐台地和台间海槽间列的局面(图13-12)。台地相区的二叠系马平组上部、栖霞组、茅口组、吴家坪组(或合山组)均为滨浅海碳酸盐岩沉积,二叠纪末期大隆组台地淹没才变为硅泥质岩。而裂陷槽相区的南丹组上部、四大寨组为深水相暗色薄层灰岩、泥质灰岩、硅质岩夹斜坡相角砾灰岩。晒瓦组为暗色的泥质岩、细碎屑岩。

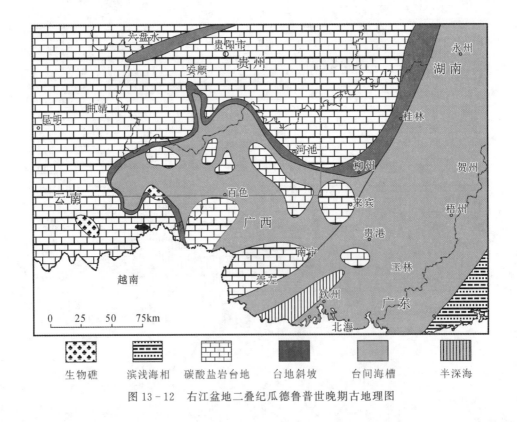

图 13-12 右江盆地二叠纪瓜德鲁普世晚期古地理图

二叠纪时期,受晚古生代冰期—间冰期海平面变化的影响,华南二叠系出现多个明显的平行不整合。如二叠系底部马平组(或船山组)与梁山组的平行不整合、二叠系中部茅口组与龙潭组(或合山组)

之间的平行不整合,不整合面上形成贵州黔北地区二叠纪早期大竹园组铝土矿和广西合山组底部的铝土矿。

二叠纪时期,华南板块沉积盆地分异十分明显,瓜德鲁普世茅口组开始出现浅水碳酸盐台地和深水盆地硅泥质岩沉积分异。浅水地区为瓜德鲁普世茅口组(浅水碳酸盐岩)—乐平世龙潭组(含煤岩系)—乐平世长兴组(浅水碳酸盐岩)的地层序列。深水地区相变为瓜德鲁普世孤峰组(深水硅质岩、硅泥质岩)—乐平世吴家坪组(浅水碳酸盐岩)—乐平世大隆组(深水硅质岩、硅泥质岩)。

华南板块二叠纪另一重要的地质事件是峨眉山大火山岩省喷发。这次大规模的火山喷发在川滇黔一带强度最大,持续时间也最久。峨眉山玄武岩组的时代包括了茅口晚期和龙潭期,既有海底喷发,又有陆相喷发,早期以中基性玄武质熔岩溢流式喷发为主,晚期以中酸性熔岩爆发式喷发为主。峨眉山玄武岩的喷发形成了川滇古陆,川滇古陆控制了川滇古陆东缘乐平世碎屑岩的地层分布。西部陆上部分为宣威组河流—三角洲相的碎屑岩夹煤层,海陆过渡带为龙潭组含煤碎屑岩夹海相碳酸盐岩。

2. 华南板块大陆边缘地史

华南板块北部大陆边缘为南秦岭地区,早古生代末期以商丹蛇绿岩为代表的北秦岭洋已经闭合,并沿北秦岭形成一近东西向的加里东造山带。造山带南侧的南秦岭晚古生代构造格局比较复杂。以西秦岭为例,泥盆系自北向南可以分为多个沉积相带:①甘肃武山大草滩群,以陆相碎屑岩为主;②麻沿河舒家坝群,以深浅海-半深海复理石沉积为主;③西河—礼县西汉水群,以浅海碎屑岩和孤立碳酸盐台地沉积为主;④舟曲—武都,泥盆系以碳酸盐台地沉积为主;⑤甘肃康县—陕西勉县,以三河口群,泥盆系以浅海-半深海薄层灰岩、泥灰岩、泥质灰岩为主;⑥文县,以碳酸盐台地沉积为主(杜远生,1997)。石炭纪—二叠纪,除了上述相带之外,沿陕西凤县—甘肃岷县—合作一带发育裂陷背景下的半深海硅质岩、泥质岩和细碎屑岩。南秦岭石炭纪陕西勉县—略阳—甘肃康县一带开裂形成一个新的小洋盆,石炭系发育双峰火山岩和碱性玄武岩及放射虫硅质岩。该洋盆可能沿巴山弧延伸到东秦岭,为晚古生代分隔扬子板块和华北板块的主要分界(张国伟等,1997)。

至于华南板块东部大陆边缘的晚古生代地层出露较少,福建闽东北福鼎南溪一带,石炭系密西西比亚系为厚达数百米的碳质千枚岩、粉砂岩夹结晶灰岩透镜体,与闽中地区陆相至近海盆地粗碎屑沉积类型显然不同,可能代表华南大陆东侧大陆边缘狭窄的活动陆棚带,海侵直接来自东侧的古太平洋海域。Hu等(2015)在福建三叠系中发现来自石炭系岛弧火山岩的碎屑锆石记录,因扬子地块内部石炭系均为浅水碳酸盐岩和细碎屑岩,未见火山岩物源,因此推测东南侧的东海海域应有晚古生代的活动大陆边缘。

三、中国其他地区晚古生代地史

1. 塔里木板块晚古生代地史概况

根据古地磁资料,塔里木板块泥盆纪处于北纬15°左右,石炭纪早期起迅速北移并作顺时针方向旋转,至石炭纪末期已达到北纬30°左右。晚古生代时期,塔里木板块主体呈古陆状态,仅在四周边缘地区有海陆交互和浅海沉积。板块西北部的柯坪塔格中泥盆统为砾岩和砂板岩,上泥盆统为紫红色砂岩、粉砂岩夹砾岩,内有植物和腕足化石,为海陆交互相沉积。塔里木板块石炭纪海侵范围扩大,西北部柯坪地区石炭系为滨浅海碎屑岩和灰岩,产 *Kueichouphyllum*,*Striatifera*(细线贝),与华南地区同属热带类型。石炭纪后期,随着古天山洋的俯冲碰撞,塔里木板块西北缘形成二叠系的粗碎屑磨拉石沉积。板块西部二叠系为陆相碎屑岩沉积。

2. 古亚洲洋(中亚造山带)晚古生代地史概况

华北板块、塔里木板块以北,自西向东天山-阿尔泰、内蒙古中北部、东北北部为华北、塔里木板块与西伯利亚板块之间的古亚洲洋。主洋盆位于艾比湖—居延海—西拉木伦一线,该线以北属西伯利亚板块南部大陆边缘。晚古生代古亚洲洋属于多岛洋体系,盆地格局极其复杂,既有宽阔的洋盆,又有洋盆内的小陆块(如中天山地块、准噶尔地块、松辽地块等),现仅根据其古地理面貌予以简述。

1)古亚洲洋泥盆纪古地理概况

古亚洲洋西段天山地区泥盆系零星发育,研究程度较低。南天山地区已发现晚泥盆世放射虫硅质岩、枕状熔岩和超基性岩,证明为塔里木板块和中天山地块之间的一个洋盆,向北俯冲于中天山地块之下,向南至塔里木板块间则存在一个被动大陆边缘。南天山地区上泥盆统细碎屑岩中发现华南型 *Cyrtospirifer - Yunnanella* 腕足动物群,启示塔里木和华南地区间存在较密切的生物区系亲缘联系。

古亚洲洋西段北疆准噶尔地区泥盆系以发育大量火山岩、火山碎屑岩为特征,也夹有碳酸盐岩和放射虫硅质岩,显示了一系列火山岛弧和小洋盆相互间列的复杂构造格局。地层中所产的海生动物群以腕足类 *Paraspirifer*,*Leptaenopyxis* 和珊瑚 *Syringaxon* 以及三叶虫最为常见,古生物区系上和北美、欧洲比较接近,与华南和塔里木差异明显。新疆最北部的阿尔泰地区,主要见中、下泥盆统中酸性火山熔岩、凝灰岩、变质碎屑岩及大理岩,代表西伯利亚大陆南侧的活动大陆边缘。

古亚洲洋东段内蒙古和东北北部包括松辽—佳木斯地块及大小兴安岭等地区,同样存在复杂的构造古地理格局。松辽—佳木斯可能为一独立地块,南北都存在洋盆。哪一个代表泥盆纪时古亚洲洋主支,尚有不同认识。大兴安岭一带泥盆系以硬砂岩、硅质岩和中基性火山岩为主,含 *Nalivkinella profunda*(凹陷纳里夫金珊瑚)、*Platyclymenia*(阔隐头虫)等北方分子。内蒙古东乌珠穆沁旗泥盆系发育齐全,以长石砂岩、粉砂岩、泥岩为主,内有安山质凝灰岩及碳酸盐岩夹层,也含凹陷纳里夫金珊瑚等北方型分子,与西拉木伦带以南吉东密山地区出现 *Euryspirifer grabaui* 等华南型分子形成显著差别,反映西拉木伦一线为造成生物隔离的主支洋盆。

2)古亚洲洋石炭纪古地理概况

古亚洲洋西段分隔西伯利亚和塔里木板块之间的北疆多岛洋,以艾比湖-居延海缝合带最典型。艾比湖-居延海缝合带沿线的北天山发育著名的巴音沟蛇绿岩,含石炭纪早期—宾夕法尼亚亚纪最早期放射虫化石,说明当时处于洋盆发展成年阶段。上覆的宾夕法尼亚亚纪深水复理石沉积,含宾夕法尼亚亚纪早期菊石,反映洋盆进入了衰退阶段。宾夕法尼亚亚纪晚期为灰绿色砂砾岩磨拉石沉积,标志着中天山地块和西伯利亚板块之间发生了拼贴碰撞。石炭纪末期北疆准噶尔和中、北天山地区多岛洋格局已经消失。准噶尔地区密西西比亚系产 *Angrapteridium*,*Noeggerathiopsis* 等植物化石,已属安加拉植物区,海相化石也以小型单体、无鳞板构造为主。石炭纪晚期安加拉植物群向南侵入中天山地区。南天山与塔里木板块之间的蛇绿混杂带迄今未见密西西比亚纪后的放射虫硅质岩,推测密西西比亚纪后洋盆已经闭合,但安加拉植物群直至二叠纪早期时仍未侵入塔里木板块,其间可能仍有海域隔离。这一系列重要的洋壳消减和板块碰撞事件,在天山地区最为明显,称为天山运动。

古亚洲洋东段分隔西伯利亚和华北板块之间的兴蒙多岛洋,也经历了较复杂的板块碰撞历史。内蒙古东乌珠穆沁旗以南贺根山蛇绿岩所代表的古洋盆闭合于晚泥盆世至密西西比亚纪(郭胜哲等,1991)。同时沿西拉木伦带南北两侧石炭纪的陆生植物明确分属安加拉和华夏两大植物区系(黄本宏,1991)。也支持西拉木伦带可能存在古亚洲洋残余洋盆的推论。

3)中亚造山带二叠纪古地理概况

经过早海西期塔里木板块、华北板块与西伯利亚板块在西、东两段的对接拼合,古亚洲洋基本消失,形成了宏大的中亚造山带。

中亚造山带西段的北疆地区二叠系以陆相为主,仅局部地区和层位有残留海域存在。乌鲁木齐东郊的博格达山属北天山范围,二叠纪地层发育齐全。乌拉尔统称下芨芨槽群,以灰绿色粗碎屑岩夹泥岩、碳质页岩为代表,厚逾千米。下部见叠层石灰岩和 *Neospirifer*,代表该区海退的最后阶段;上部含安加拉植物群。横向上可迅速相变为一套杂色粗碎屑岩与火山岩。瓜德鲁普统称上芨芨槽群,属内陆河湖碎屑及油页岩沉积,产安加拉植物群、古鳕鱼和淡水双壳类化石,最大厚度逾 5000m,乐平世晚期北天山已升起,沉积区已转移至准噶尔和吐鲁番盆地,称为下仓房沟群,属内陆河湖粗碎屑沉积类型,产安加拉植物群及二齿兽等动物化石,厚约 600～800m。准噶尔及吐鲁番地区从乐平世开始形成内陆盆地,并一直延续到中、新生代。

二叠纪早期的安加拉植物群已经越过艾比湖-居延海缝合带,向南达到伊宁地块。但塔里木板块北缘阿克苏附近发现的同期植物群既没有安加拉区系分子,也缺乏华夏区系最标准的大羽羊齿类分子,总体面貌与欧美区系更为接近。结合阿克苏乌拉尔世地层中获得北纬 28°古地磁资料,有理由推测塔里木地块当时不属于北亚古大陆,与华北板块(北纬 19°)也相互分离。乐平世时该区植物群中已混入安加拉区分子,南天山带也不再遭受海侵,证明塔里木板块已经和北亚古大陆拼合相连。

中亚造山带东段的西拉木伦缝合带北侧的内蒙古、黑龙江和吉林北部地区,早二叠世仍有较广海侵,生物群以冷温型 *Monodiexodina*, *Lytvolasma*, *Yakovlevia* 和安加拉植物分子为主。但在茅口期出现一些特提斯暖水分子混入,反映了北亚古大陆与华北-塔里木板块逐渐靠近和全球气候转暖趋势。乐平世起本区普遍海退,发育陆棚巨厚粗碎屑堆积和大规模中酸性火山喷发,富含安加拉植物群和淡水双壳类化石,可能反映华北-柴达木板块和北亚古大陆已经拼合相连,导致沿板块对接带的地形升高和古气候的重要变化。

3. 西南特提斯晚古生代地史概况

西南特提斯是指华南板块与冈瓦纳大陆之间的古特提斯洋,包括华南板块与昌都-思茅地块之间的金沙江-哀牢山洋、昌都-思茅地块与羌塘-保山地块之间的冈马错-昌宁-孟连洋。冈马错-昌宁-孟连洋是分隔华南和冈瓦纳大陆的主洋盆,主洋盆以南的羌塘、保山地块位于冈瓦纳大陆北缘。金沙江-哀牢山-藤条河洋为华南板块大陆边缘裂陷形成的有限洋盆,昌都-思茅地块位于华南板块附近。

昌都-思茅地块泥盆系以中上泥盆统的浅海碳酸盐岩夹少量碎屑岩为主,上泥盆统具华南特有的 *Yunnanella* 动物群,石炭系——二叠系也为浅海碳酸盐岩及碎屑岩,含华南特征的热带植物大羽羊齿植物群,反映昌都-思茅地块位于靠近华南的低纬度地区。

金沙江-哀牢山-红河是古特提斯多岛洋的东侧分支,该洋盆下泥盆统为砂泥质浊积岩沉积,中泥盆统为硅质岩、基性火山岩,代表华南板块西侧的大陆边缘裂谷盆地沉积。石炭系出现成熟裂谷型枕状玄武岩夹放射虫硅质岩,反映该裂谷盆地已经发育成一个初始洋盆。二叠系出现岛弧火山岩和火山碎屑岩,代表金沙江-哀牢山洋已开始俯冲,形成活动大陆边缘。

昌都-思茅地块以西的冈马错-昌宁-孟连主支洋盆中下泥盆统为含笔石的暗色泥质页岩和放射虫硅质岩,中上泥盆统则出现连续的放射虫硅质岩序列。硅质岩中出现明显的 Ce 负异常,代表了大洋环境。昌宁-孟连带南部孟连曼信一带出露石炭纪早期洋脊蛇绿岩、洋岛型火山岩及其火山碎屑浊积岩,也夹有放射虫硅质岩。该火山岩系之上覆盖有石炭系上部至二叠系的碳酸盐岩,以成分纯净、蜒类化石属种单调为特征,代表洋盆内海山碳酸盐台地特殊沉积类型。因此,昌宁-孟连带泥盆纪已进入初始洋盆阶段,石炭纪——二叠纪时期已发育成多岛洋的成熟期。

昌宁-孟连主支洋盆以西的保山地块下泥盆统以碎屑岩为主,中、上统以碳酸盐岩沉积为主。海生生物群以珊瑚为例,主要为世界性的生物分子,不含华南特有动物群,其非海相的异甲类(Heterostraci)和华南的多鳃类也有重大差异。同样代表冈瓦纳板块北部边缘的稳定沉积类型,反映保山地块与华南板块、昌都-思茅地块之间存在宽广的深海隔离。石炭纪——二叠纪地层中发现 *Oriocrassatella*(莺厚壳蛤)、*Glossopteris*(舌羊齿)等冷温型生物群和冰海成因杂砾岩,反映出仍处于冈瓦纳板块北缘的特征。

位于藏南的冈底斯——喜马拉雅地区,为冈瓦纳板块北部大陆边缘,泥盆系以稳定的陆棚浅海沉积为主。如珠峰北坡泥盆系石英砂岩、粉砂岩和泥岩沉积,下部夹灰岩;申扎一带则以碳酸盐岩为主,中部夹石英砂岩,内有腕足、珊瑚、牙形石化石,由此可见该区由南向北碎屑岩减少,碳酸盐岩增加,为滨岸-陆棚浅海相沉积。该区所含的 *Ovatia*(长园贝)、*Cupularestrum*(桶嘴贝)动物群与华南及昌都的 *Yunnanella* 动物群形成显著差别,因此喜马拉雅——冈底斯地区为冈瓦纳北部大陆边缘的稳定型陆棚沉积。

珠穆朗玛峰北麓石炭系也较完整,以浅海碎屑岩为主,厚达 2600m。密西西比亚系包括亚里组上部和纳兴组(后者可能包括宾夕法尼亚亚系下部)。宾夕法尼亚亚系基龙组由砂岩、粉砂岩和多层杂砾岩组成,产 *Stepanoviella*(斯切潘诺夫贝)等冷水生物群。杂砾岩的砾石大小不一、稀密不均,表面具有擦痕、压坑。砾石成分有花岗岩、火山岩、石英岩、灰岩和大理岩等,可能与冈瓦纳型海相及其再次改造的水下碎屑流沉积有关。近年研究表明,从喀喇昆仑、冈底斯到滇西腾冲一带,已多处发现杂砾岩和冷水动物群,证明上述地区当时都属冈瓦纳板块的北侧陆缘带。

在青藏高原北部龙木错-冈马错-双湖断裂带南侧日土多玛地区的二叠纪早期的霍尔巴错群中,发现 *Eurydesma*, *Lytvolasma*, *Costiferina*(粗肋贝)冷水动物群和冰海成因的含砾板岩,具有典型的冈瓦纳色彩,证明藏北羌塘地区和雅鲁藏布江两侧的喜马拉雅(珠峰)和冈底斯(申扎、拉萨)地区都应属冈瓦纳板块范畴,龙木错-冈马错-双湖断裂带可能代表古特提斯洋盆的地缝合线残迹。

应当指出,古特提斯多岛洋南侧一系列亲冈瓦纳微地块自二叠纪中期起向北漂移,加上冈瓦纳大陆冰盖逐渐消融,原来的冷水和冷温型生物面貌开始减弱,呈现冷暖水生物混合现象。古特提斯多岛洋盆的演化直到三叠纪才结束,与特提斯洋的扩张大体呈同步关系。

第四节　晚古生代的沉积矿产

我国晚古生代地层中与沉积有关的矿产较为丰富,分布也极为广泛,主要包括以下几种。

(1)与晚古生代冰期—间冰期海平面变化有关的不整合面之上的沉积矿产,主要有铝土矿、耐火黏土及风化壳型铁矿。如贵州石炭纪密西西比亚纪"修文式""遵义式"、二叠纪乌拉尔世"大塘坡式"铝土矿,华北石炭纪宾夕法尼亚亚纪"山西式"铝土矿,广西二叠纪瓜德鲁普世—乐平世之交的铝土矿等。

(2)与深水、较深水沉积环境有关的沉积矿产,主要为沉积型锰矿。如广西晚泥盆世"下雷式"锰矿、石炭纪密西西比亚纪"宜州式"锰矿,广西、湖南二叠纪瓜德鲁普世晚期(孤峰组)锰矿,贵州遵义二叠纪瓜德鲁普世—乐平世之交的"遵义式"锰矿等,都形成于华南晚古生代裂陷槽盆地中。

(3)能源矿产,主要包括煤、石油和天然气。煤在我国石炭纪—二叠纪地层中分布极为广泛,主要含煤层位包括华南石炭纪密西西比亚纪上部地层、东南沿海茅口期地层、华南地区龙潭期地层、华北地区太原组及山西组等。四川盆地及周缘二叠系中产大量天然气。

(4)蒸发岩类矿产。石炭纪密西西比亚纪晚期的石膏矿产广泛分布于西起新疆喀什,经南天山、河西走廊至宁夏中部的狭长地带。冀陕等地石千峰组中也以发现石膏矿产。

(5)层控多金属矿产。华南、秦岭等地区,泥盆纪碳酸盐岩中常产层控型铅锌、钨、锡、锑、铀和黄铁矿矿床。

此外,广泛分布的华南上古生界碳酸盐岩亦是重要的冶炼、化工和建筑材料。

第十四章　中生代地史

中生代可分为三叠纪、侏罗纪和白垩纪,约开始于 252Ma,结束于 66Ma。中生代名称首先由英国地质学家菲利普斯于 1841 年提出,代表生物界介于古生代古老类型和新生代近代类型之间的地质时期。三叠纪命名来自德国南部,该区地层由下部砂页岩、中部灰岩、上部砂页岩组成,三分性明显,阿尔伯特(Alberti)(1834)命名为三叠纪。侏罗纪命名于瑞士和法国交界的侏罗山,由布朗尼亚(Brongniart)(1928)首先命名。白垩纪是根据英法海峡著名的白垩沉积(一种白色的粒度细、质地软的碳酸钙沉积)命名的,由法国学者达罗阿(d'Halloy)(1882)命名。三叠纪、侏罗纪内部三分为早、中、晚三世,白垩纪内部二分为早、晚二世(图 8 - 10)。

中生代以陆生裸子植物、爬行类(尤其是恐龙)和海生菊石类的繁盛为特征,故有"裸子植物时代""恐龙时代"或"菊石时代"之称。中生代出现了两次著名的生物集群灭绝事件,尤其是中生代末期恐龙类灭绝事件,除地内自然地理环境急速变革因素外,有人认为与地外小天体撞击地球的灾变事件有关。

中生代地球上发生了一系列的构造运动,其中发生在三叠纪后期的构造运动主要发育于印支地区和中国南方与西南地区,故称为印支运动;侏罗纪—白垩纪的构造运动以欧洲阿尔卑斯山地区最为典型,故称为阿尔卑斯运动;中国的侏罗纪—白垩纪构造运动在中国东部,尤其是燕辽地区发育,因此称之为燕山运动。世界上的印支运动主要发育于东南亚和中国秦岭-昆仑山以南。阿尔卑斯造山运动主要发育于两个地区,一是欧洲阿尔卑斯山-中国西藏、云南三江等地(特提斯构造域);二是环太平洋的东亚东部和美洲西部(环太平洋构造域)。特提斯构造域的印支运动和阿尔卑斯运动主要是伴随着冈瓦纳大陆与劳亚大陆之间特提斯洋的萎缩,冈瓦纳北缘的小陆块向北漂移,向劳亚大陆南缘增生。环太平洋构造域的印支运动和阿尔卑斯运动主要是伴随着太平洋的板块俯冲,向东亚大陆和美洲大陆增生。

第一节　中生代的生物界

古生代末期的全球性生物灭绝事件导致生物界面貌的重大变革。中生代开始,海生无脊椎动物呈现崭新的面貌,陆生动植物也进入一个新的发展阶段,生物进入现代演化生物群阶段。脊椎动物首次占领了陆、海、空全方位领域,显示了生物环境适应能力的巨大进步。这一时期出现了一系列特异保存的生物群,如以海生脊椎动物为特色的巢湖动物群、南漳-远安动物群、盘县动物群、兴义动物群,代表三叠纪海洋复苏和辐射演化的关岭动物群、罗平生物群,以及以产出陆生爬行生物和淡水湖泊动植物化石为代表的热河生物群等。

一、陆生植物的发展及地理分布

中生代裸子植物苏铁、松柏、银杏的繁盛以及早期被子植物的出现代表了植物界的发展进入更高级阶段,而在晚三叠世和侏罗纪、白垩纪真蕨类的繁盛则具有非常重要的地层和古气候意义。

三叠纪早期,受二叠纪末生物灭绝事件的影响,陆生植物化石记录比较稀少。古生代高大的石松类仅存矮小类型,如 *Pleuromeia*(肋木)是早三叠世的重要标准化石。中三叠世晚期开始,真蕨类极为繁盛,并表现出明显的古地理分区。中国境内晚三叠世以古天山(或古昆仑)—古秦岭—古大别山一线为界,南方以 *Dictyophyllum*(网叶蕨)-*Clathropteris*(格脉蕨)(D. - C.)(图 14 - 1)植物群为特征,又因产于须家河组而被称为须家河生物群,代表热带、亚热带近海环境。北方以莲座蕨科的 *Danaeopsis*(拟丹尼蕨)和合囊蕨科的 *Bernoullia*(贝尔瑙蕨)植物为代表,简称为 D. - B. 植物群(图 14 - 1),又因产于延长组而被称为延长植物群,代表温带潮湿内陆环境。从此高等植物又进入新的发展阶段。

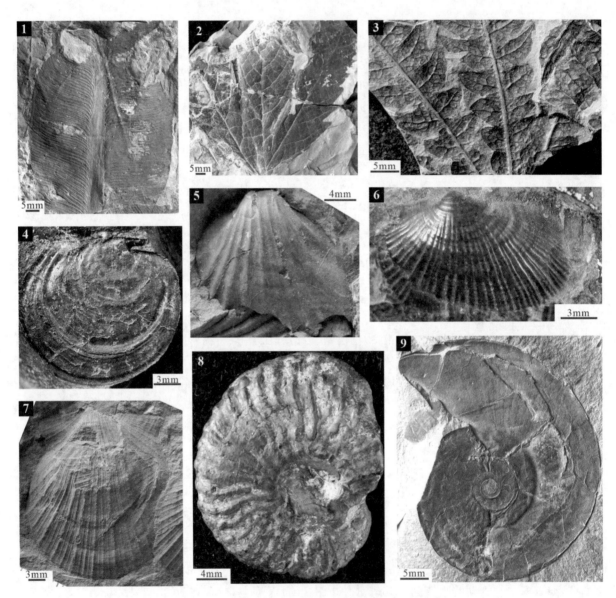

图 14 - 1　三叠纪典型生物化石(转引自蔡熊飞等,2014)

1. *Danaeopsis*(拟丹尼蕨,T_{2-3});2. *Clathropteris*(格脉蕨,T_3—J_2);3. *Dictyophyllum*(网叶蕨,T_3—J_2);4. *Claraia*(克氏蛤,P_3—T_1);5. *Myophoria*(褶翅蛤,T);6. *Halobia*(海燕蛤,T_{2-3});7. *Eumorphotis*(正海扇,T_1);8. *Protrachyceras*(前粗菊石,T_{2-3});9. *Lytophiceras*(弛蛇菊石,T_1)

　　侏罗纪特别是早-中侏罗世陆生植物化石记录丰富,*Neocalamites*(新芦木)-*Cladophlebis*(枝脉蕨)植物群和 *Coniopteris*(锥叶蕨)(图 14 -2)-*Phoenicopsis*(拟刺葵)(C. - P.)植物群是这一时期的代表,指示潮湿温带环境。同时,呈现出银杏类[如 *Baiera*(拜拉)]衰减和松柏类占优势的更替演化特征。晚侏罗世—早白垩世植物分区界线明显北移,大致以阴山为界,北方银杏类很多,蕨类则以 *Acanthop-*

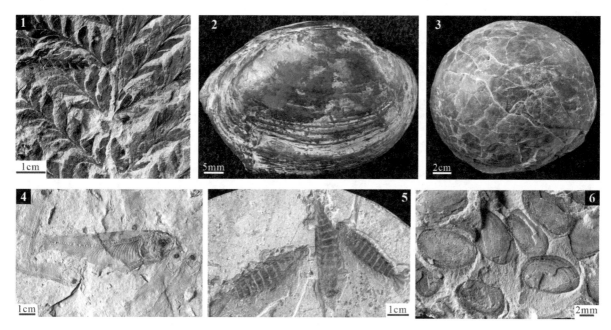

图 14 - 2　侏罗纪—白垩纪典型生物化石（转引自蔡熊飞等，2014）

1. *Coniopteris*（锥叶蕨，J—K$_1$）；2. *Potomida*（波多密蚌，E—Rec.）；3. 恐龙蛋化石；4. *Lycoptera*（狼鳍鱼，J$_3$—K$_1$）；5. *Ephemeropsis*（拟蜉蝣，K$_1$）；6. *Eosestheria*（东方叶肢介，J$_3$—K$_1$）

teris（刺蕨）- *Ruffordia*（鲁福德蕨）植物群繁盛为特征，松柏类具展开状的披针形叶片，如 *Cephalotaxopsis*（拟粗榧），反映了温带潮湿气候特征。南方以银杏类极少，小叶型真蕨类占优势为特征，松柏类为鳞片状小叶紧贴在枝上，角质层也增厚，如 *Brachyphyllum*（短叶杉）等，反映干旱的热带—亚热带气候。

　　在这一时期，最早的被子植物开始出现。20 世纪末以来，产于我国辽宁北票下白垩统的 *Archaefructus liaoningensis*（辽宁古果）一直被认为迄今为止世界上最早的被子植物。最近一些年，更早的化石记录被相继报道，如 *Euanthus*（真花，中-晚侏罗世）、*Juraherba*（侏罗草，中侏罗世）、*Xingxueanthus*（星学花，中侏罗世）、*Nanjinganthus*（南京花，早白垩世晚期）等。分子生物学研究则认为被子植物最早可能起源于晚三叠世。虽然对于如何定义被子植物，以及这些化石是否完全具备被子植物的所有特征还存有争议，但是科学家们对于被子植物在白垩纪之前就已起源的探索和讨论从未停止。可以确定的是，至白垩纪晚期，被子植物已经繁盛并占据了统治地位，植物界开始呈现新生代植物面貌。

二、陆生脊椎动物的发展演化

　　早、中三叠世脊椎动物是晚二叠世类型的延续与发展，迷齿两栖类和爬行类中的二齿兽类十分繁盛，尤其是二齿兽类中的 *Lystrosaurus*（水龙兽）和 *Cynognathus*（犬颌兽）动物群更引人注目，它们分布于非洲、欧洲、亚洲、南美洲和北美洲，常被作为重建联合古大陆 Pangea 的重要证据之一。三叠纪晚期起，恐龙类的大发展和爬行动物返回海洋生活，标志着爬行动物进入一个新的演化阶段。

　　恐龙类指陆地上生活的一类已灭绝的爬行动物，根据腰带类型可将其分为蜥臀类和鸟臀类两大类。蜥臀类中又分为素食蜥脚类和食肉兽脚类。蜥脚类身体笨重，头小尾长，四足行走，在湖沼地区营"两栖"生活，以四川盆地中发现的 *Mamenchisaurus*（马门溪龙）为其代表。兽脚类则前肢特化，以便于捕捉猎物，后肢坚强，牙齿锋利以利于撕咬，如 *Szechuanosaurus*（四川龙）。鸟臀类可分为异齿龙类、鸟脚类、角龙类、肿头龙类、甲龙类和剑龙类六大类群，以食植物为主，一般两足行走，脚的三趾构造与现代鸟类相像,形成地层层面上的遗迹化石。

恐龙类的最早化石记录发现于南美洲上三叠统,包括最早的蜥臀类 *Herrerasaurus*(黑瑞拉龙)、*Eoraptor*(始盗龙)、鸟臀类 *Pisanosaurus*(皮萨诺龙)等,而足迹化石表明恐龙的直系祖先类群可能在中三叠世甚至早三叠世就已经出现。侏罗纪,恐龙开始极度繁盛,并占据陆地生态系统的霸主地位。侏罗纪早期原蜥脚类较为丰富,且体型较为笨重,如著名的 *Lufengosaurus*(禄丰龙),而兽脚类体型一般较小,如 *Coelophysis*(腔骨龙),鸟臀类则以 *Heteroaontosaurus*(异齿龙类)为代表的体型较小的两足行走的恐龙为主。

中-晚侏罗世,蜥脚类开始发生辐射演化,并向大型化方向发展,如发现于我国四川自贡的 *Omeisaurus*(峨嵋龙)。兽脚类既包括一些大型的食肉性恐龙,如产于我国新疆准噶尔盆地的 *Sinraptor*(中华盗龙),也包括小型的恐龙,如原始暴龙类五彩冠龙以及鸟类的祖先虚骨龙类。鸟臀类以剑龙类以及原始角龙类和鸟脚类为主,如身上覆盖厚厚的甲片,背部长有两排骨板的 *Stegosaurus*(剑龙)、小型的 *Yinlong*(隐龙)。进入白垩纪,恐龙逐步进入鼎盛发展时期。食肉的兽脚类进入多样化发展阶段,一部分兽脚类具有巨大的形体,凶猛异常,如长达 17.5m 的 *Tyrannosaurus*(霸王龙),牙齿锋利如刀,前脚高度弱化以利捕杀其他动物;另一部分兽脚类则体型小,食性多样化,如 *Dromaeosaurus*(驰龙)、*Oviraptor*(窃蛋龙)等。蜥脚类中梁龙逐步衰退直至灭绝,大鼻龙类发育,如白垩纪晚期体长达到 30 多米的 *Titanosaurus*(泰坦巨龙)。鸟臀类中的剑龙类趋于灭绝,角龙类成为白垩纪的优势物种,以头上长角为特征,如 *Triceratops*(三角龙),但早期最为繁盛的代表 *Psittacosaurus*(鹦鹉嘴龙)尚未演化出角。另外,鸟脚类中的 *Iguanodon*(禽龙)、*Anatosaurus*(鸭嘴龙)也非常繁盛,其次是甲龙。肿头龙类体长小,头骨加厚,像肿起的圆顶,但出现时间较晚,且数量有限。除了恐龙宏体化石外,我国河南南阳、湖北郧县等地还特异保存了大量的恐龙蛋化石(图 14-2)。

爬行类中的一部分自三叠纪后期返回海洋生活的鱼龙类,至侏罗纪已成功地占据了海洋领域。它们具有鱼形身体,善于水中游泳但又用肺呼吸,以 *Ichthyosaurus*(鱼龙)为代表。我国希夏邦马峰三叠系中所发现的 *Himalayasaurus*(喜马拉雅鱼龙)即是原始鱼龙类的代表。这一时期我国出现了多个海生爬行动物化石的重要产地,如安徽巢湖,湖北南漳,贵州盘县、关岭,云南罗平等。适于空中生活的飞龙类,有适于飞行的不大的形体、加长的前肢及发育的后脑和眼,牙齿也逐渐变得纤细或消失。白垩纪晚期的海生爬行类 *Mosasaurus*(沧龙)代替了早白垩世已灭绝的鱼龙类的位置,飞龙类进一步发展更适合于飞行,如我国新疆发现的 *Dsungaripterus*(准噶尔翼龙),两翼伸开长达 2m,牙也减少,滑翔能力更强。白垩纪末期,无论是陆上的恐龙类、空中的飞龙类或海中的沧龙类均全部灭绝。

发现于德国侏罗纪晚期地层的 *Archaeopteryx*(始祖鸟),因其发育羽毛、布满牙齿等特点,曾一直被认为是世界上最早的鸟类化石,但最近一些年的分支系统学研究认为,始祖鸟是鸟类演化过程中的一个分支,与近鸟龙类是姊妹类群,称其为爬行类向鸟类演化的中间过渡类型更为合适。我国冀北、辽西、内蒙古东南部及蒙古、俄罗斯和朝鲜等地晚侏罗世—早白垩世地层中发现的大量化石,包括 *Sinosauropteryx*(中华龙鸟)、*Confuciusornis*(孔子鸟)、*Sinornis*(中国鸟)、*Cathayornis*(华夏鸟)、*Boluochia*(波罗赤鸟)及 *Chaoyangia*(朝阳鸟)等,代表了从小型兽脚类恐龙向现代鸟类演化的不同阶段。其中孔子鸟相对于始祖鸟而言,与现生鸟类的关系可能更为密切,而朝阳鸟被很多学者认为是现代鸟类的直接祖先代表。

值得提出的是,侏罗纪、白垩纪亦是真骨鱼和全骨鱼类繁盛的时期,前者如 *Lycoptera*(狼鳍鱼),后者如 *Sinamia*(中华弓鳍鱼)。早侏罗世,中国云南发现了类似哺乳类的爬行动物 *Bienotherium*(卞氏兽),晚白垩世出现了哺乳动物中的有袋类和有胎盘类。

三、无脊椎动物的发展

1. 海生无脊椎动物

由于晚古生代末期的生物变革,中生代海生无脊椎动物以菊石类和双壳类的繁盛为特征,其他还有六射珊瑚、箭石、有孔虫、腹足类等。另外,在中生代海相地层中,牙形石仍旧是重要的标准化石并于中生代末期完全灭绝。

菊石类曾在晚古生代末期受到巨大的冲击,几乎灭绝,但在三叠纪又迅速发展,成为中生代海相地层划分和对比的重要标准化石,目前中三叠统—下白垩统已建立全球标准层型剖面和点的大多数阶的底界都是以菊石作为主要依据。三叠纪早期的菊石类具简单齿菊石式缝合线,壳面纹饰也简单,如 *Ophiceras*(蛇菊石)和 *Tirolites*(提罗菊石),三叠纪后期为齿菊石式或菊石式缝合线,壳面具瘤、肋,如中-晚三叠世的 *Paraceratites*(副齿菊石)、*Trachyceras*(粗菊石)、*Protrachyceras*(前粗菊石)等(图 14-1)。侏罗纪菊石具有了复杂的菊石式缝合线,壳体再次从光滑向壳饰发育的方向发展,如早侏罗世的 *Psiloceras*(裸菊石)壳体光滑,*Arietites*(白羊石)、*Hongkongites*(香港菊石)等具简单肋脊壳饰,中-晚侏罗世则出现了壳饰分叉复杂的类型,如 *Perisphinctes*(三叉菊石)。至白垩纪,底栖型菊石形状奇特,呈直或螺旋或旋绕状等不规则形状,如壳体长直的 *Baculites*(杆菊石)和不规则旋绕状的 *Nipponites*(日本菊石)等。游泳型菊石壳饰复杂,但缝合线又趋简单,如 *Himalayaites*(喜马拉雅菊石)。

海相双壳类在中生代亦十分重要,特别是在三叠纪更显繁盛,往往与菊石一起组成重要分阶组合。早三叠世有具有地层时代指示意义的 *Claraia*(克氏蛤)、*Eumorphotis*(正海扇)、*Pteria*(翼蛤)等(图 14-1)。中三叠世出现 *Costatoria*(褶脊蛤)、*Halobia*(海燕蛤)等(图 14-1),晚三叠世以壳饰特殊的 *Burmesia*(缅甸蛤)为代表,侏罗纪三角蛤科、牡蛎科繁盛,白垩纪则以厚壳类型为特征。

2. 淡水湖生生物组合

中生代随着陆地规模的扩大,陆相沉积增加,尤其是亚洲,特别是中国侏罗纪、白垩纪以陆相沉积为主,淡水生物在陆相地层划分对比和海陆相地层对比工作中的重要性十分突出,主要为淡水双壳类、腹足类、鱼类、叶肢介、介形虫及昆虫类。

晚三叠世常见的淡水双壳类有 *Shanxiconcha*(陕西蚌)和 *Unio*(珠蚌)等。早侏罗世有 *Cuneopsis*(楔蚌)等,中侏罗世中国华南、青海、甘肃、新疆等地以 *Lamprotula*(丽蚌)、*Psilunio*(裸珠蚌)等厚壳、大个体淡水双壳类为代表,同时期在华北、东北地区则以薄壳 *Ferganoconcha*(费尔干蚌)为代表。早白垩世 *Trigonioides*(类三角蚌)、*Plicatounio*(褶珠蚌)、*Nippononaia*(日本蚌或富饰蚌)、*Nakamuranaia*(中村蚌)为代表的生物组合称为 *T.-P.-N.*动物群,晚白垩世则以 *Pseudohyria*(假嬉蚌)等为代表。

四、特异保存生物群

1. 关岭生物群

关岭生物群产出于贵州省安顺市关岭县上三叠统,是以海生爬行动物鱼龙类和棘皮动物海百合化石为主要特色,并伴生有多门类脊椎动物、无脊椎动物和植物的珍稀化石群。它主要包括海生爬行动物鱼龙类、海龙类、鳍龙类、原龙类、初龙类、早期龟类,无脊椎动物鹦鹉螺、腕足动物、棘皮类、菊石、双壳类、腹足类、十足目节肢动物等。其重要化石如鱼龙类有 *Panjiangsaurus*(盘江鱼龙)、*Shastasaurus*(萨斯特鱼龙)、*Qianichthyosaurus*(黔鱼龙);海龙类有 *Anshunsaurus*(安顺龙)、*Xinpusaurus*(新铺龙);楯齿龙类有 *Sinocyamodus*(中国豆齿龙)、*Psephochelys*(砾甲龟龙);原始龟类有 *Odontochelys*(齿龟)、

Eorhynchochelys（始喙龟）；棘皮类有 *Traumatocrinus*（创口海百合）、*Petalocrinus*（花瓣海百合）；菊石有 *Trachyceras multituberculatum*（多瘤粗菊石）；双壳类有 *Halobia*（海燕蛤）等（图 14-1）。此外还有鱼类、牙形石、裸子植物和蕨类植物。关岭生物群化石种类繁多，数量丰富，保存完好，被誉为"全球晚三叠世独一无二的海生爬行动物和海百合化石宝库"。

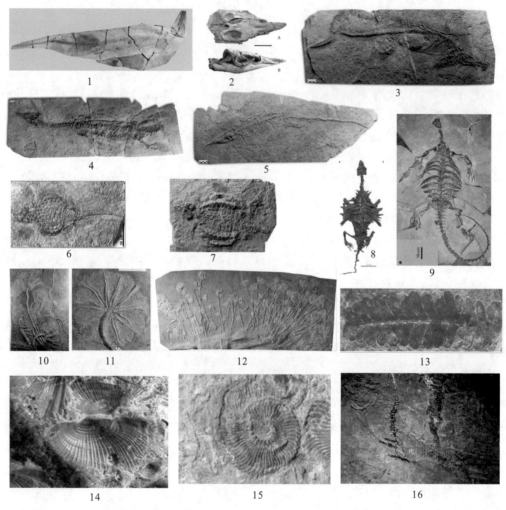

图 14-3　关岭生物群典型化石

鱼龙类：1. *Panjiangsaurus*（盘江鱼龙），2. *Shastasaurus*（萨斯特鱼龙），3. *Qianichthyosaurus*（黔鱼龙）；海龙类：4. *Anshunsaurus*（安顺龙），5. *Xinpusaurus*（新铺龙）；楯齿龙类：6. *Sinocyamodus*（中国豆齿龙），7. *Psephochelys*（砾甲龟龙）；原始龟类：8. *Odontochelys*（齿龟），9. *Eorhynchochelys*（始喙龟）；海百合：10、11. *Traumatocrinus hsui*（许氏创口海百合），12. *Petalocrinus*（花瓣海百合）；13. 植物叶片；14. *Halobia*（海燕蛤）；15. *Trachyceras multituberculatum*（多瘤粗菊石）；16. 鱼类

　　根据关岭生物群中牙形石、菊石、双壳、植物化石研究，关岭生物群对应的准确地质时代为晚三叠世卡尼期早-中期。这一时期受 Pangea 裂解和拉丁期大海退的影响，世界很多地区海相化石记录残缺，海生爬行动物、海百合和软骨鱼类等化石在全世界范围的保存记录都非常有限，类似关岭生物群这样成规模保存了海生脊椎动物、无脊椎动物和古植物的化石群实属罕见。特别是海生爬行动物，填补了我国晚三叠世脊椎动物化石记录的空白，是研究海生爬行动物从三叠纪原始类型演化为侏罗纪—白垩纪海洋统治者之间不可或缺的一环。同时，海生爬行动物中含有东、西特提斯两个生物古地理区的生物类型，具有混生的特点，因此关岭生物群还可作为两个生物古地理区海生爬行动物之间的纽带，为开展亲缘关系等生物古地理学研究提供重要的资料。

　　关岭生物群之所以能如此完好地得以保存，和关岭地区在晚三叠世所处的古环境密不可分，汪啸风等(2003)对此进行了分析。经历拉丁期大海退之后，华南大多数地区均抬升为陆，而关岭地区当时位于南盘江盆地西北角的活动陆棚边缘，为海洋生物提供了合适的生存空间。晚三叠世卡尼期随着海侵的发生，海洋生物的种类和数量逐步增多，同时被带入少量植物化石。海侵达到最盛时，由于水深增加、水流不畅，海水环境开始恶化，变得缺氧、咸化，从而导致生物在短时间内出现集群死亡和埋藏。

2. 热河生物群

热河动物群最早由美国学者葛利普(Grabau)命名于1928年，指代辽宁凌源(以前称热河省)下白垩统含 *Lycoptera* (狼鳍鱼)化石的湖相沉积(热河岩系)中的一套动物化石组合。后经研究发现，该套地层中也产出丰富的植物化石，于是1962年我国学者顾知微提出使用"热河生物群"来指代这套动植物化石组合，时代上为中侏罗世—晚侏罗世。

20世纪末期开始，热河生物群中大量保存精美的淡水动植物化石被相继发现，包括腹足类、双壳类、甲壳类(叶肢介、鲎虫、介形虫和虾类)、昆虫类和蛛形类、无颌类、软骨鱼类、硬骨鱼类(鲟形鱼类、弓鳍鱼类和骨舌鱼类)、两栖类(无尾和有尾两栖类)、爬行类(龟鳖类、离龙类、蜥蜴类、翼龙类、鸟臀类恐龙和蜥臀类恐龙)、鸟类(基干鸟类、反鸟类和真鸟类)、哺乳动物(多瘤齿兽类、对齿兽类、真三尖齿兽类、后兽类和真兽类)，以及藻类、苔藓、蕨类、裸子植物、被子植物等数十个门类的化石(Zhou et al.,2017；徐星等，2019)。其中含有一系列轰动世界的发现，如一直以来被称为世界上第一朵花的 *Archaefructus liaoningensis* (辽宁古果)，世界第一个带羽毛的恐龙 *Sinosauropteryx prima* (原始中华鸟龙)，已知最大的中生代哺乳动物 *Repenomamus* (爬兽)，最早的淡水七鳃鳗 *Mesomyzon* (类中生鳗)等。这些化石数量丰富、保存完整，甚至可见完好的软体组织，可以说是一个世界级的古生物化石宝库。热河生物群为中生代后期鸟类、哺乳动物和被子植物的起源和早期演化等重大科学问题的研究提供了珍贵的第一手资料，曾被誉为与寒武纪澄江动物群并列的古生物学研究的重大发现之一。

同时，古生物学家们对热河生物群的定义、地质时代、地理分布、群落演化过程以及所处的古气候和古环境等也有了更深入全面的认识。"狭义热河生物群"，即产于辽宁凌源保存有软体组织化石的生物群，主要产出于大北沟组、义县组和九佛堂组的凝灰质火山岩或凝灰岩夹层的页岩层、富含火山灰的含砾砂岩以及凝灰岩中，这3个岩性组的年代学数据为135～120Ma的早白垩世。早期研究认为热河生物群产出以 *Ephemeropsis* (拟蜉蝣)、*Eosestheria* (东方叶肢介)和 *Lycoptera* (狼鳍鱼)为代表的生物组合，也因此被称为 E.-E.-L. 动物群(图14-2)。但是在后来的研究中发现，拟蜉蝣可能在热河生物群中并不存在，狼鳍鱼也仅在义县组中发现，因此它们的组合难以完整定义热河生物群。热河生物群的一些代表性化石不仅集中产出于我国辽宁西部、河北北部和内蒙古东南部，在朝鲜半岛、日本、蒙古、哈萨克斯坦和西伯利亚等地均有发现，因此有学者提出用"广义热河生物群"来指代这些地区产出的陆相生物群，并认为热河生物群的演化经历了花吉营组、义县组和九佛堂组所对应沉积时期3个阶段的演化，逐步达到分类单元的高峰和地理分布范围的扩大(Zhou et al., 2017)。通过对"狭义热河生物群"进一步分析认为，这些生物当时生存的区域内有众多湖泊，尤其是火山湖，多门类化石和同位素数据还指示了高山坡地及森林的存在。在古气候方面，不同的生物类别指示热河生物群形成期间经历了温热湿润、干旱、寒冷等古气候变化。目前，热河生物群的时空分布特征、古生态系统的精确复原、埋藏学机制等仍是古生物学家们进一步探索的热点话题(徐星等，2019)。

第二节　中国东部中生代地层系统

中生代时期，发生于三叠纪晚期的印支运动改变了中国东部的构造格局和演化过程。受印支运动影响，华北板块和华南板块的中生代地层也产生了空间分异。华北板块三叠系以晋陕地区发育较好，而侏罗系—白垩系以燕辽地区发育较好。华南板块三叠系—侏罗系以四川盆地北部发育较好,白垩系以湘粤等地发育较好,现分述如下。

一、华北板块中生代的地层系统

1. 鄂尔多斯地区的三叠系

鄂尔多斯地区的三叠系自下而上包括刘家沟组、和尚沟组、二马营组、延长组和瓦窑堡组(据陕西省地质矿产勘探开发局,1997)。

1)刘家沟组(T_1l)

刘家沟组由中国科学院陕西地层队(1959)在山西宁武县东寨乡刘家沟创名。刘家沟组以灰白色—浅紫红色砂岩为主,夹薄层泥岩及层间砾岩,砂岩中发育浪成交错层理,厚度 94~408m。该组内含叶肢介 *Leptolimnadia shanxiensis*,*Palaeolimnadia komiana*,*Liostreria jiachengensis* 和植物化石 *Pleuromeia jiaochengensis*,*Neocalamites* sp.,*Crematopteris* sp. 等。刘家沟组时代为早三叠世,与下伏地层孙家沟组整合接触。

2)和尚沟组(T_1h)

和尚沟组由中国科学院陕西地层队(1959)在山西宁武县东寨乡和尚沟创名。和尚沟组主要为紫红色泥岩、粉砂质泥岩夹少量石英砂岩,内含钙质结核,厚度 41~159m。该组含介形虫 *Darwinula gracilis*;叶肢介 *Cornia guchengensis*,*Gabonesheria clinotuberica*;上部含脊椎动物化石 Benthosuchidae,*Fugusuchus hejiapanensis* 等。和尚沟组时代为早三叠世晚期,与下伏地层刘家沟组整合接触。

3)二马营组(T_2e)

二马营组由中国科学院陕西地层队(1959)在山西宁武县二马营创名。二马营组主要为灰绿色长石砂岩夹红色泥岩,红色泥岩中含大量钙质结核,在陕北地区,所夹泥岩自北向南逐渐增多。二马营组厚度 109~813m,含著名的"中国肯氏兽"化石,时代为中三叠世。

4)延长组($T_{2-3}y$)

延长组由 Fuller 和 Clapp(1927)命名的陕西系"延长带"沿革而来,命名地点在陕北的延长地区。延长组主要岩性为灰绿色、灰黄绿色、浅肉红色长石砂岩,夹深灰绿色页岩及煤线,下部含页岩油,是鄂尔多斯盆地主力烃源岩层,厚度 200~1016m。延长组含著名的"*Danaeopsis - Bernoullia* 植物群"包括 *Danaeopsis fecunda*,*Bernoullia* sp.,*Neocalamites* sp. 等,时代为中三叠世晚期至晚三叠世,与下伏地层二马营组整合接触。

5)瓦窑堡组(T_3w)

瓦窑堡组由王竹泉、潘忠祥(1933)创建的瓦窑堡煤系沿革而来。瓦窑堡组以灰黄色、灰黑色泥质岩与粉砂岩、细砂岩互层为主,发育 40 余层厚度 1m 以上的煤层,厚度 96~412m。该组内含双壳类化石 *Shaanxiconcha elliptica*,*Sh. subrhomboidalis*,叶肢介及大量植物化石 *Daeniopsis* sp.,*Bernoullia* sp. 等。瓦窑堡组时代为晚三叠世,与下伏地层延长组整合接触。

2. 燕辽地区的侏罗系和白垩系

燕辽地区侏罗系—白垩系主要发育于辽宁西部和河北北部,据辽宁地质矿产勘探开发局(1997)总结,主要包括以下地层单位。

1)羊草沟组(J_1y)

羊草沟组由金维静等(1962)创名,创名地点在北票羊草沟一带。羊草沟组以黄灰色、灰白色砂岩、砾岩为主,夹灰绿色、黄绿色粉砂岩、泥岩、碳质页岩及煤线,厚度 402m 左右。羊草沟组含大量陆生生物化石,如植物化石 *Neocalamites carerrei*,*Equisetum* sp.,*Pityophyllum staratschini* 等;双壳类

Unio xuefengchuanensis，*Shaanxiconcha elliptica* var. *tongchuanensis*，*S. subparallela* 等；叶肢介 *Palaeolimnadia* cf. *lingyuanensis*，*Ovjurium* cf. *subsanuri*，*Pseudoestheria* cf. *subovata* 等。根据本组所含生物组合判别，其地层时代为晚三叠世到早侏罗世。羊草沟组与下伏地层中元古代高于庄组角度不整合接触。

2）兴隆沟组（J_1x）

兴隆沟组由谭喜寿（1931）创名的"兴隆沟层"沿革而来，创名地点在北票兴隆沟一带。兴隆沟组主要由玄武岩、玄武安山岩、安山质角砾岩及集块岩组成，局部具沉积岩夹层，厚度403m左右。该组安山岩 K-Ar 同位素年龄为（191±5.7）Ma，Rb-Sr 同位素年龄为 198Ma（辽宁省地质矿产勘探开发局，1997），时代为早侏罗世。该组与下伏地层中元古代高于庄组角度不整合接触，或与羊草沟组整合接触。

3）北票组（J_1b）

北票组由谭喜寿（1931）创名的"北票系"沿革而来，因发育于北票煤田而得名。北票组以黄褐色长石石英砂岩、长石砂岩和灰色、灰黑色页岩为主，夹砾岩、黏土岩及煤层，厚度 1332m 左右。北票组含植物化石 *Neocalamites* sp.，*Pterophyllum* sp.，*Thallites pinghsiangensis* 等。北票组地层时代为早侏罗世，与下伏地层兴隆沟组平行不整合接触。

4）海房沟组（J_2h）

海房沟组由室井渡（1942）创名的"海房沟砾岩层"沿革而来，创名地点在北票海房沟一带。海房沟组由灰白色、黄灰色复成分砾岩夹长石石英砂岩、粉砂质页岩组成，局部夹碳质页岩、煤层及灰绿色流纹质熔岩、凝灰岩，厚度 269m 左右。海房沟组含植物 *Coniopteris tatungensis*，*Neocalamites* sp.，*Podozamites lanceolatus*，*Strobilites* sp. 等；双壳类 *Ferganoconcha subcentralis*，*Sibireconcha* sp. 等。海房沟组地层时代为中侏罗世，与下伏地层北票组角度不整合接触。

5）髫髻山组（J_2t）

髫髻山组由叶良辅（1920）命名的"髫髻山层"沿革而来，命名地点在北京门头沟，相当于辽宁阜新地区传统的蓝旗组。髫髻山组为一套粗安质熔岩、角砾凝灰岩，夹有凝灰质砂岩、凝灰质砾岩，厚度621～1978m。该组与下伏地层海房沟组角度不整合或平行不整合接触。

6）土城子组（$J_{2-3}t$）

土城子组由林朝肇（1942）创名的"土城子砾岩层"沿革而来，创名地点在北票土城子附近。土城子组为紫红色粉砂质页岩、粉砂岩，灰紫色或黄褐色复成分砾岩夹砂岩，灰绿色砂岩、浮石岩、凝灰岩偶夹紫红色砾岩，厚度2623m左右。土城子组含叶肢介 *Neostoria reticulata*，*Mesolimnadia jinlingsiensis*；昆虫 *Mesobaetis sibirica*？；双壳类 *Sphaerium* sp.；爬行类 *Chaoyoungosaurus* sp.；植物 *Pityolepis* sp.，*Coniopteris* cf. *burejensis* 等。土城子组地层时代为中-晚侏罗世，与下伏地层髫髻山组平行不整合接触。

7）义县组（J_3—K_1y）

义县组由室井渡（1940）创名的"义县火山岩"沿革而来，创名地点在义县一带。需要说明的是，葛利普（1923）创名的"热河系"大致相当于现义县组中部。植田芳雄（1939）扩大了"热河系"的含义（分为下热河层、中热河层、上热河层），后沿革为热河群，包括现在的沙河子组、义县组、九佛堂组、阜新组。义县组以中基性火山岩、火山碎屑岩为主，夹中酸性和碱性火山岩、火山碎屑岩及沉积岩，底部为厚度不大的砾岩和砂岩。义县组厚度 2442m 左右，含较多生物化石，如鱼类 *Lycoptera muroii*；叶肢介 *Eosetheria sinensis*；爬行类 *Manchurochelys manchouensis*，*Yabeinosaurus pontoform*a；昆虫 *Ephemeropsis* sp.，*Pseudosama rula*；双壳类 *Ferganoconcha quadrata*，*Sphaeyium jeholensis* 等；介形虫 *Cypridea* spp.，*Mongolianella palmosa* 等。义县组地层时代为晚侏罗世—早白垩世，与下伏地层土城子组、北票组角度不整合接触。

8）九佛堂组（K_1j）

九佛堂组由远藤隆次（1934）创名的"九佛堂统"沿革而来，创名地点在喀左县九佛堂附近。九佛堂组以灰色、灰绿色、灰黑色(偶见紫色)钙质粉砂质页岩、页岩、粉砂岩为主,夹油页岩、泥灰岩、砂岩和砾岩,厚度 2118m 左右。九佛堂组内含较多化石,如双壳类 *Nakamurania chingshanensis*, *Sphaerium jeholensis*;叶肢介 *Ephemeropsis* sp.;介形虫 *Lycopterocypris* sp.;昆虫 *Ephemeropsis trisetalis*;鱼类 *Lycoptera davidi*, *L. longi*;植物 *Equisetites* sp., *Czekanowskia rigida* 等。九佛堂组地层时代为早白垩世,与下伏地层义县组平行不整合接触。

9)阜新组(K₁*f*)

阜新组由王竹泉、黄汲清(1929)创名的"阜新煤系"沿革而来,命名地点在阜新一带。阜新组以灰白色砂岩、砾岩为主,夹深灰色泥岩、碳质泥岩和多层煤层,厚度 551m 左右。阜新组含腹足类化石 *Zaptychius* sp., *Mesocochliopa* aff. *Certacea*, *Cyraulus* sp.;双壳类 *Sphaerium* sp., *Nippononaia chinensis*;植物 *Elatocladus* sp., *Coniopteris burejennsis* 等。阜新组地层时代为早白垩世,与下伏地层九佛堂组整合接触。

10)孙家湾组(K₂*s*)

孙家湾组由森田义人(1939)命名的孙家湾统沿革而来,命名地点在阜新孙家湾一带。孙家湾组以灰紫色局部夹灰黄色复成分砾岩为主,夹杂色砂岩、粉砂岩及砂质页岩,局部夹泥灰岩,厚度 662m 左右。孙家湾组含化石 *Acanthoptris onychioides*, *Coniopteris* sp., *Ginkgoites* sp. 等。孙家湾组地层时代为晚白垩世,与下伏地层阜新组平行不整合接触。

11)大兴庄组(K₂*d*)

大兴庄组由辽宁第四地质队(1989)命名,命名地点在辽宁锦县大兴庄村北山。大兴庄组以英安岩、粗安岩为主,底部具火山碎屑岩,厚度 120m 左右。英安岩 K-Ar 同位素年龄为 115.16～80.83Ma,地层时代为晚白垩世。该地层平行不整合于孙家湾组之上,或角度不整合于义县组之上,未见上覆地层。

二、华南板块中生代的地层系统

1. 鄂西—川东地区的三叠系、侏罗系

1)大冶组(T₁*d*)

大冶组由谢家荣(1924)所创"大冶石灰岩"演变而来,创名地点在湖北省大冶市铁山附近。大冶组自下而上可分为 4 段:第一段为页岩夹薄层状灰岩、泥灰岩,或薄层灰岩、泥灰岩夹页岩,富含菊石和双壳类化石;第二段以中厚层状灰岩的出现和终止为标志,常常为中厚层状灰岩夹薄层状灰岩,或薄层状灰岩夹中厚层状灰岩;第三段以薄层状灰岩为主,蠕虫状灰岩(虫迹构造)发育,有时层间夹页岩;第四段以厚层、中厚层状灰岩为主,常具纹带状、鲕状构造,有时具角砾和白云石化灰岩、白云质灰岩。大冶组厚度约 500m 左右,内含双壳类和菊石类化石,如 *Ophiceras demissum*, *Lytophiceras* cf. *commune*, *Claraia concentrica*, *C. mangi*, *Prionolobus* sp., *Xenodiscoides* sp. 等。大冶组时代属于早三叠世印度期,与下伏大隆组整合接触。

2)嘉陵江组(T₁₋₂*j*)

嘉陵江组由赵亚曾、黄汲清(1931)命名的"嘉陵江石灰岩"沿革而来,命名地为四川广元市北嘉陵江沿岸。嘉陵江组以灰色中—厚层状白云岩、白云质灰岩为主,夹微晶灰岩、膏溶角砾岩,厚约 600 余米。含双壳类、菊石化石,有 *Claraia* sp., *Ophiceras* sp., *Glyptophiceras minoy* 等,顶部产双壳类 *Eumorphoris* sp.。该组地层时代为早三叠世奥伦尼克期,与下伏大冶组整合接触。

3)巴东组(T₂*b*)

巴东组由 Richthofen(1912)所建的"巴东层"沿革而来,命名地点在巴东县长江沿岸。巴东组自下而上可分 3 段,第一、第三段为紫红色粉砂岩、泥岩夹灰绿色页;第一段底部普遍有灰绿色页岩,第三段顶部为浅灰色钙质页岩、灰岩、白云岩;第二段为灰岩、泥灰岩。巴东组厚度 200～800m,内含双壳

类、菊石和植物化石,如双壳类 *Eumorphotis subillyrica*,*E. illyrica*,*Myophoria goldfussi*,*M. submultistrata*,*M. goldfussi mansuyi*;菊石 *Progonoceratites* sp.;植物 *Annalepis zeilleri* 等。据马千里等(2019)发现于第二段、第三段界线上的凝灰岩锆石 U-Pb 年龄为(237.5±2)Ma,巴东组第一段、第二段时代为中三叠世,第三段为晚三叠世,其底部与下伏嘉陵江组白云岩、灰岩呈过渡关系。

4)九里岗组(T_3j)

九里岗组由湖北省区测队(1973)创名,陈公信(1975)报道。地点在远安县茅坪九里岗。九里岗组下部以黄灰、深灰色粉砂岩、砂质页岩、泥岩为主,含碳质页岩及煤层或煤线,上部为长石石英砂岩,厚度78.03m。该组产丰富植物、瓣鳃类等,可分为以 *Lepidopteris ottonis*,*Cycadocarpidium erdmanni*,*Sinoctenis* sp. 为代表的植物群和以 *Modiolus* cf. *frugi*,*M. problematicus*,*Unionites*? *emeiensis*,*Euestheria yipinglangensis*,*E. contracta* 等为代表的动物组合。九里岗组地层时代为晚三叠世,与下伏巴东组整合接触。

5)王龙滩组($T_3—J_1w$)

王龙滩组由湖北省区测队(1973)创名,陈公信(1975)报道,地点在南漳县与远安县交界的王龙滩。王龙滩组以长石石英砂岩为主,夹粉砂岩、碳质页岩,间夹黏土岩、煤线和煤层,厚度781.39m。该组内含双壳 *Trigonodus keuperinus* 等晚三叠世分子和 *Conioptiris hymenophylloides* 植物等早侏罗世化石,说明该组为一跨时地层单位。该组与下伏九里岗组整合接触。

6)桐竹园组(J_1t)

桐竹园组由湖北省区测队(1973)创名,陈公信(1975)报道,创名地点在当阳县庙前桐竹园。桐竹园组为灰黄、灰绿色中—厚层状泥岩、粉砂质泥岩、泥质粉砂岩、粉砂质页岩夹中层状细粒石英砂岩、长石岩屑砂岩,下部夹煤层、黄铁矿层,顶部夹灰岩透镜体,厚度598m。该组产植物及双壳类化石,以 *Conioptiris-Ptilphyllum contiguum-Sphenobaiera huang* 植物组合及 *Pseudocardinia-Qiyangia cuneata* 动物群为特征。桐竹园组地质时代为早侏罗世,与下伏王龙滩组呈整合接触。

7)千佛岩组(J_2q)

千佛岩组由赵亚曾、黄汲清(1931)命名的“千佛岩层”沿革而来,命名地点在四川广元城北千佛崖。千佛岩组以灰绿色细砂岩和紫红色粉砂岩、泥岩、页岩为主,局部夹灰岩透镜体,底部见细砾岩和含砾砂岩,厚度180～450m。千佛岩组含双壳类 *Cuneopsis* sp.,*Pseudocardinia* sp.;植物 *Equisetites* sp.,*Neocalamites* sp.,*Ginkgo* sp.;腹足类 *Valvata* sp.。该组时代为中三叠世,与下伏地层桐竹园组整合接触。

8)沙溪庙组(J_2s)

沙溪庙组系杨博泉、孙万铨(1946)由原“重庆系”(哈安姆,1931)中分出而创建的沙溪庙组演变而来,命名地点在四川省合川县沙溪庙,指分别整合于千佛岩组与遂宁组之间的一套细碎屑岩地层。

下部为紫红色泥岩与黄灰色中-细粒长石石英砂岩互层,泥岩中夹黄灰、灰紫色细砂岩、粉砂岩,含钙质结核,并以底部巨厚层状长石石英砂岩与下伏千佛岩组紫红色泥岩呈整合接触;上部为紫红色粉砂质泥岩与长石石英砂岩互层,单层厚度大,组成由粗到细的韵律层,砂岩分选性差,横向上变化大,常见大型交错层理,属河流-三角洲相为主的快速堆积。该组产 *Chungkingichthys xilingensis*,*Darwinula* aff. *sarytirmenensis*,*Clinocypris xilingensis* 和孢粉 *Cyathidites-Classopollis-Neoraistrickia* 组合带。沙溪庙组地质时代为中侏罗世晚期,与下伏千佛岩组紫红色泥岩整合接触,厚度1986～2144m。

9)遂宁组(J_3s)

遂宁组由李悦言、陈秉范(1939)命名的遂宁页岩沿革而来,命名地点在四川遂宁县城附近。遂宁组以紫红色、砖红色泥页岩为主,夹岩屑长石砂岩、粉砂岩,厚度200～600m。该组内含介形虫 *Darwinula* sp.,*Djungarica* sp.,*Clinocypris* sp. 和轮藻类 *Euaclistochara* sp. 等,地层时代为晚侏罗世。

10)蓬莱镇组(J_3p)

蓬莱镇组由杨博泉、孙万铨(1946)命名的“蓬莱镇砂岩层”沿革而来,命名地点在四川蓬溪县蓬莱镇。蓬莱镇组以紫灰色长石石英砂岩与紫灰色泥质岩不等厚互层为特色,夹黄绿色页岩及生物碎屑灰岩,厚度 780～1200m。该组内含介形虫 *Darwinula* sp. , *Djungarica* sp. , *Mantelliana* sp. ;轮藻类 *Euaclistochara* sp. ;双壳类 *Danlengiconcha* sp. , *Sichuanoconcha* sp. 等。蓬莱镇组时代为晚侏罗世,与下伏地层遂宁组整合接触。

2. 湘中地区的白垩系

白垩系在华南主要分布于一系列断陷盆地中,并以陆相河湖相粗碎屑沉积为主。其中在湖南湘中地区衡阳盆地发育最好,现简述如下。

1)石门组(K_1s)

石门组由李四光、赵亚曾(2924 年)创名的东湖系石门砾岩沿革而来,创名地点在湖北宜昌西北的石门一带。石门组主要为紫红色巨厚层—块状砾岩,底部见一层厚度不等的角砾岩,顶部见含砾砂岩,厚度 106m 左右。底部与新元古代板溪群角度不整合接触。石门组未见生物化石,根据与上覆地层关系,地层时代定为早白垩世。

2)东井组(K_1d)

东井组由中国科学院南京地质古生物研究所(1961)命名,命名地点在湖南省衡阳县白水乡东井坳。东井组以紫红色砂质、钙质泥岩为主,夹钙质粉砂岩,薄层砂砾岩及少量灰绿色泥岩,厚度 558m 左右。东井组产双壳类 *Trigoniodes - Nippononaia - Plicatounio* 组合,介形类 *Cypridea - Darwinula* 组合,轮藻 *Triclypella - Flabellochara - Mesochara* 组合。该组地层时代为早白垩世,与下伏地层石门组整合接触。

3)栏垅组(K_1l)

栏垅组由赵别全(1994)命名,命名地点在衡阳县白水乡栏垅地区。栏垅组由紫红色、棕红色厚层-巨厚层砾岩、砂砾岩、含砾砂岩及杂砂岩组成,厚度 113～800m,与下伏地层东井组整合接触。根据与下伏地层关系,地层时代暂定为早白垩世晚期。

4)神皇山组(K_1s)

神皇山组由湖北省地质科学研究所(1972)命名,命名地点在衡阳县神皇山。神皇山组由红褐色钙质长石石英砂岩与紫灰色粉砂岩、粉砂质泥岩或灰绿色粉砂质泥岩组成韵律层,厚度 1631m 左右。神皇山组富含介形虫 *Cypridea - Eucypris - Cyprinotus* 组合;轮藻 *Euaclistochara - Mesochara* 组合;双壳类 *Nakamuranaia* sp. , *Sphaerium* sp. 等;植物 *Manica* sp. , *Populophyllum* sp. , *Cycadespermun* sp. , *Pagiophyllum* sp. , *Brachyphyllum* sp. 等;叶肢介 *Tenaestheria* sp. , *Dictyetheria* sp. , *Halysetheria* sp. 等。该组地层时代为早白垩世,与下伏地层栏垅组整合接触。

5)会塘桥组(K_1h)

会塘桥组由胡济民等(1979)命名,命名地点在湖南祁东县会塘桥。会塘桥组主要岩性为紫红色、棕红色钙质泥质粉砂岩、粉砂质钙质泥岩,内夹灰绿色、杂色泥岩及少量细砂岩,厚度 72m 左右。该组富含轮藻类和介形虫化石,如轮藻 *Sphaerochara paragranulifera* , *Mesochara xiagouensis* 等;介形虫 *Limnocypridea* sp. , *Cypridea cartarostrata* 等。会塘桥组地层时代为早白垩世,与下伏地层泥盆系棋梓桥组角度不整合接触。

6)戴家坪组(K_2d)

戴家坪组由王水等(1961)命名,命名地点在衡阳县戴家坪。戴家坪组主要由紫色泥岩、粉砂质泥岩组成,夹灰绿色泥岩、粉砂岩和少量砂岩,厚度 534m 左右。戴家坪组含轮藻类 *Porochara anluensis - Charites tenuis* 组合,介形虫 *Talicypridea - Cypridea - Candona* 组合。该组地层时代为晚白垩世,与下伏地层会塘桥组整合接触。

7)车江组(K_2c)

车江组由湖南省 406 地质队(1963)命名,命名地点在湖南省衡南县车江镇。车江镇以灰白色、棕红色长石石英砂岩、粉砂岩为主,夹粉砂质泥岩及砂砾岩透镜体。车江镇含介形虫 *Cypridea xingdianensis*, *Talicypridea* sp., *Cyprois* sp., *Quadracypris* sp., *Candona declivos*, *Eucypris* sp. 等。该组时代为晚白垩世晚期,与下伏地层戴家坪组整合接触。

第三节　中生代地史

中生代是中国乃至全球地质历史的重大变革期。从全球背景上看,晚古生代后期形成的 Pangea 超大陆于三叠纪时期进一步扩大。原来处于古特提斯洋的华北、华南、印支、伊朗、土耳其等陆块逐渐汇聚碰撞,形成 Pangea 大陆的一部分。侏罗纪时期,上述陆块在 Pangea 超大陆东部完成了最终拼合(图14-4)。除此之外,侏罗纪—白垩纪发生了一系列的全球重大地质事件促使了 Pangea 超大陆的裂解。一是北美板块、波罗的板块、非洲板块、南美板块之间开始分裂,中大西洋开始形成。南美板块和非洲板块之间、印度板块和非洲板块之间也开始裂解,形成南大西洋和印度洋的雏形(图14-5)。到白垩纪时期大西洋已经贯通南北,印度洋已经具有一定规模。与大西洋、印度洋打开相关,太平洋于侏罗纪开始俯冲消减。现在大西洋、印度洋为未经俯冲的被动大陆边缘,靠大陆边缘的洋盆底部最老的地层为侏罗系,说明大西洋、印度洋在侏罗纪开始裂陷,周缘为俯冲带的太平洋洋盆边缘也存在侏罗系的洋壳,暗示太平洋可能在侏罗纪存在俯冲。二是随着中国拉萨、土耳其、伊朗等原冈瓦纳大陆北缘的块体北移,新特提斯洋打开(图14-6)。

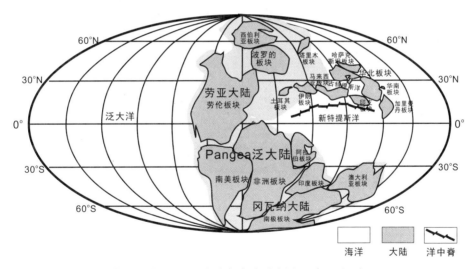

图14-4　中三叠世(220Ma)全球古大陆再造图(据李江海,姜洪福,2013)

受新特提斯洋演化的影响,我国中生代地史发生了重大变革。西南特提斯地区,班公湖-丁青-怒江洋盆以北古特提斯域的秦岭-昆仑洋、金沙江-哀牢山洋盆、甘孜-理塘洋盆、双湖-龙木错-澜沧江-昌宁-孟连洋盆相继闭合,形成中国古大陆的雏形。受三叠纪晚期印支运动和太平洋板块边缘俯冲的影响,中国东部一改三叠纪"南海北陆"的局面,形成侏罗纪—白垩纪东西分异的格局。因此中国中生代地史大致以三叠纪后期的印支运动为界,划分为三叠纪和侏罗纪—白垩纪两个演化阶段。

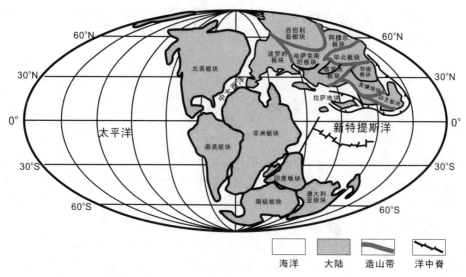

图 14-5 中侏罗世(160Ma)全球古大陆再造图(据李江海,姜洪福,2013)

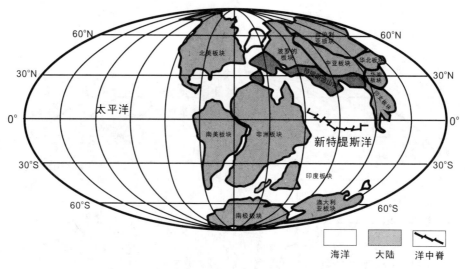

图 14-6 早白垩世(120Ma)全球古大陆再造图(据李江海,姜洪福,2013)

一、三叠纪地史

中国三叠纪的古地理具有鲜明特点。第一是空间上的三分性,以秦岭-昆仑山为界,"南海北陆"的古地理格局十分注目;南部的海区,以龙门山-哀牢山为界,东侧为华南稳定浅海,西侧为活动的多岛洋盆地。第二是发展历史上有明显的二分性,尤其在华南地区,以印支运动为转折,早、中三叠世以浅海碳酸盐岩为主,晚三叠世以海陆交互相碎屑岩沉积占优势。

1. 华北—西北地区三叠纪的古地理

二叠纪晚期华北板块、塔里木板块与西伯利亚-蒙古板块已连接形成巨大的劳亚大陆的一部分中国北方古陆,包括西北、华北和东北广大地域,三叠纪仅在一系列大小不等的内陆河湖盆地中保存沉积记录。其中大型河湖盆地有华北西部的鄂尔多斯盆地和宁武-沁水盆地,西北地区的准噶尔盆地和塔里木盆地等;华北东部、东北地区以及西北的祁连山、天山等地,则零星分布小型山间盆地(图 14-7)。

鄂尔多斯盆地三叠系发育良好,生物化石十分丰富,是中国北部陆相三叠系的标准剖面。下统刘家沟组、和尚沟组为紫红色砂泥质岩,砂岩中多具有交错层理;中统下部二马营组亦为紫红色河湖碎屑岩,含肯氏兽动物群,为干旱气候下的河湖碎屑沉积;上统延长组、瓦窑堡组富含 *Danaeopsis - Bernoullia* 植物群,以灰绿、黄绿色砂岩、页岩为主,下部夹黑色油页岩,顶部含煤层,总厚度达 2000m,为温带半潮湿气候环境的大型坳陷盆地。

2. 华南板块三叠纪的古地理

华南板块早三叠世总体以海相碳酸盐岩沉积为主,中三叠世—晚三叠世出现碎屑岩沉积。大致以"江南隆起"为界,两侧存在明显分异(图 14-7)。

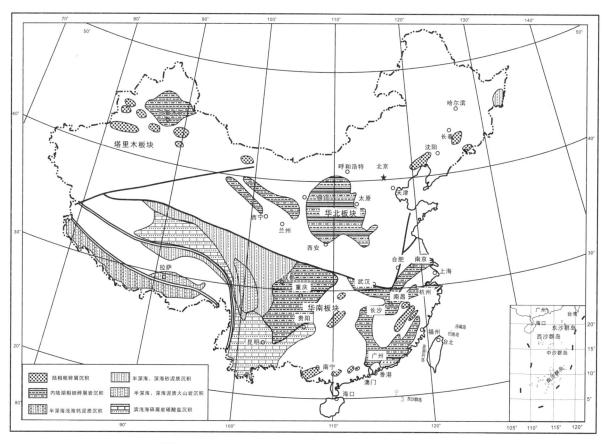

图 14-7　中国晚三叠世古地理图(据王鸿祯,1985 简化)

华南板块"江南隆起"以西的扬子地区三叠系发育较为齐全,以川鄂地区发育较好,早三叠世早期为大冶组浅海灰岩、泥灰岩,晚期为嘉陵江组白云岩和灰岩互层,局部夹以石膏为主的蒸发岩。中三叠世巴东组下部为滨浅海相紫红色泥质岩、粉砂岩及砂岩,上部为浅海相灰岩。巴东组上部为晚三叠世,仍为紫红色滨浅海泥质岩、粉砂岩及砂岩。上三叠统九里岗组为暗色三角洲相泥质岩和砂岩。九里岗组和巴东组之间的平行不整合代表对印支运动的远程响应(图 14-8)。

华南板块"江南隆起"以东的广大地区早三叠世早期为大冶组泥质岩、灰岩和泥质灰岩。早三叠世晚期杨家群以细碎屑岩为主。晚三叠世—早侏罗世为安源组湖泊相的含煤泥质岩和细碎屑岩。萍乡组与下伏地层角度不整合接触,反映"江南隆起"以东的印支运动的存在。

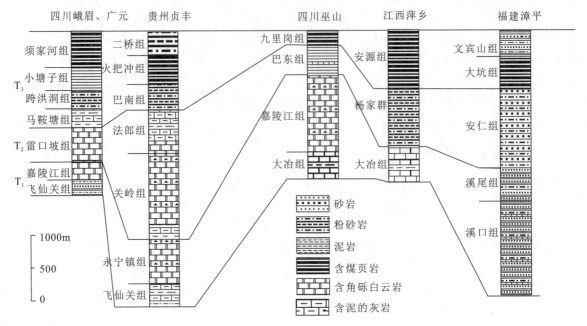

图 14-8　华南三叠纪地层对比图(据刘本培,1996)

　　华南板块西部沿川黔滇地区三叠系发育较全,以黔南贞丰剖面发育最好,包括下三叠统飞仙关组、永宁镇组,中三叠统包括关岭组和法郎组,上三叠统包括把南组、火把冲组和二桥组。下三叠统飞仙关组以紫红色砂泥岩为主,包括含铜砂岩等,含丰富的底栖双壳类,为滨浅海环境,代表海侵初期的沉积。永宁镇组下部为紫色页岩,上部为泥灰质和白云质碳酸盐岩。永宁镇组顶部及中统下部关岭组角砾状白云岩发育,为膏盐层溶解后的崩塌产物,膏盐沉积说明当时为潮上蒸发环境。中三叠统上部法郎组为正常浅海碳酸盐岩逐渐变为滨浅海碎屑、泥质岩沉积,说明在中三叠世后期海水变浅,海退明显。上统把南组及火把冲组均为海陆交互相砂页岩夹煤层,顶部的二桥组已全部为陆相砂、页岩含煤层,代表了湖沼环境。整个三叠系构成一个完整的沉积旋回。尤其值得注意的是,晚三叠世川滇黔地区形成一个巨大的内陆盆地,并一直持续到侏罗纪(图 14-7)。

　　华南地区西南部右江地区继承晚古生代右江盆地的格局,早三叠世孤立台地相区发育罗楼组半深海-深浅海相暗色薄层灰岩,台间裂陷槽相区发育石炮组的半深海-深浅海相细碎屑岩和泥质岩。广西那坡、凭祥等地还发育岛弧性质的中基性火山岩,代表滇东南麻栗坡小洋盆的南向俯冲。中三叠世百逢组和兰木组为典型的由浊流沉积组成的复理石。该复理石代表了随着金沙江-哀牢山-松马洋盆的闭合,印支地块与华南板块的碰撞造山形成的前陆盆地沉积,从而结束了右江盆地自裂谷盆地(泥盆纪)—与被动洋盆相伴的被动大陆边缘(石炭纪)—与向南俯冲洋盆相伴的被动大陆边缘(二叠纪—早三叠世)—前陆盆地(中三叠世)的演化过程(图 14-9)。

　　综上所述,早三叠世时期,华南地区仍为统一海盆。由于西部龙门山—康滇古陆上升,北缘大巴山古陆的出现,以及南部黔南地区青岩生物礁带的阻隔,早三叠世晚期扬子海盆成为半封闭状态,扬子地区经常出现潮上蒸发环境,白云岩广布,还有石膏等盐类沉积。中三叠世受印支运动影响,华南开始出现明显的沉积分异。扬子地区中三叠世晚期发生大规模海退,即地史上著名的拉丁期大海退,沉积区明显缩小,浅海区仅存于黔桂地区及龙门山前,可以法郎组和雷口坡组为代表,中、下扬子及闽中地区为海陆交互相碎屑沉积,其余均成为剥蚀区。中三叠世后期发生的具有划时代意义的印支运动第一幕,不仅使江南古陆以东地区褶皱隆升,且深刻地改造了华南地区的构造格局。"江南隆起"北西侧的扬子地区形成了巴东组、蒲圻组的紫红色泥岩、粉砂岩及砂岩,"江南隆起"南东侧为滨浅海碎屑沉积。华南地区

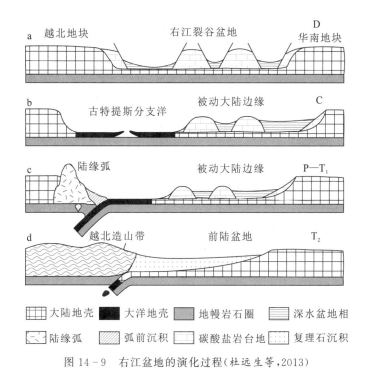

图 14 - 9　右江盆地的演化过程(杜远生等,2013)

晚三叠世以"江南隆起"为主体的湘黔桂高地形成,并以此将华南分隔为东西两个沉积区(图 14 - 7)。西部为滇黔桂海湾,早期的浅海碳酸盐岩及碎屑沉积中含双壳类 *Burmesia*(缅甸哈)动物群,说明其海侵来自西边的特提斯洋,晚期则成为沉积范围较大的川滇近海盆地,形成了闻名的含 D. - C. 植物群的须家河组。湘黔桂高地以东的海湾为以安源组为代表的海陆交互相含煤沉积,其中含有 *Bakevellia*(贝莱哈)为代表的动物群,说明该海槽的海侵来自东部的环太平洋海槽。值得注意的是此时闽西北地区出现一系列北北东向小型内陆新断陷盆地,其中的陆相酸性火山凝灰岩代表了中生代环太平洋火山带最早的记录。

3. 西南地区三叠纪的古地理

中生代时期,我国西南地区古生代形成的古特提斯洋发生明显变化。早、中三叠世特提斯多岛洋的主支——澜沧江-昌宁-孟连洋已消减为残余洋盆,近年来在滇西南耿马、澜沧地区及藏东左贡地区发现残余洋盆型硅质岩、细粒碎屑岩沉积,其中的放射虫动物群具有较浓的地方性色彩;金沙江-哀牢山洋继续俯冲消减,并最终闭合;相反,甘孜-理塘洋、怒江洋和雅鲁藏布江洋迅速扩张,放射虫硅质岩和枕状玄武岩发育。这些洋盆之间的微板块古地理特征差别较大,中咱、羌塘、昌都微板块以浅海盆地为主,沉积了灰岩和碎屑岩;怒江洋、雅鲁藏布江洋以北的冈底斯地区、腾冲-波密区为古陆;雅鲁藏布江洋以南的珠峰地区以灰岩沉积为主,代表了冈瓦纳古陆北缘的浅海区,位于南半球(古纬度为 29°S 左右)。

晚三叠世,澜沧江、昌宁-孟连洋和金沙江-哀牢山洋完全封闭;甘孜-理塘洋由扩张转为俯冲消减,并最终闭合;中咱、羌塘、昌都、思茅地区连成一片,早期发育紫红色磨拉石沉积,晚期普遍为滨、浅海环境。冈底斯地区和腾冲—波密地区仍为古陆;班公湖-怒江洋、雅鲁藏布江洋不断扩大,并造成生物区系的隔离,该洋南北地区生物群明显不同。

二、侏罗纪—白垩纪的古地理

受太平洋和特提斯洋板块俯冲的影响,中国侏罗纪、白垩纪古地理特征也具有明显的三分性,但与三叠纪的三分性完全不同。东部滨太平洋地区,以与太平洋俯冲有关的陆缘弧火山岩为特色,陆缘弧之后的内陆地区,以小型断陷盆地为特征;华南的川滇地区、华北的鄂尔多斯地区及西北地区,以大型盆地和山脉间列为特征;青藏地区仍为海洋环境(图 14-10,图 14-11)。

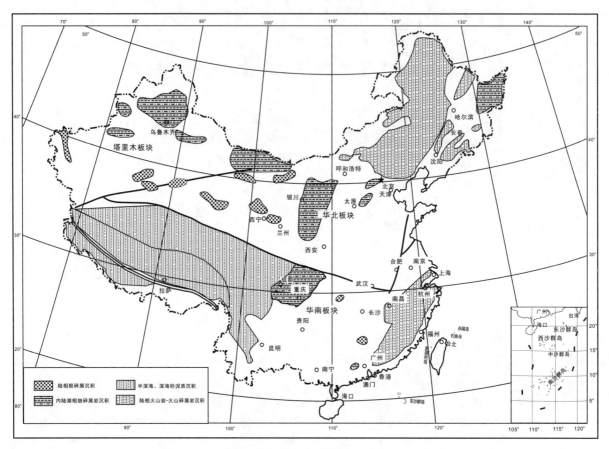

图 14-10 中国晚侏罗世古地理图(据王鸿祯,1985 简化)

1. 中国东部的古地理特征

中国东部由于太平洋板块的俯冲影响,以大兴安岭—太行山—武陵山为界,西部川滇盆地、鄂尔多斯盆地逐渐萎缩。东部沿海地区燕山运动引起的地壳构造变动和岩浆活动强烈,发育大规模的陆缘弧为特色的火山岩沉积,形成北起黑龙江畔,南抵东南沿海的火山活动带。冀北辽西侏罗系—下白垩统的岩性十分复杂、厚度巨大。自下而上可以重要的不整合面将其归纳为 3 个火山喷发-沉积的岩性组合,分别称为北票群、南岭群和热河群。下侏罗统包括羊草沟组、兴隆沟组和北票组,中侏罗统包括海房沟组与髫髻山组(相当于蓝旗组)和土城子组,上侏罗统为义县组和九佛堂组;下白垩统为阜新组,上白垩统为孙家湾组(图 14-12)。

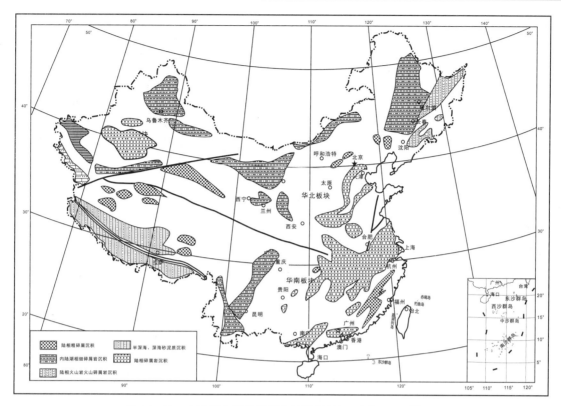

图 14-11　中国早白垩世晚期古地理图（据王鸿祯，1985 简化）

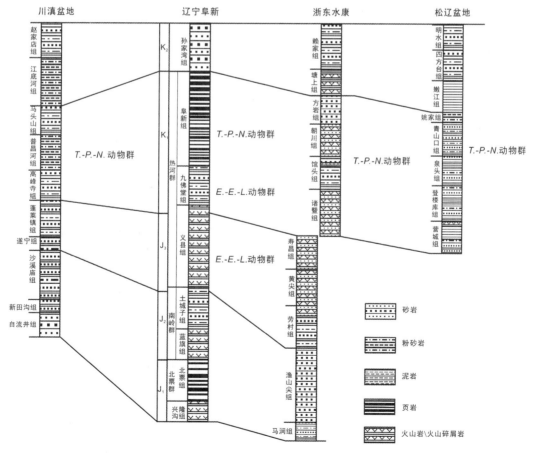

图 14-12　中国东部侏罗纪—白垩纪地层对比图（据刘本培，1996）

下侏罗统零星分布,下部的火山岩代表了这一地区中生代最早的、一次规模不大的基性、中基性火山喷发,反映断裂活动可深达上地幔;上部的含煤地层为湖沼环境下的产物,代表喷发期后的相对宁静阶段,地形高差不大,气候温暖潮湿。中侏罗统分布范围扩大,下部的火山岩代表规模更大的火山喷发期,其成分以中性为主,亦有少量玄武岩、流纹岩,说明岩浆分异复杂、构造活动增强;上部的沉积地层是又一次宁静期的产物,为山间河流及风成沙漠沉积,说明地形高形较大,地势也较高,气候炎热。中侏罗世末期构造活动加剧(燕山运动Ⅰ),火山喷发活动规模更大,造成上侏罗统—下白垩统热河群分布范围更广,以明显的区域性角度不整合覆盖于南岭群之上,同时大面积超覆到长期隆起的前古生代变质岩之上。上侏罗统—下白垩统大规模分布火山岩,标志着地壳活动的高潮,在喷发的间隙及喷发期后以含煤及油页岩沉积的静水湖泊环境为主,局部为河流沉积,说明当时冀北辽西地区地形平坦、气候潮湿。早白垩世晚期—晚白垩世早期本区普遍上升(燕山运动Ⅱ),断裂活动十分显著,明显的差异升降导致断陷盆地周围强烈上升,粗大的岩块、碎屑快速堆积于盆地边缘的坳陷区内,致使断陷盆地最终填满消失。

东南沿海地区火山活动带的侏罗系—白垩系基本上可与冀北-辽西及松辽地区对比。该带早、中侏罗世火山喷发规模小,喷发间歇期和喷发期后均发育含煤沉积,东南地区早侏罗世普遍含煤,仅在香港、广东、湘南一带存在海相沉积。从中侏罗世开始普遍出现紫红色碎屑沉积沉积。晚侏罗世发生更强烈的火山喷发,广泛分布于大兴安岭、松辽、东南沿海火山盆地区(图 14-10)。北部的兴安岭的火山盆地区内,北纬43°以北,火山岩系中往往夹有可采煤层,而东部的完达山虎林龙爪沟地区,中、晚侏罗世发育海陆交互相含煤沉积,含 *Arctocephalites*(北极头菊石)。东南沿海火山盆地区,晚侏罗世的强烈火山活动及地壳活动,一直延续到早白垩世,浙西地区的建德群以酸性火山岩、凝灰岩、凝灰质砂岩、页岩为主,含东方叶肢介、拟蜉蝣、中鲚鱼(*Mesoclupea*)等。

早白垩世后期所发生的中期燕山运动(燕山运动Ⅱ),在东北、华北及华南地区均有极其重要的影响。自此以后,在早白垩世后期及晚白垩世期间形成了松辽、华北-苏北、江汉大型沉陷盆地,中南地区则为一系列中、小型山间盆地红色河湖碎屑沉积;岩浆活动范围向迁移局限于长白山以东地区(图 14-11);在黑龙江鸡西地区、浙东和闽东地区,早白垩世晚期地层不整合覆盖于下伏地层之上。这次构造运动形成的东部大型沉陷盆地,是我国中生代重要的含油气盆地。

2. 中国西部地区古地理特征

侏罗纪—白垩纪时期,太行山-武陵山-哀牢山以西的西部地区及西北地区以大型稳定盆地与山脉间列为特征,主要盆地包括川滇盆地、准噶尔盆地、塔里木盆地、柴达木盆地、河西走廊盆地等(图 14-10,图 14-11)。受气候带的影响,这些盆地的沉积特征不尽相同:古秦岭-古昆仑以北的盆地,下侏罗统和中侏罗统下部为深色碎屑岩沉积,普遍含有重要的煤层;中侏罗统上部至上白垩统地层,普遍为杂色、紫红色碎屑岩沉积,常含有盐类沉积。古秦岭-古昆仑以南的川滇盆地侏罗系、白垩系普遍为紫红色、杂色碎屑岩沉积。川滇盆地中心的下侏罗统自流井组以紫红色砂岩、泥岩为主,夹杂色层及多层介壳泥灰岩、薄煤层、赤铁矿层和菱铁矿。中侏罗统下部新田沟组为紫红色粉砂岩,含厚壳始丽蚌动物群,上部沙溪庙组为含叶肢介紫红色泥岩夹灰色砂岩,上部产 *Mamenchisaurus*(马门溪龙)动物群。上侏罗统下部遂宁组以棕红色泥岩为主,含石膏层,上部蓬莱镇组以棕红色、棕紫色泥岩、砂岩为主,含叶肢介、介形虫等。下白垩统下部高峰寺组为浅灰色、灰黄色、灰绿色厚层石英砂岩、含铜砂岩,化石稀少。上部普昌河组以紫红色—杂色泥岩为主,夹泥灰岩和泥质砂岩及含铜砂岩,富含 *T.-P.-N.* 动物群。上白垩统下部马头山组以紫红色、暗紫色厚层砂岩为主,夹砂砾岩、泥岩。泥岩中富含双壳类化石,上部江底河组以红色泥岩为主,夹杂色泥灰岩条带层,上部含膏盐层。杂色层中含叶肢介、介形虫、孢粉和鱼类。

川滇盆地自晚三叠世形成雏形,侏罗纪为盆地发育最盛时期,白垩纪时盆地逐渐缩小,以致最后消失。该盆地的发展历史明显地受着当时所处气候条件及盆地周围地形的控制。早侏罗世时,大部分地区可以自流井组为代表,为紫红色及杂色沉积,但在盆地的东北部鄂西及川北广元一带为含煤沉积。盆地西北部边缘带则由于邻近古大巴山和古秦岭,碎屑物质较多,以滨湖砂砾沉积为特征,在川中及滇中地区则为泥灰岩相分布区,说明盆地存在两个湖心相沉积区。中侏罗世起川滇盆地逐渐受干燥气候的控制,至晚侏罗世普遍为红色泥岩及砂岩夹石膏沉积,显示了燥热气候特征。

白垩纪时由于北部大巴山和南部哀牢山的明显隆起,盆地沉积范围显著缩小(图 14 - 11),仍处于干燥气候条件下,沉积区内为红色砂、泥河湖相沉积。早白垩世川北广元一带为红色含砾粗碎屑沉积,显示古龙门山上升并遭受剥蚀,晚白垩世的红色河湖沉积中常夹泥灰岩及膏盐层,为咸化湖泊的沉积,南部滇西思茅地区,白垩纪时以陆相沉积为主,但夹多层海泛层,含有咸水双壳类,说明当时特提斯海水可通过中南半岛地区到此。白垩纪后期盆地显著萎缩。

3. 青藏特提斯洋古地理格局

青藏地区侏罗纪、白垩纪古地理的演化,以班公湖-怒江洋逐步闭合和雅鲁藏布江洋的进一步扩张为特征(详见第十六章)。

班公错-丁青-怒江带缝合带北侧的羌塘—唐古拉地区,印支运动后已经成为古亚洲大陆的一部分,中侏罗世发育巨厚海相至海陆交互相沉积(雁石坪群),陆相夹层所产始丽蚌淡水双壳动物群已与华南、西北地区一致。

班公湖-怒江缝合带的东巧地区,已发现侏罗纪蛇绿岩套(包括席状岩墙、枕状玄武岩和放射虫硅质岩),其上被晚侏罗世拉贡塘组的底砾岩不整合覆盖。证明由于冈底斯地块向北拼合增生于古亚洲大陆南侧,班公错-怒江小洋盆晚侏罗世起已经转化为地壳叠接缝合带。冈底斯微板块早白垩世发现亚洲特有的淡水蚌类 $T.-P.-N.$ 动物群,证明已属北方大陆范畴,古亚洲大陆南缘已达以雅鲁藏布江带为代表的新特提斯洋北岸。

近年在雅鲁藏布江沿线已发现含白垩纪放射虫硅质岩的蛇绿岩套和混杂堆积,代表当时特提斯洋壳俯冲消减的海沟部位。北侧的冈底斯带晚白垩世—古近纪出现火山弧型安山岩、流纹岩喷发和岩浆侵入,代表火山岩浆弧部位;更北的藏北陆棚海域可代表陆壳基底上的弧背型安山岩、流纹岩喷发和岩浆侵入,代表火山岩浆弧部位;更北的藏北陆棚海域可代表陆壳基底上的弧背盆地。上述构造古地理格局证明,特提斯洋壳自白垩纪中期开始向北俯冲、消减,转化为太平洋型(安第斯式)主动大陆边缘。

雅鲁藏布江南岸的江孜、拉孜一带,侏罗系、白垩系以杂砂岩、黑色页岩、放射虫硅质、基性火山岩为主,常见复理石韵律或滑塌岩块,代表印度板块北缘被动大陆边缘自陆棚下部至陆坡、深海洋盆的沉积记录。

在珠峰北坡的聂拉木、岗巴、定日地区,发育良好的侏罗系、白垩系,以灰岩、生物碎屑灰岩和砂页岩为主,含有丰富的菊石、有孔虫、双壳类、海胆等化石,代表了印度北部边缘地区滨浅海至大陆斜坡环境的沉积。

三、中生代的古构造

1. 印支运动

印支运动由法国地质学者 Fromaget(1934)命名,指发育于印支半岛晚三叠世的两个造山幕的印支褶皱。黄汲清(1945)把中国境内三叠纪发生的地壳运动命名为印支运动,得到我国地质工作者的承认和广泛应用。印支运动表现为两个造山幕,第一幕发生于中-晚三叠世之交(印支运动Ⅰ),第二幕发生于晚三叠世末期(印支运动Ⅱ)。印支运动第一幕主要发生于华南东部地区及秦岭-大别地区。印支运动第二幕发生于青藏高原的昆仑-西南三江及右江盆地地区。

我国印支运动在华南东部"江南隆起"以东和南部右江地区、西南三江、巴颜喀拉—松潘、秦岭—昆仑山地区表现最为强烈,使上述地区的一些微板块与劳亚大陆拼合,形成规模宏大的印支褶皱带,并导致劳亚大陆向南扩张。另外,在环太平洋地区的俄罗斯远东地区、日本列岛、印尼诸岛和北美科迪勒拉山脉及我国的那丹哈达地区,也受到印支运动的重要影响。印支运动为东亚地区地壳演化的重大转折期,具有划时代的重大意义。印支运动不仅使东亚地区古大陆拼合,改变了古生代以来中国东部"南海北陆"的古地理格局,同时也开启了中国东部"东西分异"的构造格局和演化历程。中生代不仅形成了以川滇盆地—鄂尔多斯盆地为代表的新华夏系第三沉降带,也开启了松辽盆地—华北盆地—中下扬子盆地—北部湾盆地的第二沉降带。上述盆地形成了中国东部主要的大型陆相含油气盆地。

2. 燕山运动

燕山运动由翁文灏(1927)以燕山地区的构造变形幕命名。燕山运动为侏罗纪—白垩纪期间广泛发育于我国全境的重要构造运动,主要表现为褶皱断裂变动、岩浆喷发和侵入活动及部分地带的变质作用。燕山运动由3个主要构造幕组成,第一幕发生于中-晚侏罗世之交(燕山运动Ⅰ),第二幕发生于早白垩世早期(燕山运动Ⅱ),第三幕发生于晚白垩世中期(燕山运动Ⅲ)。其中以第二幕运动最为强烈,影响也最广。

燕山运动的幕次、强度和形式在不同地区存在明显差别。在大兴安岭—太行山以西地区,构造活动较弱,缺乏岩浆活动和地层褶皱。大兴安岭—太行山以东地区,构造活动较强,具体表现为地壳破裂,形成许多断陷盆地,盆地内广泛发育火山岩沉积;地层强烈变形褶皱,形成分布广泛的不整合接触关系,并且地层已发生不同程度地变质;那丹哈达和台湾地区形成非常发育的构造混杂岩。这些变化是太平洋板块与亚洲板块之间作用的结果。

第四节　中生代沉积矿产及分布

中国中生代的沉积矿产较为丰富,已知有煤、油页岩、石油、天然气、盐岩、卤水、石膏、铁、锰、铝土矿和含铜砂岩等10余种,以煤、石油、天然气、盐类、铁最为重要。

晚三叠世—早侏罗世中国南、北方均为聚煤期。华南为海陆交替或近海环境,含煤丰富,煤质较好(如湘中、赣北地区安源群下部煤层)。华北、西北和东北地区晚三叠世广泛分布陆相含煤盆地,但煤质较差。早-中侏罗世是我国重要成煤期之一,聚煤区主要分布在北方,可以辽西北票组、北京门头沟组、晋北大同组、陕北延安组以及新疆八道湾组和西山窑组为代表,都形成大型煤田。华南地区早侏罗世仍有含煤沉积,但规模及质量均不及晚三叠世。早白垩世早期,东北及华北北部广泛分布重要的含煤沉积,可以沙海组、阜新组、城子河组为代表。

中国中生代陆相石油、天然气资源丰富,中国西部的川滇盆地、鄂尔多斯盆地是重要的含油气盆地、天然气储集层。松辽盆地的松花江群是著名大庆油田的生油层和储油层。

扬子浅海在早三叠世晚期—中三叠世初期普遍出现咸化潟湖环境,并有石膏矿产形成。在上扬子海盆的川中地区,还共生有盐岩和卤水,是寻找钾盐的远景区。华南晚白垩世红层中常有重要的盐岩矿产,如滇中的江底河组、湖南的衡阳群就是其中的代表。

第十五章　新生代地史

新生代包括古近纪、新近纪和第四纪,是地球历史中最近66Ma以来的地质时期,内部进一步划分为7个世(图8-10)。古近纪和新近纪在20世纪后期之前被统称为第三纪,第三纪一词由意大利地质学家阿杜依诺(G. Arduino)于1760年提出,他将意大利北部地层划分为原始系Primary(指结晶变质的地层)、第二系Secondary(成层含化石)和第三系Tertiary(层状半固结)。1829年法国地质学家德努瓦耶(Jules Desnoyers)将塞纳河谷第三系之上的松散沉积物称为第四系Quaternary。1976年,国际地层委员会将新生界划分为古近系、新近系和第四系,并在1989年的全球地层表中不再用第三系这一术语。

新生代古生物、古地理、古气候、古构造较中生代均发生了重要变化。生物界以哺乳动物和被子植物大发展为特征,被称为哺乳动物时代或被子植物时代,其中第四纪由于人类的出现和发展,被称为人类时代。古气候的重要事件是第四纪冰川的形成。古地理、古构造的重要变革发生在中国古大陆的西南缘和东南缘:在西南缘由于始新世晚期印度板块与古亚洲板块的最终对接碰撞,导致新近纪以来青藏高原的急剧抬升和喜马拉雅山世界屋脊的形成;在东南缘最重要的事件是大陆边缘裂陷和弧后扩张,并形成了许多规模大、沉积厚的盆地,如渤海湾盆地、东海盆地、南海盆地等,它们蕴藏了我国重要的油气资源。

第一节　新生代生物界

新生代生物界总貌与现代相近,脊椎动物的哺乳类空前大发展,取代了中生代十分繁盛的爬行类;无脊椎动物以双壳类、腹足类、介形虫占主要地位,中生代海洋中繁盛的菊石、箭石等已经灭绝;植物界中被子植物全面发展,而中生代占统治地位的裸子植物大量衰退。

一、脊椎动物的变革与演化

新生代新兴的哺乳类占据了地球上各个生态领域,尤其是有胎盘类(真兽)的进化、辐射最为明显,如空中飞行的翼手类,水中游泳的鲸类以及陆地行走奔跑的食肉类、食草类等;无胎盘的有袋类主要繁盛于与其他大陆隔绝的澳洲地区。哺乳动物的演化表现为:古近纪以古有蹄类和肉齿类等古老类型较繁盛为特征,含有较多地方性的土著分子;新近纪以偶蹄类大发展和象的迅速演化为特点,随着各大陆的沟通,陆生哺乳动物趋同性逐渐明显;第四纪以出现现代生物属种为特征,人类的出现和发展是本阶段的重要事件(图15-1)。哺乳动物因其明显的演化阶段性,被广泛用于陆相地层的划分和对比,如王元青等(2019)重新厘定了中国古近纪陆相地层划分框架,将古近系划分为11个由哺乳动物演化阶段定义的阶,即古新世的上湖阶、浓山阶和格沙头阶,始新世的岭茶阶、阿山头阶、伊尔丁曼哈阶、沙拉木伦阶、那读阶和乌兰戈楚阶,以及渐新世的乌兰塔塔尔阶和塔奔布鲁克阶。新近纪陆相地层出现了一系列具有演化关系的动物群,如早中新世的谢家动物群和山旺动物群、中中新世的通古尔动物群、晚中新世的郭泥沟动物群、晚中新世—早上新世的三趾马动物群等(邓涛等,2019)。第四系更是以哺乳动物代表性动物群的产出层位建立了下更新统"泥河湾阶"、中更新统"周口店阶"和上更新统"萨拉乌苏阶",且均被纳入目前最新版的《中国地层表(2014)》(全国地层委员会,2017)。

图 15-1 新生代脊椎动物

1. *Hipparion*(三趾马,N);2. *Bemalambda pachyoesteus*(肿骨阶齿兽,E_1);3. *Amynodon mongolinensis*(蒙古两栖犀,E_2);
4. *Eotitanops*(始雷兽,E_2);5. *Ailurapoda melanoleuca*(大熊猫,Q);6. *Megaloceros pachyosteus*(肿骨大角鹿,Q);7. *Bison*(野牛,Q);8. *Coelodonta antiquitatis*(披毛犀,Q);9. *Homo pekingensis*(北京直立人,Q);10. *Barbus hrevicephalus*(短头鳡鱼,N);11. *Moeritherium*(始祖象,E)

1. 古近纪早期古有蹄类及肉齿类的繁盛

古有蹄类是以植物为食的有蹄哺乳动物,它们从原始食虫类祖先演化而来,与现代哺乳动物没有直接系统关系。它们与后来的有蹄类(奇蹄类、偶蹄类)相比,一般个体较小,齿比较原始,四肢和脚粗短,比较笨拙,包含几个平行进化的不同类别,如我国古新世的 *Bemalambda*(阶齿兽),个体大小如狼;早始新世的 *Coryphodon*(冠齿兽),体形笨重,长有短壮的四肢和宽阔的脚,不能迅速奔跑。此外,亚洲特有的 *Anagalida*(狇兽类)也是已灭绝的古老类型哺乳动物,它在古近纪早期很繁盛,个体与兔相近,在我国华南地区有不少发现。Creodonts(肉齿类)捕食其他原始食草动物,一般构造原始,四肢比较短而粗,趾(指)具爪,但仍像蹄,如始新世的 *Hyaenodon*(鬣齿兽)。

2. 古近纪中、晚期奇蹄类的高度发展和肉食类的繁荣

进步的有蹄类(奇蹄类、偶蹄类)及食肉动物裂脚类(Fissipedia)高度发展而替代古老类型的古有蹄类和肉齿类,是本阶段哺乳动物的重要特点。这些食肉动物(犬、熊、浣熊、灵猫、鬣狗、猫等)是从晚始新世和早渐新世直到现代一直占优势的陆生肉食类,分布十分广泛。啮齿类、长鼻类和灵长类的发展使动物群更为丰富,现代哺乳动物的祖先已基本出现。本阶段是奇蹄类演化发展的极盛时期,进化很快,分化门类很多(包括马、雷兽、爪兽、貘、犀等)。大部分奇蹄类(如雷兽、爪兽、蹄齿类及两栖犀)在古近纪末期灭绝,只有那些适应演化非常成功的奇蹄类(如马)才一直生存到现在。马的演化主要是体形的增大、脚趾的减少和齿的进化。早始新世的 *Hyracotherium*(始马)个体如犬,前脚四趾,后脚三趾,齿未特化。渐新世的 *Mesohippus*(渐新马)和 *Miohippus*(中新马)个体可达羊大,腿的长度增加,前后肢的侧趾退化均变为三趾,所有趾都着地,但中趾比侧趾大得多。中新世起马类开始适应草原生活,如 *Merychippus*(草原古马)体形开始增大,到中新世结束时,齿更为进化,仅中趾着地,如 *Hipparion*(三趾马)。到第四纪演化为单趾的 *Equus*(真马)。雷兽类(Brontotheriidae)出现于始新世早期,个体很小,与狐狸差不多,到渐新世中期繁盛到顶峰时,个体笨重而巨大,肩高可达 2m 以上,但很快灭绝。两栖犀类(Amynodontidae)是已灭绝奇蹄类的另一代表,从晚始新世兴起的 *Amynodon*(两栖犀)一开始就是粗大而笨重的动物,四肢一般短而宽,而前臼齿及门齿极端退化,到渐新世不久即灭绝。

3. 新近纪偶蹄类的大发展和象的迅速演化

偶蹄类一般每脚有 2 或 4 个趾,脚的中轴在第三和第四趾上,多数具有反刍功能。偶蹄类与奇蹄类都于始新世兴起,但古近纪是奇蹄类的繁荣时期,而偶蹄类在新近纪大为繁盛。象(长鼻类)的演化主要反映在齿及头骨方面。晚始新世至早渐新世的 *Moeritherium*(始祖象),个体大小如猪,没有巨大的门齿及长鼻,臼齿只有两个横脊,新近纪和第四纪更新世演化出不同的分支,门齿逐渐增大,臼齿的齿脊数不断增加,上新世以前齿脊大都在 5 个以下,更新世多数在 10 个以上(最多达 30 个)。由于象的演化快,分布广(除澳洲外遍布全世界),具有重要的地层划分对比意义。本阶段肉食类继续发展,奇蹄类中的马及犀等在鉴定地层时代上仍比较重要。

4. 第四纪哺乳动物的南北分异和属种现代化

第四纪动物群以出现大量现代属种为特色,由于大陆古地理、古气候的变化,本时期动物群逐渐显露出南北分异(表15-1)。早更新世以秦岭、淮河为界分为南、北两个动物群:北方(河北阳原)的泥河湾动物群,既有新近纪残留的 *Proboscidipparion*(长鼻三趾马),又有新出现的 *Bison*(野牛)、*Equus sanmeniensis*(三门马)等;南方(广西)的柳城动物群,其中既有新近纪残留的 *Stegodon preorientalis*(前东方剑齿象),又有新出现的 *Equus yunnanensis*(云南马)、*Gigantopithecus blacki*(步氏巨猿)等。这一时期,南、北动物群中仍有一些共同属种,说明两个动物群之间仍有一定联系。更新世中期动物群特点是:有少量的新近纪残留分子和相当数量的现代类型,南、北动物群差别相当明显,代表北方的周口店动物群,含有 *Megaloceros pachyosteus*(肿骨大角鹿,俗称肿骨鹿)、*Hyaena sinensis*(中国缟鬣狗)和 *Coelodonta antiquitatis*(披毛犀)等北方特有的类型;南方以万县盐井沟动物群为代表,包含有 *Ailuropoda melanoleuca*(大熊猫)及 *Stegodon orientalis*(东方剑齿象)等南方特有的属种。更新世晚期,以大量出现现生属种,但尚存有现在已灭绝的属种为特征:北方以萨拉乌苏动物群及丁村动物群为代表,包含有 *Megaloceros ordosianus*(鄂尔

多斯大角鹿)、*Crocuta ultima*（最后斑鬣狗）、*Bosprimigenius*（原始牛）及 *Coelodonta antiquitatis*（披毛犀）等；南方仍以大熊猫-东方剑齿象动物群为特征,但产有智人化石。东北与华北在更新世早、中期动物十分相似,但更新世晚期东北地区出现 *Coelodonta antiquitatis*（披毛犀）及 *Mammuthus primigenius*（普通猛犸象）动物群,这是代表典型寒冷气候的动物群。全新世动物群及其分布与现代十分接近,以不包含已灭绝属种为特征。一些更新世特有的属种,如 *Megaloceros*（大角鹿）、*Coelodonta*（披毛犀）和 *Mammuthus*（猛犸象）均已灭绝,而犀及象等分布范围大为缩小,现在仅限于东南亚及非洲。

表 15 – 1　中国第四纪动物群

时代		距今年龄/10ka	哺乳动物群	
			北方	南方
全新世		1.17		
更新世	晚期		山顶洞动物群 峙峪动物群 萨拉乌苏动物群 许家窑动物群 丁村动物群	柳江动物群 长阳动物群
	中期		周口店动物群	万县盐井沟动物群
	早期	258	泥河湾动物群	柳城巨猿洞动物群

5. 人类的出现和发展

人类的出现是第四纪生物进化的重大事件,从猿到人的演化已有大量的证据,可分为南方古猿阶段、能人阶段、直立人阶段和智人阶段 4 个阶段(表 15 – 2)。

表 15 – 2　中国古人类发展阶段

时代			古人类		考古期		海侵
全新世						铁器时代 青铜器时代 新石器时代	Ⅰ卷轮虫海侵
更新世	晚期	智人	新人	山顶洞人 柳江人	旧石器时代	晚期　山顶洞文化 萨尔乌苏文化	Ⅱ假轮虫海侵 Ⅲ星轮虫海侵
			古人	长阳人 丁村人 马坝人		中期　丁村文化	
	早中期	直立人		北京人 蓝田人 元谋人		早期　北京人文化 西侯度文化	Ⅳ盘旋虫海侵 Ⅴ未命名
		南方古猿					

(1)南方古猿阶段(440 万年～100 万年前),相当于考古学划分的旧石器早期的前一阶段(表 15 – 2)。由于南方古猿能直立行走,脑量约 400～500ml,其中一部分古猿能制造和使用最原始的石器,

表明进入了人类发展的最初阶段,或称从猿到人的过渡阶段。南方古猿化石大部分在非洲发现,至少包括了9个种。在20世纪,以发现于埃塞俄比亚的*Ardipithecus ramidus*(南方古猿始祖种)最为古老,距今440万年,取名为雅蒂(Ms. Ardi)。而距今350万年的*Australopithecus afarensis*(南方古猿阿法种)则是目前保存最为完整的古人类骨骼,取名为露西(Ms. Lucy)。除此之外,科学家在近些年发现了一些年龄更早的古人类化石。如2001年在中非乍得发现的距今700万年的*Sahelanthropus tchadensis*(撒海尔人乍得种),又名托迈Toumai,是目前已知最早的人类记录,还有同期发现于埃塞俄比亚的距今580万年的地猿始祖种。实际上,从20世纪60年代开始,就有很多学者从分子生物学角度提出现代人和黑猩猩的分离时间距今约500～800万年。所以人类与猿类的分离以及早期人类出现的年代,到目前为止还是有待进一步研究的重大基础理论课题。

(2)能人阶段(250万年～160万年前),相当于旧石器时代早期,从此人类演化进入人属*Homo*发展阶段,能人所对应的种名为*Homo habilis*。能人的特点是头骨壁薄,眉脊不明显,脑量500～700ml,可以用砾石制造砍砸器。典型代表是20世纪中后期发现于坦桑尼亚奥杜威峡谷的古人类骨骼和肯尼亚科比福拉的1470号头骨。这一时期的石器文化被称为奥杜威文化。

(3)直立人阶段(180万年～20万年前),相当于考古学划分的旧石器早期的后一阶段。直立人(*Homo erectus*)四肢已与现代人基本相似,脑量增大,所制造和使用的石器仍很原始。直立人最早的骨骼化石由荷兰解剖学家杜布瓦(Eugène Dubois)在印度尼西亚爪哇发掘而得,根据其发现的完整大腿骨的特点判断已能直立行走而定名为"直立猿人"。但很显然,直立人并不是最早能直立行走的人,而是根据其下肢骨能够采取直立的姿势而命名。早在20世纪20年代,我国周口店发现的古人类骨骼,早期被称为*Sinanthropus pekingensis*(北京猿人或中国猿人),根据其生活时代(距今约70～20万年),相应地名字应改为*Homo erectus pekingensis*(北京直立人或简称北京人),周口店是目前为止材料最丰富的直立人遗址。还有陕西蓝田发现的*Homo erectus lantianensis*(蓝田人)、云南元谋发现的*Homo erectus yuanmonensis*(元谋人)、南京汤山发现的*Homo erectus nankinensis*(南京汤山人)都是直立人的代表。直立人的年代基本相当于早更新世中、晚期至中更新世,它的化石分布在亚、非、欧广大地区。北京人洞穴堆积中有灰烬层,这是北京人使用火的遗迹。陕西蓝田公王岭蓝田人头骨出土层中发现有炭粒,可能是未充分燃烧的树木枝干。与云南元谋人时代相当的山西芮城西侯度遗址发现烧过的鹿角,反映元谋人也有用火的可能性。因此,直立人已开始用火似无疑问,我国找到的古人类用火遗迹是目前世界上最早的。但南方古猿尚无用火的确实证据。

(4)智人阶段(20万年前至今),对应种名*Homo sapiens*。智人的脑量及直立行走的姿势已与现代人相近,包括早期智人和晚期智人两个阶段。智人化石表明,大约五万年以来,智人在体质方面进化很少,而文化方面则突飞猛进。早期智人(古人)生活于20万年～10万年前,不仅能制造更进步的石器,并能取火御寒,利用兽皮蔽体,相当于考古学划分的旧石器时代中期。此阶段以德国发现的*Homo sapiens neanderthalensis*(尼安德特人),中国广东韶关发现的马坝人、山西襄汾发现的丁村人、湖北长阳人、辽宁金牛山人和陕西大荔人为代表。晚期智人(新人)是现代人的直接祖先,约10万年前出现,不仅能制造复杂精细的石器,还会做衣服,并用骨、壳等制成装饰品,相当于考古学分期的旧石器时代晚期。以印度尼西亚爪哇岛及加里曼丹岛发现的克罗马农人(Cro‐Magnon),中国周口店发现的山顶洞人、广西柳江人、四川资阳人、内蒙古河套人为代表。

综上所述,从猿到人的进化,主要表现在人体的直立行走、脑量的增大、不断改革劳动工具和文化的进步等方面,反映了劳动创造人的过程。

二、水生无脊椎动物的更替与发展

中生代末期,各种生态领域都有大量的生物类别灭绝和衰退,代之又有许多新生类别在新生代得到兴起和发展。

在海生无脊椎动物中,中生代繁盛的菊石、箭石已于白垩纪末完全灭绝,原生动物中的有孔虫及放射虫极为繁盛,浅海以软体动物的双壳类及腹足类占统治地位。如 *Pecten*(海扇)、*Ostrea*(牡蛎)、*Fusus*(纺锤螺)、*Cerithium*(刺螺)等,并常与有孔虫、海胆及苔藓虫组成海相介壳灰岩。新近纪晚期以来繁盛的六射珊瑚往往形成大型珊瑚礁。有孔虫可分底栖和浮游两类;底栖有孔虫如大型的 *Nummulites*(货币虫)等,在古近纪热带、亚热带海域分布很广,进化很快,特别是在古地中海区的古近系灰岩中广布,往往形成特殊的货币虫灰岩,故在欧洲常称古近纪为货币虫纪。浮游有孔虫如 *Globigerina*(抱球虫)、*Globorotalia*(圆幅虫)等,一般个体很小,演化快、分布广,是重要的洲际对比化石,在新生代各阶底界的标定中具有重要价值。

在淡水无脊椎动物中,叶肢介大为衰退,双壳类、腹足类、介形虫以及昆虫则进一步发展(图15-2)。不同时期,它们的组合面貌不同,在陆相地层划分、对比和沉积环境研究中有重要价值。常见淡水软体动物有腹足类的 *Planorbis*(扁卷螺)、*Viviparus*(田螺)、*Radix*(萝卜螺);双壳类的 *Lamprotula*(丽蚌)、*Corbicula*(河蚬)、*Cuneopsis*(楔蚌)等。介形虫在新生代极为繁盛,是陆相地层划分、对比和古环境、古气候重建的重要门类之一,如 *Cypris*(金星介)、*Eucypris*(真星介)、*Candona*(玻璃介)、*Ilyocypris*(土星介)、*Limmocythere*(湖花介)及 *Candoniella*(小玻璃介)等。

三、被子植物的发展及地理分区

新生代植物界中,被子植物占有统治地位,属种数和个体数量都约占整个植物群的80%~90%,蕨类植物及中生代繁盛的裸子植物在整个植物群中所占的比例很少,据现有资料,中国古近纪—新近纪植物群有两个发展阶段。古近纪是木本植物大发展阶段,以木本被子植物的乔木、灌木繁盛为主,如中国东北抚顺植物群(始新世)和云南景谷植物群(渐新世)中木本双子叶植物占有80%以上。此外,在古近纪植物群中古老类型的蕨类和裸子植物仍占一定数量。新近纪是草本植物大发展阶段,本阶段草本植物逐渐增多,植物组合比第一阶段复杂,大量现代种属出现,如山东山旺植物群、吉林敦化梨沟植物群等。草本植物的出现和草原的形成,是被子植物演化史上的一次飞跃,对哺乳动物的发展和分化起着极其重要的促进作用。

古近纪—新近纪全球性气候的分带性已十分清楚,季节性变化也甚明显,古植物学家根据古气候带的不同,一般将古近纪—新近纪植物分为泛北极植物区、热带植物区及南极植物区三大植物地理区。热带植物区由于东西半球组成不同,又可进一步分为次一级的古热带植物区(东半球)和新热带植物区(西半球)。中国跨越泛北极植物区和古热带植物区。泛北极植物区属温带型,包括北极区、北欧、北美和亚洲北部地区,以落叶乔、灌木为主,包括裸子植物的 *Taxodium*(落羽杉)、*Sequoia*(红杉)、*Glyptostrobus*(水松),被子植物的 *Fagus*(山毛榉)、*Alnus*(桤木)、*Betula*(桦)、*Populus*(杨)和 *Salix*(柳),以及蕨类植物的石松、卷柏等。热带植物区属热带、亚热带型,包括西欧、苏联南部、南美、非洲、中国南部及东南亚等地,以常绿树为主,包括大型的裸子植物和蕨类植物,被子植物有喜热的 *Cinnamomum*(樟)、*Magnolia*(木兰)、*Sabalites*(似沙巴棕)等(图15-2),本植物区的北界在古近纪—新近纪有逐渐向南迁移的趋势,古近纪早、中期植物区北界达到阿拉斯加等北纬70°左右地区,新近纪南移至北纬35°左右。南极植物地理区位于南纬40°以南的南美大陆和大洋中许多岛屿以及南极洲大陆的周围岛屿。该区植物多为南半球特有类型,在该区的1600种维管植物中有1200种为该区特有,典型植物有山毛榉科的 *Nothofagus*(假山毛榉)、南美杉科及木本植物。

作为植物繁殖器官一个组成部分的孢子和花粉,以其数量多、分布广,在新生代地层、古气候和油气有机地球化学研究方面具有突出作用,根据孢子和花粉化石组合的研究,可恢复植物群面貌。藻类植物在新生代也有重要发展,常成为地层划分对比的重要化石。海生浮游生物钙藻在古近纪—新近纪可划分出40多个化石带,如古新世初期的 *Markalius inversus*(逆向麦卡球石)、中新世早期的 *Helicopantasphaera ampliaperta*(大孔螺球石)等。淡水轮藻在陆相也很常见,如古近纪—新近纪的 *Peckichara*

图 15 - 2　新生代无脊椎动物及植物化石

1. *Markalinus inversus*（逆向麦卡球石，E）；2. *Helicopantasphaera ampliaperta*（大孔螺球石，E）；3. *Candoniella albincans*（纯净小玻璃介，E—Q）；4. *Ilyocypris* sp.（土星介，E—Q）；5. *Ostrea* sp.（牡蛎，E—N 常见）；6. *Nummulites* sp.（货币虫，E）；7. *Pecten cristatus*（冠毛海扇，E—N）；8. *Cinnamomum lanceolatum*（披针樟，E—N）；9. *Sabalites nipponicus*（日本拟沙巴桐，E）；10. *Salis varians*（精美柳，N）；11. *Alnus kafersteinii*（克氏桤木，E—N）；12. *Sequoia langsdorffi*（郎氏红杉，E—N）；13. *Ulmipoolllenites*（榆粉，E—N）；14. *Quercoidites*（栎粉，E—N）；15. *Viviparus*（田螺，E—N）；16. *Corbicula* sp.（河蚬，Q）；17. *Planorbis* sp.（扁卷螺，E—N）

（倍克轮藻）、*Hornichara*（栾青轮藻）等。

值得一提的是，从中生代开始有地质记录的钙质超微化石（calcareous nannofossil）在新生代海相地层的划分和对比中具有重要意义，如古新统赛兰特阶的国际标准层型剖面和点就是以 *Fasciculithus*（束石藻）的第二次辐射为标志，始新统卢泰特阶、巴顿阶、普利亚本阶、中新统托尔托纳阶、墨西拿阶等均以钙质超微化石的首现或末现标定底界。

四、代表生物群

1. 山旺生物群

山旺生物群发现于山东省临朐县，典型剖面位于角岩山和老母钱沟，主体出露面积约 0.3km²。在地质年代上对应中国陆生哺乳动物分期的山旺期，相当于早中新世。山旺组沉积物中产出丰富而保存精美的动植物化石，被称为化石宝库，又因化石主要产出于硅藻土页岩而被称为"万卷书"，特别是其中的哺乳动物化石，是进行陆相地层划分和对比的主要依据。

山旺地区最早的化石记载见于清朝光绪十年编纂的《临朐县志》和 1935 年出版的《临朐续志》。20世纪 30 年代，杨钟健对山旺地区的鱼、蛙等化石进行了调查和报道，开启了对山旺生物群的科学研究，翻开了这本万卷书的第一页。新中国成立以后，伴随着硅藻土矿的开发和综合研究的进行，陆续又有昆虫、蝾螈、蟾蜍、龟鳖、鸟类、蝙蝠、鼠类和大型的哺乳动物被发现和报道。赵秀丽等（2010）统计报道的化石种类已达 10 多个门类的 500 余种，目前数据应更为丰富，至少包括宏观和微观植物化石 250 余种（邓涛，2009），昆虫 12 目 84 科 221 属 400 余种，脊椎动物化石 32 属 37 种，其中哺乳动物 19 属 23 种等（李福昌，2019）。

哺乳动物最具时代意义，可以说山旺期是哺乳动物进入现代化的重要阶段。啮齿目在这一时期真正开始了以松鼠形类和鼠形类占统治地位的时期，如出现了鼯鼠亚科（Petauristinae），肉齿目被新肉食类如熊科（Ursidae）等所代替，长鼻目如嵌齿象出现，古老的奇蹄类灭绝，除犀科（如山旺近无角犀）、爪兽科和马科新出现的安琪马属较常见以外，奇蹄目没落，偶蹄目大量出现，反刍类明显分化，如出现了长颈鹿科（Giraffidae）、鹿科（Cervidae）等现生科和临朐中国拟猪、山旺猪兽等新属，还有食虫目的泰山鲁鼩、翼手目的意外山旺蝙蝠以及兔形目的大量新属出现。哺乳动物在这一时期的总体特点是从渐新世延续上来的大部分科已经或几乎绝迹，出现了一些现生的新科，但产生的新属几乎都未能延续至今。

除哺乳动物以外，山旺组中还产出了鸟类、爬行类、两栖类、鱼类等脊椎动物。中国第一只完整的鸟化石山旺山东鸟就产出于此，山旺是完整鸟化石最丰富的产地之一；现生的三类爬行动物龟鳖类、鳄类和有鳞类在山旺生物群中都有代表，如硅藻中新蛇、鲁钝吻鳄等；两栖类包括临朐蟾蜍、玄武蛙等，特别是无尾类化石除成蛙外，还保存有大量蝌蚪和正处于变态过程中的变态蛙化石；鱼类主要为显著区域特征的鲤科、鳅科等。

无脊椎动物化石中以昆虫数量和种类最为丰富，保存也尤为精美，有些化石甚至完美保存了绚丽的色彩，主要类别有膜翅目蚁类、鞘翅目步甲类、双翅目的毛蚊等。

植物化石包括真菌、硅藻、苔藓、蕨类、藻类、裸子植物和被子植物，大化石主要包括典型的温带植物如桦木科、蔷薇科、豆科、榆科、槭树科、杨柳科等，以及热带、亚热带常绿及落叶阔叶树种，如樟属、榕属、无患子属、山核桃属、枫香属、金缕梅属、皂荚属、木姜子属、山胡椒属等。化石以枝叶最多，其中多数保留了原有颜色，一些类别的花、果实和种子也保存得非常完美。微体化石主要包括孢粉和硅藻，孢粉组合以喜暖的阔叶树种花粉占绝对优势，蕨类孢子少量出现，硅藻有约 100 个种和变种，其中约有 85% 的属种延续至今。

2. 三趾马动物群

三趾马属是马科演化过程中的一个重要阶段，主要产出于中国地层划分体系的灞河阶—高庄阶，相当于国际年代地层的中新统上部—上新统。其中，东乡三趾马（*Hipparion dongxiangense*）的首现被作为灞河阶底界的生物标志，年代学数据显示其首现层位与国际年代地层托尔托纳阶的底界一致；福氏三趾马（*Hipparion forstenae*）则可作为保德阶底界的生物标志。我国的三趾马动物群主要分布于北方陆相地区，如甘肃临夏盆地、灵台地区和秦安地区，陕西蓝田地区，山西保德地区和榆社盆地，西藏吉隆和聂拉木等地的新近纪红土及河湖相沉积中。

这一时期,中新世中期许多常见的属已几乎灭绝,大量以三趾马为代表的新属出现,代表哺乳动物迈向现代化的又一个演化阶段。灞河期的三趾马动物群的主要特点包括:啮齿目中的鼠形类占统治地位,食肉目中的鼬科、鬣狗科和猫科开始繁盛,长鼻目的数量显著减少,奇蹄目除三趾马属以外,大唇犀属亦占优势,爪兽科和貘科种类和个体数量均很少,反刍类和其他偶蹄类进一步蓬勃发展。晚中新世保德期的三趾马动物群化石主要为大、中型哺乳动物,以鼬鬣狗类、大唇犀类和三趾马为典型代表。小型哺乳动物中的始鼠科、山河狸科和林跳鼠科继续衰退或灭绝,跳鼠科有所发展,仓鼠科和鼠科的种类和数量达到空前的繁荣。这一时期出现典型的"保德红土",又称"三趾马红土"。进入上新世高庄期,三趾马动物群在科一级基本继承了保德期的特点,但大量保德期的属被新属所取代,如保德期最为典型的鼬鬣狗(除翁氏鬣形兽偶有发现外)、副鬣狗、剑齿虎、大唇犀类和三趾马亚属都已不再出现,啮齿动物始鼠科和山河狸科灭绝。相应地,食虫目、啮齿目、兔形目、食肉目、奇蹄目、偶蹄目均有一些新属首现,初步呈现出了现代动物群的雏形(邱铸鼎和李强,2016;邓涛等,2019)。

3. 泥河湾动物群

泥河湾村位于河北省张家口市阳原县桑干河畔,处于华北平原与内蒙古高原的过渡地带,盆地内发育良好的晚新生代地层。20 世纪 20 年代初,法国神父文森特(Vicent)在该层发现了古生物化石。随后,美国学者巴尔博(Barbour)经过踏勘,1924 年将这套地层命名为"泥河湾层",相当于上新世三趾马红土之上和晚更新世黄土之下的一套河湖相沉积。1930 年,法国古生物学家德日进(Pierre Teilhard de Chardin)和皮孚陀(Jean Piveteau)出版了专著《泥河湾哺乳动物化石》,并首次提出了泥河湾盆地存在早期人类活动的可能性。

泥河湾动物群有广义和狭义之分。狭义的泥河湾动物群指德日进和皮孚陀 1930 年报道的经典动物群,由于其化石材料主要来自下沙沟村附近的剖面,又称为下沙沟动物群。广义的泥河湾动物群指泥河湾盆地河湖相沉积物中赋存的一系列动物群,包括小长梁动物群、东谷坨动物群、马梁动物群、MJG-Ⅲ动物群、花豹沟动物群、大南沟动物群、东窑子头动物群和下沙沟动物群等。通过野外地层观察、古生物群对比、磁性地层定年研究,认为泥河湾动物群的地质年代介于 2.6~0.8Ma(刘平等,2016),对应早更新世泥河湾期。

泥河湾动物群相对于上新世的三趾马动物群已经有明显区别,以含长鼻三趾马-真马动物群为典型特征,既包含可与欧洲维拉方动物群对比的模鼠类如 *Borsodia chinens*、狐、中华貉(*Nyctereutes sinensis*)、犬类(*Canis*)、熊(*Ursus*)、贾氏狗獾(*Meles chiai*)、鬣狗类(*Pachycrocuta* 和 *Chasmaporthetes*)、山西猞猁(*Lynx shanxisus*)、剑齿虎类中的泥河湾巨颏虎(*Megantereon nihowanensis*)和似剑齿虎(*Homotherium* cf. *crenatidens*)、猎豹(*Sivapanthera*)、真马(*Equus*)、猪(*Sus*)、鹿类中的假达玛鹿(*Pseudodama*)和真枝角鹿(*Eucladoceros*)、山东盘羊(*Ovis shandungensis*)、皮氏巨羊(*Megalovis*)、野牛(*Bison*)、象(*Elephas*)等,又有特有的起源于亚洲的分子,如披毛犀、板齿犀、中国犀等。

需要指出的是,目前对泥河湾动物群的研究范围已远扩展到整个泥河湾盆地,在地理范围上包括了河北阳原县、蔚县和山西大同市、朔州市的部分地区,面积约 9000km²。在这些地区,不仅保存有晚新生代丰富的哺乳动物化石,还发掘出了大量旧石器时代的人类文化遗址,被誉为"世界东方人类的故乡"。由于泥河湾动物群的时代涵盖了古人类演化的能人阶段,泥河湾盆地也被称为"东方的奥杜威峡谷"。

4. 周口店动物群

周口店位于北京市西南约 50km 的房山区,自从 1929 年裴文中发现第一颗完整的北京人头盖骨开始就蜚声海内外。继而,又先后有山顶洞人(距今约 3 万年)、新洞人(距今约 20 万~10 万年)和田园洞人(距今约 4.2 万~3.85 万年)等不同阶段的古人类化石被相继发现和报道。周口店遗址目前包括至少 8 个古人类的家,分别为第 1 地点(北京人遗址)、第 3 地点(用火遗迹)、第 4 地点(新洞人遗址)、第 13

地点(石片和用火遗迹)、第 15 地点(数千件石制品和用火遗迹)、第 22 地点(石英石器)、第 26 地点(山顶洞人遗址)和第 27 地点(田园洞人遗址),对应地质年代为中更新世—晚更新世。

在这些产出古人类骨骼和遗迹化石的层位,还发现了丰富的其他动物化石。其中,周口店第 1 地点含有的丰富的脊椎动物化石,与北京人同期,被称为周口店动物群。它们产出于一套 40m 厚的周口店组洞穴沉积中,是我国北方中更新世动物群的重要代表。

周口店动物群产出鸟类化石 60 余种(侯连海,1985),哺乳动物化石 100 余种或亚种(李君和石晓润,2020)。其中,除了古人类化石以外,具有较明确年代学意义的哺乳动物还有肿骨鹿(*Megaloceros pachyosteus*)、硕猕猴(*Macaca robustus*)、居氏大河狸(*Trogontherium cuvieri*)、柯氏短耳兔(*Ochotona koslowi*)、变异仓鼠(*Cricetulus varians*)、中国鬣狗(*Hyaena sinensis*)、三门马(*Equus sanmeniensis*)、洞熊(*Ursus spelaeus*)、意外剑齿虎(*Machairodus inexpectatus*)、纳玛象(*Palaeoloxodon* cf. *namadicus*)、周口店额鼻角犀(*Dicerorhinus choukoutienensis*)、巨副驼(*Paracamelus gigas*)、德氏水牛(*Bubalus teilhardi*)、裴氏转角羚羊(*Spiroceruspeii*)、豪猪(*Hystrixsubcristata*)、杨氏虎(*Felis youngi*)等中更新世的常见属种。这些动物大多数为喜暖类型,从生活习性也可以推测出当时周口店附近有山地、丘陵、平原、河湖沼泽,甚至有干旱的草地,与现在的气候和地形条件相似,但气候稍暖和湿润。进而可以构织出周口店动物群的复原图:虎豹等大型食肉类动物时常在西山出没,严重威胁着北京人的生命,硕猕猴在茂密的森林中攀援,牛、羊、鹿、兔等食草类动物在辽阔的草原上生活,为北京人的狩猎提供了可能,而山前丘陵的树木花果则是北京人的食物采集的主要来源,适宜的气候为北京人的繁衍生息创造了条件(李君和石晓润,2020)。

第二节 古近纪—新近纪地史

新生代是地球岩石圈构造演化发生巨大变化的时期。从全球古大陆演化角度看,侏罗纪开始的冈瓦纳大陆的分离和大西洋、印度洋的开裂仍在持续,尤其是印度板块的快速北移,导致始新世晚期最终与亚洲板块对接碰撞,新特提斯洋盆消失(图 15-3)。嗣后印度板块继续向北俯冲,导致青藏高原急剧抬升。古太平洋板块运动方向在始新世晚期(39Ma)也发生重要转折,运动方向由北北西斜向俯冲变为北西西正向低角度俯冲,古亚洲大陆东缘形成西太平洋的沟-弧-盆体系,大陆内部持续发生活跃陆内裂陷作用。因此我国新生代的地质演化既受控于印度板块与欧亚板块的相互作用,也与太平洋板块向欧亚板块俯冲引起壳幔深度结构变化有关,它们从宏观上控制了中国新生代构造演化的基本格局。

新生代也是古气候发生显著变化的时期。随着青藏高原的隆升,古近纪气候干旱带横亘亚洲,占据中国西北和东南部,新近纪气候主要为温暖渐趋寒冷,最终进入第四纪冰期。

新生代的古地理特点和沉积类型主要受控于上述古构造和古气候背景。中国的古近系—新近系以陆相沉积为主,海相沉积只限于西藏南部、塔里木盆地西南缘及中国东南部大陆架海域等局部地区。中国的古近系—新近系在宏观上可分为东、西两大部分,其分界在贺兰山—龙门山一线,这条分界是中国区域地质一条重要的以经向为主的构造带,东、西两部分的构造格架及主要动力学因素都有明显差异,国际上又将这分界线的东部称为环太平洋带(广义)。

一、中国东部古近纪—新近纪地史

中国东部古近纪—新近纪最为重要的地质事件是大规模的裂陷作用,在时间上可大致分为两大阶段:古近纪为主裂陷期,盆地沉降快,地层厚度大,一般为 700~4000m;新近纪为裂后热沉降期(或称坳陷期),地层厚度相对较小,一般从几百米到 2000m。裂陷作用形成盆地宽度几十千米至几百千米不

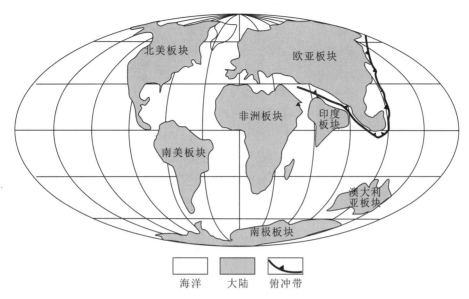

图 15 - 3　古近纪(50Ma)全球古大陆再造图(据李江海,姜洪福,2013)

等,内部为沟、垒相间的地堑式,依据大地构造位置又可分为两类:一类是陆块板内裂谷发育的类型,如渤海湾盆地、苏北盆地;另一类为大陆边缘裂谷盆地类型,主要分布于中国东、南部现在大陆架地区,如东海盆地、莺琼盆地。这两类盆地古地理和沉积特征有显著差异。此外,控制着中国东部沉积类型的另一重要因素是气候带的迁移。

1. 古近纪古气候和沉积类型

古近纪中国大陆古气候纬向分带清楚,在东部可划分出北部温暖潮湿气候带,中北部潮湿、半干旱气候带,中南部干旱气候带,南部热带、亚热带潮湿气候带 4 个带(图 15 - 4)。气候带和构造带的双重作用,导致中国东部存在陆内含煤型、陆内含油型、红色碎屑膏盐型和大陆边缘含油型 4 种沉积类型。

陆内含煤型沉积分布于南、北两个潮湿气候带内,即古阴山—燕山以北和古南岭以南地区(图15 - 4)。该区以含煤为特色,但也见有丰富的泥质油源岩。北部以辽宁抚顺盆地为代表,它是我国重的煤炭基地之一。古近系抚顺群可进一步分为 6 个组(图 15 - 5),以暗色砂岩、页岩为主,煤层位于下部,底部为玄武岩夹煤层及砂页岩,不整合于古老变质岩或下白垩统之上,总厚达 1000m,植物化石丰富,主要产于中部古城子组及计军屯组,化石属于常绿落叶、阔叶混交林组合面貌,反映潮湿的亚热带气候,时代为始新世;下部为栗子沟组和老虎台组,据孢粉组合时代定为古新世。古南岭以南的广东茂名、广西百色等盆地,代表另一种潮湿含煤盆地类型。茂名盆地早期仍处于干旱气候条件下,以红色碎屑沉积为主,局部尚可夹石膏层,中、后期气候明显转为潮湿,出现油页岩及煤层。由于在南宁地区见有咸水生物化石,如 *Bythocythere*(深海花介),很可能这类盆地是遭受过海泛影响的内陆盆地。

陆内含油型沉积分布于半潮湿、半干旱气候带内,即古阴山-燕山以南,秦岭-大别以北地区,灰黑色泥岩、油页岩等生油岩系发育,夹有膏盐和红色碎屑沉积。位于渤海沿岸和冀中、鲁西北一带的渤海湾盆地是该沉积类型的典型代表,它们是我国东部的重要含油盆地,由一系列北北东向平行的隆起和半地堑型断陷组成,古近系在断陷区厚度可达 4000~5000m,而在隆起处,厚度很薄以至缺失。渤海湾盆地河北任丘古近系不整合覆于中生界或更老地层之上,包括 3 个组(图 15 - 5):下部孔店组,产介形虫 *Eucypris wutuensis*(五图真星介)、*Limnocythere weixianensis*(潍县湖花介)等,时代为始新世;中部沙河街组,化石丰富,以 *Huabeinia*(华北介)大量繁盛为特点,时代为始新世—渐新世;上部东营组介形虫 80% 是新属,如 *Dongyingia*(东营介)、*Hepehina*(河北介)等,根据东营组与其下伏沙河街组为

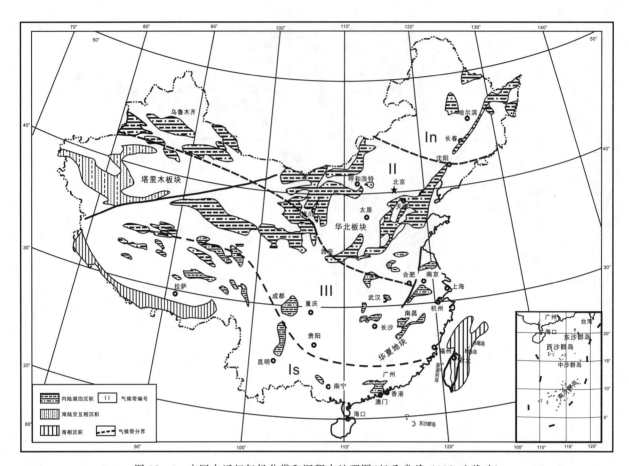

图 15-4　中国古近纪气候分带和沉积古地理图（据吴崇筠,1992,略修改）

In. 北部潮湿温暖温带；Ⅱ. 半潮湿半干旱亚热带；Ⅲ. 干旱亚热带；Is. 潮湿热带亚热带

连续沉积,而其上与新近系为不整合接触,推测时代为渐新世。整个剖面可以归纳为 3 个沉积旋回：孔店组从下而上岩性由粗—细—粗,颜色由红—黑—红,构成一个独立的沉积旋回；沙河街组四段至沙河街组二段又出现由杂色—暗色—红色的有规律变化,代表第二个沉积旋回；沙河街组二段至东营组一段代表第三个沉积旋回。其中,第二个沉积旋回厚达数千米,代表本区裂陷盆地发育最强烈的阶段。从生物化石组合来看,孔店组下部仅见陆生生物组合,代表典型的内陆河湖环境。沙河街组四段上部、沙河街组三段上部及沙河街组一段出现半咸水化石,如浮游甲藻类 *Deflandrea*（德弗兰藻）、钙藻类 *Cladosiphonia*（枝管藻）、鱼类的鲈形目和鲱形目等,这些化石数量不多,个体小并且常变异形成畸形,具有陆相地层中的海泛层位特征。在本区同一地点的剖面上,可见红色岩层与暗色岩层、石膏与煤线、油页岩交替产出,反映本区属于北部潮湿带与南部干旱气候带间的过渡带。

　　红色碎屑膏盐型沉积分布于干旱气候带内,即古秦岭至古南岭之间的中南地区。盆地规模相对较小,以红色碎屑岩及膏盐充填为主。如粤北南雄盆地（图 15-5）古近系都是红色碎屑岩,下部上湖组产古老类型的哺乳动物化石如 *Bemalambda nanhsiungensis*（南雄阶齿兽）、*Linnania lofoensis*（罗佛岭南狪兽）、*Dissacusium shanghouensis*（上湖中兽）等,应为古新世；中部的浓山组据哺乳动物组合特征,时代为晚古新世；上部的丹霞组未发现化石,一般置于始新世。位于本气候带北部的江汉盆地,古近系膏盐层与油页岩交互出现,具有干旱与半潮湿交替、过渡的色彩。这一沉积类型呈带状向北西方向延伸,直至柴达木盆地和塔里木盆地。

　　大陆边缘含油型沉积分布于中国东部古近纪—新近纪大陆边缘裂谷盆地,主要位于现今南黄海、东海、南海一线,为较潮湿的海洋性气候,古近系以陆相为主,同时又发育有海陆交互相沉积为特色,暗色

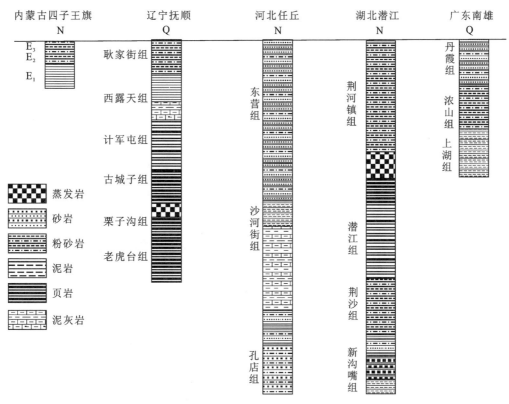

图 15-5　中国东部古近系柱状对比图

生油岩系发育,是我国现今海上的重要油气基地。如莺琼盆地古近系崖城组,早期以陆相砂、泥岩沉积为主,晚期属海陆交互相,生油岩系厚度超过 1000m。

2. 新近纪古气候和沉积类型

新近纪中国东部古气候发生了显著变化,古近纪横贯中国东部广大范围的干旱、半干旱气候带消失,使中国东部基本由潮湿半潮湿气候覆盖(图 15-6)。新近纪中国东部大陆裂谷盆地进入裂后热沉降坳陷期,盆地范围普遍扩大,地层厚度相对较小,构成在古近纪主裂陷盆地之上的披覆盖式坳陷,古近系与新近系之间大多为不整合接触。大陆板块内本阶段沉积特点主要表现在广泛的褐煤层分布和沿海地区大范围的玄武岩喷发两个方面。中国东部新近纪基本由潮湿、半潮湿气候组成,在很多地区分布有褐煤层,如孙吴地区小吴组(N_1)、三江平原富锦组(N_{1-2})、渤海湾盆地东营凹陷馆陶组(N_1)、潜江凹陷广华寺组(N_1)和江西广昌头坡新近纪地层内等都见有褐煤或泥炭层,琼北长昌的长昌组(N_1)、云南开远小龙潭组(N_1)都含工业价值的褐煤层,尤以小龙潭盆地新近系含煤地层剖面最为典型,中新统小龙潭组由白色黏土夹褐煤组成,上部多泥灰岩,下部多碎屑岩(图 15-7),产 *Listriodon*(利齿猪)等哺乳动物化石,厚 300~400m。上新统河头组由灰色砂质黏土夹褐煤组成,厚 150m。新近纪时沿海地区的玄武岩喷发具有广泛性。如东北的长白山区、渤海海峡的庙岛群岛、沿庐江-郯城深大断裂两侧、浙东嵊县、福建漳浦、台湾海峡中的澎湖群岛以及广东雪州半岛、海南岛北部等地,都有大片玄武岩流,其时代多属上新世。

大陆边缘带沉积盆地在新近纪地层厚度仍很巨大,莺歌海盆地新近纪地层最大厚度近万米,本阶段沉积特征与古近纪明显不同,表现在新近纪海相层明显多,海侵加大。如北部湾新近纪下洋组、角尾组、灯楼角组和望楼港组以浅海沉积为主,莺琼盆地新近纪全为浅海、滨海的白云质灰岩以及砂泥岩沉积。

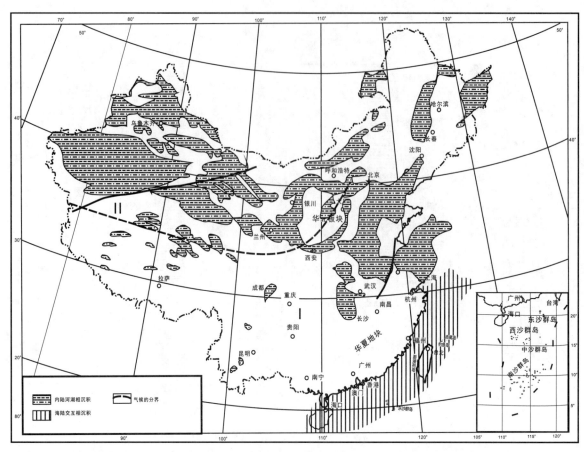

图 15-6　中国新近纪气候分带和沉积古地理图（据吴崇筠，1992，略修改）

Ⅰ. 潮湿带；Ⅱ. 干旱带

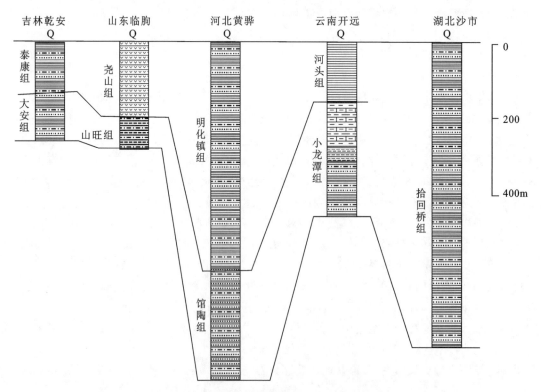

图 15-7　中国东部新近系柱状对比图（图例同图 15-5）

二、中国西部古近纪—新近纪地史

控制着中国西部大陆古地理、古构造的主导因素是印度板块与欧亚板块的碰撞（E_2）和演化，它使得中国西部古近纪—新近纪整体处于挤压构造应力背景，盆地与山系相间，延伸方向近东西向，盆地边缘因相邻山系强烈上升而形成巨厚的磨拉石式粗碎屑堆积，这种古地理和古构造格局与中国东部有明显的不同。

准噶尔盆地位于天山与阿尔泰山之间，盆地南部古近系—新近系发育好，整合于上白垩统之上。古近系下部紫泥泉子组，为红色砂质泥岩、砂岩夹砾岩，产介形虫及轮藻化石；上部安集海组，为灰绿色泥岩夹砂砾岩及介壳灰岩，产偶蹄类 *Bothriodon*（沟齿兽）。该盆地古近系总厚 1600m，但向北逐渐减薄，到盆地北部厚度减至 400m。古近系在准噶尔盆地南缘称昌吉河群，总厚 3000～5000m，包括 3 个组：下部沙湾组，为赭色砂泥岩夹砾岩；中部塔西河组，为砂泥岩夹介壳灰岩，产 *Trilophodon*（三棱齿象）；上部独山子组，为砂泥岩夹砾岩，产三趾马化石。这种巨厚的含粗碎屑堆积，是由于新近纪时，天山强烈上升而准噶尔盆地南缘强烈下陷而形成的山前类磨拉石堆积。

塔里木盆地古近系—新近系的发育，同样说明相邻山系上升运动愈来愈强烈。昆仑山北部盆地的西南缘下陷尤为明显，新近系为海相泥质岩、灰岩及膏盐沉积，称喀什海湾，最厚约千米，海侵来自特提斯海域，但古近系陆相粗碎屑沉积总厚可达 6000m，属山前类磨拉石堆积。塔里木盆地北缘的库车地区下陷幅度也很大，古近系—新近系总厚达 4000～5000m，但整个盆地由边缘向内部厚度变薄，盆地内部差异升降不很明显。这种情况与准噶尔盆地相似，是邻近山系上升，山前盆地边缘下陷，差异升降运动愈来愈强烈的结果。

其余如西宁-民和盆地和柴达木盆地等，虽规模大小不同，但也都出现新近系厚度较小，古近系厚度激增的现象，盆地构造演化史与上述各盆地有相似之处。

上述磨拉石沉积的规模和厚度在中国西部从南往北出现有规律性变化：在喜马拉雅山前分布最广，从克什米尔至阿萨姆，东西长约 2500km，平均宽约 20km 都有分布，厚度 3000 多米；昆仑山前从莎车之西至民丰以东，长 1300km，宽 50km 的范围内均有分布，厚达 3000m；天山南麓的库车山前拗陷内在长 600km，最宽为 70km 的纺锤形地带中分布有厚 2000m 的磨拉石；天山北麓在长 400km，最宽处 50km 的范围内发育磨拉石，厚 1800m；祁连山北麓在 400km 长、40km 宽的范围内分布的磨拉石，厚约 1500m。根据磨拉石建造由南而北分布范围逐渐减小，厚度也逐渐减小的事实，进一步说明强大的水平压力来自南方，来自印度板块对亚洲板块的碰撞。

三、西藏地区古近纪—新近纪古地理、古构造

西藏南部地区，古近纪早、中期有海相沉积。在古近纪中期发生的印度板块和欧亚大陆碰撞，导致特提斯海域的最后封闭，此后不再有海侵波及，而发育陆相沉积。古近系露头主要见于西藏南部岗巴、定日一带。下部宗浦组以灰岩为主，富含有孔虫，如 *Miscellanea miscella*（混合崎壳虫）、*Nummulites laevigatus*（光滑货币虫），代表古新世—始新世层位；上部遮普惹组以灰岩及页岩为主，产 *Nummulites*、*Assilinia* 等有孔虫，化石的最高层位为始新世中期。这些海相地层均未变质，代表印度地块北缘的陆棚海沉积，是特提斯货币虫海的东延部分。近年在雅鲁藏布江以北的仲巴县麦拉山口和拉萨以北的林周地区，也发现古新世和始新世早期的有孔虫化石，表明古近纪海侵也波及劳亚大陆的南部边缘地带。

雅鲁藏布江缝合线北侧日喀则一带，存在一套磨拉石堆积（秋乌组），由紫红色砾岩、砂砾岩组成，不整合覆于冈底斯燕山期花岗闪长岩之上，产热带常绿型被子植物和淡水双壳类化石，近年证实应属晚始新世。应当指出，磨拉石沉积组合的出现标志着特提斯海域的最后封闭，与藏南地区始新世中期以后不再见有海相层的事实相吻合。

新近纪喜马拉雅地区主要处于剥蚀状态，到后期才有零星盆地沉积。如希夏邦马峰北坡吉隆盆地，上

新统卧马组不整合侏罗系之上,为河湖碎屑沉积,厚580m。据上部含有 *Quercus*(高山栎)植物群,与现生植物群生长环境对比,推测当时海拔高度应在2500m左右,说明新近纪后期该区地壳逐渐上升已达一定高度。喜马拉雅南坡发育锡瓦利克(Siwalic)群的磨拉石堆积,也表明喜马拉雅地区强烈上升发生在新近纪—第四纪。从新近纪末,随着整个青藏高原地区的普遍强烈上隆和东部现代边缘海的形成,古长江、古黄河等水系也逐渐孕育发展,奠定了中国现在西高东低的地势轮廓。

第三节　第四纪地史

第四纪由于印度板块继续向北俯冲,诱发青藏高原的急剧抬升及其周缘山系的进一步发展,形成中国西部高原、山系与盆地相间的地势;东部太平洋板块向西继续俯冲,造成中国东部拉张断陷的再次出现,形成一系列北北东向的沉积盆地、断块山脉和长白山等近期火山喷发;第四纪冰期和间冰期的交替,引起冰川型海平面升降,造成海岸线的明显迁移。

一、地质变化与沉积类型

1. 青藏高原隆升与沉积响应

包括喜马拉雅山在内的青藏高原,整体急剧上隆主要是在第四纪时期完成的,由于青藏地区的强烈上升,在喜马拉雅山区及昆仑山、喀喇昆仑山区等地,发育有山岳冰川及冰川堆积。据近年科考调查,证实曾有过多次冰川活动。此外,高原内部相对平坦地区,也出现一些小型湖泊(图15-8)。更新世早期主要是淡水湖盆,范围稍大;后期气候变干,湖水变咸,范围缩小,形成有经济价值的含硼盐矿床。由于青藏地区的强烈上升,在青藏高原周缘的山前盆地边缘形成粗碎屑的巨厚类磨拉石堆积。如天山北麓的准噶尔盆地南缘,下更新统西域组,以砾岩为主,厚达1350m;中更新统乌苏组仍以砾石为主,厚30m;上更新统新疆组为砾石及砂质黏土,厚150m。塔里木盆地也有类似的巨厚粗碎屑堆积。这是当时山系急剧上升和盆地强烈下陷的物质记录。

2. 黄土堆积与古环境记录

黄土是中国西北部一种特殊的沉积类型,它几乎连续覆盖了中国东经103°~113°,北纬34°~38°的广大地区,最厚可达百余米,这种长期连续稳定堆积的黄土,很可能与地处大陆板块内部,存在相对稳定的古构造环境有关。经近年来大量的综合研究,并在黄土剖面进行详细分层,证实黄土层中夹有多层古土壤,这为第四纪古环境变化的研究提供了很好的场所。一般认为黄土是冰碛物和冰水沉积中的粉砂颗粒被风吹扬,携带到冰川作用区外围堆积而成,黄土是冰期(干冷气候条件下)堆积的,间冰期(湿热气候条件下)成壤作用显著而形成古土壤。因此,黄土与古土壤的互层,是气候冷(干)、热(湿)变换的物质记录。

通过对陕西洛川黄土剖面的综合研究,特别是对所含小型啮齿类(主要是鼢鼠)等生物地层学研究,证实该黄土剖面代表整个第四纪的堆积,并对地层时代进行了划分:下更新统午城组,以黄红色土为特征(可能部分是水成黄土);中更新统离石组,为淡棕色黄土;上更新统马兰组,以黄灰色黄土为主,总厚约130m。

3. 中国东部差异升降与南北地貌分异

中国东部的松辽、华北、江汉平原,是第四纪的大面积沉降区,接受相邻上升山系剥蚀而来的物质充填,是差异升降的反映。华北平原钻井揭示:平原西部太行山麓为粗碎屑沉积,向东主要为河湖相砂泥质沉积,并部分夹玄武岩,再向东部还夹数层含海相化石层。华北第四系一般分为下更新统固安组,中更新统杨柳青组,上更新统欧庄组,全新统为河湖沉积夹泥炭,总厚 300~400m。秦岭以南、青藏高厚以东直至闽、浙沿海,除江汉-南阳盆地外,只有零星分布的小型盆地(图 15-8)。沉积类型以残积红土及其搬运的再沉积为主,并有不少溶洞堆积。可能与地处灰岩发育区、地壳持续不断上升及温热气候等环境有关。

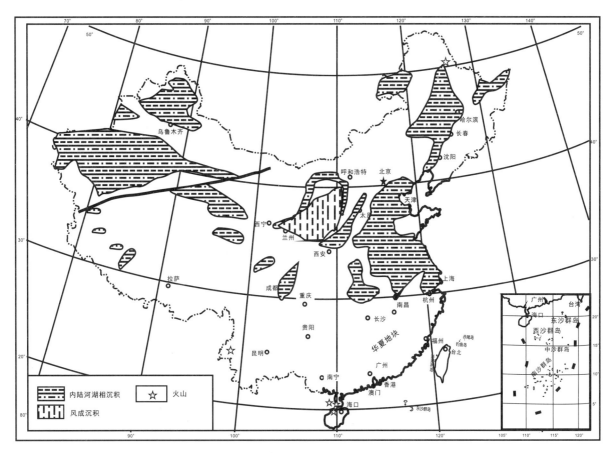

图 15-8　中国更新世古地理图(转引自刘本培,全秋琦,1996)

4. 海平面升降与海陆变迁

我国东、南部海岸在第四纪经历了很不寻常的沧桑变化。第四纪冰期和间冰期更替引起海平面高低波动十分强烈,海岸线进退可达数百千米。当间冰期海面升高时,东部海水西进可达白洋淀、洪泽湖和太湖,南部的雷州半岛可没入海底;冰期海平面下降最低时,约在现在海面以下 150m,渤海、黄海、东海及南海北部(原陆棚部位)均为辽阔滨海平原,还可形成古土壤、风化壳及泥炭等,当时台湾与大陆直接相连,陆生动物自由来往。距今 1 万年左右(末次冰期消融后),海面逐渐到达现在的位置。近年来我国沿海各地第四系钻孔中,发现含有孔虫等化石的层位不少于 4 个,说明第四纪海水曾多次侵入大陆内部。至于山西运城一带发现有孔虫化石以及西安地区钻井下 800m 处发现半咸水双壳类 *Potamocrobula amiwensis* 等海生生物伸入内地近千千米的奇特现象,认为可能是风成作用搬运或鸟类携带的产物,或与汾渭裂谷进一步发展有关。

二、第四纪气候波动与米兰科维奇周期

随着近来对深海沉积物氧同位素及大陆上连续黄土剖面研究,证实第四纪气候变化频繁,冷(干)、暖(湿)多次更替,这比早期经典的冰期、间冰期划分的气候变化周期更为细致。

在深海沉积 $\delta^{18}O$ 同位素变化研究中,以太平洋深海钻孔 V28-238 最具代表性(图 15-9),在近 13m 的深海钻芯(代表距今 90 万年以来的沉积物)中氧同位素含量变化可划分出 22 个阶段,代表 11 个全球气候波动的冷暖旋回。从加勒比海和赤道大西洋不同海域同时期深海沉积的氧同位素变化研究,表明 11 个冷暖旋回完全可以一一对比。

研究和揭示第四纪气候变化规律,大陆上连续沉积的黄土剖面是又一个理想的对象。因为在黄土剖面中,黄土与古土壤的互层代表气候冷暖的交替变化。总观全球,黄土以中国和欧洲发育最为完好,尤其中国,黄土分布广、出露好,而且剖面连续完整、研究程度高,以陕西洛川剖面研究最为详细。该剖面总厚 130m,可划分为:下更新统午城黄土(组),包括 3 个古土壤组合(WS1、WS2、WS3);上更新统马兰黄土(组)有 14 层古土壤夹于黄土(L)之中;中更新统离石黄土(组)不易细分,但黄土中部有较强的成壤作用(S0)。洛川剖面中黄土—古土壤旋回可与深海沉积据氧同位素曲线所划分的气候旋回进行对比(图 15-9)。

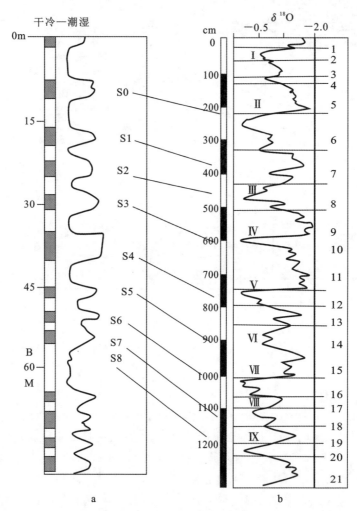

图 15-9　洛川黄土剖面古气候旋回(a)和深海沉积钻孔 V28-238 的氧同位素曲线(b)曲线对比图(据刘东生等,1982)

a. 洛川黄土剖面,自布容期(b)以来出现 8 层古土壤(S1—S8),顶部还夹一层黑垆土(S0);b. 深海钻孔 V28-238,Ⅰ-Ⅸ为自布容期至今的 8.5 个气候旋回

关于第四纪气候波动原因有多种主张,但目前国际上广为流行的是古气候的天文学理论,即"米兰科维奇理论"。认为第四纪冰期—间冰期的波动是由地球轨道三要素(图 15-10),即偏心率(eccentricity)、倾斜轴(obliquity,或译斜度)和岁差(precession)的准周期性变化引起的。虽然,太阳辐射能到达地表的总

量不变,但因这三要素的变化可引起不同纬度和不同季节的相对数量发生变化,从而造成在同一地区不同时期的气候作准周期性变化。据数学推算,偏心率有两个特征周期,分别是 410ka 和 100ka;倾斜轴的特征周期集中在41ka;岁差的特征周期为 21ka,它可分为两个峰区,分别是23ka 和 19ka。大量研究表明,地球轨道三要素的几个特征性周期,存在于第四纪古气候的时间系列中(Hays et al.,1976;Berger,1988)。如我国第四纪地质工作者(余志伟等,1992)采用有效的黄土沉积气候替代性指标(磁化率)对宝鸡黄土剖面研究表明:地球轨道三要素的几个特征周期(400ka、100ka、40ka、20ka)在中国黄土剖面中均有明显反映,而且偏心率的 400ka 与 100ka 周期是控制2.5Ma 以来黄土地层结构(黄土—古土壤)的最重要因素。

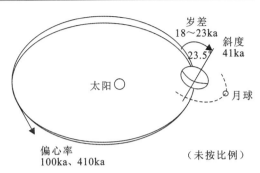

图 15-10　米兰科维奇轨道周期示意图

注:偏心率是地球绕太阳旋转的变化周期,有 100ka、410ka 等不同等级。倾斜轴是地球自转轴与黄道面的夹角(现在为 23.5°)大小的变化周期,平均 41ka。岁差是地球自转轴因颤动而在天体上呈圆周状摆动,平均 21ka 一个周期。

　　虽然古气候的天文学理论在实际地质记录中得到不少印证,但仍然存在一些困难。例如如何解释据不同地点、不同时间段和不同沉积物所测得的第四纪古气候周期的时间长短的不一致。如中国黄土剖面中,在 2.5～1.5Ma 间气候旋回以 100ka 周期为主;1.5～0.8Ma 间则以 40ka 为主;800ka 至今又以 100ka 为主,少量为 42ka。这就是不同时间段其古气候周期的时间长短是不一致的。又如理论计算偏心率的两个特征周期中,400ka 的周期最重要,但在实际古气候时间系列中并不明显等。因此,有关古气候的天文学理论与古气候记录中的变化周期出现的差异尚待今后进一步研究。

第四节　新生代的矿产

　　中国新生代主要矿产以煤、石油、油页岩及各种盐类为主,有重要经济价值。

　　煤:古近系—新近系是全球重要的含煤地层之一,我国也不例外。古近纪早期(古新世—早始新世)聚煤区主要分布在东北、鲁东一带,以辽宁抚顺群下部为代表。古近纪晚期(晚始新世—渐新世)的聚煤区转移至河北、山西境内,也见于南岭以南的广东沿海和广西百色盆地一带。

　　石油:古近系—新近系是我国重要的含油岩系,无论海相、陆相或过渡相地层中都已发现有工业价值的石油资源。不同时期聚油区又有差别:晚古新世—早始新世,主要见于江汉、苏北和三水盆地;晚始新世—渐新世,主要分布于渤海湾、江汉和南阳盆地;晚渐新世—中新世,主要出现于准噶尔、柴达木和塔里木盆地。海相含油层位在台湾西部、塔里木西南部的喀什海湾和东海、南海地区。

　　膏盐:古近纪干旱气候带广布,膏盐产地较普遍。西起喀什海湾,南达滇西兰坪、思茅地区和广东三水盆地,东至江汉、衡阳等盆地都有膏盐矿床。山东大汶口附近还发现有钾盐存在。新近纪的盐类沉积仅见于西北柴达木、吐鲁番等盆地。第四纪青藏高原、咸湖中含硼盐矿床也是我国西部的重要矿产资源。

第十六章　中国历史大地构造

第一节　重大构造事件

一、阜平运动和五台运动

阜平运动和五台运动为太古宙后期的构造运动,表现为区域角度不整合。阜平运动(或称铁堡运动)由五台-太行山区新太古界阜平群上亚群(现称龙泉关群)与上覆五台群之间的角度不整合确定,其时限为 2.6Ga。龙泉关群和五台群无论在构造形态、构造方向、混合岩化作用、变质作用以及沉积建造上都有明显差异。五台山东北、龙泉关以西的铁堡村南见有二者明显的低角度不整合接触关系,二者之间尚保存有厚约 1.5m 的古风化壳,因之命名阜平运动也称为铁堡运动。

五台运动是太古宙末的一次褶皱构造运动,表现为新太古界五台群与古元古界滹沱群之间的角度不整合。五台群和滹沱群从变质程度、构造形态均存在明显差异。除了华北中部带的太行山、吕梁山、中条山发现这个不整合外,华北西部陆块的阴山和东部陆块的冀东、辽东、吉南及豫西均获得与之相关的构造热事件的同位素年龄数据。新疆塔里木库鲁克塔格地区,达格拉格布拉克群与上覆古元古界的不整合也与之相当。扬子陆块西缘康定群中的麻粒岩相层位取得 2451Ma 的锆石 U - Pb 年龄。说明太古宙与元古宙之间存在一次大规模的构造运动,这次运动在全球普遍发育,与太古宙后期 Kenorland 超大陆的形成相关。但目前对中国华北、华南、塔里木板块与 Kenorland 超大陆的关系尚不清晰。

二、吕梁运动(滹沱运动)

吕梁运动是古元古代早期(2.5～1.8Ga)滹沱群与古元古代晚期(<1.8Ga)长城群之间的角度不整合代表的一次构造运动。吕梁运动在山西吕梁山的表现最典型,故而得名。山西五台山地区也有比较强烈的构造运动,学界以滹沱河命名为滹沱运动。与吕梁运动性质一致的还有山西南部中条山一带的中条运动、黑龙江的兴东运动、安徽的凤阳运动和河南登封的中岳运动等。除了华北,塔里木盆地北缘库鲁克塔格地区、库尔勒地区均存在 1.8Ga 左右的构造热事件,华南的峡东、云南也有类似的构造热事件(详见第十章),说明 1.8Ga 左右均存在这次构造运动。

吕梁运动形成了太古宙到古元古代的变质的结晶基底和非变质的盖层之间的角度不整合,代表地壳演化的一次重要的转折事件。因不整合之上的非变质地层以浅水沉积环境为主但厚度巨大(如华北长城系、蓟县系、待建系厚度达 10 000m 左右,华南神农架群近万米),与青白口系以后的盖层具有一定差别,王鸿祯(1985)称之为似盖层。与吕梁运动相当的 1.8Ga 左右的构造运动具有全球的普遍性,与 Columbia 超大陆的形成有关。

三、晋宁运动、武陵运动、四堡运动和雪峰运动

晋宁运动是新元古代后期的一次构造运动。晋宁运动表现为云南晋宁—玉溪等地澄江组砂岩与下伏中元古界昆阳群之间的角度不整合。这次运动分为两幕,第一幕表现为昆阳群与柳坝塘组之间的不整合,年龄约为1000Ma;第二幕表现为柳坝塘组和澄江组之间的不整合,年龄大致为800Ma左右(王剑等,2019)。

传统认为,晋宁运动在华南普遍存在,皖南的皖南运动、休宁运动,湘黔桂地区的雪峰运动与之相对应。湖北西部神农架地区也对应于晋宁运动。最新的资料表明,扬子地块和江南造山带的新元古代的构造运动可能不完全同步。扬子地块滇中地区的澄江组、鄂西地区的莲沱组、皖南地区的休宁组与下伏地层的不整合大致为800Ma,与江南造山带的武陵运动(四堡运动)、雪峰运动存在时间的不一致,可能由扬子地块与江南造山带新元古代的构造演化不同步所致。

武陵运动表现为江南造山带冷家溪群与板溪群(湖南)、梵净山群与下江群(贵州)、四堡群和丹洲群(广西)、双桥山群与镇头群(赣北—皖南)、溪口群与沥口群、双溪坞群与河上镇群(浙西)之间的不整合,该不整合的年龄大致在820Ma左右。雪峰运动表现为板溪群及相当地层与上覆地层南华系(如湘黔桂邻接区的长安组—富禄组、两界河组)之间的不整合,其年龄为720Ma左右。因此晋宁运动既不同于武陵运动,更与雪峰运动不相当。

扬子地块的晋宁运动代表扬子地块的一次重大变革,由既相对稳定(非变质或弱变质的浅水沉积)但又厚度巨大的似盖层转化为真正稳定的非变质陆相-滨海相的沉积,反映扬子陆块的真正定型。

与之大致对应的全球格林威尔运动也发生在1000～880Ma左右。北美加拿大苏必利尔区新元古界中基维诺(M. Keweenaw)群与新元古界上基维诺(O. Keweenaw)群之间存在角度不整合,发生1000～880Ma一次重要的深成侵入、变质、变形事件。目前已经确定在全球很多地区均发育与格林威尔运动时限相近的构造运动,如哥伦比亚、墨西哥、北美东部、格陵兰岛东部以及斯堪的纳维亚半岛等。这一造山运动导致全球Rodinia超大陆的形成。

武陵运动(四堡运动)和雪峰运动由华南内部扬子陆块和华夏陆块之间的构造演化所致,多数学者认可820Ma左右发生的武陵运动(四堡运动)促使扬子陆块和华夏陆块的拼合。但820～720Ma(板溪群或相当地层)是裂谷背景还是活动大陆边缘(覃永军,2015),甚至720～420Ma之间是否还存在华南洋仍有不同认识(彭松柏等,2016a、b)。

四、泛非运动(兴凯运动、萨拉伊尔运动)

泛非运动是一次非洲大陆乃至整个冈瓦纳大陆前寒武纪至寒武纪的构造运动。该运动主要发生于600～500Ma年前,是以构造-热事件为其主要形式的地壳运动,泛非运动形成的造山带导致西冈瓦纳和东冈瓦纳大陆的聚合。

兴凯运动从时间上看与泛非运动接近,也发生于600～500Ma期间,该运动表现的不整合主要见于古亚洲洋的新疆阿尔泰、内蒙古、东北地区及古特提斯域的藏南地区。新疆阿尔泰地区的震旦系—寒武系喀拉斯群与奥陶系不整合为兴凯运动的表现。兴蒙地区额尔古纳地块与兴安地块、松辽地块、佳木斯地块可能于这一时期拼合,形成额尔古纳断裂带震旦纪末的上库力蓝片岩带和震旦纪末或寒武纪初的新林蛇绿岩带。伊兰-牡丹江蓝片岩带的Ar-Ar年龄值为664.9Ma、599Ma,张广才岭、佳木斯地区的花岗岩类年龄为638Ma、614Ma(程裕淇等,1994),可能为兴凯运动的产物。藏南地区的变质基底也形成于寒武纪早中期的泛非运动,上述特征说明新元古代末—寒武纪时期,藏南属于冈瓦纳大陆的一部分,西伯利亚大陆及古亚洲洋的地块与冈瓦纳大陆具有亲缘性。

萨拉伊尔运动由俄罗斯学者乌索夫(Усов)于1936年在西伯利亚萨拉伊尔地区创名,指俄罗斯发生

于寒武纪的构造运动,中国研究中亚造山带的学者也有应用。萨拉伊尔运动有早、晚两个构造作用幕,早期指寒武纪早期的地壳变动;晚期指寒武纪中晚期发生的构造作用。

五、加里东运动(祁连运动、古浪运动、广西运动)

加里东运动是古生代早期地壳运动的总称,泛指早古生代寒武纪与志留纪之间发生的地壳运动,以英国苏格兰的加里东山发生的构造运动命名。加里东运动表现为从美洲阿巴拉契亚和欧洲爱尔兰、苏格兰延伸到斯堪的纳维亚半岛的挪威的志留系与泥盆系之间的角度不整合,该造山带称为加里东造山带。加里东运动代表早古生代末古大西洋的关闭,从而使北美板块(劳伦板块)与俄罗斯板块碰撞对接,形成"劳俄大陆"。

志留纪末到泥盆纪初,澳大利亚塔斯马尼亚和亚洲在很多地区都发生了加里东运动。贝加尔湖沿岸诸山、东萨彦岭、西萨彦岭、叶尼塞山脉、库兹涅茨阿拉套山、阿尔泰山、唐努乌拉山、杭爱山以及我国的北秦岭、北祁连、华南的加里东造山带,都是这一阶段形成的。

祁连运动由李康等(1962)根据北祁连山泥盆系老君山砾岩和早古生代浅变质岩系志留系旱峡群之间的不整合面确定,伴随着祁连运动发生的造山、区域变质作用和岩浆作用,使北祁连洋盆闭合褶皱成山。而古浪运动是北祁连山东段古浪一带中、晚奥陶世之间的构造运动,表现为中奥陶统中堡群与上奥陶统妖魔山组或古浪组之间的角度不整合。古浪运动和祁连运动导致北祁连早古生代洋盆的闭合及中祁连和柴达木地块与华北板块的斜向碰撞和不规则边缘碰撞(杜远生等,2009),华北板块西南边缘的扩展。

与北祁连相似,北秦岭中级变质的新元古代—早古生代的丹凤蛇绿岩、二郎坪蛇绿岩、岛弧火山岩与极浅变质的泥盆系之间的不整合代表的是中秦岭地块和华北板块之间北秦岭(商丹)洋的闭合,北秦岭洋的闭合和北秦岭加里东造山带的形成导致了中秦岭地块和华北板块碰撞(杜远生,1997)。

广西运动由丁文江(1929)提出,代表在华南普遍存在的泥盆系与其下伏地层之间的不整合所指示的一次构造运动。华南扬子陆块东缘的江南造山带及其以东的华夏陆块大范围地区存在泥盆系与下伏地层的角度不整合。该不整合所代表的构造运动大致分为3期:广西地区泥盆系和寒武系—奥陶系底部的不整合、湘赣粤闽地区泥盆系与奥陶系的角度不整合、浙西—湘西泥盆系与志留系的角度不整合。早古生代构造层东西向展布反映南北向挤压的构造应力(杜远生等,2012),徐亚军等(2018)认为,早古生代时期,华夏陆块位于冈瓦纳超大陆北缘澳大利亚和印度之间,三亚地块是冈瓦纳超大陆的一部分,由屯昌洋盆与华夏地块分隔,屯昌洋盆的闭合导致华夏地块大规模的泥盆系与寒武系—奥陶系之间的角度不整合。华夏陆块与扬子陆块的最终拼合发生于志留纪早期(Yu et al.,2014)。华南的加里东运动(广西运动)导致华南板块的最终定型,但广西钦防海槽仍存在志留系和泥盆系之间的整合接触关系,Xu等(2018)认为钦防海槽代表晚古生代与金沙江-哀牢山洋盆开裂相关的坳拉槽。

六、海西运动、天山运动

海西运动由德国海西山得名,是晚古生代构造运动的统称。以晚古生代为主的地壳运动发展阶段称为海西构造阶段,海西构造阶段发生的构造运动称为海西构造运动,海西构造运动形成的褶皱带称海西褶皱带。海西运动起初用于德国不同时期褶皱、断裂作用造成的任何构造运动,后限指晚古生代,特别是石炭纪—二叠纪的造山运动。海西运动使乌拉尔洋盆、中亚哈萨克及中国的天山、大兴安岭等洋盆闭合并褶皱造山,西伯利亚板块、哈萨克斯坦板块、塔里木板块、华北板块与劳俄大陆拼合形成北半球的欧亚大陆。海西运动也引起早古生代形成的劳俄大陆与冈瓦纳大陆之间的海西-阿巴拉契亚洋盆闭合、碰撞造山,导致劳俄大陆与冈瓦纳大陆相连形成Pangea超大陆。

天山运动是海西运动在中国天山地区的表现。天山运动第一幕表现为石炭系宾夕法尼亚亚系下部奇尔古斯套组与下、中泥盆统精河组间的角度不整合,第二幕表现为宾夕法尼亚亚系茇茇槽子组、奇尔古斯套组间的角度不整合,第三幕发生在二叠纪末。

七、印支运动

印支运动系指三叠纪期间发生的构造运动。印支运动主要发育于东亚地区,尤其在东南亚地区,故称印支运动。环太平洋东岸也有同期的构造运动,造成美洲大陆西部大陆边缘的增生。东亚地区的印支运动主要造成古特提斯多岛洋的闭合,使欧亚大陆进一步扩展。中国的印支运动主要发育于苏鲁-大别-秦岭-昆仑(中央造山带)、华南东部、华南西南滇黔桂、西南三江特提斯等地。中国的印支运动大致分为两幕,第一幕表现为中上三叠统之间的角度不整合,第二幕表现为侏罗系与三叠系之间的角度不整合。

中央造山带古生代期间一直处于海洋环境,一般认为,秦岭的勉(县)略(阳)蛇绿岩带、东昆仑的阿尼玛卿蛇绿岩带、西昆仑的康西瓦蛇绿岩带代表当时存在东西向的古大洋。该大洋在三叠纪后期闭合,造成华南板块、羌塘陆块和华北板块、塔里木板块的拼合,使华南板块和羌塘陆块称为欧亚大陆的一部分。已有的研究表明,中央造山带具有斜向碰撞特征,苏鲁-大别-东秦岭造山带大致在印支运动第一幕形成,西秦岭-东昆仑-西昆仑造山带大致在印支运动第二幕形成。

华南东部的印支运动表现为大致在江南造山带以东,湘东湘南、赣中赣南、皖南、浙闽粤地区上三叠统陆相含煤岩系与下中三叠统海相碳酸盐岩的角度不整合。一般认为华南东部的印支运动属于第一幕,是由太平洋板块沿华南板块东部边缘俯冲碰撞所致,属于太平洋系统(Hu et al., 2015)。

华南板块西南部的印支运动表现为滇黔桂地区(右江盆地)中上三叠统和侏罗系之间的角度不整合,与东南亚类似,属于印支运动的第二幕。右江盆地属于华南板块的西南大陆边缘-局限洋盆,与金沙江-哀牢山洋盆的形成演化同步(杜远生等,2013)。

西南古特提斯包括金沙江-哀牢山洋盆、昌宁-孟连洋盆。一般认为,昌宁-孟连洋盆为分隔冈瓦纳大陆与华南的主洋盆,金沙江-哀牢山洋盆是华南大陆西南缘裂解出的再生洋盆。金沙江-哀牢山洋盆的闭合导致思茅-昌都陆块与华南板块的拼合。昌宁-孟连洋盆的闭合导致保山陆块与华南板块的拼合,古特提斯洋关闭。

印支运动对中国古大陆的形成具有决定性的意义。由于古特提斯洋的关闭,羌塘陆块、昌都-思茅陆块、华南板块、华北板块、塔里木板块连为一体,形成了中国古大陆的雏形。印支运动的远程挤压效应,也使中亚造山带区域的海水最终退出。就中国东部而言,印支运动彻底改变了华南、华北的南海北陆的古地理格局。古生代以来近东西向的构造分异转换为侏罗纪以后的北东东向的构造分异。

八、燕山运动

燕山运动是以北京附近的燕山为标准地区而得名,由翁文灏(1927)提出的燕山期(侏罗纪末、白垩纪初)沿革而来。燕山运动系指侏罗纪—白垩纪时期中国广泛发生的地壳运动。从构造动力学上看,中国东部主要受太平洋板块和欧亚板块构造作用影响,中国西部主要受新特提斯洋关闭及其远程效应影响,因此中国的燕山运动在不同地区存在差异,因此其构造幕次、表现不尽相同。

总体来看,中国东部燕山早期(侏罗纪)受太平洋板块西部活动大陆边缘俯冲、斜向俯冲或走滑作用影响,总体表现为构造挤压,而燕山晚期(白垩纪)华南、华北总体表现为构造伸展,华南呈现盆岭相间的构造特征,华北表现为白垩纪的克拉通破坏和地壳减薄。华北、东北地区燕山运动可以分为3幕:第一幕表现为中、上侏罗统之间的角度不整合;第二幕表现为下白垩统孙家湾组和阜新组之间的角度不整合;第三幕表现为晚白垩世中期的角度不整合。华南内部三叠系和侏罗系多为整合或平行不整合接触,而白垩系紫红色的砾岩、砂砾岩及砂泥岩和侏罗系形成岩性突变,接触关系为平行不整合或微角度不整合接触。

西南特提斯地区的燕山运动主要表现为特提斯班公湖-怒江洋的闭合,保山地块、冈底斯地块与已经形成的欧亚大陆碰撞造山而连接。

燕山运动对中国古大陆的形成演化也具有重要意义,不仅西南特提斯地区班公湖-怒江洋的闭合扩大了中国古大陆的范围,还使包括中国东部的东亚地区形成了北东东"新华夏系"的构造格局(李四光,1962)。新华夏构造体系是由太平洋板块与欧亚板块俯冲、碰撞和走滑形成的,包括 3 个沉降带和 3 个隆起带,自西向东分别为以四川盆地—鄂尔多斯盆地为代表的第一沉降带;以大兴安岭—太行山、吕梁山—武陵山—雪峰山为代表的第一隆起带;以松辽盆地—华北盆地—江汉盆地—北部湾盆地为代表的第二沉降带;以长白山—胶东—东南沿海山系(雁荡山)为代表的第二隆起带;以日本海—东海—台湾海峡—南海为代表的第三沉降带;以日本—台湾—菲律宾为代表的第三隆起带。上述 3 个沉降带是我国重要的含油气盆地,3 个隆起带是最重要的金属矿产资源基地。

九、喜马拉雅运动

喜马拉雅运动泛指新生代以来的造山运动,命名来自喜马拉雅山,发生于古近纪—新近纪的喜马拉雅运动在东亚地区广泛发育,包括 3 个主要造山幕:第一幕发生在始新世末期到渐新世初期,印度板块与欧亚大陆最终碰撞导致雅鲁藏布江洋盆闭合,海水从青藏高原全部退出,并伴随有强烈的褶皱、断裂及中性岩浆岩的侵入;第二幕发生于中新世初期,有强烈褶皱、断裂、岩浆活动和变质作用等,形成大规模的逆冲断裂和推覆构造,导致地壳大幅度隆起和岩浆侵入;第三幕从更新世至现在,主要表现为高原的急剧隆起,周围盆地的大幅度沉降,以及老断裂的继续活动,部分地区有第四纪火山喷发活动。

喜马拉雅运动使整个欧亚大陆东部再次受到了近南北向的挤压作用。中国西部受到的影响最大。在剧烈的挤压作用下,喜马拉雅山脉和青藏高原迅速抬升,形成大型滑脱构造,滑脱面之上发育了一系列的近东西走向的逆掩断层,其中较大的自南向北依次是喜马拉雅主前缘断层带、喜马拉雅山主边界断层带、喜马拉雅山主中央断层带、定日-洛扎断层带、雅鲁藏布江断层带、噶尔-纳木错断层带、班公错-怒江断层带、空喀拉-唐古拉温泉断层带和金沙江断层带等。这些逆掩断层之间形成巨大的褶皱断块山系,自南向北依次是喜马拉雅山脉、冈底斯山脉、念青唐古拉山脉、唐古拉山脉、可可西里山脉等;断层带本身则表现为山脉间和高原上的低地。

在青藏高原以北,同样出现了一系列的逆掩断层。与青藏高原不同的是,这些逆掩断层的倾向并不相同,因此并未形成像青藏高原那样的叠瓦构造,而是使两条倾向相对的断层之间的地块相对上升,两条倾向相背的断层之间的地块相对下降,从而形成盆岭相间的构造。如康西瓦-昆仑山断层带和塔里木南缘断层带之间的昆仑山地上升,塔里木南缘断层带和库尔勒-乌恰断层带之间的塔里木盆地下降,库尔勒-乌恰断层带和伊林哈别尔尕-亚干断层带之间的天山山地上升,伊林哈别尔尕-亚干断层带和德尔布干-克拉麦里断层带之间的准噶尔盆地下降,柴达木南缘断层带和宗务隆山-青海湖南缘断层带之间的柴达木盆地下降,宗务隆山-青海湖南缘断层带和北祁连北缘断层带之间的祁连山地上升,等等。

喜马拉雅运动不仅限于喜马拉雅地区,也影响到中国台湾及地中海、高加索、缅甸西部、印度尼西亚、菲律宾、日本和堪察加等广大地带。中国大陆中东部,在东西向的张裂作用下,原有的近南北向的断层如闽粤沿海断层带、郯城-庐江断层带、大兴安岭东侧断层带、太行山东侧断层带、武陵山-大明山断层带等均转变为张裂性的正断层,沿其中某些断层还有花岗岩侵入。同时,还出现了一些新的张裂断层,如汾渭断层带、大雪山东缘断层带等。

南海、东海、日本海也均在这一时期受东西向的张裂作用而大幅张开,成为西太平洋的边缘海。

喜马拉雅运动过后,现代的中国地貌基本形成。在中国西部,喜马拉雅运动导致喜马拉雅山脉和青藏高原的迅速抬升,使后者成为"世界屋脊",并导致昆仑山、天山、阿尔金山、祁连山和阿尔泰山的抬升,以及塔里木盆地、准噶尔盆地、柴达木盆地的相对下降,新疆地区的"三山夹两盆"地貌就此形成。

在中国东部,近东西向的张裂作用则使李四光提出的新华夏构造体系中的三大隆起带和三大沉降带之间的相对高差加大,其中第三隆起带东边的大兴安岭—太行山—巫山—雪峰山一线成为中国地貌第二级阶梯和第三级阶梯的分界线,而第三沉降带南段(即四川盆地)以西的横断山则连同祁连山、阿尔金山、昆仑山一起成为中国地貌第一级阶梯和第二级阶梯的分界线。这种三级台阶的地貌使黄河水系和长江水系最终得以全面形成。

第二节 秦祁昆洋、中央造山带和中国古大陆的雏形

相对于全球古大陆来讲,中国古大陆具有特殊性:一是中国古板块(华北、华南、塔里木)面积小;二是小地块或小陆块多;三是地史时期,至少在古生代到中生代早期,华南各板块或地块位于泛大洋或古特提斯洋中,华北、塔里木以北属于古亚洲洋体系,华北、塔里木以南属于古特提斯体系,尤其是古特提斯洋以南的小陆块,属于冈瓦纳超大陆的一部分,三叠纪以后随着冈瓦纳大陆的分裂,这些小陆块逐步北移,与欧亚大陆碰撞,形成古亚洲洋和古特提斯洋的闭合,造成中国古大陆丰富多彩的构造格局。

华北板块是由东部陆块和西部陆块在中部造山带碰撞于古元古代(1800Ma左右)完成的。华南板块由扬子陆块、华夏陆块和江南造山带构成。华夏陆块和扬子陆块何时碰撞,江南造山带何时形成,目前存在不同认识。传统认为华南板块于早古生代晚期才最终定型。很多学者认为华南板块于820Ma左右形成,板溪群开始到早古生代为裂谷盆地背景。也有人认为华南板块于新元古代晚期(720Ma)定型,非变质的南华系为盖层,板溪群仍为活动大陆边缘弧后盆地背景。但华南地区地层、沉积的明显三分性(扬子陆块、华夏陆块、江南造山带)一直持续到早古生代,华南江南造山带及华夏陆块区发育大面积的泥盆系与下伏地层的角度不整合,泥盆纪才形成统一的华南的盖层,多数学者认为早古生代的加里东运动(或广西运动)属于陆内造山运动而非板块或陆块之间的造山运动。

华北板块与华南板块的形成已在相应章节予以简述,本节重点介绍古亚洲洋的闭合和中亚造山带、昆仑-秦岭洋的闭合和中央造山带、西南特提斯洋的闭合和西南陆块群的碰撞,重塑中国古大陆的形成过程。

中央造山带是分隔中国大陆南北的一个重要造山带,它是由苏鲁造山带、大别造山带、秦岭造山带、祁连造山带、东昆仑造山带、西昆仑造山带组合而成的复合造山带,经历了从新元古代晚期—古生代早期和古生代末至中生代早期复杂的洋—陆转换及陆陆碰撞过程。早古生代后期,随着北秦岭、北祁连、柴达木北缘洋盆的闭合,秦岭地块、中祁连地块、柴达木地块与华北板块碰撞和增生。但分隔华北和华南的洋盆依然存在(秦岭的勉略缝合带、东昆仑的阿尼玛卿缝合带、西昆仑的康西瓦缝合带等),古洋盆的闭合和碰撞造山导致中央造山带的形成,华南(含松潘甘孜)、北羌塘地块与华北板块、柴达木地块、塔里木板块拼合为一整体,形成了中国古大陆的雏形。

一、北秦岭-北祁连洋的闭合和华北古大陆的增生

新元古代北秦岭存在以宽坪群为代表的宽坪缝合带,缝合带及相关的两期花岗岩(979~911Ma,889~844Ma),被解释为宽坪洋的俯冲、碰撞和华北板块的增生过程(Dong et al.,2014)。但早古生代早期,北秦岭洋并未完全闭合,以商丹缝合带为代表的北秦岭洋依然存在。商丹缝合带以南的中秦岭地块南部,南秦岭为一裂陷槽盆地,该裂陷槽盆地在晚古生代发展为分隔扬子地块的勉略洋。商丹洋于早古生代后期—晚古生代早期与华北板块俯冲、碰撞,形成华北板块南缘的增生。与此类似,北祁连早古生代早期也存在一个多岛洋盆,该洋盆于早古生代晚期闭合,形成华北板块西南缘的增生。

1. 北秦岭造山作用和华北板块的增生

秦岭造山带由北秦岭的商丹缝合线、勉略缝合线及其二者之间的中秦岭地块构成(张国伟等,1995)。早古生代时期,沿北秦岭陕西商县、丹凤一带,发育一套蛇绿岩及岛弧火山岩,称为商丹缝合带,代表北秦岭洋盆的残余,该带向东延伸到大别山北部及苏鲁地区,向西延伸到西秦岭甘肃李子园一带,东西向延伸上千千米。早古生代勉略洋尚未形成,沿勉略带发育早古生代的深水泥质岩、灰岩及裂谷火山岩沉积,代表活动的裂谷盆地沉积。商丹缝合带和勉略带之间,早古生代为一套浅水碳酸盐岩沉积,局部层位为滨浅海碎屑岩沉积,代表南北秦岭活动大陆边缘之间的稳定地块,称为中秦岭地块。

商丹缝合带位于北秦岭地块南侧,主要由丹凤洋弧火山岩、罗汉寺弧火山岩和富水岛弧型中基性杂岩组成。丹凤洋弧火山岩主要由玄武质岩石及玄武质安山岩组成,并与少量凝灰岩、硅质岩等一起构成了狭义的丹凤岩群变质岩系。丹凤郭家沟一带是经典的丹凤岩群火山沉积岩出露区,在近3km的剖面中,自南向北依次出露深绿黑色块层状变火山岩、枕状熔岩、变凝灰岩及硅质岩,其中枕状熔岩出露宽度在100m以上,枕体大小不等,大者长轴近1m,小者仅几厘米,单个岩枕具块状构造、斑状结构,斑晶矿物为角闪石和斜长石,块状变火山岩主要由暗色矿物组成。可见基性、中酸性侵入岩如辉长岩、闪长岩、花岗岩类岩石侵入丹凤岩群之中。丹凤岩群变火山岩中获得的锆石 SHRIMP U－Pb 年龄为(499.8±4)Ma。陕西凤县罗汉寺组为一套变中酸性火山沉积岩石组合,变沉积岩类岩石主要为变粉砂岩及粉砂质板岩,变火山岩类主要为变安山岩及部分变酸性火山岩。从罗汉寺组变酸性火山岩中测得的锆石 TIMS U－Pb 年龄为(523.7±1.5)Ma。陕西商南至河南西峡县西坪的富水中基性杂岩出露于商丹断裂带北侧,侵入于秦岭群之中,该杂岩体总体显示钙碱性玄武岩的成分特征,明显不同于洋中脊玄武岩,从角闪黑云二长岩中测得锆石 U－Pb 表面年龄的加权平均值为(514.3±1.3)Ma,应近似地代表了俯冲作用的时代。在北秦岭地块南侧,早古生代寒武纪晚期已出现了洋内俯冲构造带,并导致丹凤洋弧火山岩带[(499.8±4)Ma]和罗汉寺弧火山岩的形成[(523.7±1.5)Ma],富水早古生代[(514±1.3)Ma]岛弧型中基性杂岩的形成,更进一步表明了北秦岭地块南侧俯冲带构造的存在,而且是向着北秦岭变质地体一侧俯冲的。沿商丹缝合带以南,分布一套巨厚的泥盆系碎屑复理石沉积(陕西的刘岭群、甘肃的舒家坝群、河南的南湾组),代表着商丹洋闭合、中秦岭地块与华北板块碰撞造山过程中的前陆盆地沉积。因此华北板块在早古生代到泥盆纪时期,存在一次大规模的增生过程,中秦岭地块开始与华北板块拼合成为一体(图 16－1)。

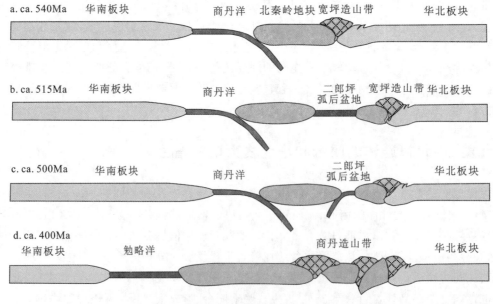

图 16－1　北秦岭早古生代商丹洋盆的演化(据 Dong et al.,2016 补充修改)

2. 北祁连的造山作用和华北板块的增生

新元古代末期—寒武纪(560～495Ma),华北板块与柴达木地块之间存在着一个与原特提斯洋相连的古海洋—祁连洋。从北祁连到柴达木北缘,早古生代存在一系列蛇绿岩缝合带,包括榆树沟-九个泉、百泉门-老虎山蛇绿岩带,大岔大坂蛇绿岩带,边马沟-百经寺蛇绿岩带,玉石沟-川刺沟-小八宝蛇绿岩带,野马南山-木里-拉脊山蛇绿岩带,柴北缘蛇绿岩带(杜远生等,2006),代表了祁连洋的残余洋片。

肃南玉石沟、川刺沟等剖面的蛇绿岩比较典型,包括了地幔橄榄岩、堆晶辉长岩、基性岩墙和拉斑玄武岩、深海硅泥沉积4个单元。地幔橄榄岩主要为方辉橄榄岩,地球化学特征表现为 LREE 富集、亏损 Eu 及强不相容元素;枕状熔岩具有典型的 MORB 地球化学特征,稀土元素曲线呈现平坦型,$(La/Yb)_N=0.98～1.27$,Nd、Ta、Zr 和 Hf 无亏损(侯青叶等,2005);堆晶辉长岩则具正显的 Eu 正异常。史仁灯等(2004)最近从堆晶辉长岩中获得的 U－Pb 加权平均年龄为(550 ± 17)Ma,Th/U$=0.53～1.85$,认为该年龄值代表了堆晶辉长岩的结晶时代和蛇绿岩的形成时间。陆松年等(2006)在前人所定的"中元古代熬油沟蛇绿岩"中对辉长岩再次进行 SHRIMP U－Pb 定年研究,获得(503.7 ± 6.4)Ma 的数据,认为该数值应代表辉长岩的侵位时代。熬油沟辉长岩侵入体应属于北祁连造山带的组成部分,而不会是中元古代蛇绿岩中的基性侵入体(张招崇等,2001)。

柴达木北缘缝合带分布于南祁连赛什腾山、绿梁山、锡铁山一带,主要由纯橄岩、斜辉橄榄岩、单斜辉石岩、橄榄辉石岩、辉长岩、拉斑玄武岩及硅质岩组成。该蛇绿岩带时代为早古生代,其上为泥盆系角度不整合接触,泥盆纪为红色磨拉石沉积,局部夹中基性火山岩。

北祁连甘露池、向前山、大克岔、黑茨沟、玉石沟、川刺沟、边马沟、大岔大坂、九个泉、百泉门、肮脏沟、石灰沟、老虎山、毛毛山、崔家墩等地寒武纪—奥陶纪硅质岩发育。其中 Al－Fe－Mn 判别图显示大部分硅质岩属于沉积硅质岩;REE 配分显示平缓右倾或平缓左倾;$\omega(Ce)$反映的 Ce 负异常不明显,部分样品$\omega(Ce)$值大于1,多数样品均介于0.6～1之间(杜远生等,2006),不同于大洋盆地和洋中脊的明显的 Ce 负异常,接近于大陆边缘盆地的 Ce 异常特征,反映北祁连寒武纪—奥陶纪与洋壳、岛弧、弧后盆地火山岩共生的硅质岩的构造背景不是典型的远洋盆地和洋中脊背景,而是部分靠近、部分远离陆源的大陆边缘深水盆地、多岛洋的构造背景(杜远生等,2006)。

北祁连—河西走廊东段(武威一带)晚奥陶世—志留系、西段(肃南一带)志留系发育一套碎屑复理石沉积,代表北祁连造山带的前陆盆地早期阶段的复理石沉积,泥盆系为前陆盆地晚期阶段的碎屑磨拉石沉积(杜远生等,2009;徐亚军等,2013)。徐亚军等(2013)系统总结了北祁连造山带的碰撞—造山过程,认为北祁连洋盆在早奥陶世到中奥陶世之间向北俯冲于华北板块之下,形成肃南大岔大坂一线的北祁连岛弧(510～460Ma),在岛弧北侧的北祁连—河西走廊处于弧后盆地的构造背景。晚奥陶世,中祁连地块与华北板块在北祁连东部武威一带已经发生初始碰撞,形成天祝组(古浪组)砾岩。北祁连洋的东段开始关闭,弧后盆地洋壳开始向南俯冲于岛弧之下,在岛弧北侧形成低级蓝片岩带(Wu,1993)。与此同时,突进的中祁连地块东部开始仰冲,带来大量的沉积物将北祁连岛弧掩埋,同造山盆地东段转化为复理石前陆盆地,而盆地西部仍然处于残余洋盆的构造背景,形成巨厚层的碳酸盐岩沉积(西部妖魔山组)。志留纪初期,中祁连地块与华北板块在北祁连西部肃南一带碰撞拼合,形成鹿角沟组角砾岩。这次碰撞较东部武威一带的碰撞明显滞后,反映了中祁连地块以"斜向、不规则边缘碰撞"形式拼合到华北板块南缘的过程。因此武威、肃南一带为两个不规则边缘的突出点,较早发生碰撞。而由于这种独特的拼合方式,导致北祁连岛弧东部部分被覆盖于中祁连板块之下。到了志留纪晚期和泥盆纪早期,中祁连板块与华北板块全面碰撞,山脉隆起,但是,由于中祁连地块东部向华北板块突进明显早于西部,因而隆升程度"东强西弱",使东部前陆盆地内志留系中、上部被移出盆地缺失,并导致志留纪时期覆盖于中祁连地块之下的北祁连岛弧和造山过程中形成的花岗岩被剥露出地表。晚泥盆世,由于造山带东段隆起高于西段,因而伸展垮塌作用开始于东段,在造山带东段形成沙流水组,以角度不整合覆盖于前期形成的地层之上,而西段可能由于隆起幅度较小,因而伸展垮塌作用较弱,仅在靠近东段的局部地区形成上泥盆统碎屑沉积(徐亚军等,2011)。自晚奥陶世开始的加里东期碰撞造山活动结束,中祁连地块与华北板块缝合在一起。泥盆纪时期,北祁连进入磨拉石前陆盆地阶段。综上所述,北祁连奥陶纪—泥盆纪盆地转换经历了岛弧和弧后盆地—弧后残留洋盆—前陆盆地的转换过程,代表了祁连洋的闭合、碰撞造山和华北板块西南缘的增生过程(图16-2)。

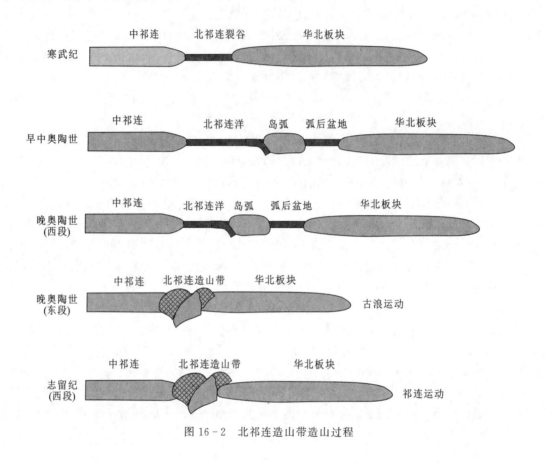

图16-2 北祁连造山带造山过程

二、昆仑-秦岭洋的演化

晚古生代时期,南秦岭存在一个勉略古洋盆,分隔着华南板块和早古生代后期—泥盆纪增生的华北板块。秦岭内部石炭纪以后沿陕西凤县、甘肃岷县、合作一带存在一个裂陷海盆(图16-3)。勉略缝合带由自西向东由四川南坪—甘肃康县至陕西勉县—略阳,越巴山弧达湖北随州花山,直至大别南缘湖北浠水清水河,断续出露蛇绿岩、洋岛火山岩、岛弧火山岩及初始洋型双峰式火山岩20余处。带内蛇绿岩主要见于陕西勉县—略阳,湖北随州花山等地区。岩石组合包括超基性岩、堆晶辉长岩、辉绿岩墙群及MORB型玄武岩。其中超基性岩多已蚀变为蛇纹岩类,原岩主要是二辉橄榄岩和纯橄岩,其REE配分型式为亏损型[$(La/Yb)_N = 0.40 \sim 1.20$],具正Eu异常。辉长岩类变形强烈,具堆晶和辉长-辉绿结构,稀土特征为弱富集型[$(La/Yb)_N = 4.46 \sim 1.73$],具弱正Eu异常。清水河辉石岩-辉长岩堆晶岩系Th、U、Ta、Nb、La等不相容性较强的元素相对于Hf、Zr、Sm、Y等弱不相容元素呈亏损状态,显示了典型的亏损地幔源特征。辉绿岩多呈岩墙状产出,在勉略区段三岔子、桥梓沟十分发育,痕量元素配分型式显示了与辉长岩类同源岩浆分异演化的趋势。MORB型玄武岩是带内蛇绿岩组合的重要组成端元。以高TiO_2、K_2O和轻稀土亏损为典型特征。洋岛火山岩广泛分布于四川南坪—甘肃康县一带,可分为洋岛拉斑玄武岩和洋岛碱性玄武岩两类。岛弧火山岩主要分布于陕西略阳—勉县、洋县—巴山弧地区,均属亚碱性系列火山岩。勉略带不同区段蛇绿岩与相关火山岩、花岗岩等采用多种同位素测年方法,获得时代集中于 345～200Ma 左右,即石炭纪—三叠纪,陕西勉县三岔子蛇绿岩共生的硅质岩中发现石炭纪的放射虫化石(冯庆来等,1996),充分表明南秦岭—大别南缘曾存在泥盆纪—三叠纪的勉略有限洋盆,表明属东古特提斯洋域北缘分支洋盆(张国伟等,2003)。

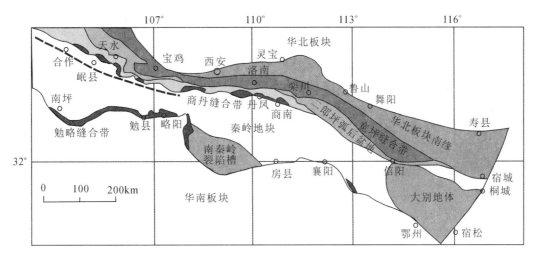

图 16-3　秦岭造山带地质简图(据 Dong,2016 修改)

东昆仑造山带包括东昆中早古生代缝合带和晚古生代—三叠纪阿尼玛卿缝合带。早古生代东昆中缝合带分隔着柴达木地块和昆仑地块。晚古生代—三叠纪阿尼玛卿缝合带分隔着昆仑地块和松潘-甘孜地块(图 16-4)。

东昆仑造山带早古生代的蛇绿岩大致沿昆中断裂分布,即在阿尼玛卿蛇绿岩带之北,称之为昆中蛇绿岩(高延林等,1988；Yang et al.,1996)。蛇绿岩附近发育大量早古生代海相地层、火山岩和岩浆活动。昆中蛇绿岩中辉长岩获得单颗粒锆石 U-Pb 年龄为(518±3)Ma(Yang et al.,1995,1996)。陈能松等(2000)获得变质闪长岩的单颗粒锆石 U-Pb 年龄为446Ma,说明东昆仑中部确实存在一个早古生代的蛇绿岩带。

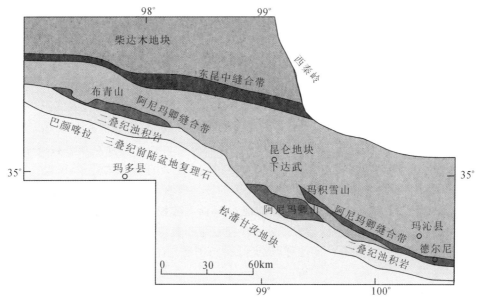

图 16-4　阿尼玛卿缝合带地质简图(据陈亮,2000；王国灿等,1997 修改)

阿尼玛卿蛇绿岩带从东向西由德尔尼、玛积雪山、布青山等主要蛇绿岩段组成。西段布青山蛇绿岩西起东大滩东至托索湖,该蛇绿岩段含有奥陶纪和石炭纪早期—二叠系早期两个时代的蛇绿岩组分(Bian et al.,2004)。晚古生代蛇绿岩出露于早古生代蛇绿岩西南侧,以在总体走向上不连续为特征,蛇绿岩多以几十米甚至近百米直径的构造岩片产在石炭纪马尔增组碎屑灰岩与碎屑沉积岩组成的构造岩块中。构造岩块在走向上以数百米为间隔。蛇绿岩主要由具有枕状、块状构造的镁铁质熔岩组成,夹有放射虫硅质岩,与东段德尔尼蛇绿岩相比,超镁铁质岩石出露较少。镁铁质熔岩岩枕大小多在几十厘米左右,伴有碳酸盐脉穿插和绿帘石化并不同程度遭受绿片岩相变质作用。Bian 等(2004)在布青山晚古生代蛇绿岩中鉴别出了 N-MORB 和少量的 T-MORB,并认为它们代表了古特提斯洋盆环境。

德尔尼蛇绿岩位于阿尼玛卿蛇绿岩带的东段,出露于二叠系乌拉尔统碎屑沉积岩与一套元古宇达肯大坂群变质表壳岩(大理岩、斜长角闪岩和片岩)之间。蛇绿岩带北侧与达肯大坂群间发育一条几十米宽的糜棱岩带,其中穿插有若干条辉长岩和花岗岩脉。德尔尼蛇绿岩构造岩片主要由强烈的蛇纹石化和碳酸盐化超镁铁质岩石组成,绿片岩相变镁铁质岩石分布极为零星。相对于西段的布青山蛇绿岩,德尔尼蛇绿岩明显地段遭受了较强的后期构造变形改造,故缺少枕状熔岩。经研究,德尔尼蛇绿岩中的变质镁铁质熔岩为 N-MORB,代表了古特提斯洋洋壳残余(陈亮等,2000;杨经绥等,2004)。

玛积雪山发育近千米的镁铁质熔岩,是阿尼玛卿蛇绿岩的主要组成部分(姜春发等,2001)。熔岩为厚层状,具枕状构造和杏仁、气孔构造,岩枕多在几十厘米至 1m 大小。熔岩中含有超镁铁质岩和辉长岩岩块以及多层硅质岩薄层(5cm 左右)。石炭纪和二叠纪的灰岩块体也以构造岩块的形式产于熔岩中。岩石地球化学研究表明,熔岩属于洋岛型玄武岩。此外,在玛积雪山的西南侧的千里瓦里马一带产出有近千米厚的玄武质熔岩和似层状辉长岩。熔岩主要发育在东西向延长露头的西端,向东过渡为辉长岩。岩石普遍发生绿片岩相变质作用,暗色矿物多为绿泥石和绿帘石取代,局部可见角闪石。

阿尼玛卿蛇绿岩带的时代研究反映了该带主体代表了晚古生代生成的洋壳。Bian 等(2004)在布青山蛇绿岩的硅质岩中鉴定出石炭纪的硅质放射虫。陈亮等(2000)从德尔尼蛇绿岩带玄武质熔岩中获得(345.3±7.9)Ma 的 $^{40}Ar/^{39}Ar$ 全岩年龄。张克信等(2004)在布青山一带的蛇绿混杂岩中报道了二叠纪乌拉尔世硅质放射虫的发现。杨经绥等(2004)于德尔尼蛇绿岩段的玄武质熔岩中测得(308.2±4.9)Ma 的锆石 SHRIMP 年龄。从阿尼玛卿蛇绿岩带整体区域构造和时代出发,并结合玛积雪山镁铁质熔岩与石炭纪和二叠纪地层关系及其中含有大量石炭纪—二叠纪灰岩块体的特点,可以推测玛积雪山蛇绿岩的时代与东西两段的时代一致。

西昆仑造山带比较复杂,主要包括早古生代的库地-其曼于特蛇绿混杂岩带、蒙古包-普守蛇绿混杂岩带和晚古生代—三叠纪的康西瓦-苏巴什蛇绿混杂岩带等,西昆仑造山带北以柯岗断裂为界与塔里木陆块相邻,造山带内部以上述缝合带为界分隔库浪那古、吐木亚、桑株塔格、赛图拉等微地块,南部以康西瓦-苏巴什缝合带为界,分隔羌塘地块(图 16-5)(崔建堂等,2006)。

库地-其曼于特蛇绿混杂岩带为早古生代的蛇绿构造混杂岩带,局部地段被寒武纪—奥陶纪花岗岩体侵入或被晚古生代裂谷叠加而出露不全,在东部其曼于特、西部库地一带发育较好。该带呈近东西向,西侧转向北西向且与柯岗断裂构造相交,断续延伸,长约 230km。该带发育有斜辉橄榄岩,其规模长约 3km,宽约 1.8km,呈构造透镜体状产出。斜辉橄榄岩东侧发育有玄武岩,其规模一般长约 40km,宽约 1~3km,玄武岩多呈块状构造,局部可见有枕状构造。该玄武岩中夹有辉绿岩构造透镜体,其两侧边界均为断层接触关系。该带发育大量奥陶纪中基性—酸性侵入岩[U-Pb 年龄(447±7)Ma、(461.1±1.0)Ma],反映该蛇绿构造混杂岩带俯冲碰撞发生于奥陶纪。综合分析认为库地-其曼于特蛇绿混杂岩的洋壳残片代表了古昆仑洋的位置,该大洋始裂于震旦纪,消减于寒武纪—奥陶纪,两侧陆块碰撞于志留纪早期。

蒙古包-普守早古生代蛇绿混杂岩带位于蒙古包—普守一带,呈近北西向延伸,该带向西延伸在赛图拉一带被康西瓦-苏巴什蛇绿构造混杂岩带截切,向东延伸到玉龙喀什河一带与库地-其曼于特蛇绿构造混杂岩带合并,长约 150km,宽约 0.5~2.5km。该构造混杂岩带发育大量的蛇纹石化纯橄岩、云

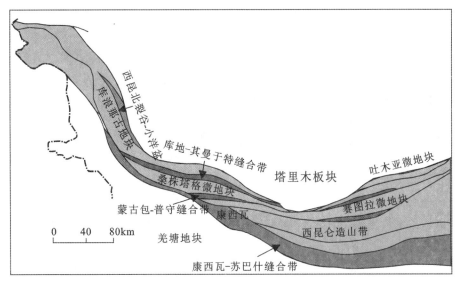

图 16-5 西昆仑康西瓦缝合带地质图(据崔建堂等,2006 简化)

母二辉岩、辉长岩、辉绿岩、玄武岩、硅质岩及少量英云闪长岩侵入岩。该蛇绿混杂岩带两侧发育的奥陶纪—志留纪中基性—酸性侵入岩[(443.1±2.3)～418.8Ma],代表了该洋壳俯冲碰撞发生于晚奥陶世—志留纪早期。

康西瓦-苏巴什蛇绿混杂岩带呈近北北西—东西向弧形延伸,由公格尔经麻扎、康西瓦、玉龙喀什河上游向苏巴什延伸,长约340km。该带物质组成极为复杂,在东部苏巴什一带保存大量典型的蛇绿岩残片;中部麻扎以北地区保留了比较好的陆缘弧、弧间、弧前盆地沉积,上覆三叠纪磨拉石沉积;东部玉龙喀什河上游—苏巴什以南地区同样保留岛弧、弧后盆地沉积及俯冲碰撞型花岗岩,保存最多的是志留纪的复理石增生楔和后期阶段二叠纪的残留海沉积。该蛇绿构造混杂岩带北侧发育的大量中基性侵入岩中获得同位素 SHRIMP 年龄值(447±7)Ma。该带东部的早古生代侵入岩 U-Pb 年龄为(426±1.6)Ma。通过对该带弧、与弧相关的盆地建造的分析,反映该带洋壳俯冲消减时间晚于库地-其曼于特和蒙古包-普守洋盆,是从中奥陶世开始,晚奥陶世—志留纪发生俯冲,直至二叠纪瓜德鲁普世晚期发生碰撞,洋盆才完全闭合消失。由此可以确定康西瓦-苏巴什蛇绿构造混杂岩带是一个早古生代—晚古生代双向俯冲带,代表塔里木板块与华南羌塘陆块的分界线,具有重大的地质意义。

三、中央造山带的形成和中国古大陆的雏形

晚古生代后期,随着古亚洲洋的闭合,中亚造山带形成。我国的华北板块(含柴达木地块、昆仑地块、秦岭地块)、塔里木板块及中亚 Karakum 板块与西伯利亚板块拼合,乌拉尔洋闭合,上述块体与劳俄板块连为一体,形成了全球的联合古大陆(Pangea)的北半球。而华南、西南及印支地区的块体仍处于古特提斯洋中,三叠纪印支造山运动促使秦岭-昆仑洋的闭合,将华南板块(含松潘甘孜地块)、羌塘地块等与 Pangea 超大陆联合,并形成中国古大陆的雏形(包括华北板块、塔里木板块、华南板块及其亲缘的小地块),因此秦岭-昆仑洋的闭合对中国古大陆的形成具有至关重要的意义。

西秦岭晚古生代沉积分异明显,从甘肃陇西到四川阳平关,自北向南依次为:陇西大草滩的陆相磨拉石的大草滩群(泥盆系),礼县麻沿河舒家坝群的碎屑复理石(泥盆系),西和的碳酸盐台地(泥盆系),岷县—宕昌的裂谷盆地泥质岩、硅质岩和滑塌沉积(石炭系—二叠系)、碎屑复理石沉积(三叠系),舟曲的碳酸盐台地沉积(泥盆系—二叠系),康县(勉略带)的深水泥质岩、硅质岩、灰岩、岛弧火山岩及蛇绿岩(泥盆系—石炭系),文县的碳酸盐台地沉积(泥盆系)。陇西大草滩—礼县麻沿河的泥盆纪磨拉石和复

理石代表北秦岭同造山盆地沉积,西和、舟曲碳酸盐台地代表秦岭地块碳酸盐台地沉积,勉略带代表南秦岭有限小洋盆沉积,文县代表华南板块北部大陆边缘沉积,岷县—宕昌为中秦岭裂陷槽沉积(杜远生,1998)。

秦岭-昆仑洋的闭合、碰撞造山发生于三叠纪(图16-6)。东秦岭—大别—苏鲁地区的碰撞发生于中-晚三叠世之间,造山带隆升于侏罗纪(Yang,2009)。东秦岭南缘秭归盆地晚三叠世地层中记录了来自于秦岭造山带的物源记录(柴嵘等,2014),反映了东秦岭碰撞造山的开始。西秦岭—东昆仑碰撞发生于晚三叠世,沿勉略缝合带和阿尼玛卿缝合带南缘,东昆仑巴颜喀拉地区、西秦岭松潘甘孜地区晚三叠世大面积、巨厚的复理石沉积代表同造山盆地早期阶段的沉积。因此大别—秦岭—东昆仑的碰撞造山过程总体呈东早西晚的斜向碰撞特征(Liu et al.,2012)。中秦岭的岷县、宕昌、合作一带早三叠世—晚三叠世的复理石反映中秦岭裂陷槽的闭合略早于勉略—阿尼玛卿洋。

西昆仑造山带研究程度较低,造山带的演化更加复杂。现有资料表明,类似东昆仑和秦岭,西昆仑早古生代也存在塔里木板块南缘的微地块和多岛洋,早古生代微地块与塔里木板块的碰撞造成了塔里木板块南缘的增生,但南侧仍然存在以康西瓦—苏巴什蛇绿混杂岩带为代表的晚古生代—三叠纪的大洋(古特提斯洋北支)。据崔建堂等(2006)研究,该大洋泥盆纪—二叠纪早期乌拉尔世处于伸展扩张阶段,二叠纪瓜德鲁普世中期开始消减挤压。虽然二叠纪晚期乐平世之后缺失沉积,但赛力亚克达坂一带的三叠系赛力亚克达坂群为一套紫红色砾岩、砂砾岩夹砂岩,属于磨拉石沉积,西昆仑东部伯力克局部地区也沉积了三叠纪磨拉石沉积,证明西昆仑确实存在印支期的碰撞造山过程。

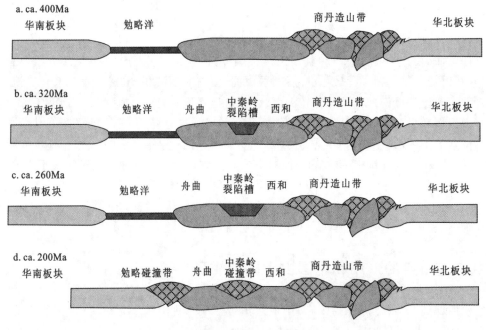

图16-6　西秦岭造山带印支期碰撞造山过程

第三节　古亚洲洋、中亚造山带和劳亚古大陆的定型

古亚洲洋位于劳俄板块以东,西伯利亚板块以南,华北板块、塔里木板块、哈萨克斯坦板块以北。劳俄板块与西伯利亚板块之间为乌拉尔洋,华北板块、塔里木板块与西伯利亚板块之间为天山-兴蒙洋,哈

萨克斯坦板块位于古亚洲洋西部，为中天山地块的西延。古亚洲洋内部包括多条蛇绿岩带代表的次级洋盆和俯冲带，是一个典型的多岛洋，古亚洲洋于古生代晚期最终闭合，劳俄板块、西伯利亚板块、华北板块、塔里木板块、哈萨克斯坦板块最终碰撞造山形成规模巨大的中亚造山带，至此，Pangea 超大陆基本形成(图 16-7)。

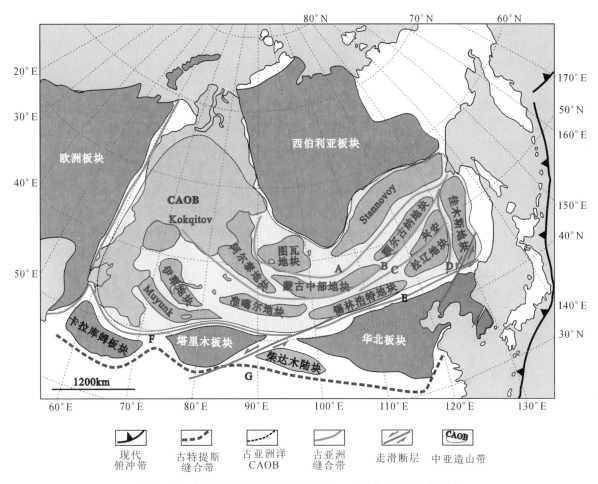

图 16-7　古亚洲洋构造分区图(据 Li,2006;徐备等,2014 等修改)

A. 萨彦岭缝合带；B. 额尔吉斯-布尔根缝合带(西段)-新林-喜桂图缝合带(贺根山缝合带)(东段)；C. 艾力格庙-锡林浩特-黑河缝合带；D. 牡丹江缝合带；E. 温都尔庙-吉中-延吉缝合带(索伦山蛇绿岩带)；F. 南天山(那拉提-红柳河)缝合带；G. 中央造山带

　　中亚造山带在中国境内包括新疆、内蒙、东北三省，包括天山造山带、阿尔泰造山带、兴蒙造山带等，是一个非常复杂的构造带。中亚造山带的构造单元划分及构造演化尚存在不同认识，现根据徐备等(2014)以及成守德和徐新(1998,2000,2001)的总结，仅就大地构造单元及构造演化予以简述。

一、古亚洲洋东段(兴蒙洋)的演化

　　根据古亚洲洋早古生代闭合、晚古生代伸展的观点，徐备等(2014)以前寒武纪微陆块为基本划分单位，以它们之间的缝合带或断裂带为界，建立了中亚造山带东段兴蒙造山带早、晚古生代的构造单元，将兴蒙造山带中泥盆世之前的构造格局划分为"五块四带"，从北向南依次为额尔古纳地块、兴安地块、艾力格庙-锡林浩特地块、松辽-浑善达克地块及佳木斯地块。它们之间由 4 条缝合带分隔:新林-喜桂图缝合带、艾力格庙-锡林浩特-黑河缝合带、温都尔庙-吉中-延吉缝合带和牡丹江缝合带。中-晚泥盆世之后兴蒙造山带出现多处陆相及海陆交互相沉积,石炭纪广泛分布陆相及滨浅海相碎屑岩和碳酸盐建造和蛇绿岩、辉长岩、花岗岩及双峰式火山岩,可划分陆相盆地、陆表海盆地、蛇绿岩带、侵入岩带等构造单元。二叠系早-中期沉积类型多变,出现陆相、海相和海陆交互相沉积岩系,遍含植物和滨浅海相动物化石,具大量双峰式火山岩,可划分出被动裂谷带、主动裂谷带、陆缘型蛇绿岩带和碱性岩带等构造单元。

1. 构造单元划分(地块和缝合带)

1)额尔古纳地块

额尔古纳地块位于内蒙古—黑龙江大兴安岭北段,据徐备等(2014)总结,额尔古纳地块是一个具有前寒武纪基底的地块。Wu 等(2011)证明塔河—新林一线西北的满归和碧水等地的侵入岩具有 792~927Ma 的锆石年龄,Wu 等(2012)对漠河以南约 50km 的黑云母斜长片麻岩研究表明其形成于 794Ma,通过 Hf 同位素研究认为其原岩的模式年龄为中太古代,反映中太古代地壳熔融结果。同时在 767Ma 和 1853Ma 之间还存在多个碎屑锆石峰值。Zhou 等(2011)报道了石榴石夕线石片麻岩(496±3)Ma 的变质年龄和从(578±8)Ma 到(1373±17)Ma 的岩浆事件年龄。Wu 等(2005)还报道了该地块北缘的(504±8)Ma 和(517±9)Ma 的岩浆事件。Tang 等(2013)报道了地块中约 737~851Ma 的 A 型花岗岩、辉长岩和辉长-闪长岩,其 $\varepsilon_{Hf}(t)=+2.5~+8.1$,并指出它们产于与 Rodinia 超大陆裂解有关的伸展环境。张丽等(2013)研究了地块西缘太平林场花岗片麻岩的时代,表明存在 840~830Ma、800~780Ma、730~720Ma 3 期岩浆热事件。上述特征说明额尔古纳地块具有前寒武纪基底,可能是西伯利亚板块的一部分或亲西伯利亚的一个地块。

2)兴安地块

兴安地块位于塔河—新林一线东南,具有前寒武纪地层基底属性(徐备等,2014)。孙立新等(2013)在十七站一带得到花岗质片麻岩的年龄为(1854±20)Ma,$\varepsilon_{Hf}(t)=-8.5~-3.9$。徐备等(2014)认为应代表兴安地块存在的古元古代基底。Miao 等(2007)报道了韩家园子一带兴华渡口群碎屑锆石最小年龄约为 1.0Ga;Zhou 等(2011)在韩家园子的兴华渡口群夕线石榴片麻岩中识别了(496±3)Ma 的变质年龄,其锆石核部或碎屑锆石均具有大于 6 亿年的年龄;李仰春等(2013)报道扎兰屯以西 40km 处铜矿沟铜山组顶部的最年轻锆石年龄峰值为(570±4)Ma;周建波等(2014)发现扎兰屯以东约 40km 的向阳岭地区兴华渡口群中碎屑锆石最小年龄为(481±12)Ma,并有大量老于 530Ma 的碎屑锆石。这些资料暗示兴安地块北部韩家园子和南部扎兰屯一带可能有前寒武纪基底。

3)艾力格庙-锡林浩特地块

该地块从艾力格庙向东到苏尼特左旗和锡林浩特地区,向西与蒙古境内的 Hutag Uul 地块相连(Badarch et al.,2002),向北东是否可与兴安地块相连尚不确定(徐备等,2014)。Yarmolyuk 等(2008)在蒙古境内的 Totoshan 地区得到片麻状花岗岩中锆石的上交点年龄为(952±8)Ma,代表原岩形成时代。艾力格庙地区出露的艾力格庙群由石英岩、片麻岩和花岗片麻岩等组成,从石英岩中获得最年轻的碎屑锆石年龄为(1151±41)Ma(徐备等未发表数据)。孙立新等(2013)在苏尼特左旗东部发现了年龄为(1516±31)Ma 和(1390±17)Ma 的花岗片麻岩。葛梦春等(2011)报道了锡林浩特地区锡林郭勒杂岩中的表壳岩,并从中获得 1005~1026Ma 的锆石变质核年龄。上述古老岩石露头东西向断续延伸超过 300km,它们代表的前寒武纪地块构成一个重要构造单元。

4)松辽-浑善达克地块

该地块代表早古生代艾力格庙-锡林浩特-黑河缝合带和温都尔庙-吉中-延吉缝合带两条缝合带之间的稳定地区,东部被松辽盆地、西部被浑善达克沙地所覆盖,呈东宽西窄的三角形,林西县以西到苏尼特左旗南的西半部分急剧变窄(徐备等,2014)。来自松辽盆地东缘的云母片岩显示(757±9)Ma、(843±10)Ma 的最小年龄峰值(Wang et al.,2014;权京玉等,2013);而在南部,裴福萍等(2006)从钻孔岩心中得到的火山角砾岩和变质辉长岩年龄分别为(1808±21)Ma 和(1873±13)Ma;王颖等(2006)

报道了变质闪长岩 SHRIMP 锆石年龄为(1839±7)Ma,这些数据表明松辽地块应存在早前寒武纪基底。在地块东缘铁力地区,Zhou 等(2012)报道了变质沉积岩约 5 亿~23 亿年的多组碎屑锆石。在地块西部苏尼特左旗南的浑善达克沙地北缘,温都尔庙群绢云石英片岩的碎屑锆石图谱出现大量 5 亿~22 亿年的数据(徐备等未发表数据),提供了地块西部可能具有前寒武纪基底的信息。

5)佳木斯地块

佳木斯地块位于黑龙江省佳木斯地区,目前的研究多限于南部。Wilde 等(2001,2003)报道了地块南部三道沟及西麻山一带的麻山群具有约 500Ma 年龄的麻粒岩相变质事件,并根据大量谐合的锆石数据揭示存在 1150~1000Ma 的重要物源区。颉颃强等(2008)报道了地块南部穆棱地区麻山群混合岩中的岩浆型锆石年龄为 843~1004Ma,并认为这些数据指示了新元古代基底的存在。赵海滨等(2009)在黑龙江省太平沟地区获得兴东群斜长角闪岩及侵入的花岗片麻岩锆石 SHRIMP 年龄分别为 913Ma 和862Ma。这些研究表明佳木斯地块存在中-新元古代的基底(Zhou and Wilde,2013;徐备等,2014)。

6)新林-喜桂图缝合带(XXS)

据徐备等(2014)总结,该缝合带南西段喜桂图地区的头道桥蓝片岩最早由张兆忠等(1986)报道,最近周建波测定蓝片岩中锆石年龄 500~490Ma(未发表资料),给出了缝合带形成的下限。北东段新林蛇绿岩自下而上主要由变质橄榄岩、层状堆晶岩、辉绿岩席和变玄武岩等组成(李瑞山,1991)。张丽等(2013)发现太平林场花岗片麻岩中变质锆石年龄为(494±10)Ma,并通过对比额尔古纳和兴安地块花岗岩 Hf 同位素特征的不同,揭示了缝合带两侧的地球化学差异。Zhou 等(2013)将额尔古纳与兴安地块的边界置于此缝合带。

7)艾力格庙-锡林浩特-黑河缝合带(AXHS)

据徐备等(2014)总结,该缝合带是分隔北部的额尔古纳-兴安地块和南部的松辽-浑善达克地块的界线,经艾力格庙、苏尼特左旗南、锡林浩特南和大石寨地区到黑河一线,以沿线分布的早古生代岩浆岩、混杂岩和磨拉石盆地为识别标志。该带以北发育早古生代岛弧岩浆岩带,呈北东向延绵 1500 余千米。西段位于艾力格庙-锡林浩特地块的南缘,其发育时间约为 490~430Ma(Xu and Chen,1997;Chen et al.,2000;Shi et al.,2003;张炯飞等,2004;石玉若等,2005;Miao et al.,2007;Jian et al.,2008;葛梦春等,2011)。中段见于大石寨地区,以基性火山岩为特征,其形成年龄(439±3)Ma(Guo et al.,2009)。东段多宝山地区发育以铜山组细碧角斑岩为代表的奥陶纪岛弧火山岩(崔革,1983)和多宝山岛弧花岗闪长岩[(485±8)Ma,葛文春等,2007;(480±5)Ma,崔根等,2008]。该带西段在苏尼特左旗南和艾力格庙地区,分布着由温都尔庙群绢云石英片岩为基质的混杂岩带(Xu et al.,2013;李瑞彪等,2013)。苏尼特左旗南的色日巴彦敖包组、二连地区泥鳅河组及科尔沁右翼中旗大民山组出现中上泥盆统紫红色粗碎屑岩建造及其与下伏地层的不整合关系,代表造山带内的磨拉石盆地。同时这条缝合带也是重要的生物群界线,其北以分布图瓦贝动物群为特色,见于多宝山、额尔古纳西、伊尔施和东乌珠穆沁旗等地(内蒙古自治区地质矿产局,1991)。

8)温都尔庙-吉中-延吉缝合带(WJYS)

据徐备等(2014)总结,这是一条延长 1500km 以上的早古生代缝合带,从西向东沿图古日格—温都尔庙—正镶白旗—敖汉旗—吉中—延吉一线分布。西段以发育混杂岩和蓝片岩为标志,如在乌拉特中旗以北的图古日格、达尔罕茂明安联合旗北的红旗牧场地区以及著名的温都尔庙地区(唐克东等,1983;唐克东,1992;胡骁等,1990;邵济安,1991;Xu et al.,2013;Shi et al.,2013),蓝闪石和多硅白云母所获[39]Ar/[40]Ar 年龄为(445.6±15)Ma,(453.2±1.8)Ma 和(449.4±1.8)Ma(唐克东,1992;De Jong et al.,2006)。缝合带以南的华北板块北缘发育早古生代岛弧火山岩和深成岩带,从西向东包括图古日格地区包尔汉图群及侵入岩(453~425Ma,Xu et al.,2013)、达茂旗北部(452~446Ma,张维和简平,2008)、温都尔庙地区白乃庙群及侵入岩(474~437Ma,Jian et al.,2008;Zhang et al.,2013)、正镶白旗二长花岗岩[(457±11)Ma,秦亚等,2013]、敖汉旗地区八当山群火山岩、吉中地区放牛沟火山岩(黄德薰等,1992;476~444Ma,裴福萍等,2011)、张家屯英云闪长岩[(443±5)Ma,裴福萍等,2014]。沿缝合带发育志留纪晚期徐尼乌苏组复理石建造和西别河组砂砾岩,不整合覆于奥陶纪地层或岩浆岩之上(张允平等,2010),代表早古生代造山带的前陆盆地沉积。

9)牡丹江缝合带(MS)

据徐备等(2014)总结,该缝合带位于松辽-浑善达克地块与佳木斯地块之间,尽管目前尚缺乏与碰撞有关的直接证据,但一些学者已经从岩浆作用和沉积作用方面研究了其形成背景和演化过程。许文良等(2012)指出沿松嫩-张广才岭东缘存在南北向展布的早古生代花岗岩,有485Ma、450Ma和425Ma等3个峰期。Wang等(2012)识别出缝合带以西存在晚奥陶世闪长岩(443~451Ma)、英云闪长岩、流纹岩和志留纪中晚期二长花岗岩(424~430Ma),并据此提出它们可能代表早古生代佳木斯地块向西的俯冲。魏连喜等(2013)报道了晨明地区花岗闪长岩(433±1)Ma和二长花岗岩(432±2)Ma,认为其产生于陆壳加厚环境,与俯冲后的地壳加厚有关。Meng等(2010)对松嫩-张广才岭地块汤原地区和佳木斯地块宝清地区下泥盆统碎屑岩的研究也表明,两个地块在413Ma(早泥盆世)之前已经拼合。

10)贺根山石炭纪早期蛇绿岩带

见于二连东、贺根山和迪彦庙等地,形成时代为356~333Ma(Jian et al.,2010)。地球化学分析表明贺根山蛇绿岩形成于与软流圈上涌和岩石圈伸展有关的构造背景(Jian et al.,2010)。需要指出的是,早在晚泥盆世,这些蛇绿岩附近已经出现陆相磨拉石沉积,如二连以北的泥鳅河组和苏左旗、阿巴嘎旗一带含植物化石的色日巴彦敖包组,暗示晚泥盆世之后出现的陆相环境。因此,区域地质背景限定贺根山等地的石炭纪早期蛇绿岩应发育在陆壳基底之上,代表造山后的一次伸展过程。

11)索伦山蛇绿岩带

索伦山蛇绿岩沿中蒙边界线分布,在我国境内东西向延伸约百余千米,被夹持于早古生代南兴蒙造山带与北兴蒙造山带之间的石炭纪晚期滨海相沉积层序内,变形及变质程度低,未见蛇绿混杂带或高压低温变质带。索伦山地区的上古生界是一个总体向北推覆的逆冲体系,由石炭纪本巴图组滨海相碎屑岩岩片、二叠纪滑塌堆积和浊积岩片及蛇绿岩岩片等组成。蛇绿岩岩片有3类:①超基性岩岩片,呈黄褐色外表,碳酸盐化和硅化强烈;②玄武岩岩片,见于乌珠尔少布特,具有连续层序,并常被辉长岩脉所穿插;③含放射虫硅质岩岩片,内部具连续层序,有粗砂岩和玄武岩夹层,放射虫化石的时代为二叠纪瓜德鲁普世早期(王惠等,2005)。这些岩片与本巴图组滨海相或二叠纪乐平世浊积岩呈断层关系。据徐备等(2014)分析,索伦山蛇绿岩应代表二叠纪瓜德鲁普世的伸展环境,反映了继乌拉尔世大石寨期伸展过程之后的又一次岩浆作用。

2. 古亚洲洋东段(兴蒙段)的构造演化(图16-8)

1)原亚洲洋阶段(前寒武纪)

古亚洲洋东段,存在具有前寒武基底的古老地块。虽然对这些地块的亲缘性及其在Columbia超大陆、Rodinia超大陆中位置及其关系尚不清晰,但该区前寒武纪时期确实存在一系列前寒武纪基底的块体,这些块体可能是西伯利亚板块(或华北板块)的一部分。

古元古代时期,Columbia超大陆形成,西伯利亚板块、华北板块是该大陆的一部分,西伯利亚板块南部萨彦岭-贝加尔地区存在中元古代末期的蛇绿岩,说明古元古代—中元古代早期西伯利亚和华北之间存在原始的古大洋,王五力(2014)称为原亚洲洋。华北古元古代—中元古代的坳拉槽也指示兴蒙地区古大洋的存在。中元古代Columbia超大陆解体后,于中元古代末(1.3~1.0Ga)再次汇聚,形成Rodinia超大陆。新元古代时期,随着Rodinia超大陆的裂解,兴蒙陆块群开始从西伯利亚板块、华北板块分离,形成相对独立的陆块群。

Rodinia超大陆大致在新元古代青白口纪末期(800Ma左右)解体。华北板块内部未保留与Rodinia超大陆解体有关的地质事件记录,但根据华北板块周缘青白口系与西伯利亚东南缘里菲系—文德系的对比联系,华北与西伯利亚克拉通之间的"原亚洲洋"仍然存在。原亚洲洋为一多岛洋,兴蒙地块群是原亚洲多岛洋的组成部分,它们和西伯利亚板块、华北板块存在密切联系。

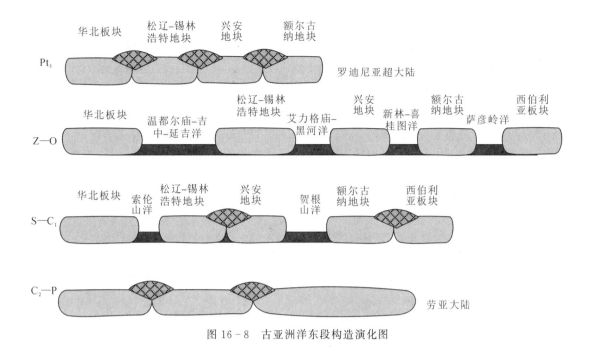

图 16-8　古亚洲洋东段构造演化图

2）古亚洲洋早期阶段（早古生代）

泛非运动是发生于新元古代末期—寒武纪早期的一次构造运动，主要发育于非洲及周边地区，并导致冈瓦纳大陆的形成。据王五力（2014）总结，萨彦岭-贝加尔造山系中兴蒙北地块群普遍存在泛非晚期运动，从中元古代晚期到早古生代存在地块、岛弧及洋壳增生碰撞杂岩，最终经萨拉伊尔运动成为造山系。萨拉伊尔运动包括寒武纪早-中期、寒武纪中-晚期、寒武纪晚期—早奥陶世之间的 3 个构造幕，发育于阿尔泰-萨彦造山带地区（以萨拉伊尔地区为代表）。东部贝加尔—额尔古纳地区的贝加尔造山带，主要发育寒武纪早-中期的兴凯运动（500Ma 左右），应是萨拉伊尔运动的第一幕，又是泛非运动末期构造幕。

据王五力（2014）总结，兴蒙地块群中佳木斯地块麻山群活动单颗粒锆石 SHRIMP 测年，获得 U-Pb 年龄为（502±10）Ma、（525±12）～（507±12）Ma，认为中国东北存在晚泛非岩浆活动事件。额尔古纳、兴安、佳木斯、兴凯地块均存在泛非期高级变质岩，原岩年龄以新元古代（600～850Ma）为主，变质年龄约为 500Ma 左右。因此泛非期高级变质岩及其同期岩浆岩，总体呈北西向沿黑龙江在兴凯、佳木斯、松辽、兴安和额尔古纳等地块断续分布，组成孔兹岩断续带。

兴蒙地块群广泛记录了泛非运动的同期构造热事件，这导致了该区域冈瓦纳大陆联系的诸多联想，但其与冈瓦纳大陆的关系目前尚不清晰。这次构造事件可能导致原亚洲洋的萎缩，但北侧以贺根山蛇绿岩带为代表的古亚洲洋北支、南侧以索伦山蛇绿岩带为代表的古亚洲洋南支依然存在。

早古生代时期，兴蒙地区进入古亚洲洋的演化阶段。前泥盆纪，兴蒙造山带各构造单元之间及其与华北板块之间的演化过程有 3 个重要事件：500～490Ma 时期，由额尔古纳与兴安地块碰撞形成新林-喜桂图缝合带；440～410Ma 时期，由松辽-浑善达克地块、华北板块和佳木斯地块碰撞形成温都尔庙-吉中-延吉缝合带和牡丹江缝合带；385～375Ma 时期，由松辽-浑善达克地块与额尔古纳-兴安地块碰撞形成艾力格庙-锡林浩特-黑河缝合带。这一过程导致古亚洲洋的消失和兴蒙造山带的形成。

3）古亚洲洋晚期阶段（晚古生代—早中生代）

晚古生代时期，古亚洲洋仅剩局部残余洋盆，以贺根山石炭纪早期蛇绿岩带、索伦山二叠纪蛇绿岩带为代表，其他地区以陆相和浅水海相沉积为主，但岩浆岩仍较发育。中-晚泥盆世之后，内蒙古及东北地区开始出现多处陆相及海陆交互相沉积，以含植物化石的碎屑岩为标志，见于兴蒙地区西部苏尼特左旗、中部东乌珠穆沁旗、扎鲁特旗、北部海拉尔区、黑河市及东部延寿县及密山县等地。它们虽出露零星，但分布广泛，具重要的构造古地理意义。

石炭纪早期兴蒙地区的锡林郭勒盟北部及兴安盟西北部普遍隆起，其南发育陆相及海陆交互相沉积，如陈巴尔虎旗—喜贵图旗—额尔古纳右旗一带（红水泉组）和敖汉旗北部（朝吐沟组），局部含砾岩和火山岩，并含植物化石。陆表海盆地分布于苏尼特左旗南部、敖汉旗北部、塔河—沐河地区和吉林省北部，发育陆缘碎屑沉积建造，含大量腕足及珊瑚类化石，沉积不整合覆盖于早古生代造山带之上。石炭纪晚期兴蒙造山带北部发育陆相盆地，在二连浩特北—白音乌拉—东乌珠穆沁旗—科尔沁右翼中旗一线，以宝力高庙组陆相沉积-火山岩系为代表，向东北延伸至额尔古纳右旗及黑龙江省大部，以类磨拉石建造不整合超覆在前寒武纪变质基底、早古生代沉积地层及蛇绿岩之上（鲍庆中等，2006），并出现华夏植物群与安加拉植物群的混生现象（辛后田等，2011）。石炭纪晚期兴蒙造山带中部则仍发育陆表海盆地，沉积建造以浅海相碳酸盐岩和碎屑岩为主（本巴图组和阿木山组），其范围从乌拉特中旗经苏尼特右旗、西乌旗、乌兰浩特等地延伸到吉林省北部。在兴蒙地区西缘满都拉地区、南缘敖汉旗至吉林南部一线，发育海陆交互相或陆相盆地，局部出现含煤岩系（酒局子组），含华夏植物群化石 Calamites。

石炭纪晚期盆地内火山岩多与局部陆内伸展作用有关，如嫩江地区宝力高庙组中流纹岩为（307±2）Ma，大石寨组中晶屑凝灰岩（308±2）～（314±1）Ma。辛后田等（2011）将东乌珠穆沁旗宝力高庙组厘定320～303Ma 的陆相火山-碎屑岩建造，汤文豪等（2011）在苏尼特右旗本巴图组中识别 313～308Ma 的双峰式火山岩，并认为研究区应处于裂谷构造环境。在蒙古南部，Yarmolyuk 等（2008）也报道了同时代的双峰式火山岩和碱性花岗岩带，可向东延入内蒙古西部地区。

根据徐备等（2014）对泥盆纪—石炭纪古构造格局的认识，它们应与造山后的伸展作用有关。

见于二连东、贺根山和迪彦庙等地的贺根山蛇绿岩带，形成时代为 356～333Ma（Jian et al.，2010）。地球化学分析表明，贺根山蛇绿岩形成与软流圈上涌和岩石圈伸展有关的构造背景（Jian et al.，2010）。考虑到这些蛇绿岩附近出现晚泥盆世的陆相磨拉石沉积，暗示晚泥盆世已经出现的陆相环境，该蛇绿岩应代表古亚洲洋的残余洋盆或古亚洲洋闭合造山后的又一次伸展过程。

继承石炭纪的构造伸展作用，兴蒙地区二叠系形成了多种岩石-构造单元，包括裂谷带、碱性岩带和蛇绿岩带等。二叠纪早-中期陆内裂谷建造具有 3 个鲜明特点：一是沉积类型多变，同时期可出现陆相、海相和海陆交互相沉积岩系；二是普遍含植物化石和滨浅海相动物化石，暗示沉积基底具有明显的深度变化、陆相或陆源沉积物丰富和不存在大范围洋壳；三是具有大量双峰式火山岩，说明与伸展背景有关。值得注意的是，在东乌珠穆沁旗东北满都胡宝拉格地区最新发现二叠纪早-中期华夏植物群分子（周志广等，2010），证实了石炭纪晚期华夏植物群在该区的衍生（辛后田等，2011），说明从石炭纪晚期以来兴蒙造山带北部已经出现华夏植物群与安加拉植物群的混生。

二叠纪碱性岩带在兴蒙造山带内发育南、北两条：北带从额尔古纳地区沿中蒙边界向西到二连浩特北部，由大量二叠纪早期碱性花岗岩（洪大卫等，1994；Wu et al.，2002）和双峰式火山岩（Zhang et al.，2011）组成。该带向西延至蒙古国南部，与 Yarmolyuk 等（2008）所划分的裂谷岩浆岩带连通。南带位于达茂旗—温都尔庙—镶黄旗一线，已报道达茂旗北部花岗岩时代为 270～257Ma（范宏瑞等，2009）；镶黄旗南部毕力赫钾长花岗岩时代为 264Ma（路彦明等，2012）；克什克腾旗南部碱性岩时代为 264～263Ma（江小均等，2011）。另外该带包含大量二叠纪中期花岗岩、花岗闪长岩及辉长-辉绿岩，共同组成兴蒙造山带南部二叠纪中期岩浆岩带（Liu et al.，2010；章永梅等，2009；王子进等，2013；Cao et al.，2013）。

兴蒙地区二叠纪晚期火山岩也陆续发现，Miao 等（2007）报道了造山带西段温都尔庙附近约 260Ma 的枕状玄武岩和林西地区半拉山（256±3）Ma 的辉长岩；初航等（2013）从温都尔庙以北乌兰沟枕状玄武岩中获得 246～261Ma 的锆石年龄。从已发表的数据看，基性火山岩的地球化学特征接近 E-MORB，并且有向 OIB 演化的趋势（张晋瑞等，2014）；同时这类基性岩具有较多的继承性锆石，其时代从 400Ma 到元古宙，表明锆石可能源于陆壳基底或早古生代造山带的混染（初航等，2013）。王子进等

(2013)报道了造山带东段263～246Ma的镁铁质侵入岩,指出其原始岩浆在岩浆源区或岩浆演化过程中遭受了古老陆壳物质的混染,并与同时代的花岗岩组成双峰式火成岩组合,反映伸展环境。因此,在晚二叠世兴蒙造山带已转为陆相为主的背景下,这些以火成岩组合为主的建造可能代表软流圈上涌形成的主动裂谷带。综上所述,二叠纪时期兴蒙造山带具有伸展作用多次发生、伸展构造复杂多样的特征,这与更大范围的构造背景一致。例如Jahn等(2009)在中亚造山带范围内划分了3条巨型岩浆岩带,横跨新疆、蒙古南部、内蒙古和东北地区,由约300～260Ma的花岗岩及双峰式火山岩组成,用以描述二叠纪早-中期广泛的伸展作用。

沿中蒙边界线分布,被夹持于早古生代南兴蒙造山带与北兴蒙造山带之间的石炭纪晚期滨海相沉积层序内的索伦山蛇绿岩带,实际上是一个构造岩片,与之共生的硅质岩包括二叠纪的放射虫。据徐备等(2014)分析,索伦山蛇绿岩应代表二叠纪中期的伸展环境,反映了继二叠纪早期大石寨期伸展过程之后的又一次岩浆作用。

二、古亚洲洋西段(天山—阿尔泰)的演化

1. 构造单元(地块和缝合带)

古亚洲洋西段(新疆段)具有长期的地壳演化历史和复杂的构造格局。前震旦纪,西伯利亚、塔里木、哈萨克斯坦—准噶尔都已经形成了具有褶皱变质基底的地块区。新元古代后期,元古洋消失,形成Rodinia超大陆的一部分。新元古代末期—早古生代,超大陆解体,该区进入古亚洲洋的演化阶段(成守德等,2000)。根据成守德、张湘江(2000,2001)的研究结果,新疆古亚洲洋可以分为以下构造单元。

1)阿尔泰地块(西伯利亚板块区)

阿尔泰地区出露最古老的基底为古-中元古代克姆齐群的角闪岩、片麻岩、混合岩,局部见麻粒岩,同位素年龄为1.6～1.3Ga,个别可达1.94～1.85Ga。新元古代该区为一套绿片岩、结晶片岩,部分为片麻岩、混合岩,同位素年龄1.06～0.71Ga。上述资料说明阿尔泰地区元古宙后期形成了褶皱变质基底,可能为西伯利亚板块的一部分(成守德等,2000)。

2)塔里木板块

塔里木板块内部主要为现代沉积物覆盖,其边缘前寒武纪基底发育,包括柯坪、库鲁克塔格、阿尔金、铁力克等,暗示塔里木是一个具有前寒武纪基底的大陆板块。板块北部,为与南天山洋相邻的活动大陆边缘,包括哈尔克山早古生代边缘海、艾尔宾山泥盆纪碳酸盐台地、晚古生代南天山裂陷槽、迈丹塔乌晚古生代陆缘盆地等。

3)准噶尔地块

准噶尔地区地表为后期地层覆盖,因此其基底是否存在一直有争议。地球物理研究推测盆地南部可能存在由太古宙—元古宙基底组成的陆核。古陆核周围古洋盆。古洋盆的增生带的岩浆物质有1.4～1.3Ga的老地壳混染。东准噶尔有1.0Ga左右的石英闪长质糜棱岩和605Ma的二长花岗岩,反映中-新元古代围绕陆核的地壳的扩展(成守德等,2000)。

4)伊犁地块

伊犁地块固结于古元古代,中新元古代为浅水碳酸盐岩和碎屑岩稳定型似盖层。伊犁地块南北两侧为天山元古宙陆缘活动带。中新元古代巴伦台群为变质的火山-沉积岩组合,为伊犁地块中新元古代的增生带(成守德等,2000)。

5)吐(鲁番)哈(密)地块

吐哈陆块由吐哈古陆核及阿奇山-星星峡陆缘活动带组成。吐哈古陆核为太古宙—古元古代变质杂岩,中元古代之后处于剥蚀状态。阿奇山-星星峡陆缘活动带位于古陆核以南,南邻南天山洋,主要发育中新元古代的侵入岩。

6）额尔吉斯-布尔根缝合带

额尔吉斯-布尔根缝合带为准噶尔地块与西伯利亚板块之间的多岛洋碰撞形成的,沿该缝合带出现一系列的蛇绿岩,分隔西伯利亚板块和准噶尔等地块,是古亚洲洋的北支主洋盆。该洋盆的缝合时间为泥盆纪—石炭纪早期(成守德等,2000,2001)。

7）南天山(那拉提-红柳河)缝合带

南天山缝合带为准噶尔地块与塔里木板块之间的南天山元古洋闭合形成的缝合带,沿缝合带发育一系列的蛇绿岩和蓝片岩。南天山洋是由古元古代末—中元古代早期南天山裂谷进一步拉张形成的,中新元古代南天山洋盆向北俯冲消减、萎缩,形成中天山、阿奇山-星星峡陆缘活动带,古元古代末期—中元古代早期(1.57Ga左右)南天山洋闭合,使北部伊犁地块和塔里木板块连为一体。新元古代以后,沿那拉提—红柳河一带裂陷形成古亚洲洋的南支,志留纪—泥盆纪,该洋盆闭合、俯冲碰撞形成那拉提-红柳河缝合带。

2. 古亚洲洋西段(天山—阿尔泰)的构造演化

在古亚洲洋区域,太古宙—早中元古代,存在一系列具有褶皱变质基底的陆块,其中阿尔泰地块为西伯利亚板块的一部分,塔里木板块是一个独立的板块。二者之间的准噶尔地块、伊犁地块、吐哈陆块是位于古亚洲洋域的地块群,可能和哈萨克斯坦板块关系密切(或哈萨克斯坦板块的一部分)。这些陆块群之间是否有原始的洋盆分隔尚不清晰,若有洋盆,可称之为原亚洲洋。新元古代以后,随着 Rodinia 超大陆的解体,这些地块逐渐分裂,并由额尔吉斯-布尔根缝合带、那拉提-红柳河缝合带分隔。地块周围形成裂谷或活动大陆边缘,演化为古亚洲洋的多岛洋。

新元古代以后,阿尔泰、准噶尔、伊犁(中天山)等地块,先后从古大陆分离,形成了西伯利亚板块与塔里木板块之间广阔的古亚洲洋及大洋中的大小不一的块体。经历了大陆离散阶段、板块活动鼎盛期和大洋衰没阶段,最终西伯利亚和塔里木—华北两大古陆对接,加上欧亚之间的乌拉尔洋的闭合,形成了统一的欧亚古大陆。

1）西伯利亚板块大陆边缘

西伯利亚板块主体在俄罗斯及蒙古境内,阿尔泰为其南部大陆边缘。西伯利亚古陆的分裂产生了古亚洲洋,萨拉伊尔—蒙古湖区为古亚洲洋的北支,这里分布着震旦纪—寒武纪早期的大洋型变质玄武岩、细碧角斑岩及蛇绿岩等,古陆边缘为碳酸盐岩—陆源碎屑岩、玄武-安山岩建造及滑塌堆积,具边缘海性质,个别地区有岛弧型建造。阿尔泰南侧的斋桑—北准噶尔一带,也存在着震旦纪—奥陶纪的蛇绿岩,为古亚洲洋的残余,恰尔斯克蛇绿岩铅同位素年龄为 700Ma 或更老,在泥盆系及石炭系中见其碎屑,蛇绿混杂岩带中的高压变质岩 K-Ar 同位素年龄为(570~470)Ma,向东,洪古勒楞蛇绿岩 Sm-Nd 等时线年龄为(626±25)Ma 及(444±27)Ma,阿尔曼特蛇绿岩 Sm-Nd 等时线年龄为(515±26)Ma 或(493±9)Ma,上述蛇绿岩证实了古亚洲洋的存在。

寒武纪早期—志留纪,大洋逐渐消减,蒙古湖区以西分布着岛弧带,安山岩、安山-玄武岩为主的岛弧建造整合于细碧-辉绿岩和细碧-角斑岩建造之上。萨拉伊尔运动造成地壳强烈挤压,邻区有寒武纪晚期—早奥陶世下磨拉石及酸性钾、钠型后成火山岩及大型英闪岩-花岗岩侵入及蛇绿岩推覆于古老地壳之上,说明古亚洲洋北支开始闭合。在山区阿尔泰北坡及蒙古阿尔泰南坡,寒武纪中期—早奥陶世为被动大陆边缘,沉积了巨厚的陆源碎屑类复理石建造(哈巴河群、山区阿尔泰群),岩石成分成熟度和结构成熟度低,发育韵律层理和鲍马层序,生物稀少,千枚岩 Pb-Pb 等时线年龄为(541±126)Ma。中奥陶世早期,古亚洲洋北支闭合,使阿尔泰古陆与西伯利亚古陆碰撞,发生褶皱造山并伴有同造山期花岗岩侵入(友谊峰岩体),使阿尔泰早古生代褶皱系拼贴于西伯利亚板块西南缘成为其增生陆壳。中奥陶世晚期局部发育滨-浅海相磨拉石建造,不整合于下伏山区阿尔泰群之上。晚奥陶世其多处于隆起状态。泥盆纪及其之后,进入新生陆壳发展阶段,但有的地区(阿尔泰南缘)仍保留了弧后盆地或边缘裂谷的发展特点。标志陆壳形成的造山组合和上磨拉石建造分布较广,多以亚陆相为主,部分为水下喷发,深成岩一般为正常的或碱性系列的花岗岩类。诺尔特地区即为泥盆纪—石炭纪的上叠火山-沉积盆地。石炭纪及其以后,已全部进入新生陆壳发展阶段,陆内盆地为碎屑及磨拉石充填,陆内裂陷盆地,火山-沉积盆地以中酸性及双峰式火山活动为主,侵入岩多为花岗正长岩、碱性或碱长花岗岩、钾长花岗岩等,说明陆壳已发展到相当成熟的程度。

2)准噶尔地块及其大陆边缘

古亚洲多岛洋位于中哈萨克斯坦—北天山及巴尔喀什—准噶尔等广大地区。中新元古代时期,原始古大陆破裂,有双峰式熔岩及地堑相沉积(1100～1000Ma)。当时环绕着古陆已有初始洋壳形成,中天山、北天山的蛇绿岩主要是中元古代晚期形成,新元古代才推覆到古陆上来的,这些分离的老陆块,性质基本一致。即都有1100～900Ma的纯石英岩,少见乌拉尔地区的叠层石灰岩。

古亚洲洋内有各大小陆块,包括伊犁-中天山、准噶尔、吐-哈等。现以研究程度较高的准噶尔地块予以简述。

如前所述,准噶尔地块具有前寒武纪结晶基底和早古生代浅变质基底的双重结构基底。泥盆纪—石炭纪属残余古亚洲洋中的一个台地型盆地,台地上为稳定的台相沉积。台地周缘为深水海槽,属活动型沉积。石炭纪末,随着周缘海槽的再次由北而南收缩闭合,准噶尔盆地开始由开放型海相盆地,向封闭型内陆盆地转化。

二叠纪乌拉尔世时期,准噶尔地区为残留海-海相前陆盆地。由于西准噶尔造山带强烈地自西向东推覆,二叠纪乌拉尔世早期盆地西部发育为海相前陆盆地沉积,盆地西北缘厚度可达4000m,岩性为火山岩层夹灰岩透镜体。二叠纪乌拉尔世晚期,火山活动减弱,盆地周缘全部隆起,盆地内处于残留海沉积。由于盆地周缘褶皱山系向盆地逆冲,使准噶尔盆地中相对于边缘逆冲带,形成了3个独立发展的前陆盆地,即盆地西缘前陆盆地,盆地南缘前陆盆地和盆地东北缘前陆盆地,残存的海水主要分布于这3个前陆盆地中,使准噶尔盆地进入了分割性沉积阶段。盆地坳隆格局也初具规模,形成了巨大的玛湖-盆1井坳陷、北天山山前坳陷、五彩湾-大井坳陷和其间的多个隆起区。

二叠纪乌拉尔世末的新源运动使盆地转化为陆相前陆盆地,盆地内继承了早期前陆坳陷中巨厚的沉积,隆起带上也有一定厚度的分布。二叠纪末期以后,盆地总体处于较稳定的陆相湖泊环境,二叠系顶部的上乌尔禾组以稳定的厚度(300～500m)在盆地中广布。直到新近纪以后,受喜马拉雅运动影响,天山、阿尔泰山隆升,才形成现今的盆地地貌格局。

早古生代时期,地块周缘的陆缘区经历了地壳的最活跃期。古亚洲洋中各古老陆块周缘为活动大陆边缘背景,通过裂解、俯冲进行大陆增生,如成吉思-塔尔巴哈台岛弧,震旦纪—寒武纪时拉张沉降,寒武纪早期出现蛇绿岩,由于洋壳俯冲寒武纪中期发育了岛弧型建造,寒武纪晚期—早奥陶世出现了砂岩—砂砾岩为代表的下磨拉石,伴随大量滑塌堆积及同位素年龄为496Ma花岗闪长岩的侵入,证明早期岛弧基本结束,大陆进一步增生。再如成吉思-塔尔巴哈台南侧岛弧、博罗科努岛弧、公婆泉岛弧等。中奥陶世广泛发育安山-安山玄武岩建造,近年在洪古勒楞发现的626Ma蛇绿岩正是古亚洲洋在早期岛弧中的残余。除岛弧外,在一些古陆块边缘发育了边缘海盆,如伊特木伦德-唐巴勒边缘海盆等,它们是在古陆边缘不断扩张情况下形成的,为一套以陆源碎屑岩为主的类复理石建造,并见有洋壳的幔源物质,多发育在陆块边缘。这些早古生代的岛弧和边缘海盆,从形成到发展成熟有早有晚,但到志留纪末,岛弧、边缘海俯冲闭合,拼贴于附近的古老地块之上,使大陆进一步增生。这些在新元古代末期或早古生代早期裂离并漂移在广阔的古亚洲大洋中的各块体,经过早古生代的演化又重新拼贴一起,成为哈萨克斯坦-准噶尔板块。这时古亚洲洋只剩下额尔齐斯—布尔根和塔里木北缘的南天山一带。

晚古生代早期,准噶尔地块与西伯利亚板块之间的额尔齐斯-布尔根带已处于缝合在即的状态。在残余的古亚洲洋持续向北俯冲的作用下,使早古生代阿尔泰的被动陆缘,转化为活动陆缘,发育大量岩浆岩的侵入及混合岩化作用,南阿尔泰泥盆纪弧后拉张形成裂谷盆地,形成了与细碧-角斑岩火山及火山碎屑沉积。石炭纪早期残余的古亚洲洋才最后关闭,并沿恰尔斯克—玛因鄂博一线,西伯利亚板块与哈萨克斯坦-准噶尔板块碰撞缝合,形成了宏伟复杂的板块缝合构造带。

3)塔里木板块北部大陆边缘和南天山洋

如前所述,新元古代末期,元古南天山洋关闭,使塔里木地块与伊犁地块拼合,阿克苏群中蓝片岩(Rb-Sr 法 977.0Ma,943.47Ma)和多硅白云母(K-Ar 法 720Ma)年龄值指示了元古南天山洋关闭的时间上限,科克苏发现的 770.4Ma 二长花岗岩和南木札尔特河发现的 650Ma 眼球状片麻岩,说明元古南天山洋是向北俯冲消减的。

早古生代早期,塔里木陆块及其边缘,沉积了震旦系和寒武系盖层,其中震旦系的冰碛层和寒武系纽芬兰统的硅质含磷建造,与扬子地块甚至澳大利亚都十分接近,说明中间并无大的洋盆分隔。据刘本培等(1996)研究,在西南天山的库尔干道班附近震旦纪—奥陶纪变质碎屑岩中具有重力流深水沉积特征,说明早古南天山洋正在开裂。塔里木板块北侧由裂陷槽发展到被动陆缘的演化过程在奥陶纪已经完成。郝杰等(1993)在南天山北缘长阿吾子蛇绿岩中的辉长岩获(439.4±26.9)Ma 形成年龄,反映奥陶纪晚期西南天山的北缘已出现洋盆。刘本培等(1996)在南天山南缘的黑英山等蛇绿混杂岩带斜长角闪岩中的角闪石中也获得(420.2±5.9)Ma、(430.3±5.2)Ma 形成年龄,说明志留纪南天山洋已发展成相当规模和结构复杂的多岛洋,其中存在着汗腾格里、库米什等前寒武纪微陆块。中天山北缘尾亚一带可能存在奥陶纪蛇绿岩套,其岩石组合和米什沟蛇绿岩一致,中天山北缘可能存在一个早古生代大洋向南的俯冲碰撞带,以尾亚-米什沟-干沟蛇绿混杂岩带为标志。黄山-康古尔构造带只是一个石炭纪早-中期的弧间小洋盆(或裂陷盆地)。中天山南缘的巴音布鲁克组发育有岛弧型火山岩,证明南天山北缘洋盆的向北俯冲,在穹库什太蓝闪石片岩中获得多硅白云母的 $^{40}\mathrm{Ar}/^{39}\mathrm{Ar}$ 年龄值为(415.37±2.17)Ma,证明西南天山北缘的早古南天山洋闭合于志留纪晚期至泥盆纪早期。

晚古生代时期,泥盆纪开始南天山南缘洋盆向北俯冲、消减,形成哈尔克山(库勒湖)、艾尔宾山南缘断续出露的火山岛弧带。石炭纪早期,南天山洋基本闭合,并与北部的哈萨克斯坦-准噶尔板块碰撞,形成了那拉提-红柳河板块缝合构造带,古亚洲洋基本消失,形成了古生代统一大陆。但由于大断裂继承性活动或脆弱地带发生张裂,达拉布特、觉罗塔格、伊连哈比尔尕—博格多、南天山等地还存在裂陷槽,它们都是在具有一定规模刚性块体的基础上发展起来的,都具有沉降很深并有幔源岩浆活动的特点。当这些裂陷槽闭合后,大陆最终进入稳定发展阶段,时间自石炭纪密西西比亚纪中晚期到二叠纪(图 16-9)。

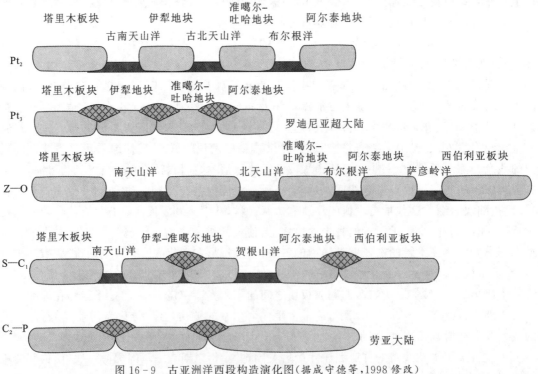

图 16-9　古亚洲洋西段构造演化图(据成守德等,1998 修改)

三、中亚造山带和劳亚大陆的形成

古亚洲洋为劳俄板块、西伯利亚板块、华北板块、塔里木板块、哈萨克斯坦板块所围限,包括劳俄板块与西伯利亚板块之间的乌拉尔洋和华北板块、塔里木板块与西伯利亚板块之间的天山-兴蒙洋。古亚洲洋在中国境内分布于新疆、内蒙古、东北三省区,包括天山造山带、阿尔泰造山带、兴蒙造山带等,是一个非常复杂的构造带,并具有长期的演化历史。古亚洲洋是一个典型的多岛洋,内部包括多条蛇绿岩带代表的次级洋盆,以及复杂的岛弧或陆缘弧。虽然对古亚洲洋的构造单元划分还有不同认识,对其构造演化也存在认识上的分歧。但可以确定的是,古亚洲洋大致经历了太古宙—元古宙基底、中新元古代原亚洲洋,新元古代—早古生代古亚洲洋,晚古生代—早中生代残余洋盆或再生洋盆等演化阶段。早古生代后期和晚古生代末期—早中生代早期,西伯利亚板块、劳俄板块、哈萨克斯坦板块、塔里木板块、华北板块挤压碰撞造山,形成规模巨大的中亚造山带。

从空间上讲,中国境内的古亚洲洋南部为独立的华北板块和塔里木板块,北部额尔古纳地块和阿尔泰地块可能是西伯利亚板块的一部分,或亲西伯利亚的分离块体。南部额尔吉斯—布尔根缝合带—新林—喜桂图缝合带(贺根山缝合带)和北部南天山(那拉提—红柳河)缝合带—温都尔庙-吉中-延吉缝合带(索伦山缝合带)之间为古亚洲洋。古亚洲洋区分布一系列具有前寒武纪基底的地块,地块之间或出现以蛇绿岩为代表的局限洋盆,或出现以弧火山岩为代表的岛弧或陆缘弧,构成了复杂的多岛洋格局。

从时间上讲,古亚洲洋大致分为太古宙—古元古代基底(对应于 Columbia 超大陆形成)、中元古代(对应于 Columbia 超大陆裂解和 Rodinia 超大陆形成)、新元古代—早古生代(对应于 Rodinia 超大陆裂解和 Gondwana 超大陆形成)、晚古生代—三叠纪(对应于劳亚大陆形成)几个演化阶段。太古宙—元古宙个块体之间可能存在原始的大洋,可称为原亚洲洋(如原南天山洋、原北天山洋、原贺根山洋)。新元古代—早古生代的原古亚洲洋主体关闭,形成中亚造山带的雏形,该阶段为古亚洲洋早期阶段。晚古生代存在残余洋盆或新生局限洋盆,为古亚洲洋晚期阶段。晚古生代末期—三叠纪残余或新生洋盆闭合,中亚造山带定型。劳俄大陆、西伯利亚板块、哈萨克斯坦板块、塔里木板块、华北板块最终拼合,形成 Pangea 超大陆的北半球的劳亚大陆。中国除了南羌塘、冈底斯(拉萨)、保山等地块位于西南特提斯洋中,其他块体均已经拼合在一起,形成了较为完整的中国古大陆。

第四节　西南特提斯的增生和中国古大陆的定型

特提斯(Tethys)是古希腊神话中的海神。1893 年,奥地利地质学家爱德华·修斯(Eduard Suess)根据阿尔卑斯山脉与非洲的化石纪录,提出过去在劳亚大陆与冈瓦纳大陆之间,曾有个内海存在并命名为特提斯海(Tethys Sea)。后来提出的板块学说,将特提斯海改为特提斯洋(Tethys Ocean)。早期,特提斯根据时间可以划分为原(或前)特提斯阶段(元古宙—早古生代,约 2500～350Ma)、古特提斯阶段(晚古生代—早中生代,约 350～200Ma)、新特提斯阶段(晚中生代—新生代,约 200 万年—至今)。最新的古大陆再造显示,元古宙—早古生代早期,并没有南方冈瓦纳大陆和北方大陆群之间的海域存在,说明原(前)特提斯洋并不存在,因此现多将志留纪—三叠纪时期(约 440～200Ma)的特提斯称为古特提斯阶段,侏罗纪以后的特提斯称为新特提斯或称特提斯阶段。

地史时期,特提斯洋广泛分布于南方大陆(早期的冈瓦纳大陆和后期的南美、非洲、印度、澳大利亚、南极等板块)和北方大陆(群)(劳俄、西伯利亚、华北、塔里木、哈萨克斯坦等板块)之间,包括南美—非洲—欧洲之间的海西造山带、阿尔卑斯造山带、非洲—印度和欧亚之间的中央造山带、青藏高原各造山带。本节论述的西南特提斯系指中央造山带(秦祁昆洋)以南、华南板块以西的青藏高原地区。

　　西南特提斯洋具有复杂的构造格局和长期的演化历史,具有多岛洋、多陆块、多岛弧、多俯冲、多碰撞特征(许志琴等,2013)。西南特提斯包括数条不同时代的反映古大洋的缝合带自北向南包括金沙江-哀牢山缝合线、甘孜-理塘缝合线、双湖-龙木错-澜沧江-昌宁-孟连缝合线、班公错-怒江缝合线和雅鲁藏布江缝合线(图16-10)等。从时代上讲,金沙江-哀牢山缝合线、甘孜-理塘缝合线、羌中-澜沧江-昌宁-孟连缝合线都是印支期大洋闭合碰撞造山形成的缝合带,班公错-丁青-怒江缝合线是燕山期大洋闭合碰撞造山形成的缝合带,雅鲁藏布江缝合线是喜山期大洋闭合碰撞造山形成的缝合带。

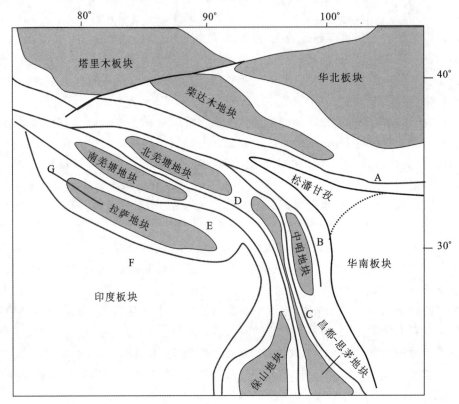

图 16-10　西南特提斯洋构造单元图

A. 勉略-阿尼玛卿-康西瓦缝合带;B. 甘孜-理塘缝合带;C. 金沙江-哀牢山缝合带;D. 羌中-澜沧
江-昌宁-孟连缝合带;E. 班公湖-丁青-怒江缝合带;F. 雅鲁藏布江缝合带;G. 松多缝合带

　　西南特提斯洋也是一个由地块和地块之间的缝合带、岛弧或陆缘弧构成的多岛洋。古特提斯洋主洋盆的双湖-龙木错-澜沧江-昌宁-孟连缝合线以南的北羌塘地块、冈底斯地块和藏南(印度板块北缘),都是冈瓦纳大陆的一部分,古生代开始,冈瓦纳大陆开始逐渐分离北漂,逐渐与北方大陆群(塔里木板块、华北板块、哈萨克斯坦板块、西伯利亚板块、劳俄板块等)碰撞拼合。在广阔的古特提斯-新特提斯洋中,一系列地块或岛弧、陆缘弧组成了复杂有序的北老南新的多岛洋格局(表16-1)。

表 16-1　西南特提斯(青藏高原)构造体系(据许志琴等,2013补充)

地块	蛇绿岩带	岛弧和增生楔	高压变质带
松潘甘孜地块	昆南-阿尼玛卿蛇绿岩带	布尔汗布达岛弧岩浆岩带	
	甘孜-理塘蛇绿岩带	义敦岛弧岩浆岩带	
	金沙江-哀牢山蛇绿岩带	江达—绿春火山弧	金沙江高压变质带

续表 16-1

地块	蛇绿岩带	岛弧和增生楔	高压变质带
北羌塘-思茅地块			
	羌中-澜沧江-昌宁-孟连蛇绿岩带	东达山-云县火山弧	
		南羌塘岩浆岛弧带 双湖-聂荣-吉塘增生楔	双湖变质岩带
南羌塘-保山地块		左贡-临沧岛弧岩浆岩带	临沧高压变质带
	班公湖-怒江蛇绿岩带		
北拉萨地块			
	松多蛇绿岩带	北松多火山岛弧带和增生楔	松多高压变质带
南拉萨地块			
	雅鲁藏布江缝合带		
藏南地块（印度板块）			

一、构造单元划分

1. 金沙江-哀牢山缝合带

位于扬子板块西缘松潘-甘孜地块、北羌塘—昌都—思茅—印度支那—东马来西亚地体之间，呈 EW、NW-SE、N-S 和 NW-SE 弧形展布，与越南境内的松马（Song Ma）蛇绿岩带相连。

金沙江—哀牢山蛇绿岩带由石炭纪早期—二叠纪早期玄武岩、蛇纹石化超基性岩、堆晶辉长岩、辉绿岩墙及放射虫硅质岩等组成。Jian 等（2009）认为金沙江蛇绿岩为代表洋—陆转换的 NMORB 型的蛇绿岩，金沙江蛇绿岩的辉长岩年龄为 343.5Ma；哀牢山蛇绿岩为 EMORB 型的蛇绿岩，哀牢山蛇绿岩中的斜长花岗岩和辉绿岩的年龄分别为 382.9Ma 和 375.9Ma，进一步证明金沙江蛇绿岩带代表晚泥盆世—石炭纪早期从南向北穿时性打开的洋盆。与金沙江洋盆俯冲有关的义敦岛弧的年龄为 220～217Ma（冷成彪等，2008；杨帆等，2011；许志琴等，2013）。该带卷入的地层包括泥盆系—三叠系，并以深水沉积为主，晚三叠世石钟山组的磨拉石角度不整合于蛇绿混杂岩之上，与东部的华南板块西缘、西部的昌都-思茅地块的同期地层形成明显分异。从缝合带地层组合及同位素年龄分析可以判定，金沙江-哀牢山缝合带是在华南板块西缘大陆边缘裂谷盆地发展起来的洋盆，经历了大陆边缘裂谷（泥盆纪）、成熟洋盆（石炭纪）、萎缩（消减）的洋盆（二叠纪早期—早三叠世）、残余洋盆—碰撞造山（中-晚三叠世）的完整的威尔逊旋回过程。

2. 甘孜-理塘缝合带

甘孜-理塘蛇绿岩带断续出露在松潘-甘孜地体西缘，在宽约 5～20km 范围内分布代表大洋岩石圈残片的变质橄榄岩、堆晶岩、洋脊型拉班玄武岩、辉长（绿）岩墙群、硅质岩和深水浊积岩，并含有灰岩外来岩块的蛇绿混杂堆积。蛇绿岩带的西侧为广布的由基性、中性、酸性火山岩以及中酸性侵入岩组成的义敦火山岩浆岛弧带，其中夹有含古生代及晚三叠世的生物碎屑灰岩、白云质灰岩的块体，以及复理石等组成的构造岩片，弧前部位发育增生楔（许志琴等，2013）。该带向南延入鲜水河一带。鲜水河一带三叠纪浊积岩中也见有基性超基性、枕状玄武岩共生的蛇绿岩，二叠纪砂板岩中发现橄榄玄武岩、火山角砾岩。该甘孜-理塘缝合带卷入的奥陶纪—二叠纪中期的岩块显示为类似于华南板块西缘松潘-甘孜地块的稳定浅水型沉积,蛇绿岩的形成时代为二叠纪乌拉尔世晚期—早中三叠世,洋壳俯冲和碰撞发生于晚三叠世中期,与之相伴的是义敦岛弧—弧后盆地岩石组合。义敦岛弧主要为晚三叠世的火山沉积岩系和印支晚期的花岗岩,火山岩主要为中酸性火山岩,如英安岩、安山英安岩等,时代为晚三叠世(潘桂棠等,2001)。

3. 羌中(龙木错、双湖)-澜沧江-昌宁-孟连缝合带

羌中(龙木错、双湖)-澜沧江-昌宁-孟连缝合带位于北羌塘—思茅印度支那—东马来亚地体和南羌塘—保山—Sibumasu地体之间,其北段为东西向的羌中缝合带,中段转为南北向的澜沧江蛇绿岩和昌宁-孟连蛇绿岩带(钟大赉等,1998;Metcalfe,2006;许志琴等,2013)。该缝合带规模巨大,长达4000km,是西南古特提斯体系中规模最大的缝合带,被当作西南特提斯洋的主缝合带。羌中缝合带(又称双湖或龙木错缝合带)将传统的"羌塘地块"分隔为南北两部分,缝合带中发育蛇绿岩、岛弧火山岩、高压蓝片岩和榴辉岩等。蛇绿岩中的基性岩墙的U-Pb和Sm-Nd年龄为314~299Ma,辉绿岩U-Pb年龄为302~284Ma。双湖缝合线北侧的弧火山岩的年龄为275~248Ma(Zhai et al.,2011),蓝片岩的Ar-Ar年龄为220~221Ma(李才等,1997,2006),表明该洋盆形成于石炭纪晚期—二叠纪早期,洋壳俯冲于早三叠世(许志琴等,2013)。

澜沧江-昌宁-孟连缝合带位于云南澜沧江、昌宁县、孟连县一带,也是一个为后期断裂肢解的缝合带,是一个由大陆边缘裂谷火山岩、洋壳火山岩、洋岛火山岩、洋脊火山岩等组成的复杂的缝合带。蛇绿岩套包括橄榄岩(蛇纹岩)、堆晶岩(辉橄岩和橄辉岩)、辉绿岩墙和放射虫硅质岩等,火山岩以拉斑玄武岩系列为主,包括石英拉斑玄武岩、橄榄拉斑玄武岩和含紫苏辉石的碱性玄武岩。该缝合带作为古特提斯洋的主洋盆,至少始于早古生代,二叠纪晚期—二叠纪邻区临沧、景洪一带伴生的岛弧火山岩,说明该洋盆处于俯冲阶段。该洋盆于三叠纪关闭,晚三叠世的磨拉石不整合覆盖于下伏蛇绿岩组合之上(潘桂棠等,2001)。

4. 班公湖-丁青-怒江缝合带

班公湖-丁青-怒江缝合带从西侧的班公湖经冈底斯北侧向东经洞错、东巧、安多、丁青,向南延伸到怒江一带。由一系列蛇绿岩片组成蛇绿构造混杂岩,可恢复较好的蛇绿岩剖面。其下部为变质橄榄岩(方辉辉橄岩、方辉橄榄岩),中部为堆晶岩(单辉橄榄岩、二辉橄榄岩、层状辉石岩)和均质辉长岩,上部为席状岩墙群和枕状熔岩(玄武岩、细碧岩),顶部为放射虫硅质岩。这些蛇绿岩多夹持于侏罗纪—早白垩世的碎屑浊流沉积中(潘桂棠等,2001),年龄为167Ma,代表了班公湖-怒江洋盆向北俯冲。班公湖-丁青-怒江蛇绿岩带大致于三叠纪自冈瓦纳大陆北缘印度板块经裂解形成洋壳,洋盆闭合的时间在晚侏罗世—早白垩世(许志琴等,2013)。

5. 雅鲁藏布江缝合带

雅鲁藏布江缝合带沿雅鲁藏布江分布,向西与印度河缝合带相接,向东沿雅鲁藏布江大拐弯从米林、墨脱南下进入缅甸西部。沿该缝合带分布一系列蛇绿岩断片,局部发育完整的蛇绿岩剖面。其底部为变质橄榄岩(纯橄岩、方辉辉橄岩、方辉橄榄岩、二辉橄榄岩等),中部为堆晶岩(超基性堆晶岩-层状辉长岩)和高位辉长岩,上部为席状岩墙群(包括晚侏罗世—早白垩世、早白垩世两套)及枕状、块状玄武岩,顶部为放射虫硅质岩。雅鲁藏布江洋盆自晚三叠世开始从印度板块裂解,晚侏罗世—早白垩世形成成熟洋盆,早白垩世晚期—晚白垩世洋壳向北俯冲,始新世闭合碰撞造山。雅鲁藏布江缝合带以南三叠系—下白垩统为一套巨厚的(>10000m)的复理石和中基性火山岩的增生楔,北部为冈底斯弧火山岩和岩浆岩带(潘桂棠等,2001)。

6. 松潘-甘孜地块

松潘-甘孜地块位于华南板块西北部,由北侧的勉略-阿尼玛卿蛇绿岩带、西南侧的甘孜-理塘蛇绿

岩带、东侧的龙门山断裂围限。由于龙门山断裂是随着青藏高原古特提斯闭合碰撞造山，中生代形成的逆冲推覆断裂，松潘甘孜地区古生界到中下三叠统具有与扬子地区相似的地层沉积序列，晚三叠世开始出现复理石沉积，因此并不是一个独立的地质块体。

7. 北羌塘地块和南羌塘地块

北羌塘地块位于康西瓦-阿尼玛卿缝合带和双湖-龙木错缝合带之间，包括前泥盆纪的变质基底和泥盆纪之后的浅水沉积盖层。前泥盆纪变质基底为戈木日群中深变质的碎屑岩和火山碎屑岩。泥盆系—石炭系不整合于变质基底之上，主要由稳定型滨浅海相的碎屑岩、碳酸盐岩组成。二叠纪之后，受两侧洋盆俯冲影响，该地块发育含煤碎屑岩、生物礁碳酸盐岩和弧火山岩。早中三叠世以浅水碎屑岩和碳酸盐岩为主。中三叠世晚期到晚三叠世时期，受两侧洋盆闭合影响，该区形成了一套弧后盆地的浊积岩和碳酸盐岩。早侏罗世随着碰撞-造山作用的加强，该区进入前陆盆地早期的复理石阶段。中侏罗世—白垩系，进入前陆盆地晚期的磨拉石阶段，中晚侏罗世为海相磨拉石沉积，白垩系为陆相磨拉石沉积。

南羌塘地块位于班公湖-丁青-怒江缝合带和双湖-龙木错缝合带之间，也是一个具有前泥盆纪基底和晚古生代盖层的地块。前泥盆系为中深变质岩系的碎屑岩。泥盆纪不整合于基底变质岩地层之上。泥盆纪—石炭系为稳定型滨浅海碎屑岩和碳酸盐岩沉积。二叠纪主体为滨海相的含煤碎屑岩，伴生有弧火山岩。早中三叠世为拉张背景下的碎屑岩和碳酸盐岩，晚三叠世为深水斜坡浊积岩。早侏罗世为前陆盆地早期的复理石沉积，中晚侏罗世为海相磨拉石沉积，白垩系为陆相磨拉石沉积。

8. 昌都-思茅地块

昌都-思茅地块位于澜沧江-昌宁-孟连缝合带和金沙江-哀牢山缝合带之间，是一个具有新元古代—早古生代变质基底的地块。变质基底主要包括变质的碎屑岩和火山碎屑岩，志留纪为笔石页岩相的泥质岩、硅质岩和少量灰岩。泥盆系不整合于早期变质基底之上，泥盆系—二叠系主要发育稳定的浅水碎屑岩和碳酸盐岩沉积。泥盆纪早期，主要为河流相—滨浅海相碎屑岩，中泥盆世—二叠纪为台地相碳酸盐岩和滨浅海碎屑岩沉积。其中石炭系—二叠系发育类似于华南的华夏热带植物群（大羽羊齿、单网羊齿等）。由于金沙江-哀牢山洋盆的向西俯冲，该地块边部江达—德钦—维西一带发育二叠系中基性—中酸性岛弧或弧后的火山岩，地块内部的稳定的碳酸盐台地沉积也相变为海陆过渡的碎屑岩沉积。晚三叠世，随着两侧洋盆的闭合碰撞造山，上三叠统—侏罗系变为海陆交互相—陆相的砾岩、砂岩和含煤岩系，局部含膏岩系，为造山作用伴生的陆相磨拉石沉积（潘桂棠等，2001）。

9. 拉萨（冈底斯）地块

冈底斯地块位于班公湖-丁青-怒江缝合带和雅鲁藏布江缝合带之间，是一个具有前寒武纪基底、古生代盖层，并受班公湖-丁青-怒江缝合带和雅鲁藏布江缝合带闭合强烈影响的地块。其前寒武纪基底包括念青唐古拉山群（1250Ma左右）、高黎贡山群（1102～806Ma）（潘桂棠等，2001）。其岩性主要为各类片岩、片麻岩、大理岩和混合岩。古生代盖层主要分布于申扎一带，包括奥陶系、志留系、泥盆系的稳定型滨浅海碎屑岩、碳酸盐岩，石炭系—二叠系分布广泛，为浅海-半深海的碎屑岩、碳酸盐岩夹中基性火山岩。上二叠统—侏罗系缺失，白垩系—古近系的红层或火山岩不整合于古生代地层之上（潘桂棠等，2001）。该地块边部受两侧大洋关闭岩性，发育一系列弧火山岩。

杨经绥等（2006）在拉萨地块中部发现长约100km的松多-墨竹工卡榴辉岩带。榴辉岩的原岩为一套典型的MORB型大洋玄武岩，锆石SHRIMP U-Pb加权平均年龄值为（261±5）Ma，代表榴辉岩的变质年龄和洋壳的俯冲年龄，并被确定洋壳俯冲的超高压变质带，表明在拉萨地块中可能存在古特提斯体系以及松多-墨竹工卡古特提斯洋盆具有向北的俯冲极性。

10. 保山地块

保山地块位于双湖-龙木错-澜沧江-昌宁-孟连缝合带以西,班公湖-丁青-怒江缝合带以东。保山地块震旦系—寒武系中下部为深水浊流的碎屑岩夹火山岩、硅质岩等非稳定的沉积。寒武纪晚期—泥盆纪,以稳定背景的浅水碳酸盐岩、碎屑岩沉积为主。石炭纪晚期出现与冈瓦纳大陆相似的冰川成因的含砾泥岩,含宽铰蛤和舌羊齿等冷水生物群,局部有玄武岩、安山玄武岩等喷溢。志留系与寒武系平行不整合接触。中生界为碎屑岩夹中酸性火山岩,顶部为磨拉石沉积。上述特征说明保山地块原为冈瓦纳大陆的一部分,随着班公湖-丁青-怒江洋盆的开裂,三叠纪以后才从冈瓦纳大陆分离出来(潘桂棠等,2001)。

11. 藏南印度板块

藏南地区位于雅鲁藏布江缝合带以南,地史时期属于印度板块北缘。该区发育前寒武纪基底,主要为蓝片岩、黑云母片麻岩、变粒岩、大理岩等。寒武系—渐新统为稳定海相浅水沉积,古生代—中生代主要发育浅变质或非变质的滨浅海碎屑岩和碳酸盐岩,其中石炭系—二叠系受晚古生代冰期影响,发育冈瓦纳大陆独特的陆相—滨浅海相的含砾泥岩的冷水沉积,含舌羊齿和宽铰蛤冷水生物群。始新统—渐新统为零星的海相沉积,渐新世以后,变为陆相沉积(潘桂棠等,2001)。

二、西南特提斯洋的演化

华北板块、塔里木板块以南,包括苏鲁-大别-秦岭、祁连山、昆仑山均属于特提斯洋构造域。秦岭地块、柴达木地块、华南板块、北羌塘地块、昌都-思茅地块均为特提斯洋主支羌中-澜沧江-昌宁-孟连主洋盆以北的早古生代的亲冈瓦纳的地块,南羌塘地块、拉萨地块(冈底斯地块)、保山地块、中咱地块为晚古生代以后的亲冈瓦纳的地块。它们从志留纪以后均散布于特提斯洋之中,形成特提斯的多岛洋。随着特提斯洋的关闭,地幔软流圈的持续北移,带动这些地块陆续向北漂移和塔里木—华北及北部的其他板块俯冲碰撞,类似一个巨大的传送带拖着这些块体北移。块体之间的碰撞形成了一系列的造山带。大部分陆块是同向运动的追尾式碰撞,因此大部造山带为软碰撞作用形成的,显著的特征是具有典型的复理石,而磨拉石滞后。最后随着新生代早期印度板块和劳亚大陆的最终相向碰撞,才导致青藏高原的快速隆升和西南特提斯域的高峻山链和陡深盆地的形成。秦岭-昆仑洋的闭合已在前节介绍,本节仅介绍其他地块和古特提斯、新特提斯洋的俯冲、碰撞造山过程。

1. 金沙江-哀牢山古特提斯洋的演化

金沙江-哀牢山洋是泥盆纪开始由华南板块西部大陆边缘裂解,石炭纪形成成熟洋盆,二叠纪开始出现俯冲消减,三叠纪闭合、碰撞造山的古洋盆。金沙江—哀牢山一带泥盆纪开始出现深水沉积和双峰式火山岩、碱性火山岩,代表裂谷背景下的沉积和火山岩组合。石炭纪开始出现蛇绿岩和洋岛火山岩,代表已经形成成熟的洋盆。二叠纪金沙江-哀牢山洋开始俯冲,分别形成东侧的义敦岛弧及增生杂岩体。三叠纪为前陆盆地的复理石沉积,反映洋盆的闭合和碰撞造山。

金沙江-哀牢山洋的西侧为昌都-思茅地块,该地块可延到北羌塘地块。这些地块含有华南特有的代表热带华夏植物群,说明金沙江-哀牢山洋盆是华南板块西部大陆边缘裂解而成的小洋盆,并非古特提斯洋的主支。

2. 甘孜-理塘古特提斯洋的演化

甘孜-理塘洋是随着西部的金沙江-哀牢山洋的俯冲形成的弧后扩张小洋盆,其形成时间为二叠纪乌拉尔世晚期,早中三叠世开始俯冲,与金沙江-哀牢山洋的演化时间一致。中咱地块东侧的甘孜-理塘,存在一系列岛弧沉积(义敦岛弧)和俯冲增生楔体(许志琴等,2013)。这些俯冲增生杂岩体由二叠纪外来灰岩体及超基性岩体的变质中基性火山岩系及碎屑岩系组成,并含硬绿泥石矿物,为一套由混杂堆积、复理石增生楔、岛弧洋壳残片以及应力滑脱带组成的俯冲杂岩带,俯冲增生杂岩体由早中三叠世和晚三叠世早期地层组成增生楔,早中三叠世地层为山麓-河流-浅海-滨海相,近洋一侧为台盆-陆坡-海洋浊积扇相,晚三叠世期早期复理石建造含大量海底滑塌沉积及滑动面沉积,在南部为滑塌-构造混杂堆积,在深水复理石和硅质岩中含大量大小不等的灰岩、砂岩及含砾砂岩等外来岩块,增生杂岩体中发现绿纤石、黑硬绿泥石、硬玉等显示高压低温作用的存在,增生楔的滑脱底盘为金沙江蛇绿混杂带及伴随的中高压变质带(张之孟等,1979)。在义敦岛弧西侧的中咱地块体由寒武纪变质砂岩、石英岩、片岩、火山岩,以及奥陶系—石炭系碳酸盐岩和少量变质碎屑岩、变基性火山岩组成。该洋盆与金沙江-哀牢山洋均于三叠纪晚期闭合,形成前陆盆地的复理石沉积。

3. 羌中-澜沧江-昌宁-孟连古特提斯洋的演化

过去学者将羌塘地体中出露的中深和中浅变质岩体当作羌塘地体的前震旦纪变质基底。近年来,在该地体西部的羌中隆起变质杂岩带中,沿双湖—龙木错一线先后发现有古特提斯阶段的蓝片岩、榴辉岩以及蛇绿混杂岩的各种组分(Kapp et al.,2000;Yin and Harrison,2000;邓希光等,2001;李才等,2006a,b;Zhang et al.,2006a,b),并且该带两侧的沉积地层、古生物面貌也完全不同,因此有许多学者提出龙木错—双湖—澜沧江一线应该代表了古板块缝合带的认识,将羌塘地块分为北羌塘和南羌塘两部分(李才,1987;李才等,2006a,b),南羌塘之南界为班公湖-怒江缝合带。

在澜沧江-昌宁-孟连蛇绿岩带的东侧为典型的俯冲-碰撞增生杂岩带,自西向东发育有:①含高压蓝片岩[多硅白云母 Ar-Ar 年龄(293.98±0.91)Ma]及糜棱岩化的前寒武纪片麻岩、云母片岩组成的宽 10~40km 的俯冲变质杂岩带,内带经历了 294Ma、240~230Ma 和 221~210Ma,以及外带经历 187~160Ma 和 156~136Ma 从洋壳深俯冲到碰撞折返的退变质演化过程(Heppe et al.,2007)。②临沧花岗岩带的大部分年龄被测定为 250~210Ma(彭头平等,2006;Henning et al.,2009)。孔会磊等(2012)获得临沧花岗岩为"S"型花岗岩以及(229.4±3.0)Ma 和(230±3.6)Ma 的碰撞年龄。但由于临沧花岗岩中的花岗闪长岩为(269±37)Ma(俞赛赢等,2003),推测临沧花岗岩曾经历弧花岗岩浆作用阶段。③澜沧江二叠纪中期—三叠纪火山岩系夹杂在千枚质沉积岩中。上述结构特征反映澜沧江-昌宁-孟连古特提斯洋盆具有向东俯冲的极性及俯冲增生的造山作用(许志琴等,2013)。

羌中-澜沧江-昌宁-孟连古特提斯洋是古特提斯洋的主支,位于该洋盆南侧的南羌塘地块、保山地块石炭系发育冈瓦纳大陆特有的冰碛砾岩,并含有冈瓦纳大陆特征的冷水动物群和舌羊齿植物群。该洋盆大致自泥盆纪从冈瓦纳大陆裂解出来,并向北漂移,于三叠纪时期与北羌塘、昌都思茅等地块拼合,形成横贯青藏高原中部的巨型碰撞造山带。

4. 班公湖-丁青-怒江洋的演化

班公湖-丁青-怒江洋由一系列蛇绿岩沿班公湖经拉萨地块北侧向东经丁青,向南延伸到怒江断续分布,蛇绿岩的年龄为 167Ma 左右。班公湖-丁青-怒江蛇绿岩带大致于三叠纪自冈瓦纳大陆北缘印度板块经裂解形成洋壳,侏罗纪—早白垩世形成同碰撞盆地的复理石沉积,反映洋盆闭合的时间在晚侏罗世—早白垩世(许志琴等,2013)。

5. 雅鲁藏布江洋的演化

雅鲁藏布江洋由沿雅鲁藏布江分布的一系列蛇绿岩构成。雅鲁藏布江洋盆自晚三叠世开始从印度板块裂解,晚侏罗世—早白垩世形成成熟洋盆,早白垩世晚期—晚白垩世洋壳向北俯冲,始新世闭合碰撞造山(潘桂棠等,2001)。

至于拉萨地块松多—墨竹工卡一带的蛇绿岩带,松多群中的榴辉岩已被确定为在 260Ma 期间古特提斯洋壳俯冲形成的超高压变质带,结合松多群千糜岩和白云母石英片岩样品中的白云母 Ar-Ar 同位素年龄为(230±2)Ma 和(241±3)Ma,退变榴辉岩角闪石和白云母的 Ar-Ar 同位素年龄分别为(235±3)Ma 和(224±2)Ma,松多地区侵入变质杂岩体的花岗岩的年龄 210~190Ma,意指俯冲向北的增生造山时限在 260Ma(杨经绥等,2006,2007),该洋盆关闭时间可能为石炭纪——二叠纪,为冈瓦纳大陆北部的构造系统。松多俯冲杂岩带的延伸、形成时代以及与其他古特提斯体系和班公湖-丁青-怒江洋的关系尚有待于研究解决。

三、新特提斯洋造山带和欧亚大陆的形成

总结西南特提斯洋的演化,可以大致勾勒出西南特提斯造山带的形成和欧亚大陆的形成过程。西南特提斯洋大致以羌中-澜沧江-昌宁-孟连古特提斯洋为界,其南(西)侧印度板块、拉萨地块、保山地块、南羌塘地块属于冈瓦纳大陆系统,其北(东)侧昌都-思茅地块、中咱地块、华南板块为古特提斯陆块系统。羌中-澜沧江-昌宁-孟连古特提斯洋及其北东侧的古特提斯陆块系统大致于三叠纪后期由印支运动造成洋盆的闭合,加上中央造山带的碰撞造山,这些陆块之间,并和华北板块、塔里木板块碰撞造山形成早期欧亚大陆的雏形。冈瓦纳大陆系统的陆块自三叠纪开始,尤其是侏罗纪快速向北漂移,印度洋打开,拉萨地块、保山地块于中生代后期与早期欧亚大陆碰撞,印度板块也于侏罗纪自冈瓦纳大陆快速北移,于新生代早期与欧亚大陆碰撞,最终使现今的欧亚大陆定型(图 16-11)。其后,印度板块向北的持续强烈挤压,导致青藏高原的隆升,形成了现代的世界屋脊的地貌格局。

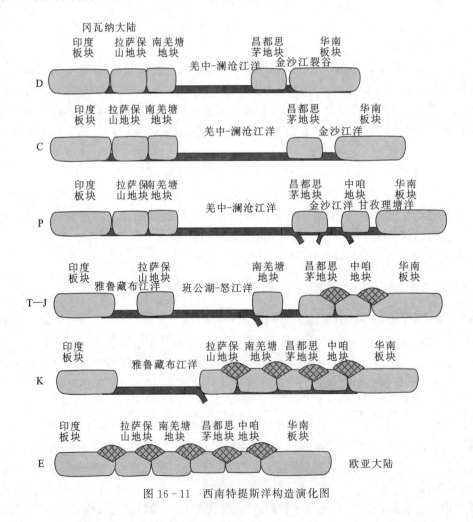

图 16-11 西南特提斯洋构造演化图

第五节　中国古大陆的形成过程

中国古大陆由华北板块、华南板块、塔里木板块和一系列地块组成。经过长期的构造演化,由一系列离散的块体最终统一形成欧亚大陆的一部分(图 16-12)。

前泛非期>600Ma

印支期~201Ma

加里东期~420Ma

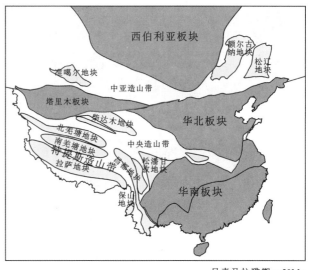

早喜马拉雅期~50Ma

图 16-12　中国古大陆的形成过程示意图

华北板块由东部地块、西部地块及其拼合的中部造山带组成,拼合时间为 1.8Ga(吕梁运动)左右,华北板块为 Columbia 超大陆的一部分。

华南板块由扬子地块、华夏地块及其拼合的江南造山带组成,华南板块在新元古代早期拼合

(820Ma 或 720Ma),之后进入裂解阶段形成南华裂谷,最终在志留纪后期(420Ma 左右)最终通过陆内碰撞造山形成统一的刚性块体。

塔里木板块、华北板块与西伯利亚板块之间为古亚洲洋域。大致 500~600Ma 期间,该区发生大规模的泛非运动,使其内部块体基本拼合。因此,新元古代称为原亚洲洋,古生代称为古亚洲洋。古生代的古亚洲洋是一个在泛非运动基本拼合基础上再次开裂形成的,于晚古生代后期再次拼合,形成现今的中亚造山带。

华北板块、塔里木板块和华南板块、北羌塘地块之间为中央造山带,自东向西为苏鲁-大别洋、北秦岭洋、北祁连洋、南秦岭洋、昆仑洋,北秦岭-北祁连为分隔华北和秦岭地块、柴达木地块的新元古代—早古生代的洋盆,该洋盆于志留纪闭合,形成北祁连-北秦岭的加里东造山带。南秦岭洋-昆仑洋于三叠纪后期闭合,形成中央造山带的主支。

西南特提斯洋是一个经过长期复杂演化的构造域。羌中-澜沧江-昌宁-孟连缝合带为古特提斯洋的主支,新元古代—古生代时期,其南(西)侧印度板块、拉萨地块、保山地块、南羌塘地块属于冈瓦纳大陆的一部分,其北(东)侧昌都-思茅地块、中咱地块、华南板块为古特提斯洋的陆块系统。三叠纪后期,羌中-澜沧江-昌宁-孟连古洋盆闭合,形成西南特提斯印支造山带,从而使中国大陆成为劳亚大陆的一部分。班公湖-丁青-怒江洋、雅鲁藏布江洋之间的拉萨地块、保山地块仍处于冈瓦纳大陆北缘,三叠纪开始逐渐向北漂移,班公湖-丁青-怒江洋于晚侏罗世—早白垩世闭合,与劳亚大陆碰撞造山形成西南特提斯的燕山期造山带。三叠纪后期开始印度板块开始脱离冈瓦纳大陆,最终于新生代早期与劳亚大陆碰撞,雅鲁藏布江洋闭合,形成新特提斯域的喜马拉雅期造山带。至此完成了中国各陆块的最终拼贴过程(图 16-12)。

第十七章 全球重大地质事件

在漫长的地球演化历史长河中,一直存在平稳缓慢的渐变和突发快速的灾变的交互过程,这些突发快速的地质作用称之为重大地质事件。所谓重大,是指地理上全球或巨域的(洲际),地质上是板块之间的,并足以影响全球的地质作用和地质过程。所谓事件,是指具有启动的突发性、短暂的阶段性、结果的突变性乃至"灾变性"的地质作用过程。地球岩石圈、生物圈、水圈和大气圈在整个地史时期的发展、演变史是事件过程与正常过程的交替史,事件过程则构成了地史发展的主旋律,揭示重大地质事件的过程和规律、事件之间的耦合关系是古生物地史学乃至地球科学的重要任务。

第一节 岩石圈事件

在岩石圈的形成和演化中,最引人注目的地史事件是超大陆(联合古陆)旋回,一般认为,在地质历史中至少出现过 5 次超大陆的聚散,分别为克诺岚(Kenorland)超大陆(约 2500Ma)(Williams,1991)、哥伦比亚(Columbia)超大陆(1800~1900Ma)(Zhao et al.,2002)、罗迪尼亚(Rodinia)超大陆(Li et al.,1997)(约 1000Ma)、冈瓦纳(Gandwana)超大陆(~550Ma)(Hughes,2007)和潘基亚(Pangea)超大陆(250Ma)(Unrug,1992)。超大陆形成之后,地球又进入超大陆裂解阶段。超大陆的形成和裂解构成了全球超大陆旋回。

一、克诺岚(Kenorland)超大陆(约 2500Ma)

太古宙时期,全球岩石圈形成演化过程中至少发生过两次相对集中且分布广泛的固结事件,以部分熔融地壳的快速冷却和陆核的广泛形成为标志。一是太古宙时期(3000Ma 左右),全球部分陆块已经趋于相对稳定,如北美格陵兰伊苏阿(Isua)陆核、南非的罗得西亚陆核、特兰斯瓦(Transvval)陆核、印度(前达瓦尔杂岩)、澳大利亚伊尔岗(Yilgarn)和皮尔巴拉(Pilbara)陆核、中非的安哥拉陆核和中国华北冀辽(曹庄岩系)等陆核在 3000Ma 左右就已固结,各陆核可能分散分布,目前尚难获得可靠的证据显示它们联合形成一个整体的超大陆。二是大约在 2500Ma 左右,全球普遍发育又一次大规模的构造热事件,如太古宙末期的阜平运动(中国)、肯诺尔(Kenoran)运动(北美)、撒母(Samic)运动(东北欧)及其花岗岩侵入的时间大都在 2500Ma 左右。Williams(1991)认为此时形成了一个相对集中的联合古大陆,称为克罗岚(Kenorland)超大陆(图 17－1)。克罗岚超大陆的成型期为太古宙末,约 2500Ma 左右,主要由大规模的绿岩带和其间的花岗质岩带组成。康迪(Condie,1990)根据北美大陆同位素年龄资料推算,现今大陆体积的 40% 在太

图 17－1 Kenorland 超大陆复原图
(Williams,1991)

古宙末就已形成,其增长速率约为 3000m³/a。

二、哥伦比亚(Columbia)超大陆(1800～1900Ma)

古元古代早期,全球发生了另外一次大规模的构造热事件,表现为古元古界变质岩基底和沉积盖层之间的角度不整合,由罗杰斯(Rogers)(1996)首先命名为哥伦比亚(或称为努拉(Nura))超大陆,构成的陆块包括澳大利亚板块西部、印度板块中部、西伯利亚板块中部、波罗的板块中部和东部、非洲板块和南美板块之间及北美板块(图 17-2)。这次构造热事件以陆核为中心的地壳进一步固化、扩展和集结,形成陆块相对集中的超级古大陆,称为哥伦比亚超大陆(图 17-2)。华北的滹沱群和长城群之间的角度不整合(吕梁运动)导致华北东部陆块和西部陆块的拼合、碰撞造山,形成统一的华北板块,被认为组成了哥伦比亚超大陆的一部分(赵国春等,2002)。随着哥伦比亚超大陆的形成,全球地壳演化进入一个崭新阶段,海、陆相沉积分异、红层、赤铁矿和似盖层沉积开始出现,这是地球演化历史中具划时代意义的重大地史事件。哥伦比亚超大陆形成之后,进入漫长的哥伦比亚超大陆裂解期,构成哥伦比亚超大陆旋回。华北与古亚洲洋伴生的燕辽坳拉槽和与秦岭洋伴生的豫西坳拉槽即为哥伦比亚超大陆裂解的表现。

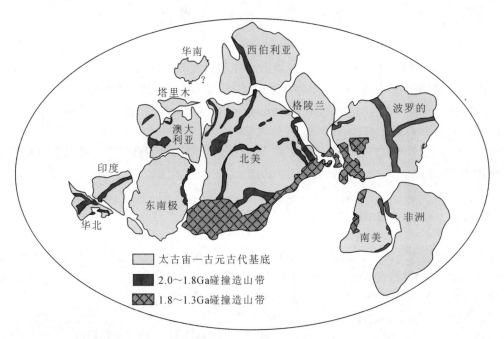

图 17-2　哥伦比亚(Columbia)超大陆复原图(赵国春等,2002)

三、罗迪尼亚(Rodinia)超大陆(约 1000Ma)

中元古代后期,大规模的构造热事件格林威尔(Grenvillian)运动在全球很多地区发生,形成了规模巨大的格林威尔造山带。这次构造热事件导致全球主要板块聚合,形成又一次超大陆聚合事件,形成罗迪尼亚超大陆(图 17-3)。Hoffman 等(1991)和 Dalziel 等(1997)先后复原了罗迪尼亚超大陆(图 17-3a),当时因缺乏资料未能包含中国等小陆块在内。Li 等(2008)通过中国尤其是华南地质的详细研究总结和全球中-新元古界的对比,重建了罗迪尼亚超大陆,将华南板块置于罗迪尼亚超大陆内部。最新的华南新元古界—下古生界物源分析研究发现,华南与超大陆北缘的澳大利亚和印度具有明显的亲缘性,华南板块最终拼合时间更晚(820～720Ma),因此,将华南置于罗迪尼亚超大陆北缘的澳大利亚和印度附近的北侧(Cawood et al.,2015;Xu et al.,2013,2016)。罗迪尼亚超大陆形成之后,地球又进入漫长的罗迪尼亚超大陆裂解期。伴随着罗迪尼亚超大陆的裂解,古特提斯洋形成,从而构成罗迪尼亚超大陆旋回。我国的秦岭-昆仑洋、西南特提斯洋属于古特提斯洋的一部分,既有原始的残余洋盆,也有新生的古特提斯洋。

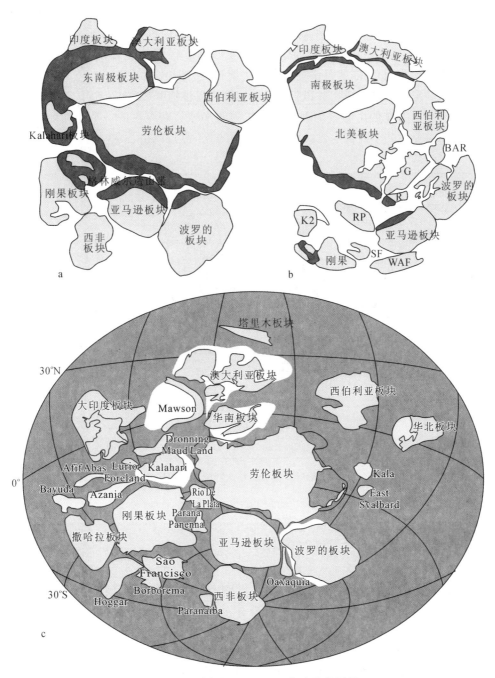

图 17-3　罗迪尼亚(Rodinia)超大陆复原图

(a. Hoffman et al.,1991;b. Dalziel et al.,1997;c. Li et al.,2008)

四、冈瓦纳(Gondwana)超大陆(~550Ma)

罗迪尼亚超大陆时期,非洲、南美、印度、澳大利亚等大陆并未完全拼合,新元古代末期(550Ma左右),这些大陆拼合形成冈瓦纳超大陆。冈瓦纳大陆的聚合以泛非造山运动(Pan - African Orogeny)为标志。由于造成冈瓦纳超大陆形成的构造运动主要发育在非洲,故将这次构造运动称为泛非运动。冈瓦纳超大陆包括非洲、南美洲、澳大利亚、南极洲以及印度半岛和阿拉伯半岛,研究表明可能还包括中南欧、中国的藏南、新疆—内蒙古的中亚造山带地区(图17-4)。冈瓦纳超大陆也是古生代两次冰期(晚奥陶世冰期与晚古生代冰期)大陆冰盖系统发育的主要地区(图17-12、图17-13)。另外,Gondwana超大陆石炭纪—二叠纪的舌羊齿植物群和三叠纪的三叉羊齿植物群(图17-5)与劳伦大陆的欧美植物群和华夏植物群形成了明显的生物古地理分异。作为南半球长期存在的一个超大陆系统,Gondwana超大陆与北半球的劳亚大陆于晚古生代后期(250Ma)共同组成了Pangea超大陆。

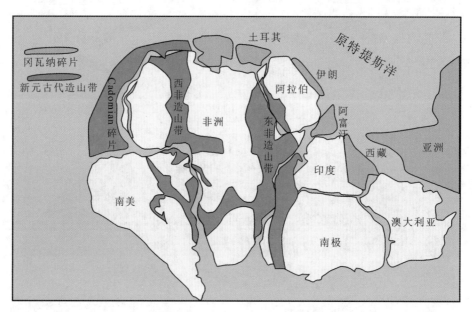

图17-4 冈瓦纳(Gondwana)超大陆复原图(Hughes,2007)

五、潘基亚(Pangea)超大陆(250Ma)

潘基亚超大陆是全球大陆块体的最新也是最大规模的一次聚集事件,成型于晚海西期—早印支期(250Ma左右)。潘基亚超大陆呈典型的经向半球型分布,北半球称劳亚大陆,南半球称冈瓦那大陆,夹持于二者之间的、向东扩大的、"V"字形区域为古特提斯洋(图17-6)。现今我们所看到的海陆分布格局就是在此基础上裂解、漂移形成的。潘基亚超大陆的形成过程包括:①北半球劳伦(北美)板块、波罗的板块(或俄罗斯板块)的拼合形成劳俄大陆;②劳俄大陆与冈瓦纳超大陆的拼合形成潘基亚超大陆的雏形;③西伯利亚板块、哈萨克斯坦板块、华北板块、塔里木板块与劳俄大陆的最终拼合形成潘基亚超大陆。劳伦板块与波罗的板块(俄罗斯板块)的拼合、劳俄大陆的形成源于志留纪的古大西洋的关闭,形成北美东部、欧洲西部(应该到西北欧)的加里东造山带。劳俄大陆和冈瓦纳超大陆的拼合源于冈瓦纳超大陆与劳俄大陆之间的瑞亚克洋的闭合和海西造山带的碰撞造山。西伯利亚板块、哈萨克斯坦板块、华北板块、塔里木板块与劳俄大陆的拼合源于古亚洲洋的闭合和中亚造山带的碰撞造山。二叠纪—三叠

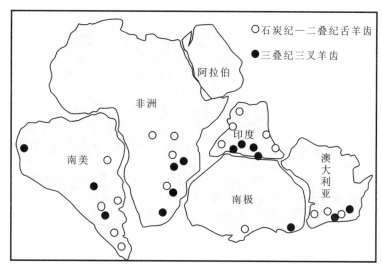

图17-5 冈瓦纳超大陆大陆植物群分布图(转引自刘本培,1996)

纪时期,潘基亚超大陆上分布有相同的陆生脊椎动物群(图17-7),表明这些大陆已经连接,可使陆地行走的脊椎动物自由迁徙。潘基亚超大陆的形成导致地球表面陆地面积大量增加、浅海面积急剧减少、全球巨型季风气候形成、生物大灭绝,是地球演化史上规模最巨大、影响最深刻的一次重大地质事件。

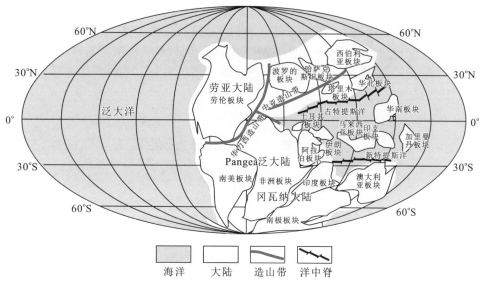

图17-6 潘基亚(Pangea)超大陆再造(李江海,姜洪福,2013)

六、潘基亚(Pangea)超大陆的分裂

潘基亚超大陆的裂解,在时间上可分为初裂期(晚三叠世—侏罗纪)和速裂期(白垩纪—第四纪),在空间上西冈瓦那大陆(包括南美洲和非洲)早于东冈瓦那大陆(包括澳大利亚、南极洲、印度和西藏)。潘基亚超大陆的分裂、漂移史就是现代海陆分布格局和大西洋、印度洋和北冰洋的形成史以及太平洋构造域的发展、演变史。三叠纪晚期—侏罗纪,北美南部和非洲西北部首先开裂,形成玄武岩喷发和厚达7000m的裂谷型沉积,至晚侏罗世,中大西洋形成。白垩纪—古近纪,非洲板块与南美板块、北美板块

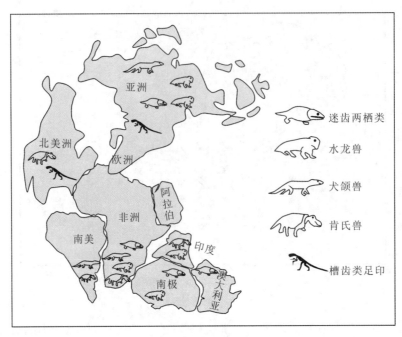

图 17-7　潘基亚(Pangea)超大陆的脊椎动物分布(转引自刘本培,1996)

与欧亚板块快速分裂,先后形成南大西洋、北大西洋和北冰洋;在这一时期,印度板块、非洲板块、澳大利亚板块和马达加斯加板块离开南极洲板块,快速向北漂移,形成印度洋(图 17-8)。白垩纪—古近纪,随着大西洋、印度洋的开裂,导致太平洋的萎缩。太平洋构造域主要表现为太平洋板块迅速向西、北、东俯冲,库拉板块、法拉隆板块和菲尼克斯板块不断消减。新近纪,现代海陆分布格局即已形成,然而,直至今天潘基亚超大陆的分裂、漂移过程仍在继续。

第二节　生物圈事件

一、早期生命事件

地球上所有生物及其生存和相互作用的环境构成了生物圈。由于人与生物圈的密切关系,长期以来,吸引了众多地球科学家和生命科学家对生物圈研究的兴趣,在探索早期生命的起源和演化方面积累了丰富的资料,取得了重要进展,在生物圈的发展演化过程中最引人注目的早期生命事件有:①太古宙早期生命化学演化的结束和生物演化的开始;②古中元古代真核生物的出现;③中新元古代真核生物的出现;④新元古代成冰纪—埃迪卡拉纪(南华纪—震旦纪)后生动物的出现;⑤前寒武纪末期带壳后生动物的出现和寒武纪生物大爆发和奥陶纪生物辐射。这些生物事件和生物群特征,详见第十一至十二章相关内容。

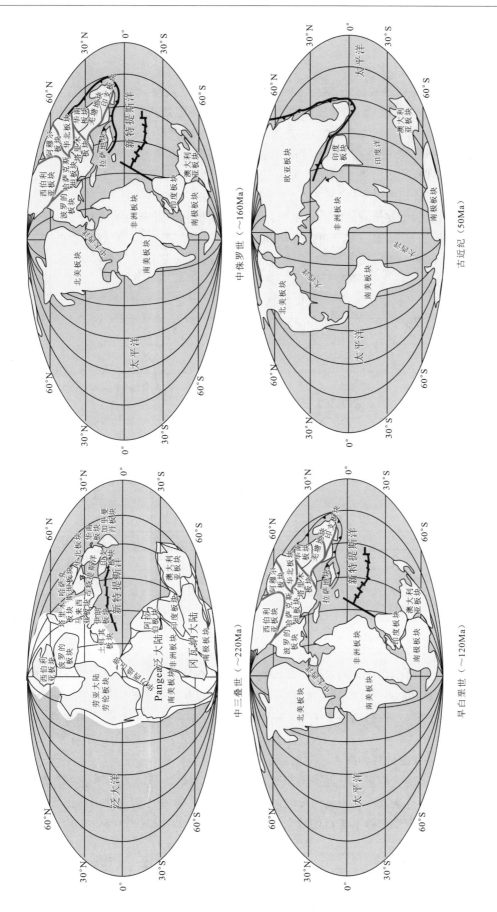

图17-8　潘基亚（Pangea）超大陆分裂史（李江海，姜洪福，2013）

二、生物大灭绝事件

Raup(1986)认为,生物圈形成以来,地球上曾经存在过 40 多亿种动、植物,其中绝大部分均生活在显生宙。但现今只有几百万种生物,99.9% 的生物均已灭绝。灭绝是指生物完全绝种而不留下后裔。如果某生物演变为新种,从而在地史中消失,称之为假灭绝。地史中任一时期均有物种灭绝,其灭绝率(单位时间内灭绝的物种数)维持在一个低水平上,通常为每百万年灭绝 0.1~1.0 个物种,这种灭绝称之为背景灭绝。地史时期,若多门类生物近乎同时灭绝,使灭绝率大幅度升高,这种灭绝称之为大灭绝。大灭绝的主要特征是:在较短的时间内(通常 1~2 个阶或更短)或在同一时间内主要生物类别或大量生物突然消失,生物分异度和生物量骤然降低。生物大灭绝是生物出现以来生物圈最引人注目的重大生物事件。据统计,显生宙明显的生物灭绝有 15 次之多,大灭绝有 5 次,即:奥陶纪—志留纪之交(444Ma)、晚泥盆世弗拉期—法门期之交(372Ma)、二叠纪—三叠纪之交(252Ma)、三叠纪—侏罗纪之交(201Ma)和白垩纪—古近纪之交(66Ma)(图 17-9)。

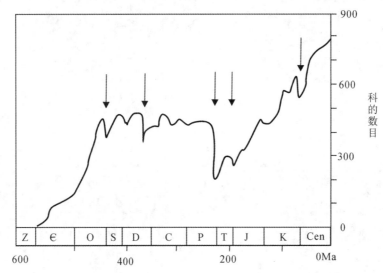

图 17-9　地史时期生物集群灭绝事件和生物分异性变化(转引自刘本培,1996)

1. 奥陶纪—志留纪之交的生物大灭绝

奥陶纪—志留纪之交的生物大灭绝发生于奥陶纪末期(赫南特期),这次生物大灭绝造成海洋中大约有 100 个科、约 50% 属和 80% 种的灭绝(戎嘉余和黄冰,2014)。主要灭绝的生物门类和灭绝量为:三叶虫 21 科,鹦鹉螺类 13 科,具铰纲腕足类 12 科,海百合 10 科;在属种级别上灭绝率更高,如腕足类属的灭绝率为 60%、种的灭绝率可达 85%,笔石种的灭绝率则高达 87%。这次灭绝事件对低纬度热带地区生物的影响较大,对高纬度地区和深水区生物的影响较小。

奥陶纪末期生物大灭绝使得寒武纪大爆发和奥陶纪生物大辐射后形成的海洋生物群落和生态系统发生了重要变化。但是在这次大灭绝中受到影响的古生代演化动物群到志留纪仍占据统治地位,因此被认为在 5 次大灭绝事件中受到的生态创伤较弱(Droser et al.,1997;Mc Ghee et al.,2004;戎嘉余和黄冰,2014)。

一般认为,奥陶纪末期生物大灭绝由两幕组成。第一幕起始于凯迪期的末期到赫南特期的早期,和冈瓦那大陆冰盖发育高峰期同期。在此期间,由于气候变凉,表层海水温度大幅下降,海平面降低,陆表海面积缩小,暖水生物因丧失栖息地而遭受重创,而凉水的赫南特贝动物群、正常笔石动物群和三叶虫组合则占领了不同的生态域。第二幕发生于赫南特期晚期。由于其时气候开始回暖,冰川消融,海平面上升,大洋环流几乎停滞,造成浅水海底缺氧,在第一幕中兴起的凉水动物群整体消亡,观音桥层中富产的四射珊瑚大部分消亡,正常笔石动物群被单笔石动物所替代,残存的浅水三叶虫延续到志留纪(戎嘉余和黄冰,2014)。

2. 晚泥盆世弗拉期—法门期之交的生物集群灭绝

泥盆纪晚期弗拉期—法门期(Frasnia—Famennian)的生物大灭绝,简称为 F—F 大灭绝。在这次灭绝事件中,约 20% 科、50% 属和 70% 种灭绝,其中受影响最强烈的是海洋生物,主要包括珊瑚(25 科,灭绝率浅水种约 96%,深水种约 60%)、具铰腕足类(17 科,种级灭绝率约 86%)、菊石(14 科,种级灭绝率约 86%)、海百合(13 科)、盾皮鱼类(12 科)、层孔虫(11 科,几乎全部灭绝)、竹节石(几乎全部灭绝)、三叶虫(8 科,种级灭绝率约 57%)、介形虫(10 科)、浮游植物(灭绝率约 90%)、几丁虫(只剩 1 属)。F—F 大灭绝生物类别选择性强,一些生物几乎全部灭绝,如层孔虫、竹节石,有一些生物灭绝率很高,如浅水种珊瑚、具铰腕足类、菊石、介形虫等,但是放射虫反而在法门期有更大的发展,牙形石则灭绝最晚。总体说来,这次生物大灭绝事件导致生物多样性显著降低和生物群落结构的明显变化,尤其是浅水生物在这次事件中受到重创,如珊瑚、层孔虫和海绵等后生动物形成的礁生态系基本毁灭。

3. 二叠纪—三叠纪之交生物大灭绝

二叠纪末期的生物大灭绝,是显生宙以来最大的生物集群灭绝事件。据统计,这次灭绝事件导致 90% 的海洋物种和 75% 的陆地物种消失。其中,在海洋生态系统中,底栖生物和窄盐性生物受影响最大,很多生物门类完全退出了历史舞台,包括蟋目、四射珊瑚亚纲、床板珊瑚亚纲、始铰纲腕足类、喙壳纲、软舌螺纲、三叶虫纲和海蕾纲。还有一些生物门类急剧衰落,如古腹足目、变口目和隐口目苔藓虫、具铰纲腕足类、海百合纲、蜥蜴类、两栖类、兽孔目爬行类等。经过这次生物在显生宙遭遇的最大一次灾难之后,早三叠世出现了礁缺失、硅缺失和煤缺失,生物群组成和生态结构发生了根本变化,生物界完成了从古生代演化生物群向现代演化生物群的转化。

4. 三叠纪—侏罗纪之交生物大灭绝

三叠纪—侏罗纪之交生物大灭绝发生于三叠纪末期的诺利期,这次生物灭绝事件造成 60 个科的海洋生物灭绝,科的灭绝率为 20%。受影响的主要生物类别为牙形石类(全部灭绝)、菊石(31 科)、海生爬行类(7 科)、腹足类(6 科)、双壳类(6 科)和具铰腕足类(5 科),双壳类的属种灭绝率可达 42% 和 92%。陆生脊椎动物在这次灭绝事件中也受到很大影响。

5. 白垩纪—古近纪之交的集群灭绝

白垩纪—古近纪之交的集群灭绝发生于白垩纪末期。据统计,白垩纪末期生物圈有 2868 个属,古近纪初仅剩 1502 个属(Russell,1977)。其灭绝率为:淡水生物达 97%、海洋浮游微生物为 58%、海洋底栖生物为 51%、海洋游泳生物为 30%。受影响较大的生物类别是:恐龙(全部灭绝)、菊石(全部灭绝)、箭石(全部灭绝)、固着蛤类(全部灭绝)、头足类(17 科)、海绵类(15 科)、双壳类(12 科)、腹足类(11 科)、海胆类(8 科)、硬骨鱼类(6 科)。整个生物圈属的灭绝率达 52%,受影响最大的是陆地上的恐龙和海洋生物界的漂游生物,也包括一些底栖生物类别。

不同的生物灭绝事件,有不同的原因,概括起来可归结为 3 种:其一,地外因素,包括小行星、彗星对地球的撞击、超新星爆炸、太阳耀斑等。当大量外星对地球撞击时,可快速引起大气层升温、海平面上升、海水分层紊乱和物理化学条件巨变,撞击产生的尘埃可以遮挡阳光引起气候变冷,撞击产生的有毒气体也能引起生物死亡,如晚泥盆世弗拉期—法门期之交、三叠纪—侏罗纪之交和白垩纪—古近纪之交的生物集群灭绝。其二,地内因素,包括全球性海平面变化、气候的冷暖巨变、大规模的火山爆发和地球物理场的巨变等,如二叠纪—三叠纪之交和奥陶纪—志留纪之交的生物集群灭绝。其三,生物演化的内在因素,包括基因突变和生物体结构的巨变,如埃迪卡拉动物群的灭绝。

第三节　大气圈和水圈事件

一、大氧化事件

现代大气中氧含量约占到21%,现代海洋的表层海水中也溶解了大量的氧气,这些游离氧是需氧生物进行新陈代谢的基本需求。但是原始地球大气圈与水圈均是还原性的,原始大气圈层中的氧含量可能只有现代大气的0.1%~1%的水平,其余成分主要由二氧化碳、氮气、甲烷等还原性气体组成。地球大气圈层何时发生氧气含量的上升,并且如何演化到现代大气圈组成是研究地球演化史的重要内容。目前的研究表明,在地球的演化历史中地球大气圈层中的氧含量出现过两次明显上升的阶段,分别发生在古元古代早期(~24亿年至~20亿年前)及新元古代(~8亿年至5.3亿年前),这两次氧化事件使得地球大气圈层中氧含量最终接近现代水平,其对地球其他各个圈层均产生了深远影响(图17-10)。

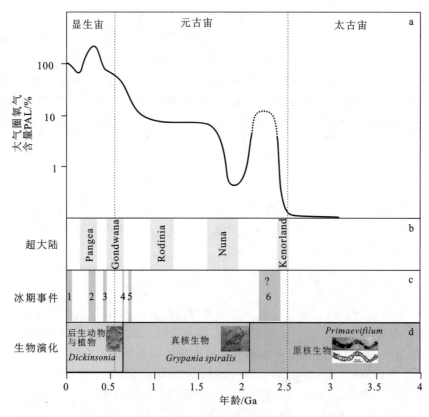

图17-10　地质历史时期氧化事件与其他重要全球性事件之间的时间演化序列

a. 地球大气圈氧气含量变化曲线,单位为与现代大气氧含量对比(Present atmosphere level,PAL);b. 地质历史时期超大陆旋回;c. 地质历史时期主要全球性冰期事件;1. 第四纪冰期,2. 晚古生代冰期,3. 晚奥陶世冰期,4、5. 新元古代 Marinoan 与 Sturtian 冰期,6. Huronian 冰期,问号代表该冰期的存在目前尚存一定争议;d. 地球生物面貌演进与重要生物代表。本图修改自 Och 和 Shields-Zhou(2012)

大氧化事件(Great Oxidation Event,GOE)为约 24 亿年前地球大气圈中氧含量显著上升的重要事件(Holland,2002)。该事件可能持续了 4 亿～3 亿年的漫长时间,直到 21 亿年～20 亿年前,大气圈氧含量上升至现代大气圈氧含量的 10%～15%左右水平(Och and Shields-Zhou,2012)。大氧化事件在地质记录中留下了一些重要证据(Canfield,2005;Pufahl and Hiatt,2012),包括:①大陆风化证据,如大氧化事件之前的古土壤层中还原性 Fe^{2+} 的存在及风化样品中全铁含量低指示了还原性风化机制的存在,陆源碎屑颗粒中存在低氧气含量条件下存在的矿物组分(如碎屑黄铁矿、菱铁矿、晶质铀矿等);②特殊沉积物证据,大氧化事件发生后,条带状铁建造(Banded Iron Formation,BIF)及红层沉积(Red beds)大量出现在沉积记录中,由于这两种沉积物中均存在大量正三价态氧化铁,指示了当时大气圈层中已出现足量可氧化还原性铁的游离氧;③同位素证据,同位素交换反应一般情况下服从质量相关法则而发生质量相关分馏作用,即同位素质量差越大,其分馏效应也越大。但是在形成年龄早于 24 亿年的岩石中出现了硫同位素大规模的质量不相关分馏作用(Mass-independent fractionation,MIF),而在 23 亿年之后形成的岩石中该现象完全消失(Kump,2008)。形成 MIF 特征的硫同位素效应一般来源于发生在大气圈上部气相光化学反应,保存在地层中的 MIF 硫同位素信号指示了大氧化事件发生之前地球原始大气圈还原性高硫的性质,而大氧化事件之后由于氧气含量的上升,MIF 硫同位素信号不再具备保存条件,因而消失。此外,23 亿年至 21 亿年间,无机碳同位素($\delta^{13}C_{carb}$)长期维持在～10‰的高值,被认为是大量初级生产者(如蓝细菌)产生的有机碳未经氧化埋藏进入地层所导致。

对于大氧化事件的起因尚存在一定争论,目前认为主要有 3 个可能的原因:一是氧气输入量的增加,该过程和光合作用生物的出现与繁盛具有密切联系,该过程消耗了大量大气中的二氧化碳并产生氧气;二是氧汇(Oxygen sink)的减弱,早期地球上氧气的消耗(氧汇)过程主要包括火山活动产生的还原性气体与矿物、变质作用及风化作用,当火山活动产生的挥发物中还原性减低,或变质过程及蛇纹石化作用强度减弱导致其释放的还原性气体减少时,大气圈中累积的氧气含量即相对上升;三是构造诱因,当地球上出现稳定的陆棚浅海区域后,大量未被氧化的有机碳被埋藏于陆棚浅海区域,从而导致大气圈中二氧化碳的下降与氧气含量的上升。大氧化事件的深远影响主要体现在 3 个方面:一是对岩石圈的影响,诱发了矿物种类大量增长,特别是氧化物矿物的大量出现;二是对水圈的影响,海洋中出现含氧层,并形成与大气圈氧气的平衡关系;三是对生物圈的影响,大气圈氧气含量的上升可能导致了蓝细菌等原始生物演化出在含氧环境中生存的能力。此外,由于蓝细菌呼出的氧气对于其他原始厌氧型生物具有毒害作用,氧气的稳定存在可能导致了真核生物的起源。

新元古代氧化事件(Neoproterozoic Oxidation Event,NOE)或称第二次大氧化事件(Second Great Oxidation Event,GOE-Ⅱ),该事件是地球演化历史中另一次重要的大气圈氧含量上升事件。起始于约 8 亿年之前,地球大气圈中的氧含量持续上升,最终在 5 亿年到达 60%～100%现代大气氧含量水平(Canfield,2005)。新元古代氧化事件发生的证据目前主要来自于沉积地球化学方面,记录了地球各圈层对于该次氧化事件的响应,包括两个方面的证据链(Och and Shields-Zhou,2012):一是氧含量的上升对地球碳循环过程造成的巨大影响。8 亿年之后 $\delta^{13}C_{carb}$ 长期正漂移指示了有机碳埋藏的增加,巨量的有机质未经氧化而进入地层有利于氧气在地球表层系统的积累,而 5.8 亿年后 $\delta^{13}C_{carb}$ 的长期负漂移指示了海洋中大规模溶解有机碳库的氧化过程。新元古代—寒武纪之交的 $^{87}Sr/^{86}Sr$ 记录出现显著上升趋势,指示了增强的大陆风化作用并随之导致对海洋营养及碎屑沉积物供给的增强,有利于初级生产力与有机碳埋藏速率的增强。二是大气圈及表层海水中氧含量的上升所导致的全球氧循环过程的扩展与增强。在新元古代氧化事件中,黄铁矿硫同位素及海洋硫酸盐同位素之间的分馏效应增大($\Delta^{34}S$ 可达 45‰～70‰),S/C 比值出现极大值,指示古海水的氧化程度所导致的硫酸盐浓度上升,古海洋中硫埋藏的主要形式从黄铁矿埋藏过程向硫酸盐埋藏转化。全球氧循环的建立一个重要结果就是深海环境开始出现氧化状态,近年来的一些研究表明,新元古代大氧化事件后期,深水富有机质黑色页岩沉积中出现氧化还原敏感元素(如 Mo、U、V 等)的强烈富集,与新元古代大氧化事件中期这些元素未出现富集的现象形成鲜明对比,这可能指示了在新元古代大氧化事件发生时,原本缺氧或硫化的深水盆地内出现了氧化条件,导致了原本在还原环境中富集的氧化还原敏感元素储存在大洋微量元素库中,也可能指示了增强的陆地氧化风化作用向海洋中输入了大量氧化还原敏感元素。

新元古代存在重要的全球性构造与气候事件,包括 Rodinia 超大陆的裂解(起始于～825Ma)及全球性冰期("雪球地球"事件,详见下一节)。新元古代氧化事件的起因与这些全球性事件可能具有重要联系(Campbell and Squire, 2010;Och and Shields – Zhou, 2012)。有观点认为,Rodinia 超大陆拼合完成后形成了巨型山脉系统,这些山脉的风化剥蚀作用会导致巨量的陆源碎屑和营养物质进入海洋,从而引发藻类和蓝细菌的大量繁殖,促进光合作用释放大量的氧气进入大气,而高沉积速率又会提升光合作用产生的生物成因黄铁矿和有机碳的埋藏速率,阻止它们通过氧化作用消耗氧气。此外,Rodinia 超大陆在裂解过程中会形成大量被动大陆边缘,有利于有机碳埋藏作用的发生。新元古代氧化事件与全球性冰期事件之间的关系可能更为复杂,一方面,大气圈中不断增加的氧气会导致甲烷(强温室效应气体)氧化形成二氧化碳(较弱温室效应气体),大气中强温室气体的减少可能是诱发冰期事件发生的因素之一;另一方面,在新元古代冰期事件结束时,地球系统发生了由冰室环境向温室环境的极端转变,提高了地表硅酸盐岩风化速率,导致了大量营养物质输入海洋,促进藻类和蓝细菌的繁盛与光合作用释放氧气。新元古代氧化事件的发生对地球系统的重要影响包括:①使地球大气圈内氧气含量达到或接近现代水平;②大气圈与水圈之间的氧气交换及氧循环过程得以加强。从生物演化的角度而言,新元古代氧化事件促进了地球上的生物由单细胞生物向多细胞生物演化,出现著名的埃迪卡拉生物群(Ediacaran biota)和小壳动物群(Small shelly fauna),为寒武纪大爆发(Cambrian explosion)积累了必要条件。

二、全球性冰期事件

在地球的演化历史中,目前认为有至少 4 次存在确凿地质记录的全球性冰期事件(ice age),分别为新元古代冰期、晚奥陶世冰期、晚古生代冰期与第四纪冰期。在古元古代大氧化事件期间(24 亿年前～21 亿年前)可能还存在一次 Huronian 冰期事件,但由于目前发现的地质记录较少,该次冰期事件是否具有全球性尚存在一定争议。一般而言,冰期事件的发生会导致地球大气圈和陆表气温在相当长的地质历史时间内显著下降,具体表现为已存在的山岳冰川、陆地冰川和极地冰川范围会发生扩大,或者会形成新的冰川系统。当使用"冰期事件"这一术语时,要求南半球和北半球需要同时存在广泛分布的冰盖系统,因此,全新世以来直到现代(11 700 年前至今),由于北极、南极及格陵兰广布的冰盖系统的存在,地球仍然处于冰期事件之中。冰期事件中可以发生相对寒冷气候时期和相对温暖气候时期的转换,一般使用"冰期"(glacial period,glacial 或 glaciation)来描述那些更加干冷的时期,此时陆上冰川和海洋冰盖系统发生增长,冰期时间段内可以存在次一级的"冰段(stadial)"与"间冰段(interstadial)"。一次大的冰期事件中的各冰期之间被"间冰期(interglacial)"分隔,间冰期中的气候相对温暖和湿润。全球性冰川事件的发生将会导致地球各圈层系统发生改变,例如,大气圈大气环流系统的改变,极地高压系统的增强;水圈海平面的高频次升降,大洋环流系统的改变及降雨量的波动等;岩石圈化学风化作用的抑制与物理风化作用的增强;生物圈喜温动植物的衰退和耐寒动植物的繁盛等。

1. 新元古代冰期事件

新元古代冰期事件主要有 4 个期次,包括 Kaigas 冰期(～750Ma)、Sturtian 冰期(～720～660Ma)、Marinoan 冰期(650～635Ma)及 Gaskiers 冰期(582～580Ma)。目前认为 Kaigas 冰期和 Gaskiers 冰期均为局部山岳冰川(也有观点认为 Kaigas 冰期并不存在;Rooney et al. , 2015),冰川系统可能只在部分古大陆的局部区域内分布,而 Marinoan 冰期和 Sturtian 冰期为全球性冰川事件,有研究者提出了"雪球地球(Snowball Earth)"假说,"雪球地球"是地球冰期事件最为极端的情况,该理论认为在新元古代冰期事件鼎盛期,整个地球都被厚的冰层包裹,可能仅在赤道区域存在局限的水域(图 17 – 11),根据模型模拟结果,"雪球地球"时期,冰盖强烈的反射效应导致当时的全球平均气温降到－50℃,赤道地区温度也可能降至－20℃左右，由于缺少液态水圈的温度缓冲作用，地球表面昼夜和季节性温差急剧上升（Kirschvink，1992；Hoffman et al.，1998）。新元古代"雪球地球"假说得到一些重要地质证据的支持：第一，地质年代学与全球地层对比工作证明，Sturtian 冰期与 Marinoan 冰期在几乎每个古大陆上均遗留下大陆冰川冰碛岩沉积或冰海沉积，古地磁数据表明当时的冰盖系统已经推进到赤道带。第二，Sturtian 冰期与 Marinoan 冰期结束之后在全球范围内发现直接覆盖在冰川沉积物之上的"盖帽"碳酸盐岩（cap carbonate）沉积。"盖帽"碳酸盐岩是一套特殊的（生物）化学沉积物，可以是白云岩或灰岩，一般显示出向上变深的沉积序列，记录了新元古代全球性冰期结束后地球由冰室环境向温室环境的转换以及冰消期海平面上升时期的重要信息。"盖帽"碳酸

图 17 - 11　新元古代冰期事件时期地球可能的面貌复原图（来自 NASA 网站）

盐岩的形成被认为与新元古代冰期事件对全球碳循环的强烈扰动作用有关，冰期累积在地球各圈层的碱度在冰消期被大量释放，导致古海水中碳酸盐饱和而发生沉淀。在全球范围内，新元古代冰期前无机碳同位素记录普遍偏正（$\delta^{13}C_{carb} > 5‰$）而冰期之后的无机碳同位素记录则偏低（$\delta^{13}C_{carb} < 0‰$），一般认为，这种全球范围内无机碳同位素的负偏是冰期停滞的或减缓的全球碳循环过程的结果，冰期启动前气温降低会导致有机碳埋藏量上升，从而引发无机碳同位素的正偏现象。而在冰期及冰消期，冰盖下海水中的海底风化作用、微生物硫酸盐还原过程（microbial sulphate reduction，MSR）、天然气水合物释放及大气 CO_2 参与的硅酸盐风化过程将导致海水中溶解无机碳（dissolved inorganic carbon，DIC）中无机碳同位素产生明显下降。第三，条带状铁建造（BIF）自 18.5 亿年前古元古代晚期消失之后，在新元古代冰期事件中又重新出现在地质记录中。条带状铁建造的出现与新元古代冰期事件时特殊的海水化学条件有关：在冰期，缺氧的海水使得二价还原态铁得以在海洋中富集，海水中较低浓度的 H_2S 使得二价铁不会全部以黄铁矿的形式埋藏，当局部的氧化事件发生时，二价铁离子将被氧化成三价铁离子沉淀，成为条带状铁建造的前体沉积。

　　新元古代冰期的启动机制可能较为复杂，Sturtian 冰期与 Marinoan 冰期存在不同的启动机制。Sturtian 冰期的启动此前被认为与 Rodinia 超大陆裂解过程中大量新生的玄武岩风化作用有关，该过程将极大地消耗大气中的二氧化碳，从而引发全球气温下降。最近的研究认为，Franklin 大火成岩省（～717Ma）的喷发过程会向大气圈喷射大量 SO_2 和 H_2S 气体，形成平流层硫酸盐气溶胶，增加了大气圈反照率从而引发全球气温降低。但是类似的诱发机制并不能解释 Marinoan 冰期的启动，因为此时（～650Ma）的全球裂谷作用已减弱，而泛非造山运动（Pan - African orogeny）导致的暴露风化作用造成的大气 CO_2 含量下降可能是诱发 Marinoan 冰期的主因。最近的观点认为，Sturtian 与 Marinoan 冰期之间的间冰期的碳同位素记录及生物标志化合物记录反映出当时海洋中初级生产力的主要贡献者由蓝细菌向真核藻类转化，更高效率的生物泵会有效消耗大气中 CO_2 含量，从而引发全球性降温。新元古代冰期的结束目前一般认为与冰期时累积在大气圈中的 CO_2 密切联系，冰期时，广布的冰盖系统阻止或减缓了大气圈与水圈的交换过程，而火山喷气作用不断导致温室气体（如甲烷与二氧化碳）在大气圈中累积，根据数值模型模拟结果，大气圈中二氧化碳可能累积至极高的浓度（现代大气圈二氧化碳浓度的 270～400 倍），由此产生的温室效应引发全球冰盖系统的崩溃。

　　新元古代冰期事件是地质历史上已知的最严酷、最极端的冰期事件，其发生、发展与终结给地球海洋、大气和生物演化带来了深远影响。除上一节提到的新元古代氧化事件外，新元古代冰期事件前后地球上的生物面貌出现了极大的改变。新元古代冰期之前的生物面貌以低等的原核生物蓝细菌占据主

导,这些个体微小(一般只有几个微米)的生物可以形成微生物沉积构造如叠层石。除此以外,零星有表面有刺状装饰的微体生物及红藻类微生物的报道。但在新元古代冰期事件结束后,广泛出现了表面具有复杂装饰的微体真核生物占据主导地位的生物群(如瓮安生物群),并有宏体藻类和动物组合的生物群(如蓝田生物群),在埃迪卡拉纪晚期,出现了宏体的埃迪卡拉生物群。在新元古代冰期事件期间,虽然全球性的低温、冰封环境给生命活动来带了严峻挑战,但在冰裂缝、火山喷口、地热及海底热液活动区域,可能尚存在部分开放性水域,这些地区成为了新元古代冰期事件时生物的"避难所",使得生命活动与演化得以延续。

2. 晚奥陶世冰期

晚奥陶世冰期(460~440Ma)首先被报道于北非地区(Berry and Boucot, 1973),陆地冰川沉积及冰海沉积被广泛发现于冈瓦那大陆(如现代北非、西非、阿拉伯半岛、南非及阿根廷等地)及冈瓦那周缘地区(如现代欧洲地区),其冰盖中心区域集中在现代北非—西非一带(Hambrey,1985)(图 17 - 12)。晚奥陶世冰期的证据除冰川沉积证据之外,也得到来自 $\delta^{18}O$ 和 $\delta^{13}C$ 同位素记录的支持。全球海相碳酸盐岩 $\delta^{18}O$ 记录在赫南特阶(Hirnantian)均发生大规模正偏现象(+4‰),该幅度的氧同位素记录正偏指示冰期事件时期冰川体积增长导致全球海平面下降幅度可能达到100m,而热带海洋地区海水温度下降达到5~10℃。晚奥陶世冰期也导致全球碳同位素记录发生正偏,这可能是较低的海水温度导致有机碳埋藏量增加或大气圈二氧化碳含量下降导致表面海水中 $\delta^{12}C$ 含量的减少。在志留纪早期,全球 $\delta^{18}O$ 和 $\delta^{13}C$ 同位素记录发生大规模负偏,指示晚奥陶世冰期的结束。

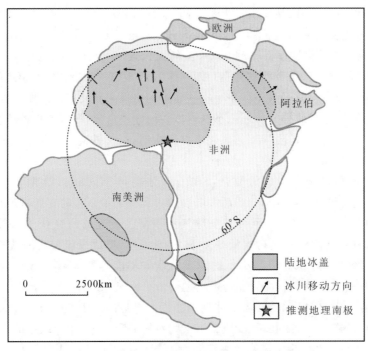

图 17 - 12　晚奥陶世冰期事件南半球冰盖展布范围

(修改自 Finnegan et al. , 2011)

根据二氧化碳含量恢复结果,晚奥陶世大气二氧化碳浓度要远高于现代水平(可能达到现代大气圈二氧化碳浓度的10~16倍),因此,晚奥陶世冰期事件是在高二氧化碳水平下发生的一次冰期事件,导致其发生的原因可能较为复杂,一些代表性的观点包括:①大地构造因素,当时一些活跃的造山带,如加里东造山带及阿巴拉契亚造山带等造成陆表相对地形高差增大,硅酸盐风化作用加强,大气二氧化碳浓度降低导致全球气温下降,引发冰期事件(Kump et al.,1999)。②全球古地理与大洋环流因素,晚奥陶世以来,冈瓦那大陆不断向南发生移动,导致南半球高纬度地球陆地面积增大,有利于冰盖的形成。向南极地区输送热量的洋流在此时可能发生减弱,也对极地地区温度下降起到控制作用。③天文因素,晚奥陶世地球的公转轨道可能处于特殊位置,当时地球自转轴的位置偏移导致其南半球即使在夏季距离太阳的距离仍然较远,导致南半球年平均气温显著下降,有利于冰期事件的发生。此外,有观点认为,发生于中奥陶世的"奥陶纪陨石事件(Ordovician meteorite event)"导致大量陨石碎屑物质进入大气层,将平流层内粉尘含量提高 3～4 个数量级,对太阳光反射率的增加诱发冰期事件的发生(Berner,2014)。晚奥陶世冰期事件与奥陶纪—志留纪之交的生物灭绝事件在时间序列上具有紧密联系(见上一节),一般认为,冰期所造成的海水温度下降、海平面下降及缺氧事件是造成奥陶纪—志留纪之交的生物灭绝事件的主要原因(Wang 等,2019)。

3. 晚古生代冰期

晚古生代冰期(Late Paleozoic Ice Age,LPIA 或称 Karoo 冰期)是显生宙以来持续时间最长的冰期事件(360～260Ma),冰盖系统主要集中在南半球冈瓦纳大陆上(现代南美洲、非洲西部、阿拉伯半岛、印度、南极洲、澳大利亚等地),呈现多冰盖特点,在冰期高峰时期,冰盖系统可能可推进到南纬30°地区(图 17-13)。该次冰期内存在明显的期次性,它起始于泥盆纪最末期和石炭纪早期数次较为短暂的气候变冷事件,从密西西比亚纪晚期开始,南半球冈瓦纳大陆上的冰盖系统逐渐扩大,在宾夕法尼亚亚纪早期至中期时达到高峰,宾夕法尼亚亚纪晚期发生冰盖的衰退,二叠纪乌拉尔世 Asselian 期冰川作用再次加强,但在 Sakmarian 期之后冈瓦纳大陆上冰盖系统快速消失,仅在澳大利亚地区继续存在部分冰盖系统,一直持续到瓜德鲁普世—乐平世之交。晚古生代冰期在冈瓦纳大陆上留下了广泛的冰川沉积记录,此外,在低纬度地区及北半球地区的海相沉积记录中也记录下由于冰盖消长所引发的全球高频次海平面变化(变化幅度可达 50 m)。与晚奥陶世冰期事件类似,晚古生代冰期时的全球碳和氧同位素同样出现较高的值,碳和氧同位素曲线伴随着冰期的演化出现相应的变化。

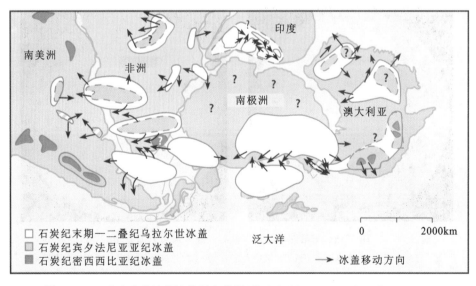

图 17-13　晚古生代冰期冰盖展布范围(修改自 Montañez and Poulsen,2013)

晚古生代冰期的触发原因可能是多因素综合的结果。泥盆纪以来,陆上植物的扩展与演化使得大气氧气浓度累积到较高水平(约 35%),而大气二氧化碳浓度持续下降,石炭纪全球范围内大规模聚煤事件加强了有机碳埋藏速率,最终导致地球进入冰室环境。此外,欧美大陆(Euramerica)和冈瓦纳大陆在石炭纪晚期沿海西造山带的碰撞造山导致联合古陆中部山脉的形成,加速的风化剥蚀作用也会消耗大气圈中大量的二氧化碳(Goddéris et al.,2017)。扩张的冰盖系统会降低地球的反照率,因此,会进一步加剧气温降低。晚古生代冰期对生物圈造成的影响极为显著,冰期时海平面的降低使得大面积陆地区域暴露,导致最古老的热带雨林系统的出现与扩张(Cleal and Thomas,2005)。冰盖系统周围的海域水温下降明显,使得高纬度地区海洋生物分异度较之低纬度地区出现显著下降(Shi and Waterhouse,2010)。

4. 第四纪冰期

第四纪冰期(Quaternary glaciation,或称为更新世冰期,Pleistocene glaciation)起始于258万年前(图17-14),直到今天冰川活动仍在持续。该次冰期的沉积记录在18~19世纪即已引起地质学家关注,大陆冰川沉积物在欧洲、北美及西伯利亚地区被广泛发现,而在南极、格陵兰及一些山地地区,至今仍然存在稳定的冰盖系统。由于这次冰期是距今最近的一次全球性冰期事件,高分辨率的地质记录使得地质学家得以对其发展过程能够进行较为详细的研究。20世纪70年代以来,陆相黄土沉积、深海沉积岩芯、极地冰芯等连续性较好的地质记录,包含海洋生物、哺乳动物、植物孢粉化石的生物地层学,地貌分析,沉积学以及古土壤材料为研究第四纪冰期与环境变迁提供了理想材料。各国学者通过氧同位素分析、放射性年代测定及古地磁等手段恢复和重建了第四纪冰期的全球气候变化和沉积环境。总体来看,以中更新世气候转化事件(Mid - Pleistocene Transition,MPT)事件为界,第四纪冰期旋回特征发生了根本性改变,在258万年~125万年阶段,冰期旋回体现为符合米兰科维奇4.1万年旋回特征的较薄冰盖系统,而在70万年之后,气候变冷趋势更加显著,且冰期持续时间更长(旋回的平均时间可达10万年),冰盖系统明显加厚(冰盖厚度可达4km以上),并且极端寒冷的冰期与温暖的间冰期之间的转化更加迅速。在过去的74万年时间内,至少发生过8次冰期旋回。现代人类生活在第四纪冰期的间冰期阶段,该间冰期的起始时间大约与全新世开始时间接近(约1.5~1.0万年前),导致最末次冰期(Last glacial period,7.0~1.5万年前)冰盖系统大幅消退,目前冰盖仅占陆地面积的10%左右。

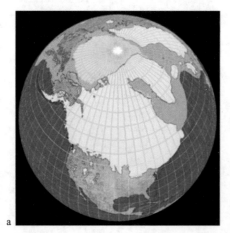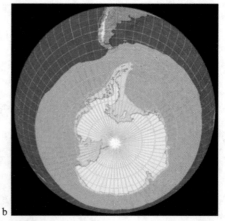

图17-14　第四纪冰川事件时大陆冰盖与海冰分布

a. 北半球冰盖系统;b. 南半球冰盖系统。其中大陆冰盖用淡绿色表示,海冰用半透明白色表示,引自 Ehlers 和 Gibbard(2011)

导致第四纪冰期的原因可能与天文因素与板块构造因素联系紧密。米兰科维奇旋回导致第四纪冰期中冰期与间冰期事件的间或出现。从板块构造因素而言,印度板块在约5000万年时开始与欧亚大陆碰撞,导致喜马拉雅山脉的形成与青藏高原的快速隆升过程,非洲大陆在约2000万年时与欧亚大陆碰撞导致喜马拉雅-阿尔卑斯山系的形成,由此引发的风化剥蚀作用导致大气二氧化碳被大幅消耗。就南半球冰盖系统而言,塔斯马尼亚、南美洲与南极洲之间的海道分别在约 4500 万年前及约 4000 万年前打开,导致环南极洲洋流的出现,该洋流阻止了低纬度洋流向南极洲输送热量,引发南极洲温度持续降低,最终形成南极地区大陆冰盖。就北半球冰盖系统而言,约 300 万年前中美洲海道的关闭导致北大西洋亚热带环流的形成,为北大西洋两岸的大陆提供了更多的降水,促使了北半球冰盖系统的形成。第四纪冰期事件直到今天仍然影响着地球与人类。最末次冰期结束后形成的巨量冰川融水形成了现代波罗的海及北美五大湖,加拿大、芬兰、瑞典等国大量的湖泊均形成在冰川刨蚀地貌基础之上。大量冰盖系统的消失也极大地改变了现代地貌,当冰盖消失之后,由于重力平衡作用,部分陆壳发生非构造因素抬升,如现代加拿大及北欧一些地区。从生物圈的角度而言,原本适应寒冷气候环境的生物群发生灭绝,而那些更小型更适应温暖气候环境的生物开始成为优势物种。

三、海平面变化

现代地球陆地面积占整个地球表面积 29.2% 范围,大陆(包括大陆架和大陆坡)面积占到约 40%,其余大部分面积均被海洋占据。地球上的海洋均是相通的,这意味着全球范围的大洋水体交换及相对一致的全球海平面高度。全球海平面的波动与大洋中海水的体积或大洋盆地的体积有关。海水体积变化主要受到大陆冰川生长与消亡的控制,在冰期会产生大幅度快速全球海平面升降变化(每千年发生 20~200m 尺度的变化)。其他影响海水体积的因素包括陆表海域的面积变化和由海水问题造成的热胀冷缩效应及陆地地下水与湖水的体积变化。但是这些因素仅会引起快速(10m/ky)小幅度(约 5~10m)的海平面升降。大洋盆地容积变化主要受控于海底扩张速率及大洋中脊长度的缓慢变化(变化速率在 10m/My,变化幅度在 100~300m),此外,沉积速率的变化会导致中等幅度(约 60m)的缓慢变化(10m/My),洋中脊位置的改变会引起中等幅度海平面上升(60m/My),但由于降温沉降因素,之后海平面会发生缓慢下降(10m/My)。

估计及监测海平面升降变化记录的方法有多种。近 10 年来的海平面变化记录可以通过卫星监测记录获得,近 150 年来的海平面升降记录可以通过海洋水文记录获得,人类活动之前的最近记录可以通过现代海岸线变化记录追溯至 1.8 万年之前,通过对珊瑚的定年,热带珊瑚和环礁提供了最末次海平面低位[比现代海平面低(120±5)m]的记录。针对更为古老的沉积物,一些钙质生物壳(如放射虫)的 $\delta^{18}O$ 记录可提供指示,由于冰的氧同位素值低于海水,冰川的大量生长将会导致海水的氧同位素值上升,从而记录在钙质生物壳中。一般而言,由于成岩作用改造,氧同位素值可提供一亿年之内的沉积物记录的海平面升降记录。最为直观的海平面升降记录保存在沉积岩,通过对沉积相及古地理的恢复工作,我们可以明确大陆何时接受沉积且可以恢复当时大致的水体深度,配合对区域范围不整合面的辨识工作,使得我们可以将地层记录划分出层序并且辨识出层序内海平面的升降记录。但是,地层中的海平面升降记录有时并不能代表当时全球海平面的整体水平,因为区域性沉降或隆升过程及沉积物源供给可能会对沉积记录造成影响。这就要求通过全球范围内的沉积记录对比来明确哪些海平面变化记录具有全球性规模。

20 世纪 60 年代以来,地质学家开始尝试使用地层中的记录来恢复克拉通或全球范围的千万年至亿年时间尺度的海平面变化记录。一些先驱性的工作包括,Sloss(1963)对北美克拉通的工作,他辨识出显生宙以来 5 次主要的海侵记录,Vail 和他的同事对全球海平面记录做出了重要的恢复工作。其他一些重要的全球海平面恢复工作包括:Ross 和 Ross(1988)对晚古生代冰期时全球海平面的恢复工作;Miller 等(2005)对显生宙以来的全球海平面恢复工作;Haq 和 Schutter(2008)对古生代全球海平面的恢复工作。通过以上研究工作,我们目前已可以大致恢复出显生宙以来的千万年至亿年尺度全球海平面变化规律(图 17-15)。概括而言,寒武纪一直到早奥陶世全球海平面均呈现持续上升的趋势,在中奥陶世出现明显的海平面下降趋势,但在晚奥陶世早期又出现持续上升,晚奥陶世凯迪期(Katian)出现了古生代最高的海平面(比现代海平面高约 225m),紧随其后的是由于晚奥陶世冰期引发的全球海平面大幅下降,该下降趋势一直持续到志留纪早期。志留纪早期开始出现一次全球海平面的持续上升,到志留纪中期全球海平面又维持在一个较高水平。志留纪晚期开始一直到早泥盆世,全球海平面持续下降,中泥盆世开始又恢复上升趋势,该上升趋势一直持续到晚泥盆世 Frasnian 期。晚泥盆世 Famennian 期开始,海平面逐渐下降,这可能与晚古生代冰期的启动过程有关。泥盆纪与石炭纪之交出现了海平面大幅下降,之后有一个短暂的恢复时期,但从早石炭世中期开始(Visean 期),海平面开始大幅度下降,持续到密西西比亚纪与宾夕法尼亚亚纪界线附近达到最低点。从宾夕法尼亚亚纪莫斯科期(Moscovian 期)开始,海平面出现小幅度上升,可能与晚古生代冰期的冰盖溶解事件有关,该上升事件只持续到石炭纪最末期(Gzhelian 期),之后在晚古生代冰期的鼎盛时期,二叠纪早期(Asselian 期)出现下降。二叠纪早期全球海平面高度相对稳定,但在二叠纪中期(Roadian)期再次出现大幅下降,并一直持续到二叠纪乐平世早期(Wuchiapingian 期)。在二叠纪最末期(Changhsingian 期),全球海平面开始逐渐上升,但直到早三叠世,全球海平面仍然维持在一个较低水平。大约从中三叠世开始,全球海平面进入一直长期持续上升阶段,可能与中生代全球温室环境与 Pangea 超大陆裂解作用有关,该总体上升趋势一直持续到中白垩世,此时的全球海平面水平已达到显生宙以来最高水平(超过现代海平面高度约250m)。中白垩世开始,全球海平面出现大幅下降,除在5600万年前古新世—始新世极热事件(PETM)时期出现短暂上升,其余时间均保持了明显下降趋势。

　　全球海平面变化是地球水圈对深时全球事件的直接响应,其波动也会引起地球其他圈层的反馈作用(图17-15)。不同时间尺度的海平面升降事件的主控因素不尽相同。千万年至亿年尺度的全球海平面变化目前认为可能与全球板块再造事件有关,特别地,2.5亿年尺度的长期海平面变化与超大陆的聚合与裂解作用密切相关。如 Gondwana 超大陆(新元古代晚期至寒武纪早期)与 Pangea 超大陆(二叠纪—三叠纪早期)均与全球性低海平面时期耦合。百万年至万年尺度的全球海平面变化与全球冰盖体积消长及天文旋回存在密切联系。从长时间尺度海平面旋回变化与5次主要生物灭绝事件关系来看(Hallam and Wignall,1999),晚奥陶世灭绝事件、二叠纪末灭绝事件、晚三叠世灭绝事件与白垩纪末灭绝事件均与全球海平面下降或低位时期有关,而晚泥盆世 F—F 灭绝事件处于全球海平面较高的时期。一般认为,全球海平面降低或总体处于低位时期导致大陆架海域大量缩减会极大程度缩减适宜海洋生物生存的空间,而在海侵或高海平面时期,缺氧的底部海水范围增大同样会导致海洋生物的灭绝。

　　此外,海水的化学性质与气候变化、全球海平面升降之间也存在关联性。Sandberg(1983)认为,全

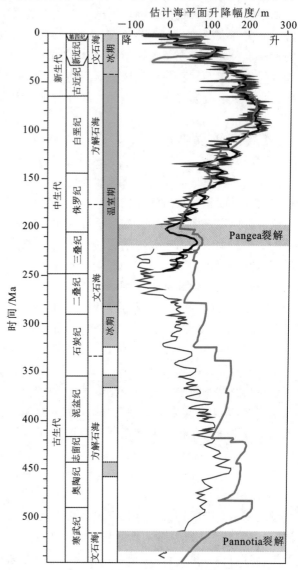

图17-15　全球显生宙海平面变化曲线与海水化学组成、冰期事件、超大陆裂解事件的关系

注:黑色海平面变化曲线来自 Haq 等(1987),黄色曲线来自 Haq 和 Al-Qahtani(2005),红色曲线来自 Vail 等(1977),修改自 Miller 等(2005)。

球冰期及低海平面时期无机碳酸盐岩沉积主要由高镁方解石或文石("文石海")组成,而在温室时期及高海平面时期一般沉淀方解石("方解石海"),该现象的核心是海水中 Mg/Ca 比值的变化。对于这种耦合性可能的解释有:大气二氧化碳含量在冰期与间冰期的波动性导致了"文石海"与"方解石海"差异性的出现,高二氧化碳含量的大气与海水有利于方解石的沉积(Sandberg,1983);冰期时低海平面及干燥的气候有利于陆地盐类沉积的形成,极大地消耗了钙离子与硫酸根离子,有利于高镁方解石及文石的沉淀(Berner,2004);方解石与文石在不同海水温度下不同的沉淀行为特征可能也是一个重要因素(Balthasar and Cusack,2014)。

主要参考文献

北京市地质矿产局,1997.北京市岩石地层[M].武汉:中国地质大学出版社.

蔡熊飞,陈斌,袁爱华,等,2014.地史学实习指导书[M].武汉:中国地质大学出版社.

沉积构造与环境解释编写组,1984.沉积构造与环境解释[M].北京:科学出版社.

陈建强,王训练,2018.地史学简明教程[M].北京:地质出版社.

陈均远,候先光,1989.云南澄江下寒武统细丝海绵化石[J].古生物学报,28(1):17-31.

陈亮,孙勇,柳小明,等,2000.青海省德尔尼蛇绿岩的地球化学特征及其大地构造意义[M].岩石学报,16(1):106-110.

陈亮,孙勇,裴先治,等,2001.德尔尼蛇绿岩$^{40}Ar-^{39}Ar$年龄:青藏最北端古特提斯洋盆存在和延展的证据[J].科学通报,46:424-426.

陈孟莪,1993.我国早期生命进化研究的进展和展望[J].地球科学进展,8(2):9-13.

陈孟莪,刘魁梧,1986.晚震旦世陡山沱期磷块岩中微体化石的发现及其地质意义[J].地质科学,31(1):46-53.

陈孟莪,萧宗正,1991.峡东区上震旦统陡山沱组发现宏体化石[J].地质科学,36:317-324.

成守德,徐新,2001.新疆及邻区大地构造编图研究[J].新疆地质,19(1):33-37.

成守德,张湘江,2000.新疆大地构造基本格架[J].新疆地质,18(4):293-304.

崔建堂,边小卫,王根宝,2006.西昆仑地质组成与演化[J].陕西地质,24(1):1-11.

邓成龙,郝青振,郭正堂,等,2019.中国第四纪综合地层和时间框架[J].中国科学:地球科学,49(1):330-352.

邓涛,2009.山旺印象[J].化石,2:32-41.

邓涛,侯素宽,王世骐,2019.中国新近纪综合地层和时间框架[J].中国科学:地球科学,49(1):315-329.

丁莲芳,1996.震旦纪庙河生物群[M].北京:地质出版社.

丁莲芳,李勇,陈会鑫.1992.湖北宜昌震旦系—寒武系界线地层 *Micrhystridium regulare* 化石的发现及其地层意义[J].微体古生物学报,9(3):303-309.

杜远生,1997.秦岭造山带泥盆系沉积地质学研究[M].武汉:中国地质大学出版社.

杜远生,徐亚军,2012.华南加里东运动初探[J].地质科技情报,31(5):43-49.

杜远生,杨江海,黄虎,等,2013.右江盆地晚古生代—三叠纪沉积地质学研究[M].武汉:中国地质大学出版社.

杜远生,朱杰,徐亚军,等,2009.北祁连造山带晚加里东—早海西期沉积地质学研究[M].武汉:中国地质大学出版社.

傅英祺,叶鹏遥,杨香楷,等,1981.古生物地史学简明教程[M].北京:地质出版社.

龚一鸣,杜远生,冯庆来,等,1996.造山带沉积地质与圈层耦合[M].武汉:中国地质大学出版社.

龚一鸣,张克信,2007.地层学基础与前沿[M].武汉:中国地质大学出版社.

广西壮族自治区地质矿产局,1997.广西壮族自治区岩石地层[M].武汉:中国地质大学出版社.

贵州省地质矿产局,1997.贵州省岩石地层[M].武汉:中国地质大学出版社.

郭双兴,1983.我国晚白垩世和第三纪植物地理区与生态环境的探讨:中国古生物地理区系[M].北京:科学出版社:152-176.

郝杰,刘小汉,1993.南天山蛇绿混杂岩形成时代及大地构造意义[J].地质科学,28(1):93-95.

郝诒纯,茅绍智,1993.微体古生物学教程[M].2版.武汉:中国地质大学出版社.

何心一,徐桂荣,1987.古生物学教程[M].北京:地质出版社.

何心一,徐桂荣,1993.古生物学教程[M].修订版.北京:地质出版社.

河南省地质矿产局,1997.河南省岩石地层[M].武汉:中国地质大学出版社.

侯连海,1985.周口店第一地点鸟类化石[M]//吴汝康.北京猿人遗址综合研究.北京:科学出版社:113-118.

侯先光,陈均远,路浩之,1989.云南澄江早寒武世节肢动物[J].古生物学报,28(1):42-57.

湖北省地质矿产局,1997.湖北省岩石地层[M].武汉:中国地质大学出版社.

黄迪颖,2019.中国侏罗纪综合地层和时间框架[J].中国科学:地球科学,49:227-256.

黄家园,梁昆王,玉珏,等,2019.全球泥盆纪生物礁演化及其影响因素[J].地层学杂志,2:198-209.

姜春发,杨经绥,冯秉贵,等,1992.昆仑开合构造[M].北京:地质出版社.

蒋志文,1980.云南晋宁梅树村阶及梅树村动物群[J].中国地质科学院院报,2(1):75-96.

李福昌,2019.洪荒印记:山旺动物化石[J].文物鉴定与鉴赏,167:72-73.

李江海,姜洪福,2013.全球古板块再造、岩相古地理及古环境图集[M].北京:地质出版社.

李君,石晓,2020.从泥河湾到周口店:中国北方旧石器文化演进模式[J].山西大学学报(哲学社会科学版),43(2):59-67.

李铨,冷坚,1991.神农架上前寒武系[M].天津:天津科学技术出版社.

辽宁省地质矿产局,1997.辽宁省岩石地层[M].武汉:中国地质大学出版社.

刘宝珺,许效松,潘杏南,1994.中国南方岩相古地理图集[M].北京:科学出版社.

刘本培,冯庆来,方念乔,1993.滇西南昌宁-孟连带和澜沧江带古特提斯多岛洋构造演化[J].地球科学,19(5):529-539.

刘本培,全秋琦,1996.地史学教程[M].北京:地质出版社.

刘本培,王自强,张传恒,等,1996.西南天山构造格局与演化[M].武汉:中国地质大学出版社.

刘鸿允,1991.中国的震旦系[M].北京:地质出版社.

刘后一,陈淳,王幼于,1982.生物是怎样进化的[M].北京:中国青年出版社.

刘平,邓成龙,李仕虎,等,2016.泥河湾盆地下沙沟动物群的磁性地层学定年及其对泥河湾动物群的年代制约[J].第四纪研究,36(5):1176-1190.

刘志礼,1990.化石藻类学导论[M].北京:高等教育出版社.

刘志礼,何远芯,1985.广西田林县玉家坨二叠系钙藻一新属[J].微体古生物学报,4:413-416.

罗惠麟,李勇,胡世学,等,2008.云南东部早寒武世马龙动物群和关山动物群[M].昆明:云南科学技术出版社.

马千里,柴嵘,杜远生,等,2019.中扬子区巴东组凝灰岩层的锆石U-Pb年龄约束[J].地质学报,93(11):2785-2796.

潘桂棠,王立全,李兴振,等,2001.青藏高原区域构造格局及多岛弧盆系的空间配置[J].沉积与特提斯地质,21(3):1-26.

潘桂棠,肖庆辉,陆松年,等,2009.中国大地构造单元划分[J].中国地质,36(1):1-28.

钱逸,1977.华中西南区早寒武世梅树村阶的软舌螺纲及其它化石[J].古生物学报,16(2):255-278.

覃永军,2015.江南造山带西段新元古代下江群年代地层标定与盆地演化[D].武汉:中国地质大学.

郄文昆,马学平,徐洪河,等,2019.中国泥盆纪综合地层和时间框架[J].中国科学:地球科学,

49(1):115-138.

邱铸鼎,李强,2016.内蒙古中部新近纪啮齿类动物[M].北京:科学出版社.

全国地层委员会,2002.中国地层指南及中国地层指南说明书[M].北京:科学出版社.

全国地层委员会,2017.中国地层指南及中国地层指南说明书(2016年版)[M].北京:地质出版社.

全秋琦,王治平,1993.简明地史学[M].武汉:中国地质大学出版社.

戎嘉余,黄冰,2014.生物大灭绝研究三十年[J].中国科学:地球科学,44(3):377-404.

戎嘉余,王怿,詹仁斌,等,2019.中国志留纪综合地层和时间框架[J].中国科学:地球科学,49:93-114.

山东省地质矿产局,1997.山东省岩石地层[M].武汉:中国地质大学出版社.

山西省地质矿产局,1997.山西省岩石地层[M].武汉:中国地质大学出版社.

陕西省地质矿产局,1997.陕西省岩石地层[M].武汉:中国地质大学出版社.

沈树忠,张华,张以春,等,2019.中国二叠纪综合地层和时间框架[J].中国科学:地球科学,49(1):160-193.

舒德干,2019.我国宜昌长阳地区发现新的寒武纪生物群宝库[J].中国地质,46(2):443-444.

四川省地质矿产局,1997.四川省岩石地层[M].武汉:中国地质大学出版社.

孙革,郑少林,孙春林,等,2003.古果属(*Archaefructus*)研究进展及其时代的讨论[J].吉林大学学报(地球科学版),33(4):393-398.

天津市地质矿产局,1997.天津市岩石地层[M].武汉:中国地质大学出版社.

童金南,2021.古生物学[M].2版.北京:高等教育出版社.

童金南,楚道亮,梁蕾,等,2019.中国三叠纪综合地层和时间框架[J].中国科学:地球科学,49(1):194-226.

童永生,郑绍华,邱铸鼎,1995.中国新生代哺乳动物分期[J].古脊椎动物学报,33:290-314.

汪啸风,陈孝红,陈立德,等,2003.关岭生物群:世界上罕见的化石库[J].中国地质,30(1):20-35.

王德发,陈建文,1996.中国中东部沉积盆地在中、新生代的沉积演化[J].地球科学,21(4):441-448.

王鸿祯,1985.中国古地理图集[M].北京:地图出版社.

王鸿祯,杨森楠,刘本培,1990.中国及邻区构造古地理和生物古地理[M].武汉:中国地质大学出版社.

王剑,江新盛,卓皆文,等,2019.华南新元古代裂谷盆地与岩相古地理[M].北京:科学出版社.

王开发,1983.孢粉学概论[M].北京:北大出版社.

王伟,2013.2.2亿年前的关岭生物群[J].生物进化,2:58-59.

王五力,李永飞,郭胜哲,2014.中国东北地块群及其构造演化[J].地质与资源,23(1):4-21.

王向东,胡科毅,郄文昆,等,2019.中国石炭纪综合地层和时间框架[J].中国科学:地球科学,49(1):139-159.

王雪,孙作玉,鲁昊,2018.关岭生物群遗产价值分析[J].遗产与保护研究,3(4):19-24.

王元青,李茜,白滨,2019.中国古近纪综合地层和时间框架[J].中国科学:地球科学,49(1):289-314.

吴崇筠,薛叔浩,1992.中国含油气盆地沉积学[M].北京:石油工业出版社.

武汉地质学院古生物教研室,1980.古生物学教程[M].北京:地质出版社.

席党鹏,万晓樵,李国彪,等,2019.中国白垩纪综合地层和时间框架[J].中国科学:地球科学,49(1):257-288.

邢裕盛,丁启秀,林蔚兴,等,1985.后生动物及遗迹化石[M]//邢裕盛,段承华,梁玉左,等.中国晚前寒武纪古生物[M].北京:地质出版社:182-192.

徐备,赵盼,鲍庆中,等,2014.兴蒙造山带前中生代构造单元划分初探[J].岩石学报,30(7):1841-1857.

徐星,周忠和,王原,2019.热河生物群研究的回顾与展望[J].中国科学:地球科学,49(1):1491－1511.

徐亚军,杜远生,余文超,2018.华南东南缘早古生代沉积地质与盆山相互作用[M].武汉:中国地质大学出版社.

许志琴,李海兵,杨经绥,2006.造山的高原:青藏高原巨型造山拼贴体和造山类型[J].地学前缘,13(4):1－17.

许志琴,杨经绥,李文昌,等,2013.青藏高原中的古特提斯体制和增生造山作用[J].岩石学报,29(6):1847－1960.

薛耀松,俞从流,唐天福,等,1995.贵州瓮安-开阳地区陡山沱期含磷岩系的大型球形绿藻化石[J].古生物学报,34(6):688－706.

杨经绥,王希斌,史仁灯,等,2004.青藏高原北部东昆仑南缘德尔尼蛇绿岩:一个被肢解了的古特提斯洋壳[J].中国地质,31(3):225－239.

杨式溥,1993.古生态学原理与方法[M].北京:地质出版社.

殷鸿福,1988.中国古生物地理学[M].武汉:中国地质大学出版社.

殷鸿福,宋海军,2013.古、中生代之交生物大灭绝与泛大陆聚合[J].中国科学:地球科学,43(1):1－14.

殷鸿福,徐道一,吴瑞棠,1988.地质演化突变观[M].武汉:中国地质大学出版社.

尹崇玉,柳永清,高林志,等,2007.震旦(伊迪卡拉)纪早期磷酸盐化生物群[M].北京:地质出版社.

喻建新,冯庆来,王永标,等,2015.三峡地区地质学实习指导手册[M].武汉:中国地质大学出版社.

袁训来,陈哲,肖书海,等,2012.蓝田生物群:一个认识多细胞生物起源和早期演化的新窗口[J].科学通报,57(34):3219－3227.

袁训来,万斌,关成国,等,2016.蓝田生物群[J].上海:上海科学技术出版社.

袁训来,王启飞,张昀,1993.贵州瓮安磷矿晚前寒武纪陡山沱期的藻类化石群[J].微体古生物学报,10(4):409－420.

袁训来,肖书海,尹磊明,等,2002.陡山沱期生物群[M].合肥:中国科技大学出版社.

翟明国,2013.中国主要古陆与联合大陆的形成:综述与展望[J].中国科学:地球科学,43(10):1583－1606.

詹仁斌,梁艳,2011.奥陶纪生物大辐射[J].科学,2:19－22.

詹仁斌,张元动,袁文伟,2007.地球生命过程中的一个新概念:奥陶纪生物大辐射[J].自然科学进展,17(8):1006－1014.

张国伟,孟庆任,1995.秦岭造山带的结构构造[J].中国科学(B辑),25(9):994－1003.

张国伟,张本仁,袁学诚,等,2001.秦岭造山带与大陆动力学[M].北京:科学出版社.

张克信,林启祥,朱云海,等,2004.东昆仑东段混杂岩建造时代厘定的古生物新证据及其大地构造意义[J].中国科学(D辑),34(3):210－218.

张乐,汤卓炜,2007.有关北京猿人生存环境的探讨[J].人类学学报,26(1):34－44.

张文堂,1987.澄江动物群及其中的三叶虫[J].古生物学报,26(3):223－235.

张喜光,陈雷,WITUCKI M K,2009. Orsten 型特异保存化石研究概述[J].古生物学报,48(3):428－436.

张元动,詹仁斌,甄勇毅,等,2019.中国奥陶纪综合地层和时间框架[J].中国科学:地球科学,49(1):66－92.

赵国春,孙敏,WILDE S A,2002.早-中元古代 Colombia 超级大陆研究进展[J].科学通报,47(18):1361－1364.

赵秀丽,李守军,王平丽,2010.山东临朐古生物地史学山旺实习基地建设探索与实践[J].山东国土资源,26(5):16－19.

赵元龙,STEINER M,杨瑞东,等,1999.贵州遵义下寒武统牛蹄塘组早期后生生物群的发现及重要意义[J].古生物学报,38(增刊):132-144.

赵元龙,袁金良,黄友庄,等,1994.贵州台江中寒武世凯里动物群[J].古生物学报,33(3):263-271.

赵元龙,朱茂炎,BABCOCK L E,等,2011.凯里生物群:5.08亿年前的海洋生物[M].贵阳:贵州科技出版社.

周琦,杜远生,袁良军,等,2016.黔湘渝毗邻区南华纪武陵裂谷盆地结构及其对锰矿的控制作用[J].地球科学,41(2):177-178.

朱浩然,1979.山东滨县下第三系沙河街组的藻类化石[J].古生物学报,18(4):327-346.

朱茂炎,2010.动物的起源和寒武纪大爆发:来自中国的化石证据[J].古生物学报,49(3):269-287.

朱茂炎,杨爱华,袁金良,等,2019.中国寒武纪综合地层和时间框架[J].中国科学:地球科学,49(10):26-65.

朱茂炎,赵方臣,殷宗军,等,2019.中国的寒武纪大爆发研究:进展与展望[J].中国科学:地球科学,49(10):1455-1490.

朱日祥,邓成龙,潘永信,2007.泥河湾盆地磁性地层定年与早期人类演化[J].第四纪研究,27(6):922-944.

朱为庆,陈孟莪,1984.峡东区上震旦统宏体化石藻类的发现[J].植物生态学报,26(5),558-560.

AN Z, JIANG G, TONG J, et al., 2015. Stratigraphic position of the Ediacaran Miaohe Biota and its constrains on the age of the upper Doushantuo δ^{13}C anomaly in the Yangtze Gorges area, South China[J]. Precambrian Research, 271, 243-253.

BALTHASAR U, CUSACK M, 2015. Aragonite-calcite seas—Quantifying the gray area[J]. Geology, 43:99-102.

BENTON M J, 2003. Vertebrate palaeontology[M]. Third edition. UK: Blackwell.

BERNER R A, 2004. A model for calcium, magnesium and sulfate in seawater over Phanerozoic time[J]. American Journal of Science, 304(5):438-453.

BERRY W B N, BOUCOT A J, 1973. Glacio-Eustatic control of Late Ordovician-Early Silurian platform sedimentation and faunal changes[J]. Geological Society of America Bulletin, 84 (1): 275-284.

BIAN Q T, LI D H, POSPELOV I, et al., 2004. Age, geochemistry and tectonic setting of Buqingshan ophiolites, North Qinghai-Tibet Plateau, China[J]. Journal of Asian Earth Sciences, 23(4): 577-596.

BOAG T H, DARROCH S A F, LAFLAMME M, 2016. Ediacaran distributions in space and time: testing assemblage concepts of earliest macroscopic body fossils[J]. Paleobiology, 42 (4): 574-594.

CAMPBELL I H, SQUIRE R J, 2010. The mountains that triggered the Late Neoproterozoic increase in oxygen: The Second Great Oxidation Event[J]. Geochimica et Cosmochimica Acta, 74(15): 4187-4206.

CANFIELD D E, 2005. The early history of atmospheric oxygen: Homage to Robert M. Garrels[J]. Annual Review of Earth and Planetary Sciences, 33: 1-36.

CHEN J Y, BOTTJER D J, OLIVERI P, et al., 2004. Small bilaterian fossils from 40 to 55 million years before the Cambrian[J]. Science, 305(5681): 218-222.

CHEN J Y, SCHOPF W J, BOTTJER D J, et al., 2007. Raman Spectra of a Lower Cambrian ctenophore embryo from SW Shaanxi, China[J]. Proceedings of National Academy of Sciences, USA, 104: 6289-6292.

CHEN L, XIAO S, PANG K, et al., 2014. Cell differentiation and germ-soma separation in

Ediacaran animal embryo – like fossils[J]. Nature, 516(7530): 238 – 241.

CHEN Z, CHEN X, ZHOU C M, et al., 2018. Late Ediacaran trackways produced by bilaterian animals with paired appendages[J]. Science Advances, 4(6):eaao6691

CHEN Z, ZHOU C M, YUAN X L, et al., 2019. Death march of a segmented and trilobate bilaterian elucidates early animal evolution[J]. Nature, 573(7774): 412 – 415

CLEAL C J, THOMAS B A, 2005. Palaeozoic tropical rainforests and their effect on global climates: is the past the key to the present? [J]. Geobiology, 3(1):13 – 31.

CONDON D, ZHU M, BOWRING S, et al., 2005. U – Pb ages from the Neoproterozoic Doushantuo Formation, China[J]. Science, 308(5718):95 – 98.

CORSETTI F A, 2015. Research focus: life during Neoproterozoic Snowball Earth[J]. Geology, 43(6): 559 – 560.

CUNNINGHAM J A, VARGAS K, YIN Z, et al., 2017. The Weng'an Biota (Doushantuo Formation): an Ediacaran window on soft – bodied and multicellular microorganisms[J]. Journal of the Geological Society, 174(5), 793 – 802.

DANERS G, GUERSTEIN G R, AMENÁBAR C R, et al., 2017. Dinoflagelados del Eoceno medio a superior de las cuencas Punta Del Estey Colorado, latitudes medias del Atlántico sudoccidental[J]. Revista Brasileira de Paleontología, 19(2): 283 – 302.

DE WEVER P, DUMITRICA P, CAULET J P, et al., 2001. Radiolarians in the sedimentary record[M]. Singapore: Gordon and Breach Science Publishers.

DENG H, PENG S, POLAT A, et al., 2017. Neoproteroic IAT intrusion into Mesoproterozoic MOR Miaowan ophiolite Yangtze craton: evidence for evolving tectonic settings[J]. Precambian Research, 289:75 – 94.

DONG Y, SANTOSH M, 2016. Tectonic architecture and multiple orogeny of the Qinling Orogenic Belt, Central China[J]. Gondwana Research, 29(1): 1 – 40.

DUNN F S, LIU A G, 2019. Viewing the Ediacaran biota as a failed experiment is unhelpful[J]. Nature Ecology & Evolution, 3: 512 – 514

ERWIN J M, NIMCHINSKY E A, GANNON P J, et al., 2001. The study of Brain Aging in Great Apes[M]//Hof P R, Mobbs C V. Functional neurobiology of aging. New York: Academic Press: 447 – 455.

FENG Q L, HE W H, ZHANG S X, et al., 2006. Taxonomy of Order Latentifistularia (Radiolaria) from the latest Permian in southern Guangxi, China[J]. Journal of Paleontology, 80(5): 826 – 848.

FLÜGEL E K, 2010. Microfacies of carbonate rocks: analysis, interpretation and application [M]. Berlin Heldelberg: Springer.

FU D J, TONG G H, DAI T, et al., 2019. The Qingjiang biota — A Burgess Shale – type fossil Lagerstätte from the early Cambrian of South China[J]. Science, 363(6433): 1338 – 1342.

GUO J F, LI Y, HAN J, et al., 2008. Fossil association from the Lower Cambrian Yanjiahe Formation in Yangtze Gorges area, Hubei, South China[J]. Acta Geologica Sinica (English edition), 82(6):1124 – 1132.

HALLAM A, WIGNALL P B, 1999. Mass extinctions and sea – level changes[J]. Earth – Science Reviews, 48(4):217 – 250

HAMBREY M J, 1985. The late Ordovician – Early Silurian glacial period[J]. Palaeogeography, Palaeoclimatology, Palaeoecology, 51(1 – 4):273 – 289.

HAQ B U, SCHUTTER S R, 2008. A Chronology of Paleozoic Sea – Level Changes[J]. Science, 322(5896):64 – 68.

HE W H, Elizabeth A W, Feng Q L, et al. , 2007. A Late Permian to Early Triassic bivalve fauna from the Dongpan section, southern Guangxi, South China[J]. Journal of Paleontology ,81 (5): 1009 – 1019.

HE W H, ZHANG Y, ZHENG Y E, et al. , 2008. Late Changhsingian (latest Permian) radiolarian fauna from Chaohu, Anhui and a comparison with its contemporary faunas of South China[J]. Alcheringa, 32(2): 199 – 222.

HEAD M J, GIBBARD P, SALVADOR A, 1998. The Tertiary: a proposal for its formal definition[J]. Episodes, 2008, 31(2): 248 – 250.

HOFFMAN P F, KAUFMAN A J, HALVERSON G P, et al. ,1998. A Neoproterozoic Snowball Earth[J]. Science, 281(5381):1342 – 1346.

HU L S, CAWOOD P A, DU Y S, et al. , 2015. Detrital records for Upper Permian – Lower Triassic succession in the Shiwandashan Basin, South China and implication for Permo – Triassic(Indosinian)orogeny[J]. Journal of Asian Earth Sciences, 98: 152 – 166.

HU L S, CAWOOD P A, DU Y S, et al. , 2015. Late Paleozoic to Early Mesozoic provenance record of Paleo – Pacific subduction beneath South China[J]. Tectonics, 34(5):986 – 1008.

HU L S, DU Y S, CAWOOD P A, et al. , 2014. Drivers for late Paleozoic to early Mesozoic orogenesis in South China: constraints from the sedimentary record[J]. Tectonophysics, 618: 107 – 121.

JIN Y X, FENG Q L, MENG Y Y, et al. , 2007. Albaillellidae (Radiolaria) from the latest Permian in southern Guangxi, China[J]. Journal of Paleontology, 81(1): 9 – 18.

JOACHIMSKI M M, BREISIG S, BUGGISCH W, et al. , 2009. Devonian climate and reef evolution: Insights from oxygen isotopes in apatite[J]. Earth and Planetary Science Letters, 284(3 – 4): 599 – 609.

KUMP L R, ARTHUR M A, PATZKOWSKY M E, et al. , 1999. A weathering hypothesis for glaciation at high atmospheric pCO_2 during the Late Ordovician[J]. Palaeogeography, Palaeoclimatology, Palaeoecology, 152(1 – 2), 173 – 187.

KUSKY T M, POLAT A, WINDLEY B F, et al. , 2016. Insight into the tectonic evolution of the North China Craton through comparative tectonic analysis: A record of outward growth of Precambian continents[J]. Earth – Science Reviews,162:387 – 432

LAN Z W, LI X H, ZHU M Y, 2015. Revisiting the Liantuo Formation in Yangtze Block, South China: SIMSU – Pb zircon age constraints and regional and global significance[J]. Precambrian Research, 263:123 – 141

LEMOIGNE Y, 1968. Observation d'archégones porte par des axes du type Rhynia Gwynne – vaughanii Kidston et Lang. Existence de Gamétophytes vascularisés au Devonien[J]. CR Acad. sci. Paris, 266: 1655 – 1657.

LI C, CHEN J, HUA T, 1998. Precambrian sponges with cellular structures[J]. Science, 279 (5352): 879 – 882.

LI G X, STEINER M, ZHU X J, 2007. Early Cambrian metazoan fossil record of South China: generic diversity and radiation patterns[J]. Palaeogeography, Palaeoclimatology, Palaeoecology, 254 (1 – 2): 229 – 249.

LI J Y, 2006. Permian geodynamic setting of Northeast China and adjacent regions: closure of the Palaeo – Asian Ocean and subduction of the Paleo – Pacific plate[J]. Journal of Asian Earth Sciences，26(3 - 4)：207 - 224.

MCKENNA M C，1988. Vertebrate paleontology and evolution[J]. Science，239(4839)：512 - 514.

MILLER K G，KOMINZ M A，BROWNING J V，et al. ，2005. The Phanerozoic record of global sea - level change[J]. Science，310(5752)：1293 - 1298.

MONTAÑEZ I P，POULSEN C J，2013. The Late Paleozoic Ice Age：an evolving paradigm[J]. Annual Review of Earth and Planetary Sciences，41：629 - 656.

MUSCENTE A D，BOAG T H，BYKOVA N，et al. ，2018. Environmental disturbance，resource availability，and biologic turnover at the dawn of animal life[J]. Earth - Science Reviews，177，248 - 264.

NARBONNE G M，2005. The Ediacara Biota：Neoproterozoic origin of animals and their ecosystems[J]. Annual Review of Earth and Planetary Sciences，33：421 - 442.

NARBONNE G M，2011. When life got big[J]. Nature，470：339 - 340.

OCH L M，SHIELDS - ZHOU G A，2012. The Neoproterozoic oxygenation event：environmental perturbations and biogeochemical cycling[J]. Earth - Science Reviews，110(1 - 4)：26 - 57.

ROMER A S，1966. Vertebrate paleontology[M]. Third edition. Chicago：University of Chicage press.

SANDBERG P A，1983. An oscillating trend in Phanerozoic non - skeletal carbonate mineralogy [J]. Nature，305(5929)：19 - 22.

SARICH V M，WILSON A C，1972. Immunological time scale for Hominid evolution[J]. Science，1967，158(3805)：1200 - 1203.

SEILACHER A，1989. Vendozoa：organismic construction in the Precambrian biosphere[J]. Lethaia，22(3)：229 - 239.

SEILACHER A，1992. Vendobionta and Psammocorallia：lost constructions of Precambrian evolution[J]. Journal of Geological Society，149(4)：607 - 613.

SHEN B，DONG L，XIAO S，et al. The Avalon explosion：evolution of Ediacara morphospace [J]. Science，319(5859)：81 - 84.

SHI G R，WATERHOUSE J B，2010. Late Palaeozoic global changes affecting high - latitude environments and biotas：An introduction[J]. Palaeogeography，Palaeoclimatology，Palaeoecology，298(1 - 2)：1 - 16.

SHU D G，ISOZAKI Y，ZHANG X L，et al. ，2014. Birth and early evolution of metazoans[J]. Gondwana Research，25(3)：884 - 895.

SHU D G，2008. Cambrian explosion：birth of tree of animals[J]. Gondwana Research，14(1 - 2)：219 - 240.

SOKOLOFF D D，REMIZOWA M V，EL E S，et al. ，2020. Supposed Jurassic angiosperms lack pentamery，an important angiosperm - specific feature[J]. New Phytologist，228(2)：420 - 426.

STEINER M，ZHU M Y，ZHAO Y L，2005. Lower Cambrian Burgess Shale - type fossil associations of South China[J]. Palaeogeography，Palaeoclimatology，Palaeoecology，220(1 - 2)：129 - 152.

WAGGONER B，2003. The Ediacaran biotas in space and time[J]. Integrative and Comparative Biology，43 (1)，104 - 113.

WAN B，YUAN X，CHEN Z，et al. ，2016. Systematic description of putative animal fossils from the early Ediacaran Lantian Formation of South China[J]. Palaeontology，59(4)：515 - 532.

XIAO S，KNOLL A H，YUAN X，1998. Morphological reconstruction of Miaohephyton bifurcatum，a possible brown alga from the Doushantuo Formation (Neoproterozoic)，South China，and its implications for stramenopile evolution[J]. Journal of Paleontology, 72(6): 1072 – 1086.

XIAO S, LAFLAMME M, 2009. On the eve of animal radiation: phylogeny, ecology and evolution of the Ediacara biota[J]. Trends in Ecology & Evolution, 24(1): 31 – 40.

XIAO S, MUSCENTE A, CHEN L, et al., 2014. The Weng'an biota and the Ediacaran radiation of multicellular eukaryotes[J]. National Science Review, 1(4): 498 – 520.

XIAO S, YUAN X, STEINER M, et al., 2002. Macroscopic carbonaceous compressions in a terminal Proterozoic shale: a systematic reassessment of the Miaohe biota, South China[J]. Journal of Paleontology, 76(2): 347 – 376.

XIAO S, ZHANG Y, KNOLL A H, 1998. Three – dimensional preservation of algae and animal embryos in a Neoproterozoic phosphorite[J]. Nature, 391(6667): 553 – 558.

XIAO S, ZHOU C, LIU P, et al., 2014. Phosphatized acanthomorphic acritarchs and related microfossils from the Ediacaran Doushantuo Formation at Weng'an (South China) and their implications for biostratigraphic correlation[J]. Journal of Paleontology, 88(1): 1 – 67.

XU Y J, CAWOOD P A, DU Y S, et al., 2014. Early Paleozoic orogenesis along Gondwana's northern margin constrained by provenance data from South China[J]. Tectonophysics, 636, 40 – 51.

XU Y J, CAWOOD P A, DU Y S, et al., 2016. Intraplate orogenesis in response to Gondwana assembly: Kwangsian Orogeny, South China[J]. American Journal of Science, 316(4): 329 – 362.

XU Y J, CAWOOD P A, DU Y S, et al., 2017. Aulacogen Formation in response to opening the Ailaoshan Ocean: Origin of the Qin – Fang Trough, South China[J]. Geology, 125(5): 531 – 550.

XU Y J, CAWOOD P A, DU Y S, et al., 2013. Linking South China to northern Australia and India on the margin of Gondwana: constraints from detrital zircon U – Pb and Hf isotopes in Cambrian strata[J]. Tectonics, 32(6), 1547 – 1558.

YE Q, TONG J, AN Z, et al., 2017. A systematic description of new macrofossil material from the upper Ediacaran Miaohe Member in South China[J]. Journal of Systematic Palaeontology, 17(3): 183 – 238.

YE Q, TONG J, XIAO S, et al., 2015. The survival of benthic macroscopic phototrophs on a Neoproterozoic Snowball Earth[J]. Geology, 43(6): 507 – 510.

YIN Z J, ZHU M Y, DAVIDSON E H, et al., 2015. Sponge grade body fossil with cellular resolution dating 60 Myr before the Cambrian[J]. Proc. Natl. Acad. Sci. USA, 112(12): E1453 – E1460.

YOUNG J R, GEISEN M, CROS L, et al., 2003. A guide to extant coccolithophore taxonomy[J]. Journal of Nannoplankton Research, Special Issue, 1: 1 – 132.

YUAN X, CHEN Z, XIAO S, et al., 2011. An early Ediacaran assemblage of macroscopic and morphologically differentiated eukaryotes[J]. Nature, 470(7334): 390 – 393.

YUAN X, LI J, CAO R, 1999. A diverse metaphyte assemblage from the Neoproterozoic black shales of South China[J]. Lethaia, 32(2): 143 – 155.

ZHAI M G, 2013. The main old lands in China and assembly of Chinese unified continent[J]. Science China Earth Sciences, 56(11): 1829 – 1852.

ZHAO G C, WILDE S A, CAWOOD P A, et al., 1998. Thermal evolution of Achaean basement rocks from the eastern part of North China Craton and its bearing on tectonic setting[J]. International Geology Review, 40(8): 706 – 721.

ZHAO G C, WILDE S A, CAWOOD P A, et al., 2001. Achaean rocks and their boundary in the North China Craton: lithological, geochemical, structural and P – T path constraints and tectonic evolution[J]. Precambrian Research, 107:45 - 73.

ZHAO Y L, YUAN J L, BABCOCK L E, et al., 2019. Global Standard Stratotype - section and Point (GSSP) for the conterminous base of the Miaolingian Series and Wuliuan Stage (Cambrian) at Balang, Jianhe, Guizhou, China[J]. Episodes, 42(2): 165 - 184.

ZHAO Y L, ZHU M Y, BABCOCK L E, et al., 2005. Kaili Biota: A taphonomic window on diversification of Metazoans from the basal Middle Cambrian: Guizhou, China[J]. Acta Geologica Sinica - English Edition, 79(6):751 - 765.

ZHOU C, LI X, XIAO S, et al., 2017. A new SIMS zircon U - Pb date from the Ediacaran Doushantuo Formation: age constraint on the Weng'an biota[J]. Geological Magazine, 154(6): 1193 - 1201.

ZHOU C, XIAO S, WANG W, et al., 2017. The stratigraphic complexity of the middle Ediacaran carbon isotopic record in the Yangtze Gorges area, South China, and its implications for the age and chemostratigraphic significance of the Shuram excursion[J]. Precambrian Research, 288, 23 - 38.

ZHU M, GEHLING J G, XIAO S, et al., 2008. Eightarmed Ediacara fossil preserved in contrasting taphonomic windows from China and Australia[J]. Geology, 36(11): 867 - 870.

ZHU M, STRAUSS H, SHIELDS G A, 2007. From Snowball Earth to the Cambrian bioradiation: Calibration of Ediacaran Cambrian earth history in South China[J]. Palaeogeography, Palaeoclimatology, Palaeoecology, 254: 1 - 6.

古生物地史学实习指导书

实习一　化石的保存类型及石化作用

一、实习目的

(1)通过标本观察，了解并掌握化石的各种保存类型、各种类型的特点及含义，具有辨别化石的能力。

(2)结合标本了解化石形成的过程以及石化作用的定义及类型。

(3)通过实习全面了解化石的定义。

二、复习

明确化石、化石保存类型、石化作用的概念。

三、实习内容

1. 实体化石

(1)没有石化或微石化的实体化石，如琥珀中的昆虫化石。

(2)不同的石化作用形成不同的实体化石。

矿质充填作用：脊椎动物骨骼化石，珊瑚。

置换作用：各种矿化(钙化、硅化和黄铁矿化)标本。

碳化作用(升馏作用)：笔石动物和植物叶片所留下的碳质薄膜。

2. 模铸化石

通过标本和模型观察理解各类型化石的形成机制，并把其所表现的构造特点与围岩的空间关系联系起来。模铸化石包括如下 4 种。

印痕化石：如植物叶片印痕、水母等不具硬体的动物印痕。

印模化石：如三叶虫、腕足类等的外模以及双壳类、腕足类等的内模。

核化石：如腕足类、双壳类、腹足类等的核化石。

铸型化石：如头足类等的铸型。

3. 遗迹化石

(1)古人类使用的工具，如各种石器。

(2)生物生命活动所形成的遗迹，如动物的潜穴、钻孔、觅食遗迹以及足迹、爬痕等。

(3)生物体的排出物，如粪化石和蛋化石(如恐龙蛋)。

四、作业与思考题

(1)如何区分印模化石与印痕化石？

(2)外模与外核、内模与内核、内核与外核有何关系？如何区分？

(3)化学化石的定义？

(4)研究化石的意义是什么？

实习二　原生动物䗴亚目

一、实习目的

(1)熟悉生物显微镜的使用方法。

(2)熟练掌握䗴壳的基本构造,并能选择适当切面绘制䗴的构造图。

(3)了解䗴的研究方法。

二、学习透视生物显微镜的使用

观察步骤如下。

(1)放置薄片。将薄片置于载物台中间圆孔上,并用卡夹夹住。

(2)对光。用凹面反射镜将自然光或灯光折射至视域中心。

(3)调焦距。先将镜筒下降靠近薄片,然后旋转粗动手轮提升镜筒,同时通过目镜观察至看见化石轮廓为止,再旋转微动手轮至图像完全清晰。

(4)低倍物镜换高倍物镜观察。一般先用低倍物镜观察标本。有时需用高倍物镜观察更细小的构造时,必须把镜筒适当调高,然后换成高倍物镜,并下降镜筒至靠近薄片,最后旋转微动手轮缓慢提升镜筒,直到图像清晰。

注意事项:

(1)用高倍物镜观察时,极易压坏薄片,因此务必按操作步骤进行。

(2)禁止用手指或毛巾拭擦镜片,如有尘土,可用镜头纸或干净毛笔轻轻拭去。

(3)用完显微镜后必须把镜筒放正,用镜罩覆盖,或装入箱内。

三、学习䗴的观察方法

1. 确定䗴切片的方向(附图 2-1)

(1)轴切面:该切面通过旋轴和初房。这是研究䗴类最主要的切面,其壳形、大小以及主要构造都能

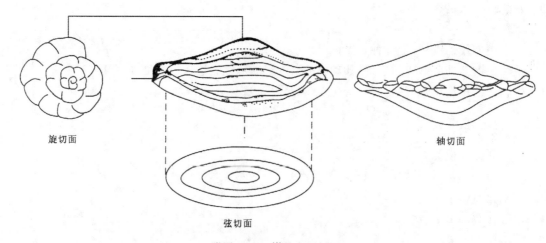

旋切面　　　　　　　　　　　　　　　　　　　　轴切面

弦切面

附图 2-1　䗴的主要切面

在其中观察到。一般,构造比较简单的、较原始的螆类,只需此切面就可进行准确的属种鉴定,因此该切面是螆类研究不可缺少的。

(2)旋切面(又称中切面):该切面通过初房,并垂直于旋轴,是螆类鉴定的一种辅助切面。在该切面上可观察每一壳圈的隔壁数及其间距、旋圈旋卷的松紧、特殊形态的观察(如喇叭形)、旋圈数等。

(3)弦切面:该切面平行于旋轴,但不通过初房。弦切面主要用以观察旋向沟。

这些切面可以通过旋壁的不同包卷形态进行确定。轴切面的旋壁是一半旋壁的两端包卷另一半旋壁的两端。弦切面的旋壁形成封闭的圆或椭圆(类似于同心状)。旋切面的旋壁则从里向外相连贯穿。其他方向的切面,都叫斜切面或偏轴切面。

2. 定义壳的大小(以壳的最大直径长度为划分依据)

微小:壳直径小于 1mm。

小:壳直径 1～3mm。

中等:壳直径 3～6mm。

大:壳直径 6～10mm。

巨大:壳直径 10～20mm。

特大:壳直径大于 20mm。

3. 定义壳的形态

根据壳的旋转方向找出旋轴,然后根据壳的轴向长度和壳宽(垂直于旋轴方向壳的宽度)的比例分为以下 3 类。

(1)短轴型:透镜体,铁饼状。

(2)等轴型:球形,近方形。

(3)长轴型:纺锤形,圆柱形。

4. 填写附图 2-2 的构造名称

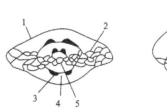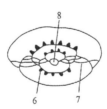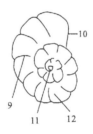

附图 2-2　螆壳的构造图

1.＿＿＿＿＿　2.＿＿＿＿＿　3.＿＿＿＿＿　4.＿＿＿＿＿　5.＿＿＿＿＿　6.＿＿＿＿＿
7.＿＿＿＿＿　8.＿＿＿＿＿　9.＿＿＿＿＿　10.＿＿＿＿＿　11.＿＿＿＿＿　12.＿＿＿＿＿

四、实习内容

1. 壳形

观察内容	透镜形(Ozwainella)	球形(Verbeekina)	纺锤形(Fusulinella)
作图			

2. 壳体大小

(1)壳小:*Ozawainella*。

(2)壳体中等大小:*Fusulinella*,*Fusulina* 等。

(3)壳大:*Neoschwagerina*。

3. 通过不同切面观察并描述䗴的内部构造

化石	切面	初房大小	隔壁平直或褶皱	旋脊大小	拟旋脊是否发育	壳圈数量
Fusulinella	轴切面					
	旋切面					
Verbeekina	轴切面					
	旋切面					

五、作业

绘制 *Fusulinella* 的轴切面图,并标注构造名称。

实习三 腔肠动物门珊瑚纲

一、实习目的

(1)通过实习掌握四射珊瑚的主要构造特征。

(2)了解横板珊瑚的一般特征和基本构造。

(3)掌握四射珊瑚和横板珊瑚的化石代表。

二、复习

(1)重点复习四射珊瑚亚纲硬体的基本构造及各种构造在纵切面和横切面上的表现特点。

(2)复习横板珊瑚的一般特征及基本构造。

(3)填写附图 3-1 的构造名称。

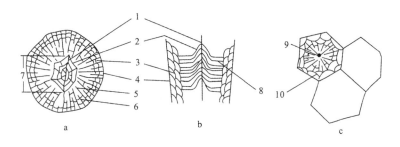

附图 3-1 四射珊瑚构造图

(a、c 为横切面,b 为纵切面)

1.＿＿＿＿＿ 2.＿＿＿＿＿ 3.＿＿＿＿＿ 4.＿＿＿＿＿ 5.＿＿＿＿＿

6.＿＿＿＿＿ 7.＿＿＿＿＿ 8.＿＿＿＿＿ 9.＿＿＿＿＿ 10.＿＿＿＿＿

三、学习珊瑚的观察方法

1.四射珊瑚

1)外形观察

(1)单体形状:锥形、柱形、盘状、拖鞋状。

(2)复体形状。

块状复体:个体间彼此紧密接触,无空隙。块状复体又可分为 4 种类型,即多角状(个体断面为多边形,体壁完整)、多角星射状(与多角状相似,但体壁局部消失)、互通状(个体体壁全部消失,相邻个体的长隔壁彼此相通)和互嵌状(个体体壁消失,彼此以泡沫板接触)(图 5-4)。

丛状复体:个体间互不接触,包括枝状(个体沿着不同方向生长)和笙状(个体间近于平行排列)(图5-4)。

2)内部构造观察

研究内部构造时,一般需要将 2 个不同方向的切面(横切面和纵切面)结合起来观察。四射珊瑚的内部构造大致可归纳为 4 个系列。

(1)纵列构造——隔壁(一级和二级隔壁),从横切面进行观察。

(2)横列构造——横板,主要从纵切面进行观察。

(3)边缘构造——鳞板(位于个体边缘,并限于隔壁之间)和泡沫板(位于个体边缘,并切断隔壁,大小多不均一)。主要从横切面观察,有时以纵切面作参考。

(4)轴部构造——中轴(位于中央的实心轴)和中柱(位于个体中央的蛛网状构造,由辐板、中板和内斜板组成)。主要从横切面进行观察,有时以纵切面作参考。

3)确定带型

在系统观察四射珊瑚骨骼的内部构造后,还需要判断其构造组合类型——带型,即纵列构造、横列构造、边缘构造和轴部构造的组合类型(表 5-1)。

2. 横板珊瑚

观察横板珊瑚时,也需要从横切面和纵切面进行观察。

(1)要注意外部形态(块状、丛状)和个体切面。

(2)联结构造的有无及类型:联结孔、联结管、联结板。

(3)横板特征为平直、相互交错、漏斗状等。

(4)隔壁刺、泡沫板等。

四、实习内容

1. 四射珊瑚亚纲

1)外形

(1)单体形态:拖鞋状(*Calceola*)。

(2)复体形态:块状复体(*Hexagonaria*)。

2)内部构造

(1)隔壁:注意级数长短(*Hexagonaria*)。

(2)横板:不完整横板(*Hexagonaria*)。

(3)鳞板:横切面上在个体边部,隔壁之间(*Hexagonaria*)。

(4)泡体板:位于个体边部,并且切断隔壁(*Wentzellophyllum*),或者充满整个内腔(*Cystiphyllum*)。

(5)轴部构造。中轴,如化石 *Lithostrotion*;中柱,在横切面表现为蛛网状,如化石 *Wentzellophyllum*。

3)化石代表

Hexagonaria(图 5-8,1);

Tachylasma(图 5-8,2);

Kueichouphyllum(图 5-8,3);

Lithostrotion(图 5-8,4);

Wentzellophyllum(图 5-8,5);

Cystiphyllum(图 5-8,6);

Calceola(图 5-8,7)。

2. 横板珊瑚亚纲

1)外形

横板珊瑚全为复体,分为块状和丛状 2 类。

2)内部构造

(1)横板:*Favosites*(图 5-11,1),*Hayasakaia*(图 5-11,2)。

(2)联结构造:联结孔,*Favosites*(图 5 - 11,1);联结管,*Hayasakaia*(图 5 - 11,2)。

3)化石代表

Favosites(图 5 - 11,1);

Hayasakaia(图 5 - 11,2)。

五、作业

(1)从 *Hexagonaria*,*Tachylasma*,*Kueichouphyllum*,*Lithostrotion* 或 *Wentzellophyllum* 化石中,选择其中一种类型,绘制构造素描图,并进行描述。

(2)比较四射珊瑚和横板珊瑚的异同点。

实习四　软体动物门

双壳纲

一、实习目的

(1)掌握双壳纲主要硬体特征。

(2)掌握双壳纲化石代表。

二、复习

复习双壳纲的基本构造,并填写附图 4-1 的构造名称。

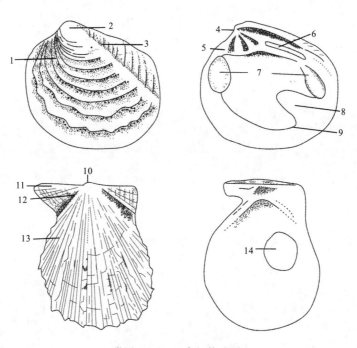

附图 4-1　双壳纲构造图

1._____　2._____　3._____　4._____　5._____　6._____

7._____　8._____　9._____　10._____　11._____　12._____

13._____　14._____

三、学习双壳类的观察方法

1. 定向

先确定背方、腹方,然后确定前方、后方以及左壳、右壳。确定壳瓣的前方、后方最为关键,有如下几点可以确定前、后。

(1)喙多指向前方。

(2)壳前后不对称者,一般前部较短。

(3)放射饰和同心饰一般从喙向后方扩散。

(4)前耳小,后耳大。

(5)新月面在前方,盾纹面在后方。

(6)外套湾位于后部。

(7)两个闭肌痕不等大时,大者在后;只有一个闭肌痕时,一般位于中央偏后部。

2. 壳的外部构造

喙、后壳顶脊、基面、耳、壳饰。

3. 壳的内部构造

肌痕,外套线,铰合构造,齿的位置及排列方式,主齿和侧齿的区别,主齿强弱等。

四、实习内容

1. 基本构造

1)外部构造

(1)喙的形态及指向(*Myophoria*,*Eumorphotis*)。

(2)后壳顶脊(*Myophoria*)。

(3)基面大小(*Corbicula*,*Anadara*)。

(4)耳、耳凹的观察(*Eumorphotis*)。

(5)壳饰(*Corbicula*,*Anadara*,*Eumorphotis*,*Claraia*)。

2)内部构造

(1)闭肌痕(*Unio*)。

(2)铰合构造。

栉齿型:沿铰缘一系列栉节状排列的齿和齿窝,向腹方集中(*Anadara*)。

异齿型:齿分异为主齿和侧齿(*Corbicula*)。

假异齿型:假主齿粗短、巨大,一瓣两个,另一瓣一个;假侧齿呈片状,从喙下开始延到两侧面,*Unio*。

2. 化石代表

Palaeonucula(图5-16,1);

Corbicula(图5-16,2);

Myophoria(图5-16,3);

Anadara(图5-16,4);

Unio(图5-16,5);

Eumorphotis(图5-16,6);

Claraia(图5-16,7)。

五、作业

(1)填写附图4-2的构造名称。

(2)任选一个标本绘制构造素描图,标注主要构造名称,并进行描述。

附图 4-2　双壳纲化石基本构造与壳饰填图

1. _____　2. _____　3. _____　4. _____　5. _____　6. _____

7. _____　8. _____　9. _____　10. _____　11. _____　12. _____

头足纲

一、实习目的

(1)通过模型和标本观察,掌握头足纲的基本构造,尤其注意鹦鹉螺类的体管形态,以及菊石类缝合线的各种类型。

(2)掌握头足纲化石代表。

二、复习

复习头足纲的基本构造,并填写构造名称(附图 4-3)。

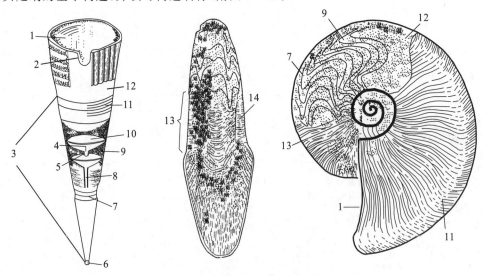

附图 4-3　头足纲基本构造填图

1. _____　2. _____　3. _____　4. _____　5. _____　6. _____　7. _____

8. _____　9. _____　10. _____　11. _____　12. _____　13. _____　14. _____

三、学习头足类的观察方法

1. 鹦鹉螺类体管的观察

体管是由隔壁颈和连接环组成。隔壁颈是隔壁孔的周围向下延伸的领状小管,具有与隔壁一样的成分,在标本观察时应顺着内端向下延伸处寻找,并且隔壁颈的色调和厚度与隔壁相同;而连接环是由索状管分泌的灰质环状小管,其成分和色调与隔壁颈有一定差异。

2. 菊石类的脐、包卷程度和缝合线的观察

对脐的观察、确定平旋壳包卷程度以及缝合线类型是难点。

(1)大部分菊石都发育脐,脐部构造包括如下 3 部分(图 5 - 19):①脐,壳体两侧中央下凹部分;②脐缘,脐缘又称脐棱或脐线,是脐壁的外部边缘;③脐接线,内旋环与外旋环的交线。

(2)根据外旋环与内旋环的包卷程度分为 4 类(图 5 - 17):①外卷,外旋环与内旋环彼此接触或者外旋环仅包裹内旋环极少部分,从侧面能观察到所有内旋环;②半外卷,从侧面观察,外旋环包裹内旋环不超过二分之一;③半内卷,从侧面观察,外旋环包裹内旋环超过二分之一;④内卷,外旋环几乎或全部包裹内旋环,从侧面不能观察到任何内旋环。

(3)缝合线是隔壁边缘与壳壁内表面相接触的线,只有把外壳表皮剥掉后才能观察到。研究时,常将缝合线展开在一个平面上用图示表达。一般仅绘出外缝合线(从外旋环的腹中央经过两侧面到脐接线的部分)。

缝合线的表达方法:用直线代表腹中央,箭头指向前方(即口方),从腹部向侧方观察,将缝合线依次展平。不但需要注意鞍、叶的数目,还需要注意鞍、叶的形状和宽度。通过实习了解缝合线的绘制过程。

四、实习内容

1. 基本构造

(1)壳形及壳饰。

直壳,波状横纹(*Sinoceras*);

扁饼状,弓形生长线(*Manticoceras*);

厚盘状,横肋,腹侧瘤(*Ceratites*);

扁饼状,横肋,腹沟,腹侧瘤(*Protrachyceras*)。

(2)体管形态。

圆柱形(*Sinoceras*);

串珠状(*Armenoceras*)。

(3)缝合线。

鹦鹉螺型(*Sinoceras*);

棱菊石型(*Manticoceras*);

齿菊石型(*Ceratites*);

菊石型(近似于 *Protrachyceras* 的缝合线)。

2. 化石代表

Sinoceras(图 5 - 22,1);

Protrachyceras(图 5 - 22,2);

Armenoceras(图 5 - 22,3);

Manticoceras(图 5 - 22,4);

Pseudotirolites(图 5 - 22,5);

Ceratites(图 5 - 22,6)。

五、作业

(1)填写附图4-4的构造名称。

(2)任选一属绘制构造素描图,标注主要构造名称,并进行描述。

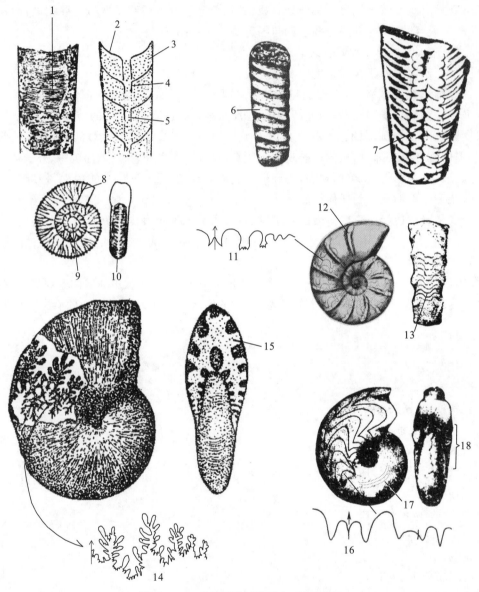

附图4-4　头足纲化石构造与壳饰填图

1.＿＿＿＿＿＿＿　2.＿＿＿＿＿＿＿　3.＿＿＿＿＿＿＿　4.＿＿＿＿＿＿＿　5.＿＿＿＿＿＿＿　6.＿＿＿＿＿＿＿

7.＿＿＿＿＿＿＿　8.＿＿＿＿＿＿＿　9.＿＿＿＿＿＿＿　10.＿＿＿＿＿＿＿　11.＿＿＿＿＿＿＿　12.＿＿＿＿＿＿＿

13.＿＿＿＿＿＿＿　14.＿＿＿＿＿＿＿　15.＿＿＿＿＿＿＿　16.＿＿＿＿＿＿＿　17.＿＿＿＿＿＿＿　18.＿＿＿＿＿＿＿

实习五　节肢动物门三叶虫纲

一、实习目的

(1)通过三叶虫的标本观察,掌握三叶虫背甲主要构造。
(2)掌握三叶虫纲的化石代表。

二、复习

复习三叶虫背甲构造,并填写构造名称(附图5－1)。

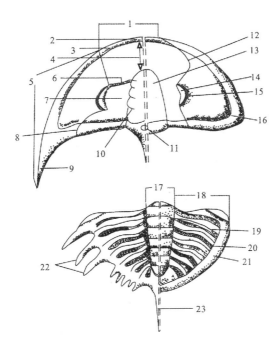

附图5－1　三叶虫构造图

1.＿＿＿＿＿　2.＿＿＿＿＿　3.＿＿＿＿＿　4.＿＿＿＿＿　5.＿＿＿＿＿　6.＿＿＿＿＿

7.＿＿＿＿＿　8.＿＿＿＿＿　9.＿＿＿＿＿　10.＿＿＿＿＿　11.＿＿＿＿＿　12.＿＿＿＿＿

13.＿＿＿＿＿　14.＿＿＿＿＿　15.＿＿＿＿＿　16.＿＿＿＿＿　17.＿＿＿＿＿　18.＿＿＿＿＿

19.＿＿＿＿＿　20.＿＿＿＿＿　21.＿＿＿＿＿　22.＿＿＿＿＿　23.＿＿＿＿＿

三、观察的注意事项

　　由于三叶虫的壳多分散保存,一般分散成头盖、活动颊、尾甲和零散的胸节,有时只能见到头盖和尾甲的一部分。因此,在标本观察之前需要对三叶虫的背甲构造有一个完整的了解。建议先通过模型了解背甲各部分构造在形态、凸度等方面的特征,然后分析观察的标本相当于三叶虫完整个体中的哪一部分。是头甲、尾甲,还是头鞍或尾轴?

四、实习内容

1. 基本构造

1)头甲

(1)头鞍的形态。

锥形(*Redlichia*);

向前略收缩(*Shangtungaspis*);

向前扩大(*Dalmanitina*);

强烈上凸,呈卵形或两侧平行(*Dorypyge*);

前宽后窄,成棒状(*Coronocephalus*)。

(2)前边缘的特点。

只有外边缘(*Damesella*);

内边缘宽,外边缘窄且凸(*Shangtungaspis*);

前边缘极窄(*Neodrepanura*, *Dorypyge*)。

(3)眼叶的特点。

大、新月形,靠近头鞍(*Redlichia*);

中等大小(*Damesella*);

小,位于头鞍较前部(*Neodrepanura*)。

(4)头盖及面线类型。

后颊类面线(*Redlichia*);

头盖横宽,后颊类面线(*Damesella*);

头盖梯形(*Neodrepanura*);

前颊类面线(*Coronocephalus*, *Dalmanitina*)。

2)尾甲

发育叉状的尾刺(*Dorypyge*);

轴叶比肋叶分节多(*Coronocephalus*);

前肋刺大(*Neodrepanura*);

末刺发育(*Dalmanitina*)。

2. 化石代表

Redlichia(图 5 – 25,1);

Dorypyge(图 5 – 25,2);

Coronocephalus(图 5 – 25,3);

Dalmanitina(图 5 – 25,4);

Damesella(图 5 – 25,5);

Shangtungaspis(图 5 – 25,6);

Bailiella(图 5 – 25,7);

Neodrepanura(图 5 – 25,8)。

五、作业

(1)填写附图 5 – 2 的构造名称。

(2)任选一个属绘制构造素描图,标注主要构造名称,并进行描述。

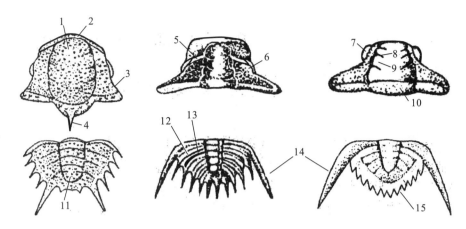

附图 5 - 2　三叶虫化石构造填图

1. _____ 　2. _____ 　3. _____ 　4. _____ 　5. _____

6. _____ 　7. _____ 　8. _____ 　9. _____ 　10. _____

11. _____ 　12. _____ 　13. _____ 　14. _____ 　15. _____

实习六　腕足动物门

一、实习目的

(1)主要掌握腕足动物外部构造特征。

(2)掌握腕足动物门的化石代表。

二、复习

复习腕足动物壳的外形、定向、硬体基本构造,并填写附图 6-1 的构造名称。

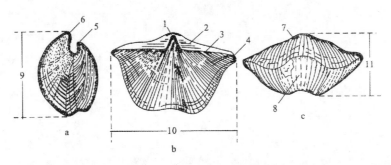

附图 6-1　腕足动物构造填图

a. 侧视;b. 背视;c. 前视

1. _____　　2. _____　　3. _____　　4. _____　　5. _____　　6. _____

7. _____　　8. _____　　9. _____　　10. _____　　11. _____

三、学习腕足动物的观察方法

由表及里、从整体到局部有序进行观察,具体如下。

1. 壳的定向

先确定壳的前方、后方,再区分背壳、腹壳。区分腹壳和背壳的方法如下:

(1)腹壳常大于背壳。

(2)腹喙常较背喙发育。

2. 观察个体大小、形状、中槽、中隆

壳小:壳宽小于 10mm。

壳体大小中等:壳宽 10～30mm。

壳大:壳宽大于 30mm。

观察壳形时,先背视,再腹视(如凹凸型,即背壳向内凹陷,腹壳向外凸起)。

3. 壳饰

(1)放射状纹饰。

放射纹:放射状细弱线纹,用放大镜能分辨。

放射线:较粗放射状线条,用肉眼能分辨。

放射褶:粗而隆起的放射状脊线,一般影响到壳的内部。

(2)同心状纹饰。

同心纹:同心状细弱线纹。

同心线:同心状线。

同心层:呈叠瓦状或带状的同心饰。

同心皱:粗且呈波状起伏,影响到壳的内部。

(3)网格状壳饰。

(4)刺状壳饰。常发育于同心状与放射状纹饰的交叉点,或发育于壳的后缘。

4. 茎孔附近的构造(一般腹壳较背壳明显)

喙的大小、弯曲程度;基面的宽、窄;铰合线的长短、弯曲程度;主端形状(方、圆、尖等);三角孔或肉茎孔是否发育以及发育程度;三角板和三角双板是否发育。

四、实习内容

1. 基本构造

(1)壳形。

圆形(*Stringocephalus*);

圆三角形或近五边形(*Yunnanella*);

近方形(*Yangtzeella*);

长卵形(*Lingula*);

腹中槽与背中隆(*Cyrtospirifer*,*Yangtzeella*,*Yunnanella*);

背中槽与腹中隆(*Sinorthis*)。

(2)壳饰。

同心纹(*Lingula*);

放射线(*Cyrtospirifer*,*Sinorthis*);

放射褶(*Yunnanella*);

网格状壳饰(*Dictyoclostus*)。

(3)基孔附近构造。

铰合线、主端、基面(*Cyrtospirifer*);

肉茎孔(*Yunnanella*);

三角孔(*Cyrtospirifer*,*Sinorthis*);

三角双板(*Stringocephalus*)。

2. 化石代表

Cyrtospirifer(图 5 - 27);

Lingula(图 5 - 29,1);

Dictyoclostus(图 5 - 29,2);

Gigantoproductus(图 5 - 29,3);

Sinorthis(图 5 - 29,4);

Yangtzeella(图 5 - 29,5);

Stringocephalus(图 5 - 29,6);

Yunnanella(图 5 - 29,7)。

五、作业

(1)任选一个属绘制构造素描图,并标出构造名称。

(2)比较腕足动物与双壳类的异同点。

实习七　半索动物门笔石纲

一、实习目的

(1)掌握笔石的基本构造特征。

(2)掌握笔石纲的化石代表。

二、复习

复习笔石硬体基本构造,特别注意正笔石类胞管类型和笔石枝的生长方向,并完成下图(附图7-1)。

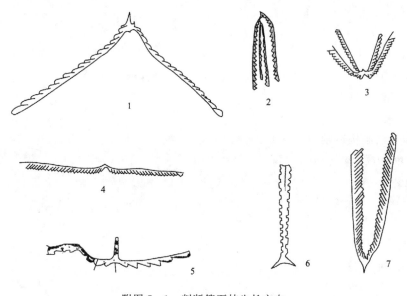

附图7-1　判断笔石枝生长方向

1._____　　2._____　　3._____　　4._____　　5._____　　6._____　　7._____

三、观察方法及步骤

1. 笔石枝分枝的观察

(1)树形笔石类:注意笔石标本形态;分枝是否规则,是均分还是不规则分枝;笔石枝疏密程度;枝间连接构造等。

(2)正笔石类:均分笔石类各属皆为正分枝,要注意分枝级数(指自胎管开始,每分叉一次为一级),分枝枝数(末级笔石枝的总数)。其余各类还可以发育侧分枝,注意主枝、侧枝、次枝、幼枝的判别。

主枝:胞管沿一个方向生长形成的枝。

侧枝:在主枝生长发育过程中,主枝侧方(胞管管壁)同时生长出一个小枝,生长到一定程度后停止。

次枝:从形式上与侧枝相似,但从个体发育上,次枝晚于主枝生长。

幼枝:从胞管或胞管口部生长出的枝。

2. 笔石枝生长方向的观察

对于发育 1～4 枝的笔石体,需要判断笔石枝的生长方向。

先将笔石定向,胞管尖端向上、胞管口向下,此时,笔石枝的背侧总的方向始终朝上,腹侧始终朝下;然后以笔石枝与胎管间的夹角大小判断笔石枝的生长方向,具体见图 5 - 34。

3. 胞管形态的观察

树形笔石类:正胞(大)和副胞(小)由茎系连接在一起。

正笔石类:只有正胞,观察时注意胞管是直的、弯的(内弯或外弯),还是卷的;胞管口的弯转方向,口刺的有无及长短,口穴的形态;胞管倾角和相邻胞管的叠覆关系。

四、实习内容

1. 树形笔石类

Acanthograptus(图 5 - 36,1)。

2. 正笔石类

Didymograptus(图 5 - 36,2);

Sinograptus(图 5 - 36,3);

Normalograptus(图 5 - 36,4);

Climacograptus(图 5 - 36,5);

Monograptus(图 5 - 36,6);

Rastrites (图 5 - 36,7)。

五、作业

任选一个标本绘制构造素描图,标注主要构造名称,并进行描述。

实习八　古植物

一、实习目的

(1)掌握古植物主要分类系统——门和部分纲。

(2)掌握叶片、叶座、蕨形叶的观察方法。

二、复习

(1)叶的形态和结构——叶的组成,叶序,叶形,叶脉等。

(2)羽状复叶的主要构造包括小羽片、末次羽轴、末次羽片、末二次羽轴、末二次羽片、末三次羽轴、间小羽片等(填写附图 8-1)。

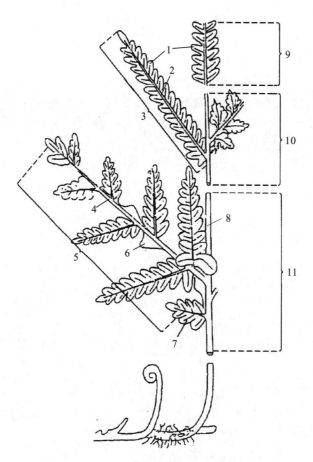

附图 8-1　蕨形叶基本构造填图

1._____ 2._____ 3._____ 4._____ 5._____ 6._____ 7._____ 8._____

9._____ 10._____ 11._____

三、注意事项

由于植物体高大,完整个体极难保存为化石,常是零散分布的叶片,其次是茎。由于叶片变异明显,并且是分类的主要依据,因此要特别注意叶的形态、叶脉等特征。

四、实习内容

1. 石松植物门

Lepidodendron(图 6 - 9)。

2. 节蕨植物门

Sphenophyllum(图 6 - 11,a～c)。

3. 真蕨植物门

Cladophlebis(图 6 - 13,c、d)。

4. 种子蕨植物门

Neuropteris(图 6 - 15,b);

Gigantonoclea(图 6 - 15,c)。

5. 苏铁植物门

Pterophyllum(图 6 - 16,a)。

6. 银杏植物门

Ginkgoites(图 6 - 18)。

7. 松柏植物门

Cordaites(图 6 - 19)。

五、作业

绘制 *Lepidodendron* 以及其他任一属的构造素描图,标注主要构造名称,并进行描述。

实习九　地层划分对比及地层单位的确定

一、实习目的

(1)加深理解地层划分的概念及年代地层、岩石地层的主要划分依据,并掌握其划分方法。

(2)通过对不同地区的地层对比,掌握地层对比的原理和方法。

(3)深入理解地层的主要接触关系类型,掌握判断地层新老顺序的方法。

二、实习内容

(1)通过仔细阅读附图9-1剖面资料中的岩性特征、化石、同位素年龄、厚度及接触关系,根据地层划分的原则,确定出岩石地层和年代地层单位的界线,将界、系、统、组的界线、名称,以及组的界线标注在图的左侧,并自下而上编号。

(2)对附图9-2所给剖面进行地层对比,要求对比到统。

(3)恢复附图9-3中各套地层的形成顺序,判断剖面中的各种接触关系:①侵入接触;②沉积接触;③整合;④角度不整合;⑤平行不整合;⑥地层的超覆现象等。

三、课堂讨论

(1)谈谈你对宜昌三峡地区地层剖面年代地层、岩石地层划分的意见及根据。

(2)谈谈岩石地层单位和年代地层单位的关系。

四、作业

(1)对湖北长阳新元古代—奥陶系地层(附图9-1)进行地层单位划分。

(2)对秭归、宜昌、张夏地区地层(附图9-2)进行地层对比? 张夏剖面和秭归、宜昌剖面对比,缺失那些地层? 根据是什么?

(3)恢复附图9-3中各套地层的形成顺序。

界	系	统	组	层	柱状图	厚度/m	岩性特征	生物化石
				21		209	灰色中厚层灰岩	三叶虫: *Asaphellus inflatus*, *Dactylocephalus dactyloldes*, *Asaphopsis immanis*(O₁)
				20		350	浅灰色厚层白云岩	顶部含牙形石: *Hirsutodontus simplex*, *Moncostodus sevierensis* (O₁)　中下部含三叶虫*Fangduia subeylindrlca*, *Artaspis xianfengensis*, *Liaoningaspis sichuanensis*, *Stephanoare* sp., *Blackwelderia* sp.(∈₄)
				19		240	灰色中厚层白云岩	三叶虫: *Solenoporia trogus*, *Xingrenasipis grenaspts*, *Scopfaspis hubeiensis*, *S. zhoojipingensis*(∈₃)
				18		86.3	灰色中厚层灰岩	三叶虫:*Reldlichia* sp., *Yuehsienszella* sp. (∈₃)
				17		108	泥质岩和薄层灰岩互层	三叶虫:*Megapalaeolenus deprati*, *M. obsoletus*,*Palaeolenus minor*, *Kootenia ziguiensis*, *Xilingxia convexa*, *X. yichangensis*(∈₂)
				16		158	泥质岩-粉砂岩互层	三叶虫:*Redlichia kobayashii*, *R. meitanensis*, *Palaeolenus latenoisi* (∈₂)
				15		168	黑色页岩	三叶虫:*Sinodiscus shipaiensis*, *S. similis*,*S. changyangensis*,(∈₁) *Tsunyidiscus ziguiensis*, *T. sanxiaensis*, *Hubeidiscus orientalis*,*H. elevatus*
				14		50	灰色中薄层灰岩夹硅泥质岩	小壳生物群(∈₁)
				13		17	浅灰色厚层白云岩	
				12		36	灰色中薄层灰岩	埃迪卡拉生物群
				11		134	浅灰色厚层白云岩	
				10		4	黑色页岩	
				9		835	灰色中层白云岩夹页岩	
				8		235	深灰色薄层白云岩夹页岩	
				7	635Ma	5	浅灰色厚层白云岩	
				6	654Ma	200	冰碛砾岩	
				5		12	黑色页岩，夹锰矿	
				4	660Ma	89	冰碛砾岩	
				3	714Ma		粉砂岩—泥质岩互层	
				2		225	中粗粒砂岩、含砾砂岩夹泥质岩薄层	
				1	780Ma		砂砾岩	
					+　+　+　+ 800Ma		花岗闪长岩	

附图 9-1　鄂西长阳地区新元古代—奥陶系地层柱状图

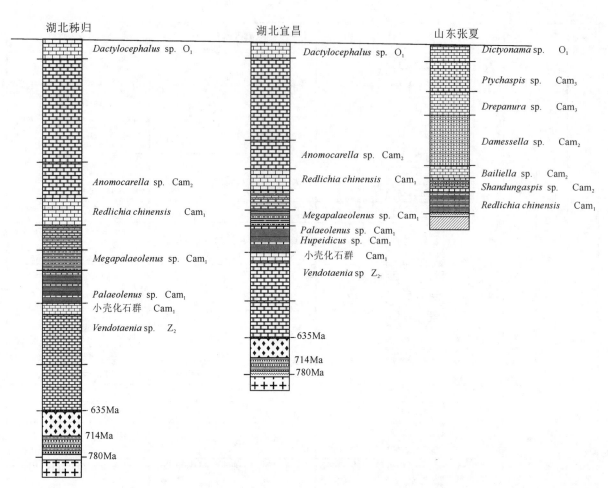

图附 9-2　秭归、宜昌、张夏地层柱状对比图（据赵锡文等，1983，修改）

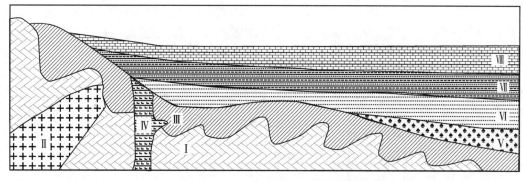

附图 9-3　×××地区地质剖面图

实习十　　主要沉积相类型的识别及古地理

一、实习目的

(1)观察了解一些常见沉积相类型的识别标志。

(2)学习沉积相分析的方法。

(3)学习岩相古地理图的编制。

二、实习内容

1. 典型沉积相标志观察

沉积相标志主要有沉积岩组分、结构、沉积构造、生物及沉积地球化学特征。地层中肉眼可观察到的沉积结构、构造等宏观标志在沉积相分析中最常使用。沉积构造按其成因可分为生物和非生物两类，非生物成因的有层理、层面构造，如水平层理、递变层理、交错层理及雨痕、波痕、盐类假晶等；生物成因的层面构造有生物爬迹、钻孔、潜穴等。观察内容如下。

(1)具水流层理的砂岩。沉积物多由粗砂、中砂组成，分选、磨圆好，层理向一个方向倾斜，倾斜方向指示了水流方向，是河流环境特有的沉积特征。

(2)富含陆生生物组合的页岩。岩石成分为黏土质，水平纹层发育，富含淡水双壳类、鱼、叶肢介、昆虫和蛙类化石，并见植物茎、叶化石，保存比较完整。淡水生物组合说明为陆相水体的沉积环境，化石保存很好，甚至一些细微的结构也保存下来，指示为静水环境。水平纹层指示水体平静。一般应为潮湿气候条件下浅水湖至深湖区(湖泊中心地带)的沉积。

(3)含植物化石的黑色页岩。岩石为黑色，以黏土质为主，含有丰富的植物化石。植物化石的大量保存说明温暖、潮湿且还原的沉积环境。植物死亡、埋藏后，经过了脱水作用，保存下碳质，导致岩石呈黑色。含植物化石的黑色页岩代表了温暖潮湿气候条件下的沼泽沉积。

(4)竹叶状灰岩。岩石具扁长的灰岩砾石，砾石从纵剖面观察类似竹叶，磨圆较好，有的竹叶状砾石表面可氧化成黄色或褐色。不定向排列或放射状排列，钙质胶结。竹叶状灰岩的成因，一般认为是由于先沉积的碳酸钙在尚未固结或刚刚固结的情况下，由于风暴浪的影响而被击碎，并由波浪冲击磨圆，随后又被新沉积的碳酸钙胶结成岩，具同生砾岩的性质。砾石表面的褐黄色晕圈通常反映这些砾石曾一度暴露水面经受氧化，表面的 Fe^{2+} 被氧化成 Fe^{3+} 而呈现褐黄色。

(5)具石盐假晶的紫红色粉砂岩或粉砂质泥岩。岩石呈紫红色、红色，成分为粉砂或黏土，在层面上可见立方体状石盐假晶。石盐的形成和干旱的气候有密切的关系。干旱气候条件下由于水分大量蒸发，水体中含盐度不断增加，当含盐度达到饱和时石盐就结晶出来。石盐晶体在后期被交代形成石盐假晶，代表干旱气候条件下滨海或滨湖地带的沉积。

(6)鲕状赤铁矿。岩石为铁红色，基本成分为赤铁矿(Fe_2O_3)，具鲕状结构，鲕粒直径 0.5～2mm 左右，有时可见其中含有生物化石碎片，代表温热潮湿气候条件下，铁可呈胶体存在于酸性水中(水体含有腐植酸而呈酸性)，然后被河流带到滨海水体动荡的条件下，以砂粒或骨屑粒为核心凝聚沉淀。推测它代表了湿热潮湿气候条件下动荡的浅海高能环境。

(7)含三叶虫碎片的鲕状灰岩。岩石呈浅灰色，块状构造，内具不同含量的鲕粒，粒径 1mm 左右。伴生有较多的三叶虫碎片，代表了温暖动荡的浅海高能环境。

(8)礁灰岩。岩石主体由造礁生物组成。生物含量一般占 50% 以上，造礁生物有珊瑚、层孔虫、藻及钙质海绵，还有一些喜礁和附礁生物与灰泥一起充填于造礁生物的孔隙中。造礁生物一般都生活在水温 20°左右的热带清澈正常浅海中,水深不超过 50～70m,而以 30m 最盛,故礁灰岩反映了热带温暖清澈的浅海环境。

(9)底面具槽模的砂岩。和泥岩呈韵律互层,每个韵律层厚度不大,十几厘米至几十厘米。砂岩基质含量较高,具递变层理。砂岩底面上往往发育槽模、沟模、工具模及深水型遗迹化石,可见明显或不太明显的鲍马序列,泥岩中可见浮游生物化石(如笔石等)。代表典型的浊流沉积。

(10)含笔石的黑色页岩。灰黑色薄层,黏土质,常见水平层理,含丰富的笔石化石,偶见黄铁矿晶粒。在一些深水海盆或受阻隔的浅海环境里,水流不畅或水体较深,水能量低,水体平静,形成水平层理,造成还原环境,底栖生物不能生存,但有浮游的笔石落入其中而被保存了下来。同时还原环境中的硫化氢与铁化合生成黄铁矿微粒,致使岩石的颜色变为黑色,沉积物也很细。含笔石的黑色页岩代表深水或水流不畅环境下的缺氧还原沉积。

(11)含游泳型菊石的硅质、泥质岩。黑褐、褐红、灰黑色薄层至中层铁锰质硅质岩、硅质泥岩(页岩),水平层理,产菊石类及其他浮游生物化石,未见底栖生物化石。岩石中只保存游泳的菊石类,不见底栖生物,水平层理发育,代表较深水低能环境。

2. 地层的沉积环境分析

分析附图 10-1,对附图中照片逐一进行描述,并进行沉积环境解释。

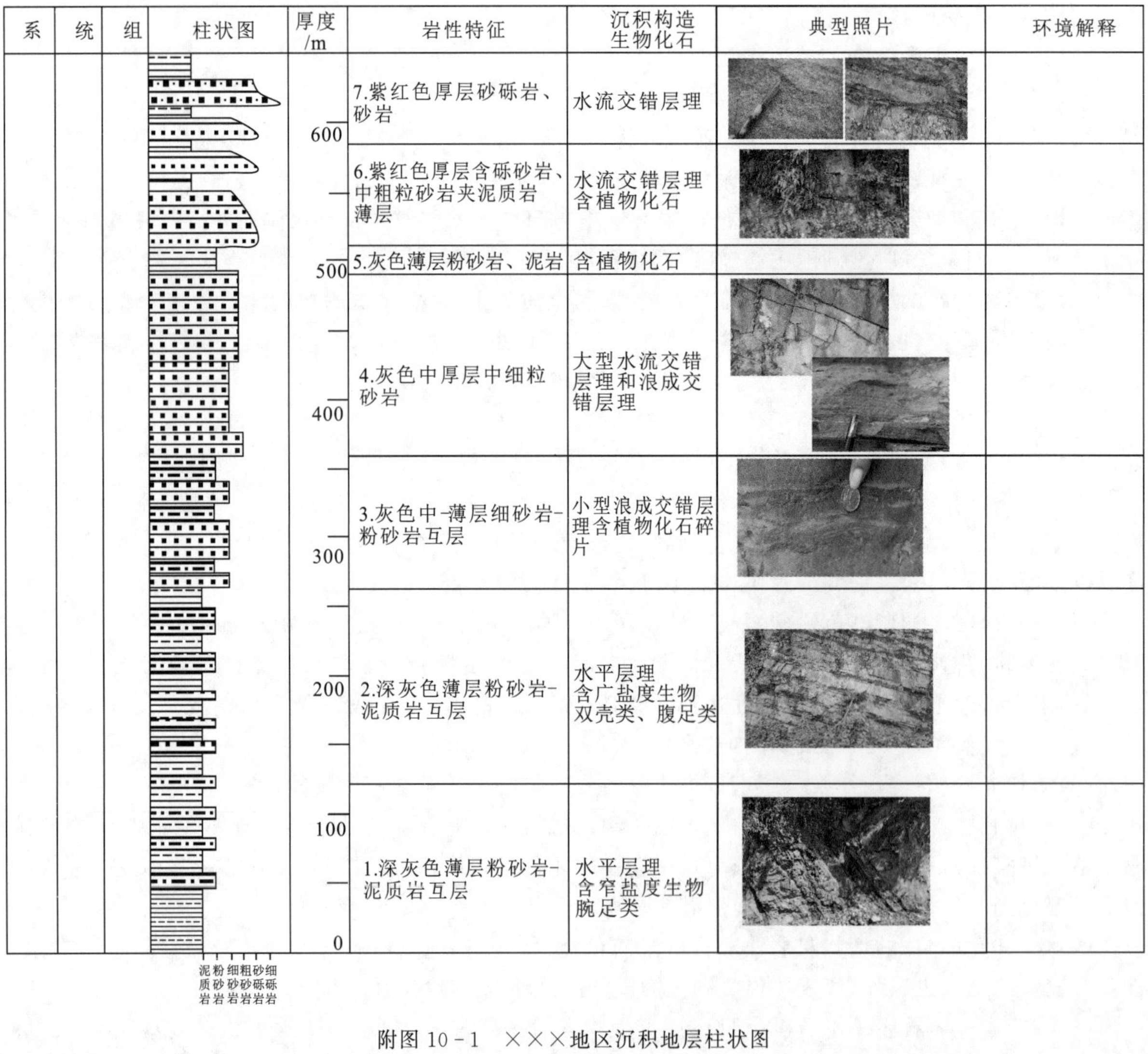

系	统	组	柱状图	厚度/m	岩性特征	沉积构造生物化石	典型照片	环境解释
				600	7.紫红色厚层砂砾岩、砂岩	水流交错层理		
					6.紫红色厚层含砾砂岩、中粗粒砂岩夹泥质岩薄层	水流交错层理含植物化石		
				500	5.灰色薄层粉砂岩、泥岩	含植物化石		
				400	4.灰色中厚层中细粒砂岩	大型水流交错层理和浪成交错层理		
				300	3.灰色中-薄层细砂岩-粉砂岩互层	小型浪成交错层理含植物化石碎片		
				200	2.深灰色薄层粉砂岩-泥质岩互层	水平层理含广盐度生物双壳类、腹足类		
				100 0	1.深灰色薄层粉砂岩-泥质岩互层	水平层理含窄盐度生物腕足类		

泥质岩 粉砂岩 细砂岩 砂岩 粗砂岩 细砾岩 砾岩

附图 10-1 ×××地区沉积地层柱状图

3. 岩相古地理图编图

对地史时期中某地区的地层通过岩相分析进行综合研究,就可以了解当时海陆分布、地势和气候等特点。把这些研究成果按一定的比例尺,以简明易读的图例综合表现在地理底图上,就成为古地理图。

由于地史时期的自然地理特征已经不复存在,我们不能直观地看到它,只有通过对古代沉积物进行岩相分析而间接地认识。因而人们通常在古地理图上加入沉积岩相的内容,这样便成为岩相古地理图。

在编制岩相古地理图之前,首先必须了解编图区所属大地构造分区和区域构造背景,收集文献资料。其次是进行野外资料的收集。在野外资料收集过程中,要测制控制性岩相剖面和若干条短的辅助性岩相剖面,并根据所选比例尺的精度要求布置观察路线,从而由点到面掌握编图区的岩性、岩相特征和分布规律。具体资料包括以下内容:(1)岩石学资料。①岩石的物质成分;②岩石的结构构造,如颗粒大小、磨圆度、层面和层理特征(波痕、泥裂、盐类假晶、各种交错层理);③岩层的相变及厚度变化情况;④岩层之间的接触关系。(2)古生物资料。①化石的种类及生态特征;②化石的埋藏情况,原地埋藏还是异地埋藏,化石排列方向完整程度;③生物遗迹及生物扰动构造,如爬迹、钻孔、掘穴、潜穴等。

对上述资料进行整理分析之后,作出岩相古地理图的基础图件——实际资料图。随后即可着手编绘岩相古地理图,编图过程中要具体解决几个问题。

(1)海陆界线的确定。地质历史时期的大陆部分具有沉积,部分则处于剥蚀区而无沉积,所以海陆界线(海岸线)应划在海相沉积(最后是滨海沉积)与陆相沉积或古陆剥蚀区之间。

(2)海盆中不同岩相类型的圈定。即区分滨海、浅海、半深海、深海及它们内部不同岩相类型,如滨海砂砾岩相、浅海砂页岩相、浅海灰岩相等。

(3)对陆地上的剥蚀区和沉积区以及沉积区内不同沉积类型进行划分圈定。如湖泊沉积、河流沉积、山麓堆积、冰川堆积等。

编制岩相古地理图首先应该注意古地理图反映的某一段地质时期的综合沉积特征。绝非现在地理图反映的是现代"一瞬间"的自然地理现象。现代河流在图上似一条细长的绳子,而古代某段地史时期的河流相沉积则呈很宽的带状分布,它是古代河流在这段地史时期内反复迁移的结果,其次要注意沉积相的空间分布一般情况下要符合瓦尔特相律,要具有一定的共生组合规律。即成因上相近或相邻的横向上或纵向上依次出现,而截然不同的两个相绝不可能毗邻,如广海陆棚相中不可能突然出现河流相沉积。

有时为了反映某一地质时期沉积厚度的分布情况(一般多指海相沉积),常常把等厚线直接描绘在岩相古地理图上,这就是沉积等厚图。这可以根据各个地区的地层资料,利用等值线法和内插法来绘制等厚度图。等厚度图的意义在于可以直观地大致反映地壳下降幅度,也就是说,在沉积物沉积速度与地壳下降速度相平衡时,等厚图可以反映某区在某时代的地壳运动状况。它是分析地史发展的重要手段之一。

三、作业

编制龙头地区晚泥盆世岩相古地理图

(1)根据所给龙头地区晚泥盆世地层柱状图,进行岩相分析和岩相类型的划分(附图10-2)。

(2)按所给岩相图例,将各柱状剖面的岩相类型标在各点上。

(3)作龙头地区晚泥盆世岩相古地理图(附图10-3):①画出海陆界线;②画出海相中不同岩相类型的界线;③在各自的岩相带内填绘各自的图例符号。

(4)根据柱状剖面图所给地层厚度,用等值线法和内插法画出等厚线。

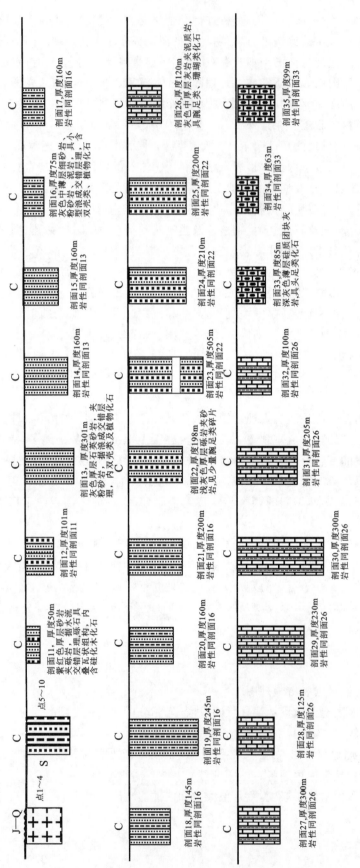

附图10-2　龙头地区上泥盆统地层柱状图

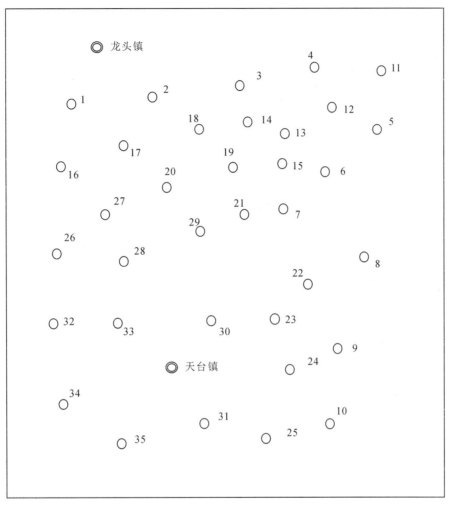

附图 10 - 3　龙头地区晚泥盆世岩相古地理图

实习十一 历史大地构造分析

一、实习目的

(1)熟悉中国地理概况、海陆分布,以及主要山川名称、位置、走向,为分论学习打基础。

(2)深入理解和掌握历史大地构造分析的内容和方法。

(3)掌握中国大地构造分区概况。

二、实习内容

(1)阅读中国地形图,熟悉中国行政区划和各省相当位置、简称及重要城市;对照高原山区至深海底地势剖面图(附图 11-1)及太平洋海底地貌图,了解中国地形、剥蚀区与沉积区的地势及空间分布特征;熟悉中国主要河流、山系和大型盆地的名称、位置及延伸方向。将各省的简称和重要山脉名称填在空白地图上(附图 11-2)。

(2)阅读中国大地构造分区图(附图 11-3),将主要构造单元填在图上,包括板块、地块、古洋盆(阴影区)、缝合带(编号和粗线)。

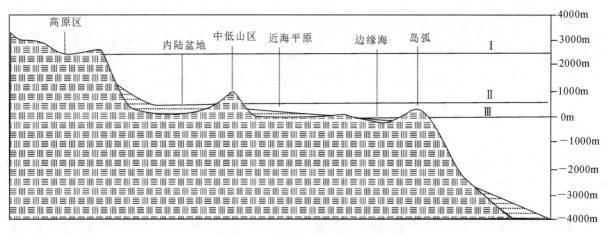

附图 11-1 现代地貌地势剖面图

三、作业

(1)将各省的简称和重要山脉名称填中国行政区划及主要山脉示意图(附图 11-2)上。

(2)将中国主要构造单元填在中国大地构造分区图(附图 11-3)上,包括板块、地块、古洋盆(阴影区)、缝合带(编号和粗线)。

(3)根据中国大地构造分区,总结大地构造分区的原则。

(4) 分析附图 11-4 的沉积组合类型。

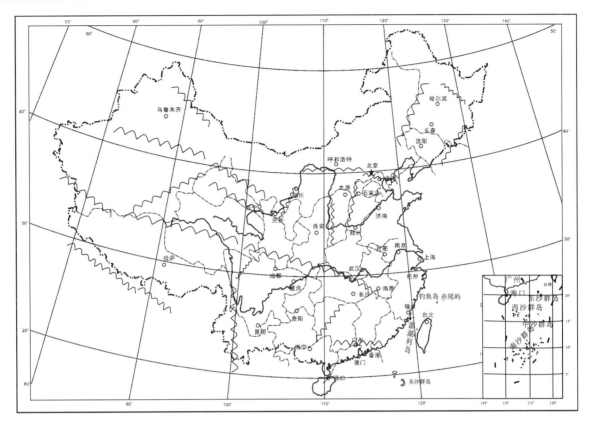

附图 11-2　中国行政区划及主要山脉示意图

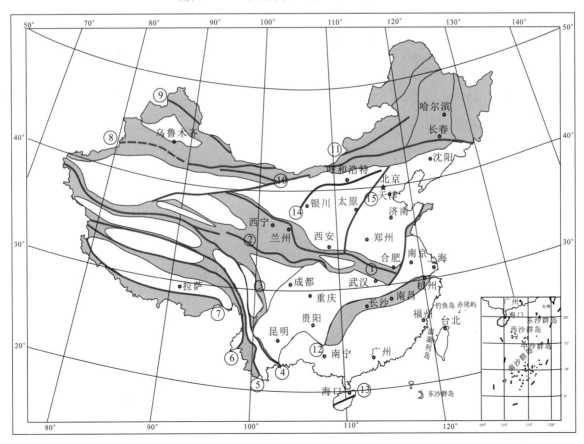

附图 11-3　中国大地构造简图

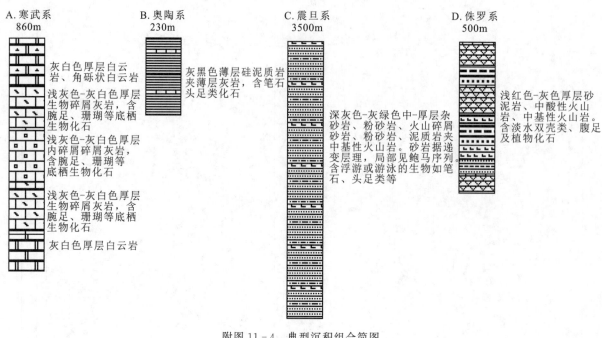

附图 11－4　典型沉积组合简图

四、附录

1. 中国各省简称及其行政归属

东北区：黑（黑龙江省）、吉（吉林省）、辽（辽宁省）

华北区：冀（河北省）、晋（山西省）、蒙（内蒙古自治区）、京（北京市）、津（天津市）

华东区：鲁（山东省）、苏（江苏省）、浙（浙江省）、皖（安徽省）、赣（江西省）、闽（福建省）、台（台湾省）、沪（申）（上海）

中南区：豫（河南省）、鄂（湖北省）、湘（湖南省）、桂（广西壮族自治区）、粤（广东省）、琼（海南省）、港（香港）、澳（澳门）

西南区：川（蜀）（四川省）、黔（贵州省）、滇（云南省）、藏（西藏自治区）、渝（重庆市）

西北区：陕（陕西省）、甘（陇）（甘肃省）、宁（宁夏回族自治区）、青（青海省）、新（新疆维吾尔自治区）

2. 中国主要山脉

中国主要山脉其走向大致有以下 3 种类型。

近东西向：阴山山脉、秦岭、大别山、南岭、天山、祁连山、昆仑山、喜马拉雅山。

近北北东向：大兴安岭、太行山、吕梁山、雪峰山、龙门山。

近南北向：横断山脉、贺兰山。

3. 我国及亚洲东部主要地貌形态

高原区：青藏高原。

内陆盆地：塔里木盆地、柴达木盆地、准噶尔盆地、四川盆地、陕甘宁盆地（鄂尔多斯盆地）。

近海平原：松辽平原、华北平原、江汉平原。

陆表海：渤海。

陆棚海：黄海、东海。

火山岛孤：日本、琉球列岛，台湾省及菲律宾群岛。

边缘海:日本海、东海东侧、南海大部。

海沟:日本海沟、马里亚纳海沟、菲律宾海沟。

4. 中国大地构造分区各单位名称

大陆板块:中朝板块,塔里木板块,扬子板块。

地块:额尔古纳地块,准噶尔地块,松辽地块,阴山地块,柴达木地块,昆仑地块,北羌塘地块,南羌塘地块,拉萨地块,昌都地块,中咱地块,松潘-甘孜地块,秦岭地块,扬子地块,华夏地块,三亚地块。

古大洋:古亚洲洋,古昆仑洋,古祁连样,古秦岭洋,南华洋,古特提斯洋,新特提斯洋。

缝合线:北祁连-商丹缝合线,秦岭勉略-东昆仑阿尼玛卿-西昆仑康西瓦缝合线,甘孜-理塘缝合线,金沙江-哀牢山缝合线,双湖-龙木错-澜沧江-昌宁-孟连缝合线,班公错-丁青-怒江缝合线,雅鲁藏布江缝合线,艾比湖-居延海至索伦-西拉木伦缝合线,鄂尔济斯-布尔根缝合线,小黄山缝合线,贺根山缝合线,江绍缝合线,屯昌缝合线。

实习十二　中国南华纪—早古生代地史特征

一、实习目的

(1)观察早古生代典型化石,了解早古生代生物界面貌。

(2)掌握构造古地理图读图方法和沉积示意剖面图的制作方法。

二、实习内容

1. 观察早古生代典型化石

Redlichia(莱德利基虫,$\in_2$),*Hupeidiscus*(湖北盘虫,$\in_2$),*Palaeolenus*(古油栉虫,$\in_2$),*Shantungaspis*(山东盾壳虫,$\in_{1-3}$),*Damesella*(德氏虫,$\in_{3-4}$),*Neodrepanura*(新蝙蝠虫,$\in_{3-4}$),*Balackwelderia*(蝴蝶虫,$\in_{3-4}$),*Pseudagnostus*(假球接子,$\in_3$),*Ajacicyathus*(阿雅斯古环,$\in$),*Armenoceras*(阿门角石,O_2—S),*Sinoceras*(中国角石,O_2),*Dactylocephalus*(指纹头虫,O_1),*Nankinolithus*(南京三瘤虫,O_3),*Eoisotelus*(古等称虫,O_1),*Yangtzeella*(扬子贝,O_1),*Hirnantia*(赫南特贝,O_3),*Dictyonema*(网格笔石,$\in_4$—C_1),*Didymograptus*(对笔石,O_{1-2}),*Nemagraptus*(丝笔石,O_{2-3}),*Dicellograptus*(叉笔石,O_{2-3}),*Rastrites*(耙笔石,S_1),*Monograptus*(单笔石,S—D_1),*Normalograptus*(正常笔石,O_2—S_1),*Cyrtograptus*(弓笔石,S_{1-2}),*Pentamerus*(五房贝,S),*Coronocephalus*(王冠虫,S_2),*Sichuanoceras*(四川角石,S_2),*Cystiphyllum*(泡沫珊瑚,S),*Halysites*(链珊瑚,O_2—S),*Hormotoma*(链房螺,O—S)。

2. 构造古地理图的读图方法

(1)阅读图名和比例尺,了解该图所示的时空范围。

(2)阅读图例,了解图内各种符号的含义。

(3)区分沉积区与古陆剥蚀区,并了解其分布特征。

(4)了解沉积区内各种沉积类型的分布规律及其构造古地理意义。

阅读中国南华纪、震旦纪、寒武纪、奥陶纪、志留纪的构造古地理图,了解各纪的沉积分布规律及地理格架。

3. 沉积示意剖面图的制作

沉积示意剖面图一般是根据选定的剖面线方向在岩相古地理图上做图切剖面,参考剖面上不同地点的地层剖面资料编制而成。用以直观地标示某一地区某一时代的沉积特征,古地理和古构造特征在横向上的变化,其编制步骤如下。

(1)在岩相古地理图上选择剖面线。剖面线一般应穿越图幅内各种有代表性的古地理、古构造单元。

(2)确定垂直比例尺(水平比例尺是已知的)。垂直比例尺可与水平比例尺一致,也可放大或缩小,视具体情况而定,一般垂直比例尺应大于水平比例尺。

(3)在绘图方格纸上画一条水平线作为基线,代表海平面。将海陆分界点、岩相分界点、沉积等厚线与剖面线交点依次投影到基线上,并在基线上方表明剖面起止点及所经过的主要地点。

(4)根据岩相分析的结果,确定海水的大致深度(如滨浅海 0～200m、半深海 200～2000m、深海大于 2000m 等),以水平基线为海平面画出海水深度变化曲线及古陆剥蚀地区地形变化曲线。

(5)根据各地的地层厚度资料,以海水深度变化曲线(即沉积顶面曲线)为界画出沉积基盘变化曲线。

(6)依据图例标注岩相花纹,相变界线用锯齿状曲线表示。

三、作业

参照华南地区震旦系柱状对比图(附图 12-1),在华南地区震旦纪岩相古地理图(附图 12-2)上切制沉积示意剖面图,垂直比例尺用 1:20 万或 1:10 万。

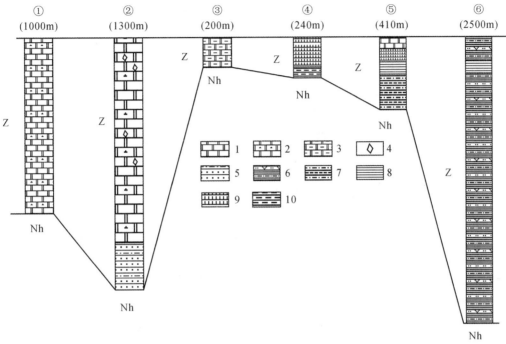

附图 12-1　华南地区震旦系柱状对比图

①白云岩(滨浅海相);②碎屑白云岩(滨浅海相);③泥质白云岩(浅海相);④石膏;⑤砂岩(滨浅海相);⑥火山碎屑砂泥岩(浅海相);⑦泥质粉砂岩(浅海相);⑧泥质岩(深水盆地相);⑨硅质岩(深水盆地相);⑩碳质泥岩(深水盆地相)

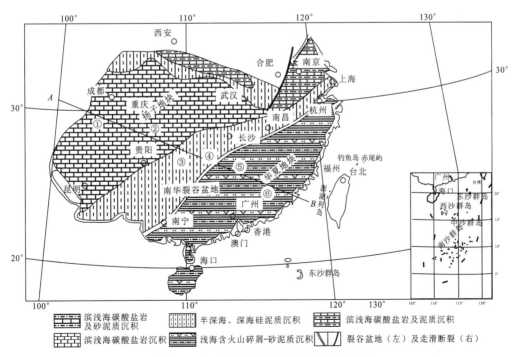

附图 12-2　华南地区震旦纪构造古地理图

①滨浅海碳酸盐岩沉积;②浅海泥质及碳酸盐岩沉积;③滨浅海碎屑及碳酸盐岩沉积;④深水盆地硅质-碳泥质沉积;⑤深水盆地泥硅质沉积;⑥浅海含火山碎屑沉积

实习十三　晚古生代地史特征

一、实习目的

(1)观察晚古生代典型化石,了解晚古生代生物界面貌。

(2)掌握地层对比、古地理图读图和沉积示意剖面图的制作方法。

二、实习内容

(1)观察晚古生代典型化石,常见的典型化石包括:$Euryspirifer$(阔石燕,D_1),$Stringocephalus$(鸮头贝,D_2),$Cyrtospirifer$(弓石燕,D_3),$Yunnanella$(云南贝,D_3),$Calceola$(拖鞋珊瑚,D_{1-2}),$Hexagonaria$(六方珊瑚,D_{2-3}),$Manticoceras$(尖棱菊石,D_3),$Bothriolepis$(沟鳞鱼,D_{2-3}),$Leptophloeum$(薄皮木,D_{2-3}),$Cystophrentis$(泡沫内沟珊瑚,D_3),$Pseudouralina$(假乌拉珊瑚,C_1),$Thysanophyllum$(泡沫柱珊瑚,C_1),$Yuanophyllum$(袁氏珊瑚,C_1),$Kueichouphyllum$(贵州珊瑚,C_1),$Gigantoprodutus$(大长身贝,C_1),$Choristites$(分喙石燕,C_2),$Triticites$(麦粒蜓,C_2),$Neuropteris$(脉羊齿,C_1—P_1,C_2最盛),$Lepidodendron$(鳞木,C—P),$Pseudoschwagerina$(假希瓦格蜓,P_1),$Misellina$(米氏蜓,P_2),$Neoschwagerina$(新希瓦格蜓,P_2),$Codonofusiella$(喇叭蜓,P_3),$Wentzellophyllum$(似文采尔珊瑚,P_{1-2}),$Waagenophyllum$(卫根珊瑚,P),$Hayasakaia$(早坂珊瑚,P_{1-2}),$Leptodus$(蕉叶贝,P_3),$Pseudotirolites$(假提罗菊石,P_3),$Cathaysiopteris$(华夏羊齿,P),$Lobatannularia$(瓣轮叶,P),$Gigantopteris$(大羽羊齿,P_3—T_1)。

(2)阅读教材中国泥盆纪、石炭纪、二叠纪古地理图,了解各纪的沉积分布规律及地理格架。

三、作业

(1)分析华南地区几个重要地区上古生界地层剖面(附图 13-1),对附图 13-1 中各剖面地层进行地层对比。

(2)绘制泥盆纪—石炭纪密西西比亚纪、石炭纪宾夕法尼亚亚纪—二叠纪瓜德鲁普世、二叠纪乐平世 3 个阶段华南地区沉积示意图(其剖面线方向见图附 13-2)。

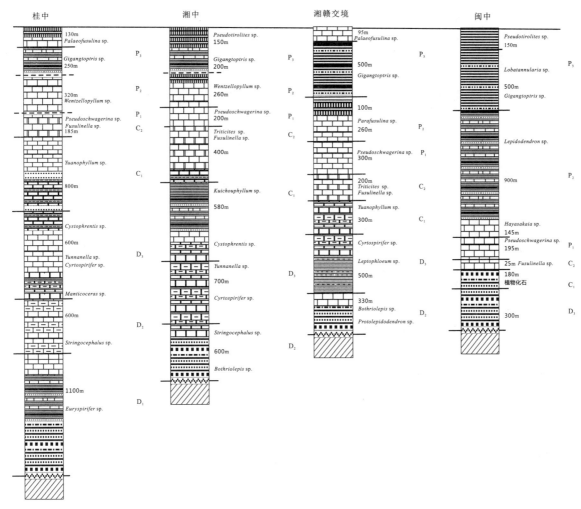

附图 13-1　华南地区上古生界地层柱状对比图

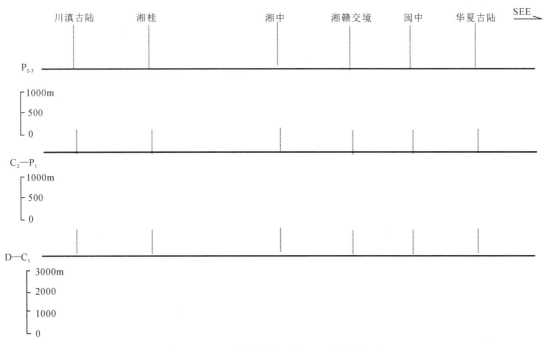

附图 13-2　华南晚古生代沉积示意剖面图

实习十四　中、新生代地史特征

一、实习目的

(1)观察中新生代典型化石,了解中新生代的生物界面貌。

(2)掌握古地理分析、古构造(构造运动)分析和古气候分析方法。

二、实习内容

(1)观察中新生代主要门类的典型化石,包括:*Danaeopsis*(拟丹尼蕨,T_{2-3}),*Dictyophyllum*(网叶蕨,$T_3—J_2$),*Clathropteris*(格脉蕨,$T_3—J_2$),*Ophiceras*(蛇菊石,T_1),*Tirolites*(提罗菊石,T_1),*Protrachyceras*(前粗菊石,T_{2-3}),*Pseudoclaraia*(假克氏蛤,T_1),*Eumorphotis*(正海扇,T_1),*Myophoria*(褶翅蛤,T),*Daonella*(鱼鳞蛤,T_{2-3}),*Burmesia*(缅甸蛤,多出现于 T_3),*Bakevelloides*(类贝莱蛤,多出现于 T_3),*Coniopteris*(锥叶蕨,$J—K_1$),*Brachyphyllum*(短叶杉,$J_2—K$),*Arietites*(白羊石,J1),*Hongkongites*(香港菊石,J_1),*Ferganoconcha*(费尔干蚌,J),*Psilunio*(裸珠蚌,J—Rec.),*Nippononaia*(富饰蚌,K_1),*Nakamuranaia*(中村蚌,$J_3—K_1$),*Eosestheria*(东方叶肢介,$J_3—K_1$),*Ephemeropsis*(拟蜉蝣,K_1),*Lycoptera*(狼鳍鱼,$J_3—K_1$),*Nummulites*(货币虫,E—Rec.)。

(2)阅读中国三叠纪、侏罗纪、白垩纪、古近纪、新近纪古地理图,了解各纪沉积类型分布规律和古地理面貌。

(3)了解中新生代几次重要的构造运动对中国古地理、古构造格局的巨大影响,以及古气候概况。

三、作业

(1)分析中国东部中新生代新华夏系的隆起和盆地格局及演化。

(2)与中生代相比较,新生代的古构造、古地理、古气候和沉积类型各有什么不同?

(3)对比附表 14-1 中不同地区沉积类型,分析构造运动期次(印支运动、燕山运动、喜马拉雅运动)和古气候的差异,根据沉积特征和古气候特征在附表 14-1 上着色(潮湿气候着浅蓝色;半干旱气候着浅黄色;干旱气候着浅棕色)。

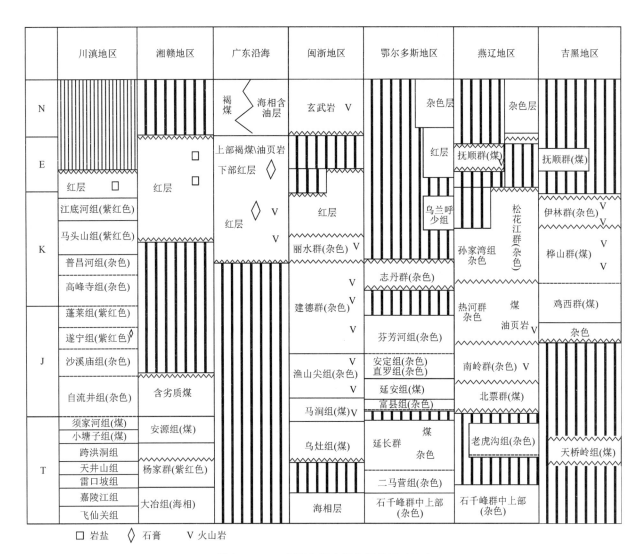

	川滇地区	湘赣地区	广东沿海	闽浙地区	鄂尔多斯地区	燕辽地区	吉黑地区
N			褐煤 / 海相含油层	玄武岩 V	杂色层	杂色层	
E		红层	上部褐煤\油页岩 / 下部红层		红层	抚顺群(煤)	抚顺群(煤)
	红层				乌兰呼少组		
K	江底河组(紫红色)		红层 V	丽水群(杂色) V	志丹群(杂色)	孙家湾组 杂色	伊林群(杂色) V
	马头山组(紫红色)		V			松花江群(杂色)	桦山群(煤) V
	普昌河组(杂色)			建德群(杂色) V		热河群 杂色	V
	高峰寺组(杂色)					煤 油页岩	鸡西群(煤)
J	蓬莱组(紫红色)				芬芳河组(杂色)		杂色
	遂宁组(紫红色)			渔山尖组(杂色) V	安定组(杂色) 直罗组(杂色)	南岭群(杂色) V	
	沙溪庙组(杂色)				延安组(煤)	北票群(煤)	
	自流井组(杂色)	含劣质煤		马涧组(煤) V	富县组(杂色)		
T	须家河组(煤)	安源组(煤)		乌灶组(煤)	延长群 煤 杂色	老虎沟组(杂色)	天桥岭组(煤)
	小塘子组(煤)						
	跨洪洞组						
	天井山组	杨家群(紫红色)			二马营组(杂色)		
	雷口坡组						
	嘉陵江组	大冶组(海相)		海相层	石千峰群中上部(杂色)	石千峰群中上部(杂色)	
	飞仙关组						

□ 岩盐 ◇ 石膏 V 火山岩

附表 14-1 中国东部中新生界地层对比表